U0165304

千華 **50**th 築夢踏實

千華公職資訊網

千華粉絲團

棒學校線上課程

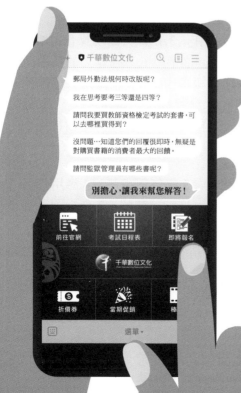

千華數位文化

郵局外勤法規何時改版呢？

我在思考要考三等還是四等？

請問我要買教師資格檢定考試的套書，可以去哪裡買得到？

沒問題…知道您們的回覆很即時，無疑是對購買書籍的消費者最大的回饋。

請問監獄管理員有哪些書呢？

別擔心，讓我來幫您解答！

前往官網　考試日程表　即將報名

千華數位文化

折價券　當期促銷　棒

選單▾

真人客服‧最佳學習小幫手

- 真人線上諮詢服務
- 提供您專業即時的一對一問答
- 報考疑問、考情資訊、產品、
  優惠、職涯諮詢

盡在 **千華LINE@**

LINE 加入好友
千華為您線上服務

千華數位文化
Chien Hua Learning Resources Network

108課綱

升科大／四技二專

專業科目 ▶ 機械群

機件原理
1.機件原理、2.螺旋、3.螺紋結件、4.鍵與銷、5.彈簧、6.軸承及連接裝置、7.帶輪、8.鏈輪、9.摩擦輪、10.齒輪、11.輪系、12.制動器、13.凸輪、14.連桿機構、15.起重滑車、16.間歇運動機構

機械力學
1.力的特性與認識、2.平面力系、3.重心、4.摩擦、5.直線運動、6.曲線運動、7.動力學基本定律及應用、8.功與能、9.張力與壓力、10.剪力、11.平面的性質、12.樑之應力、13.軸的強度與應力

機械製造
1.機械製造的演進、2.材料與加工、3.鑄造、4.塑性加工、5.銲接、6.表面處理、7.量測與品管、8.切削加工、9.工作機械、10.螺紋與齒輪製造、11.非傳統加工、12.電腦輔助製造

機械基礎實習
1.基本工具、量具使用、2.銼削操作、3.劃線與鋸切操作、4.鑽孔、鉸孔與攻螺紋操作、5.車床基本操作、6.外徑車刀的使用、7.端面與外徑車削操作、8.外徑階級車削操作、9.鑄造設備之使用、10.整體模型之鑄模製作、11.分型模型之鑄模製作、12.電銲設備之使用、13.電銲之基本工作法操作、14.電銲之對接操作

機械製圖實習
1.工程圖認識、2.製圖設備與用具、3.線條與字法、4.應用幾何畫法、5.正投影識圖與製圖、6.尺度標註與註解、7.剖視圖識圖與製圖、8.習用畫法、9.基本工作圖

～以上資訊僅供參考，請參閱正式簡章公告為準！～

千華數位文化股份有限公司
新北市中和區中山路三段136巷10弄17號
TEL: 02-22289070　FAX: 02-22289076

英文 完全攻略 4G021141

本書依108課綱宗旨全新編寫，針對課綱要點設計，例如書中的情境對話、時事報導就是「素養導向」以「生活化、情境化」為主題的核心概念，另外信函、時刻表這樣圖表化、表格化的思考分析，也達到新課綱所強調的多元閱讀與資訊整合。有鑑於新課綱的出題方向看似繁雜多變，特請名師將以上特色整合，一一剖析字彙、文法與應用，有別於以往單純記憶背誦的英文學習方法，本書跳脫制式傳統，更貼近實務應用，不只在考試中能拿到高分，使用在生活中的對話也絕對沒問題！

機械力學 完全攻略 4G121141

機械力學考試內容包含靜力學、運動學、動力學和材料力學。編者因應108課綱進行刪修，除了重點更加精簡好讀外，也更貼近現在學習的趨勢。除了課文以實務運用的方向編寫，題目也因應素養導向，蒐羅實際上會碰到的問題，這樣的考法不僅符合統測出題的模式，也可以內化吸收成為日後職場上的應變能力。近年考題偶而會出現教科書都沒看過的題目，但只要弄清基本觀念、多做題目演算、並加以思考和分析，其實是很容易找出破題方向和解題方法。

機械群

共同科目

4G011141	國文完全攻略	李宜藍
4G021141	英文完全攻略	劉似蓉
4G051141	數學(C)工職完全攻略	高偉欽

專業科目

4G111141	機件原理完全攻略	黃蓉
4G121141	機械力學完全攻略	黃蓉
4G131112	機械製造完全攻略	盧彥富
4G141112	機械基礎實習完全攻略	劉得民・蔡忻芸
4G151112	機械製圖實習完全攻略	韓森・千均

了解教材

目 次

第一章　力的特性與認識　★

第二章　同平面力系　★★★★★

第三章　重心　★

高分指南

機械力學此一考試科目包含靜力學、運動學、動力學和材料力學。四技統測考試為求出題分布平均，每章一定會出個一題以上。

三、四年前的機械力學試題大多出得很難，而最近兩年則出得相當簡單，其差異性明顯易見。有時出現教科書都沒看過的題目，但有時卻有相當簡單的題型，乍看之下似乎很難準備！不過，這些看似艱深冷僻的題目，其實並沒有想像中的困難，只要將基本觀念弄清楚並多做題目演算、並加以思考和分析，其實是很容易找出考題的破題方向和解題方法。

編寫特色

1. 本書內容把學生不易懂的地方用最簡單的方式講解，讓力學簡單化是本書的目標。
2. 本書依據機械力學108課綱範圍所編，不會出現統測不考、舊課程的題型和單元。
3. 本書網羅108課綱所有教科書題型和題目編輯而成。
4. 本書蒐羅全國各補習班所有最新書籍之題型和題目編輯而成。
5. 採用條列式之重點整理。
6. 每章節後均有代表性之題型，且例題多為入闈老師所用之書籍和補習班重要題型。
7. 每單元中均有老師講解和立即練習並有完整詳解。
8. 計算題採範例式講解與立即練習方式，成果立即評量，加深印象並明瞭觀念。
9. 所有公式重點均以刷色處理，容易瞭解重點所在。
10. 雖經多次校對，然內容或有疏漏不當之處，尚祈讀者、先進不吝賜教指正，感謝之至。

作者　黃蓉

113年統測命題分析

(一) 難易度分析

題號	難易度	考點出處
1	★	第一章　力的特性與認識
2	★★	第二章　同平面力系
3	★★	
4	★★★	
5	★★★	
6	★★	第三章　重心
7	★	第六章　曲線運動
8	★★	第五章　直線運動
9	★★	第六章　曲線運動
10	★★★	
11	★★	第八章　功與能
12	★★★	
13	★★	第九章　張力與壓力
14	★★★	
15	★★★	

題號	難易度	考點出處
16	★★	第十章　剪力
17	★★	第十一章　平面之性質
18	★★	第十二章　樑之應力
19	★★	
20	★★★★	第十三章　軸的強度與應力

(二) 命題分析

113年統測出題較簡單，出了5題觀念題（1、7、11、13、17），其中計算題共15題，題目均比去年簡單，但觀念題偏難一點（第11題），計算題以第20題較難，今年材力（9～13章）出8題，靜力（1～4章）出6題，動力（5～8章）出6題，算是分配滿平均之一年。

本書是所有市面書籍中觀念最詳細、內容最正確的參考書，只要好好研讀本書，統冊能拿滿分是輕而易舉的。

第一章　力的特性與認識

重要度 ★☆☆☆☆

1-1 力學的種類

力學是物理學的一部分，力學為研究物體受力作用後所產生運動狀態的改變或變形效應的科學。凡機械工程、土木工程、水利工程、航空工程，力學為其必需具備的基礎科學。

力學可分為三大部分，即應用力學（剛體力學）、材料力學及流體力學。

1. 應用力學為不討論應力和變形的科學，應用力學即為力的外效應，把物體當成剛體，應用力學分為靜力學、運動學和動力學。

靜力學	靜力學為研究物體在平衡狀態下的條件。物體平衡時，為靜止或作等速直線運動。
運動學	運動學為研究物體運動的改變（如位移、速度、加速度之關係）而不討論影響運動因素。
動力學	動力學為研究物體影響運動狀態改變之因素關係；也就是力、時間、空間與質量的關係。

2. 材料力學：把物體視為可變形體，材料力學為研究物體受力作用後其內部所產生內應力和變形（即內效應）之科學。

3. 研究力學時，需要考慮到四個基本量，即：力、質量、時間和空間。

小試身手

( )　**1** 一般對力學之研究，通常分為三部分：剛體力學、材料力學及　(A)靜力學　(B)動力學　(C)運動學　(D)流體力學。

( )　**2** 研究物體運動時之狀態改變，討論影響運動因素的科學稱為　(A)動力學　(B)靜力學　(C)運動學　(D)材料力學。

( )　**3** 力學四個基本量為　(A)時間、空間、重量與力　(B)時間、空間、質量與力　(C)時間、速度、重量與力　(D)時間、速度、質量與力。

(　) 4 研究物體運動時狀態之改變，並不討論影響運動之因素的科學稱為　(A)動力學　(B)靜力學　(C)運動學　(D)材料力學。

(　) 5 一個物體在平衡狀態，係指該物體在　(A)靜止狀態　(B)作等速直線運動　(C)作等速圓周運動　(D)靜止或等速直線運動。

(　) 6 力學是下列何項工程科學必須應用之基礎科學？　(A)機械工程　(B)土木工程　(C)水利工程　(D)以上皆是。

(　) 7 討論物體受力後的平衡狀態者為　(A)靜力學　(B)材料力學　(C)動力學　(D)運動學。

1-2　力的觀念

1. 力的定義為使物體之變形，或使物體運動狀態改變趨勢者稱為力。力是一種作用。

2. 力為向量，兩物體間才有力之作用，力不能單獨存在，必須是成對發生的；所以有作用力，必有反作用力，因此宇宙間力的總數恆為偶數。

3. 力之種類：

　(1) 依內外力之分：

　　① 外力：從物體之外面（或外界）加於其上之力稱為外力。

　　② 內力：物體受外力作用後，內部相對應所生的抵抗力。

　(2) 依接不接觸分為：

　　① 接觸力：物體間必須接觸才有力之作用。如摩擦力、壓力等。

　　② 超距力：不需接觸即有力之作用。如電力、磁力、萬有引力（重力）等。

　(3) 依力之分布情況而分：

　　① 集中力：是指作用力集中於一點者，如圖(a)所示。

　　② 分布力：是指作用力分布於一段長度或某一面積者，如圖(b)(c)所示。

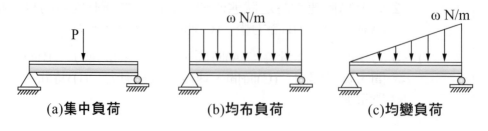

(a)集中負荷　　　(b)均布負荷　　　(c)均變負荷

4. 力之效應：

 (1) 力的外效應：剛體受力作用而改變其運動狀態，或產生之阻力或反作用力稱為力的外效應，為應用力學所研究之問題。

 (2) 力的內效應：非剛體受力而產生變形，使物體內部抵抗力之作用而產生內應力，為材料力學所研究之問題。

5. 力之三要素：為大小、方向、作用點（或施力點），如右圖所示。

長短表大小 10牛頓　箭頭表方向　4　3　作用點

小試身手

(   ) **1** 力具備的三要素為 　(A)大小、方向、指向　(B)大小、方向、空間　(C)大小、時間、空間　(D)大小、方向、作用點。

(   ) **2** 力之傳遞可經由接觸或不經接觸，下列何者為不經接觸傳遞之力？　(A)桌椅對地板之壓力　(B)汽缸中蒸氣對活塞之推力 (C)兩球相撞之碰撞力　(D)磁力。

(   ) **3** 凡一物體作用於另一物體，使後者之運動狀態發生變更或有變更之趨勢時，此種作用稱之為　(A)力　(B)慣性　(C)力矩 (D)力之可傳性。

(   ) **4** 下列何者屬於物體之外效應？　(A)伸長　(B)熱脹冷縮　(C)彎曲變形　(D)運動。

1-3　向量與純量

1. 向量：凡具有大小及方向之量稱為向量，如力、力矩（彎曲力矩、彎矩）、位移、速度、加速度、力偶、衝量、動量、重量等。

2. 純量：只有大小而沒有方向之量。具有數值及單位。如距離、路徑、面積、速率、慣性矩、質量、動能、位能、能量、時間、密度、功、功率等。

3. 向量可分為三種：

自由向量	凡向量之原點可以自由決定之向量，如力偶矩、角速度、加速度。
滑動向量	凡一向量之原點可在其作用線上任意移動（或前後滑動）之向量，如運動效應之力、力矩，即靜力學中之力。
固定向量（或拘束向量）	凡一向量之原點固定不能任意移動之向量，如產生變形。效應之力（即內應力或材料力學和內效應所指之力）。

小試身手

(　) **1** 下列何者為純量？　(A)質量　(B)力　(C)速度　(D)位移。

(　) **2** 產生運動效應之力為　(A)自由向量　(B)滑動向量　(C)固定向量　(D)純量。

(　) **3** 下列何者錯誤？　(A)動能為純量　(B)轉動慣量為向量　(C)加速度為向量　(D)時間為純量。

(　) **4** 下列何者為向量？　(A)質量　(B)力偶　(C)速率　(D)功。

(　) **5** 研究力對物體所產生內效應時，必須把力當作何種向量處理？　(A)滑動向量　(B)自由向量　(C)拘束向量　(D)對稱向量。

1-4 力的單位

力的單位分為重力單位和絕對單位。

1. 絕對單位（SI制單位）：以長度、質量、時間為基本量所制定之單位。
   (1) 1牛頓為使1kg物體產生1m/sec^2之加速度所需之力（M.K.S.制牛頓）。
   (2) 1達因為使1g物體產生1cm/sec^2之加速度所需之力（C.G.S.制達因）。

2. 重力單位：以長度、重量、時間為基本量所制定之單位。
   (1) 1克重：質量1克在45度海平面所受之引力大小稱為1克重。力的重力單位：C.G.S.制克重；M.K.S.制公斤重（力的絕對單位為牛頓或達因）。
   (2) 1公斤重：1公斤在45度海平面所受之引力大小稱為1公斤重。

常見之單位	1克重＝980達因	1馬力＝$75\text{kg}\cdot\text{m/s}$＝736瓦特
	1牛頓＝1仟克－米/秒^2	1瓦特＝$1\text{N}\cdot\text{m/sec}$
	1仟瓦＝1.36馬力	1牛頓＝10^5達因
	1（帕斯卡）$\text{Pa}＝1\text{N/m}^2$	1公里/小時＝$\dfrac{1000\text{m}}{3600秒}$
	1仟克重＝9.8牛頓	

   (3) 重量$W＝mg$，1公斤重＝$1\text{kg}\times9.8\text{ m/s}^2$＝9.8 牛頓

   1克重＝$1\text{g}\times980\text{ cm/s}^2$＝980 達因

   (4) 應力（和彈性係數）的單位為MPa、GPa、$\text{kgf}／\text{cm}^2$、Psi等。
   (5) 力矩的單位為N－m，kgf－m，kgf－cm，N－cm……等。

小試身手

(　) **1** 使質量1公斤的物體，產生1公尺／秒²之加速度時，所需的力量稱為　(A)1達因　(B)1牛頓　(C)1克重　(D)1仟克重。

(　) **2** 在C.G.S.制中，力的絕對單位是　(A)g·cm/sec　(B)kg·m/sec　(C)kg·m　(D)g·cm/sec²。

(　) **3** 在M.K.S.制中，力的絕對單位是　(A)公斤重　(B)牛頓　(C)瓦特　(D)達因。

(　) **4** 質量1仟克的物體，產生9.8米／秒²之加速度時，所需的力量稱為　(A)1達因　(B)1牛頓　(C)1克重　(D)1仟克重。

(　) **5** 國際單位SI制中，MKS制力的單位為
(A)kg·m/sec　(B)kg·m/sec²　(C)g·cm/sec　(D)g·cm/sec²。

(　) **6** 作用力1牛頓，可使100g之物體產生　(A)0.1　(B)1　(C)10　(D)100　m/sec²之加速度。

1-5 力系

兩個或兩個以上之力，同時作用於一物體或結構上，稱為力系。

1. 依平衡狀態分為：

平衡**力系**	力系對原來物體不發生運動效應時，此力系稱為平衡力系（即靜止或等速直線運動）。
不平衡力系	力系會改變原來物體之運動效應時，稱為不平衡力系。

2. 等值力系：兩力系對物體產生之外效應完全相同時，稱為等值力系。

小試身手

(　) **1** 若一力系對原來物體不發生運動效應時，稱此力系為　(A)同平面共點力系　(B)同平面非平行力系　(C)等值力系　(D)平衡力系。

(　) **2** 當兩力對同一物體所產生之外效應完全相同時，則此二者稱為　(A)同平面共點力系　(B)空間平行力系　(C)平衡力系　(D)等值力系。

1-6　力之可傳性

1. 力的可傳性：作用於物體之力，可沿力的作用線前後移動，不會改變力的外效應，稱為力的可傳性。力的可傳性僅適用於剛體對外效應沒有影響，可將力視為滑動向量；而在討論力之內效應時則不可使用，討論應力、變形、內效應只能將力視為固定向量（拘束向量）。

2. 剛體：物體受力作用時，體內各質點間之距離均保持不變者，稱為剛體，為一理想之物體。宇宙並無剛體存在。

小試身手

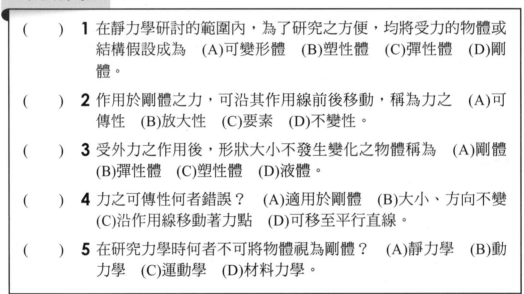

(　) **1** 在靜力學研討的範圍內，為了研究之方便，均將受力的物體或結構假設成為　(A)可變形體　(B)塑性體　(C)彈性體　(D)剛體。

(　) **2** 作用於剛體之力，可沿其作用線前後移動，稱為力之　(A)可傳性　(B)放大性　(C)要素　(D)不變性。

(　) **3** 受外力之作用後，形狀大小不發生變化之物體稱為　(A)剛體　(B)彈性體　(C)塑性體　(D)液體。

(　) **4** 力之可傳性何者錯誤？　(A)適用於剛體　(B)大小、方向不變　(C)沿作用線移動著力點　(D)可移至平行直線。

(　) **5** 在研究力學時何者不可將物體視為剛體？　(A)靜力學　(B)動力學　(C)運動學　(D)材料力學。

1-7　力學與生活的關聯

力學的應用如螺旋為斜面之應用、滑車、筷子、剪刀、釘書機、扳手，利用槓桿原理來達到省力或省時之目的。飛機的機翼利用流體力學的伯努力原理；車輛的煞車為摩擦力之應用。

小試身手

(　) **1** 筷子、天平、剪刀是利用何種原理　(A)斜面　(B)螺旋　(C)槓桿　(D)摩擦。

(　) **2** 螺旋是何種原理之應用？　(A)斜面　(B)槓桿　(C)惠斯登滑車　(D)摩擦。

綜合實力測驗

( ) **1** 研究物體之運動而不計其影響運動之因素的科學稱為 (A)動力學 (B)靜力學 (C)運動學 (D)材料力學。

( ) **2** 對力學之研究，通常可分為三部分，即剛體力學、非剛體力學及 (A)靜力學 (B)動力學 (C)材料力學 (D)流體力學。

( ) **3** 力學為下列何項工程科學必須應用之基礎科學？ (A)機械工程 (B)土木工程 (C)水利工程 (D)以上皆是。

( ) **4** 產生運動效應之力可視為 (A)自由向量 (B)滑動向量 (C)純向量 (D)拘束向量。

( ) **5** 下列對力的敘述，何者正確？ (A)力可單獨存在 (B)任何一物體都有力的表現 (C)兩物體間才會有力的表現 (D)力是一種能量。

( ) **6** 在動力學研討的範圍內，為了研究方便，均將受力的物體設為 (A)可變形體 (B)可塑性 (C)彈性體 (D)剛體。

( ) **7** 重量、力、動能、功、速率等五種物理量，請問下列敘述何者為真？ (A)只有重量與動能為向量 (B)只有力為向量 (C)只有速率與動能為純量 (D)只有速率、功、動能為純量。

( ) **8** 凡一物體作用於他一物體，使後者之運動狀態發生變更或有變更之趨勢時，此種作用稱之為 (A)力 (B)慣性 (C)力矩 (D)力之可傳性。

( ) **9** 考慮物體受力所生之內力與變形問題，乃屬於何種力學？ (A)靜力學 (B)剛體力學 (C)材料力學 (D)動力學。

( ) **10** 產生變形效應之力，是屬於下列何種向量？ (A)自由向量 (B)滑動向量 (C)拘束向量 (D)純量。

( ) **11** 研究動物運動狀態之改變及其改變之原因之學問為 (A)靜力學 (B)動力學 (C)彈力學 (D)運動學。

( ) **12** 力於作用線上任意移動，不改變其大小與方向，不會改變力對物體所產生的外效應，此稱為力的可傳性。下列何者不屬於物體受力後的外效應？ (A)運動 (B)轉動 (C)移動 (D)變形。

( ) **13** 下列哪一門學科，不能將物體視為剛體 (A)材料力學 (B)靜力學 (C)動力學 (D)運動學。

（　　）**14** 下列何者為力對物體之外效應？　(A)支承反力　(B)剪力　(C)應力　(D)變形。

（　　）**15** 下列之敘述，何者有誤？　(A)力的三要素為大小、方向及著力點　(B)力偶矩是屬於自由向量　(C)純量是指沒有單位的物理量　(D)研究物體之運動，常視物體為一質點。

（　　）**16** 在靜力學的研討範圍內，均將受力的物體或結構體假設成為　(A)彈性體　(B)塑性體　(C)剛體　(D)非剛體。

（　　）**17** 在C.G.S.制中，力的絕對單位是　(A)$g \cdot cm/sec$　(B)$kg \cdot m/sec$　(C)$kg \cdot m/sec^2$　(D)$g \cdot cm/sec^2$。

（　　）**18** 下列何者為純量？　(A)力　(B)力矩　(C)功　(D)動量。

（　　）**19** 定滑輪會改變物體的　(A)加速度　(B)能量　(C)運動方向　(D)機械利益。

（　　）**20** 下列何者為力的國際單位（SI制）？　(A)N　(B)kg　(C)kgf　(D)kN/m^2。

（　　）**21** 所謂剛體（Rigid Body）其定義為　(A)鋼質的物體　(B)受外力可變形，但不致破壞之物體　(C)非金屬物體的統稱　(D)體內任何二點間之距離永不改變的物體。

（　　）**22** 有關力的可傳性，下列何者正確？　(A)可將力視為一自由向量　(B)可適用於力的變形效益　(C)必須有固定的著力點　(D)在同一直線上力可任意滑動而不影響其運動效應。

（　　）**23** 下列何者屬於物體之外效應？　
(A)伸長　(B)縮短　(C)彎曲　(D)運動。

（　　）**24** 力學之研究，必須考慮之四個要素為　(A)時間、空間、重量與力　(B)時間、速度、重量與力　(C)時間、空間、質量與力　(D)時間、速度、質量與力。

（　　）**25** 作用於剛體之力，可沿其作用線前後移動，是為力之　
(A)可傳性　(B)不變性　(C)要素　(D)放大性。

（　　）**26** 加速度是屬於　(A)拘束向量　(B)自由向量　(C)滑動向量　(D)純量。

（　　）**27** 下列敘述何者正確？　(A)力可沿其作用線前後自由滑動，故為自由向量　(B)力是存在於相互作用的兩物體之間，力是無法單獨存

在　(C)在地球緯度的45°海平面上，1公斤質量的物體，其重量恰好等於9.8公斤　(D)材料力學是研究力與剛體之間的關係。

(　　) **28** 下列何種物理量可視為純量？　(A)質量×加速度　(B)力×位移　(C)力×力臂　(D)質量×速度。

(　　) **29** 力之單位中，1牛頓為使質量1kg之物體產生多少？m/sec^2 之加速度所需之力　(A)1　(B)9.8　(C)1/9.8　(D)32.2。

(　　) **30** 力之傳遞可經由接觸或不接觸，下列何者為不經接觸傳遞之力？　(A)桌椅對地板之壓力　(B)汽缸中蒸氣對活塞之推力　(C)摩擦力　(D)磁力。

(　　) **31** 下列各物理量何者不具方向性？　(A)加速度　(B)速率　(C)位移　(D)作用力。

(　　) **32** 下列各種物理量何者為純量　(A)位移　(B)速度　(C)加速度　(D)溫度。

(　　) **33** 力是一種　(A)物質　(B)物體　(C)現象　(D)作用。

(　　) **34** 下列之物理量，何者為非向量？　(A)速度　(B)時間　(C)位移　(D)動量。

(　　) **35** 下列敘述何者正確？　(A)力偶矩是自由向量，所以開車時雙手緊握方向盤兩端且朝任意方向施力，皆可以轉動方向盤　(B)由於力的可傳性，力可以在其作用線上前後移動，而不影響對彈性體的外部效應　(C)太空人在月球表面漫步時，太空人的質量比在地球表面漫步時輕　(D)棒球比賽時所擊出的強勁平飛球，球的飛行軌跡屬於曲線運動。

(　　) **36** 有關結構受到施加外力或負荷，下列敘述何者正確？　(A)集中點力F＝10Pa，作用於特定點的x方向　(B)點力矩M＝100N-m，順時針方向，作用於特定點　(C)結構應力σ＝100N，作用於特定點的y方向　(D)線均佈力q＝10N-m，作用於特定點的z方向。

(　　) **37** 下列敘述何者正確？　(A)力的可傳性原理僅適用於力對剛體的外效應　(B)力矩及速率都是具有大小及方向的向量　(C)面積及重量都是具有大小而無方向的純量　(D)MKS制中，公斤重是力的絕對單位。

(　　) **38** 機械力學所需四個基本要素的單位，下列哪一個是正確的？　(A)力量：kg-m/s^2　(B)質量：km　(C)長度：kg　(D)時間：N-s/m。

第二章　同平面力系

重要度 ★★★★★

2-1　力的分解與合成

1. 力的分解：將一單力分解為兩個或兩個以上之分力，而不改變外效應，稱為力的分解。一單力若無任何限制，可分解成無數個分力（分力不一定比原來的力量小），一般力學，為了運算容易，通常將一力分為兩個互相垂直的分力：x軸分力F_x和y軸分力F_y；或物體在斜面上時則分解成與斜面垂直和平行之兩分力，如圖2-1所示。

(1) 夾角法：

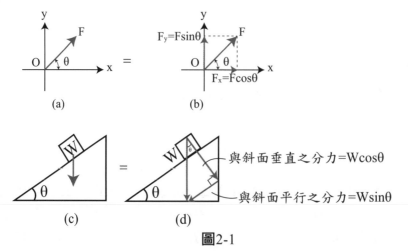

圖2-1

註 常用三角函數之函數值：$\sqrt{2}=1.414$，$\sqrt{3}=1.732$

	30°	45°	37°	53°	60°	0°	90°	120°	135°	150°
sin	$\frac{1}{2}$	$\frac{1}{\sqrt{2}}$	$\frac{3}{5}$	$\frac{4}{5}$	$\frac{\sqrt{3}}{2}$	0	1	$\frac{\sqrt{3}}{2}$	$\frac{1}{\sqrt{2}}$	$\frac{1}{2}$
cos	$\frac{\sqrt{3}}{2}$	$\frac{1}{\sqrt{2}}$	—	$\frac{3}{5}$	$\frac{1}{2}$	1	0	$-\frac{1}{2}$	$-\frac{1}{\sqrt{2}}$	$-\frac{\sqrt{3}}{2}$
tan	$\frac{1}{\sqrt{3}}$	1	$\frac{3}{4}$	$\frac{4}{3}$	$\sqrt{3}$	0	∞	$-\sqrt{3}$	-1	$-\frac{1}{\sqrt{3}}$

(2) 比例法：向量之表示法：箭頭表方向，長短表大小。如圖2-2所示，邊長與力量成正比之關係，即：邊長比＝力量比。力的分解為欲分的方向劃平行線通過欲分力量的尾和頭。

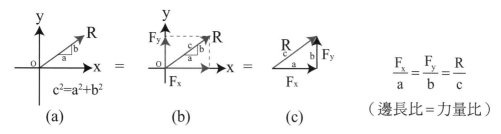

$$\frac{F_x}{a} = \frac{F_y}{b} = \frac{R}{c}$$

（邊長比＝力量比）

圖2-2

範題解說 1	即時演練 1
如圖所示，物體受力250N與斜面成37°試求(1)沿斜面及垂直於斜面之分力？(2)水平及垂直分力各為多少牛頓？	如圖所示之一力F為100N，試將其分解為水平分力及垂直分力。

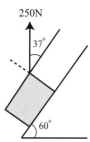

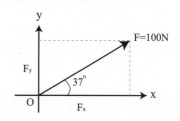

詳解

(1)沿斜面平行之分力

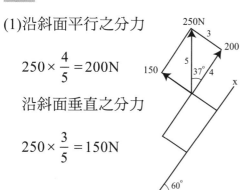

$$250 \times \frac{4}{5} = 200N$$

沿斜面垂直之分力

$$250 \times \frac{3}{5} = 150N$$

註

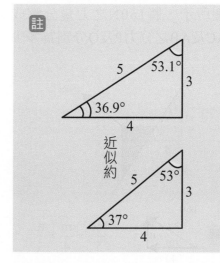

近似約

(2)X軸之分力

　　$150 \times \cos 30° - 200\cos 60°$

　　$= 29.9N(\leftarrow)$

　　Y軸之分力

　　$200\sin 60° + 150\sin 30°$

　　$= 248.2N(\uparrow)$

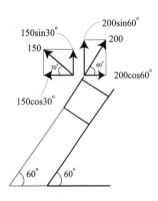

範題解說 2

如圖所示，將160N之力量分解成沿AC及AB之分力P及Q分別為多少N？

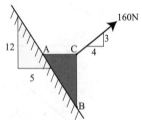

詳解　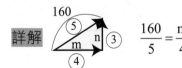 $\dfrac{160}{5} = \dfrac{m}{4} = \dfrac{n}{3}$

$\therefore m = 128，n = 96$

即時演練 2

將26N之力分解為兩分力，一力P垂直於斜面AB，另一力Q沿斜面AB。

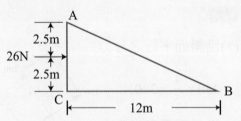

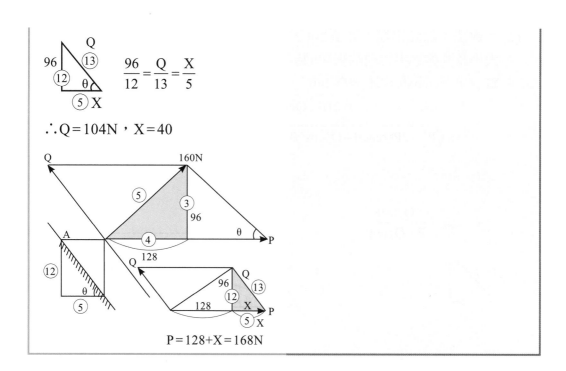

$$\frac{96}{12}=\frac{Q}{13}=\frac{X}{5}$$

∴Q＝104N，X＝40

P＝128＋X＝168N

2. 力的合成：將作用於物體上的所有力量，以一個力量取代，則此力稱為力的合力。將數個力合為一單力的方法，稱為力的合成。此數個力的合力只有一個，力的合成方法有圖解法和代數法兩種。

(1) 圖解法：

① 平行四邊形法：如圖2-3(a)所示，P、Q兩向量之合向量，以P、Q為邊畫一平行四邊形，連接對角線，則R為P、Q之合力。

② 三角形法：將P、Q頭尾相連，連接斜邊，則向量R即為P、Q兩力之合力，如圖2-3(b)所示。

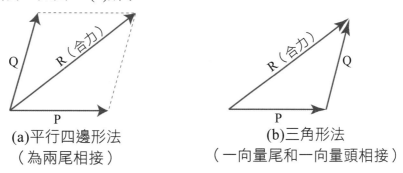

(a)平行四邊形法
（為兩尾相接）

(b)三角形法
（一向量尾和一向量頭相接）

圖2-3　力的合成

(2) 代數法：餘弦定理：如圖2-4所示，P、Q為二力之夾角θ，則合力R之大小及其與水平方向的夾角α為

$\Sigma F_x = P + Q\cos\theta$，$\Sigma F_y = Q\sin\theta$

合力$R = \sqrt{(\Sigma F_x)^2 + (\Sigma F_y)^2} = \sqrt{(P + Q\cos\theta)^2 + (Q\sin\theta)^2}$

$= \sqrt{P^2 + 2PQ\cos\theta + Q^2\cos^2\theta + Q^2\sin^2\theta}$

$\therefore$ 合力$R = \sqrt{P^2 + Q^2 + 2PQ\cos\theta}$，$\tan\alpha = \dfrac{\sum F_y}{\sum F_x} = \dfrac{Q\sin\theta}{P + Q\cos\theta}$

$\therefore \alpha = \tan^{-1}\dfrac{Q\sin\theta}{P + Q\cos\theta}$

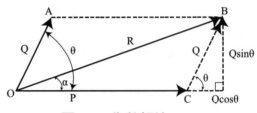

$\tan\alpha = \dfrac{\sum F_y}{\sum F_x}$

合力$R = \sqrt{\sum F_x{}^2 + \sum F_y{}^2}$

圖2-4　代數解法

討論：① 當θ＝0°時，兩力同向，cosθ＝1，合力之值最大，合力R＝P+Q。

② 當θ＝180°時，兩力反向，cosθ＝－1，合力之值最小，合力R＝P－Q。

③ 當θ＝90°時，兩力垂直，則$R = \sqrt{P^2 + Q^2}$。

④ 當θ＝120°時，若P＝Q＝F時，

合力$R = \sqrt{F^2 + F^2 + 2FF\cos120°} = F$。

(3) 力學正弦定律：$\dfrac{F_1}{\sin\theta_1} = \dfrac{F_2}{\sin\theta_2} = \dfrac{F_3}{\sin\theta_3}$

(4) 數學正弦定理：$\dfrac{a}{\sin\theta_a} = \dfrac{b}{\sin\theta_b} = \dfrac{c}{\sin\theta_c}$

$c^2 = a^2 + b^2 - 2ab\cos\theta_c$

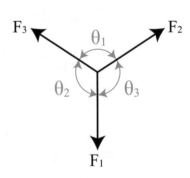

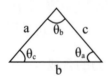

(5) 合力不一定比分力大，分力不一定比原來的力量小。

範題解說 3	即時演練 3

範題解說 3

如圖所示，若P及Q兩力互成120°相交一點O，已知P＝40N，且其合力R與P垂直，試求合力R與另一力Q大小各為多少？

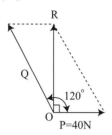

詳解 由三角形法 $\dfrac{R}{\sqrt{3}} = \dfrac{Q}{2} = \dfrac{40}{1}$

$\therefore R = 40\sqrt{3}$ (N)

$Q = 80$(N)

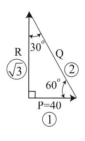

即時演練 3

如圖所示之兩力，試求其合力大小及方向。

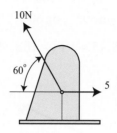

範題解說 4	即時演練 4

範題解說 4

已知一力F＝100N作用在一固定托架上，如右圖，試將此力分解成X及Y兩方向之分量（註解：sin50°＝0.766，sin70°＝0.9397）

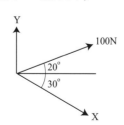

即時演練 4

如圖所示，一點受兩拉力20N和10N作用，試求合力之大小及方向。

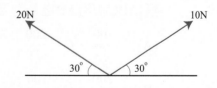

詳解

由正弦定理

$$\frac{F_x}{\sin 70°} = \frac{F_Y}{\sin 50°} = \frac{100}{\sin 60°}$$

$\therefore F_Y = 88.45N$，$F_X = 108.5N$

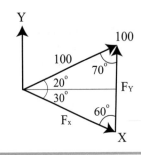

小試身手

( )　**1** 一個平面上的力最多可以分解成多少個分力？　(A)一個　(B)兩個　(C)三個　(D)無限多個。

( )　**2** 合力之敘述下列何者正確？　(A)一定大於分力　(B)一定小於分力　(C)不一定大於或小於分力　(D)必等於分力之平均值。

( )　**3** 如有兩力大小皆為20N，兩力間夾角為120°時，則其合力大小為　(A)$20\sqrt{7}$ N　(B)$20\sqrt{2}$N　(C)20N　(D)$10\sqrt{5}$ N。

( )　**4** 有P、Q二力共作用於一點上，大小各為P＝10N、Q＝$10\sqrt{3}$ N，夾角為30°，則合力大小為

(A)10N　(B)$10\sqrt{5}$ N　(C)$10\sqrt{7}$ N　(D)20N。

( )　**5** 如右圖所示，水平力R＝100N，分解沿BC和沿AB之分力為Q和P，則

(A)$P = \dfrac{100}{\sqrt{3}}$、$Q = \dfrac{200}{\sqrt{3}}$

(B)$P = \dfrac{200}{\sqrt{3}}$、$Q = \dfrac{100}{\sqrt{3}}$

(C)$P = \dfrac{50}{\sqrt{3}}$、$Q = \dfrac{100}{\sqrt{3}}$

(D)$P = \dfrac{100}{\sqrt{3}}$、$Q = \dfrac{50}{\sqrt{3}}$。

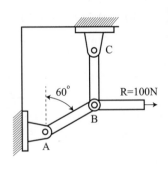

( ) **6** 如右圖所示，試把200N分解為沿AB
方向之分力P和BC方向之分力Q，
則下列敘述何者正確？
(A)P＝160N
(B)P＝120N
(C)Q＝250N
(D)Q＝150N。

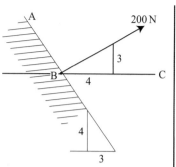

( ) **7** 一力F作用於一剛體三角形零件上，此零件與一錐形面緊密貼
合，如下圖所示。如果將此作用力F＝260N分解成兩個分量，
一分量F_p與AB線方向平行，另一分量F_v與AB線方向垂直，則
下列敘述何者為正確？
(A)F_p＝240N
(B)F_v＝240N
(C)F_p＝120N
(D)F_v＝120N。

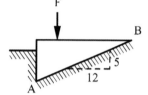

( ) **8** 已知水平力$\bar{P}$之大小為$\sqrt{3}$牛頓向右，另一垂直向上的力$\bar{Q}$大
小為1牛頓，若兩力作用於一點上，則其合力之方向為
(A)與$\bar{Q}$成45° (B)與$\bar{P}$成45°
(C)與$\bar{Q}$成30° (D)與$\bar{P}$成30°。

( ) **9** 如右圖所示，求F＝500N在Y軸方向
之分力約為多少N？
(A)196 (B)460
(C)500 (D)600。

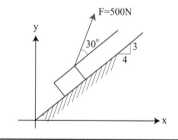

2-2 自由體圖

1. 自由體圖：將受力之物體（全部或物體之一部分）單獨畫出，將其他物體
作用於此物體之力（包括作用力、接觸點之反作用力及重量等），全部標
明之圖形，稱為自由體圖或分離體圖。

2. 畫自由體圖應注意事項：
   (1) 光滑接觸面只受正向力，正向力與接觸面垂直。
   (2) 物體的重量永遠向下。
   (3) 繩子之作用必為張力，離開物體，繩子的力量在繩子上。
   (4) 光滑銷釘或鉸接，其反作用力為互相垂直之兩個力。

(5) 固定支承有水平和垂直反力外，尚有一反作用力矩M。

(6) 自由體圖上的未知力可任意假設其方向，若算出來答案為負值，表示與假設方向相反。

(7) 相同的分開點對兩個自由體圖而言，力量大小相等方向相反。

(8) 自由體圖上力的總數，與分離物總數相等。

(9) 自由體圖上的力，無論為已知或未知，均應全部畫出來。

3. 自由體圖之畫法：如表所示，各種支承與拘束所相當之反力。

名稱	組合體圖	自由體圖	
1.物體	物體 地球	物體 重量 W	（在地球上重量永遠向下）
2.繩索 （未知力一個）	θ	沿繩作用之一力 T θ T:繩子張力向外	
3.光滑面 （未知力一個）	θ	N:正向力 θ N	（光滑接觸面，正向力與接觸面垂直）
4.滾輪 （未知力一個）	θ θ	N θ	（為垂直於滾輪滾動之平面）
5.光滑銷釘或鉸接 （未知力有兩個）	或	Rx Ry	（通常以一水平分力及一垂直分力表示）
6.固定端 （未知力有三個）		M Rx Ry	（通常以一水平分力、一垂直分力及一力矩表示）

範題解說 **1**	即時演練 **1**
如圖所示，所有接觸面均為光滑，試繪出兩圓柱之自由體圖。	如圖所示，桿重不計，畫出AD、CB桿子的自由體圖。

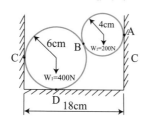

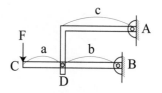

詳解

(1)B點沒分開沒有力量

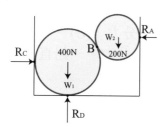

$W_1 W_2$ 一起之自由體圖

(2)

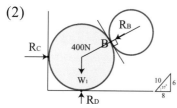

W_1 之自由體圖

(3)

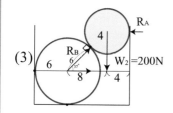

W_2 之自由體圖
注意：W_1 與 W_2
自由體圖
R_B 之大小相等，
方向相反。

小試身手

( ) **1** 對下列接觸點反作用力的自由體圖畫法何者最不正確？

(A)在光滑軌道中之釘銷　　(B)光滑釘銷

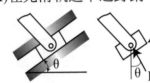
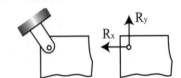

(C)光滑表面　　(D)繩索。

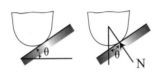
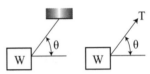

( ) **2** 一懸臂樑固定端反作用力有　(A)一鉛直分力　(B)一水平分力
(C)一水平分力及一鉛直分力　(D)一水平分力、一鉛直分力及
一彎曲力矩。

2-3 力矩與力矩原理

1. 力矩：當物體受力作用，使物體繞某一點或某一軸產生轉動趨勢，稱為力矩，以M表示。 力矩之大小為：（力）×（力至支點之垂直距離），此垂直距離稱為力臂，此支點稱為力矩中心。

   對O點之力矩 $M_O = F \times d$

   註 (1)力矩為一種滑動向量，可前後滑動而不會改變其大小。

   (2)力矩之方向由右手定則決定，即右手四指表旋轉方向時，大拇指所指方向即為力矩之方向，如圖2-5所示。

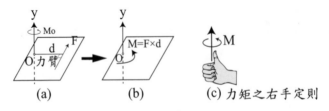

   (a)　　　　　　(b)　　　　　(c) 力矩之右手定則

圖2-5　力矩大小與方向

   (3)若力的作用線通過力矩中心或轉軸時，其力臂為0，力矩亦為0。

   (4)當力的作用線與轉軸平行，力矩亦為0。

   (5)力矩為向量，一般定義逆時針旋轉為正，順時針旋轉為負。

(6)力矩的單位即為力與力臂的單位之乘積，如牛頓-公尺（N-m）、公斤重-公尺（Kgf-m）等。

2.力矩原理：力矩原理為「合力對某點產生之力矩，等於各分力對該點力矩的代數和」，又稱「瓦銳蘭氏定理」、「萬律農定理」。

例如：如圖2-6所示，R為P與Q之合力，PQR三力到平面上某一點之垂直距離分別為p、q、r，則$R \times r = P \times p + Q \times q$（即合力對某一點之力矩（$R \times r$）＝各分力對該點之力矩$P \times p + Q \times q$）

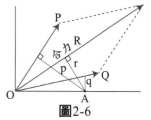

圖2-6

註 計算力矩時，若力臂不易求出時，可先將力分解成水平和垂直兩分力來求出力矩，再由力矩原理求出力臂之大小。

如圖2-7所示，求F對A點力矩時，先將F分為兩分力F_x、F_y，由力矩原理可求出F對A點所產生之力矩，再計算出F之力臂d。

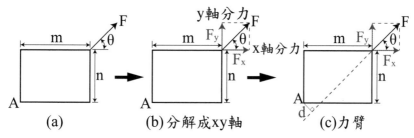

(a)	(b) 分解成xy軸	(c)力臂

圖2-7　力矩原理之應用

由圖2-7可得知，$\Sigma M_A = F_y \times m - F_x \cdot n = F \times d$，可求出d

$$d = \frac{F_y \cdot m - F_x \cdot n}{F}$$

範題解說 1	即時演練 1
如下圖所示，試求250N之力對O點所產生之力矩與力臂。	如下圖所示，試求100N之力對A點所產生之力矩大小與方向。

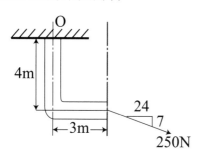

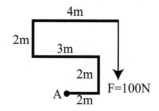

詳解

$$\Sigma M_O = 240 \times 4 - 70 \times 3$$

$$= 750 \text{N-m} \quad \curvearrowleft$$

由力矩原理 $\Sigma M_O = 250 \times d = 750$

∴力臂 $d = 3\text{m}$

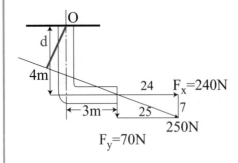

範題解說 2

如下圖所示，40N之力對A點所產生之力矩與方向為多少？

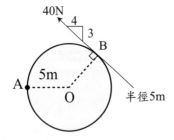

詳解 $\quad d = 5 + 5 \times \dfrac{3}{5} = 8\text{m}$

$$M_A = F \times d = 40 \times 8 = 320 \text{N-m} \quad \curvearrowright$$

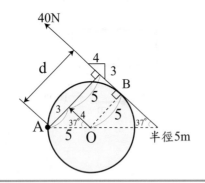

即時演練 2

求10N對A點所產生之力矩與10N到A點之力臂為多少？

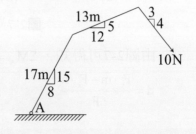

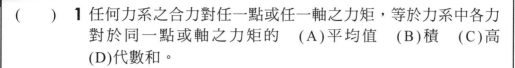

( ) **1** 任何力系之合力對任一點或任一軸之力矩，等於力系中各力對於同一點或軸之力矩的 (A)平均值 (B)積 (C)高 (D)代數和。

( ) **2** 當作用力之作用線與轉軸平行時，其力矩為 (A)零 (B)無限大 (C)作用力乘以距離 (D)作用力除以距離。

( ) **3** 如右圖所示，F力10N對A點的力矩為多少N-m？
(A)15 ↷ (B)25 ↶
(C)25 ↷ (D)25$\sqrt{3}$ ↶。

( ) **4** 如右圖所示，試求100N之力對A點產生之力臂為多少公尺？
(A)1.8
(B)2
(C)2.2
(D)2.4。

( ) **5** 20N作用在斜面中點上，與斜面垂直，如右圖所示，求20N對A點所產生之力矩為多少N-m？
(A)28 ↷ (B)28 ↶
(C)14 ↷ (D)14 ↶。

( ) **6** 如右圖所示，求三力對O點之合力矩為多少N-m？
(A)30
(B)50
(C)60
(D)80。

( ) **7** 如右圖所示，力系對O點力矩和為100N-m（逆時針方向），試求所有力量之合力為多少牛頓？
(A)100 (B)200
(C)90$\sqrt{5}$ (D)180$\sqrt{5}$。

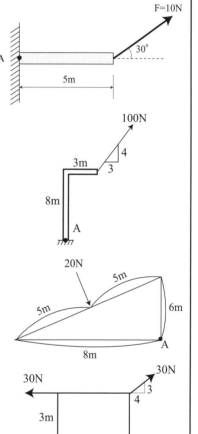

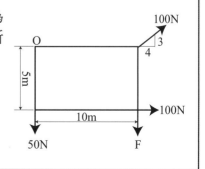

2-4　力偶

1. 力偶：一對大小相等，方向相反，作用線不在同一直線之兩平行力，則形成一力偶（COUPLE），以C表示，如圖2-8所示。多組力偶合併後仍為力偶或零，力偶不能使物體移動但可使物體旋轉。力偶無法用一單力來平衡，力偶要平衡須用大小相等，方向相反之力偶來平衡。

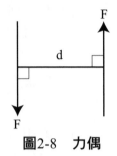

圖2-8　力偶

2. 力偶對平面上任一點之力矩稱為力偶矩，其大小等於力偶之一力與力偶臂之乘積，即力偶矩 $C = F \times d$ 即：力偶矩＝（一力）×（兩力間垂直距離）。力偶矩不因力矩中心之位置而改變，力偶矩是自由向量。

3. 力偶三要素：

   (1)力偶之大小。　(2)力偶旋轉之方向。　(3)力偶所作用的平面或方位。

4. 力偶矩之方向定義與力矩相同，一般仍定義為逆時針旋轉為「正」，順時針旋轉為「負」。

5. 將一力偶轉換為另一力偶，而不會改變其所產生之效應者，稱為力偶轉換。力偶之轉換只適用於以下三種情況：

   (1)力偶可在其作用面內任意移動或轉動，如圖2-9(a)。

   (2)力偶可由一平面移至另一平行平面上，如圖2-9(b)。

   (3)力偶之大小和方向不變下，可將力偶之力和力偶臂之大小任意組合變更，如圖2-9(c)。

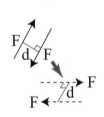

(a)力偶可在作用平面內任意移動或轉動

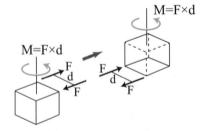

(b)力偶可由一平面移至另一平行之平面

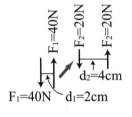

(c)力偶矩固定時，力偶之大小和距離可以任意組合變更

圖2-9　力偶之變換

6. 一力可分解為一力及一力偶，如圖2-10所示，同一平面上之一力及一力偶之合成為一單力。

(1) 一力可分解為一力及一力偶，分解後之力量與原來的力量大小相等，方向相同，但作用位置不同。

(2) 分解後之力偶等於原有的力量對該點的力矩。

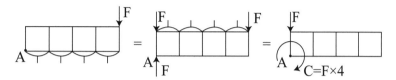

圖2-10　一力可分解為一力及一力偶

範題解說 **1**	即時演練 **1**

如下圖所示之兩組力偶，試求此兩力偶之合力偶大小和方向。

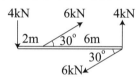

如下圖所示之三組力偶，試求此三力偶之合力偶大小和方向。

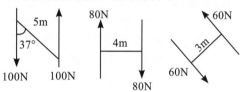

詳解

$C = \Sigma M_A = 4 \times 8 - 6 \times 3 = 14\text{KN-m}$ ↺

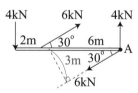

範題解說 **2**	即時演練 **2**

如圖所示之一單力及一力偶以一單力取代之，求此單力之大小和方向。

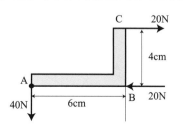

如圖所示，將F=12N之力，分解為通過A點的一單力及一力偶，並求其大小和方向。

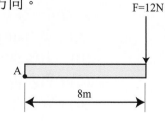

詳解 此單力即為合力，即求合力

之大小和位置$\sum F_X = 0, \sum F_Y = 40 \downarrow$

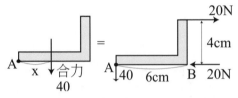

合力對A點之力矩＝各分力對A點之

力矩代數和（取順時針為正）

$\therefore 40 \cdot x = 0 + 0 + 20 \times 4$

$\therefore x = 2\text{cm}$

即合力40N↓在A點右邊2cm

小試身手

( )　**1** 力偶之特性，下列何者為非？　(A)力偶可在所作用平面任意移動　(B)力偶可由一平面任意移動至另一平面　(C)力偶可在所作用平面任意旋轉　(D)力偶矩保持不變，力偶之力與力間距離可任意變動。

( )　**2** 力偶所生之外效應常取決於：力偶矩之大小、力偶作用平面之方位（平面斜率）及　(A)力偶矩之轉動方向　(B)力偶作用力　(C)力偶臂　(D)力偶中心。

( )　**3** 「分解一力為一單力及一力偶」之方法，可改變力之　(A)大小　(B)方向　(C)作用線之位置　(D)大小之方向。

( )　**4** 一力偶由兩個力$\bar{F}$和$\bar{G}$相距d組成，$\bar{F}$垂直向上而$\bar{G}$垂直向下，$\bar{F}$和$\bar{G}$有相同大小（亦即F＝G），$\bar{F}$在$\bar{G}$右邊。則在此力偶所在的平面上，此力偶所形成的力矩大小為　(A)2Gd　(B)2Fd　(C)Fd　(D)(F＋G)d。

( )　**5** 如右圖所示，作用於扳手上40N之力可分解為通過O點之力系為

(A)一單力40N

(B)一力偶240N-cm

(C)一單力40N及一力偶240N-cm

(D)一單力40N及一力偶320N-cm。

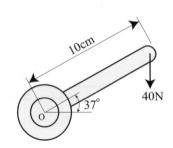

（　）**6** 如圖所示之平面力系，若水平作用力F＝60N通過物體之中央，力偶M＝300N‧m（逆時針）作用於物體某處，作用方向如圖所示，下列圖示何者為其等效單力？

(A) 60 N

(B) 60 N

(C) 60 N

(D) 60 N 。

（　）**7** 如右圖所示，有一力偶作用於T形板上，試變換為作用在A、B兩點垂直方向之相當力偶，則其作用力F最小值為多少牛頓？
(A)24　(B)48　(C)96　(D)120。

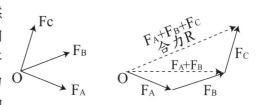

2-5　同平面各種力系之合成及平衡

1. 同平面共點力系：力系中各力之作用線均在同一平面上且交於一點（或延長線交於一點）者，稱為同平面共點力系。

(1) 合成：求共點力系之合力，有圖解法和代數法兩種。

① 圖解法：將向量由三角形法，繪出各力之平行線，然後首尾相接，最後自第一向量之起點與最後一向量之終點相連，其長度即表示合力之大小，箭頭表示方向，如此所形成之多邊形，稱為力多邊形法，如圖2-11所示。

圖2-11　圖解法之力的多邊型法

註 力的多邊形法可求合力的大小與方向，其繪出的先後順序並不會影響合力的結果，當為共線力系時，力多邊形繪出成一直線，若力多邊形繪出為閉合時，則合力為零。

② 代數法：如圖2-12所示，先將每一力分解成X軸及Y軸方向之分力，然後將同向之力相加，反向之力相減，求得X軸及Y軸之合力ΣF_x及ΣF_y，再由畢氏定理求合力之大小與方向。

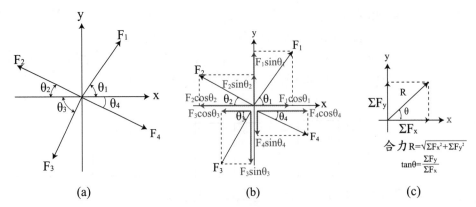

(a)　　　　　　　　(b)　　　　　　　　(c)

圖2-12 代數解法

$$\Sigma F_x = F_1\cos\theta_1 - F_2\cos\theta_2 - F_3\cos\theta_3 + F_4\cos\theta_4$$

$$\Sigma F_y = F_1\sin\theta_1 + F_2\sin\theta_2 - F_3\sin\theta_3 - F_4\sin\theta_4$$

合力$R = \sqrt{(\Sigma F_x)^2 + (\Sigma F_y)^2}$

合力之方向 $\tan\theta = \dfrac{\Sigma F_y}{\Sigma F_x}$　　$\therefore \theta = \tan^{-1}\dfrac{\Sigma F_y}{\Sigma F_x}$

即可求得合力與水平X軸之夾角θ。

(2) 同平面共點力之合力之型式

　① 合力為一單力；即合力$R \neq 0$（$\Sigma F_x \neq 0$或$\Sigma F_y \neq 0$）或力多邊形不閉合。

　② 合力為零（平衡）：即合力$R = 0$（$\Sigma F_x = 0$，$\Sigma F_y = 0$）或力多邊形閉合。

註 同平面共點力系平衡條件有兩個，可求兩個未知力。

範題解說 **1**	即時演練 **1**
如下圖所示，四力作用於O點，試求其合力之大小與方向。	如下圖所示，試求此力系合力之大小與方向。
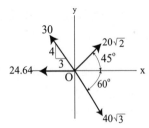	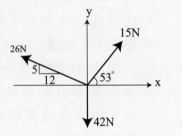

詳解

$\sum F_x = 20 + 20\sqrt{3} - 18 - 24.64 = 12N \rightarrow$

$\sum F_y = 60 - 20 - 24 = 16N \downarrow$

合力$R = \sqrt{12^2 + (16)^2} = 20$牛頓

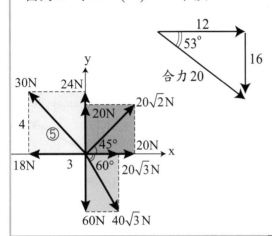

小試身手

( )　**1** 如右圖所示,試求此力系合力之大小為多少牛頓?

(A)15　　　　　(B)20

(C)25　　　　　(D)30。

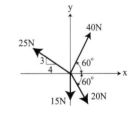

( )　**2** 如右圖所示,試求此力系合力R與X軸方向之夾角θ為多少度?

(A) 　　　(B)

(C) 　　　(D)

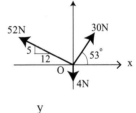

( )　**3** 如右圖所示,R為P、Q、S三力之合力,R為100N,且與水平之夾角37°,若P=20N,則Q、S大小各為多少牛頓?

(A)Q=50N　　　(B)Q=100N

(C)S=20N　　　(D)S=100N。

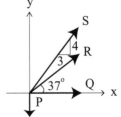

2. 同平面共點力系之平衡：物體合力為零不移動，合力矩為零不轉動，此時
　稱為物體平衡。平衡狀態下，物體所受之合力為零，合力矩亦為零。

　(1) 圖解法（力多邊形法）：同平面共點力系平衡時合力為零，力多邊形
　　　閉合，即第一個力量之起點與最後一個力量之終點相交於同一點，且
　　　所有力量之箭頭必為同向循環，如圖2-13(b)所示。此時任一力必為其
　　　他所有力量之平衡力，如圖2-13(c)，且任一力之反向箭頭為其他分力
　　　之合力，如圖2-13(d)所示。

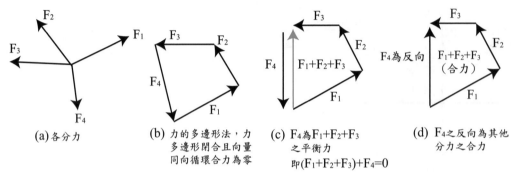

(a) 各分力　　　　(b) 力的多邊形法，力　(c) F_4為$F_1+F_2+F_3$　　(d) F_4之反向為其他
　　　　　　　　　　多邊形閉合且向量　　之平衡力　　　　　　分力之合力
　　　　　　　　　　同向循環合力為零　　即$(F_1+F_2+F_3)+F_4=0$

圖2-13　力的多邊形

　(2) 代數法：同平面共點力系之平衡條件為：$\Sigma F_x=0$，$\Sigma F_y=0$。同平面共點
　　　力系有兩個平衡方程式，可解兩個未知數。

　(3) 二力平衡（二力構件）：一物體受二力作用平衡時，其平衡條件為二
　　　力：大小相等、方向相反、作用在同一直線上，如圖2-14所示。

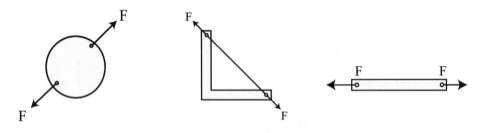

圖2-14　二力平衡（二力構件）

　(4) 三力平衡：三力平衡時，三力若不平行則必相交於一點，且三力必作
　　　用於同一平面上。三力平衡時，任一力之反向為其他兩力之合力。
　　　三力平衡之解法：

① 比例法：三力平衡形成一閉合三角
　　形，各力之向量箭頭成同向循環，
　　則此三角形之邊長比等於三力大小
　　比（即比例法）。

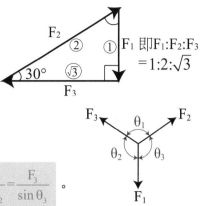

② 代數法：把力量先分解成x軸和y
　　軸之分力，利用平衡時合力為零即
　　$\Sigma F_x = 0$，$\Sigma F_y = 0$求出。

③ 正弦定律（拉密定理）：$\dfrac{F_1}{\sin\theta_1} = \dfrac{F_2}{\sin\theta_2} = \dfrac{F_3}{\sin\theta_3}$。

範題解說 2	即時演練 2

範題解說 2

如下圖鋼球重100N，置於光滑之兩牆壁間，求A、B兩點之反力為多少牛頓？

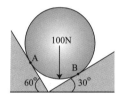

詳解　$\Sigma F_x = 0$，$\dfrac{R_B}{2} - \dfrac{\sqrt{3}}{2}R_A = 0$

$\therefore R_B = \sqrt{3}R_A$

$\Sigma F_y = 0$，$\dfrac{R_A}{2} + \dfrac{\sqrt{3}}{2}R_B - 100 = 0$

$\therefore \dfrac{R_A}{2} + \dfrac{\sqrt{3}}{2}(\sqrt{3}R_A) = 100 = 2R_A$

$\therefore R_A = 50N$，$R_B = 50\sqrt{3}N$

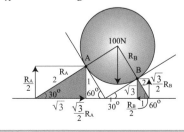

即時演練 2

如下圖之圓球，重120N，用繩子懸吊於牆壁上，求球與牆壁間之反力R及繩之張力T之大小。

範題解說 **3**	即時演練 **3**

如下圖所示的交通號誌由兩條繩索支撐，已知號誌的質量為20kg，則繩索BC和AC的張力各為多少N？

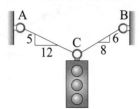

詳解

$\Sigma F_x = 0 \quad \therefore \frac{12}{13}T_1 = \frac{4}{5}T_2 \quad \therefore T_1 = \frac{13}{12} \times \frac{4}{5}T_2$

$\Sigma F_y = 0 \quad \therefore \frac{5}{13}T_1 + \frac{3}{5}T_2 = 196$

$\therefore \frac{5}{13}(\frac{13}{12} \times \frac{4}{5}T_2) + \frac{3}{5}T_2 = 196$

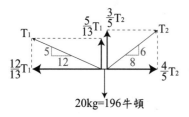

20kg=196牛頓

$\frac{1}{3}T_2 + \frac{3}{5}T_2 = \frac{14}{15}T_2 = 196$

$\therefore T_2 = 210N = T_{BC}$

又 $T_1 = \frac{13}{12} \times \frac{4}{5}T_2 = 182N = T_{AC}$

如下圖所示，試求T_1、T_2繩所受張力各為多少牛頓？

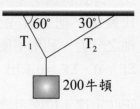

200牛頓

範題解說 **4**	即時演練 **4**

如下圖所示，設圓柱半徑為5cm，重120N，(1)試求欲越過障礙離開地面的最小力P，此時θ角為多少度？(2)θ＝53°時，P至少為多少牛頓才可越過障礙物？

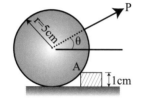

如下圖所示，圓柱體重90N，直徑10cm，在中心O處受一水平拉力P作用，欲將圓柱體拉上2cm高之台階，則拉力P至少需為多少牛頓？此時A點之反作用力為多少？

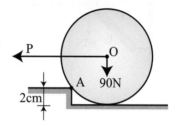

詳解

(1)$\Sigma M_A = 0$，

　$P \times 5 = 120 \times 3$　∴$P = 72N$

　當 $\overline{PO}$ 與 $\overline{AO}$ 垂直時，力量最小，力矩最大　∴$P = 72N$，
　$\theta = 37°$

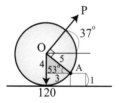

(2)$\Sigma M_A = 0$，

　$\dfrac{3}{5}P \times 4 + \dfrac{4}{5}P \times 3 = 120 \times 3 = \dfrac{24}{5}P$

　∴$P = 75N$

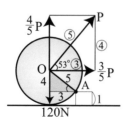

範題解說 5	即時演練 5

範題解說 5

如下圖所示，試求F_1、F_2二桿所受之力量？

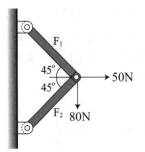

詳解

$\Sigma F_x = 0$，$50 - \dfrac{F_1}{\sqrt{2}} - \dfrac{F_2}{\sqrt{2}} = 0 \cdots\cdots$①

$\therefore F_1 + F_2 = 50\sqrt{2} \cdots\cdots$③

$\Sigma F_y = 0$，$\dfrac{F_1}{\sqrt{2}} - 80 - \dfrac{F_2}{\sqrt{2}} = 0 \cdots\cdots$②

$\therefore F_1 - F_2 = 80\sqrt{2} \cdots\cdots$④

由③+④得到

$\therefore F_1 = 65\sqrt{2}N$，$F_2 = -15\sqrt{2}N$

（負表受壓力）

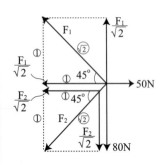

即時演練 5

如圖所示，求桿AB、AC各受力為多少牛頓？

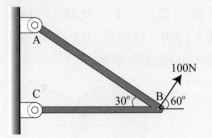

範題解說 **6**	即時演練 **6**

重量皆為24N，半徑5cm之三圓柱，以一條細繩索穿過下面二圓柱中心，若不計所有摩擦力，則細繩索之張力為多少牛頓？A、B球之間作用力多少N？B球與地面間作用力多少N？

如下圖中各接觸面皆為光滑面，W_1 圓筒重300N，W_2重150N，所有接觸面之作用力各為多少N？

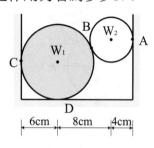

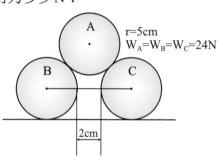

詳解

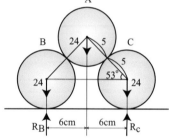

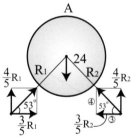

$$\Sigma F_x = 0 , \quad \frac{3}{5}R_1 = \frac{3}{5}R_2$$

$$\therefore R_1 = R_2 \quad \Sigma F_y = 0 ,$$

$$\frac{4}{5}R_1 + \frac{4}{5}R_2 = 24 = \frac{8}{5}R_1$$

$\therefore R_1 = 15N = R_2$

$\therefore$AB球之間作用力R_1為15N，

由B球自由體圖：

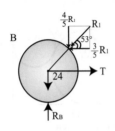

由$\Sigma F_x = 0$，$T = \dfrac{3}{5}R_1 = \dfrac{3}{5} \cdot 15 = 9N$

由$\Sigma F_y = 0$，$R_B = 24 + \dfrac{4}{5}R_1 = 24 + \dfrac{4}{5}$

$\times 15$　$\therefore R_B = 36N \uparrow$（B球與地面作用力）

範題解說 7

如下圖所示的質量系統，已知m_1為2kg，m_2為3kg，所有接觸面均無摩擦且不計繩重。若此系統保持靜止不動，則$\tan\theta$的值為多少？

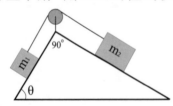

詳解

$T = 2\sin\theta = 3\sin(90° - \theta) = 3\cos\theta$

$\tan\theta = \dfrac{\sin\theta}{\cos\theta} = \dfrac{3}{2} = 1.5$

即時演練 7

如下圖所示A重60N，B重50N，置於光滑之斜面上，在平衡狀態下繩子之張力T和斜面夾角θ值各為多少？

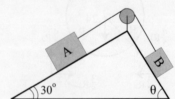

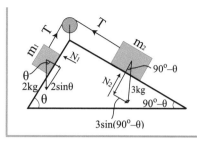

範題解說 **8**	即時演練 **8**

一均勻的粗繩懸掛在兩垂直牆壁間而呈平衡，如圖所示。若繩的兩端A、B點的切線與牆壁夾角分別為53°及37°，粗繩總重量為W，C點為粗繩上最低點，則AC段長度之繩重與BC段長度之繩重的比值為何？

如圖所示，三個直徑相同且重量均為W的光滑圓柱，置於光滑的V形槽上，試求接觸點B的反作用力？（提示：可考量三圓柱的對稱關係）

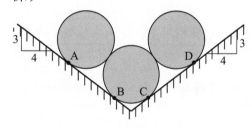

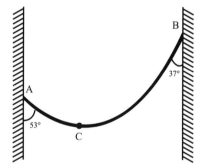

詳解 由$\sum F_X = 0$，

$$T_C = \frac{4}{5}T_A = \frac{3}{5}T_B \quad \therefore T_A = \frac{3}{4}T_B$$

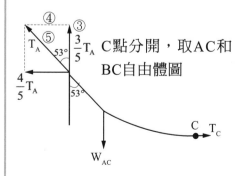

C點分開，取AC和BC自由體圖

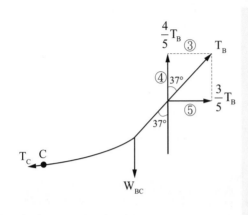

由$\sum F_Y = 0$，$W_{BC} = \dfrac{4}{5} T_B$，$W_{AC} = \dfrac{3}{5} T_A$

$$\dfrac{W_{AC}}{W_{BC}} = \dfrac{\dfrac{3}{5} T_A}{\dfrac{4}{5} T_B} = \dfrac{3}{4} \dfrac{(\dfrac{3}{4} T_B)}{T_B} = \dfrac{9}{16}$$

（∵C點最低點，C點只有水平力）

小試身手

( )　**1** 同平面共點力系求合力，可應用　(A)力矩原理　(B)平行四邊形法　(C)正弦定理　(D)力之可移性。

( )　**2** 一物體受同平面之二力作用而保持平衡時，此物體稱為二力構件，其條件必須為　(A)大小相等，方向相同，作用線在同一直線上　(B)大小不等，方向相反，作用線在同一直線上　(C)大小相等，方向相反，作用線在同一直線上　(D)大小相等，方向相反，作用線不在同一直線上。

( )　**3** 三個大小相等的同平面力，作用於同一點而達平衡，則任兩力之夾角應為多少度？　(A)60°　(B)90°　(C)120°　(D)180°。

( )　**4** 同平面共點力系之平衡條件有幾個？　(A)5　(B)4　(C)3　(D)2。

( )　**5** 三力在同一平面成平衡時，則此三力之作用線　(A)必相交於一點　(B)必相交於兩點　(C)必平行　(D)若不平行則必相交於一點。

( ) **6** 如右圖所示之三連桿保持平衡，水平力R＝100N，BC桿在垂直位置，則BC桿之受力為

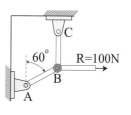

(A)0 (B)50 (C)$\dfrac{100}{\sqrt{3}}$ (D)$\dfrac{200}{\sqrt{3}}$ N。

( ) **7** 如右圖W＝200N，則BC繩所受張力為

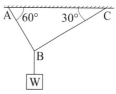

(A)50 (B)86.6
(C)100 (D)173.2 N。

( ) **8** 如右圖，圓筒A重量為450N，B重量為150N，則B與牆壁之作用力為

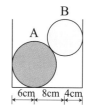

(A)100 (B)200
(C)300 (D)400 N。

( ) **9** 如右圖，天花板之兩掛勾相距2m，一條4m長繩子之兩端分別勾於兩掛鉤上，並在繩子中點掛上重100N之物體，則繩子所受張力為多少N？

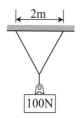

(A)90 (B)$50\sqrt{2}$ (C)$\dfrac{100}{\sqrt{3}}$ (D)$20\sqrt{5}$。

( ) **10** 如右圖所示為三共點且共面之作用力系，當此力系處於平衡時，假設圖中之F和θ已知，則作用力F_1、F_2之大小為多少？

(A)$F_1＝F\sin\theta$、$F_2＝F\cos\theta$ (B)$F_1＝F\sec\theta$、$F_2＝F\csc\theta$
(C)$F_1＝F\cos\theta$、$F_2＝F\sin\theta$ (D)$F_1＝F\csc\theta$、$F_2＝F\sec\theta$。

( ) **11** 如右圖，桿BC之受力為

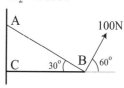

(A)50 (B)$50\sqrt{3}$
(C)$100\sqrt{3}$ (D)200 N。

( ) **12** 如右圖，繩索桿件之重量皆忽略不計，A點之反作用力為多少N？

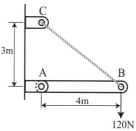

(A)120
(B)160
(C)200
(D)90 N。

（　　）**13** 如右圖，P多大時可以將物體W垂直
拉起？
(A)100
(B)50
(C)$\dfrac{100}{\sqrt{3}}$
(D)$100\sqrt{3}$　　N。

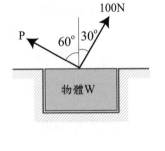

（　　）**14** 如右圖直徑10cm重60N之球，求越
過障礙之最小力F為多少N？
(A)18　　　　　　(B)36
(C)54　　　　　　(D)72　　N。

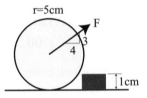

（　　）**15** 如右圖中滑輪之O點之反作用力方
向與水平之夾角為
(A)30°　　　　　(B)45°
(C)60°　　　　　(D)75°。

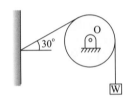

（　　）**16** 如右圖，試求球與地面接觸點之反
作用力為多少N？
(A)515.4　　　　(B)400
(C)$\dfrac{200}{\sqrt{3}}$　　　(D)$\dfrac{400}{\sqrt{3}}$　　N。

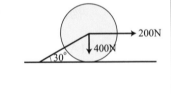

（　　）**17** 如右圖兩圓筒直徑相等，圓筒
$W_1=100N$、$W_2=400N$，設所有接
觸均為光滑，則D點作用力為多少
N？
(A)$100\sqrt{3}$　　　(B)$200\sqrt{3}$
(C)$\dfrac{400}{\sqrt{3}}$　　　(D)200　　N。

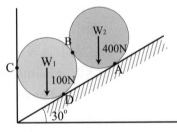

（　　）**18** 如圖所示，若1.5m長的纜繩AB所承受的張力為4000N，且貨箱
質量M為200kg，則水平纜繩BC上的張力F_{BC}和距離y分別為多
少？（假設重力加速度g為10m/s^2，sin30°=0.5，cos30°=0.866，
sin45°=cos45°=0.707）
(A)F_{BC}=2000N，y=1.06m
(B)F_{BC}=2464N，y=0.5m
(C)F_{BC}=2828N，y=0.75m
(D)F_{BC}=3464N，y=0.75m。

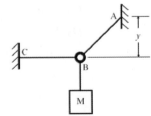

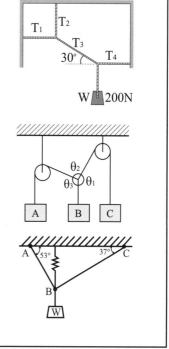

(　) **19** 如右圖，求T_2繩張力為多少牛頓？
(A)200
(B)400
(C)$200\sqrt{3}$
(D)$400\sqrt{3}$　N。

(　) **20** 如右圖，A、B、C三物體處於平衡狀態，若$W_A > W_C > W_B$且θ_1、θ_2、θ_3均大於90°，則下列敘述何者正確？
(A)$\theta_1 < \theta_3 < \theta_2$　(B)$\theta_1 < \theta_2 < \theta_3$
(C)$\theta_2 < \theta_1 < \theta_3$　(D)$\theta_3 < \theta_2 < \theta_1$。

(　) **21** 如圖，重W＝500N之物體，以繩及彈簧吊起達成平衡，設彈簧原長7cm，彈簧常數K＝6000N/m，BC繩長20cm，則AB繩所受之張力為若干N？
(A)300　(B)400　(C)160　(D)130。

3.同平面平行力系之合成：一力系中若各力系之作用線均在同一平面上且相互平行而不共點，稱為同平面平行力系。

(1) 圖解法：同平面平行力系圖解法之形式有：

① 力多邊形不閉合時，合力為一單力。

② 力多邊形閉合，索線多邊形不閉合，合力為一力偶。

③ 力多邊形及索線多邊形皆閉合，則為平衡狀態。

(2) 代數法：

① 平行力其合力之大小等於各平行力之代數和，其合力位置由力矩原理可求出。由力矩原理得知合力至兩平行力之距離與兩平行力之大小成反比。合力R＝$F_1 + F_2 + F_3 + F_4$

對O點由力矩原理（合力對O點之力矩＝各分力對O點之力矩）：

R・X＝$F_1 \cdot X_1 + F_2 \cdot X_2 + F_3 \cdot X_3 + F_4 \cdot X_4$　如圖2-15所示。

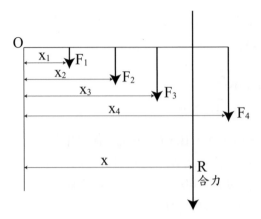

圖2-15 求平行力合力之位置

　　若求得x值為「＋」，則表示合力位置與假設正確，若為「－」，則表示合力位置在假設之位置O點之另一側。

② 同平面平行力系代數解法之形式：

　　a.合力R≠0，合力為一力。

　　b.合力R＝0，合力矩$\sum M_O$≠0，合力為一力偶。

　　c.合力R＝0，合力矩$\sum M_O$＝0，合力為平衡狀態。

③ 當兩力平行且同向時，合力在兩力之間距大力較近，若兩力反向時，合力在大力之外側。

範題解說 **9**	即時演練 **9**
設有兩平行力，如下圖所示，試求其合力大小及位置。	如下圖所示，試求兩平行力合力之大小及位置。

範題解說 **9**

設有兩平行力，如下圖所示，試求其合力大小及位置。

$F_1=30N$　　　　　$F_2=20N$

A

4m

詳解　合力R＝30－20＝10N↓

由力矩原理（取順時針為正）

對A點：10・x＝0×30－20×4

∴x＝－8m，負表與假設反向

即時演練 **9**

如下圖所示，試求兩平行力合力之大小及位置。

30N　　　　　20N

A

4m

∴合力在30N之左側8m處

由此可證明，兩力平行反向，

合力在大力之外側

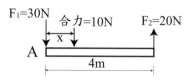

範題解說 **10**	即時演練 **10**

如下圖所示樑承受荷重及一彎矩，試求此平行力系之合力及合力與A點之距離為多少公尺？

如下圖所示，試求此平行力系之合力至A點之距離為多少公尺？

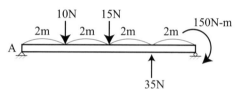

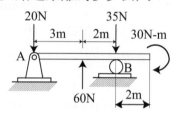

詳解

合力R＝35－10－15＝10N↑，

設合力在A點右方x處，對A點

由力矩原理（取逆時針為正）

10・x＝35×6

－10×2－15×4－150

∴x＝－2(負表與假設反向)

合力在A點左邊2m處，

大小為10N向上

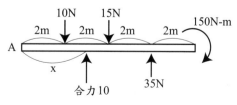

小試身手

( )　**1** 兩個指向相同而大小不相等之平行力的合力位置　(A)在這兩個單力之間距大力較近　(B)在較大單力外側　(C)在較小單力外側　(D)視此兩單力合力之大小而定。

( )　**2** 如右圖中，桿件所受之合力距左端A支點約
(A)1.33　　　　(B)2.33
(C)3.33　　　　(D)4.33　　m處。

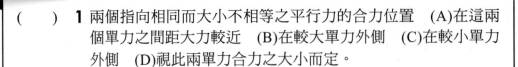

( )　**3** 如右圖，試求此力系合力之大小為多少？
(A)合力為零（平衡）
(B)合力為一力偶50N-m ↻
(C)合力為一力偶50N-m ↺
(D)合力為一力和一力偶。

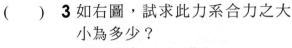

( )　**4** 如右圖，試求四力之合力距B點之距離為若干？
(A)右邊4m　　(B)左邊4m
(C)右邊5m　　(D)左邊5m。

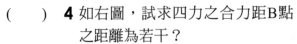

( )　**5** 如下圖所示，試求此平行力系之合力與O點之距離為多少公尺？

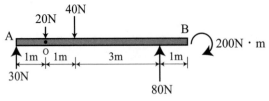

(A)1　(B)2　(C)3　(D)4　　m。

( )　**6** 如右圖，合力大小為
(A)零（平衡）　(B)220 N-m ↻
(C)320 N-m ↺　(D)160 N-m ↻。

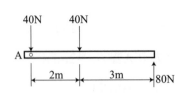

4. 同平面平行力系之平衡

(1) 圖解法：同平面平行力系平衡時，力多邊形和索線多邊形皆閉合。

(2) 代數法：同平面平行力系平衡時，其合力為0（R＝0）及力矩代數和為0（$\Sigma M_O = 0$），同平面平行力系因只有兩個平衡方程式，可解兩個未知力。

$$\begin{cases} \Sigma F = 0 \\ \Sigma M_A = 0 \ (\text{A為作用面上任一點}) \end{cases}$$

或 $\begin{cases} \Sigma M_A = 0 \\ \Sigma M_B = 0 \ (\text{A、B為作用面上任意兩點，AB連線不可與各力系平行}) \end{cases}$

(3) 計算方法之順序：

① 先畫樑之自由體圖，將各支承以適當的反作用力取代，有分開的點才有力量。

② 遇到均布或均變荷重時，以一力表負荷之大小，此力之大小即為均布或均變負荷之面積，作用點位於該面積的形心處，如圖2-16所示

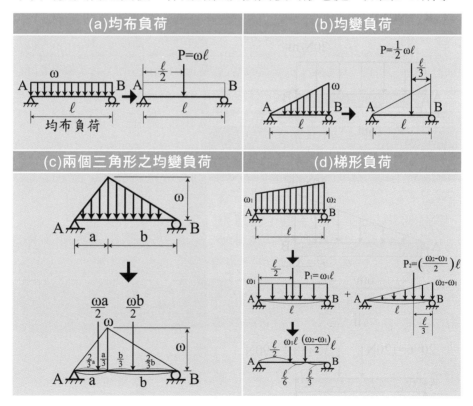

圖2-16　均布、均變荷重之合力

範題解說 **11**	即時演練 **11**

樑AB受分布力作用如下圖所示，則支點A、B處之反力為何？

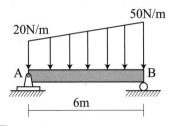

如圖所示，試求A、B點之反力？

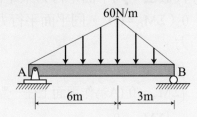

詳解

$\Sigma M_A = 0$，$120 \times 3 + 90 \times 4 = R_B \times 6$

$\therefore R_B = 120N \uparrow$

$\Sigma F_y = 0$，$R_A + R_B = 120 + 90$

$\therefore R_A = 90N \uparrow$

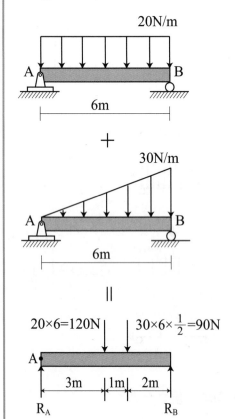

範題解說 **12**	即時演練 **12**

如下圖所示之平行力系，試求A、B點之反力？

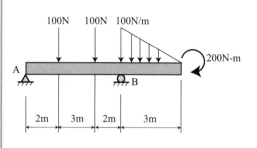

如圖所示，試求樑支點之反力？

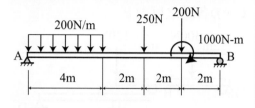

詳解 $\Sigma M_A = 0$，

$R_B \times 7 = 100 \times 2 + 100 \times 5 + 150 \times 8 + 200$

$R_B = 300N(\uparrow)$

$\Sigma F_y = 0$，$R_A + R_B - 100 - 100 - 150 = 0$，$R_A = 50N(\uparrow)$

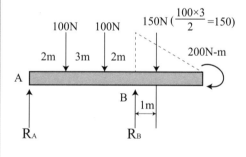

範題解說 13	即時演練 13

範題解說 13

如下圖所示組合樑，試求A、B、C、D各點之反力？

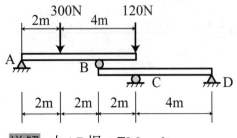

詳解　由AB桿：$\Sigma M_A = 0$，

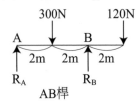

AB桿

$300 \times 2 - R_B \times 4 + 120 \times 6 = 0$

$\therefore R_B = 330N \uparrow$

$R_A + R_B = 300 + 120$

$\therefore R_A = 90N \uparrow$，CD桿自由體圖，

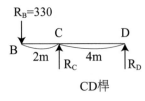

CD桿

由$\Sigma M_C = 0$，$330 \times 2 + R_D \times 4 = 0$

$\therefore R_D = -165N \downarrow$ (負表反力向下)

$R_C + R_D = 330$　$\therefore R_C = 495N \uparrow$

即時演練 13

如下圖所示組合樑，試求A、B、C、D各點之反力？

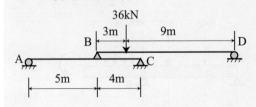

範題解說 14

一滑輪組如圖所示，以最小施力F將 W＝2600N之重物拉起，若不計繩與滑輪組重及任何摩擦力，則上滑輪組中滑輪連接桿A截面所受之拉力為多少N？

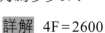

詳解　$4F＝2600$

$\therefore F＝650$ 牛

由 $\Sigma F_y＝0$

$T_A＋F＝2600$

$\therefore T_A＝2600－650$

　　　$＝1950N$

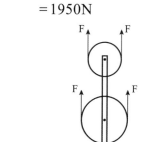

A點分離

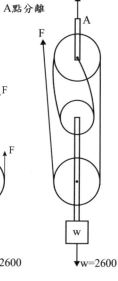

↓w=2600　　↓w=2600

即時演練 14

一工程師站在一個以繩索與滑輪所構成的上升平台機構，滑輪組與平台呈左右對稱，如圖所示。工程師A質量50kg，雙手緊握繩索，忽略繩索與滑輪的重量，且不計摩擦力，若平台B不下墜，則平台B最重為多少kgf？

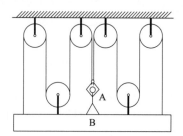

小試身手

(　) **1** 若一力系的平衡以 $\Sigma F＝0$，$\Sigma M_A＝0$ 即可描述時，則此力系為 (A)同平面共點力系　(B)同平面不共點力系　(C)同平面平行力系　(D)空間力系。

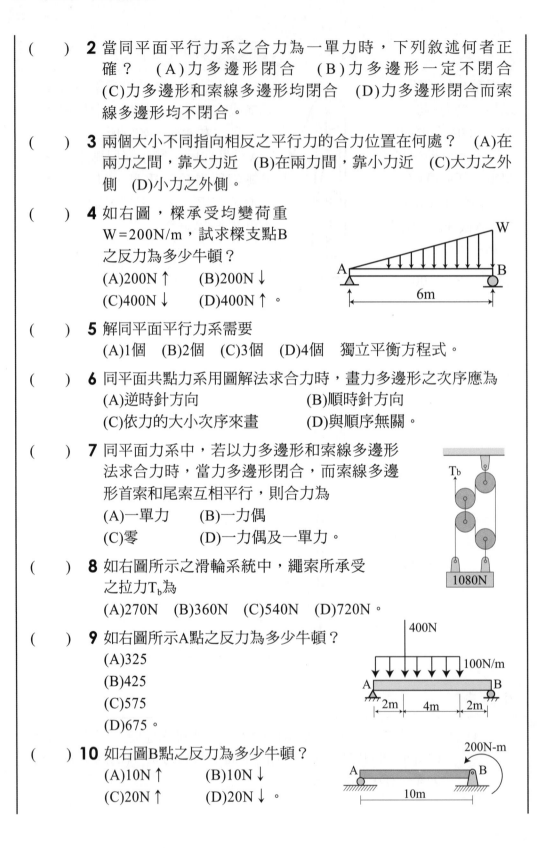

(   ) **2** 當同平面平行力系之合力為一單力時，下列敘述何者正確？　(A)力多邊形閉合　(B)力多邊形一定不閉合　(C)力多邊形和索線多邊形均閉合　(D)力多邊形閉合而索線多邊形均不閉合。

(   ) **3** 兩個大小不同指向相反之平行力的合力位置在何處？　(A)在兩力之間，靠大力近　(B)在兩力間，靠小力近　(C)大力之外側　(D)小力之外側。

(   ) **4** 如右圖，樑承受均變荷重 $W=200N/m$，試求樑支點B之反力為多少牛頓？
(A)200N↑　　(B)200N↓
(C)400N↓　　(D)400N↑。

(   ) **5** 解同平面平行力系需要
(A)1個　(B)2個　(C)3個　(D)4個　獨立平衡方程式。

(   ) **6** 同平面共點力系用圖解法求合力時，畫力多邊形之次序應為
(A)逆時針方向　　　　　　(B)順時針方向
(C)依力的大小次序來畫　　(D)與順序無關。

(   ) **7** 同平面力系中，若以力多邊形和索線多邊形法求合力時，當力多邊形閉合，而索線多邊形首索和尾索互相平行，則合力為
(A)一單力　　(B)一力偶
(C)零　　　　(D)一力偶及一單力。

(   ) **8** 如右圖所示之滑輪系統中，繩索所承受之拉力T_b為
(A)270N　(B)360N　(C)540N　(D)720N。

(   ) **9** 如右圖所示A點之反力為多少牛頓？
(A)325
(B)425
(C)575
(D)675。

(   ) **10** 如右圖B點之反力為多少牛頓？
(A)10N↑　　(B)10N↓
(C)20N↑　　(D)20N↓。

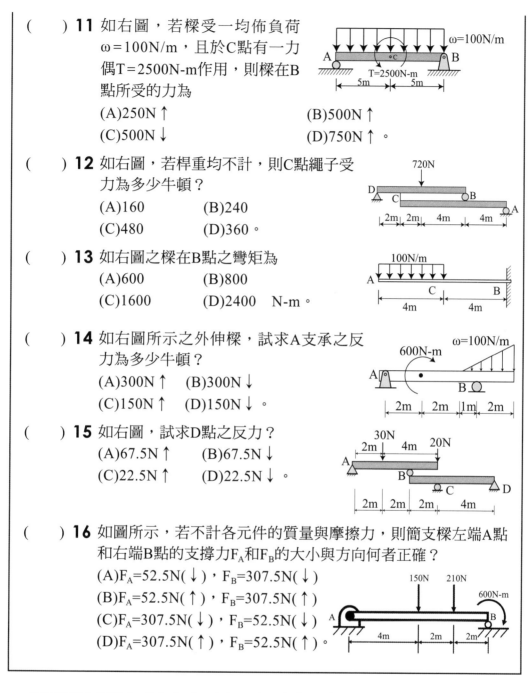

(　) **11** 如右圖，若樑受一均佈負荷
ω＝100N/m，且於C點有一力
偶T＝2500N-m作用，則樑在B
點所受的力為
(A)250N↑　　　　　　　　(B)500N↑
(C)500N↓　　　　　　　　(D)750N↑。

(　) **12** 如右圖，若桿重均不計，則C點繩子受
力為多少牛頓？
(A)160　　　　(B)240
(C)480　　　　(D)360。

(　) **13** 如右圖之樑在B點之彎矩為
(A)600　　　　(B)800
(C)1600　　　(D)2400　　N-m。

(　) **14** 如右圖所示之外伸樑，試求A支承之反
力為多少牛頓？
(A)300N↑　　(B)300N↓
(C)150N↑　　(D)150N↓。

(　) **15** 如右圖，試求D點之反力？
(A)67.5N↑　　　(B)67.5N↓
(C)22.5N↑　　　(D)22.5N↓。

(　) **16** 如圖所示，若不計各元件的質量與摩擦力，則簡支樑左端A點
和右端B點的支撐力F_A和F_B的大小與方向何者正確？
(A)F_A＝52.5N(↓)，F_B＝307.5N(↓)
(B)F_A＝52.5N(↑)，F_B＝307.5N(↑)
(C)F_A＝307.5N(↓)，F_B＝52.5N(↓)
(D)F_A＝307.5N(↑)，F_B＝52.5N(↑)。

5. 同平面不共點力系之合成：同一平面上各力之作用線，交於兩點或兩點以
上者，稱為同平面不共點力系。

(1) 圖解法：同平面不共點力系圖解法形式有：

①力多邊形不閉合，合力為一單力。

②力多邊形閉合，索線多邊形不閉合，合力為一力偶。

③力多邊形和索線多邊形均閉合時，則力系平衡。

(2) 代數解法：

　　① 將力系中之各力，分解為X軸、Y軸上之分力，再將同向之力相加，反向之力相減，求得ΣF_x和ΣF_y，則 $\boxed{合力 R = \sqrt{\Sigma F_x^2 + \Sigma F_y^2}}$，

　　$\boxed{\tan\theta = \dfrac{\Sigma F_y}{\Sigma F_x}}$ 。(θ為合力與水平夾角)

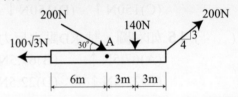

　　② 合力之位置由力矩原理求出。

(3) 代數法求同平面不共點力系之合力有三種情形：（同平面平行力系亦是）

　　① 合力R≠0，合力為一單力。

　　② 合力R＝0，合力矩ΣM≠0，合力為一力偶。

　　③ 合力R＝0，合力矩ΣM＝0，合力為零（平衡）。

範題解說 15	即時演練 15
如下圖，四力作用於半徑10cm之輪上，試求合力之大小及合力距A點之距離各多少？	如下圖，試求此力系合力之大小及合力距A點之垂直距離？

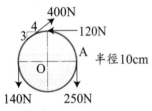

詳解 $\Sigma F_x = 320 - 120 = 200N \rightarrow$

$\Sigma F_y = 140 + 250 - 240 = 150N \downarrow$

合力$R = \sqrt{150^2 + 200^2} = 250N$

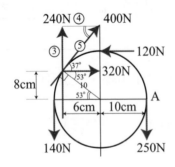

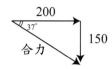

對A點由力矩原理

$250 \times d = 320 \times 8 + 240 \times 16 -$

$120 \times 10 - 140 \times 20 + 250 \times 0$

$\therefore d = 9.6 \text{cm}$

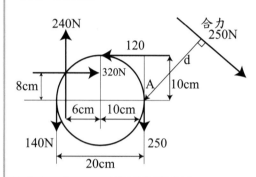

小試身手

( ) **1** 如右圖所示之力系，求合力之大小為
若干？
(A)零（平衡）
(B)一力100N
(C)一力偶$50\sqrt{3}$ N-m ↻
(D)一力偶$50\sqrt{3}$ N-m ↺ 。

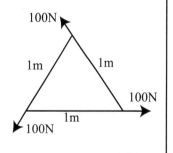

( ) **2** 如右圖，試求此力系的合力與圓心O
點之垂直距離為多少公分？
(A)0.1　　　　(B)0.2
(C)0.3　　　　(D)0.4。

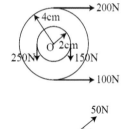

( ) **3** 如右圖，滑輪半徑2m，試求合力位
置距圓心O點距離為多少公尺？
(A)2.4
(B)3.6
(C)4.8
(D)5.6。

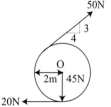

6. 同平面不共點力系之平衡

(1) 代數法：

　　① 當同平面不共點力系平衡時，合力為零，合力矩也為零，即
　　　$\Sigma F_x = 0$、$\Sigma F_y = 0$，$\Sigma M_O = 0$或$\Sigma M_A = 0$、$\Sigma M_B = 0$、$\Sigma M_C = 0$（ABC三點不得共線）。

　　② 同平面不共點力系有三個平衡方程式，可解三個未知數。（一般解題時以未知力通過最多的點當作力矩中心最容易解題目）

(2) 同平面不共點力系平衡時，則力多邊形和索線多邊形都閉合。

(3) 同平面各種力系之合力型式及平衡條件：

同平面力系種類	合力之型式			平衡條件	可求之未知力數目
	一單力（力多邊形不閉合）	力偶（力多邊形閉合,索線多邊形不閉合）	平衡（合力為零)力多邊形及索線多邊形均閉合		
共點力系	合力$R \neq 0$（$\Sigma F_x \neq 0$或$\Sigma F_y \neq 0$）	無力偶	合力$R = 0$，（$\Sigma F_x = 0$，$\Sigma F_y = 0$）	2個	2個
平行力系	合力$R = \Sigma F_y \neq 0$	合力$R = \Sigma F = 0$，合力矩$\Sigma M \neq 0$	合力$R = \Sigma F = 0$，合力矩$\Sigma M = 0$	2個	2個
非共點力系	合力$R \neq 0$（$\Sigma F_x \neq 0$或$\Sigma F_y \neq 0$）	合力$R = 0$，（$\Sigma F_x = 0$，$\Sigma F_y = 0$)合力矩$\Sigma M \neq 0$	合力$R = 0$，（$\Sigma F_x = 0$，$\Sigma F_y = 0$)合力矩$\Sigma M = 0$	3個	3個

範題解說 **16**	即時演練 **16**

如下圖所示，懸臂樑承受一F力150N及一彎矩M＝100N-m，試求固定端A點之反力。

如下圖所示，試求A、B支點反力R_A及R_B大小各為若干？

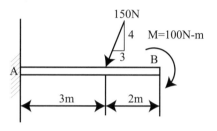

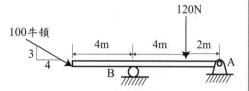

詳解 $\Sigma F_x = 0$，$90 - R_{Ax} = 0$，

$\therefore R_{Ax} = 90(N)(\rightarrow)$

$\Sigma F_y = 0$，$R_{Ay} - 120 = 0$，

$\therefore R_{Ay} = 120(N)(\uparrow)$

$\Sigma M_A = 0$，

$M_A - 100 - 120 \times 3 = 0$，

$\therefore M_A = 460N\text{-}m$ ↺

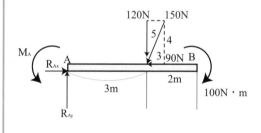

範題解說 **17**

一鋼球直徑6m重120N，靠在一光滑牆壁上，試求A、B點之反力。

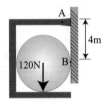

詳解

$\Sigma M_A = 0$，$R_B \times 4 = 120 \times 3$

$\therefore R_B = 90N \leftarrow$

$\Sigma F_x = 0$，$A_x - R_B = 0$

$\Sigma F_y = 0$，$A_y - 120 = 0$

$A_x = 90N$，$A_y = 120N$

$R_A = \sqrt{90^2 + 120^2} = 150N$

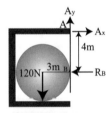

即時演練 **17**

如下圖所示之鐵架，承受均布載重，若鐵架本身重量可忽略，求A、B點之反力。

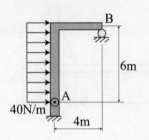

範題解說 **18**

長20cm重120N之均勻材質木棒，兩端光滑圓球端面，藉著靠於寬16cm垂直牆之光滑面與垂直繩索

即時演練 **18**

如圖所示，桿斜倚於光滑之垂直柱上，A端置於光滑水平面上繫以軟繩，若桿重不計，試求繩之張力為

支撐，如圖所示，則A、B端之反力及繩子之張力各為多少牛頓？

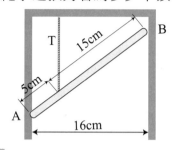

多少牛頓？D點及A點之反力為多少牛頓？

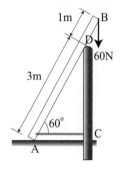

詳解

$\Sigma M_O = 0$，$120 \times 4 - R_B \times 12 = 0$

$\therefore R_B = 40N$

$\Sigma F_x = 0$，$R_A - R_B = 0$

$\therefore R_A = R_B = 40N$

$\Sigma F_y = 0$，$T - 120 = 0$　$\therefore T = 120N$

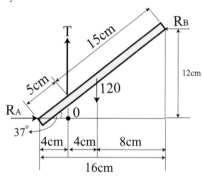

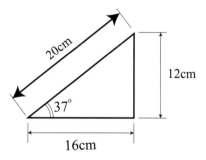

範題解說 **19**	即時演練 **19**

範題解說 19

如下圖一均質桿重1200N，若所有接觸面均光滑，以繩將桿繫住，試求A、B處之反力及繩子之張力各為多少N？

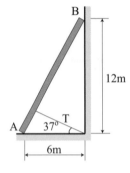

詳解　$\Sigma M_O = 0$，

$$1200 \times 3 + \frac{3}{5} T \times 6 - \frac{4}{5} T \times 12 = 0 ，$$

$$T = 600N$$

$\Sigma F_y = 0$，$1200 + \frac{3}{5} T - R_A = 0$，

$$R_A = 1560N$$

$\Sigma F_x = 0$，$\frac{4}{5} T - R_B = 0$，

$$R_B = \frac{4}{5} \times 600 = 480N$$

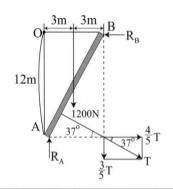

即時演練 19

如圖所示，一根樑左端由銷支撐於A點，另由一條纏繞在定滑輪D上的纜繩來支撐樑於B點與E點，此外懸掛一個質量M為80kg的貨箱於樑右端的C點上。若只考慮貨箱質量而不計其他元件的質量與摩擦力，則下列何者正確？（假設g=10m/s²）

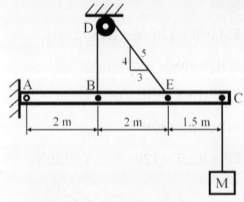

(A)纜繩BDE的張力約為884N
(B)銷A的總支撐力約為846N
(C)銷A的支撐力水平分量約為608N
(D)銷A的支撐力垂直分量約為723N。

範題解說 20

如下圖圓柱重1200N置於斜面及垂直柱AB之間，柱AB的頂端以繩子BC繫牢而底端A係以銷釘栓於斜面，若接觸面光滑，則繩子張力及A點之反作用力各為多少牛頓？

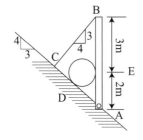

詳解 (1)由球之自由體圖

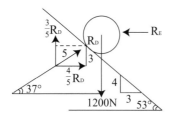

$$\Sigma F_y = 0，R_D \times \frac{3}{5} - 1200 = 0$$

$$R_D = 2000，\Sigma F_x = 0，$$

$$R_D \times \frac{4}{5} - R_E = 0，R_E = 1600$$

(2)從桿子自由體圖

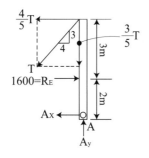

即時演練 20

如圖所示，圓柱的半徑為9cm、重量為W，置於兩個相同長度細桿中間，兩細桿分別以繩索連接於A、C點，且分別以光滑插銷連接於B、D點；已知W重為288N，且接觸面為光滑，如果不計細桿、繩索和插銷的重量，則AC繩索的張力為多少N？（提示：請運用3：4：5直角三角形和左右對稱的幾何關係作圖求解之）

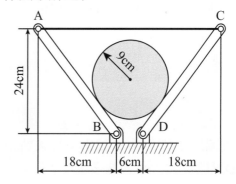

$$\Sigma M_A = 0 \text{，} (T \times \frac{4}{5}) \times 5 - R_E \times 2 = 0$$

$$T = \frac{2}{4} R_E = 800N$$

$$\Sigma F_x = 0 \text{，} \frac{4}{5} T + A_x = 1600$$

$$\therefore A_x = 960N(\leftarrow)$$

$$\Sigma F_y = 0 \text{，} A_y - \frac{3}{5} T = 0$$

$$\therefore A_y = \frac{3}{5} T = \frac{3}{5} \times 800 = 480N \uparrow$$

$$\therefore R_A = \sqrt{A_x^2 + A_y^2} = \sqrt{480^2 + 960^2}$$

$$= 480\sqrt{5}N$$

範題解說 21

下圖所示構架中，試求支座A點和D點的反力大小各為多少N？

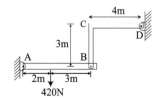

詳解

(1)BCD桿為二力構件→$R_D = R_B$

(2)取AB桿為自由體圖

$$\Sigma M_A = 0 \text{，} \frac{3}{5} R_B \times 5 = 420 \times 2$$

$$\therefore R_B = 280(N) \text{，} R_B = R_D = 280N$$

$$\Sigma F_x = 0 \text{，} \frac{4}{5} R_B - A_x = 0$$

即時演練 21

如下圖所示之結構，桿件ABC與DE的重量不計。若有一集中負載F＝300N作用於C點，則A點和E點之反力大小各為多少N？

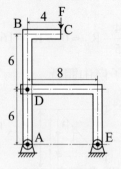

$$\therefore A_x = 280 \times \frac{4}{5} = 224N \leftarrow$$

$$\Sigma F_y = 0 , \quad \frac{3}{5} R_B + A_y = 420$$

$$\therefore A_y = 420 - \frac{3}{5} \times 280 = 252N \uparrow$$

$$\therefore R_A = \sqrt{A_x{}^2 + A_y{}^2} = \sqrt{224^2 + 252^2}$$

$$\fallingdotseq 337N$$

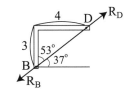

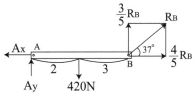

範題解說 22	即時演練 22

如下圖，若不考慮摩擦力與桿件重量，當受力3600N時，問A點向下移動多少公尺系統方會平衡？

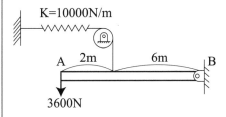

3600N

詳解 (取AB桿)$\Sigma M_B = 0$，

$$F \times 6 = 3600 \times 8$$

$$\therefore F = 4800N$$

如下圖，桿重不計，一彈簧常數 $K = 10000N/m$ 之彈簧，若桿件為平衡狀態，則A之反力及彈簧伸長量各為多少？

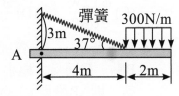

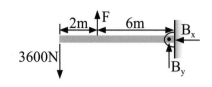

$F = k \cdot x \quad \therefore 4800 = 10000 \cdot x$

$\therefore x = 0.48m$

由相似三角形：$\dfrac{0.48}{6} = \dfrac{\delta}{8}$

$\therefore \delta = 0.64m$

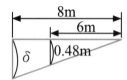

小試身手

( )　**1** 同平面非共點力系之平衡條件有　(A)1　(B)2　(C)3　(D)4　個。

( )　**2** 同平面非共點力系以圖解法求合力，由索線多邊形可求合力的
　　　　(A)大小　(B)方向　(C)位置　(D)大小及方向。

( )　**3** 如右圖所示，均勻木桿重ω，以細
　　　　繩之一端繫於牆上，且此繩與水平
　　　　呈θ角，繩的另一端繫一重為W之
　　　　物體，則繩之張力T為

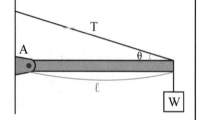

　　　　(A)$\dfrac{W}{\sin\theta}$　　　　(B)$\dfrac{\omega+2W}{2\sin\theta}$

　　　　(C)$\dfrac{\omega+2W}{2\cos\theta}$　　(D)$\dfrac{\omega+2W}{2\cot\theta}$　。

( )　**4** 如圖所示，一均質細直桿ABCD折彎成鈎形桿並以鉸鏈支撐於
　　　　B點，截面尺寸極小可不計，若欲使ABC段保持水平之平衡狀
　　　　態，則AB段長度L應為多少mm？

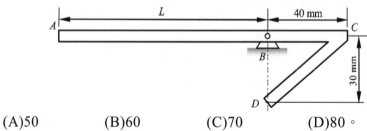

　　　　(A)50　　　　　(B)60　　　　　(C)70　　　　　(D)80　。

(　　) **5** 如右圖，樑上承受一F
力＝200N，B點之反力
為
(A)80
(B)100
(C)120
(D)160　N。

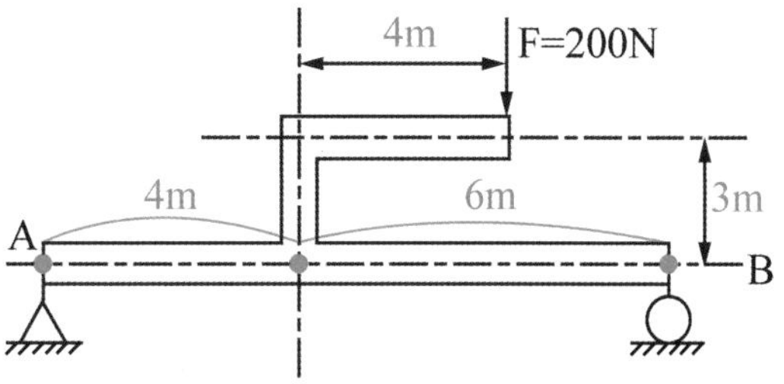

(　　) **6** 如右圖，一木棒重量不計，受60N之
力，試求繩子張力為多少牛頓？
(A)60
(B)75
(C)80
(D)100　N。

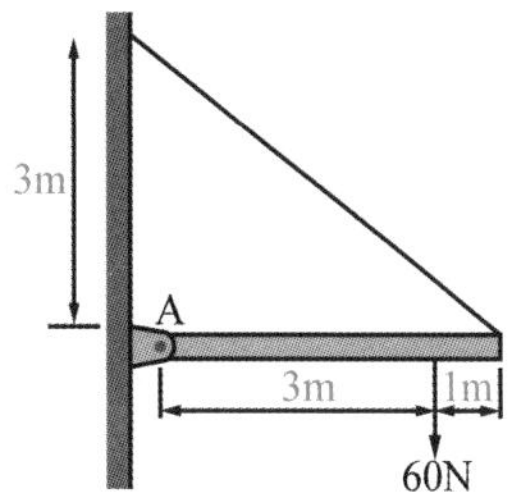

(　　) **7** 如右圖所示之機件，其B端為
銷接，在A端有一垂直向下
1500N之力作用，C端加一水
平力P能使機件平衡，此時B
點之受力為多少牛頓？
(A)2000　　　　(B)2200
(C)2500　　　　(D)3000　N。

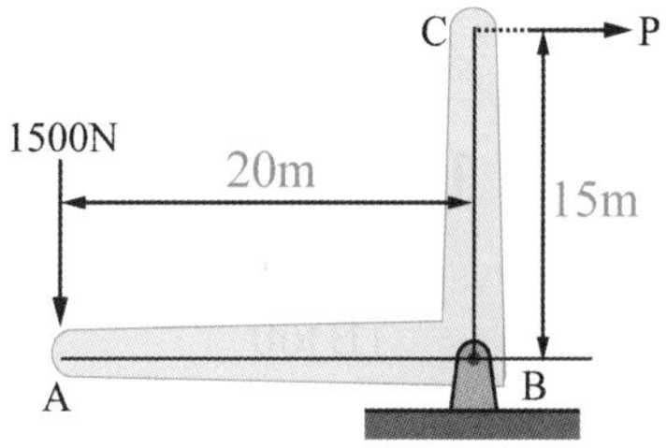

(　　) **8** 如右圖所示之力系，試求
A之反力為多少牛頓？
(A)120
(B)160
(C)180
(D)200　N。

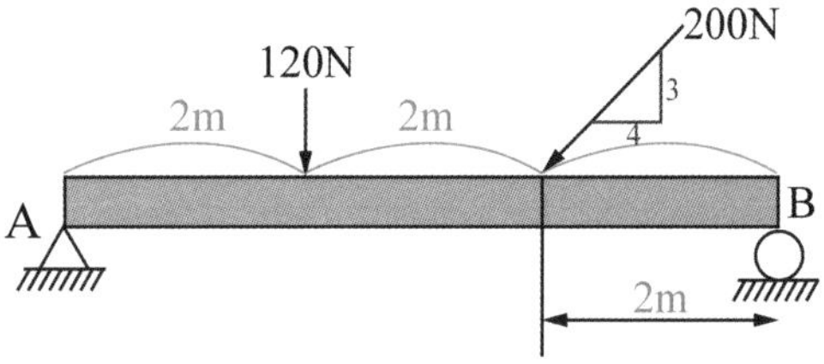

(　　) **9** 如右圖，AB桿斜倚於光滑之垂
直柱上，端點受一F＝50N，A
端置於光滑水平面上，繫以軟
繩，若桿重不計，求繩之拉力
為多少牛頓？
(A)30
(B)40
(C)50
(D)60　N。

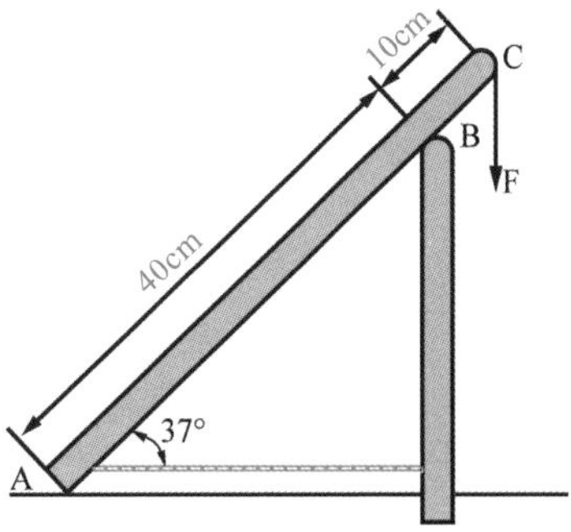

(　) **10** 有一構造如右圖，A、C為鉸支
承，B為銷釘，則A點之反力
為
(A)300 　　　　(B)240
(C)60$\sqrt{13}$ 　　(D)120$\sqrt{13}$ 　 N。

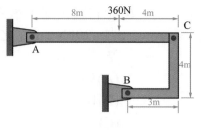

(　) **11** 如右圖，一均質材料桿件長
2m，重200N，接觸面均為光滑
面，受一水平力F作用成平衡，
求接觸點B之地面反力為多
少？
(A)100 　　　　(B)120
(C)150 　　　　(D)50$\sqrt{3}$ 　 N。

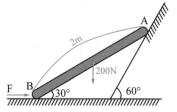

(　) **12** 同上題，F之力量為多少牛頓？
(A)100 　　　　(B)120
(C)150 　　　　(D)50$\sqrt{3}$ 　 N。

(　) **13** 如右圖，A點之反力為多少牛頓？
(A)80
(B)60
(C)125
(D)100 　 N。

(　) **14** 如右圖，一T型鋼棒於O點用鉸鏈支
持，A端接觸於光滑垂直牆上，AB保
持水平，在B端吊一物重24N，若T型
棒重不計，則垂直牆A點受力為
(A)26 　　　　(B)12
(C)24 　　　　(D)10 　 N。

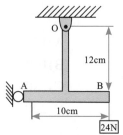

(　) **15** 如右圖，AB斜桿壓制一圓柱體，斜桿
與圓柱體之重量可忽略不計，斜桿左
端為銷連結，右端受到一垂直向下外
力F＝1000N，若各物體接觸面皆為
無摩擦力之光滑面，則圓柱體與地面
接觸之C點反力為多少N？
(A)500 　　　　(B)500$\sqrt{3}$
(C)1000$\sqrt{3}$ 　(D)2000 　 N。

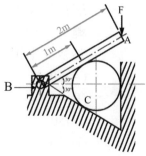

( ) **16** 如右圖，一梯子長10m重200N，斜立
於光滑牆面及光滑地面，梯子僅以一
繩索繫住以防滑倒，則繩索所受張力
為多少N？

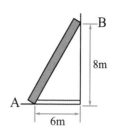

(A)300　　　　　(B)200
(C)150　　　　　(D)75　　N。

( ) **17** 一同平面非共點力系保持平衡之條件方程式之一為
(A)$\Sigma M_A=0$，$\Sigma M_B=0$，$\Sigma M_C=0$，ABC三點為不在同一直線上
之任意三點
(B)$\Sigma F_x=0$，$\Sigma M_y=0$，$\Sigma M_z=0$
(C)$\Sigma M_x=0$，$\Sigma M_y=0$，$\Sigma M_z=0$
(D)$\Sigma M_x=0$，$\Sigma M_z=0$，$\Sigma F_y=0$。

( ) **18** 如右圖所示平面構架，AB為水平
構件，200N為垂直外力，A、B
及C接點均為無摩擦之銷連接，
不計構件重量，下列敘述何者不
正確？

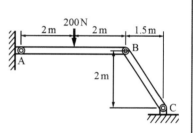

(A)AB構件為三力構件
(B)AB構件僅受彎矩作用不受軸
向作用力
(C)BC構件為二力構件
(D)BC構件僅有軸向作用力不受彎矩作用。

( ) **19** 承上題，銷C對BC構件作用力之大小為多少N？
(A)100　　　　　　　　(B)125
(C)150　　　　　　　　(D)175。

( ) **20** 一手拉車載有一貨物，如圖所示，輪子摩擦力與手拉車車板重
量可忽略，貨物重量W為1000N，且內部質量為均勻分布。若
施予一力F拉動手拉車，施力大小為200N，方向與水平線夾角
為30度，則手拉車後
輪P受到來自地面的
正向力為多少N？
(A)80
(B)125
(C)540
(D)775。

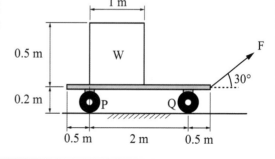

綜合實力測驗

( ) **1** 下列之敘述中，何者不正確？
(A)在平面上之力，可將一力分解成兩個互相垂直的分力
(B)合力之圖解法中，常用平行四邊形法及三角形法來解
(C)力系用合力來取代之，並不會改變內效應
(D)除非有限制，一力之分力有無限多個。

( ) **2** 如右圖，39N之力分解為與AB方向平行、垂直之兩分力P與Q，則平行力P之大小為？
(A)36　　　　　(B)24
(C)26　　　　　(D)15。

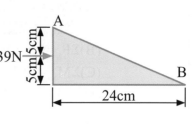

( ) **3** 如右圖，80N分解AB與AC方向，則沿AC之分力Q，其大小為多少牛頓？
(A)60
(B)100
(C)52
(D)84。

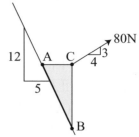

( ) **4** 如右圖，求50N至A點之垂直距離為多少公尺？
(A)2　　　　　(B)2.2
(C)2.4　　　　(D)2.8。

( ) **5** 如右圖，其合力偶矩為多少N-m？
(A)34
(B)30
(C)22
(D)20。

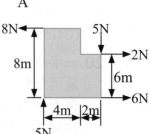

( ) **6** 劃自由體圖時，下列何敘述不用包含在圖內？
(A)支承反力　　　　　　　(B)外加載重
(C)切斷處斷面之內力　　　(D)支承本身。

( ) **7** 有二力同時作用在一質點上，合力最大時為14牛頓，最小時為2牛頓，若現在二力互相垂直，則合力應為
(A)7　(B)10　(C)18　(D)28　牛頓。

（　）　**8** 如右圖，若桿重不計，W重9kN，則繩
子張力T為多少kN？

(A)9　　　　　　　(B)12

(C)14　　　　　　(D)15。

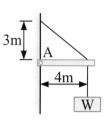

（　）　**9** 如右圖，長4m重600N之均質桿，斜靠
於光滑的牆面及地面，用一繩繫住，此
時繩子張力為多少N？

(A)$\dfrac{50}{\sqrt{3}}$　　　　(B)$\dfrac{100}{\sqrt{3}}$

(C)$\dfrac{200}{\sqrt{3}}$　　　　(D)$\dfrac{300}{\sqrt{3}}$。

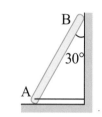

（　）　**10** 右圖所示力系，若桿重不計，試求繩之
張力為多少N？

(A)120　　　　　(B)150

(C)200　　　　　(D)250。

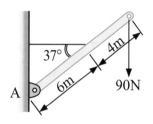

（　）　**11** 求右圖中繩之張力為多少N？（若桿重
繩重皆不計）

(A)1200　　　　(B)1500

(C)1600　　　　(D)2000。

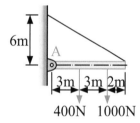

（　）　**12** 如右下圖，作用力F為已知，A點反力大
小為多少？

(A)F　　　　　　(B)$\dfrac{2}{5}$F

(C)$\dfrac{4}{5}$F　　　　(D)$\dfrac{2}{\sqrt{5}}$F。

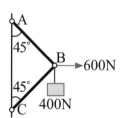

（　）　**13** 如右圖，桿件AB之受力為多少N？

(A)$100\sqrt{2}$　　　(B)$200\sqrt{2}$

(C)$250\sqrt{2}$　　　(D)$500\sqrt{2}$。

（　）　**14** 如右圖所示之構架，若所有桿件重量不
計，A點反力為多少kN？

(A)60　　　　　(B)80

(C)120　　　　(D)160。

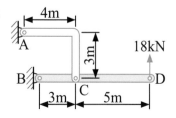

(　　) **15** 如右圖，桿重不計，A點反力為多少牛頓？
(A)350　　　　(B)650
(C)450　　　　(D)550。

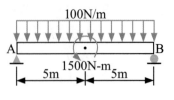

(　　) **16** 如右圖滑輪組支持之物塊重360N，若最右端之繩索受力為T，則T力應為多少？
(A)40
(B)30
(C)45
(D)90　N。

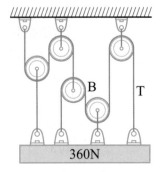

(　　) **17** 如右圖，求A支點之反力？
(A)$\dfrac{M}{L}\uparrow$　　　　(B)$\dfrac{M}{L}\downarrow$
(C)$M\uparrow$　　　　(D)$M\downarrow$。

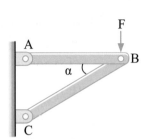

(　　) **18** 如右圖所示之簡單構架在B點承受垂直負荷力F作用，要使AB與BC桿兩桿件承受的力量比為1：2，則cosα的值應為多少？
(A)$\dfrac{3}{5}$　(B)$\dfrac{4}{5}$　(C)$\dfrac{1}{2}$　(D)$\dfrac{\sqrt{3}}{2}$。

(　　) **19** 同平面共點力系用圖解法求合力時，畫力多邊形之次序應為
(A)順時針　(B)逆時針　(C)依力的大小次序　(D)與次序無關。

(　　) **20** 如右圖，求B之反力為多少N？
(A)350N$\uparrow$　　　　(B)350N$\downarrow$
(C)150N$\uparrow$　　　　(D)150N$\downarrow$。

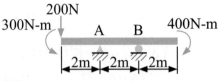

(　　) **21** 如右圖，繩子DE的受力為多少牛頓？
(A)6
(B)8
(C)12
(D)16。

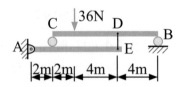

（　　）**22** 如右圖，其合力距離A點多少公尺？

(A)右邊2.5m

(B)左邊2.5 m

(C)右邊15.5 m

(D)左邊15.5 m。

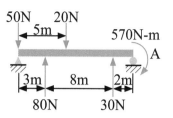

（　　）**23** 如右圖，所有接觸部分皆為光滑，不計摩擦，則接觸點D之反力為多少N？

(A)160

(B)90

(C)150

(D)200。

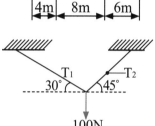

（　　）**24** 如右圖，求繩內張力T_2為多少牛頓？

(A)89.7N

(B)73.2N

(C)$50\sqrt{3}$ N

(D)50N。

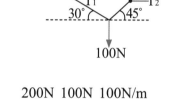

（　　）**25** 如右圖所示為一外伸樑受力情形，求支點A之反力為多少牛頓？

(A)130

(B)230

(C)320

(D)420。

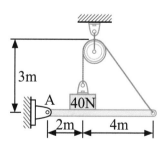

（　　）**26** 如右圖，桿重20N，物體40N與桿子焊接住，求A之反力為多少牛頓？

(A)$10\sqrt{2}$　　　(B)$20\sqrt{2}$

(C)$40\sqrt{2}$　　　(D)$80\sqrt{2}$。

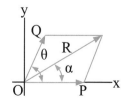

（　　）**27** 如右圖，有兩力P、Q相交O點，若兩力夾角θ，求該合力R與x軸之夾角α為若干？

(A) $\tan^{-1}\dfrac{Q\sin\theta}{P+Q\cos\theta}$　　(B) $\tan^{-1}\dfrac{Q\cos\theta}{P+Q\sin\theta}$

(C) $\tan^{-1}\dfrac{Q\sin\theta}{P\cos\theta+Q}$　　(D) $\tan^{-1}\dfrac{Q\cos\theta}{P\sin\theta+Q}$。

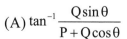

(　) **28** 下列有關力偶之敘述，何者錯誤？　(A)力偶是由兩個大小相等方向相反，且不共線之二平行力所組成　(B)力偶矩之大小隨力矩軸中心位置之移動而改變　(C)力偶之合力為零　(D)力偶是向量，可適用向量之加法法則。

(　) **29** 如右圖所示之同平面共點力系中，求此力系之合力大小為若干？
(A)40　　　　　　(B)50
(C)60　　　　　　(D)120　N。

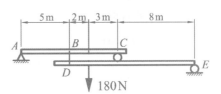

(　) **30** 如右圖所示的組合樑，BD為繩索，在平衡狀態下，試求C支承的負荷為多少N？
(A)80　　　　　　(B)90
(C)100　　　　　(D)110。

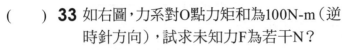

(　) **31** 已知三向量 $\overline{V_1}$、$\overline{V_2}$、$\overline{V_3}$，如右圖，請問三向量之關係為何？
(A) $\overline{V_1} + \overline{V_2} = \overline{V_3}$
(B) $\overline{V_1} - \overline{V_2} = \overline{V_3}$
(C) $-\overline{V_1} + \overline{V_2} = \overline{V_3}$
(D) $-\overline{V_1} - \overline{V_2} = \overline{V_3}$。

(　) **32** 如右圖求A點之反力？
(A)62.5　　　　　(B)85
(C)31.25　　　　(D)170　N。

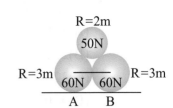

(　) **33** 如右圖，力系對O點力矩和為100N-m（逆時針方向），試求未知力F為若干N？
(A)100　　　　　(B)200
(C)300　　　　　(D)400。

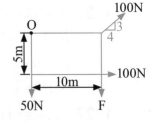

(　) **34** 下列有關力偶之敘述，何者錯誤？　(A)力偶為作用於一物體之兩力，其大小相等方向相反，且不在同一直線之兩平行力　(B)力偶三要素為力偶矩之大小、力偶旋轉之方向、力偶作用面之方位　(C)力偶矩之單位與力矩之單位相同　(D)力偶為一純量。

( ) **35** 下列有關力之敘述，何者錯誤？ (A)若物體受二力作用而呈平衡，則此二力必須大小相等方向相反，且位於同一直線上 (B)若物體受三個共面之非平行力作用而呈平衡，則此三力必然共點 (C)若作用於物體之力系，其合力與合力矩皆為零，則此物體處於平衡狀態 (D)共平面力系之合力與合力矩皆必然為零。

( ) **36** 如右圖，求A、B兩支點之反力 R_A、R_B？
(A)$R_A=100N$、$R_B=400N$
(B)$R_A=160N$、$R_B=440N$
(C)$R_A=400N$、$R_B=100N$
(D)$R_A=240N$、$R_B=360N$。

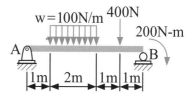

( ) **37** 如右圖所示之構件，B點之反力為
(A)53.3 (B)73.3
(C)240 (D)260 N。

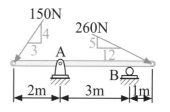

( ) **38** 如右圖，圓柱重126N，以繩索懸掛之，並靠於一光滑斜面上，則其繩之張力為
(A)50 (B)56.25
(C)94.45 (D)95.45 N。

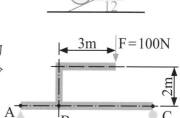

( ) **39** 如右圖，將力F分解成作用於B點之一力及一力偶矩時，其力偶矩大小為多少N-m？
(A)200 (B)300
(C)400 (D)500。

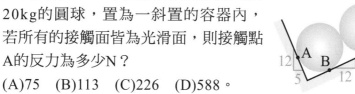

( ) **40** 如右圖所示，三個直徑相同且質量均為20kg的圓球，置為一斜置的容器內，若所有的接觸面皆為光滑面，則接觸點A的反力為多少N？
(A)75 (B)113 (C)226 (D)588。

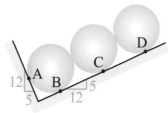

( ) **41** 已知一力F=100N，如圖所示，將此力分解成x及y兩方向的分量（sin50°=0.766，sin70°=0.9397）。
(A)$F_x=95.5N$ (B)$F_x=98.5N$
(C)$F_y=108.5N$ (D)$F_y=88.5N$。

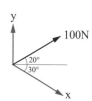

( ) **42** 一物體重W以一繩索AB懸掛，並在A點施加拉力
P，使其如圖所示保持平衡狀態。若要使所施加
拉力P之大小為最小，則P力之方向角θ應為何？
(A) 0°　(B) 30°　(C) 60°　(D) 90°。

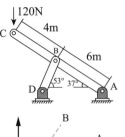

( ) **43** 如圖所示，若R＝25N為二力之合力，設其中一
力為20N，試求另一力之大小約為多少牛頓？
(A) 22.9　(B) 27.9　(C) 32.9　(D) 39。

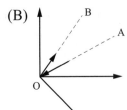

( ) **44** 如圖所示之架構，不計桿件重量，則何者不正確？
(A)銷件B與銷件D所受的反作用力大小相等
(B)BD桿所受的作用力為壓力　(C)銷件D的反作
用力大小約為120N　(D)ABC桿為三力構件。

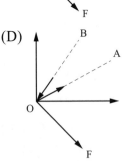

( ) **45** 如圖所示，一平面力F作用在O點，若欲將此力分
解成同平面且沿著AO及BO方向上之分力，則此
二分力之方向下列何者正確？

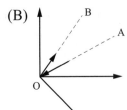

(A) 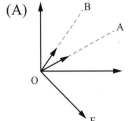　(B)

(C)　(D)

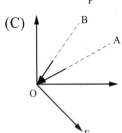

( ) **46** 一均勻的粗繩懸掛在兩垂直牆壁間而
呈平衡，如圖所示。若繩的兩端A、
B點的切線與牆壁夾角分別為53°及
37°，粗繩總重量為W，C點為粗繩上
最低點，則AC段長度之繩重與BC段
長度之繩重的比值為何？

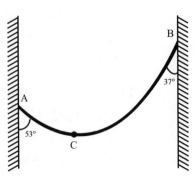

(A) $\dfrac{3}{4}$　(B) $\dfrac{4}{3}$　(C) $\dfrac{9}{16}$　(D) $\dfrac{9}{25}$。

(　　) **47** 10人拔河，分成甲乙兩隊，每隊5人，每個人以一圓圈表示，如圖所
示。假設每個人之施力均相等且均為F，則下列敘述何者不正確？
(A)A處繩子之張力（拉力）為零
(B)B處之張力（拉力）與E處相等
(C)C處繩子之張力（拉力）因兩
　　邊力平衡因此為零
(D)D處繩子之張力（拉力）為3F。

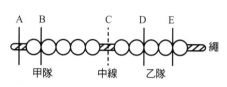

(　　) **48** 如圖所示，將一對力偶變換
為等值力偶作用於A、B兩
點之最小力為多少牛頓？
(A)60　　　　　(B)120
(C)240　　　　(D)30。

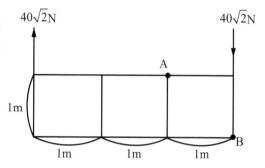

(　　) **49** 如圖所示之一單力作用在A點，將其
分解在B點一單力與一力偶，則下
列何者正確的結果？

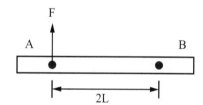

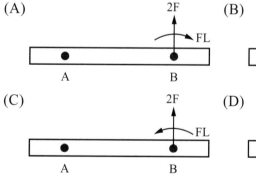

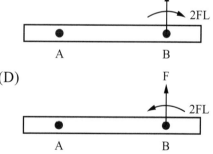

(　　) **50** 如圖所示之L型桿件銷接於A點，不
計桿重，試求平衡時作用在桿件B
點之上P的角度θ，則tanθ為何？

(A)$\frac{3}{4}$　(B)$\frac{4}{3}$　(C)$\frac{3}{5}$　(D)$\frac{4}{5}$。

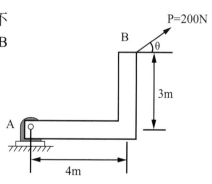

第三章　重心

重要度 ★☆☆☆☆

3-1　重心、形心與質量中心

1. 重心：物體由多數小質點集合而成，物體的重量等於這些小質點之平行力的合成。此合力之作用點，稱為物體的重心。由力矩原理可求物體的重心，如圖3-1所示。

設W為物體總重量，$(\bar{x}, \bar{y})$為重心座標位置，W_1、W_2、W_3…分別為各微小重量，(x_1,y_1)、(x_2,y_2)、(x_3,y_3)…分別為其座標位置。

$W = W_1 + W_2 + W_3 + \cdots$

對y軸由力矩原理，

$W \cdot \bar{x} = W_1x_1 + W_2x_2 + W_3x_3 + ...$

$\therefore \bar{x} = \dfrac{W_1x_1 + W_2x_2 + W_3x_3 + ...}{W}$

對x軸由力矩原理，

$W \cdot \bar{y} = W_1y_1 + W_2y_2 + W_3y_3 + ...$

$\therefore \bar{y} = \dfrac{W_1y_1 + W_2y_2 + W_3y_3 + ...}{W}$

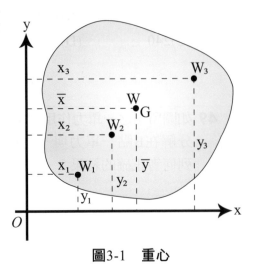

圖3-1　重心

2. 形心：形心為物體表面形狀之幾何中心。長方體的形心在中點；圓形的形心就是其圓心。（不管物體密度均勻與否，圓形的形心一定在圓心）

3. 質量中心：物體各部分的質量，可集中於一點以代替全部質量，此點即為質量中心，簡稱質心。
   計算質量中心之方法與計算重心之方法相同。

4. 當重力對某直線之力矩代數和為零時，則此直線必通過物體之重心。

   註 (1)物體之重心位置是固定的，不會因物體位置的變更而改變，且重心不一定在物體之內部。（在地球表面，質心和重心共點）

(2)通過重心之直線，稱為重心軸；通過重心之平面，稱為重心面。平面之重心，必為兩重心軸的交點。

(3)對稱物體的重心，在物體的對稱軸上。

(4)均質之物體，其重心、形心、質心三者合而為一。

小試身手

(　) **1** 下列有關重心、形心與質心的描述，何者不正確？　(A)物體重力之合力的作用線一定會通過該物體的重心　(B)物體的質心位置可以在該物體外部　(C)物體的形心座標會因參考座標不同而改變　(D)對所有物體而言，重心、形心與質心位置會在同一點。

(　) **2** 當物體之重量對於某直線之力矩代數和為零時，則該直線必通過物體的何處　(A)重心　(B)內部　(C)座標原點　(D)外部。

(　) **3** 下列敘述何者不正確？　(A)物體之重心必在物體內部　(B)物體對稱於x軸時，$\bar{y}=0$　(C)經過重心之直線，稱為重心軸　(D)一物體之重心，必為兩重心軸的交點。

(　) **4** 凡物體乃由多數小分子集合而成，故物體之重量為地心引力作用於此等小分子之平行力之合成，此合力之作用點即為物體之　(A)質心　(B)形心　(C)重心　(D)中心。

(　) **5** 物體重心位置之求法是應用何種原理？　(A)力矩原理　(B)正弦定理　(C)拉密定理　(D)虎克定理。

3-2 線的重心之求法

1. 一直線之重心和形心在直線的中點上。

2. 一圓周或一橢圓的重心在圓心上。

3. 圓弧線的重心（形心）在圓心角的角平分線上，其重心（形心）位置如圖 3-2(a)、(b)所示，其距圓心距離 $\bar{x}=\dfrac{r\sin\theta}{\theta}=\dfrac{rb}{s}$；r為弧線之半徑，b為弦長，s為弧長，θ為圓心角之半（θ以弧度表示）

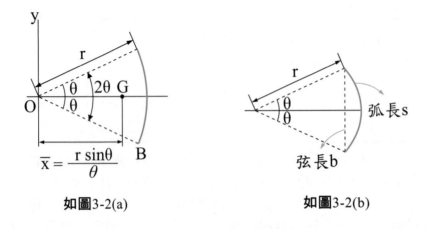

如圖3-2(a)　　　　　　　　　　如圖3-2(b)

(1) $\dfrac{1}{4}$ 圓弧線與x軸y軸相接時，$\boxed{\overline{x}=\overline{y}=\dfrac{2r}{\pi}}$，如圖3-3所示。

(2) 半圓弧線時，如圖3-4所示，重心（或形心）距圓心 $\boxed{\overline{x}=\dfrac{2r}{\pi}}$

證明：$\overline{x}=\dfrac{r\sin\theta}{\theta}=\dfrac{r\sin\dfrac{\pi}{2}}{\dfrac{\pi}{2}}=\dfrac{2r}{\pi}$ （半圓之圓心角180°但θ用90°$=\dfrac{\pi}{2}$代入）

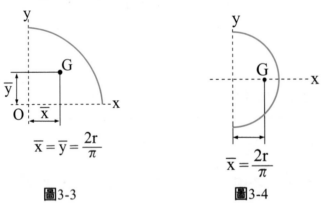

$$\overline{x}=\overline{y}=\dfrac{2r}{\pi}$$

$$\overline{x}=\dfrac{2r}{\pi}$$

圖3-3　　　　　　　　　　　圖3-4

註　求重心（或形心）與x軸之距離為求$\overline{y}$
　　求重心（或形心）與y軸之距離為求$\overline{x}$

範題解說 **1**	即時演練 **1**

一鋼絲圍成半徑r之封閉半圓形，求 $\bar{y}$

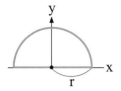

如下圖所示，試求折線AOBC之形心與y軸之距離為多少？

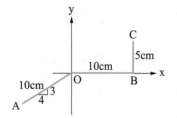

詳解

$$(\pi r + 2r) \cdot \bar{y} = \pi r(\frac{2r}{\pi}) + 2r \cdot 0$$

$$\bar{y} = \frac{2r}{\pi + 2}$$

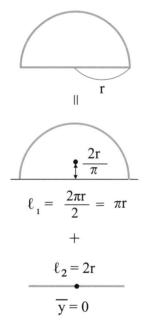

$$\ell_1 = \frac{2\pi r}{2} = \pi r$$

$+$

$$\ell_2 = 2r$$

$$\bar{y} = 0$$

範題解說 2	即時演練 2

如下圖所示，試求該組合線段的形心位置$\bar{y}$為何？

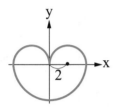

詳解

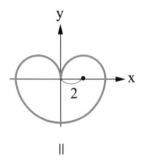

‖

$\ell_2 = \dfrac{2\pi r}{2} = \dfrac{2\pi \times 2}{2} = 2\pi$，$\left(\dfrac{4}{\pi}\right)$

$\ell_1 = \dfrac{2\pi r}{2} = \dfrac{2\pi \times 2}{2}$，$\left(\dfrac{4}{\pi}\right)$

$\dfrac{2r}{\pi} = \dfrac{4}{\pi}$

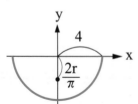

$+$

$\ell_3 = \dfrac{2\pi \times 4}{2} = 4\pi$，$\left(\dfrac{-8}{\pi}\right)$

$\bar{y} = \dfrac{2\pi\left(\dfrac{4}{\pi}\right) + 2\pi\left(\dfrac{4}{\pi}\right) + 4\pi\left(\dfrac{-8}{\pi}\right)}{2\pi + 2\pi + 4\pi} = \dfrac{-16}{8\pi} = -\dfrac{2}{\pi}$

由均質細鐵線製作而成的中文「甲」字如圖所示，該組合線段的形心至x軸的距離為多少cm？

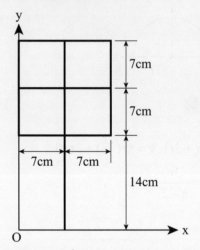

範題解說 **3**	即時演練 **3**

如下圖所示一線段，試求此線段之形心座標。

試求圓弧線之形心與圓心的距離。

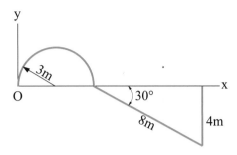

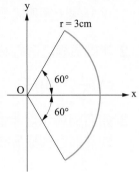

詳解

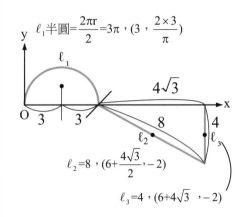

ℓ_1半圓$=\dfrac{2\pi r}{2}=3\pi$，$(3，\dfrac{2\times 3}{\pi})$

$\ell_2=8$，$(6+\dfrac{4\sqrt{3}}{2}，-2)$

$\ell_3=4$，$(6+4\sqrt{3}，-2)$

$\therefore (3\pi + 8 + 4)\times \overline{x} =$

$3\pi \times 3 + 8(6+\dfrac{4\sqrt{3}}{2}) + 4(6+4\sqrt{3})$

$\therefore \overline{x} = 7.27\text{m}$

$(3\pi + 8 + 4)\cdot \overline{y}$

$= 3\pi \times (\dfrac{2\times 3}{\pi}) + 8(-2) + 4(-2)$

$\therefore \overline{y} = -0.28\text{m}$

小試身手

(　) **1** 設弧線長S，半徑為r，弦長為b，則其形心必在弧線圓心角之平分線上距圓心為　(A)$\frac{rb}{s}$　(B)$\frac{rs}{b}$　(C)$\frac{bs}{r}$　(D)$\frac{rb}{2s}$。

(　) **2** 半圓弧線之形心必在其圓心角之平分線上，其距離弧線圓心點為 (A)$\frac{r}{2\pi}$　(B)$\frac{2r}{\pi}$　(C)$\frac{r}{\pi}$　(D)$\frac{3r}{2\pi}$　(註：r為半圓弧線之半徑。)

(　) **3** 如右圖所示之半圓弧線，半徑為1cm，則其形心與原點O之距離為

(A)$\frac{2}{\pi}$ cm

(B)$\frac{4}{3\pi}$ cm

(C)$\frac{\sqrt{16+9\pi^2}}{3\pi}$ cm

(D)$\frac{\sqrt{4+\pi^2}}{\pi}$ cm。

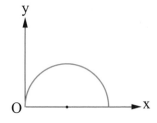

(　) **4** 如右圖所示之圓弧線，半徑為r，則此圓弧線之形心 $\bar{x}$ 為

(A)$\frac{\sqrt{2}r}{\pi}$　　　　(B)$\frac{2\sqrt{2}r}{\pi}$

(C)$\frac{2r}{\pi}$　　　　(D)$\frac{r}{\pi}$。

(　) **5** 一圓弧線半徑為r，其所對之圓心角為θ (rad)，則該弧線之形心到圓心之距離為

(A)$\frac{r\sin\theta}{\theta}$　(B)$\frac{r\sin\theta}{2\theta}$　(C)$\frac{2r\sin\theta}{\theta}$　(D)$\frac{2r\sin(\frac{\theta}{2})}{\theta}$。

(　) **6** 如右圖，試求線段之形心與x軸距離為多少？

(A)$\frac{1}{\pi}$　　　　(B)$\frac{2}{\pi}$

(C)$\frac{1}{3}$　　　　(D)$\frac{2}{3}$。

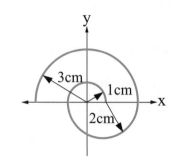

( )　**7** 如右圖所示，$\frac{3}{4}$ 圓弧線之形心與座

標原點之距離為

(A) $\frac{\sqrt{2}r}{3\pi}$　(B) $\frac{2\sqrt{2}r}{3\pi}$　(C) $\frac{3\sqrt{2}r}{2\pi}$　(D) $\frac{\sqrt{2}r}{2\pi}$ 。

( )　**8** 有一半徑為r之 $\frac{1}{4}$ 圓弧線與x、y軸相接，其形心何者為對？

(A) $\overline{x} = \overline{y} = \frac{2\sqrt{2}r}{\pi}$　　　　　　　(B) $\overline{x} = \overline{y} = \frac{2r}{\pi}$

(C) $\overline{x} = \overline{y} = \frac{4r}{3\pi}$　　　　　　　(D) $\overline{x} = 0，\overline{y} = \frac{2r}{\pi}$ 。

( )　**9** $\frac{1}{4}$ 圓弧線直徑為d，其形心至圓心的距離為

(A) $\frac{\sqrt{2}d}{\pi}$　(B) $\frac{d}{\pi}$　(C) $\frac{2\sqrt{2}d}{\pi}$　(D) $\frac{2d}{\pi}$ 。

3-3 面的重心之求法

1. 長方形、圓形、正方形等，其形心位置在兩對角線交點即為中心之位置。

2. 三角形之重心：三角形的重心（或形心），在三中線的交點，重心的位置距離底邊，為高h的三分之一，距頂點為高之三分之二，如圖3-5所示。

3. 扇形面積之形心：扇形面積之形心，在其角平分線上如圖3-6所示，距圓心之距離 $\overline{x} = \frac{2}{3} \cdot \frac{r\sin\theta}{\theta} = \frac{2}{3} \cdot \frac{rb}{s}$ ，r為扇形面積之半徑，θ為扇形面積所對圓心角之一半（以弧度計）

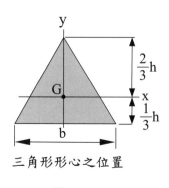

三角形形心之位置

圖3-5

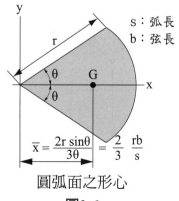

s：弧長
b：弦長

$\overline{x} = \frac{2r\sin\theta}{3\theta} = \frac{2}{3} \cdot \frac{rb}{s}$

圓弧面之形心

圖3-6

(1) 若為半圓面時，如圖3-7所示，$\overline{x} = \dfrac{4r}{3\pi}$。

(2) $\dfrac{1}{4}$圓對稱x軸時，如圖3-8所示，則形心座標距圓心距離 $\overline{x} = \dfrac{4\sqrt{2}r}{3\pi}$。

(3) $\dfrac{1}{4}$圓面積相接於x、y軸時，如圖3-9所示，$\overline{x} = \overline{y} = \dfrac{4r}{3\pi}$。

(4) 複雜形狀之形心：首先分成幾個簡單幾何形狀之形心，再由力矩原理求出。

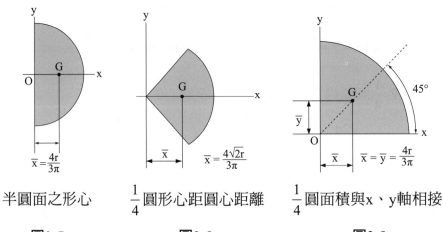

半圓面之形心	$\dfrac{1}{4}$圓形心距圓心距離	$\dfrac{1}{4}$圓面積與x、y軸相接
圖3-7	圖3-8	圖3-9

註 正三角形，邊長為a。

形心距底邊 $= \dfrac{1}{3}$高 $= \dfrac{1}{3}\left(\dfrac{\sqrt{3}}{2}a\right)$

形心距頂點 $= \dfrac{2}{3}$高 $= \dfrac{2}{3}\left(\dfrac{\sqrt{3}}{2}a\right)$

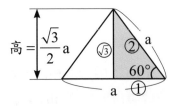

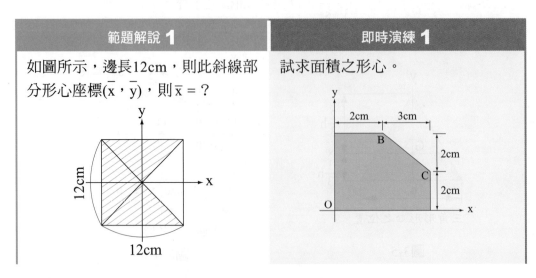

範題解說 1

如圖所示，邊長12cm，則此斜線部分形心座標$(\overline{x}, \overline{y})$，則 $\overline{x}$ = ?

即時演練 1

試求面積之形心。

詳解　$(144-36)\cdot\overline{x} = 144\times 0 - 36\times 4$

$\therefore \overline{x} = -\dfrac{4}{3}\,\text{cm}$

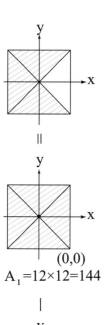

$A_1 = 12\times 12 = 144$

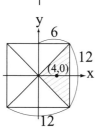

$A_2 = \dfrac{12\times 6}{2} = 36$

範題解說 **2**	即時演練 **2**

試求面積之形心。

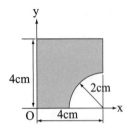

詳解

$(16-\pi) \cdot \bar{x} = 16 \times 2 - \pi(4-\dfrac{8}{3\pi})$, $\bar{x}=1.72$

$(16-\pi) \cdot \bar{y} = 16 \times 2 - \pi(\dfrac{8}{3\pi})$, $\bar{y}=2.28$

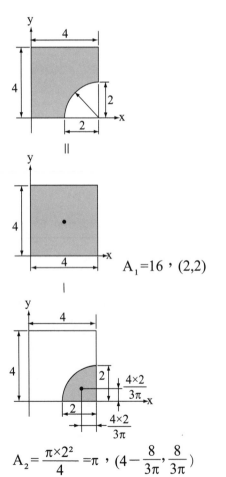

$A_1=16$, $(2,2)$

$A_2=\dfrac{\pi \times 2^2}{4}=\pi$, $(4-\dfrac{8}{3\pi}, \dfrac{8}{3\pi})$

一均勻圓盤上受同方向的二質點力 W_1 及 W_2 垂直作用於 xy 平面，其力大小與座標分別為10N(4,6)及30N(8,−4)，現有另一同方向的質點力 W_3，其大小為20N，欲使圓盤於圓心(0,0)位置達到力矩平衡，則 W_3 應作用於何處（xy座標）？

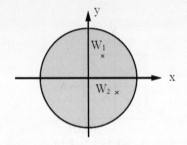

範題解說 **3**	即時演練 **3**

如下圖若此面積之形心在y軸上，則b應為若干？

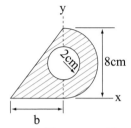

如圖所示，斜線面積形心的y座標值應為多少？

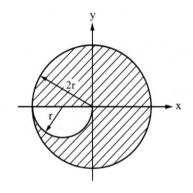

詳解　形心在 $\bar{y}$ 軸上→ $\bar{x}=0$，即求 $\bar{x}$，用0代入求未知數b

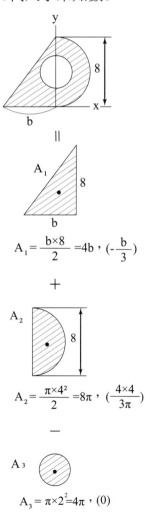

$$A_1 = \frac{b \times 8}{2} = 4b \text{ , } (-\frac{b}{3})$$

$+$

$$A_2 = \frac{\pi \times 4^2}{2} = 8\pi \text{ , } (\frac{4 \times 4}{3\pi})$$

$-$

$$A_3 = \pi \times 2^2 = 4\pi \text{ , } (0)$$

$(4b + 8\pi - 4\pi) \cdot \overline{x}$

$= 4b(-\dfrac{b}{3}) + 8\pi(\dfrac{4 \times 4}{3\pi}) - 4\pi(0)$

$\because \overline{x} = 0 \qquad \therefore -\dfrac{4}{3}b^2 + \dfrac{128}{3} = 0$

$\therefore b = \sqrt{32} = 4\sqrt{2}$ cm

小試身手

( ) **1** 半徑為r之均質平板半圓片的形心至其直線邊緣距離為

(A) $\dfrac{4r}{3\pi}$ 　　　　　　(B) $\dfrac{3\sqrt{2}}{4\pi}r$

(C) $\dfrac{3r}{8\pi}$ 　　　　　　(D) $\dfrac{2r}{\pi}$ 。

( ) **2** 半徑為r之$\dfrac{1}{4}$圓弧面之形心距圓心

(A) $\dfrac{2r}{\pi}$ 　　　　　　(B) $\dfrac{4r}{3\pi}$

(C) $\dfrac{2\sqrt{2}r}{\pi}$ 　　　　　　(D) $\dfrac{4\sqrt{2}r}{3\pi}$ 。

( ) **3** 如右圖扇形面積形心$\overline{X}$

(A) $\dfrac{r\sin\theta}{\theta}$ 　　　　(B) $\dfrac{2r\sin\theta}{3\theta}$

(C) $\dfrac{4r\sin(\dfrac{\theta}{2})}{3\theta}$ 　　(D) $\dfrac{r\sin(\dfrac{\theta}{2})}{\dfrac{\theta}{2}}$ 。

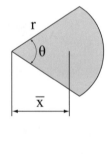

( ) **4** 如右圖所示，求扇形面積之形心 $\overline{x}$ = ?

(A) $\dfrac{2r}{\pi}$ 　　　　　　(B) $\dfrac{3r}{\pi}$

(C) $\dfrac{\sqrt{3}r}{\pi}$ 　　　　　　(D) $\dfrac{4r}{3\pi}$ 。

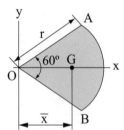

（　　）**5** 如右圖梯形上頂a，下底為b、高h，求形心距底部為多少？

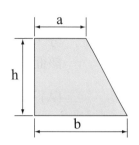

(A) $\dfrac{(a+3b)h}{3(a+b)}$ 　(B) $\dfrac{(2a+b)h}{3(a+b)}$

(C) $\dfrac{(2b+a)h}{3(a+b)}$ 　(D) $\dfrac{(2b+3a)h}{3(a+b)}$ 。

（　　）**6** 正三角形邊長為h，形心距頂點為多少？

(A) $\dfrac{1}{3}h$ 　(B) $\dfrac{2}{3}h$

(C) $\dfrac{\sqrt{3}}{3}h$ 　(D) $\dfrac{\sqrt{3}}{6}h$ 。

（　　）**7** 右圖所示之圖形，其斜線部分之形心座標與x軸距離為

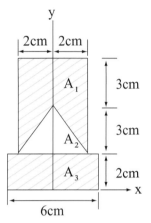

(A)1.8

(B)2.8

(C)3.8

(D)4.8　cm。

（　　）**8** 右圖之斜線部分為一半圓去掉一長方塊之面積，此斜線面積之形心$\bar{y}$為：

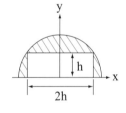

(A) $\dfrac{\frac{1}{2}\sqrt{2}-1}{\pi-2}h$ 　(B) $\dfrac{\frac{2}{3}\sqrt{2}-1}{\pi-2}h$

(C) $\dfrac{\sqrt{2}-1}{\pi-2}h$ 　(D) $\dfrac{\frac{4}{3}\sqrt{2}-1}{\pi-2}h$ 。

（　　）**9** 如右圖所示，任意三角形ABC之形心至y軸的距離為

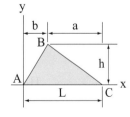

(A) $\dfrac{a+2b}{3}$ 　(B) $\dfrac{2a+b}{L}$

(C) $\dfrac{3a+2b}{2L}$ 　(D) $\dfrac{2a+b}{3}$ 。

（　　）**10** 半徑r之圓盤，由材料1和材料2兩個半圓所組成。若材料1之密度恰為材料2之兩倍，則此圓盤之質心至圓心之距離應為

(A) $\dfrac{2r}{3\pi}$ 　　(B) $\dfrac{8r}{3\pi}$ 　　(C) $\dfrac{r}{\pi}$ 　　(D) $\dfrac{4r}{9\pi}$ 。

( ) **11** 如右圖所示一扇形面積，已知其半徑為6公分，其圓心角所對之弧長為2π公分，其弧長所對應之弦長為6公分，則該面積之形心G距中心O多少？

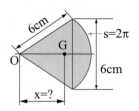

(A)$\dfrac{3}{\pi}$ cm
(B)$\dfrac{6}{\pi}$ cm

(C)$\dfrac{12}{\pi}$ cm
(D)$\dfrac{15}{\pi}$ cm。

( ) **12** 如右圖所示，斜線面積之形心 $\bar{y} =$

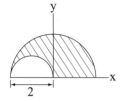

(A)$\dfrac{2}{3}$
(B)$\dfrac{4}{3\pi}$

(C)$\dfrac{2}{\pi}$
(D)$\dfrac{28}{9\pi}$。

( ) **13** 如右圖所示，此圖形面積部分之形心座標為多少？

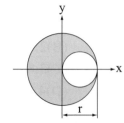

(A)$\dfrac{r}{3}$
(B)$\dfrac{r}{6}$

(C)$-\dfrac{r}{3}$
(D)$-\dfrac{r}{6}$。

( ) **14** 常用於重型機械負重結構的C型鋼斷面如右圖所示，則其形心至y軸的距離為何？

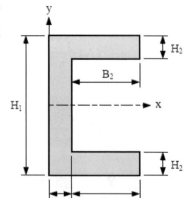

(A)$\dfrac{H_1B_1\left(\dfrac{B_1}{2}\right)+H_2B_2\left(B_1+\dfrac{B_2}{2}\right)}{H_1B_1+H_2B_2}$

(B)$\dfrac{H_1B_1\left(\dfrac{B_1}{2}\right)-2H_2B_2\left(B_1+\dfrac{B_2}{2}\right)}{H_1B_1-2H_2B_2}$

(C)$\dfrac{H_1B_1\left(\dfrac{B_1}{2}\right)+2H_2B_2\left(B_1+\dfrac{B_2}{2}\right)}{H_1(B_1+B_2)-(H_1-2H_2)B_2}$

(D)$\dfrac{H_1B_1\left(\dfrac{B_1}{2}\right)-2H_2B_2\left(B_1+\dfrac{B_2}{2}\right)}{H_1(B_1+B_2)-(H_1-2H_2)B_2}$。

綜合實力測驗

( )　**1** 有關重心的敘述何者錯誤？
　　(A)一均勻材質的球體，其重心即為球心
　　(B)重心位置是固定的，不因位置的變更而改變
　　(C)重心一定在物體的內部
　　(D)均勻材質且形狀對稱之物體，重心必在其對稱軸上。

( )　**2** 有一均質圓形截面的細鐵線，彎曲成半徑2cm的半圓弧形，其形心距圓心多少公分？　(A)$\frac{1}{\pi}$　(B)$\frac{2}{\pi}$　(C)$\frac{3}{\pi}$　(D)$\frac{4}{\pi}$。

( )　**3** 半徑為r之均質平板半圓片的形心至其直線邊緣距離為
　　(A)$\frac{4r}{3\pi}$　(B)$\frac{3\sqrt{2}}{4\pi}r$　(C)$\frac{8r}{3\pi}$　(D)$\frac{2r}{\pi}$。

( )　**4** 如右圖斷面之形心座標為
　　(A)$\bar{x}=8cm$，$\bar{y}=2cm$
　　(B)$\bar{x}=8cm$，$\bar{y}=2.5cm$
　　(C)$\bar{x}=7cm$，$\bar{y}=2cm$
　　(D)$\bar{x}=6cm$，$\bar{y}=2cm$。

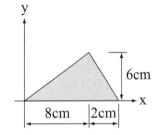

( )　**5** 重心、形心與質心的敘述，何者不正確？
　　(A)物體重心的合力作用線一定會通過該物體的重心
　　(B)物體的質心位置可以在物體的外部
　　(C)物體的形心座標會因參考座標不同而改變
　　(D)對所有物體而言，重心、形心與質心位置會在同一點。

( )　**6** 如右圖求線段形心$\bar{y}$為多少？
　　(A)$-\frac{1}{\pi}$　　　　(B)$-\frac{2}{\pi}$
　　(C)$-\pi$　　　　　(D)-2π　cm。

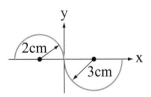

( )　**7** 如右圖為一鐵線彎成ABCD三段，若此鐵線之形心為$(X_o，Y_o)$，則X_o最接近下列何者？
　　(A)3.50cm　　　(B)4.05cm
　　(C)4.35cm　　　(D)4.65cm。

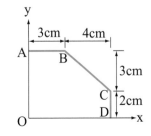

(　　) **8** 如右圖所示之斜線部分面積之形心$\overline{X}$為

(A)$\dfrac{-r}{3}$　　　　(B)$\dfrac{r}{2}$

(C)$-\dfrac{r}{2}$　　　(D)$\dfrac{r}{3}$。

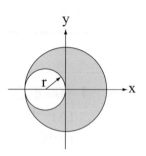

(　　) **9** 如右圖ABCDOA為一均勻薄鐵片，則此鐵片之形心距x軸之距離最接近

(A)2.15cm

(B)2.19cm

(C)2.25cm

(D)2.30cm。

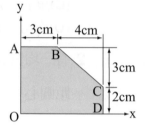

(　　) **10** 半圓面積之形心位於距圓心$\dfrac{4r}{3\pi}$處，右圖中畫斜線部分之重心為

(A)$\overline{x} = \overline{y} = 0.21r$

(B)$\overline{x} = \overline{y} = 0.23r$

(C)$\overline{x} = \overline{y} = 0.25r$

(D)$\overline{x} = \overline{y} = 0.27r$。

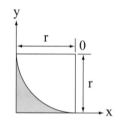

(　　) **11** 如右圖所示，試求該面積形心至x軸之距離為多少？

(A)$\dfrac{4}{9}b$　　　　(B)$\dfrac{1}{2}b$

(C)$\dfrac{5}{9}b$　　　　(D)$\dfrac{2}{3}b$。

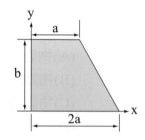

(　　) **12** 如右圖所示，ABCD與EFCD為兩塊厚度相等的均質矩形板，已知ABCD矩形板的重量是EFCD板的兩倍，且重力方向是在座標y軸方向，則下列關於此複合板的重心，形心與質心之敘述，何者錯誤？

(A)重心、形心與質心的x軸座標相同

(B)重心與質心在同一點

(C)重心與形心在同一點

(D)形心到x座標軸的距離為2a。

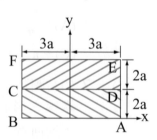

(　) **13** 如右圖所示之斜線區域，其半徑$r_1 = 3\,cm$，$r_2 = 9\,cm$，若G點為該斜線區域之形心位置，則$\overline{y}$是多少cm？ (A)$\dfrac{8}{\pi}$ (B)$\dfrac{13}{\pi}$ (C)$\dfrac{16}{\pi}$ (D)6。

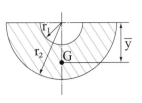

(　) **14** $\dfrac{3}{4}$圓形圓弧線半徑為r，其形心至圓心的距離為

(A)$\dfrac{4\sqrt{2}r}{3\pi}$ (B)$\dfrac{2\sqrt{2}r}{3\pi}$ (C)$\dfrac{2\sqrt{2}r}{9\pi}$ (D)$\dfrac{4\sqrt{2}r}{9\pi}$。

(　) **15** $\dfrac{3}{4}$圓面積半徑為r，其形心至圓心的距離為

(A)$\dfrac{4\sqrt{2}r}{3\pi}$ (B)$\dfrac{2\sqrt{2}r}{3\pi}$ (C)$\dfrac{2\sqrt{2}r}{9\pi}$ (D)$\dfrac{4\sqrt{2}r}{9\pi}$。

(　) **16** 如右圖所示，則斜線面積之形心至y座標軸的距離為

(A)$\dfrac{r}{6\sqrt{2}}$ (B)$-\dfrac{r}{6}$ (C)$-\dfrac{r}{6\sqrt{2}}$ (D)$\dfrac{1}{6}r$。

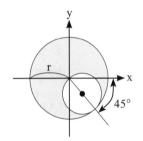

(　) **17** 如右圖所示之截面積，試求該面積之形心至x軸之距離約為若干cm？

(A)2.2　　　　　　　　(B)2.0

(C)1.8　　　　　　　　(D)1.6。

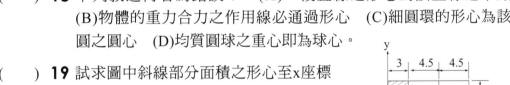

(　) **18** 下列敘述何者為錯誤？ (A)一段直線之形心為該直線之中點 (B)物體的重力合力之作用線必通過形心 (C)細圓環的形心為該圓之圓心 (D)均質圓球之重心即為球心。

(　) **19** 試求圖中斜線部分面積之形心至x座標軸的距離約為多少cm？（圖中尺寸以cm為單位）

(A)3.14　　　　(B)3.41

(C)4.13　　　　(D)4.31。

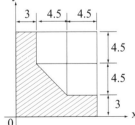

(　) **20** 下列敘述何者有誤？ (A)任何非均質物體，其重心、質心與形心必合而為一 (B)一個均質的球體或其球面之重心，即其球心 (C)一個物體的重心，可視為物體全部重量集中於該點 (D)將一物體懸吊空中，其重心必在重力作用線上。

（　　）**21** 如圖所示，一均勻直角線段被懸掛在B
點，$\overline{AB}=1m$，$\overline{BC}=2m$，當平衡時，$\overline{AB}$
與鉛直方向成θ角。則tanθ＝？

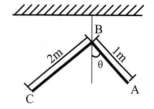

(A)$\dfrac{1}{4}$　　(B)4　　(C)$\dfrac{1}{2}$　　(D)2。

（　　）**22** 如圖，將底面15cm均勻方塊置於傾角為37°之斜
面上，若物體不產生滑動，欲使方塊不致傾倒，
則此方塊之高度h的最大值為多少公分？

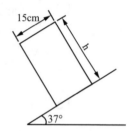

(A)15　　(B)20　　(C)25　　(D)30。

（　　）**23** 如圖所示，A、B、C三均勻木塊，長度均為L，其重量均為W，參
差疊放水平桌上，若每塊伸出量均為x，則欲使木塊不傾倒，則x
最大值為多少？

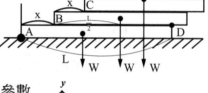

(A)$\dfrac{L}{2}$　　　　　　(B)$\dfrac{L}{3}$

(C)$\dfrac{L}{4}$　　　　　　(D)$\dfrac{L}{6}$。

（　　）**24** 如圖所示的L形截面積，其截面尺寸參數
為：L_1、T_1、L_2、T_2，座標原點O如圖示，若
此截面積的形心C位置座標為$(\overline{x},\ \overline{y})$，
則下列何者正確？

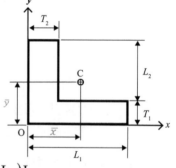

(A)$\overline{x}=\dfrac{(T_1L_1)L_1+(T_2L_2)T_2}{(T_1L_1)+(T_2L_2)},\overline{y}=\dfrac{(T_1L_1)T_1+(T_2L_2)L_2}{(T_1L_1)+(T_2L_2)}$

(B)$\overline{x}=\dfrac{(T_1L_1)T_1+(T_2L_2)L_2}{(T_1L_1)+(T_2L_2)},\overline{y}=\dfrac{(T_1L_1)L_1+(T_2L_2)T_2}{(T_1L_1)+(T_2L_2)}$

(C)$\overline{x}=\dfrac{(T_1L_1)\left(\dfrac{L_1}{2}\right)+(T_2L_2)\left(\dfrac{T_2}{2}\right)}{(T_1L_1)+(T_2L_2)},\overline{y}=\dfrac{(T_1L_1)\left(\dfrac{T_1}{2}\right)+(T_2L_2)\left(\dfrac{L_2}{2}+T_1\right)}{(T_1L_1)+(T_2L_2)}$

(D)$\overline{x}=\dfrac{(T_1L_1)\left(\dfrac{L_2}{2}\right)+(T_2L_2)\left(\dfrac{T_1}{2}\right)}{(T_1L_1)+(T_2L_2)},\overline{y}=\dfrac{(T_1L_1)(T_1+L_2)+(T_2L_2)\left(\dfrac{L_1}{2}\right)}{(T_1L_1)+(T_2L_2)}$。

第四章　摩擦

重要度 ★★★☆☆

4-1　摩擦的種類

當兩物體有相對運動或有滑動的傾向時，其接觸面上，會產生阻礙相對運動或滑動傾向之力，稱之為摩擦力。

摩擦力與物體運動方向相反，且表面愈粗糙者，摩擦力也愈大。

滾動摩擦力	物體在平面上滾動時，其接觸面所產生之阻力，滾動摩擦力小於動摩擦力和最大靜摩擦力。
動摩擦力	物體在平面上受力產生運動時接觸面的摩擦力。
靜摩擦力	物體受力作用時，仍處於靜止狀態，沒有滑動現象。此摩擦力稱為靜摩擦力。若物體在水平面上受水平推力P而靜止，則此時靜摩擦力等於水平作用力P。
最大靜摩擦力	物體開始滑動時之摩擦力稱為最大靜摩擦力。$f_s = \mu_s N$。最大靜摩擦力f_s與接觸面正壓力N的比，稱為靜摩擦係數μ_s。（如圖4-1所示），摩擦係數由實驗得到。

註 最大靜摩擦力>動摩擦力>滾動摩擦力

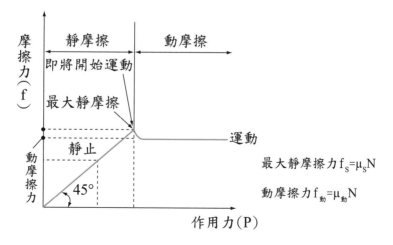

圖4-1　作用力與摩擦力之關係

小試身手

( ) **1** 當一物體放置於水平面上，受水平拉力P作用，在發生運動前，物體與水平接觸面之摩擦力大小與拉力P之大小成何種關係？ (A)沒有關係 (B)成正比 (C)成反比 (D)始終為定值。

( ) **2** 物體重200N靜置於水平面上，若無外力作用，其靜摩擦係數為0.2，則產生之摩擦力為 (A)40 (B)20 (C)10 (D)0 牛頓。

( ) **3** 下列何種摩擦係數最小？ (A)靜摩擦係數 (B)動摩擦係數 (C)滾動摩擦係數 (D)極限摩擦係數。

( ) **4** 摩擦力的方向與運動之方向 (A)相向 (B)相反 (C)必垂直 (D)不一定。

( ) **5** 摩擦的知識以及摩擦係數是如何得到 (A)圖解決 (B)實驗 (C)理論 (D)直覺法。

4-2 摩擦定律

1. 摩擦定律：
   (1) 最大靜摩擦力與接觸面的正壓力成正比。
   (2) 摩擦力與摩擦係數僅與接觸面的性質有關，與接觸面積的大小無關。
   (3) 動摩擦係數必小於靜摩擦係數，且與物體運動之速度無關。
   (4) 摩擦係數不因正壓力之增減而改變。

2. 摩擦係數：摩擦係數因摩擦種類之不同，又可分為靜摩擦係數與動摩擦係數。
   (1) 靜摩擦係數（μ_s）：最大靜摩擦力與正壓力之比值，稱為靜摩擦係數。
      圖4-2為各種摩擦力與正壓力之關係

      最大靜摩擦力$f_s = \mu_s N$

   (2) 動摩擦係數（μ_k）：動摩擦力與正壓力之比值，稱為動摩擦係數。

      動摩擦力$f_k = \mu_k N$

   註 1. 摩擦係數μ，$0 < \mu < \infty$
      2. 靜摩擦係數＞動摩擦係數＞滾動摩擦係數。
      3. 正壓力與接觸面垂直。

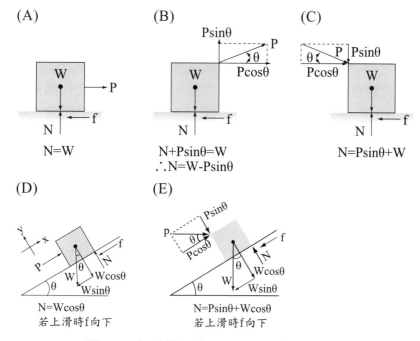

$N=W$

$N+P\sin\theta=W$
$\therefore N=W-P\sin\theta$

$N=P\sin\theta+W$

$N=W\cos\theta$
若上滑時f向下

$N=P\sin\theta+W\cos\theta$
若上滑時f向下

圖4-2　各種情況之正壓力N和摩擦力之關係

➡ **題型一　移動時求摩擦係數**

範題解說 **1**	即時演練 **1**
如下圖所示，若施力50N恰可使物體130N開始移動，求靜摩擦係數。	如圖所示，以重100N之物體置於水平面上，使其即將運動時，需要的水平力為20N，則接觸面間之靜摩擦係數為若干？

範題解說 1

如下圖所示，若施力50N恰可使物體130N開始移動，求靜摩擦係數。

詳解 $\Sigma F_y=0$，$N+30=130$

$\therefore N=100$，

$f_S=\mu_S N=40=\mu_S\times100$　$\therefore\mu_S=0.4$

$N=100$

即時演練 1

如圖所示，以重100N之物體置於水平面上，使其即將運動時，需要的水平力為20N，則接觸面間之靜摩擦係數為若干？

100N　→ P=20N

題型二　移動所需之力量

範題解說 2	即時演練 2
如圖所示，物體重140N，水平面靜摩擦係數$\mu_S=0.3$，則欲使物體滑動所需的最小作用力P為多少牛頓？	如圖所示，重100N之物體置於水平面上，若物體與水平面間之靜摩擦係數為0.5，試求欲推動物體之P力最小為若干？

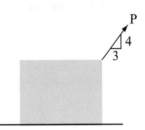

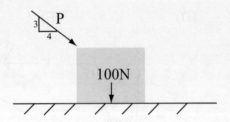

詳解　$\sum F_y=0$，$N-140+\dfrac{4}{5}P=0$

$N=140-\dfrac{4}{5}P=140-0.8P$

$\sum F_x=0$，$\dfrac{3}{5}P-f_S=0$

$0.6P=42-0.24P$

$0.84P=42$　$\therefore P=50N$

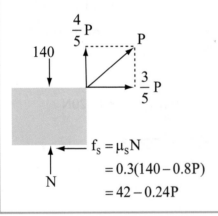

$f_S=\mu_S N$
$\quad=0.3(140-0.8P)$
$\quad=42-0.24P$

題型三 求摩擦力之問題

1. 當物體受力時，外力之合力＞最大靜摩擦力物體才會動，物體運動時摩擦力等於動摩擦力。

2. 當物體所受外力之合力＜最大靜摩擦力時物體靜止，物體靜止時摩擦力等於外力之合力。

範題解說 **3**	即時演練 **3**
如圖所示，重100N之物體置於水平面上，若物體與水平面間之靜摩擦係數0.4，動摩擦係數0.35，(1)用37N之推力作用時之摩擦力？(2)用50N推力作用摩擦力分別為多少N？	如圖所示，A、B兩個物塊重量分別為100N及200N，A物塊與水平地面的靜摩擦係數 $\mu_A = 0.4$，而B物塊與水平地面的靜摩擦係數 $\mu_B = 0.2$，當以一水平力F＝40N施加於物塊A左側，則A及B兩物塊間的作用力為多少N？

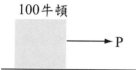

100牛頓 →P

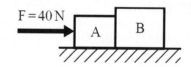

F＝40N → A B

詳解 $f_{大} = \mu_{靜} N = 0.4 \times 100 = 40$牛頓

(推力大於40N才會動)

$f_{動} = \mu_{動} \times N = 0.35 \times 100 = 35$牛頓

(1) P＝37時，推力 $P < f_{大}(40)$

∴物體靜止

摩擦力＝P＝37牛頓.........答(1)

(2) P＝50牛，推力 $P > f_{大}$

∴物體運動

運動時：摩擦力＝動摩擦力＝35牛頓...........................答(2)

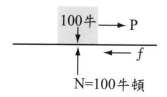

100牛 → P
← f
N＝100牛頓

範題解說 4

圖示之物塊重200N，若物塊和地面間之靜摩擦係數μ＝0.5，則二者間之摩擦力為多少N？

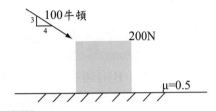

詳解　由$\sum F_y = 0$

$60 + 200 = N = 260$牛頓

$f_{大} = \mu N = 0.5 \times 260 = 130$牛頓

水平推動$80 < f_{大}(130)$

∴物體靜止

∴$\sum F_x = 0$，$f - 80 = 0$

$f = 80$　摩擦力為80牛頓

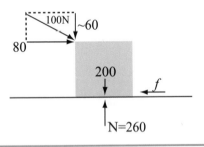

即時演練 4

物塊$W = 100$N置於37°之斜面上，二者間之靜摩擦係數0.3，當繩之拉力$F = 40$N時，物塊和斜面間之摩擦力為多少N？

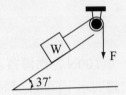

範題解說 **5**	即時演練 **5**

若梯子重400N，牆為光滑面，若梯子與地面之靜摩擦係數μ＝0.5，求下圖B點之摩擦力？

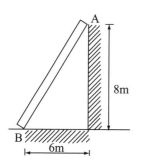

如下圖所示，一物重100N，置於一斜面上，斜面之靜摩擦係數μ＝0.8，試求此時之摩擦力為多少牛頓？

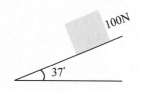

詳解　$\Sigma M_B = 0$ ，$400 \times 3 = N_A \times 8$

$\therefore N_A = 150N$

$f_{大} = \mu N = 0.5 \times 400 = 200 > N_A$

$\therefore$物體靜止

由 $\Sigma F_x = 0$ ，$N_A = f = 150N$

地面摩擦力＝150牛頓

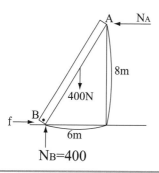

小試身手

(　) **1** 摩擦力與接觸面積之大小成　(A)正比　(B)反比　(C)平方成反比　(D)無關。

(　) **2** 最大靜摩擦力之大小與下列何者成正比？　(A)接觸面積大小　(B)接觸面之正壓力大小　(C)滑動之速度　(D)接觸時間。

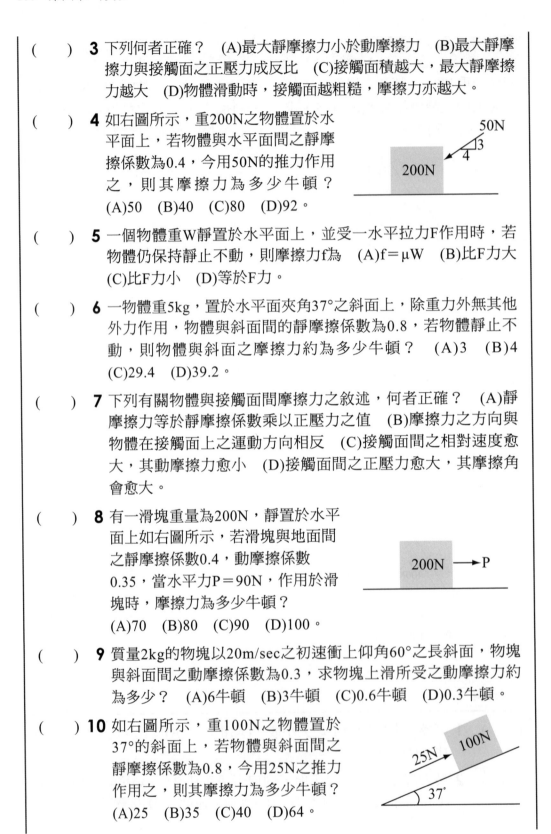

（　　）**3** 下列何者正確？　(A)最大靜摩擦力小於動摩擦力　(B)最大靜摩擦力與接觸面之正壓力成反比　(C)接觸面積越大，最大靜摩擦力越大　(D)物體滑動時，接觸面越粗糙，摩擦力亦越大。

（　　）**4** 如右圖所示，重200N之物體置於水平面上，若物體與水平面間之靜摩擦係數為0.4，今用50N的推力作用之，則其摩擦力為多少牛頓？
(A)50　(B)40　(C)80　(D)92。

（　　）**5** 一個物體重W靜置於水平面上，並受一水平拉力F作用時，若物體仍保持靜止不動，則摩擦力f為　(A)f＝μW　(B)比F力大　(C)比F力小　(D)等於F力。

（　　）**6** 一物體重5kg，置於水平面夾角37°之斜面上，除重力外無其他外力作用，物體與斜面間的靜摩擦係數為0.8，若物體靜止不動，則物體與斜面之摩擦力約為多少牛頓？　(A)3　(B)4　(C)29.4　(D)39.2。

（　　）**7** 下列有關物體與接觸面間摩擦力之敘述，何者正確？　(A)靜摩擦力等於靜摩擦係數乘以正壓力之值　(B)摩擦力之方向與物體在接觸面上之運動方向相反　(C)接觸面間之相對速度愈大，其動摩擦力愈小　(D)接觸面間之正壓力愈大，其摩擦角會愈大。

（　　）**8** 有一滑塊重量為200N，靜置於水平面上如右圖所示，若滑塊與地面間之靜摩擦係數0.4，動摩擦係數0.35，當水平力P＝90N，作用於滑塊時，摩擦力為多少牛頓？
(A)70　(B)80　(C)90　(D)100。

（　　）**9** 質量2kg的物塊以20m/sec之初速衝上仰角60°之長斜面，物塊與斜面間之動摩擦係數為0.3，求物塊上滑所受之動摩擦力約為多少？　(A)6牛頓　(B)3牛頓　(C)0.6牛頓　(D)0.3牛頓。

（　　）**10** 如右圖所示，重100N之物體置於37°的斜面上，若物體與斜面間之靜摩擦係數為0.8，今用25N之推力作用之，則其摩擦力為多少牛頓？
(A)25　(B)35　(C)40　(D)64。

(　　) **11** 如右圖所示，A物體重3600N，B物體重1000N，B物體與水平面間之摩擦係數μ＝0.10，A物體與B物體之間及A物體與牆面之間的摩擦力均不計，則B物體與地面間之摩擦力為多少N？

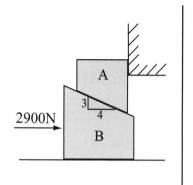

(A)200　　　　　(B)300

(C)360　　　　　(D)460。

4-3　摩擦角與靜止角

1. 摩擦角φ：正壓力與最大靜摩擦力之合力與正壓力N之夾角稱為摩擦角，以φ表示，如圖4-3所示。

   $N = W$，$f = \mu N = \mu W$

   $\therefore \tan\phi = \dfrac{\mu W}{W} = \mu$，摩擦角之正切函數＝靜摩擦係數。

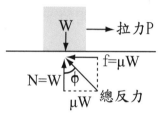

圖4-3　摩擦角之定義

2. 靜止角θ：物體置於斜面上，當斜面角度逐漸增加至θ角，斜面上之物體開始下滑，則開始下滑的角度稱為靜止角。如圖4-4所示，摩擦角等於靜止角，其正切值等於靜摩擦係數。　$\boxed{\tan\phi = \tan\theta = \mu}$ 。

   $N = W\cos\theta$　$\therefore f = \mu N = \mu W\cos\theta$

   剛好下滑　$\therefore f = W\sin\theta = \mu W\cos\theta$

   $\therefore \mu = \dfrac{\sin\theta}{\cos\theta} = \tan\theta = \tan\phi$

   $\therefore$ 靜止角＝摩擦角

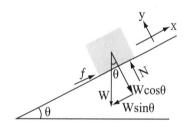

物體下滑之力＝Wsinθ

垂直斜面之正壓力＝Wcosθ

圖4-4　靜止角之定義

3. 若摩擦角φ，則P與地面夾角α時，當 $\phi = \alpha$ 時，P拉力最小即可推動物體，若 $\phi = 20°$ 時，當α＝20°時，P拉力最小即可使物體移動。如圖4-5所示。

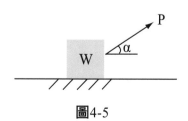

圖4-5

範題解說 1	即時演練 1

範題解說 1

重量200N之物體置於一斜面上，當其如圖所示時，物體將開始向下滑動，試求物體與接觸面間之靜摩擦係數。

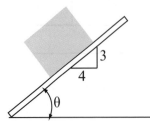

詳解　物體開始下滑之角度為靜

止角，$\therefore \mu_s = \tan\theta = \dfrac{3}{4} = 0.75$

即時演練 1

若物體間之靜摩擦係數為1時，其摩擦角為若干？靜止角為多少度？

範題解說 2

如圖所示，有一均質桿AB重W＝100N，斜靠於光滑的牆壁及粗糙地面，當桿件即將開始滑動，則桿件與地面的靜摩擦係數為若干？

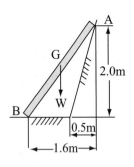

即時演練 2

如圖所示，使一均質桿重100kg，剛好保持快滑動瞬間時，則桿與地面之靜摩擦係數為多少？

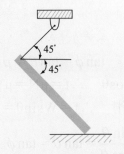

詳解 由AB桿自由體

三力平衡三力不平行必相交於一

點，$\mu_S = \tan\phi = \dfrac{0.8}{2+0.2} = 0.36$

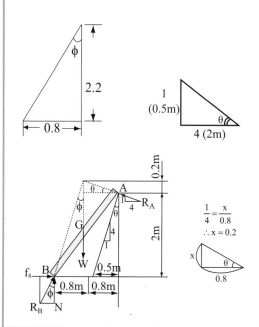

小試身手

( ) **1** 物體置於斜面上當斜面慢慢舉高到達角度θ時，物體即開始下滑，則此物體與斜面的靜摩擦係數為 (A)sinθ (B)cosθ (C)tanθ (D)cotθ。

( ) **2** 靜摩擦係數之值範圍為何？

(A)$1 < \mu_S < \infty$ (B)$0 < \mu_S < 1$ (C)$0 < \mu_S < \infty$ (D)$0 < \mu_S < \dfrac{1}{2}$。

( ) **3** 靜摩擦係數等於摩擦角之 (A)正切值 (B)餘切值 (C)正弦值 (D)餘弦值。

( ) **4** 有物體置於粗糙之水平面上，若其摩擦角為30°，則其靜摩擦係數為 (A)$\dfrac{1}{2}$ (B)$\dfrac{\sqrt{3}}{2}$ (C)$\sqrt{3}$ (D)$\dfrac{1}{\sqrt{3}}$。

( ) **5** 如右圖所示，若靜摩擦係數為 $\frac{1}{\sqrt{3}}$，則當θ逐漸增加時，使物體W欲下滑之最小角度為

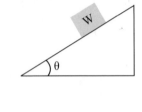

(A) $\cos^{-1}(\frac{1}{2})$　　(B) $\tan^{-1}(\frac{\sqrt{3}}{2})$

(C) $\sin^{-1}(\frac{1}{2})$　　(D) $\cot^{-1}(\frac{\sqrt{3}}{2})$。

( ) **6** 甲蟲王者MUSIKING在半圓形碗裡欲爬出來，無論往哪個方向爬，最高只能爬到與圓心垂直軸成37°角的位置便往下滑，如右圖所示，則甲蟲和碗之間的靜摩擦係數為多少？

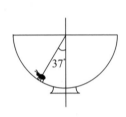

(A) $\frac{3}{4}$　　　　(B) $\frac{4}{3}$

(C) $\frac{3}{5}$　　　　(D) $\frac{4}{5}$。

( ) **7** 重為120N之梯子斜靠於光滑牆壁及粗糙地面上，梯子長度為10m，當梯子之傾斜情形如右圖所示時，梯子剛好開始沿牆壁滑下，則梯子與地面間之靜摩擦係數為

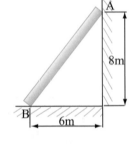

(A)0.2　　　　(B)0.25
(C)0.325　　　(D)0.375。

( ) **8** 欲拖動靜置於水平地面上之重物，如右圖所示，若地面與此物間之摩擦角為θ，則拖動繩方向與水平面之夾角α為　(A)θ　(B)0°　(C)37°　(D)90° 時用力最小即可拉動物體。

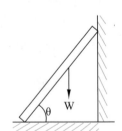

( ) **9** 梯子靠在牆上，如右圖所示，設牆面為光滑，梯與地面之 $\mu_S = 0.5$，欲使梯子剛好滑倒時，則θ之正切值tanθ為

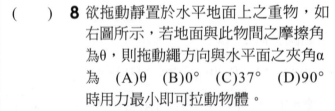

(A)0.5　　　　(B)1
(C)1.25　　　(D)2。

4-4 滑動摩擦

1. 滑動摩擦：若物體為滑動摩擦時，因受力的作用不同而產生相對運動或有運動之趨勢，其形式如下。

物體靜止不動時	如圖4-6-a所示，物體受外力作用仍為靜止時，即推力或合力小於最大靜摩擦力時，此時推力或外力之合力等於摩擦力。
物體即將滑動時	物體即將開始產生滑動，此時產生之摩擦力稱為最大靜摩擦力，當外力或外力之合力等於最大靜摩擦力，物體才會運動。如圖4-6-b所示。
物體開始滑動	當外力大於最大靜摩擦力時，物體便產生滑動，此時所產生之摩擦力稱為動摩擦力。動摩擦力不因外力增加而增加，為一定值。如圖4-6-c所示。

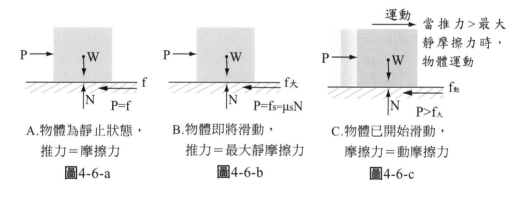

A.物體為靜止狀態，
推力＝摩擦力
圖4-6-a

B.物體即將滑動，
推力＝最大靜摩擦
圖4-6-b

C.物體已開始滑動，
摩擦力＝動摩擦力
圖4-6-c

➡ 題型一　傾倒問題

範題解說 **1**	即時演練 **1**
如圖所示的長方形物體，質量為100kg，受一向右400N的水平力Q作用，已知地板與物體間的靜摩擦係數為0.45，且此水平力Q的作用點距離地面的高度h＝6m，則該物體將會處於何種狀態？	如圖所示為一寬度b之方塊重W，靜置於一水平面上，若物體與水平面間之靜摩擦係數為μ，今有一水平力P作用於其上時，試求使物體移動而不生傾倒的P力作用點最高位置，h為多少？

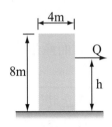

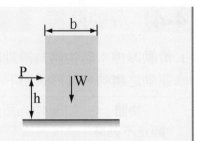

詳解　$f_{大}$(最大靜摩擦力)$=\mu N$

$=980 \times 0.45 = 441$

推力$400 < f_{大}(441)$

$\therefore$物體不移動，設超過h會傾倒

$\Sigma M_A = 400 \times h - 980 \times 2 = 0$

$h = 4.9\text{m}$，超過4.9m就會向右傾

倒，$h = 6\text{m}$，所以此物體向右傾倒

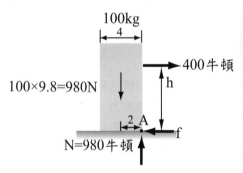

題型二　兩塊滑塊問題

範題解說 2	即時演練 2
如圖所示，設物體W_1重76N，物體W_2重240N，物體W_1經由繩與牆相連，繩重不計，靜摩擦係數均為0.2，欲使W_2物體開始向右滑動時之水平力P至少為多少牛頓？	如下圖所示（靜摩擦係數μ_s均為0.2），要拉動300N運動時，P至少為多少牛頓？

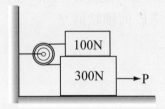

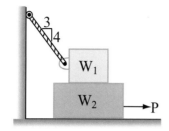

詳解　由圖(一)$\therefore \sum F_y = 0$，

$N_1 + \dfrac{4}{5}T - 76 = 0$，$N_1 = 76 - \dfrac{4}{5}T$

$f_1 = \mu_1 N_1 = 0.2 \times (76 - \dfrac{4}{5}T)$

$= 15.2 - 0.16T$

$\sum F_x = 0$，$f_1 - \dfrac{3}{5}T = 0$

$(15.2 - 0.16T) - 0.6T = 0$，

$T = 20$

$N_1 = 76 - \dfrac{4}{5}T = 76 - \dfrac{4}{5} \times 20 = 60N$

$f_1 = \mu_1 N_1 = 0.2 \times 60 = 12N$

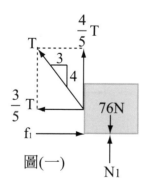

圖(一)

由圖(二)，$\therefore \sum F_y = 0$，

$N_2 = 240 + N_1 = 240 + 60 = 300$

$f_2 = \mu_2 N_2 = 0.2 \times 300 = 60$

$\sum F_X = 0$，$P = f_1 + f_2 = 12 + 60 = 72N$

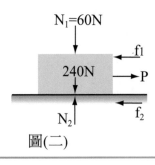

圖(二)

→ **題型三　梯子問題**

範題解說 **3**	即時演練 **3**
梯子與地面靜摩擦係數$\mu_1 = 0.25$，梯子重200N與牆壁之靜摩擦係數$\mu_2 = 0.2$欲使梯子向右運動，則推力P至少要多少牛頓？	直牆為光滑面，梯子重100N與地面靜摩擦係數$\mu = 0.2$，欲使梯子向右移動，則推力P最小值應為多少？

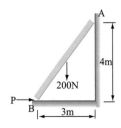

詳解 $\sum M_B = 0$

$200 \times 1.5 + 0.2 N_A \times 3 = N_A \times 4$

$\therefore N_A = \dfrac{300}{3.4}$

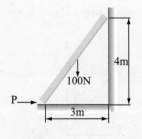

$\sum F_y = 0$,

$N_B = 200 + 0.2N_A = 200 + \dfrac{60}{3.4}$

$f_B = 0.25N_B$

$= 50 + \dfrac{15}{3.4}\left[由0.25\left(200 + \dfrac{60}{3.4}\right)\right]$

$\sum F_x = 0$, $P = 0.25N_B + N_A$

$= \left(50 + \dfrac{15}{3.4}\right) + \dfrac{300}{3.4} = 142.6$牛頓

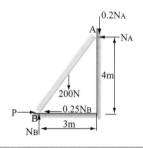

範題解說 4

若牆為光滑面,梯子重200N,當900N之人爬至距B點2m,樓梯開始下滑,求樓梯與地面之靜摩擦係數。

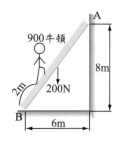

即時演練 4

若牆為光滑面,若梯子重W擺此位置剛好下滑,求梯子與地面之靜摩擦係數。

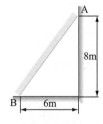

詳解　$\sum M_B = 0$，

$900 \times 1.2 + 200 \times 3 = N_A \times 8$

$\therefore N_A = 210$牛頓，$\sum F_x = 0$，

$f = N_A = \mu N_B$

$\therefore 210 = \mu \times 1100 \quad \mu = \dfrac{21}{110}$

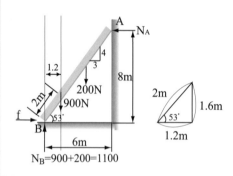

$N_B = 900 + 200 = 1100$

題型四　斜面滑動問題

範題解說 **5**

如圖所示，重200N之物體置於斜面上，若物體與斜面間之靜摩擦係數為0.2，試求推動物體上滑之水平力P至少為若干牛頓？

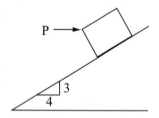

詳解　上滑f向下

$\sum F_y = 0$，$N = 160 + \dfrac{3}{5}P$

$f = \mu_s N = 0.2 \times \left(160 + \dfrac{3}{5}P\right) = 32 + 0.12P$

即時演練 **5**

如圖所示，為一物體重200N置於一斜面上，物體與斜面間的靜摩擦係數為0.1，則P力在若干牛頓範圍以內，可維持該物體於靜止狀態？

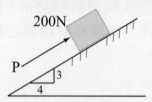

$$\sum F_x = 0 , \frac{4}{5}P - f - 120 = 0$$

$$0.8P - (32 + 0.12P) - 120 = 0$$

$$P = 223.5N$$

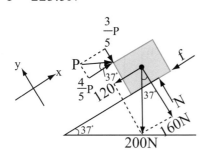

小試身手

( ) **1** 一與水平成θ的斜面上置放一重W的物體,物體受一與斜面平行之向上推力P作用。假設θ、W及物體與斜面間之靜摩擦係數μ均為已知,則

(A)當物體即將向下滑動時,推力$P = W\cos\theta - \mu W\sin\theta$

(B)當物體即將向下滑動時,推力$P = W\sin\theta + \mu W\cos\theta$

(C)當物體即將向上滑動時,$P = W\cos\theta - \mu W\sin\theta$

(D)當物體即將向上滑動時,$P = W\sin\theta + \mu W\cos\theta$。

( ) **2** 如右圖所示,若A重100N,接觸面間之靜摩擦係數均為0.5,則欲使兩物體移動,B物至少需重多少N?

(A)25   (B)50

(C)100   (D)200。

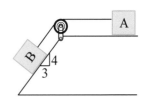

( ) **3** 如圖所示,物體A重60N,物體B重50N,F=30N,物體A與物體B之間摩擦係數為0.15,物體B與地面之摩擦係數為0.2,若一水平力P將物體B由靜止推出,則P至少需多少N?

(A)40.5   (B)41.5

(C)43.5   (D)44.5。

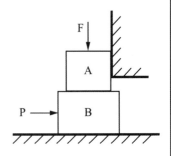

(　　) **4** 如右圖所示之均質物重50N，與地面之靜摩擦係數為0.3，當P由小逐漸加大時，問P增大至多少方可使物體開始發生運動？又先發生何種運動？

(A)當P＝15N時，物體先開始發生滑動，但不會傾倒

(B)當P＝15N時，物體先開始發生傾倒，但不會滑動

(C)當P＝20N時，物體先開始發生滑動，但不會傾倒

(D)當P＝20N時，物體先開始發生傾倒，但不會滑動。

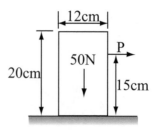

(　　) **5** 如右圖所示，對稱圓柱體重600N，直牆為光滑面，及圓柱與水平面間之靜摩擦係數為0.2，決定不致使圓柱體轉動之最大P值為

(A)400N　　　　(B)500N

(C)600N　　　　(D)700N。

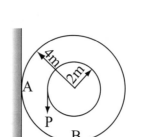

(　　) **6** 如右圖所示，將一重量為30N之物體A置於一斜面上，其兩端分別用兩彈簧加以支撐，並維持靜力平衡，若彈簧一與彈簧二之受力狀態分別為受4N之壓力與8N之拉力，試問此時物體A所受之摩擦力為多少N？

(A)3　　　　　(B)4

(C)18　　　　(D)22。

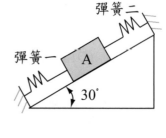

(　　) **7** 如右圖所示，一重100N之方形物體置於斜面上，其間之靜摩擦係數為0.3，求能使方形物體剛好不動，W重量範圍為多少牛頓？

(A)36＜W＜84

(B)60＜W＜80

(C)$10\sqrt{2}$ ＜W＜ $40\sqrt{2}$

(D)24＜W＜32。

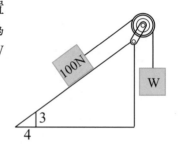

( ) **8** 如右圖所示，W_1重200N、W_2重400N，若兩物體間之靜摩擦係數為0.6，而與地板之靜摩擦係數為0.15，則欲使W_1物體移動所需之力P至少為多少牛頓？

(A)90　(B)120　(C)150　(D)60。

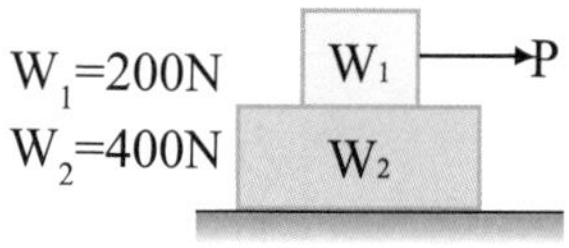

( ) **9** 有一160N重之物體置於如右圖所示之斜面上，兩者間之靜摩擦係數為0.25，有一水平力P作用於物體上，則P之最小值為多少N時，方可使此物體不致下滑？

(A)130　　　　(B)180

(C)230　　　　(D)380。

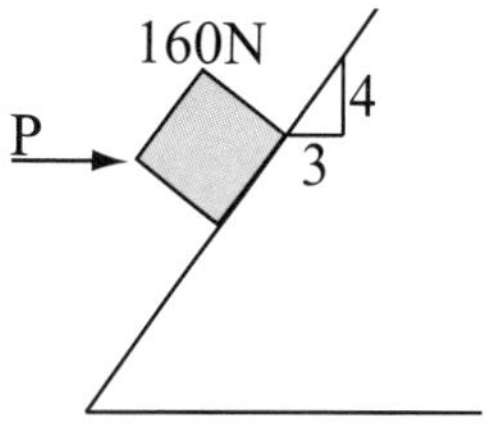

( ) **10** 如右圖所示，一長10m，重240N之均質桿靠於光滑鉛直牆及靜摩擦係數為0.2之水平地面上，而以一水平繩索AC繫住防止傾倒，則此繩索之張力為若干牛頓？

(A)42　　　　(B)48

(C)90　　　　(D)112　牛頓。

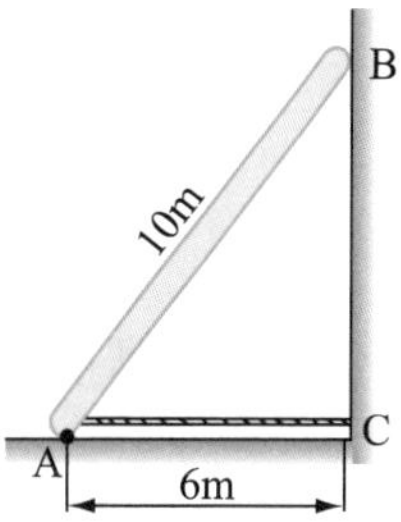

( ) **11** 如右圖所示，若A物體與平面間之靜摩擦係數為0.2，欲保持平衡狀態，則A物重的最小值為？

(A))40N　　　　(B)100N

(C)160N　　　　(D)200N。

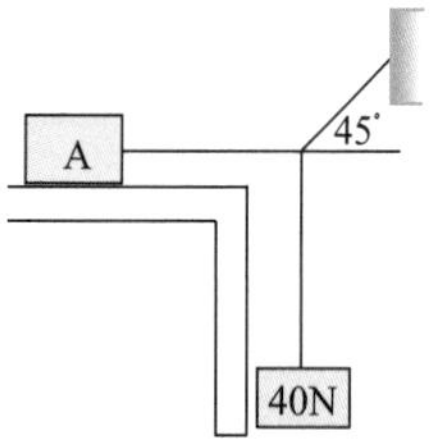

( ) **12** 如右圖所示，若物體與斜面的靜摩擦係數為0.5，物體重60N，欲使物體不向下滑動，則F力至少為多少N？

(A)6N　　　　(B)12N

(C)15N　　　　(D)30N。

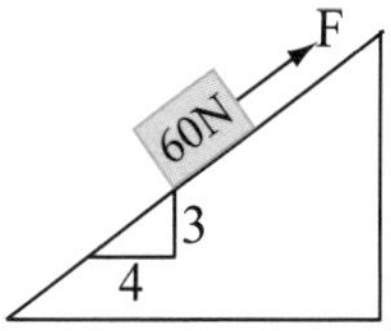

( ) **13** 某人用手將一重20N的書本垂直壓於牆壁上，若牆壁與書本之間的靜摩擦係數為0.2，試問該人應施多少力多少牛頓才不至於使書本滑下？

(A)10N　　　　(B)50N　　　　(C)98N　　　　(D)100N。

(　) **14** 有一均質方塊,重40N,如右圖,以一P力
作用於其右側面使其靜止,如圖所示,若
方塊與牆面間之靜摩擦係數為0.25,則P
力最少為多少牛頓物體才不滑下?

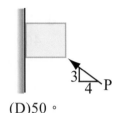

(A)40　　　　　(B)10　　　　　(C)25　　　　　(D)50。

(　) **15** 如右圖所示,三方塊重$W_1=100N$,
$W_2=150N$,$W_3=200N$,W_1受一牆
阻擋其向左運動,已知所有接觸面
之靜摩擦係數$\mu=0.2$,則P力要多大
才能拉動W_2向左移動。

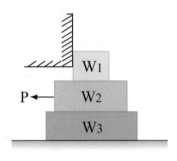

(A)20N　　　　(B)50N
(C)70N　　　　(D)110N。

(　) **16** 如圖之左圖所示,一水平支架上有一垂直圓孔,以餘隙配合
(clearancefit)套入圓形立柱作成荷重平台。又如圖之右圖所
示,當荷重F作用時,立柱與支架在A、B兩接觸點產生摩擦
力以支撐荷重F,若接觸點摩擦係數均相同,且不計支架重量
及餘隙造成之微量尺寸誤差,則支架荷重時不致滑落之最小
摩擦係數應為:

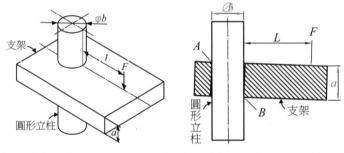

(A)a/(2L+b)　　(B)a/(L+b)　　(C)2a/(L+b)　　(D)a/(2(L+b))。

(　) **17** A、B、C三個方塊堆疊如圖所示,有一水平推力P作用於B方塊
上,A、B、C分別重100N、150N和200N,且A和B間的靜摩
擦係數為0.3,B和C間的靜摩擦係數為0.2,C和地面間的靜摩
擦係數為0.1,如果推力P為
48N,以下狀況何者為真?
(A)只有B移動,A和C不移動
(B)A和B一起移動,C不移動
(C)A、B和C都不移動
(D)A、B和C一起移動。

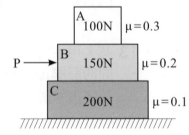

綜合實力測驗

(　) **1** 下列有關摩擦力的敘述何者正確？　(A)物體接觸面積越大，摩擦力越大　(B)物體靜止時並無摩擦力　(C)摩擦力與物體運動方向相反　(D)物體速度越快，動摩擦力會越大。

(　) **2** 下列敘述何者正確？　(A)動摩擦係數大於靜摩擦係數　(B)靜摩擦力等於靜摩擦係數乘以正向力　(C)靜止角正切值等於靜摩擦係數　(D)正壓力與摩擦係數成反比。

(　) **3** 質量2kg的物塊以10m/sec之初速衝上仰角60°之長斜面，物塊與斜面間之動摩擦係數為0.3，求物塊上滑所受之動摩擦力約為多少？
(A)6牛頓　(B)3牛頓　(C)0.6牛頓　(D)0.3牛頓。

(　) **4** 如右圖之物塊W＝100N置於30°之斜面上，二者間之摩擦係數0.3，當繩之拉力F＝40N時，物塊和斜面間之摩擦力最接近
(A)10N　(B)$10\sqrt{3}$　(C)20　(D)$15\sqrt{3}$。

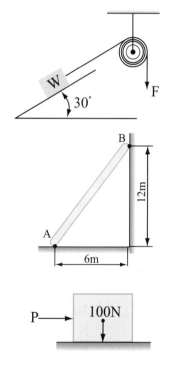

(　) **5** 如右圖所示，一桿重200N，B端置於光滑牆上，A端置於靜摩擦係數為0.6之地面，試求A端之摩擦力
(A)50　　　　　(B)100
(C)120　　　　(D)150。

(　) **6** 如右圖所示，重100N之物體置於水平面上，若物體與水平面間之摩擦係數為 $\mu_s＝0.3$，$\mu_k＝0.2$，今用P＝40N作用之，則其摩擦力為多少N？　(A)15　(B)20　(C)30　(D)40。

(　) **7** 移動水平板上重100N的物體需施加水平力80N，若在不施力的情況下，將板傾斜30°，則此物體與板的摩擦力約為多少N？　(A)50　(B)$20\sqrt{3}$　(C)$40\sqrt{3}$　(D)$50\sqrt{3}$。

( )　**8** 一物體置於一平板上,當此平板慢慢上升至60°時,物體開始下滑,則此物與平板間的靜摩擦係數多少?

(A)$\sqrt{3}$　　(B)$\dfrac{\sqrt{3}}{2}$　　(C)$\dfrac{1}{2}$　　(D)$\dfrac{1}{\sqrt{3}}$。

( )　**9** 如右圖所示,若物體與斜面間動摩擦係數為1,靜摩擦係數為$\dfrac{4}{3}$,則當θ逐漸增加時,使物體W欲下滑之最小角度為

(A)$\cos^{-1}0.6$　　(B)$\tan^{-1}1$
(C)$\sin^{-1}0.6$　　(D)$\cot^{-1}0.8$。

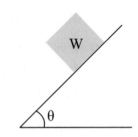

( )　**10** 摩擦角之定義為　(A)最大靜摩擦力與正壓力之合力與水平面之夾角　(B)最大靜摩擦力與正壓力之合力與正壓力之夾角　(C)摩擦力與正壓力之夾角　(D)摩擦力與推力之夾角。

( )　**11** 如右圖之物塊重280N,若物塊和地面間之靜摩擦係數μ＝0.4,則二者間之摩擦力為多少N?
(A)60　(B)72　(C)80　(D)112。

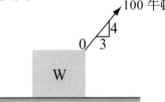

( )　**12** 如右圖所示,摩擦角20°,則拉力P與水平面夾幾度時,拉力最小即可拉動物體?
(A)10　(B)20　(C)30　(D)40。

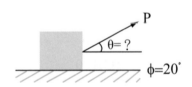

( )　**13** 30N物體置於水平板上,使其開始運動所需要之水平拉力為$10\sqrt{3}$N,若將該板之一端徐徐升高,則當與水平面夾幾度時,物體將開始下滑?　(A)15°　(B)30°　(C)45°　(D)60°。

( )　**14** 所有接觸面均相等之摩擦係數μ＝0.2,如右圖所示,欲使物體移動P至少為多少牛頓?
(A)20　　(B)120
(C)140　　(D)160N。

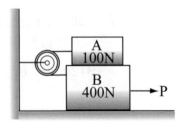

( ) **15** 如右圖所示，欲使系統保持平衡，A
物重量之最小值為多少牛頓才不會
滑動？

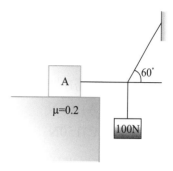

(A) $\dfrac{100}{\sqrt{3}}$ (B) $\dfrac{200}{\sqrt{3}}$

(C) $\dfrac{500}{\sqrt{3}}$ (D) $\dfrac{1000}{\sqrt{3}}$ 。

( ) **16** 如右圖所示，圓柱重600N，牆為光滑
面，圓柱與水平面摩擦係數為0.2，不
致使圓柱體轉動之最大P值時之A點作
用力為

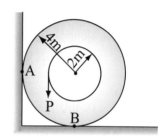

(A)200N (B)400N

(C)600N (D)800N。

( ) **17** 重量50N之物體置於水平面上，若以
10N之水平力P即可拉動此物體，今使
P力作用線與水平面成一向上30°，如
右圖所示，則拉動此物體需力多少牛
頓？

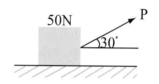

(A)9.35 (B)10.35

(C)13.35 (D)16.3。

( ) **18** 如右圖所示之均質長方塊，其質量為
100kg，寬為2m，高為6m，該物體與
地面間之靜摩擦係數為0.5，若此物體
受到水平力F作用，則發生滑動而不致
傾倒之最大h值為多少m？

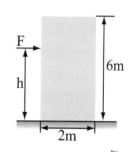

(A)1 (B)1.5 (C)2 (D)2.5。

( ) **19** 如右圖所示，梯重200N，牆為光滑
面，梯與地板的靜摩擦係數為0.4，欲
使梯開始向右運動，試求所需P力最小
值為多少N＝？

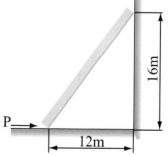

(A)75 (B)135

(C)155 (D)185。

( ) **20** 如右圖中梯子重100N，梯與地板之靜
摩擦係數為0.5，梯與牆之靜摩擦係數
為0.25，今欲使梯子開始向右運動，
則需P力最小為多少牛頓？
(A)102N　　　(B)128N
(C)150N　　　(D)160N。

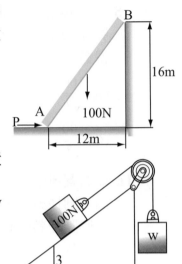

( ) **21** 如右圖所示，一重100N之方形物體置
於斜面上，其間之靜摩擦係數為0.3，
求能使方形物體剛好上滑，所需之W
重量大小為
(A)84　　　(B)36
(C)60　　　(D)108　N。

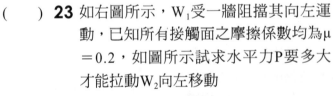

( ) **22** 如右圖所示，A物體重50N，B物體重
100N，C物體重150N，A與B間之靜摩
擦係數為0.5，B與C間之靜摩擦係數
為0.1，地面為光滑表面，則欲使方塊
移動之最小力P為多少牛頓？
(A)15　(B)25　(C)35　(D)40。

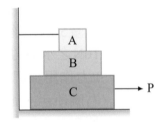

( ) **23** 如右圖所示，W_1受一牆阻擋其向左運
動，已知所有接觸面之摩擦係數均為μ
＝0.2，如圖所示試求水平力P要多大
才能拉動W_2向左移動
(A)20　　　(B)80
(C)60　　　(D)140。

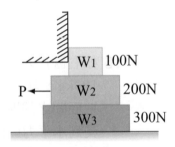

( ) **24** 一物體重50N，靜置於水平面成37°之斜面上，以平行斜面之力20N
往上推，恰可阻止其往下滑，則斜面與物體間之靜摩擦係數多
少？　(A)0.2　(B)0.25　(C)0.5　(D)0.75。

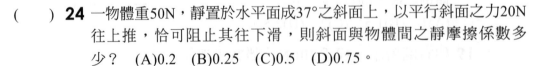

( ) **25** 如右圖所示，$W_A＝115N$，$W_B＝$
250N，若所有接觸面的靜摩擦係數均
為0.2，則使物體B開始向右滑動之水
平作用力P為多少N？
(A)90　(B)100　(C)110　(D)120。

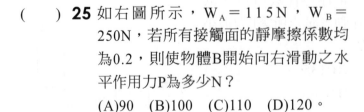

( ) **26** 如右圖所示，有一100N重的物體，置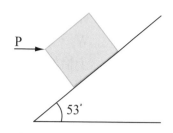
於53°的斜面上，二者間的靜摩擦係數
μ＝0.5，有一水平力作用於物體上，
不使下滑，則P最小應為多少N？
(A)50　(B)55　(C)100　(D)110。

( ) **27** 下列有關摩擦力的斜述，何者錯誤？　(A)摩擦力的大小與接觸面
積的大小無關　(B)摩擦力的大小與接觸面的乾濕程度無關
(C)摩擦力的大小與接觸面的材質有關　(D)摩擦力的大小與接觸
面的粗糙度有關。

( ) **28** 如右圖所示的長方形物體，質量為100kg，受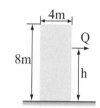
一向右400N的水平力Q作用，已知地板與物
體間的靜摩擦係數為0.45，且此水平力Q的
作用點距離地面的高度h＝6m，則該物體將
會處於下列何種狀態？
(A)靜止不動　　(B)滑動
(C)向右傾倒　　(D)向左傾倒。

( ) **29** 如右圖所示，當一根重100N的細長桿斜靠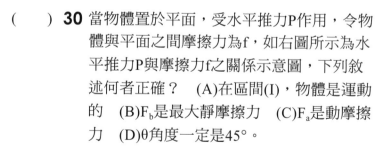
於光滑牆面的A點及粗糙地面的B點位置，
長桿即將開始滑動，則此長桿與粗糙地面
的靜摩擦係數應為何？
(A)0.24　(B)0.28　(C)0.32　(D)0.36。

( ) **30** 當物體置於平面，受水平推力P作用，令物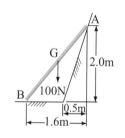
體與平面之間摩擦力為f，如右圖所示為水
平推力P與摩擦力f之關係示意圖，下列敘
述何者正確？　(A)在區間(I)，物體是運動
的　(B)F_b是最大靜摩擦力　(C)F_a是動摩擦
力　(D)θ角度一定是45°。

( ) **31** 如圖所示，水平外力F作用於兩個緊鄰的物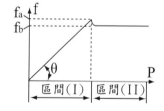
體A與B，已知物體A質量10kg，物體B質
量20kg，物體A及物體B與地面間之靜摩
擦係數分別為0.5及0.25，則可使得兩物體即將輪始產生滑動的最
小外力F為多少N（重力加速度g＝9.8m/sec²）？
(A)10　(B)30　(C)49　(D)98。

(　　) **32** 如圖所示，兩個物體的重量分別為W_1和
W_2，若施一水平力F可使兩物體靠在牆面
上恰好不會滑下，若不考慮力量F與A物體
間之摩擦，則物體A所受的摩擦力為何？
(A)W_1　(B)W_2　(C)F　(D)W_1+W_2。

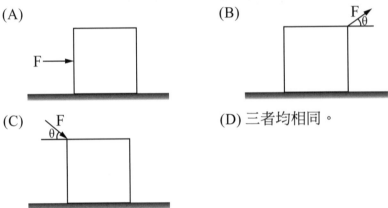

(　　) **33** 承上題，物體B與牆壁間之靜摩擦係數至少等於何者，兩物體才不
會下滑？　(A)$\dfrac{W_1}{F}$　(B)$\dfrac{W_1+W_2}{F}$　(C)$\dfrac{F}{W_1+W_2}$　(D)$\dfrac{W_2}{F}$。

(　　) **34** 一大小相等之F力作用於同一木塊，均可使木塊在水平上移動不會
旋轉，則下列哪一種情況木塊所受的摩擦力最小？

(A)

F

(B)

F
θ

(C)

F
θ

(D) 三者均相同。

(　　) **35** 滑塊A 100N與滑塊B 200N水平堆疊置
放於水平面C上，滑塊A與滑塊B間之
靜摩擦力係數0.4，滑塊B與水平面間
之靜摩擦力係數為0.1，今施一大小
為35牛頓的水平力於滑塊A上，則滑
塊A與B如何運動？
(A)AB都不動　　　　　　(B)A和B一起動
(C)A不動，B會動　　　　(D)A會動，B不動。

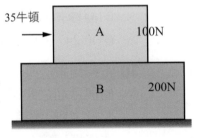

(　　) **36** 摩擦角之定義為何？　(A)最大靜摩擦力與正壓力之合力與正壓力
之夾角　(B)最大靜摩擦力與正壓力之合力與水平之夾角　(C)摩
擦力與正壓力之夾角　(D)摩擦力與水平面之夾角。

(　　) **37** 甲乙兩隻獨角仙互推，甲一直往前，乙一直後退，代表著(A)甲施
力大於乙　(B)地面對甲之摩擦力大於地面對乙之摩擦力　(C)乙
施力大於甲　(D)地面對乙之摩擦力大於地面對甲之摩擦力。

第五章　直線運動

重要度 ★★★☆☆

5-1　運動的種類

在機械力學中，研究物體運動的科學，只討論位移、速度、加速度與時間的關係，並不討論影響運動之因素者，稱為運動學。

物體運動的種類，可依不同之性質分為：

運動路徑	直線運動	運動之路徑為直線者，如：上拋、下拋、自由落體等。
	曲線運動	運動之路徑為曲線者，如：平拋、斜拋、圓周運動。
運動速度	等速度運動	速度之大小、方向均相同者，如：等速度運動。
	變速度運動	速度之大小或方向有一個改變者，不是等速度運動均為變速度運動，如：等速圓周運動、等加速度運動。

5-2　速度與加速度

1. 位移與路徑：

   (1) 位移：為始點指向終點的直線距離，位移為向量。

   (2) 路徑：物體運動時所走過之軌跡，路徑為純量。

   註 物體之始點與終點位置相同，則位移為零，位移為零之物體可為靜止或運動（當繞一圈位移為零）。例如：一個人自 A 走至 B 之軌跡，其路徑與位移如圖所示。

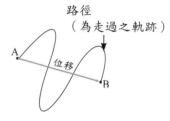

2. 速度與速率

   (1) 速度：單位時間內位移的變化量，稱為速度（速度是向量）。

$$速度\ V = \frac{\Delta S}{\Delta t}\ ,\quad 平均速度\ \vec{V} = \frac{總位移}{總時間}\ ,$$

$$瞬時速度\ \overrightarrow{V_{瞬}} = \frac{dS}{dt}\quad（位移對時間的導數）$$

(2) 速率：單位時間內路徑的變化量，稱為速率（速率是純量）。

$$平均速率V = \frac{總路徑}{總時間}$$

(3) 等速度運動：V大小、方向均相同，等速度運動軌跡一定為直線。

公式： 等速度運動：位移$S = V \cdot t$

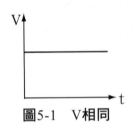 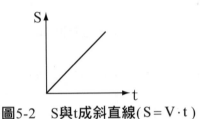

圖5-1　V相同　　　　　　　圖5-2　S與t成斜直線（$S = V \cdot t$）

等速度運動之圖形

3.加速度

(1) 加速度：單位時間內速度的變化量稱為加速度。（加速度為向量）

① 加速度 $\bar{a} = \frac{\Delta V（速度變化量）}{\Delta t}$

② 瞬時加速度：$a = \frac{dV}{dt}$ （速度的微分）（速度對時間的導數）

(2) 等加速度運動：加速度大小、方向均相同者稱為等加速度運動。

等加速度直線運動三大運動公式：

$$\begin{cases} V = V_0 + at \\ S = V_0t + \frac{1}{2}at^2 \\ V^2 = V_0^2 + 2aS \end{cases}$$

(3) 等加速度運動之圖形（註：V與t所圍成面積為位移變化量）

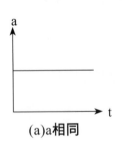 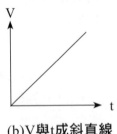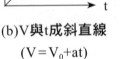 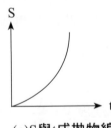

(a)a相同　　　　　(b)V與t成斜直線　　　(c)S與t成拋物線

　　　　　　　　　　（$V = V_0 + at$）　　　（$S = V_0t + \frac{1}{2}at^2$）

	S：位移	t：時間	V末速、V_0初速	a加速度
C.G.S.	公分(cm)	秒(sec)	公分／秒(cm/sec)	公分／秒² (cm/sec²)
M.K.S.	公尺(m)	秒(sec)	公尺／秒(m/sec)	公尺／秒² (m/sec²)

註 ① 若物體靜止開始運動，則初速度$V_0 = 0$，剎車停止，則末速$V = 0$。

② 等速度運動之加速度為零，快速道路之區間測速乃在測平均速率。

③ 若a為正值，其速度是越來越快；若a為負值，則速度是越來越慢。

④ 由靜止開始做等加速度運動，則在相同時距內所走之位移必成等差級數，如第1秒內、第2秒內及第3秒內之位移比為
$\Delta S_1 : \Delta S_2 : \Delta S_3 = 1 : 3 : 5$。

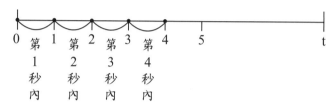

證明　靜止開始

$\therefore V_0 = 0 \quad \therefore S = \frac{1}{2}at^2 \text{、} S_1 = \frac{1}{2}a \times 1^2 \text{、} S_2 = \frac{1}{2}a \times 2^2 \text{、} S_3 = \frac{1}{2}a \cdot 3^2$

第一秒內之位移 $\Delta S_1 = S_1 - S_0 = \frac{1}{2}a \times 1^2 - \frac{1}{2}a \times 0^2 = \frac{1}{2}a \times 1$

第二秒內之位移 $\Delta S_2 = S_2 - S_1 = \frac{1}{2}a \times 2^2 - \frac{1}{2}a \times 1^2 = \frac{1}{2}a \times 3$

第三秒內之位移 $\Delta S_3 = S_3 - S_2 = \frac{1}{2}a \times 3^2 - \frac{1}{2}a \times 2^2 = \frac{1}{2}a \times 5$

$\therefore \Delta S_1 : \Delta S_2 : \Delta S_3 : \Delta S_4 : \Delta S_5 \cdots\cdots = 1 : 3 : 5 : 7 : 9 \cdots\cdots$

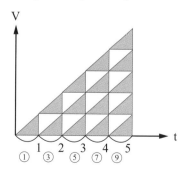

範題解說 **1**	即時演練 **1**
林書豪在半徑10m的圓上走了一又三分之一圈,則其運動路徑為多少公尺?位移多少公尺?	納豆向南移動9m,再向東移動5m,又再向南移動3m,試求此人之位移及路徑。

詳解

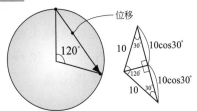

路徑長為 $\frac{4}{3}$ 圓周長

$$= \frac{4}{3} \times 2\pi R = \frac{4}{3} \times 2 \times \pi \times 10 = \frac{80}{3}\pi \text{ m}$$

位移 $S = 2 \times 10 \times \cos 30° = 10\sqrt{3}$ m

範題解說 **2**	即時演練 **2**
時鐘秒針長20cm,自0秒走至15秒,秒針尖端之位移、路徑、平均速度、平均速率各為多少?	大型機場經常使用人行輸送帶協助旅客移動,當某旅客靜止站立於輸送帶上,從左端入口移動到右端出口所需的時間為72秒;當該旅客以等速度V步行於此運轉中的輸送帶上移動相同距離,需時為24秒。如果沒有輸送帶的輔助,則此旅客以等速度V步行移動相同距離需要多少秒?

詳解

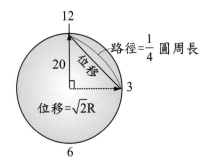

(1)秒針之位移為 $20\sqrt{2}$ cm(↘ 45°)

(2)路徑為 $\dfrac{1}{4}$ 圓周長

$$= \dfrac{1}{4} \times 2\pi r = 10\pi \text{cm}$$

(3)平均速度

$$= \dfrac{20\sqrt{2}\,\text{cm}}{15\,\text{sec}} = \dfrac{4\sqrt{2}}{3}\,\text{cm/sec}\ (\ \searrow^{45°}\ )$$

(4)平均速率 $= \dfrac{10\pi \text{cm}}{15\,\text{sec}} = \dfrac{2\pi}{3}\,\text{cm/sec}$

範題解說 3	即時演練 3
上山速率為40公里／時，下山速率為60公里／時，則往返一趟，其平均速度、平均速率各為多少？	已知一汽車全程平均時速為60公里，且在全程前半段之時速為50公里，則後半段之時速為多少公里？

詳解

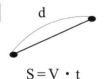

$$S = V \cdot t$$

$$t = \dfrac{S}{V}$$

設山路d公里，上山時間 $= \dfrac{d}{40}$ ，

下山時間 $= \dfrac{d}{60}$

平均速度 $= \dfrac{總位移}{總時間} = 0$

（因為往返→位移為0）

$\therefore$ 平均速率 $= \dfrac{總路徑}{總時間} = \dfrac{d+d}{\dfrac{d}{40}+\dfrac{d}{60}}$

$= 48$（公里／時）

範題解說 4	即時演練 4

範題解說 4

有一汽車由靜止狀態出發，首先以 $2m/sec^2$ 之加速度行駛10秒後，即以此速度等速行駛1分鐘，最後再以 $5m/sec^2$ 之減速行駛直到停止，試求該車所行駛之總距離為若干m？

詳解

(1) $\begin{cases} V = V_0 + at = 0 + 2 \times 10 = 20m/sec \\ S_1 = V_0t + \dfrac{1}{2}at^2 = 0 + \dfrac{1}{2} \times 2 \times 10^2 \\ \quad = 100m \end{cases}$

(2) 等速 $\therefore S_2 = V \cdot t = 20 \times 60 = 1200m$

(3) 減速停止：$V_{末}^2 = V_{初}^2 + 2aS$

    $0 = 20^2 + 2(-5) \times S_3$

    $\therefore S_3 = 40m$

    $\therefore S = S_1 + S_2 + S_3 = 1340m$

即時演練 4

機車作等加速運動，在5秒內，時速由36km增至72km，則此5秒內車子移動距離為多少？

範題解說 5	即時演練 5

範題解說 5

汽車由靜止作等加速度運動，若第1秒走了8公尺，最後1秒走了全程的 $\dfrac{9}{25}$，則全程總共走多少m？

詳解 設總時間為t秒

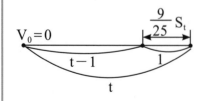

即時演練 5

一列火車從南港站行駛到松山站的速度v與時間t關係如下圖所示，試求出兩站間的距離為多少m？

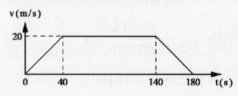

$S_t - S_{t-1} = \dfrac{9}{25}S_t$

$\left(\text{由}S=V_0 t+\dfrac{1}{2}at^2 \quad \because v_0 = 0 \quad \therefore S=\dfrac{1}{2}at^2\right)$

$\therefore \dfrac{1}{2}at^2 - \dfrac{1}{2}a(t-1)^2 = \dfrac{9}{25}\left(\dfrac{1}{2}at^2\right)$

$t^2 - (t^2 - 2t + 1) = \dfrac{9}{25}t^2 = 2t - 1$

$\therefore 9t^2 - 50t + 25 = 0$

$t = 5$（或 $\dfrac{5}{9}$ 不合 $\because t > 1$）

又 $S_1 = \dfrac{1}{2}a \times 1^2 = 8 \quad \therefore a = 16m/\sec^2$

$\therefore S = \dfrac{1}{2}at^2 = \dfrac{1}{2} \times 16 \times 5^2 = 200m$

範題解說 6	即時演練 6
運動位移方程式為$S=2t^2+3t+2$，試求 (1)速度與加速度之方程式 (2)當$t=3$時，其位移、瞬時速度之大小？	若位移方程式$S=6+4t+2t^2$，試求 (1)$t=3$秒時之瞬時速度及瞬時加速度？ (2)當$t=0$至$t=3$秒間內之平均速度及平均加速度？

詳解

$(1)V = \dfrac{dS}{dt} = (2t^2+3t+2)^1 = 4t+3\,(m/s)$

$\qquad a = \dfrac{dV}{dt} = (4t+3)^1 = 4\,(m/s^2)$

$(2)S = (2t^2+3t+2)_{t=3}$

$\qquad = 18+9+2 = 29\,(m)$

$\qquad V = (4t+3)_{t=3}$

$\qquad = 4 \times 3 + 3 = 15\,(m/s)$

小試身手

（　　） **1** 某人在半徑為R之圓周上繞行2圈，回到原處，則位移為
(A)0　(B)2R　(C)πR　(D)2πR。

（　　） **2** 作等速度運動的物體，其運動軌跡為
(A)直線　(B)曲線　(C)圓周　(D)直線或曲線。

（　　） **3** 若物體由靜止開始做等加速度運動，其位移與時間之關係為
(A)成正比　(B)成反比　(C)平方成正比　(D)平方根成正比。

（　　） **4** 下列之敘述何者最為正確？　(A)等速率一定為等速度　(B)等速度一定為等速率　(C)等速率一定為直線運動　(D)等速度運動軌跡不一定為直線。

（　　） **5** 有一掛鐘秒針長10cm，經15秒後針尖的平均速度為多少cm/s
(A)$\frac{3\sqrt{3}}{2}$　(B)$\frac{\sqrt{2}}{3}$　(C)$\frac{2\sqrt{3}}{3}$　(D)$\frac{2\sqrt{2}}{3}$。

（　　） **6** 汽車在前半段時速為50公里，若全程平均時速為60公里，則後半段時速多少公里？　(A)52.5　(B)55　(C)65　(D)75。

（　　） **7** 一船從甲地到乙地以6km/hr前進，由乙地返回到甲地時，以4km/hr回來，則平均速率大小多少km/hr？　(A)5.5　(B)5　(C)4.8　(D)4.5。

（　　） **8** 速度與時間之關係如右圖所示，則其為
(A)等加速度運動　(B)變形之等速運動
(C)等加速度運動及等減速運動　(D)等加速度運動及等速度運動。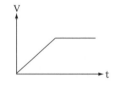

（　　） **9** 汽車由靜止作等加速度直線運動，10秒後，其速度為72 km/hr，求其出發後第5秒內所行經之距離為若干公尺？
(A)25　(B)20　(C)16　(D)9。

（　　） **10** 若一物體，其運動方程式為V＝4t+3，則此物體作　(A)等速運動　(B)等加速度運動　(C)變加速度運動　(D)靜止不動。

（　　） **11** 一汽車由靜止開始作等加速運動，其前半時距與後半時距位移之比為　(A)1：1　(B)1：2　(C)1：3　(D)1：4。

（　　） **12** 一直線隧道，左側入口有一輛汽車以等速度60km/hr駛入。同一時間，右側入口有一機車從靜止以等加速度3600km/hr^{2}駛入，若汽車與機車在隧道中點相遇，則隧道總長為多少km？
(A)1　(B)2　(C)3　(D)4。

5-3　自由落體

1. 自由落體：在空中靜止落下（初速度為零），只受重力（加速度定值g）之運動。

   註 不論物體形狀或重量大小，若不考慮空氣阻力，同高處自由落下著地時間相同，末速也相同。

等加速度運動	自由落體運動（$V_0 = 0$）
位移S	高度h
加速度a	重力加速度g
$\begin{cases} V = V_0 + at \\ S = V_0 t + \dfrac{1}{2}at^2 \\ V^2 = V_0^2 + 2aS \end{cases}$	$\begin{cases} V = gt \\ h = \dfrac{1}{2}gt^2 \\ V^2 = 2gh \end{cases}$

   (1) 自由落體末速與時間成正比，自由落體落下距離與時間平方（或速度平方）成正比。（$V = gt$，$h = \dfrac{1}{2}gt^2$，$V^2 = 2gh$）

   (2) 自由落體落下1秒位移：2秒位移：3秒位移

   　　$h_1 : h_2 : h_3 = t_1^2 : t_2^2 : t_3^2 = 1^2 : 2^2 : 3^2 = 1 : 4 : 9$

   (3) 自由落體落下第1秒內位移：第2秒內位移：第3秒內位移

   　　$\Delta h_1 : \Delta h_2 : \Delta h_3 = (h_1 - h_0) : (h_2 - h_1) : (h_3 - h_2) = 1 : 3 : 5$

   (4) 第t秒內落下之高度

   　　$\Delta h_t = h_t - h_{t-1} = \dfrac{1}{2}gt^2 - \dfrac{1}{2}g(t-1)^2 = g(t - \dfrac{1}{2})$

2. 光滑斜面之運動

   (1) 若一物體沿一光滑之斜面下滑，則其沿斜面下滑之加速度為重力加速度沿斜面之分量，即 加速度a＝gsinθ

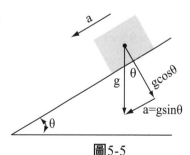

圖5-5

等加速度運動	沿光滑斜面下滑
加速度a	加速度$a = g\sin\theta$
$\begin{cases} V = V_0 + at \\ S = V_0 t + \dfrac{1}{2}at^2 \\ V^2 = V_0^2 + 2aS \end{cases}$	$\begin{cases} V = V_0 + (g\sin\theta)t \\ S = V_0 t + \dfrac{1}{2}(g\sin\theta)t^2 \\ V^2 = V_0^2 + 2(g\sin\theta)S \end{cases}$

註 ①靜止開始$V_0 = 0$。②若由斜面往上滑則$a = (-g\sin\theta)$

(2) 物體在光滑斜面下落之速度大小與斜面之傾角θ無關，僅與高度h有關；且物體沿長度不等，但高度相等之光滑斜面或曲面滑下，若初速相等，則滑至底端之末速率均相等，但時間不等。

範題解說 1	即時演練 1
一物體自98m之高度由靜止自由落下，當該物體下降到78.4m之高度時，所經歷之時間為多少秒？（註：重力加速度$g = 9.8\text{m/sec}^2$）	一物體自78.4m之塔上自由落下，若不計空氣阻力，試求(1)幾秒後著地。(2)到達地面之速度。

詳解　$V_0 = 0$，距地面78.4m，

落下高度h

$h = 98 - 78.4 = 19.6\text{m}$　由$h = \dfrac{1}{2}gt^2$

$19.6 = \dfrac{1}{2} \times 9.8 \times t^2$　$\therefore t = 2(S)$

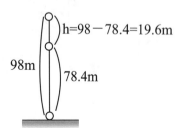

範題解說 2	即時演練 2

範題解說 2

如下圖所示，一物體在30°光滑斜面下方以39.2m/sec往上滑動，則最遠可滑行多少公尺？時間為何？

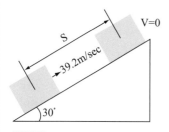

詳解

(1) $a = g\sin30° = 9.8\sin30°$

　　 $= 4.9\text{m/sec}^2$

　　由 $V^2 = V_0^2 + 2aS$，

　　 $0 = (39.2)^2 + 2(-4.9) \times S$

　　（負表a與V_0反向）

　　 $\therefore S = 156.8\text{m}$

(2) $V = V_0 + at$，

　　 $0 = 39.2 + (-4.9) \cdot t$

　　 $\therefore t = 8$秒

即時演練 2

一物體從一個與水平成30°角的光滑斜面由靜止而下滑，經4秒到底部，則到達底部速度為多少？下滑斜面之長度為多少公尺？

範題解說 3	即時演練 3

範題解說 3

一物體從靜止落下，於最後一秒鐘內行經全程一半，求其落下高度和落下的時間。

詳解　設落下高度為h，時間為t秒

即時演練 3

物體由高處自由落下，最後兩秒內的行程，是全部行程的四分之三，若不考慮空氣阻力，則物體落下的高度為多少m？（若$g = 10\text{m/s}^2$）

由 $h = \dfrac{1}{2}gt^2$ ， $h_{t-1} = \dfrac{1}{2}h_t$ ，

$\dfrac{1}{2}g(t-1)^2 = \dfrac{1}{2}\left(\dfrac{1}{2}gt^2\right)$

$\therefore t^2 - 2t + 1 = \dfrac{1}{2}t^2$ ， $t^2 - 4t + 2 = 0$ ，

$t = \dfrac{4 + \sqrt{16 - 4 \times 2 \times 1}}{2}$ 　$\therefore t \fallingdotseq 3.4\text{sec}$

故 $h = \dfrac{1}{2}gt^2 = \dfrac{1}{2} \times 9.8 \times 3.4^2 = 56.6\text{m}$

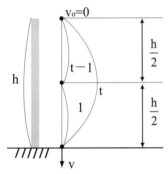

小試身手

(　　) **1** 自由落體其落下的距離與時間　(A)成正比　(B)成反比　(C)平方成正比　(D)平方成反比。

(　　) **2** 一物體作自由落體運動，其落下的速度與落下的距離　(A)成正比　(B)平方成正比　(C)平方成反比　(D)平方根成正比。

(　　) **3** 一物體重W，自離地面2h的高塔自由落下，若不計空氣阻力，則當物體下降到地面的速度為　(A) $\sqrt{gh}$ 　(B) $\sqrt{2gh}$ 　(C) $2\sqrt{gh}$ 　(D)2gh。

(　　) **4** 一物體自78.4m的高度自由落下，若不計空氣阻力，則到達地面需幾秒的時間？　(A)1秒　(B)2秒　(C)3秒　(D)4秒。

(　　) **5** 一物體自由落下，設第1秒內位移為ΔS_1，第2秒內位移為ΔS_2，第三秒內位移為ΔS_3，則$\Delta S_1 : \Delta S_2 : \Delta S_3$為　(A)1：1：1　(B)1：2：3　(C)1：3：5　(D)1：4：9。

( ) **6** 自由落體之運動，在6秒落下之距離是開始運動後3秒落下距離的 (A)2倍 (B)4倍 (C)6倍 (D)8倍。

( ) **7** 右圖為一滑塊於靜止狀態由頂部沿光滑斜面往下滑，則到達底部之速度為（其中g為重力加速度，三角塊固定於地面）

(A) $\sqrt{g\ell\tan\theta}$ (B) $\sqrt{2g\ell\tan\theta}$

(C) $\sqrt{g\ell\sin\theta}$ (D) $\sqrt{2g\ell\sin\theta}$ 。

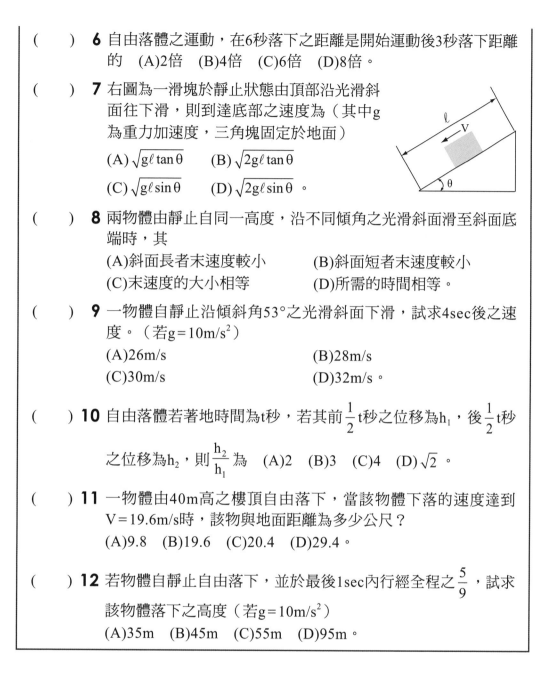

( ) **8** 兩物體由靜止自同一高度，沿不同傾角之光滑斜面滑至斜面底端時，其

(A)斜面長者末速度較小 (B)斜面短者末速度較小
(C)末速度的大小相等 (D)所需的時間相等。

( ) **9** 一物體自靜止沿傾斜角53°之光滑斜面下滑，試求4sec後之速度。（若g=10m/s²）

(A)26m/s (B)28m/s
(C)30m/s (D)32m/s。

( ) **10** 自由落體若著地時間為t秒，若其前 $\frac{1}{2}$ t秒之位移為h_1，後 $\frac{1}{2}$ 秒之位移為h_2，則 $\frac{h_2}{h_1}$ 為 (A)2 (B)3 (C)4 (D) $\sqrt{2}$ 。

( ) **11** 一物體由40m高之樓頂自由落下，當該物體下落的速度達到V=19.6m/s時，該物與地面距離為多少公尺？

(A)9.8 (B)19.6 (C)20.4 (D)29.4。

( ) **12** 若物體自靜止自由落下，並於最後1sec內行經全程之 $\frac{5}{9}$ ，試求該物體落下之高度（若g=10m/s²）

(A)35m (B)45m (C)55m (D)95m。

5-4　鉛直拋體運動

1. 下拋：以初速度V_0向下拋射

等加速度運動	下拋
位移S	落下高度h
加速度＝a	加速度＝g
$\begin{cases} V = V_0 + at \\ S = V_0t + \dfrac{1}{2}at^2 \\ V^2 = V_0^2 + 2aS \end{cases}$	$\begin{cases} V = V_0 + gt \\ h = V_0t + \dfrac{1}{2}gt^2 \\ V^2 = V_0^2 + 2gh \end{cases}$

2. 上拋：以初速度V_0向上拋射（∵V_0向上，重力加速度g向下，方向相反取負號）

等加速度運動	上拋
位移S	上拋高度h
加速度＝a	加速度＝－g
$\begin{cases} V = V_0 + at \\ S = V_0t + \dfrac{1}{2}at^2 \\ V^2 = V_0^2 + 2aS \end{cases}$	$\begin{cases} V = V_0 - gt \\ h = V_0t - \dfrac{1}{2}gt^2 \\ V^2 = V_0^2 - 2gh \end{cases}$

3. 鉛直上拋

(1) 到最高點的時間（上拋最高點末速$V = 0$）

　　上升時間t_1：由$V = V_0 - gt$，$0 = V_0 - gt_1 \rightarrow t_1 = \dfrac{V_0}{g} = t_2$

(2) 可達最大高度（此時末速$V = 0$）

　　由$V^2 = V_0^2 - 2gh$，$0^2 = V_0^2 - 2gh \rightarrow h = \dfrac{V_0^2}{2g}$

(3) 同高著地飛行時間$T = 2t_1 = \dfrac{2V_0}{g}$

　　① 上拋在同一高度之上升和落下速度相同。

　　② 落回原點時間等於2倍上升到最高點的時間。

　　③ 若算出來h為負表示h與V_0反向，表示物體在拋射點下方。

範題解說 1

一石頭由空中自由落下經過一高塔之塔頂時速度為9.8m/sec，到達塔底時速度為29.4m/sec，則該塔高為何？

詳解 塔的上端至下端為下拋運動

$$V_{末}^2 = V_{初}^2 + 2gh$$

$$(29.4)^2 = (9.8)^2 + 2 \times 9.8 \times h$$

$$\therefore h = 39.2m$$

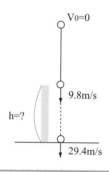

即時演練 1

在58.8m高之樓上，以19.6m/s初速度下拋，求著地時間和著地末速。

範題解說 2

熱氣球以10m/sec之速率等速上升，今由熱氣球上落下一石塊，經10sec著地，則石塊離開熱氣球時，熱氣球之高度為多少公尺？石塊著地速度？

詳解 此題為上拋，$h = V_0 t - \frac{1}{2}gt^2$

$$= (10 \times 10 - \frac{1}{2} \times 9.8 \times 10^2)$$

$$= -390m（負表向下）$$

$$V = V_0 - gt = 10 - 9.8 \times 10$$

$$= -88m/sec（負表向下）$$

即時演練 2

鉛直上拋一物體，其初速度為19.6m/sec，試求：(1)到達高點之所需之時間；(2)到達最高點之高度；(3)落回原地所需之時間。

範題解說 3	即時演練 3

範題解說 3

物體以V_0的速度由地面上拋，上升的高度為樓高的4倍，物體落下時經過樓頂的速度為多少？

詳解

設樓高為h，上升之高度＝4h

上升之最大高度為

（由公式$H = \dfrac{V_0^2}{2g}$）

$\therefore 4h = \dfrac{V_0^2}{2g}$　　$\therefore h = \dfrac{V_0^2}{8g}$

最高點末速＝0，最高點處至樓頂之運動為自由落體（落下3h）

$V^2 = 2gH = 2g(3h) = 6gh$

$= 6g \times \dfrac{V_0^2}{8g} = \dfrac{3}{4}V_0^2$　　$\therefore V = \dfrac{\sqrt{3}}{2}V_0$

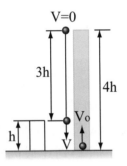

即時演練 3

一石塊自懸崖頂點墜下，1秒鐘後另一石塊以14.7m/s之速度垂直下拋，則當後者超過前者時，石頭離崖頂距離為多少公尺？

範題解說 4	即時演練 4

一物體鉛直上拋，兩次經過A點所需時間8秒，如果A點在拋出點（地面）上方45公尺，求物體初速＝？（若$g=10m/sec^2$）

即時演練 4

A球自高98m之塔頂自由落下，同時B球自地面以49m/sec之速度鉛直上拋，試求

(1)兩球何時相遇？

(2)相遇處離地面多高？

詳解

上拋A點到最高點為4秒

$V=V_1-gt \rightarrow 0=V_1-4\times10$

$\therefore V_1=40m/s$

又 $V_{末}^2=V_{初}^2-2gh$ ，

$40^2=V_0^2-2\times10\times45$

$\therefore V_0=50m/s$

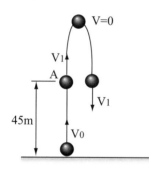

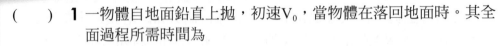

小試身手

( )　**1** 一物體自地面鉛直上拋，初速V_0，當物體在落回地面時。其全面過程所需時間為

(A)$t = \dfrac{V_0}{g}$　(B)$t = \dfrac{2V_0}{g}$　(C)$t = \dfrac{3V_0}{g}$　(D)$t = \dfrac{4V_0}{g}$。

( )　**2** 一物體由地面以$V_0 = 10 m/sec$初速度鉛直上拋，假設不計空氣阻力，則落回地面的速度為多少m/sec？　(A)4.9　(B)9.8　(C)10　(D)20。

( )　**3** 球以初速度V_0在地面鉛直上拋，試問此球上升至最大高度時，其速度V為　(A)0　(B)$\dfrac{V_0}{g}$　(C)$\dfrac{2V_0}{g}$　(D)$\dfrac{V_0^2}{2g}$。

( )　**4** 以50m/s的初速度將物體垂直上拋，若重力加速度為$10 m/s^2$且不計空氣阻力，則該物體達到最大高度為多少公尺？　(A)60　(B)80　(C)100　(D)125。

( )　**5** A、B兩球同時鉛直上拋，設A球10sec著地，B球4sec著地，試求A球拋出之高度比B球拋出之高度高多少m？　(A)60　(B)90　(C)105　(D)120。

( )　**6** 自100m之塔頂垂直上拋出一物，設此物10秒後落地，求落地時速度多少m/s？　(A)39　(B)49　(C)59　(D)100。

( )　**7** 同一高處同一時間，A球以V_0速度鉛直向下拋，B球則由靜止自由落下，若不計空氣阻力，則經t秒後，A球的位置較B球低多少？　(A)$\dfrac{1}{2}V_0 t$　(B)$V_0 t$　(C)$\dfrac{3}{2}V_0 t$　(D)$2V_0 t$。

( )　**8** 在高於地面9.8m處，垂直向上拋出一顆球，假設不計空氣阻力，如球自脫手後2秒撞擊地面，則當球撞擊地面時之速度為多少m/sec？　(A)4.9　(B)9.8　(C)14.7　(D)19.6。

( )　**9** A物以V_0之初速自塔底上拋，B物自塔頂自由落下，相遇於塔的中點，則塔高為多少？

(A)$\dfrac{V_0^2}{g}$　(B)$\dfrac{2V_0^2}{g}$　(C)$\dfrac{V_0^2}{2g}$　(D)$\dfrac{2V_0}{g}$。

綜合實力測驗

(　) **1** 下列何者運動不是直線運動？　(A)等速度運動　(B)簡諧運動　(C)自由落體　(D)拋射體運動。

(　) **2** 61號快速道路所用的區間測速乃是在測量車子的？
(A)瞬時速度　(B)平均速度　(C)瞬時加速度　(D)平均速率。

(　) **3** 若物體加速度為零，則此物體必為　(A)靜止　(B)等速度直線運動　(C)等速率運動　(D)靜止或等速直線運動。

(　) **4** 一汽車以等加速度方式，於5秒內由10m/s之速度加速到15m/s，在此5秒所行經之距離為多少公尺？　(A)12.5　(B)37.5　(C)62.5　(D)87.5。

(　) **5** 汽車在行駛至台北的前半段之時速維持在75km/hr，後半段之時速維持在50km/hr，則求此汽車之平均速率為多少km/hr　(A)50　(B)60　(C)62.5　(D)65。

(　) **6** 若一物體，其運動式為$V = 5t^2 - 3t + 3$，則此物體作　(A)等速運動　(B)等加速度運動　(C)變加速度運動　(D)靜止不動。

(　) **7** 一火車由靜止出發作等加速度直線運動，經10秒後，其速度為72km/hr，求其出發後第5秒內所行經之距離為若干公尺？
(A)9　(B)16　(C)25　(D)31 m。

(　) **8** 下列方程式表示物體沿x軸之運動與時間關係式，何者表示等加速度運動？　(A)$x = 3t^3 + t^2 + 1$　(B)$x = t^2 + 1$　(C)$x = 2t - 1$　(D)$x = 5$。

(　) **9** 一質點作直線運動，若其速度與時間關係如圖所示，則此質點從0sec至40sec期間之位移向量的大小為多少m？
(A)80
(B)90
(C)100
(D)120。

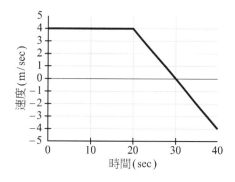

(　) **10** 一物體作等加速度運動，經12m，速度變為原來的$\frac{1}{2}$，則在靜止前可再行駛幾公尺？　(A)2　(B)4　(C)6　(D)8。

(　) **11** 一質點沿一直線做等加速度運動，若其初速度為0，第3秒的位移量與第7秒的位移量之比值為若干？　(A)5：13　(B)3：7　(C)9：49　(D)3：11。

(　) **12** 設一質點作直線運動，其運動位移之方程式為$S=t^3-2t^2+t-3$，則當時間為3秒時之瞬間加速度為多少m/s^2？　(A)9　(B)12　(C)14　(D)16。

(　) **13** 在一直線公路上有A、B、C三車，其位置與經過之時間如右圖所示，試當B、C兩車相遇時，相遇點距離A車多遠？
(A)20　　　　　　(B)30
(C)40　　　　　　(D)50。

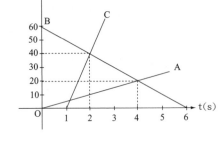

(　) **14** 一汽車由靜止出發，作等加速度直線運動，在4秒後速度為20m/sec，則再前進120m後，其速度為多少m/s？　(A)40　(B)60　(C)80　(D)100。

(　) **15** 甲、乙兩車的速度及時間的關係如右圖所示，則下列敘述何者錯誤？　(A)甲、乙兩車皆做等加速度運動　(B)x點表示甲、乙兩車在此時間會合　(C)乙車加速度大於甲車　(D)甲車先出發；乙車後出發。

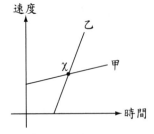

(　) **16** 下列哪一個運動為等加速度運動？　(A)等速圓周運動　(B)等速直線運動　(C)自由落體運動　(D)簡諧運動。

(　) **17** 一物體自距地面為h的塔上自由落下，若不計空氣阻力，則當物體下降到$\dfrac{h}{2}$時之速度為　(A)$\sqrt{gh}$　(B)$\sqrt{2gh}$　(C)gh　(D)2gh。

(　) **18** A、B、C三球分別由不同高度同時自由落下，到達地面時其速度比為1：2：3，則三球高度比為
(A)1：2：3　(B)1：3：5　(C)1：$\sqrt{2}$：$\sqrt{3}$　(D)1^2：2^2：3^2。

(　) **19** 一小球自由落下，若此小球在落下10公尺與20公尺處之速度分別為V_1與V_2則$\dfrac{V_1}{V_2}$之比值為多少？　(A)$\dfrac{\sqrt{2}}{2}$　(B)$\dfrac{1}{2}$　(C)$\sqrt{2}$　(D)$\dfrac{1}{4}$。

(　) **20** 一自由落體，其在3秒與9秒的速度比為　(A)5：17　(B)1：3　(C)5：13　(D)1：9。

（　）**21** 自由落體運動，其行經前一半高度與後一半高度所需的時間比值為
(A)$\frac{\sqrt{2}}{2}$　(B)$\sqrt{2}$　(C)$\sqrt{2}+1$　(D)$2\sqrt{2}$。

（　）**22** 自塔頂自由落體下之物體，其落地前1秒之距離為全程之$\frac{5}{9}$，則塔
高為　(A)44.1m　(B)54.3m　(C)22m　(D)63.2m。

（　）**23** 若重力加速度g＝10m/sec²，一物體自一斜角為37°之光滑斜面由底
部向上滑動，4sec後速度為零，則滑動斜面之長度為多少公尺？
(A)96　(B)48　(C)40　(D)58。

（　）**24** 上拋之敘述，下列何者為非　(A)加速度大小一定，方向向下
(B)在最高點時，速度為零　(C)同高著地時，上升時間等於下降
時間　(D)上升最大高度與初速度成正比。

（　）**25** 兩部汽車在高速公路直線路段各以90km/h同方向等速行駛，後車
較前車有10m的距離，若後車開始以5m/s²的加速度加速，則後車
需要多少秒可追到前車？　(A)1　(B)2　(C)4　(D)5。

（　）**26** 一人自高58.8m之塔上，以19.6m/sec之初速度鉛直上拋一物體，試求
此物體著地之速度為多少m/s　(A)29.4　(B)39.2　(C)49　(D)58.8。

（　）**27** 一石塊自頂樓自由落下，2秒鐘後另一石塊以25公尺/秒之速度
垂直下拋，則當後者超過前者時，距樓頂高度為多少公尺
(g＝10m/sec²)？　(A)80　(B)150　(C)180　(D)360。

（　）**28** 一石頭由15m/s等速上升的熱氣球上落下，經過10秒後落地。若
g＝10m/s²不計空氣阻力，該石頭拋出之瞬間，氣球距地面的高度
為　(A)150m　(B)350m　(C)450m　(D)500m。

（　）**29** 將A球以39.2m/sec的初速度自塔底鉛直上拋，同時B球由塔頂自由
落下，若兩球相遇在中點，塔高為多少公尺？　(A)39.2　(B)78.4
(C)122.5　(D)156.8。

（　）**30** 一汽車自靜止以等加速度a_1啟動行駛至速度為V後，以等速度V行
駛一段時間，之後再以等減速度a_2行駛至停止，其中a_1與a_2皆為正
實數。若汽車行駛全程距離為S，其行駛總時間t應為多少？

(A)$\frac{S}{V}+\frac{V}{2}(\frac{1}{a_1}+\frac{1}{a_2})$　　　　　　　　(B)$\frac{S}{V}-\frac{V}{2}(\frac{1}{a_1}+\frac{1}{a_2})$

(C)$\frac{S}{V}+V(\frac{1}{a_1}+\frac{1}{a_2})$　　　　　　　　(D)$\frac{S}{V}-V(\frac{1}{a_1}+\frac{1}{a_2})$。

(　　) **31** 世界最長隧道全長約24.5公里，一汽車進入隧道即以180km/hr²之加速度，時速由60公里均勻加速增至90公里，之後維持等速行駛，則汽車通過隧道需要幾分鐘？　(A)8　(B)10　(C)18　(D)24。

(　　) **32** 某人以8公尺/秒等速追趕前方靜止之公車，當距離公車24公尺時，公車突然以1公尺/秒²等加速度起動，則最快幾秒後人可以追到公車？　(A)1　(B)2　(C)4　(D)8。

(　　) **33** 同上題，若公車的加速度為4m/s²，則當公車速度超過多少時，人再也追不上公車？　(A)4 m/s　(B)6 m/s　(C)8 m/s　(D)10 m/s。

(　　) **34** 同上題，當人追不上公車，人與公車最靠近的距離為多少公尺？　(A)8　(B)12　(C)16　(D)20。

(　　) **35** 有三個光滑且無摩擦之固定斜面，其斜角分別為30°、45°及60°，高度皆為H，如圖所示，若依物體從靜止開始分別由30°、45°及60°之斜面頂端自由下滑，則下列何者正確？　(A)斜面長度比為$1：\sqrt{2}：\sqrt{3}$　(B)沿斜面之加速度比為1：2：3　(C)到達斜面底部時的速度比為1：2：3　(D)到達斜面底部的時間比為$2：\dfrac{2}{\sqrt{2}}：\dfrac{2}{\sqrt{3}}$。

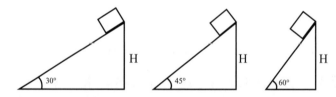

(　　) **36** 有一物體A初速大小為29.4m/s由一山崖邊向上垂直上拋，時間經過5s後，另一物體B從山崖邊靜止落下，如圖所示，再經過多久兩物體會相遇？（若不計空氣阻力，且重力加速度大小為9.8m/s²）
(A)1.25s　　　　　　　　　(B)1.5s
(C)1.75s　　　　　　　　　(D)2.0s。

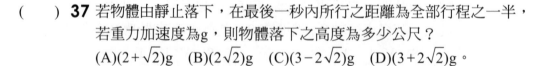

(　　) **37** 若物體由靜止落下，在最後一秒內所行之距離為全部行程之一半，若重力加速度為g，則物體落下之高度為多少公尺？　(A)$(2+\sqrt{2})g$　(B)$(2\sqrt{2})g$　(C)$(3-2\sqrt{2})g$　(D)$(3+2\sqrt{2})g$。

第六章　曲線運動

重要度 ★★★☆☆

6-1　角位移與角速度與角加速度

一、角位移與角速度

1. 角位移：物體所轉過之角度，稱為角位移以「θ」表示，以弧度（弳度）（rad）表示其單位。繞 一圈＝2π rad （弧度）。

位移（S）＝半徑（r）×角位移（θ）

	位移S	半徑r	角位移θ
CGS	cm	cm	rad
MKS	m	m	rad

2. 角速度：單位時間內角位移的變化量，稱為角速度，以符號「ω」表示，單位為弧度／秒（rad/sec）或每分鐘轉動的次數（rpm），即

$$\omega = \frac{\Delta \theta}{\Delta t} \text{ 或 } \omega = \frac{2\pi N}{60}\text{，N：rpm，}\left(\text{N轉／分} = \frac{N \times 2\pi 弧度}{60秒} = \frac{2N\pi}{60} \text{ rad/s}\right)$$

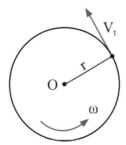

切線速度V_t＝半徑（r）×角速度（ω）

圖6-1

	切線速度V_t	半徑r	角速度ω
CGS	cm/s	cm	rad/s
MKS	m/s	m	rad/s

1rps＝1轉／秒＝2π rad/sec　　　1rpm＝1轉／分＝$\dfrac{2\pi rad}{60 sec}$

範題解說 1	即時演練 1
林書豪以120轉／分之後輪等轉速騎腳踏車,若他騎2分鐘,後輪直徑80cm,求(1)角速度;(2)輪子邊緣之切線速度;(3)共騎了多遠?	電風扇以每分鐘1800轉的等角度迴轉,扇葉直徑為40cm,試求(1)風扇的角速度;(2)扇葉尖端的切線速度為多少m/s?

詳解

(1)$\omega = 120$轉／分

$$= \frac{120 \times 2\pi \ \text{rad}}{60 \sec} = 4\pi \ \text{rad/s}$$

(2)$V = r\omega = 0.4 \times 4\pi = 1.6\pi \ \text{m/s}$

(3)角位移

$\theta = \omega \cdot t = 4\pi(2 \times 60) = 480\pi \ \text{rad}$

$S = r\theta = 0.4 \times 480\pi = 192\pi \ \text{m}$

二、角加速度

1. 角加速度（α）：單位時間內角速度的變化量,稱為角加速度。單位為弧度／秒² （rad/sec^2）。

角加速度：$\alpha = \dfrac{\Delta\omega}{\Delta t}$ （$\Delta\omega$ 角速度變化量）

2. 等角加速度圓周運動：若角加速度α為定值,其運動三大公式為：

$$\begin{cases} \omega = \omega_0 + \alpha t \\ \theta = \omega_0 t + \dfrac{1}{2}\alpha t^2 \\ \omega^2 = \omega_0^2 + 2\alpha\theta \end{cases}$$

名稱	ω末角速度 ω_0初角速度	角加速度α	角位移θ	時間t
單位	rad/s	rad/s^2	rad	秒

註：1轉 $= 2\pi\text{rad}$

	等加速度直線運動	等角加速度圓周運動
轉換法則	位移S 速度V 加速度a	**轉換** →	角位移θ 角速度ω 角加速度α
公式	$\begin{cases} V = V_0 + at \\ S = V_0 t + \dfrac{1}{2}at^2 \\ V^2 = V_0^2 + 2aS \end{cases}$	$\begin{cases} \omega = \omega_0 + \alpha t \\ \theta = \omega_0 t + \dfrac{1}{2}\alpha t^2 \\ \omega^2 = \omega_0^2 + 2\alpha\theta \end{cases}$

範題解說 2

一飛輪的轉速在5秒內由1200rpm，均勻地加速至1800rpm，則其角加速度多少？此5秒共轉了多少圈？

詳解

$$\omega_0 = 1200\text{rpm} = \frac{1200 \times 2\pi}{60} \times \frac{\text{rad}}{\text{sec}}$$

$$= 40\pi \ \text{rad/sec}$$

$$\omega = 1800\text{rpm} = \frac{1800 \times 2\pi}{60} \times \frac{\text{rad}}{\text{sec}}$$

$$= 60\pi \ \text{rad/sec}$$

$$\omega = \omega_0 + \alpha t \ , \ 60\pi = 40\pi + \alpha \times 5$$

$$\therefore \alpha = 4\pi \ \text{rad/sec}^2$$

$$\theta = \omega_0 t + \frac{1}{2}\alpha t^2 = (40\pi) \times 5 + \frac{1}{2}(4\pi) \times 5^2$$

$$= 250\pi \, \text{rad}$$

$$= \frac{250\pi}{2\pi}\text{轉} = 125\text{轉}$$

即時演練 2

實習工廠有3600rpm轉動中之砂輪機，當電源切斷後，在30秒內停止，則此30秒共轉多少圈（若角加速度為定值）？

小試身手

( ) **1** 下列何者是角加速度之單位？
(A)m/sec^2 (B)m/sec (C)rad/sec (D)rad/sec^2。

( ) **2** 一圓盤以1200rpm的角速度轉動，若圓盤直徑20cm，求圓盤邊緣上任一點的切線速度為多少m/s？ (A)4π (B)400π (C)8π (D)800π。

( ) **3** 一般手錶之分針其角速度應為 (A)$\frac{\pi}{60}$ (B)$\frac{\pi}{30}$ (C)$\frac{\pi}{1800}$ (D)$\frac{\pi}{3600}$ rad/sec。

( ) **4** 飛輪於45sec內，以等角加速度自靜止達到1800rpm之速度，則其角加速度為若干rad/sec^2？ (A)40 (B)$\frac{3}{4}$ (C)$\frac{3}{4}\pi$ (D)$\frac{4}{3}\pi$。

( ) **5** 10πrad/sec之角速度，等於每分鐘若干轉（rpm）？ (A)150 (B)300 (C)600 (D)1200。

( ) **6** 一輪由靜止開始以等角加速度迴轉運動50秒，其迴轉數為100 r.p.m，若其迴轉數由100r.p.m變為180r.p.m時，其所需時間為多少秒？ (A)40秒 (B)50秒 (C)60秒 (D)70秒。

( ) **7** 一輪之轉速為600rpm，在5秒完全停止，則至完全停止時，輪子所轉之圈數為 (A)25 (B)50π (C)25π (D)50。

( ) **8** 一直徑為50mm之實心圓軸以300m/min之切線速度進行外圓車削加工，此時圓軸之角速度為多少rad/sec？ (A)6 (B)12 (C)100 (D)200。

6-2 切線加速度與法線加速度

物體運動時，若速度有變化，即有加速度存在。速度為一向量，包含大小與方向，當速度之大小或方向改變或兩者都有改變時，均有加速度存在。
若速度之大小產生變化，則會產生切線加速度；而速度之方向產生變化，則會產生法線加速度。

1. 切線加速度：因速度大小的改變而產生之加速度，與路徑相切，稱為切線加速度，以「a_t」表示

   切線加速度$a_t = r\alpha$　（r為半徑，α為角加速度。）

2. 法線加速度：物體轉動時，因切線速度之方向隨時改變，所產生之加速度，稱為「法線加速度」，又稱「向心加速度」，其方向恆指向圓心，以「a_n」表示

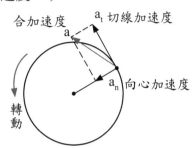

   向心加速度 $a_n = r\omega^2 = \dfrac{V_t^2}{r}$　（ω為角速度，V_t為切線速度）

3. 合成加速度：等角加速度轉動時，因速度之大小及方向均隨時在改變，所以有向心加速度和切線加速度，此兩加速度之合成，稱為合加速度。

   合加速度 $a = \sqrt{a_n^2 + a_t^2}$

   註 $a_t = r\alpha$，$a_n = r\omega^2$　$\therefore a = \sqrt{a_t^2 + a_n^2} = \sqrt{(r\alpha)^2 + (r\omega^2)^2} = r\sqrt{\omega^4 + \alpha^2}$

直線運動	曲線運動（角量）	線量＝半徑×角量
位移S	角位移θ	位移$S = r\theta$
切線速度V	角速度ω	切線速度$V = r\omega$
切線加速度a_t	角加速度α	切線加速度$a_t = r\alpha$
──	──	向心加速度$a_n = r\omega^2$

	（位移S）半徑r	速度V	角速度ω	加速度a	角加速度α	角位移θ
MKS	m	m/s	rad/s	m/s^2	rad/s^2	rad
CGS	cm	cm/s	rad/s	cm/s^2	rad/s^2	rad

註 等速率圓周運動為等速率、變速度、變加速度，切線加速度為零，只有向心加速度。

範題解說 1

直徑300mm之砂輪，以180rpm的速度旋轉，在砂輪外圓周上之磨粒，其向心加速度為多少m/sec²？

詳解　$a_n = r\omega^2 = 0.15 \times \left(\dfrac{2\pi \times 180}{60}\right)^2$

（直徑300mm，半徑0.15m）

$= 0.15 \times (6\pi)^2 = 5.4\pi^2 \ (m/sec^2)$

即時演練 1

一重型機車200kg，以72km/hr沿直徑1km之跑道轉彎，則此時機車之向心加速度a_n為多少m/s²？

範題解說 2

一圓盤的半徑為1m，由靜止繞其中心軸旋轉作等角加速度運動，若角加速度$\alpha = 3$rad/sec²，試求3秒後邊緣上一點的(1)切線速度；(2)切線加速度；(3)法線加速度；(4)合加速度。

詳解　$\omega = \omega_0 + \alpha t = 0 + 3 \times 3$

$\therefore \omega = 9(rad/sec)$

(1)$V_t = r\omega = 1 \times 9 = 9$m/s

(2)$a_t = r\alpha = 1 \times 3 = 3$m/s²

(3)$a_n = r\omega^2 = 1 \times 9^2 = 81$m/s²

(4)$a = \sqrt{a_n^2 + a_t^2} = \sqrt{3^2 + 81^2}$

$\quad = 3\sqrt{730}$m/s²

即時演練 2

一唱片半徑為20cm，一開動時由靜止作等角加速度運動，其角加速度為2rad/sec²，試求其在2秒後邊緣上之一質點之(1)切線速度；(2)切線加速度；(3)法線加速度；(4)合加速度。

範題解說 3	即時演練 3

如圖所示，一質點作橢圓運動，當它通過A點時，其合成加速度為a之大小為20m/sec²，且方向如下圖所示。試問當它通過A點時其切線加速度大小為何？若在A點處之曲率半徑為6.25m，則通過A點時之速率為何？

有一訓練戰鬥機飛行員的水平迴轉離心機，用以模擬測試飛行員在飛機飛行過程所能耐受的加速度。若其轉動半徑為$\frac{15}{\pi}$m，當試驗機轉速固定為30rpm時，此飛行員所受的加速度為多少g？（假設g=10m/s²）

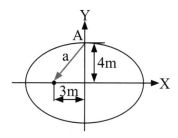

詳解　$a_t = 20 \times \frac{3}{5} = 12 \text{m/sec}^2$

$a_n = 20 \times \frac{4}{5} = 16 \text{m/sec}^2$ ， $a_n = \frac{V^2}{r}$

$\therefore 16 = \frac{V^2}{6.25}$ ， $V = 10 \text{m/sec}$

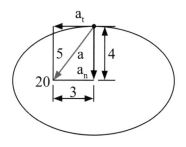

小試身手

( ) **1** 一質點在半徑r的圓上作等速率圓周運動，若角速度為α，則該質點的切線加速度為何？ (A)0 (B)$r\omega^2$ (C)$r\alpha$ (D)$\dfrac{\omega^2}{r}$ 。

( ) **2** 一個物體作圓周運動，若在切線方向有加速度存在，這是由於物體什麼改變所產生的？ (A)切線速度的大小改變 (B)位置改變 (C)切線速度的方向改變 (D)路徑的改變。

( ) **3** 一圓球於平面上做等速率的圓周運動，其向心加速度是由何者改變而產生？ (A)速度的大小 (B)速度的方向 (C)角加速度的大小 (D)角速度的大小。

( ) **4** 作等角加速度圓周運動之物體 (A)只有向心加速度 (B)只有切線加速度 (C)切線加速度與法線加速度均有 (D)切線加速度與法線加速度均沒有。

( ) **5** 等速圓周運動之物體 (A)僅有切線加速度 (B)僅有法線加速度 (C)法線加速度與切線加速度均有 (D)法線加速度與切線加速度均無。

( ) **6** 一汽車在公路上以36km/hr的等速率行駛，由直線進入北宜公路直徑為20m的圓形彎道，則此時汽車加速度的大小為多少 m/s²？ (A)5 (B)10 (C)15 (D)20。

( ) **7** 輪上某一點由靜止開始以0.5rad/sec²之角加速度旋轉，若該點距軸心之半徑為2m，試求2sec後，該點之加速度為多少 m/s²？ (A)1 (B)2 (C)$\sqrt{5}$ (D)4。

( ) **8** 有一直徑2公尺之吊扇，如以120r.p.m.等速轉動，則其加速度為多少m/s²？ (A)$4\pi^2$ (B)$8\pi^2$ (C)$16\pi^2$ (D)$32\pi^2$。

( ) **9** 直徑為20cm之飛輪，自靜止以等角加速度0.5rad/sec²開始轉動，則當轉過90°角時輪緣上一點的加速度約為多少cm/s²？ (A)5 (B)13.5 (C)16.5 (D)19.5。

( ) **10** 直徑200mm的皮帶輪由靜止開始以等角加速度旋轉，經過1秒測得皮帶輪外緣的切線速度大小為200mm/s，則該瞬間皮帶輪外緣任一點的加速度大小為多少m/s²？ (A)$\dfrac{\sqrt{5}}{5}$ (B)$\dfrac{2\sqrt{5}}{5}$ (C)$\dfrac{5\sqrt{2}}{5}$ (D)$5\sqrt{2}$。

6-3 拋物體運動

1. 水平拋射運動：凡物體以初速度V_0作水平投射之運動，稱為水平拋射運動，簡稱平拋，如圖所示；平拋水平為等速度運動（水平速度均相同為V_0）和垂直做自由落體運動所合成。

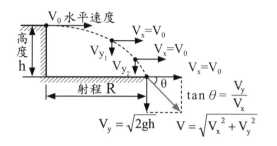

自由落體	平拋鉛直方向
$\begin{cases} V = gt \\ h = \dfrac{1}{2}gt^2 \\ V^2 = 2gh \end{cases}$	$\begin{cases} V_y = gt \\ h = \dfrac{1}{2}gt^2 \\ V_y{}^2 = 2gh \end{cases}$

圖6-3

(1) 平拋拋出經過t秒後

① 水平位移$x = V_0 t$（水平射程＝水平速度×飛行時間）

② 垂直位移$y = \dfrac{1}{2}gt^2$（由$h = \dfrac{1}{2}gt^2$）

③ 水平方向速度$V_x = V_0$

④ 鉛直方向速度$V_y = gt$（由$V_y = gt$）

⑤ t秒後之合 速度$V = \sqrt{\left(V_x\right)^2 + \left(V_y\right)^2} = \sqrt{V_0{}^2 + \left(gt\right)^2}$

⑥ 著地夾角$\theta \Rightarrow \tan\theta = \dfrac{V_y}{V_x}$　　$\therefore \theta = \tan^{-1}\dfrac{V_y}{V_x}$

(2) 水平拋出後著地的時間為t，與水平拋出之初速度V_0無關，與拋出時的高度h之平方根成正比，由$h = \dfrac{1}{2}gt^2 \Rightarrow$ 飛行時間為$t = \sqrt{\dfrac{2h}{g}}$

（若平拋著地夾角45°時，射程＝2倍樓高，$R = 2h$）

(3) 射程R＝水平速度×飛行時間 $= V_0 t = V_0\sqrt{\dfrac{2h}{g}}$

註 一般解平拋運動時：(1)先由垂直為自由落體運動求出著地時間，由$h = \dfrac{1}{2}gt^2$，求出$t = \sqrt{\dfrac{2h}{g}}$，(2)由水平為等速運動求出射程，

射程＝水平速度×飛行時間

範題解說 1	即時演練 1

一人於高122.5m之塔頂，以20m/sec之初速度水平丟出一物體，試求(1)物體的飛行時間；(2)物體的水平射程；(3)物體著地時之速度；(4)著地時與水平面之夾角。

林書豪在高100m之高樓，以30m/sec之速度水平丟出一石頭，若在前方90m處有一垂直牆壁，若g=10m/s^2，試求(1)石頭丟出後幾秒後打中牆壁；(2)擊中點距地面多高？

詳解

(1) $h = \dfrac{1}{2}gt^2$，$122.5 = \dfrac{1}{2} \times 9.8t^2$

∴$t = 5sec$　$V_o = 20m/s$

(2)射程＝水平速度×飛行時間

　　$= 20 \times 5 = 100m$

(3)$V_y = gt = 9.8 \times 5 = 49m/s$

著地速度

$V = \sqrt{V_x^2 + V_y^2} = \sqrt{20^2 + 49^2}$

$\fallingdotseq 53m/s$

(4)著地夾角θ

$\tan\theta = \dfrac{V_y}{V_x} = \dfrac{49}{20}$，

$\theta = \tan\theta^{-1}\dfrac{49}{20}$

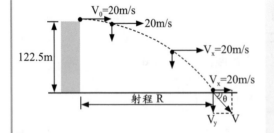

範題解說 2	即時演練 2

貝克漢自一大樓頂將一石子以49m/sec之速率水平拋出，石子落地時之方向與水平成45°，則此石子拋出後在第幾秒著地？樓高？射程？

自樓頂以V_x水平拋出物體，若著地時之垂直分速度為V_y，試求樓高與射程之比值。

詳解

$$\tan\theta = \frac{V_y}{V_x} = \tan 45° = 1$$

$$\therefore V_y = V_x = 49 \quad V_y = gt$$

$$\therefore 49 = 9.8 \times t \quad \therefore t = 5秒$$

樓高

$$h = \frac{1}{2}gt^2 = \frac{1}{2} \times 9.8 \times 5^2 = 122.5m$$

射程＝$49 \times 5 = 245m$

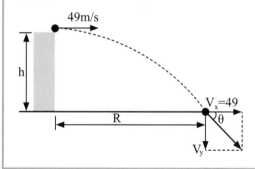

小試身手

( ) **1** 於地面上一定高度作水平拋射之物體，若不計空氣阻力，則當初速度加倍時，其在空中飛行時間 (A)仍然不變 (B)加倍 (C)減半 (D)為原來之4倍。

( ) **2** 不計空氣阻力，在距離地面高度h，沿水平方向以初速度V_0拋出一物體，著地時水平射程為x。若高度變成2h，且V_0不變，則該物體著地時水平射程變為多少？ (A)$\sqrt{2}x$ (B)$2x$ (C)$2\sqrt{2}x$ (D)4x。

(　) **3** 一物體自高h的樓上水平拋出，若著地時和水平地面恰成45°角，則水平射程為　(A)h　(B)2h　(C)3h　(D)4h。

(　) **4** 一物體在高度2h的平台上，以初速V_0水平拋射出去，則物體落地時所需之時間為

(A)$\sqrt{\dfrac{2h}{g}}$　(B)$\sqrt{2gh}$　(C)$2\sqrt{\dfrac{h}{g}}$　(D)$\sqrt{gh}$。

(　) **5** 在高度為19.6公尺之塔頂，以20公尺／秒之初速度水平拋出一石子，經1秒後，其水平速度之大小為何？　(A)10公尺／秒　(B)20公尺／秒　(C)4.9公尺／秒　(D)9.8公尺／秒。

(　) **6** 石頭由20m高的地方以V_0水平射出，若著地之速度為初速的三倍，則其初速度V_0約為多少m/s？　(A)5　(B)7　(C)10　(D)14。

(　) **7** 一物體在樓高78.4m處以水平速度20m/sec水平拋射，試求水平射程為多少公尺？　(A)20　(B)40　(C)60　(D)80。

2.斜向拋射運動：以初速度為V_0，與水平成θ角向上拋射之運動，稱為斜向拋射運動，簡稱斜拋，如下圖所示；斜拋運動水平方向為等速度運動，垂直方向為上拋運動之合成。

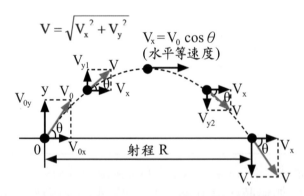

(1) 水平方向：以水平初速$V_{0x} = V_0\cos\theta$作等速度運動。

(2) 垂直方向：以鉛直初速$V_{0y} = V_0\sin\theta$作鉛直上拋運動，兩者不相干涉。

上拋公式 $\begin{cases} V = V_0 - gt \\ h = V_0 t - \dfrac{1}{2}gt^2 \\ V^2 = V_0^2 - 2gh \end{cases}$ $\begin{matrix}(V_{0y} = V_0\sin\theta)\\(V_0 \Rightarrow V_{0y})\end{matrix}$: $\begin{cases} V_y = V_{0y} - gt \\ h = V_{0y} \cdot t - \dfrac{1}{2}gt^2 \\ V_y^2 = V_{0y}^2 - 2gh \end{cases}$

(3) 到達最高點時間：最高點$V_y = 0$　　$\therefore V_y = V_{0y} - gt$，$0 = V_{0y} - gt$

$\therefore t = \dfrac{V_{0y}}{g} = \dfrac{V_0 \sin\theta}{g}$，到最高點時間 $t = \dfrac{V_0 \sin\theta}{g}$

(4) 同高著地飛行時間為最高點之兩倍。$\therefore$飛行時間 $T = 2t = \dfrac{2V_0 \sin\theta}{g}$

(5) 可達最大高度H（最高點時$V_y = 0$）

$V_y^2 = V_{0y}^2 - 2gh$，$\therefore h = \dfrac{(V_{0y})^2}{2g} = \dfrac{V_0^2 \sin^2\theta}{2g}$，即　$\boxed{\text{最大高度 } H = \dfrac{V_0^2 \sin^2\theta}{2g}}$

(6) 水平射程R：水平射程＝水平速度×飛行時間

$= V_0 \cos\theta \times \dfrac{2V_0 \sin\theta}{g} = \dfrac{V_0^2 \sin 2\theta}{g}$　$\therefore$　$\boxed{\text{水平射程 } R = \dfrac{V_0^2 \sin 2\theta}{g}}$

註 ① $\theta = 45°$，射程 $R = \dfrac{V_0^2 \sin 2\theta}{g}$ 之值最大，（$\sin 90° = 1$），

此時 $R_{max} = \dfrac{v_0^2}{g}$，即45°仰角時射程最遠。

② $\theta = 45°$，射程最遠，此時射程 $R_{45°} = \dfrac{V_0^2 \sin 2\theta}{g} = \dfrac{V_0^2}{g}$，45°時之高

度 $H_{45°} = \dfrac{V_0^2 \sin^2\theta}{2g} = \dfrac{V_0^2}{4g}$，即45°時，射程是高度之4倍。

③ 兩角互餘，射程相同，即仰角15°和75°射程相同，如下圖所示。

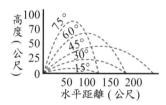

④ 斜拋最高點的速度＝水平速度，$V_y = 0$

⑤ 射程R與最大高度H的比值

$\dfrac{R}{H} = \dfrac{\dfrac{V_0^2 \sin 2\theta}{g}}{\dfrac{V_0^2 \sin^2\theta}{2g}} = \dfrac{4\cos\theta}{\sin\theta} = 4\cot\theta$，即 $R = 4H\cot\theta$。

或 $\dfrac{H}{R} = \dfrac{1}{4\cot\theta} = \dfrac{\tan\theta}{4}$

範題解說 1	即時演練 1

曾雅妮以60m/sec之初速度，並與水平成30°之仰角丟出一物體，若當地之重力加速度為10m/sec^2，試求此物體

(1)到達最高點之時間。

(2)可達最高點之高度。

(3)著地時間。

(4)水平射程。

(5)2秒之速度。

詳解

(1)$V_y = V_{0y} - gt$

　$0 = 30 - 10 \times t$

　$t = 3sec$

(2)$V_y^2 = V_{0y}^2 - 2gh$

　$0^2 = 30^2 - 2 \times 10 \times h$

　$h = 45m$

(3)$T = 2t = 2 \times 3 = 6sec$

(4)射程 $R = (30\sqrt{3}) \times 6 = 180\sqrt{3}m$

(5)$V_{2x} = 30\sqrt{3}$ ，

　$V_{2y} = V_{oy} - gt = 30 - 10 \times 2 = 10$

　$\therefore V_2 = \sqrt{(V_{2x})^2 + (V_{2y})^2}$

　$= \sqrt{(30\sqrt{3})^2 + 10^2}$

　$= 20\sqrt{7}m/s$

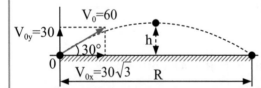

在地面上以初速度100m/sec，仰角37°之方向射出一子彈，則

(1)幾秒後著地？

(2)所能上升的最大高度？

(3)水平射程為若干？

（設g＝10m/sec^2）

範題解說 2

如圖所示，有一球在20m高的塔頂，以仰角θ，初速度$V_0 = 20$m/s射出，當球擊中距離48m遠之牆時，試問球擊中牆之高度h為若干m？

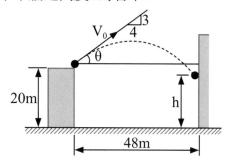

詳解　$R = 48 = 16 \times t$

$\therefore t = 3$sec

又$h = V_{0y} \times t - \dfrac{1}{2}gt^2$

$= 12 \times 3 - \dfrac{1}{2} \times 9.8 \times 3^2$

$= -8.1$m

$\therefore$距地 $= 20 - 8.1 = 11.9$m

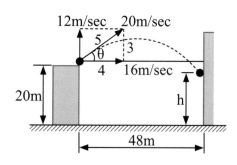

即時演練 2

一砲彈由水平地面以60°之仰角發射，其初速度為500m/sec，當此砲彈之水平方向位移為3000m時，其距離此水平地面之高度為多少m？（註：$\cos 60° = 0.5$，$\sin 60° = 0.866$）

範題解說 **3**	即時演練 **3**
以V_0之初速與水平成θ仰角拋出，如果要使水平射程R為最大高度H的3倍，則θ角應為多少？	某人投擲鉛球以30°之仰角擲出，經測得其投擲距離為$10\sqrt{3}m$，設空氣阻力不計，其最大水平射程應為若干公尺？

詳解 R＝3H，

$$\frac{V_0^2 \sin 2\theta}{g} = 3\frac{V_0^2 \sin^2 \theta}{2g} ,$$

$$\sin 2\theta = \frac{3}{2}\sin^2 \theta = 2\sin\theta\cos\theta$$

$$\frac{3}{2}\sin\theta = 2\cos\theta$$

$$\therefore \tan\theta = \frac{\sin\theta}{\cos\theta} = \frac{4}{3}$$

$$\therefore \theta = 53°$$

範題解說 **4**	即時演練 **4**
如圖所示，在一水平之地面上，放置一垂直鐵絲網與一發球機，該鐵絲網高度為40m，且距離發球機80m遠，若發球機以初速度為Vm/sec射出一球，其方向如圖所示，若不計空氣阻力並忽略發球機之高度，欲使球飛越過鐵絲網，求V之最小值為多少m/sec？（重力加速度為$10m/sec^2$）	若有一樓梯階每階高40cm，寬60cm，自頂端將一球10m/s速度水平拋出，若$g＝10m/s^2$，則球第一次撞擊於距頂端第幾階處？

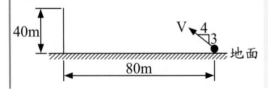

詳解 $R = V_{0x} \times t$

$$\therefore 80 = \frac{4}{5}V \times t \text{，} V \cdot t = 100$$

$$h = V_{0y} \times t - \frac{1}{2}gt^2$$

$$= \left(\frac{3}{5}V\right)t - \frac{1}{2} \times 10t^2 = 40$$

$$40 = \frac{3}{5}(100) - \frac{1}{2} \times 10t^2$$

$$20 = 5t^2 \quad \therefore t = 2 \quad \text{又} Vt = 100$$

$$\therefore V = \frac{100}{t} = \frac{100}{2} = 50\text{m/s}$$

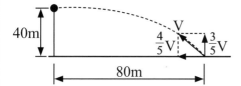

小試身手

( ) 1 斜向拋射物體運動在垂直方向係作 (A)等速運動 (B)自由落體運動 (C)鉛直上拋運動 (D)等加速度運動。

( ) 2 若初速度為一定時，以30°及60°之仰角拋出二球，則何者水平射程較遠？ (A)30°仰角之水平射程較遠 (B)60°仰角之水平射程較遠 (C)相等 (D)60°仰角之水平射程為30°仰角之2倍。

( ) 3 一彈丸以初速度V_0及仰角θ發射，若需最大水平射程，則θ應為 (A)0° (B)30° (C)45° (D)60°。

( ) 4 一物體以V_0的初速度及仰角θ拋射，則下列何者錯誤？
(A)水平速度為$V_0\cos\theta$ (B)到達頂點的時間為$V_0\sin\theta$
(C)最大高度$\dfrac{V_0^2 \sin^2\theta}{2g}$ (D)落到水平面之時間為$\dfrac{2V_0 \sin\theta}{g}$。

(　) **5** 當物體被以與水平面成θ角的速度拋射出去，且物體到達頂點之最高距離，是其最大水平射程的0.25倍，則該θ角度為
(A)30°　(B)45°　(C)60°　(D)53°。

(　) **6** 槍彈離開槍口之初速度為70m/sec，則最大射程為
(A)300　(B)400　(C)500　(D)600m。

(　) **7** 以不同的仰角在地面作斜向拋射，若著地時間相同，則下列何者必須相同？
(A)水平位移　(B)水平分速度　(C)初速度　(D)最大高度。

(　) **8** 一子彈在100m高的樓頂，以190m/sec的初速度與水平成30°仰角發射出，則子彈的水平射程R為多少公尺？（若重力加速度 $g = 10m/s^2$）
(A)1900　(B)$1900\sqrt{3}$　(C)3800　(D)$3800\sqrt{3}$。

(　) **9** 以初速度為5m/sec，仰角為60度，斜向將一球拋出，不許空氣阻力，則此球在最高點時的速度大小為
(A)0　(B)2.5　(C)3　(D)5　m/sec。

(　) **10** 將一圓球以仰角θ，初速度V_0射出，試問圓球上升至最大高度時，其水平分速度V_x與垂直分速度V_y為若干？
(A)$V_x = 0$，$V_y = V_0\sin\theta$
(B)$V_x = 0$，$V_y = V_0\cos\theta$
(C)$V_x = V_0\cos\theta$，$V_y = 0$
(D)$V_x = V_0\sin\theta$，$V_y = 0$。

(　) **11** 一子彈以53°之仰角，對準前方750m的峭壁射出，初速度為250m/s，擊中峭壁時之速度為多少m/s？（若$g = 10m/s^2$）
(A)150　(B)$150\sqrt{2}$　(C)200　(D)250。

(　) **12** 兩顆石頭以相同的初速度分別以仰角60°及30°射出，則可達最大高度之比為　(A)1：1　(B)3：1　(C)1：3　(D)1：$\sqrt{3}$。

(　) **13** A和B兩棟皆為10層相同高度的大樓，其間隔相距為15m，現有某一物體以10m/s的水平速度，從A棟10樓的樓頂水平方向被扔到B棟。如果每層樓的高度皆為3m，請問此物體會落在B棟的第幾層？（$g = 10m/s^2$）　(A)3　(B)5　(C)7　(D)9。

綜合實力測驗

(　) **1** 下列何者不是角速度的單位？ 　(A)rpm 　(B)rps 　(C)rad/sec 　(D)rad/sec^2。

(　) **2** 物體作等速率圓周運動時，其運動情形是屬於 　(A)等速度運動 　(B)變速率運動 　(C)變速度運動 　(D)等加速度運動。

(　) **3** 一馬達由靜止以20rad/s^{2}之等角加速度加速旋轉，加速8秒後，保持等角速度旋轉；若馬達心軸直徑為20mm，則此時心軸外圓周上一點之切線速度為多少m/s？ 　(A)0.8 　(B)1.6 　(C)2.4 　(D)3.2。

(　) **4** 一物體作圓周運動，若其半徑固定不變，則向心加速度與切線速度 　(A)成正比 　(B)成反比 　(C)平方成正比 　(D)平方成反比。

(　) **5** 一電扇原以600rpm之角速度旋轉，當關掉電源後，其在10sec後停止下來，則其從關掉電源至完全停止所轉過的轉數為多少轉？ 　(A)50π 　(B)100π 　(C)50 　(D)100。

(　) **6** 一質點在一直徑為20公分之圓周上，作等速率圓周運動，每秒可繞此圓周4圈，則此質點之加速度為多少m/sec^2？ 　(A)$3.2\pi^2$ 　(B)$6.4\pi^2$ 　(C)$12.8\pi^2$ 　(D)$1.6\pi^2$。

(　) **7** 半徑為1cm之飛輪以角加速度2rad/sec^2，由靜止開始轉動，則2秒後，其輪緣上任一點之加速度為 　(A)$\sqrt{260}$ 　(B)$\sqrt{196}$ 　(C)$\sqrt{20}$ 　(D)$\sqrt{80}$ 　cm/sec^2。

(　) **8** 一飛輪之角加速度為2rad/sec^2，在4秒鐘內轉過96弧度，如果此飛輪係從靜止狀態開始運動，則在此4秒鐘之前已轉動若干時間呢？ 　(A)2.5 　(B)5 　(C)10 　(D)20 　秒。

(　) **9** 高490m之塔頂，以40m/sec之初速度水平丟出一物體，則此物體之水平射程為多少公尺？ 　(A)200 　(B)400 　(C)800 　(D)1600 　m。

(　) **10** 自高78.4公尺的高塔上水平拋出一物，落地時距塔底160公尺，水平初速度大小為多少m/s？ 　(A)20 　(B)30 　(C)40 　(D)50。

(　) **11** 阿格西於高20m之塔頂，以10m/sec之初速度水平丟出一物體，若當地之重力加速度為10m/sec^2，試求物體著地時之速度為多少m/s？ 　(A)10 　(B)$10\sqrt{2}$ 　(C)$10\sqrt{5}$ 　(D)20。

（　　）**12** 一物體以7m/sec的初速度水平射出，則當其速度為25m/sec時，歷時多少秒？（g＝10m/sec²）　(A)0.7　(B)2.4　(C)2.5　(D)3.6　秒。

（　　）**13** 在高20m之塔頂，以30m/sec之速度水平擊發一顆子彈，若在前方60m處有一垂直之山壁，則擊中之高度距地面多少公尺？　(A)0.4　(B)10.4　(C)19.6　(D)14.7。

（　　）**14** 從10m高之山頂以水平方向拋出一物體，若著地時之速度方向與水平面之角度恰為45°，則此人拋球之初速度為多少m/sec？　(A)12　(B)14　(C)16　(D)18。

（　　）**15** 假設子彈離開槍管時之初速度為500m/sec，且子彈與水平方向成37°之仰角，則子彈所能達到的最大高度為多少公尺？（若g＝10m/s²）　(A)4500　(B)2400　(C)6000　(D)12500。

（　　）**16** 甲生參加運動會投擲標槍失誤，以15°之仰角擲出，經量測後投擲距離為30m；若不計空氣阻力，甲生以相同的初速度擲出，可擲之最遠距離為　(A)$30\sqrt{2}$m　(B)$30\sqrt{3}$m　(C)45m　(D)60m。

（　　）**17** 兩顆石頭以相同的初速度分別以仰角60°及30°射出，則分別最大可達之水平射程之比為　(A)$\sqrt{3}$：1　(B)3：1　(C)1：1　(D)2：1。

（　　）**18** 一物體斜向拋出，若其水平射程和最大高度相等，而拋射角和地面成θ角，則　(A)tanθ＝4　(B)tanθ＝1　(C)tanθ＝2　(D)cotθ＝4。

（　　）**19** 於高100m之塔頂，以50m/sec之速度，與水平成53°之仰角丟出一石頭（若重力加速度為10m/sec²），則石頭著地之射程為　(A)100m　(B)200m　(C)300m　(D)400m。

（　　）**20** 在地面上以相同的仰角θ不同的初速度拋出二球。一球初速度為20公尺/秒，落在拋出位置前方40公尺處，另一球初速度為30公尺/秒，會落在拋出位置前方幾公尺處？　(A)50　(B)60　(C)80　(D)90。

（　　）**21** 假設陳偉殷最遠能投100m之水平距離，則以同樣的初速度拋射，陳偉殷最高能投多少m？　(A)50　(B)100　(C)25　(D)200。

（　　）**22** 將一物體自地面斜向拋出，經3秒後達最高點，此時之速度為40m/sec，不計空氣阻力則此物體初速度多少m/s？（g＝10/sec²）　(A)30　(B)50　(C)80　(D)120。

( ) **23** 某拋射體，於平地分別以30°及45°之斜角拋出，若落地時間相同，則其初速比應為　(A)$\sqrt{2}$　(B)$\sqrt{3}$　(C)$\dfrac{\sqrt{2}}{2}$　(D)$\dfrac{\sqrt{3}}{2}$。

( ) **24** 某一汽車以72km/hr的速度，在一直徑為400m的圓形跑道作等速行駛，試求其法線加速度大小為若干m/sec²？　(A)20　(B)10　(C)5　(D)2。

( ) **25** 將一圓球以仰角θ、初速度V_0射出，試問圓球上升至最大高度時，其水平分速度V_x與垂直分速度V_y為若干？　(A)$V_x=0$、$V_y=V_0\sin\theta$　(B)$V_x=0$、$V_y=V_0\cos\theta$　(C)$V_x=V_0\cos\theta$、$V_y=0$　(D)$V_x=V_0\sin\theta$、$V_y=0$。

( ) **26** 一質點作圓周運動，下列敘述何者正確？　(A)線速度大小改變會產生切線加速度及法線加速度　(B)線速度大小改變會產生法線加速度，速度方向改變會產生切線加速度　(C)若為等速率圓周運動，則僅有法線加速度而無切線加速度　(D)若為等速率圓周運動，因角速度為零故僅有切線加速度。

( ) **27** 如右圖所示，有一球在10m高的塔頂，以仰角θ，初速度$V_0=20$m/s射出，當球擊中距離48m遠之牆時，試問球擊中牆之高度h為若干m？　(A)1.9　(B)4.8　(C)7.6　(D)8.1。

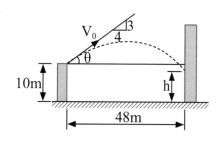

( ) **28** 不計空氣阻力，在距離地面高度h，沿水平方向以初速度V_0拋出一物體，著地時水平射程為x。若高度變成2h，且V_0不變，則該物體著地時水平射程變為多少？　(A)$\sqrt{2}x$　(B)$2x$　(C)$2\sqrt{2}x$　(D)4x。

( ) **29** 一馬達由靜止以20rad/sec²之等角加速度加速旋轉，加速8秒後，保持等角速度旋轉；若馬達心軸直徑為10mm，則此時心軸外圓周上一點之切線速度為多少m/sec？　(A)0.4　(B)0.8　(C)1.2　(D)1.6。

( ) **30** 石頭自樓頂水平拋出，若不考慮空氣阻力，則當速度與水平夾角各為30°、60°時其速度比值為何？　(A)1：$\sqrt{3}$　(B)$\sqrt{3}$：1　(C)1：3　(D)1：1。

（　　）**31** 汽車在一半徑為400m之水平彎道上以108km/hr之速度行駛，當以等速度煞車，在5秒內速度降為72km/hr，則速度72km/hr瞬間之汽車加速度為多少m/s²？　(A)$\sqrt{5}$　(B)2　(C)1　(D)$\frac{\sqrt{5}}{2}$。

（　　）**32** 汽車沿一曲線道路等速率行駛，過圖中的A、B、C、D點，請汽車行駛這四點時，在哪一點的加速度最大？　(A)A點　(B)B點　(C)C點　(D)D點。

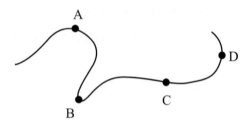

（　　）**33** 有一物體以初速度V，由地面與水平成60°之仰角斜向拋出，到達最高點之高度為H，落地時之水平移動距離為R，若空氣阻力不計，重力加速度為g，則$\frac{H}{R}$為何？　(A)$2\sqrt{3}$　(B)$\frac{4}{\sqrt{3}}$　(C)$\frac{\sqrt{3}}{4}$　(D)$4\sqrt{3}$。

（　　）**34** 樓高h處以一顆子彈以V_0的初速度水平射出，若著地與水平之夾角θ，則樓高h為？

(A)$\frac{V_0^2\sin^2\theta}{2g}$　(B)$\frac{V_0^2\sin 2\theta}{g}$　(C)$\frac{V_0^2\cot^2\theta}{2g}$　(D)$\frac{V_0^2\tan^2\theta}{2g}$。

（　　）**35** 如圖所示，某越野賽車手從高度4m斜坡處以仰角30°的方向進行飛車表演，若其離開斜坡到觸地時間為2sec，試求其駕駛離斜坡時速度V_0為多少m/sec？（假設重力加速度g＝10m/sec²）

(A)2　(B)16　(C)20　(D)25。

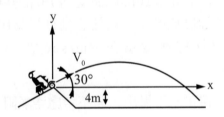

（　　）**36** 斜拋一物體，則此物體在最高點時其向心加速度為若干？

(A)0　(B)$\frac{\sqrt{2}}{2}$g　(C)g　(D)$\frac{1}{2}$g。

（　　）**37** 若有一樓梯階每階高40cm，寬60cm，自頂端將一球10m/s速度水平拋出，若g＝10m/s^2，則球第一次撞擊於距頂端第幾階處？

(A)22　(B)23　(C)12　(D)13。

（　　）**38** 若一石頭自20m高的地方水平射出，若不考慮空氣阻力，g=10m/s^2，著地之速度為初速的三倍，則其初速度為多少m/s？

(A)$5\sqrt{2}$　(B)10　(C)$10\sqrt{2}$　(D)20。

（　　）**39** 離岸邊水平面上高度490公尺處發射大砲，砲彈以初速50公尺/秒水平射出，若欲擊中正前方向岸邊以速率8公尺/秒行駛過來的敵艦，不計空氣阻力，則發射砲彈瞬間敵艦離岸邊的距離x為多少公尺方可擊中目標？　(A)500　(B)580　(C)420　(D)640。

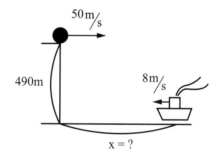

（　　）**40** 一平面上的曲柄滑塊機構，若曲柄軸由馬達驅動作等角速度轉動，則關於此機構運動的敘述，下列何者正確？

(A)曲柄作等速度曲線運動　　　　(B)連接桿作變速度曲線運動
(C)滑塊作等速度直線運動　　　　(D)滑塊作等加速度直線運動。

（　　）**41** 一馬達由靜止啟動，以等角加速度轉動。若在第一秒結束時轉了40圈，則此馬達啟動時的角加速度為多少rad/s^2？

(A)40π　　　　　　　　　　　　(B)80π
(C)120π　　　　　　　　　　　(D)160π。

第七章 動力學基本定律及應用

重要度 ★★★★☆

7-1 牛頓運動定律

1. 牛頓第一運動定律：物體不受外力作用或所受之外力的合力為零時，則靜者恆靜止，動者恆作等速直線運動，稱為牛頓第一運動定律，又稱慣性定律。例如車輛煞車，車上的人會往前傾，賽跑到達終點時，不能立刻停止，皆為慣性之結果。

2. 牛頓第二運動定律：當物體受力時，在力的方向會產生一加速度，加速度之大小與該力之大小成正比，加速度與物體質量成反比，稱為牛頓第二運動定律。

   註 牛頓第二運動定律僅適用於運動速度遠小於光速，（光速為 $3 \times 10^8 \text{m/s}$）$\therefore$ 力量 $\Sigma F = ma$

	F＝力量	m＝質量	a＝加速度
MKS制	牛頓（N）	公斤（Kg）	公尺/秒²（m/s²）
CGS制	達因（dyne）	克（g）	公分/秒²（cm/s²）
FPS	磅達	磅	呎/秒²

   (1) 1達因定義：使質量1g之物體，產生1cm/sec²之加速度，此作用力稱為1達因（g·cm/sec²）。（CGS制）

   (2) 1牛頓定義：使質量1kg的物體，產生1m/sec²之加速度，此作用力稱為1牛頓（kg·m/sec²）。（MKS制）

   (3) 重量w＝mg （同一地點重量與質量成正比）

   註 ① 1公斤重＝質量1kg受到9.8m/s²加速度之力＝1×9.8kg m/s²＝9.8牛頓。

   ② 1克重＝質量1克受到980cm/s²加速度之力＝1g×980cm/s²＝980達因。

   ③ 1克重＝980達因。

   ④ 1公斤重＝9.8牛頓。

   ⑤ 1磅重＝32.2磅達。

⑥有作用力才有加速度，力量一停止（或移開），則加速度為零，若地面為光滑，則靜者恆靜，動者恆作等速度直線運動。

3. 牛頓第三運動定律：當一物體受到另一物體作用時，必產生一反作用力，作用力與反作用力大小相等方向相反，且共線，但因作用在不同物體上，故不能抵消，稱為牛頓第三運動定律，又稱反作用定律。例如開槍槍身後退、划船船之前進及火箭發射都是反作用力所產生的。

牛頓第三運動定律可知 $F = -F'$，$ma = -m'a'$，$m\dfrac{\Delta V}{\Delta t} = -m'\dfrac{\Delta V'}{\Delta t}$

因為 Δt 相同 $\therefore m\Delta V = m'\Delta V'$

所以兩物體由作用及反作用所產生之動量，大小相等，方向相反，即為動量守恆。

範題解說 1	即時演練 1
質量為3kg之物體靜置於水平面上，若平面之動摩擦係數為0.2，今施加F＝36N水平力於此物體上，試求此物體之加速度。（若g＝10m/s²）	一水平力作用在重量19.6牛頓之靜止物體上，若地面光滑，4sec後此物體之速度為20m/sec，試求此作用力。

詳解

重量 $w = mg = 3 \times 10 = 30$ 牛頓

$\Sigma F = ma$，$36 - 6 = 3 \times a$

$\therefore a = 10\text{m/s}^2$

範題解說 **2**	即時演練 **2**

重量196N之物體置於重量1764牛頓之升降機內,若鋼繩之張力為2260N,試求升降機之加速度及物體對升降機之作用力。

林書豪體重80kg,在101大樓之升降機內,站立於一體重計上方,若升降機重920kg,而拉動升降機之纜繩張力為12000牛頓,則升降機加速度和體重計顯示之體重各為多少公斤重?(若g=10m/s^2)

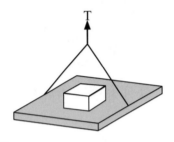

詳解 1kgw=9.8牛頓

$\dfrac{196}{9.8}=20$kg,$\dfrac{1764}{9.8}=180$ kg

$\Sigma F=ma$,$2260-1960=200\times a$

$a=1.5$m/s^2

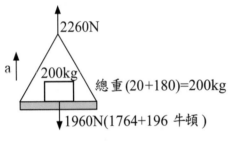

2260N

a　200kg　總重(20+180)=200kg

1960N(1764+196 牛頓)

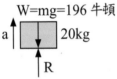

W=mg=196 牛頓

a　20kg

R

$\Sigma F=ma$,$R-196=20\times 1.5$

$\therefore R=226$牛頓

範題解說 **3**	即時演練 **3**

如右圖所示，500牛頓推物體，物體重100kg，與平面間之動摩擦係數為0.2，則加速度多少？

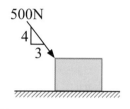

詳解 $\Sigma F = ma$

$300 - 276 = 100 \times a$

$\therefore a = 0.24 m/s^2$

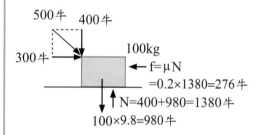

一物體A置於一粗糙斜平面上如圖所示，施力F=15 N造成物體A以加速度$a_。=6m/sec^2$行進。如將施力F改換成吊掛一物體B，依然使物體A以同樣加速度$a_。$行進，則物體B之質量應為多少kg？（假設重力加速度為10m/sec^2，不計繩重）

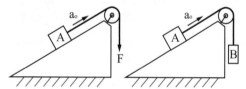

小試身手

( )　**1** 物體若不受外力作用時，則此物體　(A)必定靜止　(B)必定等速率運動　(C)必定只作等速度運動　(D)必定靜止或等速直線運動。

( )　**2** 下列敘述何者正確？　(A)作用力與反作用力絕不可能同施於一物體上　(B)人推牆不倒是因作用力與反作用力相抵消　(C)小車碰大車時，小車受力大　(D)作用力與反作用力不一定同時發生。

( )　**3** 在光滑水平面上靜止的物體，若受到一定的水平力作用時，力的作用期間，此物體　(A)必作等加速度直線運動　(B)必作變加速度運動　(C)作等速度運動　(D)作變速度運動。

( )　**4** 等速前進之車輛若緊急煞車時，車上的人會有往前傾的動作產生，這是因為　(A)慣性力　(B)牛頓第二定律　(C)向心力　(D)牛頓第三定律。

（　）**5** 某人質量為m，站於一升降機內，當升降機以a之加速度向上運動時，則升降機底板所受力為
(A)m（g−a）　　(B)m（a−g）　　(C)ma　(D)m（g+a）。

（　）**6** 如右圖所示，光滑桌面上A、B兩物體間有摩擦力，今以F之水平力使AB兩者一起以1m/sec²的加速度向右前進，試求A、B間之摩擦力有多少牛頓？　(A)1　(B)5　(C)10　(D)15。

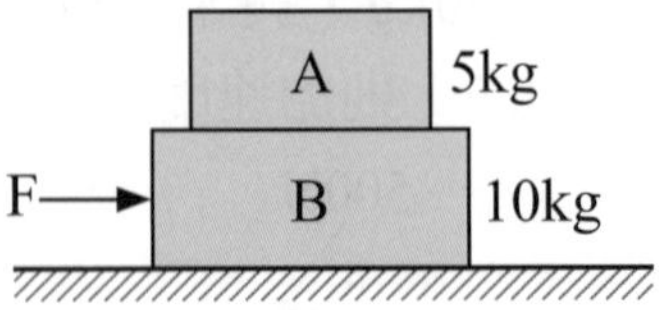

（　）**7** 將物體置於一斜面之斜角度θ大於靜止角時，則物體將會自然向下滑落，若物體與斜面間動摩擦係數為μ時，則物體滑下之加速度為　(A)g（sinθ−μcosθ）　　(B)g（cosθ−μsinθ）　(C)g（tanθ−μcosθ）　　(D)g（cosθ−μtanθ）。

（　）**8** 一作用力作用在重量98牛頓的靜止在光滑表面上的物體上，2秒後該物體之速度為10公尺/秒，則此作用力大小為若干牛頓？　(A)50　(B)100　(C)490　(D)980。

（　）**9** 一物塊重100kg，水平地面上，由靜止開始受一同方向之水平力F為596N持續作用2sec，若物塊和地面間動摩擦係數為0.2，則此時物塊之速度為多少m/s？　(A)2　(B)4　(C)8　(D)16。

（　）**10** 如右圖所示，在光滑平面上的A、B兩物體，重量各為$W_A = 20kg$，$W_B = 16kg$，今以一水平力F＝180N持續推動之，當二物體移動2m後，求A、B兩物體間之作用力為若干牛頓？
(A)50　(B)100　(C)150　(D)200。

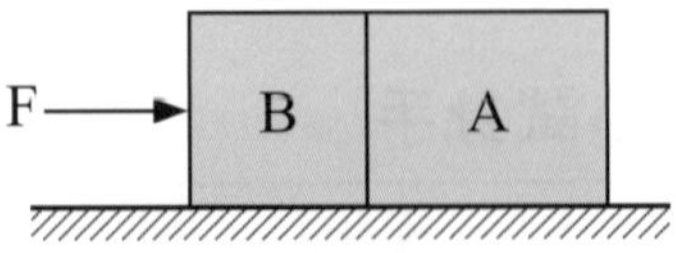

（　）**11** 5牛頓的力施於質量m_1之物體，可使其產生8公尺/秒²之加速度，若施於質量m_2之物體則加速度為24公尺/秒²，若將兩物體綁在一起後施以此力，則加速度為多少m/s²？　(A)2　(B)4　(C)6　(D)8。

（　）**12** 一質量為m之物體，以初速度V_0在水面上滑行S公尺後停止，則此水平面與物體間之動摩擦係數為多少？
(A)$\dfrac{V_0^2}{gs}$　(B)$\dfrac{2V_0^2}{gs}$　(C)$\dfrac{V_0^2}{2gs}$　(D)$\dfrac{V_0^2}{3gs}$。

( ) **13** 一質量為50公斤的人站在電梯內的磅秤上量體重，若電梯以向上3m/s²的加速度上升，且重力加速度為9.8 m/s²，則此人在磅秤上顯示多少公斤重？ (A)60.2 (B)64.0 (C)67.8 (D)65.3。

7-2 滑輪介紹

滑輪可分為定滑輪及動滑輪，定滑輪主要目的在改變施力的方向，動滑輪主要目的在省力。

1. 定滑輪在繩的兩端分別懸掛質量M及m兩物體，若M＞m時，如下圖所示。

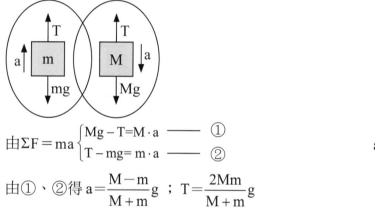 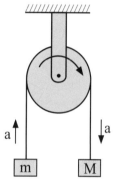

由 $\Sigma F = ma$ $\begin{cases} Mg - T = M \cdot a \quad\text{——} \quad ① \\ T - mg = m \cdot a \quad\text{——} \quad ② \end{cases}$

由①、②得 $a = \dfrac{M-m}{M+m}g$ ；$T = \dfrac{2Mm}{M+m}g$

2. m在光滑水平面上，M在垂直方向如右圖所示。

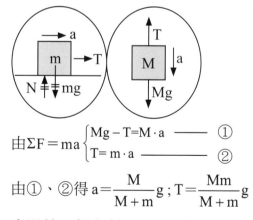 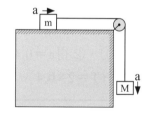

由 $\Sigma F = ma$ $\begin{cases} Mg - T = M \cdot a \quad\text{——} \quad ① \\ T = m \cdot a \quad\text{——} \quad ② \end{cases}$

由①、②得 $a = \dfrac{M}{M+m}g$ ；$T = \dfrac{Mm}{M+m}g$

3. 定滑輪一個在斜面，另一個垂直懸掛，若斜面為光滑平面（若Mg＞mgsinθ），如右圖所示。

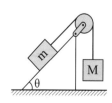

由$\Sigma F = ma \begin{cases} Mg - T = Ma \\ T - mg\sin\theta = m \cdot a \end{cases}$

$\therefore a = \dfrac{(M - m\sin\theta)}{M + m}g$; $T = \dfrac{(1+\sin\theta)Mm}{M + m}g$

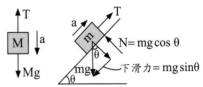

範題解說 **1**	即時演練 **1**
如下圖所示，一質量3kg之物體置於37°光滑傾斜面上，並以一軟繩繞於一滑輪上，連接一質量2kg之物體，試求此系統之加速度及繩之張力。（若g＝10m/s²）	如下圖所示，設有二物體之質量為2kg及3kg，以一軟繩繞於一滑輪上，試求此系統之加速度及繩之張力。

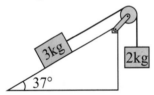

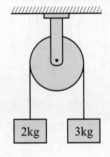

詳解 $\Sigma F = ma$

（W＝mg，2kgw＝20牛頓，

3kgw＝30牛頓）

$\begin{cases} 20 - T = 2 \times a \quad\text{——}\ ① \\ T - 18 = 3 \times a \quad\text{——}\ ② \end{cases}$

由①、②得a＝0.4m/s²

$20 - T = 2 \times 0.4$　$\therefore T = 19.2$牛頓

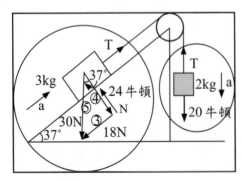

| 範題解說 **2** | 即時演練 **2** |

如下圖所示，若斜面動摩擦係數為0.25，則此系統之繩子張力為多少牛頓？（若$g=10m/s^2$），滑塊A加速度為多少？

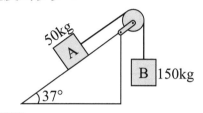

詳解 $\Sigma F=ma$

$$\begin{cases} 1500-T=150\times a \text{——} ① \\ T-300-f=50\times a \text{——} ② \quad (f=100) \end{cases}$$

①＋②：$1100=200a$

$\therefore a=5.5m/s^2 \quad \therefore T=675N$

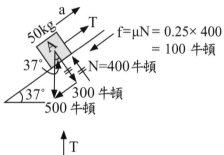

如下圖所示，m_1重10kg，置於一水平面，此物以繩經一輕而無摩擦的滑輪與一10kg的懸吊物m_2連繫，m_1與平面間動摩擦係數為0.5，求繩之張力為何？當由靜止m_2落至地面須多少秒？

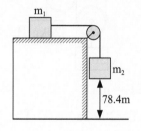

範題解說 **3**	即時演練 **3**

範題解說 3

如下圖滑輪系統，設滑輪重量不計且無摩擦，其所懸掛物體之質量均為20kg，試求繩之張力及A之加速度。（若g＝10m/s^2）

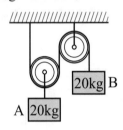

詳解　$\Sigma F = ma$

$\begin{cases} 200-T=20\times 2a \quad\text{——}\quad ① \\ 2T-200=20\times a \quad\text{——}\quad ② \end{cases}$

①×2　$400-2T=80a$——③

②＋③　$200=100a$

∴$a=2\text{m/s}^2$　∴$T=120\text{N}$

（若求B物體加速度為2a＝4m/s^2）

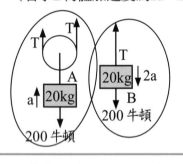

即時演練 3

如圖所示，質量分別為10kg、20kg、30kg，連結之繩係通過一無重量光滑之滑輪，若平面動摩擦係數均為0.3，最大靜摩擦係數0.35，試求T$_1$繩及T$_2$繩之張力。（若g＝10m/s^2）

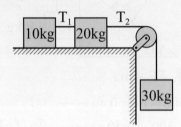

小試身手

（　　）**1** 如右圖所示之滑輪系統，不計滑輪與繩索的重量與摩擦力，求重量90kg的物體以等速2m/sec上升所需的施力P為多少牛頓？（若g＝10m/sec^2）

(A)45　(B)180　(C)540　(D)450。

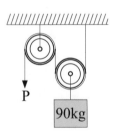

( ) **2** 如圖所示,考慮A和B兩物體的質量,A繫於一條不可伸縮繩的一端,並繞過一定滑輪,且支撐一動滑輪,另一端則繫於天花板;而B物體繫於一條不可伸縮繩的一端,而另一端則繫於上述的動滑輪。已知A物體質量為2kg,B物體質量為4.2kg,A物體和水平面間的動摩擦係數為0.3。假設重力加速度值g=10m/s²,且不計繩和滑輪的質量。如果A物體由靜止啟動後,當速率達到V_A=2m/s,試求B物體所下降的距離約為多少m?(提示:分別畫出A和B的自由體圖求解之)

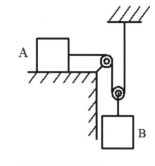

(A)0.1 (B)0.15 (C)0.2 (D)0.25。

( ) **3** 質量60kg的人站在一質量40kg之平台,若滑輪及繩索之摩擦力與重量均可略去不計,則此人要施力多少牛頓才能將平台與人以2m/s²的加速度上升?(g=10m/s²)

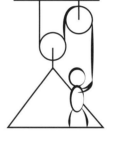

(A)400N (B)500N
(C)600N (D)800N。

( ) **4** 如右圖所示,物體A與B的質量皆為10kg,若不計繩與滑輪間的摩擦以及繩和滑輪本身的重量,A物體加速度為多少m/s²?

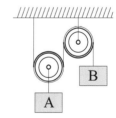

(A)1.96 (B)3.92 (C)2.45 (D)4.9。

( ) **5** 如右圖所示,物體A重20kg,物體B重80kg,設滑輪重量不計,物體A與平面間之動摩擦係數為0.2,試求繩之張力為若干牛頓?(若g=10m/s²)

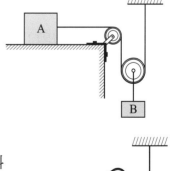

(A)9 (B)110
(C)220 (D)440。

( ) **6** 質量50kg之物體以2m/s²之加速度沿斜面而向上運動,若物體與斜面間之動摩擦係數為0.125,試求m之質量應為多少公斤?(g=10m/s²)

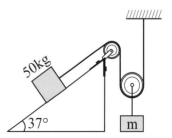

(A)50 (B)100 (C)150 (D)200。

7-3 向心力與離心力

1. 向心力：當物體作圓周運動時，會產生向心加速度，因此物體必定受到向圓心方向作用之力，稱為向心力。

$$向心力 F_n = ma_n = m \times \frac{V_t^2}{r} = m \times r \times \omega^2$$

	F_n向心力	m質量	r半徑	V切線速度	ω角速度
MKS制	牛頓（N）	kg	m	m/s	rad/s
CGS制	達因（dyne）	g	cm	cm/s	rad/s

2. 離心力：由牛頓第三運動定律（反作用定律）得知，有一作用力必產生一反作用力，故當向心力發生時，若平衡時，必有一大小相等、方向相反之反作用力發生，此反作用力有使物體飛出中心之趨勢，故稱為離心力。

3. 向心力之型式：

　→ 物體作圓周運動，會產生離心力，向外，離開圓心

　→ 重量向下

　→ 繩子只受張力向外離開物體

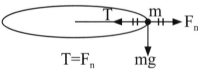

$$T = F_n$$

(1) 繩子一端繫重物水平轉動，
　　繩子張力$T = F_n = mr\omega^2$（繩長r，角速度ω）

(2) 木棒一端為中心水平轉動，ω角速度（質量m，長ℓ）：

　　離心力$F_n = m \cdot \frac{\ell}{2}\omega^2$（註：$r = \frac{\ell}{2}$）

(3) 欲在鉛直面轉動，最高點速度最小值$V = \sqrt{gr}$，
　　（當速度最小時，繩子張力$T = 0$）

　　（$mg = \frac{mv^2}{r}$ ∴$V = \sqrt{gr}$）

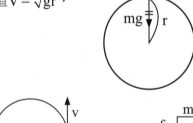

(4) 若靜摩擦係數為μ考慮摩擦力，
　　則車子最小轉彎半徑$r = \frac{V^2}{\mu g}$，

　　證明：$F_n = f$

　　$\frac{mV^2}{r} = f = \mu N = \mu mg$ ∴$r = \frac{V^2}{\mu g}$

　　或$mr\omega^2 = \mu mg$ ∴$r = \frac{\mu g}{\omega^2}$

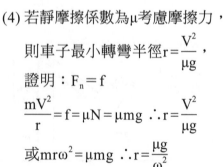

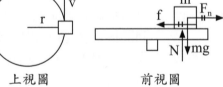

上視圖　　　　　前視圖

(5) 鉛直面作圓周運動時求各點繩子之張力

最高點$T_A = \dfrac{mV_A^2}{r} - mg$（最高點：$F_n = T_A + mg$）

最低點$T_C = mg + \dfrac{mV_C^2}{r}$　（最低點：$T_C = F_n + mg$）

平衡點$T_B = mg + \dfrac{mV_B^2}{r}$　（平衡點：$F_n = T_B$）

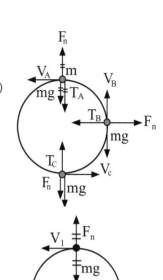

(6) 錐擺：利用長邊比＝力量比來求r、θ和T

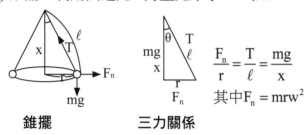

$$\dfrac{F_n}{r} = \dfrac{T}{\ell} = \dfrac{mg}{x}$$

其中$F_n = mrw^2$

錐擺　　　　　**三力關係**

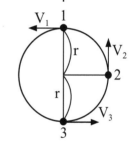

$mg = F_n = \dfrac{mV_1^2}{r}$ ， $V_1 = \sqrt{gr}$

4.車子轉彎時，外軌超高量$h = \dfrac{V^2}{gr} \times d$

g：重力加速度＝9.8m/s²，

r：轉彎半徑m，

V：車速m/s

d：兩輪距離m

h：外軌超高m

當重量與離心力之合力與接觸面垂直時

車子不打滑　$\therefore \tan\theta = \dfrac{F_n}{mg} = \dfrac{h}{d} = \dfrac{\frac{mV^2}{r}}{mg} = \dfrac{V^2}{gr}$

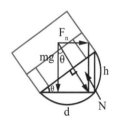

$\therefore$外軌超高量$h = \dfrac{V^2}{gr} \times d$（d為兩輪間距離）

範題解說 **1**	即時演練 **1**

範題解說 1

一均質圓棒長4m，重10kg，一端固定，以2r.p.s速度水平迴轉，試求其離心力為若干牛頓？

詳解

2轉/秒＝$2 \times 2\pi$ rad/s＝4π rad/s

$F_n = mr\omega^2 = 10 \times 2 \times (4\pi)^2 = 320\pi^2$ 牛頓

即時演練 1

一質量1000kg的汽車，在直徑40m之彎道上，以36km/hr速度轉彎，求其向心力大小？

範題解說 2

一質量0.2kg之球，以一繩繫之，以等速V在半徑為20cm之直立圓周上運動，則V最小需為多少cm/sec才能保持圓周運動？

詳解

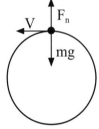

最高點不落下　$\therefore F_n = mg = \dfrac{mV^2}{r}$

此時$T = 0 \therefore V^2 = gr \therefore V = \sqrt{gr}$

$\therefore V = \sqrt{980 \times 20} = 140$cm/s

即時演練 2

半徑為r之半球面，一質量為m之小球自碗邊緣自由滑下，若碗為光滑無摩擦，當小球滑到碗底時，小球作用在碗壁上之壓力為多少？

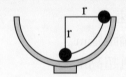

範題解說 3

如圖所示，一質量為m的小球以L長的繩索繫於支點，並於水平位置由靜止狀態釋放，則當繩索的張力剛好等於小球重量時，試問sinθ的值為何？

即時演練 3

一圓盤以60rpm轉動，盤上有一物體，若物體與圓盤之靜摩擦係數為0.5，則物體開始滑動之位置距軸心約為多少公尺？

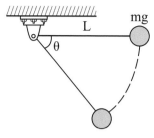

詳解　$T = F_n + mg\sin\theta$

$V = \sqrt{2gh} = \sqrt{2gL\sin\theta}$

$F_n = \dfrac{mV^2}{r} = \dfrac{2mgL\sin\theta}{L} = 2mg\sin\theta$

$\therefore T = F_n + mg\sin\theta = 3mg\sin\theta = mg$

$\therefore \sin\theta = \dfrac{1}{3}$

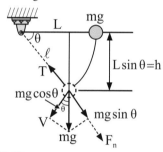

範題解說 4

欲維持物體在鉛直面內做圓周運動時，求最高點、最低點和平衡點速度最小值和此時繩子之張力各為多少？

詳解

(1)若旋轉至最高點時：當速度最小時，此時繩子張力為0

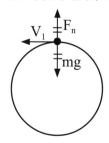

即時演練 4

如圖所示，繩索長4m，一端固定於天花板上，另一端繫一質量為2kg的物體，若物體以角速度$\sqrt{5}$rad/s在水平面上等速旋轉，則繩子的張力及夾角θ各為多少？（$g=10\text{m/sec}^2$）

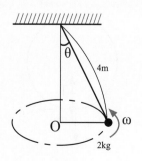

$$mg = F_n + \frac{mV_1^2}{r} \quad , \quad V_1 = \sqrt{gr}$$

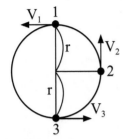

(2)沒有摩擦損失時：

總機械能＝位能$_1$＋動能$_1$

＝位能$_2$＋動能$_2$

＝位能$_3$＋動能$_3$

$$mg(2r) + \frac{1}{2}m(\sqrt{gr})^2$$

$$= mg(r) + \frac{1}{2}mV_2^2$$

$$= 0 + \frac{1}{2}mV_3^2$$

$$\therefore V_2 = \sqrt{3gr} \quad , \quad V_3 = \sqrt{5gr}$$

$$\therefore 平衡點\ T_2 = F_n = \frac{mV_2^2}{r} = 3mg$$

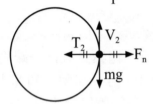

(3)最低點：

$$T_3 = mg + F_n = mg + \frac{mV_3^2}{r} = 6mg$$

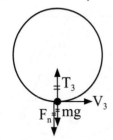

小試身手

(　) **1** 質量為5kg之物體綁在一長2m之軟繩上，以另一端為中心，並以4rad/sec之角速度在水平面上旋轉，繩子所受張力為多少牛頓？　(A)40　(B)80　(C)120　(D)160。

(　) **2** 如右圖所示，一球用長2.5m之軟繩綁住，將球提高至θ角時自由放開，若其到達最低點時，其繩之張力恰為球重之2倍，試求最低點處之切線速度為多少m/s？（若g＝10m/s²）
(A)2　(B)2.5　(C)4　(D)5。

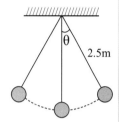

(　) **3** 繩長為 ℓ ，其所承受之最大拉力為T，若一端繫質量為M之鐵球， ℓ 以另一端為中心做水平圓周運動，假設不使繩斷裂，則鐵球之最大速度V為多少？

(A) $V=\sqrt{\dfrac{M}{T\ell}}$ 　(B) $V=\dfrac{M}{T\ell}$ 　(C) $V=\dfrac{T\ell}{M}$ 　(D) $V=\sqrt{\dfrac{T\ell}{M}}$ 。

(　) **4** 長度為R的繩子，繫住一球體，做鉛直面上的圓周運動，已知在最高點的繩子張力等於物體重量，求該物體在最高點的速度大小為多少？　(A) $\sqrt{2gR}$ 　(B) $\sqrt{gR}$ 　(C)0　(D) $2\sqrt{gR}$ 。

(　) **5** 一物體A以長r＝50cm繩索繫於一支點，如圖所示，若將物體提至d＝20cm位置後靜止釋放，不計繩重，則此物體於擺盪期間繩索之最大張力為物體重量的多少倍？
(A)2.1　(B)2.2　(C)2.3　(D)2.4。

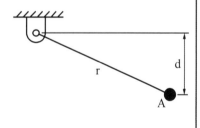

(　) **6** 質量為m的物體以繩繫之，欲維持在鉛直面上半徑為r的圓周運動最高點的最小速度至少為　(A) $\sqrt{gr}$ 　(B) $\sqrt{2gr}$ 　(C) $\sqrt{3gr}$ (D) $\sqrt{5gr}$ 。

(　) **7** 跑車於圓周跑道行駛，跑道最小圓周半徑為400m，若輪胎與地面摩擦係數為0.4，為了避免側向打滑，則跑車速度最高為何？（設g＝10m/sec²）　(A)40　(B)20　(C)80　(D)10　m/sec。

(　) **8** 一汽車以72km/hr之速率行駛於半徑為400m之彎道上，設汽車兩輪之間距為1.6m，試求此時所需要之外軌超高量為多少公尺？車子不會打滑。（設g＝10m/sec²）
(A)0.16m　(B)0.24m　(C)0.32m　(D)0.48m。

綜合實力測驗

( ) **1** 一水平力100N作用於一光滑水平面物體而產生20m/sec²之加速度，則物體重量為？ (A)5N (B)49N (C)98N (D)196N。

( ) **2** 兩質量分別為M及m放置在光滑水平面上，若M＞m，以相同的F力，但不同方向作用在M及m物體上，如下圖所示，請問兩物體中間的反作用力何者為大？

(a) (b)

(A)a圖較大 (B)b圖較大 (C)兩者一樣大 (D)無法判斷。

( ) **3** 如右圖所示，有一重量1960N之物體置於重量17640N之升降機內，若鋼繩之張力為20600N，試求物體對升降機之作用力為多少牛頓？

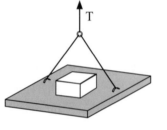

(A)206 (B)416
(C)1030 (D)2060。

( ) **4** 有一質量20公克的子彈，以每秒200公尺的速度射入木板中20cm而後停止，若木板對子彈的阻力為一常數，則木板之平均阻力為多少牛頓？ (A)2000 (B)1000 (C)200000 (D)100000。

( ) **5** 假設一力F施加於物體A，使其產生一加速度6m/s²，同一力施加於另一物體B，則產生一加速度3m/s²。若將物體A、B連接在一起，施以3F的力，則產生之加速度為多少m/s²？ (A)2 (B)4 (C)6 (D)9。

( ) **6** 質量20kg的物體靜置動摩擦係數0.3之桌面上，施一水平力160N，經2秒後位移多少公尺？（設g＝10m/sec²） (A)5 (B)10 (C)15 (D)20。

( ) **7** 施加一力於質量1kg的物體上，使該物體產生100cm/s²的加速度，試問該力為多少N？ (A)100 (B)10 (C)1 (D)0.1。

（　）　**8** 一人體重80kg，在升降機內，站立於體重計上，若升降機1000kg，而拉動升降機的繩索張力為8100N，則體重計顯示的體重為多少公斤？（若g＝10m/s²）　(A)40　(B)60　(C)80　(D)600。

（　）　**9** 如右圖所示，滑塊m_1＝4kg，m_2＝6kg，所有滑輪均為定滑輪，若重力加速度g＝10m/sec²，接觸面之動摩擦係數為0.5，則繩子之張力為多少牛頓？　(A)16　(B)26　(C)36　(D)46。

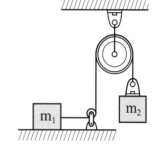

（　）**10** 如右圖所示為一無摩擦系統，則下列敘述何者為錯誤？（三角塊固定於地面）
(A)$W_1\sin\theta＞W_2$，則W_2向上升
(B)$W_1\sin\theta＜W_2$，則W_2向下降
(C)$W_1\sin\theta＝W_2$，則W_2靜止或等速運動
(D)$W_1\sin\theta＜W_2$，則$T_1＜T_2$。

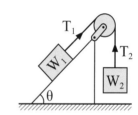

（　）**11** 有一滑輪系統，如右圖所示。設滑輪重量不計，且無摩擦。其所懸掛物體之重量分別為$W_A＝W_B＝$20kg，則物體B之加速度為
(A)3.27m/sec²
(B)1.96m/sec²
(C)4.90m/sec²
(D)3.92m/sec²。

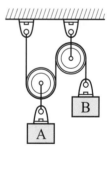

（　）**12** 如右圖所示，設有二物體之重量為2kg及8kg，以一軟繩繞於一滑輪上，試求此系統之加速度為多少m/s²？（若g＝10m/s²）
(A)2　　　　　(B)3
(C)6　　　　　(D)8。

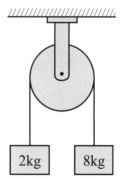

(　) **13** 如右圖所示，有一質量為20kg之物
體置於動摩擦係數為0.5之水平桌面
上，並以一繩繫之，此繩繞過一無
摩擦力之滑輪懸吊另一物體，若該
物體之起始位置高於地板4m，則懸
吊物於2sec後碰及地面，試求此懸
吊物m之質量為多少公斤？（g＝
$10m/sec^2$）　(A)15　(B)17.5
(C)20　(D)22.5。

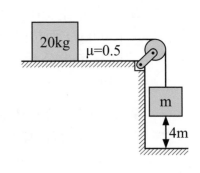

(　) **14** 劍湖山世界一騎士做鐵籠飛車表演，設鐵籠半徑為R，則此車在最
高點時之最小速度為　(A)0　(B)$\sqrt{gR}$　(C)$\sqrt{2gR}$　(D)$\sqrt{5gR}$ 。

(　) **15** 於繩一端繫重量為10kg之小球，一人持繩之，他端迴轉之，並使
小球於鉛直平面內作半徑為50cm之圓周運動，設小球於最高點之
速度為4m/sec，則此時繩上之張力為多少N？　(A)222　(B)418
(C)320　(D)516。

(　) **16** 一車在轉彎半徑100m，以時速72km/hr轉彎行駛，若車重1000kg則
其所需之向心力為多少牛頓？　(A)2000　(B)4000　(C)8000
(D)1600。

(　) **17** 重2kg之物體繫於長為50cm之輕質軟繩之一端，以另一端為中心在
水平面上迴轉，其角速度為60rpm，則此繩所受之張力為若干牛
頓？　(A)$2\pi^2$　(B)$4\pi^2$　(C)$8\pi^2$　(D)$16\pi^2$。

(　) **18** 車於圓周跑道上以9.8m/sec之速率行駛，若輪胎與地面之摩擦係數
為0.5，則為了避免側向打滑，跑道最小圓周半徑不應小於若干公
尺？　(A)10　(B)20　(C)30　(D)40。

(　) **19** 如右圖所示，一球質量為m，以不計
重量之剛性桿固定，在位置1從靜止
狀態開始在一半徑r之圓周上繞O點轉
動，當此球在最低位置時之剛桿受力
為？　(A)4mg　(B)5mg　(C)6mg
(D)3mg。

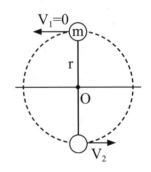

(　) **20** 下列何者較正確描述牛頓第二運動定律？　(A)物體不受外力作用或所受外力之合力為零時，則靜者恆靜，動者恆作等速直線運動 (B)物體受外力作用時，必產生一與作用力大小相等，方向相反之作用力　(C)物體受外力作用時，必沿力之方向產生一加速度，其大小與作用力成正比，與物體之質量成反比　(D)又稱為反作用定律。

(　) **21** 一質量為m的球用一繩索繫之，以等角度ω做直立圓周運動，如右圖所示，若對該繩索在四個位置所受的張力T作比較，則：　(A)T_1最大 (B)T_2最大　(C)T_3最大　(D)T_1、T_2、T_3、T_4皆相同。

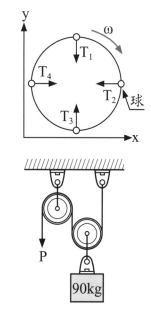

(　) **22** 如右圖所示的滑輪系統，不計滑輪與繩索的重量與摩擦力，求質量90kg的重物以等速率0.2m/sec上升所需的施力P為：
(A)220.5N　(B)294N
(C)441N　　(D)882N。

(　) **23** 如右圖所示，質量200kg之滑塊A與質量300kg之物體B，以不會伸長之繩索連結，假設滑塊A與平面之動摩擦係數為0.25，滑輪之質量及摩擦不計，試求當自靜止位置釋放，滑塊A移動2公尺時之速度為多少m/sec？（**註**：g重力加速度）
(A)$\sqrt{2g}$　(B)$2\sqrt{g}$　(C)$\sqrt{2}g$　(D)2g。

(　) **24** 一質量為50公斤的人站在電梯內的磅秤上量體重，若電梯以向上2m/s^{2}的加速度上升，且重力加速度為9.8m/s^2，則此人在磅秤上顯示多少公斤？　(A)54.1　(B)58.6　(C)60.2　(D)63.4。

(　) **25** 將質量0.1kg的球，繫於一長1m的繩端，使球在水平面內作圓周運動，假設拉斷繩的強度為10N，則球容許的最大轉速為多少rad/sec？　(A)10　(B)15　(C)20　(D)25。

( ) **26** 如圖所示，質量同為2kg的兩物體 A、B，在光滑平面上受到外力 作用，所產生的加速度分別為 a_1、a_2，則$\dfrac{a_2}{a_1} = ?$　(A)1　(B)2.5 (C)0.4　(D)0.8。

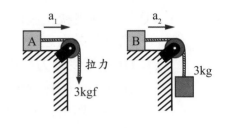

( ) **27** 質量m物體以繩子繫之，欲維持在鉛直面半徑為r的圓周運動，則 其最低點的速度最小值應為多少？　(A)$\sqrt{gr}$　(B)$\sqrt{2gr}$　(C)$\sqrt{3gr}$ (D)$\sqrt{5gr}$。

( ) **28** 如圖所示，$m_1 = 10kg$，$m_2 = 10kg$， $m_3 = 20kg$，物體與斜面間的動摩擦 係數均為0.25，則連結m_1的繩索張力 T為多少N？（若$g = 10m/sec^2$） (A)90　(B)120　(C)160　(D)180。

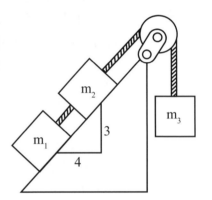

( ) **29** $m = 1kg$、$M = 2kg$，若m和M的靜摩 擦係數$\mu_s = 0.4$，M與地面之動摩擦 係數為0.1，若以F的水平拉力作用在 M上使物體加速a，欲保持m仍停留 在M上方的原來位置，則加速度a不 應超過多少m/s^2？（若$g = 10m/s^2$） (A)4　(B)2　(C)1　(D)0.5。

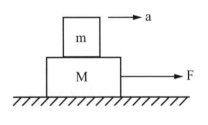

( ) **30** 同上題，若m不落下時，則F最大值應為多少牛頓？ (A)15　(B)12　(C)9　(D)4。

( ) **31** 若不考慮繩子的摩擦力和質量，若香蕉12 公斤及猴子10公斤，猴子以等加速度a向 上爬升，當香蕉懸著靜止不動時，猴子 的加速度a值為多少m/sec^2？ （若$g = 10m/sec^2$） (A)1　(B)1.5　(C)2　(D)2.5。

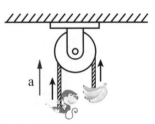

( ) **32** 一汽車以72km/hr之速率行駛於半徑為200m之彎道上，設汽車兩輪之間距為1.6m，試求此時所需要之外軌超高量為多少公尺？車子不會打滑。（設g＝10m/sec^2）　(A)0.16m　(B)0.24m　(C)0.32m (D)0.48m。

( ) **33** 汽車重1000kg飛越半徑為250公尺的圓弧面，試求車速最大不能超過多少m/s，車子才會與地面接觸？（若g＝10m/sec^2）

(A)20　(B)40　(C)50　(D)60。

( ) **34** 同上，當車速72km/hr時，汽車與地面間之作用力為多少牛頓？
(A)1600　(B)8400　(C)6400　(D)12800。

( ) **35** 質量15000kg的巴士以時速72km/hr行駛於半徑為100m，靜摩擦係數為0.8的水平彎道地面上，左右輪的輪距為200cm，則重心距地面不超過多少公尺才不會翻車？（若g＝10m/sec^2）

(A)1　(B)1.5　(C)2　(D)2.5。

( ) **36** 旋轉吊椅，當吊椅作等速率圓周運動，若鏈條與鉛直線夾30°，鏈條長度為5$\sqrt{3}$ m，則此時的角速率為多少rad/sec？（若g＝10m/s^2）

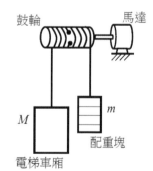

(A)$\sqrt{\dfrac{4}{3}}$　(B)$\sqrt{\dfrac{3}{4}}$　(C)$\sqrt{\dfrac{8}{3}}$　(D)$\sqrt{\dfrac{3}{8}}$。

( ) **37** 如圖所示的電梯示意圖，若電梯車廂總質量M為750kg、配重塊質量m為250kg、鼓輪半徑為300mm，則當電梯以1m/s^{2}的加速度上升，馬達所需提供的扭矩為多少N-m？（假設g=10m/s^2）

(A)225　　　　(B)300
(C)1200　　　(D)1800。

第八章　功與能

重要度 ★★★★☆

8-1　功、功率及其單位

一、功

1. 功的定義為：施力作用於一物體，（如圖8-1），使物體沿施力方向產生的位移，稱為施力對物體所作的功。功為力和力方向之位移的乘積

$$功：W = F \times S$$

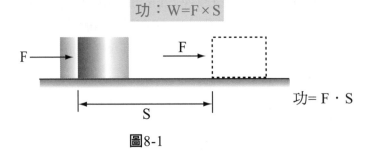

圖8-1

(1) 若作用力與物體運動方向不一致而成一夾角θ時，如圖8-2：

功：$W = (F\cos\theta) \times S = F \cdot S\cos\theta$

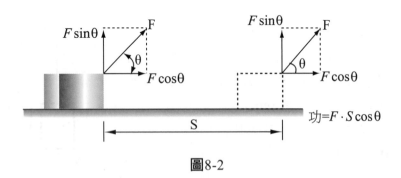

圖8-2

(2) 由功 $W = F \cdot S\cos\theta$（註：施力所做的功＝施力×施力方向的位移）

　① $\theta = 0°$，$\cos\theta = 1$ 即力與位移方向一致。功 $W = F \times S$

　② $\theta = 90°$，$\cos\theta = 0$ 即力與位移方向垂直時力對物體不作功。如抱（提）東西水平行走。

　③ $\theta = 180°$，$\cos\theta = -1$ 即力與位移方向相反。$W = -F \times S$。力對物體作負功。（註：摩擦力所做的功＝摩擦力×摩擦力之位移）

2. 功W＝F・S ＝F・r・θ＝T・θ，**轉動的功＝T・θ**

	功W	力F	位移S	力矩T	角位移θ
MKS	焦耳	牛頓	m	N-m	rad
CGS	爾格	達因	cm	達－cm	rad
重力單位	Kgf－m	Kgf	m	Kgf－m	rad

註 (1) 1Kgf－m=9.8 N-m=9.8焦耳
(2) 1焦耳=10^7爾格

3. 力矩T=Iα（力矩＝轉動慣量×角加速度）
轉動慣量I：$I＝mK^2$（質量×迴轉半徑平方）

4. 把物體舉高所作的功＝物體的位能＝mgh

範題解說 **1**

一5kg物體置於光滑水平面上，用一與鉛直方向成30°角之100牛頓力拉之，使移動10m，則力量作功若干？

詳解 W=F×S=(100 cos60°)×10

=500 (N・m)=500焦耳

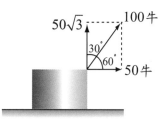

即時演練 **1**

如下圖重量200N之物體置於光滑平面上，受一100N力作用平移5m，則該力對物件作功多少焦耳？

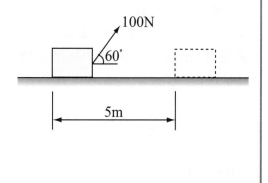

範題解說 **2**	即時演練 **2**

範題解說 2

100kg重物體靜置一光滑水平面上，若施以200N水平力，則該力在4sec內所作的功多少焦耳？

詳解 由F＝ma，則200＝100a，a＝2(m/sec²)

$$S = V_0 t + \frac{1}{2}at^2 = 0 + \frac{1}{2} \times 2 \times 4^2 = 16(m)$$

W＝F×S＝200×16＝3200焦耳

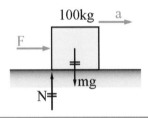

即時演練 2

一位質量為50kg的人自靜止狀態，沿著傾斜角為30°的光滑長斜面下滑，則從開始下滑後的第1秒到第3秒期間所作的功為多少N-m？

（假設重力加速度為10m/s²，sin30°＝0.5，cos30°＝0.866）

範題解說 **3**	即時演練 **3**

範題解說 3

以100N·m扭矩作用於原靜止之飛輪，若其角加速度為4rad/sec²，試求經2秒後扭矩所作之功為多少焦耳？

詳解 由 $\theta = \omega_0 t + \frac{1}{2}\alpha t^2$

$$= 0 + \frac{1}{2} \times 4 \times (2)^2 = 8(rad)$$

又所作之功W＝T×θ

＝100×8＝800（焦耳）

即時演練 3

50N-m之轉矩施以一靜止之飛輪上，若飛輪角加速度為20rad/sec²，試求經2sec後此扭矩所作之功？

小試身手

(　) **1** 某人以手提20kg水，往水平方向移動2m，則此人對水作了多少功？　(A)40　(B)392　(C)80　(D)0　Kgf·m。

(　) **2** 1kgw-m等於多少焦耳？　(A)1　(B)9.8　(C)980　(D)9800。

(　) **3** 長1m的繩子一端綁著一個重量1kN的鐵球，若球在水平面上以繩子的另一端為旋轉中心，做等速率圓周運動旋轉半圈，則繩之拉力對球所作的功為多少kN-m？　(A)0　(B)π　(C)2π　(D)3π。

(　) **4** 質量為m之物體，由一與水平呈θ角之斜面滑下，若動摩擦係數為μ，滑行之距離為S，則克服摩擦力之功為
(A)μ mgS×cos θ　　　　　(B)μ mgS×sin θ
(C)μ mgS×tan θ　　　　　(D)μ mgS×cot θ。

(　) **5** 物體重100N，置於水平地板上，以一水平力推之，使其等速行進10m，物體與地面的摩擦係數為0.2，試問此力作功多少焦耳？　(A)100　(B)200　(C)1000　(D)2000。

(　) **6** 質量20kg物體，靜置於一水平光滑面上，若施以60N的水平力，使作水平直線運動，則該力在2秒內所作的功為多少焦耳？　(A)1200　(B)6　(C)360　(D)720。

(　) **7** 轉動慣量為20kg·m²之飛輪，承受40N·m之扭矩由靜止開始轉動，則1分鐘後其角速度為：　(A)2　(B)20　(C)60　(D)120　rad/sec。

(　) **8** 如右圖，一物體重100N，沿30°斜面以一初速度V往上運動，在斜面上前進4m後運動停止。已知物體與斜面之間的動摩擦係數=0.25，求該物體在運動過程中，摩擦力所作之功為多少焦耳？　(A)50　(B)50$\sqrt{3}$　(C)100　(D)100$\sqrt{3}$。

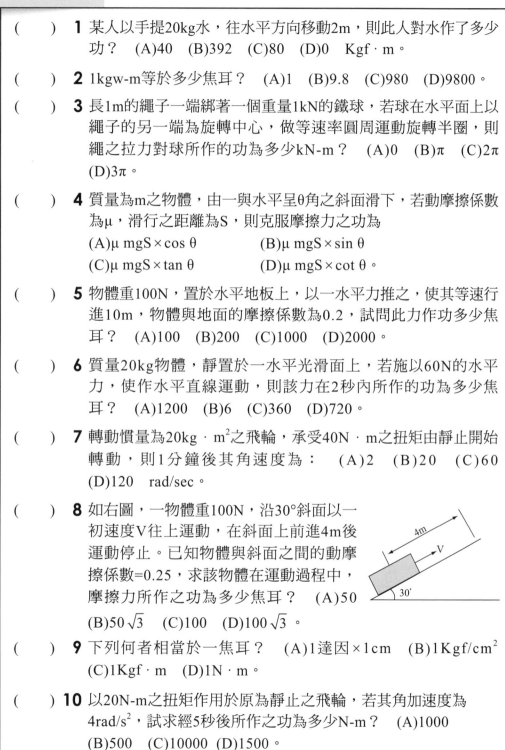

(　) **9** 下列何者相當於一焦耳？　(A)1達因×1cm　(B)1Kgf/cm²　(C)1Kgf·m　(D)1N·m。

(　)**10** 以20N-m之扭矩作用於原為靜止之飛輪，若其角加速度為4rad/s²，試求經5秒後所作之功為多少N-m？　(A)1000　(B)500　(C)10000　(D)1500。

(　　) **11** 一物體20kg置於一水平光滑面上，用一與鉛直呈60°之10牛頓
力推之，使移動10米，則此力作功多少焦耳？　(A)$50\sqrt{3}$
(B)50　(C)$100\sqrt{3}$　(D)100。

(　　) **12** 如右圖，一人手提100N重物，利用一
斜面，從A點走到B點高度，此人所
作之功為多少焦耳？
(A)500　(B)1200　(C)1300　(D)50。

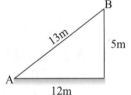

(　　) **13** 陳偉殷用一水平力作用於重量98N之物體，使其沿作用力的方
向產生20cm/s²的加速度，若接觸面之摩擦力不計，試求當位
移為20m時，力量所作之功為多少焦耳？　(A)1960　(B)20
(C)30　(D)40。

(　　) **14** 如圖，施F力沿斜面將質量10kg的物體
由底部等速推上坡頂，若g=10m/s²，
斜面為光滑和動摩擦係數為0.5兩種情
況，下列敘述何者正確？　(A)力量F
所作功相同　(B)力量F作功相差400
焦耳　(C)在有摩擦力狀況，摩擦力作
功200焦耳　(D)在斜面光滑時，F力
為12N，物體可等速向上運動。

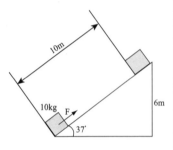

二、功率

1. 功率的定義：功率為單位時間內所作的功稱為功率，功率的單位是瓦特，
簡稱瓦（代號為W）。這是為了紀念十八世紀發明蒸汽機的蘇格蘭工程師
瓦特所制定的單位。

$$功率\ P = \frac{W}{t}(\frac{功}{時間}) = \frac{F \cdot S}{t} = F \cdot V = F \cdot r \cdot \omega = T \cdot \omega$$

	功率P	力量F	速度V	力矩T	角速度 ⑴	功W	時間t
絕對單位	瓦特W	牛頓N	m/s	N-m	rad/s	焦耳	秒
重力單位	Kgf-m/s	Kgf	m/s	Kgf-m	rad/s	Kgf-m	秒

註 (1) 1馬力=736瓦特=550呎－磅達/sec

(2) 1仟克力·米/秒=9.8焦耳/秒=9.8W

(3) 1kW=1仟瓦特＝1.36PS（1馬力=0.736千瓦∴1kW=$\frac{1}{0.736}$PS=1.36PS）

(4) 1度電為電功之單位，1度電為1仟瓦作功1小時

範題解說 1
若起重機在5秒內，等速上升舉起一重200kg之物體上升10m，則此起重機之功率為多少仟瓦？

詳解 功率=$\frac{功}{時間}=\frac{200\times9.8\times10}{5}$

=3920瓦特=3.92kW

即時演練 1
若有一汽車以72km/hr等速直線前進，此時引擎輸出功率為100kW，則引擎所產生之推力為多少牛頓？

範題解說 2
一皮帶輪轉速為600r.p.m，直徑20cm，皮帶緊邊張力為2000N，鬆邊張力為528N，則此皮帶輪能傳送多少馬力？

詳解 $\omega=\frac{2\pi\times600}{60}=20\pi$ (rad/sec)

力矩=$F_緊 \cdot r - F_鬆 \cdot r$

=$(2000-528)\times0.1=147.2$ N-m

∴功率=$T \cdot \omega$

=$147.2\times20\pi$(瓦特)

=$\frac{2944\pi}{736}$PS$=4\pi$PS

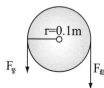

即時演練 2
一直徑為100mm之實心圓軸，以240rpm之轉速進行外圓車削，經測得其切削力為500N，則此車削加工所消耗功率為多少瓦？

小試身手

( )　**1** 「瓦特小時」是何種單位？　(A)功率　(B)功　(C)力量　(D)時間。

( )　**2** 下列何者不是功率的單位？　(A)瓦特　(B)焦耳　(C)馬力　(D)牛頓－米/秒。

( )　**3** 有關功率的敘述何者錯誤？　(A)在一秒內作一焦耳的功稱為一瓦特　(B)功率是作用力與位移的乘積　(C)一公制馬力=75Kgf · m/s　(D)一瓦特=1牛頓－米/秒。

( )　**4** 一人以10秒時間爬上高4m的竹竿，若此人重20kg，則其所作功率為若干瓦特？　(A)78.4　(B)800　(C)50　(D)7840。

( )　**5** 一人扛著400N重的木箱，等速沿著一與水平成30°的斜坡向上走，於10秒內走完全長為20m的斜坡，則此人對此木箱所作的功率為多少瓦特？　(A)4000　(B)80　(C)800　(D)400。

( )　**6** BMW汽車以72km/hr等速直線前進，此時引擎輸出功率為180kW，則摩擦力對輪胎的推力為若干牛頓？　(A)9000　(B)900　(C)18000　(D)1800。

( )　**7** 有一傳動軸受500N · m之扭矩轉速為300rpm，則此時軸能傳送之功率為多少仟瓦？　(A)3π　(B)4π　(C)5π　(D)8π。

( )　**8** 一力40牛頓作用於在光滑平面上質量10kg之靜止物體，第五秒末此力所施的瞬間功率為多少瓦特？　(A)800　(B)400　(C)20　(D)200。

( )　**9** 一扭矩200N-m施於靜止之迴轉輪上，歷經10秒，迴轉輪產生角加速度為2rad/sec^2，試求此輪之轉動慣量為多少kg · m^2？　(A)50　(B)100　(C)200　(D)4000。

8-2　動能與位能

凡物體具有作功之能力者，稱為物體具有能，功、能可互換。機械能又可分為動能和位能兩種。

1. 動能：物體因速度而具有之能量，稱為動能，以 E_K 表示，　動能 $E_K = \dfrac{1}{2}mV^2$

2.轉動體的動能：物體 轉動中的動能為 $E_K = \dfrac{1}{2}I\omega^2$ （轉動慣量I＝質量×迴轉

半徑^2，$I = m \cdot K^2$）（圓盤$I = \dfrac{1}{2}mr^2$，r為圓盤半徑）

3.位能：物體因位置之變化，或形態改變而具有的能量，稱位能。

　(1)重力位能：物體因其位置改變而具有的能量，稱為重力位能。

　重力位能=mgh

　(2)彈性位能：物體因形狀改變而具有的能量，稱彈性位能。

彈性位能 $E_p = \dfrac{1}{2}Kx^2$ （或$E = \dfrac{F^2}{2K}$） $\begin{cases} K：彈簧常數 \\ x：伸長量或壓縮量 \end{cases}$

(彈簧平均恢復力=$\dfrac{Kx}{2}$)，虎克定律F=K x。

（註： $K = \dfrac{2N}{mm} = \dfrac{2N}{0.001m} = 2000N/m$ ）

動能、位能、彈性位能	質量m	速度V	高度h	轉動慣量I	重力加速度g	變形量x	彈簧常數K
MKS	焦耳	Kg	m/s	m	kg·m^2	9.8 m/s^2	m	牛頓/公尺(N/m)
CGS	爾格	g(克)	cm/s	cm	g·cm^2	980 cm/s^2	cm	達因/公分

範題解說 1	即時演練 1
一物體質量5kg，速度由10m/sec增加到20m/sec時，試求其動能之增加量為何？	一物體質量200g，速度10m/sec，試求其動能為多少焦耳？

詳解 由 $E_K = \dfrac{1}{2}m(V^2 - V_0^2)$

$= \dfrac{1}{2} \times 5(20^2 - 10^2) = 750$焦耳

範題解說 **2**	即時演練 **2**
一圓盤質量10kg，迴轉半徑10cm，若此圓盤以50rad/sec之角速度繞中心旋轉，且圓盤中心又以10m/sec之速度作直線運動，則圓盤之總動能為若干？	100kg圓盤以圓盤中心為轉軸，且轉速為60rpm，若圓盤半徑10cm，求此圓盤的迴轉動能為何？

詳解 轉動慣量 $I=mk^2=10\times(0.1)^2$

$=0.1kg \cdot m^2$

轉動之動能$=\dfrac{1}{2}I\omega^2=\dfrac{1}{2}\times0.1\times(50)^2$

$=125$焦耳

有速度之動能$=\dfrac{1}{2}mv^2=\dfrac{1}{2}\times10\times10^2$

$=500$焦耳

總動能 $=500+125=625$焦耳

範題解說 **3**	即時演練 **3**
長8m質量20kg之均質木桿，平置地面，若某人將其垂直豎起，此人作功多少焦耳？	提一10kg物體，沿斜面走上一長5m傾斜30°之斜坡，則此人對物體作功若干？

詳解 （舉高所作的功=物體位能）桿子豎起，功$=mg \cdot \dfrac{\ell}{2}$（因為重心提高桿長一半）

$=20\times9.8\times\dfrac{8}{2}=784$ 焦耳

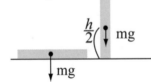

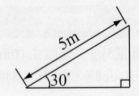

範題解說 4	即時演練 4
彈簧壓縮20cm時需用力80牛頓，則(1)當彈簧被壓縮40cm時須作功多少焦耳？(2)若再往下壓縮40cm，需再作功多少焦耳？	一線性彈簧，被壓縮X的位移量需作功W，若再繼續壓縮X的位移量，則需要再作多少功？

詳解 $F = k \times x \Rightarrow 80 = k \times 0.2$

$\therefore k = 400$ 牛頓/公尺，由 $E = \dfrac{1}{2} kx^2$

壓縮40cm，$E_1 = \dfrac{1}{2} kx^2 = \dfrac{1}{2} \times 400 \times (0.4)^2 = 32$ 焦耳

再壓縮40cm，$x = 0.8m$

壓縮80cm總共須做功

$\therefore E_2 = \dfrac{1}{2} \times 400 \times (0.8)^2 = 128$ 焦耳

$\therefore$ 需再作功量 $= 128 - 32 = 96$ 焦耳

小試身手

(　) **1** 迴轉體之動能為　(A)$\dfrac{1}{2} mv^2$　(B)$\dfrac{1}{2} mv$　(C)$\dfrac{1}{2} I\omega^2$　(D)$\dfrac{1}{2} I\omega$。

(　) **2** 一質量0.1kg，速率20m/sec，則其動能為　(A)20　(B)200　(C)2　(D)2000　焦耳。

(　) **3** 一物體作等速直線運動，若其速度變為原來3倍，則其動能變為原來幾倍？　(A)3　(B)9　(C)$\dfrac{1}{3}$　(D)$\dfrac{1}{9}$　倍。

(　) **4** 一彈簧受外力20牛頓後伸長10cm，則此時彈簧儲存之彈性能量為　(A)1　(B)2　(C)3　(D)4　焦耳。

(　) **5** 質量10kg之物體，由初速度增加至8m/sec，若動能增加量為240焦耳，則此物體初速度為多少m/sec？　(A)2　(B)4　(C)8　(D)16。

(　　) **6** 一水平力作用於20kg物體，使其沿力之方向移動4m，且又使物體得到40cm/sec²之加速度，則此物體之能量增加多少焦耳？（若摩擦不計）　(A)8　(B)16　(C)32　(D)64。

(　　) **7** 彈簧常數K，受負荷F，則彈簧儲存之位能為

(A)KF　(B)$\frac{1}{2}$KF　(C)$\frac{1}{2}$KF²　(D)$\frac{F^2}{2K}$。

(　　) **8** 一螺旋壓縮彈簧受120N之壓縮負荷時，其總長為100mm，當負荷變為200N時，其總長變為80mm，此彈簧之彈簧常數K為多少N/mm？　(A)0.4　(B)1.2　(C)2.5　(D)4.0。

(　　) **9** 質量2kg物體，在地面以40m/s與水平成45°作斜向拋射，在距地面10m處之位能為多少焦耳？　(A)196　(B)98　(C)392　(D)490。

(　　) **10** 質量2kg物體，自高100m處自由落下，試求落下2sec後之位能為多少焦耳？（若g=10m/s²）　(A)1600　(B)160　(C)400　(D)40。

(　　) **11** 一彈簧長40cm，若將其壓縮為38cm，需作功100焦耳，若再將其壓縮至36cm，則需要再作功多少焦耳？　(A)100　(B)200　(C)300　(D)400。

8-3 能量不滅定律

1. 一質量m物體（不考慮空氣阻力），在重力場中受重力作用而落下，當落下時，動能增加＝位能減少，若物體上拋運動時，則動能減少＝位能增加。

2. 力學能守恆：在一個沒有摩擦力的系統中，若無外力作用，則其運動前後機械能其總和恆保持定值，稱為機械能守恆定律（又稱力學能守恆）。

   若質量m，高度h₁時速度v₁，高度h₂時速度v₂。

   即 力學能＝位能₁＋動能₁＝位能₂＋動能₂＝定值，

   即 力學能E=mgh₁+$\frac{1}{2}$mv₁²= mgh₂+$\frac{1}{2}$mv₂²＝定值

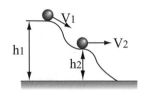

3. 能量不滅定律：在一系統內的能量（如彈性位能、光能、動能、位能和熱能等），可以互相變換，但其總能量不變。能可以互相傳遞或轉變，但不會消失，稱為能量不滅定律。

範題解說 1

一物體重 2 k g，置於彈簧常數 K=800N/m前端，若地面為光滑，今使彈簧壓縮50cm，當彈簧放開時，物體速度為多少m/s？

詳解 m=2kg，K=800N/m，x=0.5m

彈簧位能=物體之動能

$$\frac{1}{2}Kx^2 = \frac{1}{2}mV^2, 800 \times (0.5)^2 = 2 \times V^2$$

V=10 m/s

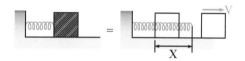

即時演練 1

有一垂直彈簧被壓縮10cm，其彈簧係數為2N/mm，在壓縮彈簧上方處放置一顆10公克的圓形鋼珠，當壓縮彈簧瞬間釋放後，鋼珠被彈出而可以垂直上升的最大高度為多少m？（g＝10m/s²）

範題解說 2

如下圖所示之彈簧，彈簧常數為 800N/m，在光滑平面上其前端繫住一原為靜止之方塊。若方塊質量 2kg，且受一水平定力P＝400N作用而使方塊向右移動，試求方塊移動0.5m後速度多少？

詳解 力量所作之功=彈性位能＋物體之動能，$FS = \frac{1}{2}kx^2 + \frac{1}{2}mV^2$

$$400 \times 0.5 = \frac{1}{2} \times 800 \times 0.5^2 + \frac{1}{2} \times 2 \times V^2$$

V=10 m/s

即時演練 2

如下圖，一質量10kg之物體A，由壓縮彈簧上端290mm處自由落下，以致此彈簧被壓縮，其最大縮短量 x=10mm，試求此壓縮彈簧彈簧常數為多少N/mm？

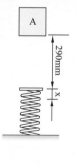

範題解說 **3**	即時演練 **3**
物體質量為10kg，原以10m/s速度在水平面上滑行，經12.5m後停止，試求(1)此物體原有之動能？(2)摩擦阻力？(3)摩擦係數μ分別為多少？（設g=10m/s²）	40kg之重錘，由高出木樁頂端2m處自由落下，將木樁擊入土中0.2m，則木樁於土中所受平均阻力為何？（設g=10m/s²）

詳解

(1) $E_K = \frac{1}{2}mv^2 = \frac{1}{2} \times 10 \times 10^2$

　　$= 500(Joule)$

(2) 原動能＝摩擦阻力所作的功

　　$\frac{1}{2}mv^2 = f \times s$　　$\therefore 500 = f \times 12.5$

　　$\therefore f = 40$牛頓

(3) $f = 40 = \mu \times 100$　$\therefore \mu = 0.4$

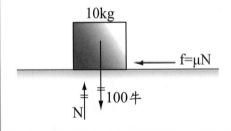

範題解說 4	即時演練 4

有一20kg重物體，由靜止釋放，順沿著光滑斜面滑下S距離，造成彈簧最大變形量為10cm，若彈簧常數K=9800N/m，則

(1)滑下之距離S為多少m？

(2)若斜面動摩擦係數=$\frac{1}{2\sqrt{3}}$，則滑下距離S為多少m？

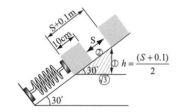

詳解

(1)高度位能=彈簧位能

公式mgh=$\frac{1}{2}$kx²，20×9.8×($\frac{S+0.1}{2}$)

=$\frac{1}{2}$×9800×(0.1)²　∴S=0.4m

(2)高度位能=彈簧位能＋摩擦力作功，公式mgh=$\frac{1}{2}$kx²＋f・S

20×9.8×($\frac{S+0.1}{2}$)

=$\frac{1}{2}$×9800×(0.1)²＋$\frac{1}{2\sqrt{3}}$(98$\sqrt{3}$)

×(S＋0.1)，S=0.9m

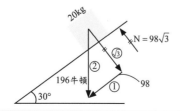

如圖所示，一質量10kg物體由靜止沿斜面滑下S距離後，開始壓縮彈簧至物體完全停止，彈簧壓縮量為2cm，彈簧常數為1000N/cm，假設重力加速度g=10m/s²，斜面為光滑不計摩擦影響，則物體下滑距離S應為多少cm？

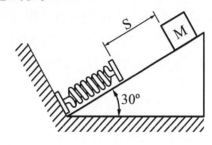

範題解說 5	即時演練 5

如下圖質量1kg圓球，繫於長6m不會伸長之軟繩末端，軟繩另一端則繫於固定點O，將此圓球從水平位置A由靜止釋放，經過垂直位置B時，軟繩碰到固定的圓桿S，而使圓球繞著圓桿S轉動，將此圓球視為一質點並忽略摩擦力，若圓球到達C位置的速度大小是在B位置速度大小的一半，則圓桿S與固定點O之距離h為多少m？（若g=10m/s²）

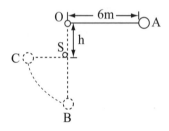

詳解　總機械能＝位能_A＋動能_A

$=位能_B＋動能_B＝位能_C＋動能_C$

$1 \times 10 \times 6 + 0 = 0 + \dfrac{1}{2} \times 1 \times V_B^2$

$= 1 \times 10 \times h_x + \dfrac{1}{2} \times 1 \times (\dfrac{V_B}{2})^2$

$\therefore V_B = \sqrt{120} \ m/s$

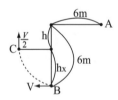

$\therefore h_x = 4.5m$　$\therefore 6 - 4.5 = 1.5m = h$

一均質的細鏈條自桌沿垂落，如圖所示，並且於此位置開始從靜止自由落下，鏈條長度為1m，單位長度質量為1kg/m，桌子高度為2m。若忽略摩擦力及鏈條寬度，當鏈條底端落到地面的瞬間，則此時鏈條質心的運動速度為多少m/sec？（假設重力加速度為10m/sec²）

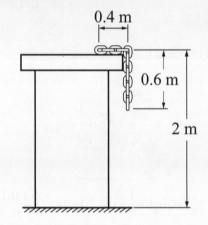

小試身手

(　　) **1** 下列敘述何者為真？　(A)彈簧位能=彈簧常數乘以其位移的平方　(B)動能是向量　(C)物體所減少的動能不等於物體所作之功　(D)外力對物體所作之功等於物體所增加的能量。

(　　) **2** 無空氣阻力下，由地面以V_0鉛直往上拋，則物體在何處的機械能最大？　(A)地面　(B)最高點　(C)距高點一半　(D)均相同。

(　　) **3** 當質量為m的物體，自距地面高度h處自由落下，空氣阻力不計，且重力加速度為g，則下落到地面的動能為：　(A)mgh　(B)$\frac{1}{2}$mgh　(C)$\sqrt{mgh}$　(D)$\sqrt{\frac{1}{2}mgh}$。

(　　) **4** 質量m之物體以水平速度V撞上一彈簧，如右圖若彈簧常數為K，若不考慮能量損失，則彈簧變形量為多少？

(A)$\sqrt{\frac{m}{K}}V$　(B)$\sqrt{\frac{K}{m}}V$　(C)$\sqrt{\frac{mV}{K}}$　(D)$\sqrt{\frac{KV}{m}}$。

(　　) **5** 如右圖，物體質量10kg，由靜止沿無摩擦力之光滑曲面下滑向彈簧壓縮，彈簧常數K＝4900N/m，若無任何能量消耗，則彈簧最大壓縮量為多少公尺？　(A)0.2　(B)2　(C)0.4　(D)4。

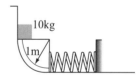

(　　) **6** 重量9.8N之靜止物體，置於彈簧常數為1600N/m之彈簧前端，今以手推之，使其縮短10cm，則當手釋放後，物體之速度為多少m/s？　(A)4　(B)1.4　(C)2　(D)0.7。

(　　) **7** 4kg之物體以20m/s往斜坡上滑，如右圖，若g=10m/s²，若不考慮摩擦力，則物體上滑至10m之速度為多少m/s？　(A)10　(B)$10\sqrt{2}$　(C)20　(D)$20\sqrt{2}$。

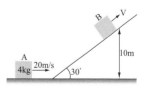

(　　) **8** 在整個系統中，若只考慮動能與位能，且不考慮摩擦之損失時，其能量總和是維持不變的，此定律稱為　(A)能量不滅定律　(B)機械能不滅定律　(C)牛頓運動定律　(D)質能互換。

(　　) **9** 一傘兵正以等速度降落，在此過程中傘兵的動能與重力位能作何變化？　(A)動能漸增，位能漸少　(B)動能不變，位能漸少　(C)動能及位能之和，總值不變　(D)動能漸少，位能漸少。

( ) **10** 兩質量不同而動能相同之物體,沿同方向運動,若此兩物受相同之阻力,在停止前所行之距離為 (A)質量大者所行距離較遠 (B)質量小者所行距離較遠 (C)兩者同遠 (D)無法確定。

( ) **11** 重W圓球自樓頂自由落下,若以圓球落下h時之速度V為初速度,則可將此圓球由地面垂直上拋H。假設W、h及重力加速度g為已知,下列敘述何者正確? (A)可利用位能減少=動能減少的觀念求V (B)速度V求出後,可利用位能增加=動能增加的觀念求H (C)可利用動能與位能總和不變的觀念求V和H (D)可利用動量不滅的觀念求V和H。

( ) **12** 物體自由下落時,若不考慮空氣阻力,其位能和動能之總和 (A)減少 (B)增加 (C)不變 (D)漸增加再減少。

( ) **13** 質量10kg物體,自距地面50m處自由落下,當其動能與位能相等時,物體距地面的高度為若干? (A)35 (B)30 (C)25 (D)20。

( ) **14** 質量0.5kg物體,在高處地面10m平台上,以10m/s的初速度夾37°射出,已知重力加速度9.8m/s^2,則物體落至地面時動能為多少焦耳? (A)19.6 (B)25 (C)49 (D)74。

( ) **15** 一物體作等速率圓周運動,若動能40焦耳,圓周半徑4m,則向心力多少牛頓? (A)20 (B)25 (C)40 (D)80。

( ) **16** 如右圖,重量200N之物體自彈簧上端h=4m處自由落下,若彈簧常數=42000N/m,則彈簧之最大縮短量為多少cm? (A)5 (B)10 (C)15 (D)20。

( ) **17** 一彈簧繩在未伸長狀態下,水平固定於相距400mm的鉛直牆面,一10N重之均質彈珠置於彈簧繩中央處一起垂直向下拉伸150mm之距離後釋放,如圖所示。當彈簧繩將彈珠推至高於彈簧繩水平位置時,彈珠即脫離彈簧繩,若彈簧繩保持線性彈性之機械性質,且不計空氣阻力及彈簧繩質量,欲使彈珠彈射至距彈簧繩水平位置10m之最大高度,則彈簧繩的彈簧常數應為多少N/cm? (A)200 (B)203 (C)400 (D)406。

( ) **18** 質量m=2kg在高20m光滑的曲面上,以10m/s下滑,如右圖,若彈簧常數為100000N/m,則彈簧最大壓縮量為多少m?(設重力加速度g=10m/sec^2) (A)0.1 (B)0.2 (C)0.3 (D)0.4。

8-4　能的損失和機械效率

1. 各種機械於運轉過程中，由於摩擦會消耗一些能量，因機械而消耗的能量，稱為能的損失。

2. 機械效率：輸出功（功率）與輸入功（功率）的比值稱為機械效率，機械效率小於1。

$$機械效率\ \eta = \frac{輸出功(率)}{輸入功(率)} \times 100\%$$

3. 若有不同機械組成，則總機械效率應該相乘 $\eta_{總} = \eta_1 \times \eta_2 \times \eta_3 \times \cdots\cdots$

輸入的能量＝輸出的能量＋摩擦損失的能量

範題解說	即時演練
起重機將重量200kg之物體以2m/s之速度由地面舉起，已知此起重機之機械效率為80%，則其消耗之功率為多少仟瓦？損失之功率為多少仟瓦？（若g=10m/s²） **詳解**　輸出功率=F・V =mg×V=(200×10)×2=4000瓦 =4kW 機械效率 $\eta = 0.8 = \dfrac{輸出功率}{輸入功率} = \dfrac{4kW}{輸入功率}$ ∴輸入功率=5kW ∴損失功率=5−4=1kW	有一人從高度為10m且夾角為30°的斜坡滑水道下滑至地平面滑水道，如下圖所示。在斜坡下滑過程中會有能量損失，其機械效率為0.9；當此人進入地平面滑水道滑行時，其表面動摩擦係數為0.1。為了避免讓人滑出水道，則地平面滑水道長度S至少要設計為多少m？ 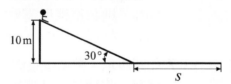

小試身手

( ) **1** 用一滑輪系將質量10kg物體升高50cm，需施力30N將繩子拉下2m，則此滑輪效率約為多少？ (A)120% (B)82% (C)92% (D)72%。

( ) **2** 柴油發電之電動火車，發電機效率為0.8，馬達總效率為0.7，則兩者之總機械效率為多少？ (A)0.56 (B)0.66 (C)0.76 (D)0.86。

( ) **3** 下列敘述何者錯誤？ (A)機械效率恆大於1 (B)機械效率高，表示機械性能好 (C)輸出功率和輸入功率的比值稱為機械效率 (D)輸出功和輸入功的比值也稱為機械效率。

( ) **4** 利用一機械效率為0.8的起重機系統，將200kg的重物以5m/s的速度由地面垂直舉起，試問此起重機因能量損失而消耗的功率為多少仟瓦（kW）？ (A)1.96 (B)2.45 (C)9.8 (D)12.25。

( ) **5** 如右圖，若球重10kg，在一對稱滑軌之右側20cm高處，由靜止自由滑下，若因摩擦損失，使其滑到左側時，高度只有18cm，其機械效率為多少？（若g=10m/s²） (A)70% (B)80% (C)90% (D)100%。

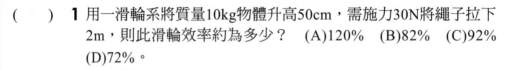

( ) **6** 一起重機在5秒內將重50000N的物體吊高5m，若起重機效率80%，則起重機所需要的功率為多少馬力？（註：1000瓦＝1.36馬力） (A)34 (B)68 (C)85 (D)54.4。

( ) **7** 如圖所示，彈簧垂直固定於地面，在其正上方1m處有一物體以初速度V向下撞擊彈簧。假設整個撞擊過程中沒有任何能量損失，彈簧質量和空氣阻力忽略不計，得到彈簧的最大變形量為0.2m。已知物體質量為20kg，彈簧常數為44000N/m，重力加速度值g＝10m/s²，則物體的初速度V為多少m/s？ (A)8 (B)9 (C)10 (D)11。

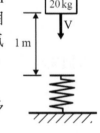

( ) **8** 質量為1kg的物體以5m/s的速度在光滑水平面上做等速直線運動，欲設計讓此物體撞擊一彈簧，使彈簧壓縮0.1m後讓該物體的速度達到0，則應選用之彈簧的彈簧常數為多少N/m？ (A)2500 (B)2000 (C)1500 (D)1000。

綜合實力測驗

( )　**1** 若力的單位為N，時間單位s，長度單位m，下列何者是功的單位？
(A)N-m/s　(B)N-m/s² (C)N/ s² (D)N-m。

( )　**2** 下列有關功的敘述何者為錯？ (A)功是純量 (B)功有正負之分
(C)功的大小與作功所經歷的時間有關 (D)焦耳是功的單位。

( )　**3** 有一水平力持續作用於一重量為39.2N的物體，使其沿作用力的方向
產生50cm/s²的加速度，若接觸面摩擦不計，試求當位移為10m時，作
用力所作之功為多少焦耳？ (A)20 (B)2000 (C)19600 (D)196。

( )　**4** 50N-m之轉矩施於一靜止飛輪上，若飛輪所得之角加速度20rad/sec²
試求經4sec後此轉矩所作之功為多少焦耳？ (A)2000 (B)4000
(C)8000 (D)1600。

( )　**5** 如右圖，重量100N置於一光滑之水平面
上，若受一20N之力作用之，使其往前移
動10m，則該力作功多少焦耳？
(A)$100\sqrt{3}$ (B)100 (C)$1000\sqrt{3}$ (D)1000。

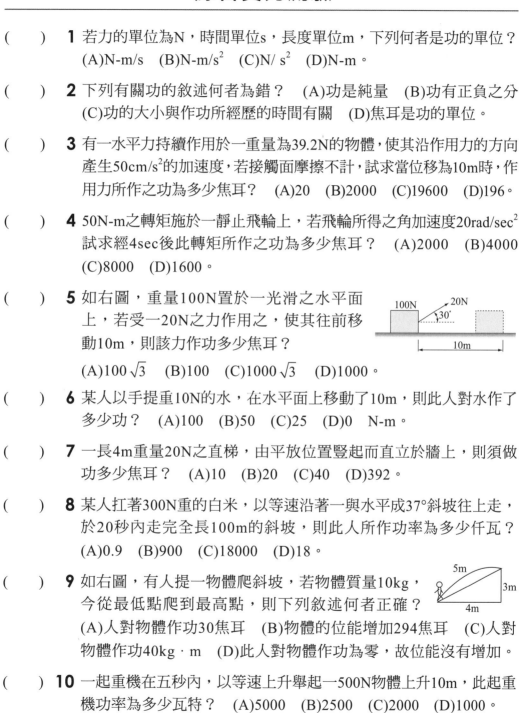

( )　**6** 某人以手提重10N的水，在水平面上移動了10m，則此人對水作了
多少功？ (A)100 (B)50 (C)25 (D)0 N-m。

( )　**7** 一長4m重量20N之直梯，由平放位置豎起而直立於牆上，則須做
功多少焦耳？ (A)10 (B)20 (C)40 (D)392。

( )　**8** 某人扛著300N重的白米，以等速沿著一與水平成37°斜坡往上走，
於20秒內走完全長100m的斜坡，則此人所作功率為多少仟瓦？
(A)0.9 (B)900 (C)18000 (D)18。

( )　**9** 如右圖，有人提一物體爬斜坡，若物體質量10kg，
今從最低點爬到最高點，則下列敘述何者正確？
(A)人對物體作功30焦耳 (B)物體的位能增加294焦耳 (C)人對
物體作功40kg‧m (D)此人對物體作功為零，故位能沒有增加。

( )　**10** 一起重機在五秒內，以等速上升舉起一500N物體上升10m，此起重
機功率為多少瓦特？ (A)5000 (B)2500 (C)2000 (D)1000。

( )　**11** 一學生於車床實習以1800rpm之轉速車削直徑200mm圓軸，若切削
力100N，則此車床加工所消耗之功率為多少瓦特？ (A)200π
(B)300π (C)600π (D)1200π。

（　　）**12** 一傘兵正以等速降落，在此過程中傘兵的動能與重力位能作何變化？　(A)動能漸增，位能漸少　(B)動能不變，位能漸少　(C)動能與位能總值不變　(D)動能漸少，位能漸少。

（　　）**13** 有一質量20kg物體在水平面上滑行200m後停止，若其初速為20m/s（設g=10m/s^2），求接觸面的動摩擦係數為多少？　(A)0.1　(B)0.15　(C)0.2　(D)0.4。

（　　）**14** 彈簧下端懸掛50g物體時，彈簧全長40cm，懸掛80g物體時，全長46cm，則未懸掛物體時，彈簧原長為多少公分？　(A)26　(B)30　(C)32　(D)34。

（　　）**15** 一起重機在深200m之井底，以等速將井底1200kg物體吊升至陽台需時2min，設起重機機械效率80%，求起重機馬達輸入功率為多少仟瓦？（設g=10m/s^2）　(A)20　(B)25　(C)2　(D)2.5。

（　　）**16** 利用一滑輪系將質量30kg物體升高0.5m，需施力98N將繩子拉下2m，則此滑輪之效率為　(A)65%　(B)75%　(C)80%　(D)90%。

（　　）**17** 質量20kg物體，自距地面40m高處自由落下，當其動能為位能3倍時，物體距地面高度為多少公尺？　(A)10　(B)15　(C)20　(D)30。

（　　）**18** 如圖所示，有一質量為m=0.5kg的質量塊，置於光滑的水平面上，當質量塊以v_0=1.0m/s的速度撞擊彈簧常數k=450N/m的彈簧端部，且撞擊瞬間過程有19%的能量損失（等同撞擊的機械效率為81%），則撞擊後彈簧的最大壓縮變形量x為多少mm？（假設g=10m/s^2）

(A)30.0　　　　　(B)33.3
(C)45.0　　　　　(D)50.0。

（　　）**19** 質量2kg之球，自高處自由落下，下降20m時，球之速度為16m/s，則此球在下降過程中，受空氣摩擦而損耗的能量為若干焦耳？
(A)392　(B)196　(C)136　(D)256。

（　　）**20** 20kg鐵錘，自高出木樁頂端2m高處自由落下，將木樁擊入土中0.2m，則木樁於土中所受的平均阻力為多少牛頓？（設g=10m/s^2）
(A)2400　(B)2000　(C)2200　(D)1600。

（　　）**21** 一物體重2kg，以40m/s之速度垂直上拋，3秒後其動能為多少焦耳？（設g=10m/s^2）　(A)0　(B)50　(C)100　(D)900。

（　　）**22** 質量20g子彈，穿透一厚為4cm之木板，如右圖，其速率由600m/s減為400m/s。試求該木板的平均阻力為多少牛頓？
(A)2000　(B)20000　(C)25000　(D)50000。

(　) **23** 如圖所示，在某遊樂園滑水道設施中，有一位質量m為20kg的小朋友自靜止狀態，沿著傾斜角θ為30°而高度H為5m的滑水道頂點往下滑，如果不考慮水的阻力和所有摩擦力等因素，則從滑水道頂點下滑到滑水道底部所需的時間t為多少秒？在此同時下滑力所作的功W為多少N-m？

（假設重力加速度＝10m/s²）

(A)t＝2，W＝1000

(B)t＝2.5，W＝1200

(C)t＝3，W＝1500

(D)t＝3.5，W＝1600。

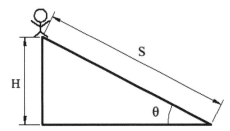

(　) **24** 質量0.5kg物體，在高於地面10m平台上，以10m/s初速度水平射出，已知重力加速度為9.8m/s²，則該物體落至地面時的動能為多少焦耳？　(A)19.6　(B)25　(C)49　(D)74。

(　) **25** 重量19.6N物體，以12m/s的速度在光滑水平面上運動，若施一水平力使此物體在4秒內停止運動，則此水平力對該物體所作之功為多少焦耳？　(A)144　(B)216　(C)288　(D)432。

(　) **26** 一線性彈簧自未拉伸或壓縮的狀態下，被壓縮X的位移量，需要做功W，若繼續再壓縮X的位移量，則需要再做多少功？

(A)W　(B)2W　(C)3W　(D)4W。

(　) **27** 利用一機械效率為0.8的起重機系統，將200kg的重物以5m/s的速度由地面垂直舉起，試問此起重機因能量損失而消耗的功率為多少仟瓦（kW）？　(A)1.96　(B)2.45　(C)9.80　(D)12.25。

(　) **28** 長1m繩子一端綁著重1kN的鐵球，若球在水平面上以繩子的另一端為旋轉中心，作等速率圓周運動旋轉一周，則繩之拉力對球所作之功為多少kN-m？　(A)0　(B)π　(C)2π　(D)3π。

(　) **29** 如圖所示，水平地面上有一質量為5kg的木塊，靜止狀態受到一力F的作用使該木塊向前移動，已知木塊與水平地面之間的動摩擦係數為0.4，當木塊向前移動20m時，此時木塊的動能為多少J？

(A)88　(B)232　(C)340　(D)480。

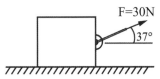

( ) **30** 如圖所示，質量為10kg的木塊，由靜止被釋放，順著斜面滑下2.4m的距離恰好接觸到一彈簧，並繼續下滑而造成該彈簧的最大壓縮量為0.1m，已知木塊與斜面的動摩擦係數為0.3，請問彈簧的常數為多少N/m？
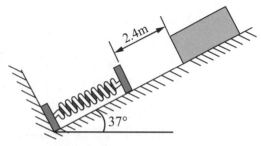
(A)16934.4　(B)17640.0　(C)28224.0　(D)34112.0。

( ) **31** 質量為2kg的鋼球，在水平面上作直徑為10公分的等速圓周運動，已知鋼球所受的向心力為40牛頓，則鋼球的動能為多少焦耳？
(A)1　(B)2　(C)4　(D)8。

( ) **32** 如圖所示，質量30kg的物體靜置於光滑平面上，施以60N的力與水平線成60°持續推動4秒，試求該力對物體所作的功為多少焦耳？
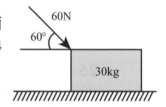
(A)220　(B)240　(C)260　(D)280。

( ) **33** 若波音777飛機水平等速飛行，若飛機突然失去動力突然落下，若忽略空氣阻力，飛機的動能為K，位能為U，力學能為E，隨著飛機的墜落，各種能量與下降距離h的變化關係何者正確？

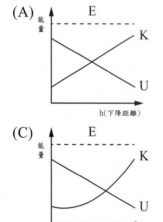
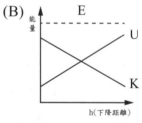
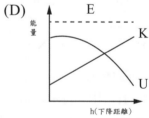

( ) **34** 有一人從高度為10m且夾角為30°的斜坡滑水道下滑至地平面滑水道，如圖所示。在斜坡下滑過程中會有能量損失，其機械效率為0.9；當此人進入地面滑水道滑行時，其表面動摩擦係數為0.1。為了避免讓人滑出水道，則地平面滑水道長度S至少要設計為多少m？　(A)30　(B)60　(C)90　(D)120。

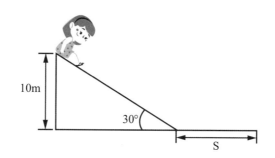

( ) **35** 如圖所示，質量為m的物體，在O點以速率$\sqrt{6gR}$沿OP方線前進，g為重力加速度，假設摩擦力不計，試問下列敘述何者錯誤？

(A)物體在Q點的動能為2mgR

(B)物體在M點的動能為mgR

(C)物體在Q點的向心力的量值為4mg

(D)M點的向心力的量值為mg。

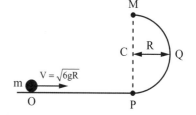

( ) **36** 將棒球由地面用力向斜上拋出，球向空中飛出，若不考慮空氣阻力，下列哪一個圖可以代表球的飛行動能K與落地前飛行時間t的關係？

(A)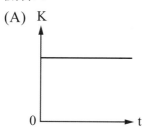

(B)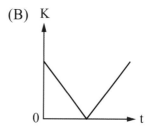

(C)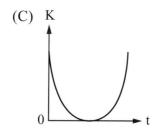

(D)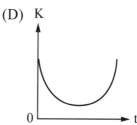

( ) **37** 如圖所示，質量為m的車作鉛直面的運動，該車由距地面高度為h的A處順著光滑的滑道下滑，並滑上半徑為10m的鉛直面圓形滑道，忽略車身尺寸大小視為質點。當車行經圓形滑道最高點B處時，若欲使該車

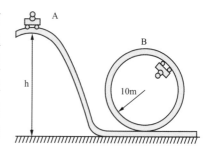

能藉著圓周運動的離心力和圓形滑道仍保持接觸，請問高度h的最小值為多少m？　(A)15　(B)25　(C)35　(D)45。

(　) **38** 一圓盤質量2kg，慣性迴轉半徑為10cm，若此圓盤以40 rad/s之角速度繞中心旋轉，且圓盤中心又以10 m/s之速度作直線運動，則此圓盤之總動能最接近若干焦耳？　(A)100　(B)116　(C)200　(D)232。

(　) **39** 如圖所示，高度為h_1的斜坡，斜坡末端為水平段。當物體從斜坡頂端下滑至水平段後，物體以自由落體下落深度為h_2的溝槽，假設所有接觸面皆為光滑且無摩擦，試求落至溝槽底部的距離x為何？
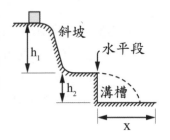
(A)$\sqrt{h_1 h_2}$　　　(B)$\sqrt{2h_1 h_2}$
(C)$2\sqrt{h_1 h_2}$　　(D)$3\sqrt{h_1 h_2}$。

(　) **40** 鮭魚遇到水位落差時也能逆游而上。若鮭魚最大游速為9.8公尺/秒，且不計空氣阻力，則能夠逆游而跳上的最大落差高度為多少公尺？　(A)9.8　(B)4.9　(C)2.5　(D)3。

(　) **41** 如圖所示，G5飛車由80m高度俯衝而下，問其通過半徑20m圓形軌道，則當G5通過A點時之瞬間向心加速度m/s²為若干？（設g＝10 m/s²）
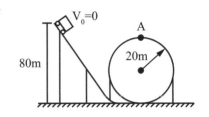
(A)20　(B)40　(C)80　(D)$20\sqrt{2}$。

(　) **42** 質量50000公斤的C130運輸機，由靜止開始以固定推進力600000牛頓起飛作加速度運動，前進40公尺後，飛機的瞬時速率為20公尺/秒。此加速的過程中，飛機所受到空氣阻力平均值為多少牛頓？
(A)40000　(B)350000　(C)200000　(D)100000。

(　) **43** 如圖所示，擺球質量為3kg，擺球的質心至懸掛點O的距離為1m，若擺球在與鉛垂線OD成60°的A處靜止釋放，不計細桿的質量，則擺球移動到B處時的速度為多少m/s？（cos60°＝0.5，sin60°＝0.9）
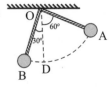
(A)$\sqrt{7.84}$　(B)$\sqrt{3.92}$　(C)3　(D)1。

第九章　張力與壓力

重要度 ★★★★☆

9-1 張應力、張應變、壓應力、壓應變及彈性係數

材料力學為研究材料受力後，內部所產生的應力與變形之科學。應用力學將物體當成剛體，討論力的外效應；材料力學把物體當成變形體，討論其受力後的內效應（即應力和變形）之科學。

1. 應力之定義：（應力α讀音為alpha）

   (1) 單位面積所受的力量，稱為應力（stress），以σ（sigma）表示。即

   $$應力\ \sigma = \frac{P力量}{A面積}$$ ➤ σ應力：MPa ； P力量：N ； A面積：mm^2

   (2) 國際SI制：力之單位為牛頓（N），長度之單位為公尺，應力之單位以「N/m^2」表示，稱為巴斯卡（Pa），但Pa之單位太小，常以kPa、MPa或GPa來表示應力之大小。

   $1kPa = 10^3 N/m^2$ ； $1MPa = 10^6 Pa = 1N/mm^2 = 1000kPa$

   $1GPa = 10^9 Pa = 10^3 N/mm^2 = 1000MPa = 1kN/mm^2$

   (3) 重力單位：力的單位為公斤（Kgf）；長度的單位為公分（cm），應力之單位為Kgf/cm^2。英制有Psi（lb/in^2）。

2. 張（拉）應力：單位面積上所受之拉力。

   $$張（拉）應力\ \sigma_{拉} = \frac{P_{拉}（拉力）或（張力）}{A面積}$$

3. 壓應力：單位面積上所受之壓力。　**註** (1) $1kN = 1000N$

   $$壓應力\ \sigma_{壓} = \frac{P_{壓}（壓力）}{A面積}$$

   (2) $1GPa = 1000MPa$

   (3) $1cm^2 = 1cm \times 1cm$
   $= 10mm \times 10mm = 100mm^2$

   (1) 通常張（拉）應力取正，壓應力取負值，張應力與壓應力與作用面垂直，又稱為正交應力（或軸向應力）。

   (2) $\sigma = \dfrac{P}{A}$ 公式要成立，應符合下列條件：

   ① 材料為均質且等截面。

② 力之作用線須通過材料的形心。

③ 材料重量忽略不計。

範題解說 1	即時演練 1
一空心圓筒軸向承受$10\pi kN$之載重，圓筒的外徑為50mm，內徑為30mm，試求其所承受的壓應力。	用一鋼索吊起$20\pi kN$的貨櫃，鋼索的直徑為20mm，試求此鋼索所生的拉應力。

詳解

$$\sigma = \frac{P}{A} = \frac{10\pi \times 1000}{\frac{\pi}{4}(50^2 - 30^2)} = 25MPa$$

註：圓面積 $= \pi r^2 = \pi\left(\frac{d}{2}\right)^2 = \frac{\pi d^2}{4}$ ，

$A_{空心} = \frac{\pi}{4}d_{外}^2 - \frac{\pi}{4}d_{內}^2$

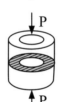

範題解說 2	即時演練 2
如下圖所示，一長方形鐵板中，其中央圓孔直徑d=10mm，兩端承受拉力P=4000N，鐵板之長度為100mm，寬度為50mm，厚度為10mm，則該鐵板能承受之拉應力為多少。	材料承受840kN之軸向壓力，若容許壓應力為350MPa，若材料為長方形斷面，高為寬之1.5倍，試求其高、寬各為若mm？

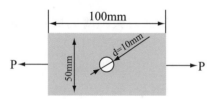

詳解 $A_{拉}=(板寬-d)\times板厚$

$=(50-10)\times10=400mm^2$

$\sigma_{拉}=\dfrac{P}{A_{拉}}=\dfrac{4000}{400}=10MPa$

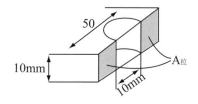

範題解說 3

如右圖所示的簡單構架，在B點承受垂直負荷F，已知桿件AB與BC材料相同，且斷面積比為1：2，欲使兩桿件內所承受的正向應力值相等，則cosα的值應為多少？

詳解 $\cos\alpha=\dfrac{F_{AB}}{F_{BC}}=\dfrac{F_{AB}}{2F_{AB}}=0.5$

$\sigma=\dfrac{P}{A}$，σ相同∴P與A成正比，BC面積大∴$F_{BC}=2F_{AB}$

三力平衡，若三力不平行，可圍成一封閉三角形，邊長比=力量比

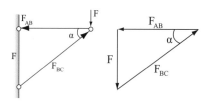

即時演練 3

如下圖所示一鋼索繫於牆上，並承受一負荷P，若鋼索之截面積為$100mm^2$，鋼索之容許拉應力為σ＝200MPa，試求此負荷P至多為多少鋼索才不會斷裂？

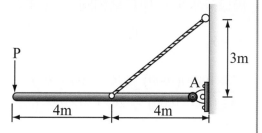

範題解說 4	即時演練 4

範題解說 4

如下圖所示，鋼桿長5m，重4kN，以1m之銅繩與0.7m之鋁繩繫住，在距銅繩1.5m處施以80kN之負荷，若鋁截面積為26mm²，欲使鋼桿在荷重後仍保持水平，求銅繩截面積。（若銅繩彈性係數100GPa，鋁繩彈性係數70GPa）

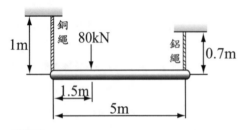

詳解 $\Sigma M_A = 0$，$80 \times 1.5 + 4 \times 2.5$

$= P_{鋁} \times 5 \therefore P_{鋁} = 26kN$

$P_{銅} + P_{鋁} = 80 + 4 \therefore P_{銅} = 58kN$，荷重後仍保持水平 → 伸長量相同

$$\delta_{銅} = \delta_{鋁}, \frac{P_{銅}\ell_{銅}}{A_{銅}E_{銅}} = \frac{P_{鋁}\ell_{鋁}}{A_{鋁}E_{鋁}}$$

$$\frac{(58 \times 1000)(1000)}{A_{銅}(100 \times 1000)} = \frac{(26 \times 1000)(700)}{26 \times (70 \times 1000)}$$

$$\therefore A_{銅} = 58mm^2$$

即時演練 4

質量20kg之鐵塊固定於一細鐵絲之一端，設此物體以鐵絲之另一端為中心，以120rpm之轉速轉動，今已知鐵絲長度為10cm，截面積為20mm²，試求鐵絲其所受之張應力。

4. 應變之定義：單位長度（ℓ）所產生的變形量（δ）（讀音為delta），稱為應變（strain，以∈，讀音為elsilon）表示，如圖9-1所示。

$$應變 \in = \frac{\ell' - \ell}{\ell} = \frac{\delta 變形量}{\ell 原長}$$ （變形量=受力後之總長－原長）

(1) ∈：應變沒有單位。(或cm/cm, mm/mm)

(2) δ：變形量受到張力伸長，受到壓力縮短。（δ為身長量或收縮量）

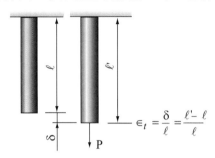

圖9-1應變之定義

(3) 通常張（拉）應變取「正」，壓應變取「負」，張應變與壓應變與作用面垂直，又稱為正交應變（或軸向應變）。

(4) 不是外力所產生之應變，稱為自由應變，如熱應變、橫向應變等。

範題解說 **5**	即時演練 **5**
有一金屬棒直徑10mm，長度80mm，受壓力作用後，長度變成79mm，則應變為多少？	一長100cm的拉桿，受張力作用後，變成100.02cm，試求此桿所生的張應變為多少？
詳解　$\in = \dfrac{\delta}{\ell} = \dfrac{79-80}{80} = -\dfrac{1}{80}$（負表壓應變）	

5. 彈性限度：材料受力後能完全恢復原狀之最大應力，稱為彈性限度。

6. 虎克定律：在彈性限度內，材料之應力與應變成正比，稱為虎克定律。應力和應變之比值稱為彈性係數（或楊氏係數或彈性模數），以E表示。

(1) 彈性係數$E = \dfrac{應力\sigma}{應變\in}$ ➤ E彈性係數：MPa ； σ應力：MPa ； ∈應變：沒有單位

(2) 由 $E = \dfrac{\sigma}{\in} = \dfrac{\dfrac{P}{A}}{\dfrac{\delta}{\ell}} = \dfrac{P\ell}{A\delta}$ ∴受到拉力或壓力，長度變化量 $\delta = \dfrac{P\ell}{AE}$

應變	ℓ桿長	δ變形量	P力量	A面積	E彈性係數
單位	mm	mm	N	mm²	MPa

① 彈性係數因材料的種類而異，與材料的形狀、面積與應力之大小無關，同一種材質，彈性係數相同，彈性係數越大者，材料越不容易變形。

② 應變無單位，所以彈性係數之單位與應力之單位相同。

③ 受力後產生之變形量（δ）與P、ℓ（力量、桿長）成正比，與E、A（彈性係數、斷面積）成反比，EA稱為材料之軸向剛度。

7. 應力應變圖：如圖9-2所示為軟鋼作拉力試驗的應力－應變圖。

(1) 圖中O點到E點為彈性區，當材料在此區域內，外力去除後，仍可恢復原狀。E點的應力稱為彈性限度。

(2) Y點稱為降伏點，當負荷超過降伏點時，應力雖然沒有增加，但應變卻持續增加，稱為降伏點，此點所承受的應力稱為降伏應力。

(3) B點到U點為應變硬化區，材料產生應變硬化現象。

(4) U點的應力稱為極限應力（或極限強度），由U點到C點，材料會產生頸縮現象，然後破壞，因為頸縮所以斷裂點應力會比極限應力低。

(5) 比例限：$\overline{OA}$ 為一直線，表示應力（σ）與應變（∈）成正比的最大應力，稱為比例限度。材料在比例限度內，應力與應變恆成正比。

(6) $\tan\theta = \dfrac{AD}{OD} = \dfrac{\sigma}{\in} = E$，即應力應變圖中 $\overline{OA}$ 之斜率為彈性係數，斜率越大，彈性係數E越大，材料越不容易變形。

註 (1) 脆性材料之應力應變圖，其曲線上的降伏點不明顯，其橫座標（表示應變）上，取0.2%點畫此曲線通過原點處之切點平行線，以為其降伏點。

(2) 應變 $\in = \dfrac{\delta}{\ell} = \dfrac{\dfrac{P\ell}{AE}}{\ell} = \dfrac{P}{AE}$

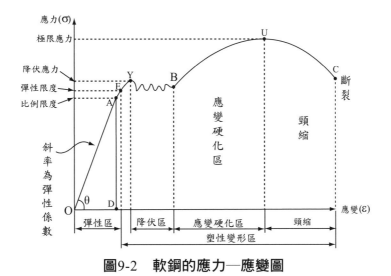

圖9-2　軟鋼的應力—應變圖

註 應力與應變成正比之最大應力值稱為比例限度。
應力與應變之比值稱為彈性係數。

範題解說 **6**	即時演練 **6**

若長方形$25mm \times 40mm$斷面之鋁桿，長$2m$，若鋁之容許張應力為$80MPa$，容許伸長量為$2mm$，試求此鋁桿可容許軸向張力最大值為若干？（若鋁之彈性係數為$75GPa$）

桿長$80cm$，直徑$20mm$，受軸向拉力$100\pi kN$後，其長度增加$4mm$，試求此材料之彈性係數E為多少GPa？

詳解 (1)考慮拉應力破壞 $\sigma = \dfrac{P_1}{A}$，

$80 = \dfrac{P_1}{25 \times 40}$　　∴$P_1 = 80 \times 1000N = 80kN$

(2)考慮伸長量破壞 $\delta = \dfrac{P\ell}{EA}$

$= \dfrac{P_2 \times 2000}{(75 \times 1000)(25 \times 40)} = 2$

∴$P_2 = 75 \times 1000N = 75kN$

取荷重小者才安全，所以最大容許軸向張力應為$75kN$。

範題解說 **7**	即時演練 **7**

範題解說 7

如下圖所示，若ＡＢ桿之截面積為400mm²，ＢＣ桿之截面積為500 mm²，若桿之彈性係數均為200GPa，試求桿AB與桿BC之變形量各為多少mm？

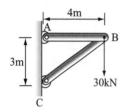

詳解 由邊長比=力量比，

$$\frac{30}{3}=\frac{F_1}{4}=\frac{F_2}{5}$$

∴F_1=40kN（拉力），
　F_2=50kN（壓力）

(1) $\delta_{BC}=\frac{L_{BC}P_{BC}}{EA_{BC}}=\frac{5000(-50\times1000)}{(200\times1000)\times500}$

　　$=-2.5$mm（負表收縮）

(2) $\delta_{AB}=\frac{L_{AB}P_{AB}}{EA_{AB}}=\frac{4000(40\times1000)}{(200\times1000)\times400}$

　　$=2$mm（伸長）

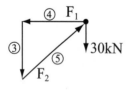

即時演練 7

如下圖所示，一物體重10kN，用一銅桿及一鋼繩牽住，若銅桿之容許應力為50MPa，鋼繩之容許應力為200MPa，試求銅桿及鋼繩之截面積至少需為若干才安全？變形量各多少？（若$E_{銅}$=100GPa，$E_{鋼}$=200GPa）

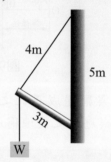

範題解說 **8**	即時演練 **8**

如下圖所示鋼桿受力情形，AC段之斷面積為500 mm²，CD段之面積為200 mm²，若彈性係數為E=200GPa，試求(1)B點之移動量和總變形量，(2)BC段之應變量和斷面之應力。

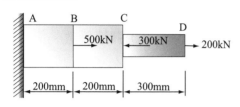

一均質圓桿截面積為100mm²，彈性係數E為200GPa，其受力情形如右圖所示，則C點會向左偏移多少mm？總收縮量為多少mm？BC斷面應力和應變各為多少？

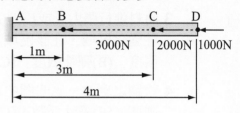

詳解 (1)B點之移動量

$$\delta_1=\frac{PL}{AE}=\frac{400\times200}{500\times200}=0.8mm$$

伸長→B點往右移動0.8mm

總變形量 $\delta=\delta_1+\delta_2+\delta_3$

$$=\frac{400\times200}{500\times200}+\frac{(-100)(200)}{500\times200}+\frac{200\times300}{200\times200}$$

=2.1mm（伸長，向右移動）

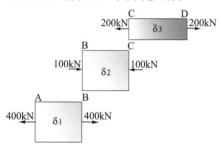

$(2)\epsilon_{BC}=\frac{P_{BC}}{EA}=\frac{-100}{200\times500}=-0.001$ ，

$(3)\sigma_{BC}=\frac{P_{BC}}{A_{BC}}=\frac{-100\times1000}{500}$

$=-200MPa$（負表壓應力）

小試身手

( ) **1** 金屬材料承受拉力作用,當外力去除後,不會產生永久變形的最大應力界限,稱為 (A)比例限度 (B)彈性限度 (C)降伏應力 (D)極限應力。

( ) **2** 應力與應變成正比之最大應力值,稱為 (A)彈性係數 (B)彈性限度 (C)降伏應力 (D)比例限度。

( ) **3** 材料進行張力(或拉力)試驗時,彈性限度內應力與應變的線性變化區域,在該區域內應力與應變的比值稱為: (A)比例限度 (B)彈性限度 (C)體積彈性係數 (D)彈性係數。

( ) **4** 軟鋼之應力-應變圖中,其彈性變化曲線之斜率為 (A)彈性限度 (B)彈性係數 (C)剛性模數 (D)應變能。

( ) **5** 某材料之應力-應變圖,如右圖所示,則該材料之彈性係數E為

(A)$\dfrac{MN}{ON}$　　(B)$\dfrac{ON}{MN}$

(C)$\dfrac{MN}{OM}$　　(D)$\dfrac{ON}{OM}$ 。

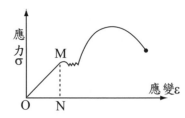

( ) **6** 如右圖所示,OABCDE曲線為材料應力(σ)應變($\in$),何段線段可方適用$\sigma = E \in$之公式,E為彈性模數。

(A)OA　　　(B)OABC
(C)BC　　　(D)CDE。

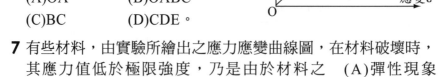

( ) **7** 有些材料,由實驗所繪出之應力應變曲線圖,在材料破壞時,其應力值低於極限強度,乃是由於材料之 (A)彈性現象 (B)頸縮現象 (C)破壞現象 (D)降伏現象。

( ) **8** 拉伸實驗中,若超過某一點應力無明顯增加,但應變持續增加,此時之應力稱為 (A)降伏應力 (B)比例極限 (C)極限應力 (D)破壞應力。

( ) **9** 一均質等截面之直桿,承受一通過桿之橫截面形心,且與桿軸線一致之拉力P,將產生變形量δ,該桿件在線性彈性範圍內時,下列各項敘述何者正確? (A)桿之橫截面越大,變形量δ越大 (B)桿之長度越大,變形量δ越大 (C)桿之彈性係數越大,變形量δ越大 (D)變形量δ和桿橫截面大小無關。

(　) **10** 有些材料之應力應變圖，其曲線上的降伏點位置甚不明確時，則吾人在其橫座標（表示應變）上，由哪一點畫此曲線通過原點處之切點平行線，以為其降伏點？　(A)0.2% (B)0.002%　(C)0.02%　(D)0.02。

(　) **11** 同長度及彈性係數之A圓棒及B圓棒，若作用於A圓棒之力為B圓棒的一半，且A圓棒之直徑為B圓棒之2倍，則A圓棒之變形量為B圓棒變形量之　(A)$\frac{1}{8}$倍　(B)$\frac{1}{2}$倍　(C)2倍　(D)8倍。

(　) **12** 一截面積為A，長度為ℓ之均質桿件，彈性係數為E，若桿的一端固定而下垂，則此桿因自身重量W所生之伸長量為 (A)$\frac{W\ell}{2AE}$　(B)$\frac{W\ell}{AE}$　(C)$\frac{WA}{\ell E}$　(D)$\frac{WE}{A\ell}$。

(　) **13** 1kN/mm^{2}可表示為　(A)1Pa　(B)1kPa　(C)1MPa　(D)1GPa。

(　) **14** 一金屬圓棒直徑10mm，長度100mm，受外力作用後長度變為100.3mm，問應變為多少？　(A)1.003　(B)0.3　(C)0.03 (D)0.003。

(　) **15** 張應力與壓應力恆均與所作用的截面　(A)垂直　(B)平行 (C)夾45°　(D)以上皆有可能。

(　) **16** 鋼之彈性係數為2.1×10^{6}kgf/cm^2，若改其他單位表示其較接近的值，則下列何者錯誤？
(A)2.06×10^{5}N/mm^2　　　　　　　(B)2.06×10^{8}kPa
(C)2.06×10^{3}kN/cm^2　　　　　　　(D)206GPa。

(　) **17** 一長度為2.3m直徑為10mm之金屬棒，受20πkN之張力作用，若其彈性係數E=100GPa，試求此材料所產生之應變為多少？
(A)0.002　(B)0.2　(C)0.8　(D)0.008。

(　) **18** 一長3m之圓棒，欲承受80kN之拉力，若棒之容許拉應力為200MPa，且其伸長量不得超過4.8mm，試求此棒所需的最小面積為多少mm^2？（若E=100GPa）　(A)400　(B)500 (C)200　(D)800。

(　) **19** 若桿長1m，截面積為100 mm^2，彈性係數為200GPa，受軸向拉力40kN後，其最後總長度為若干mm？　(A)1　(B)2 (C)1001　(D)1002。

(　　　) **20** 一桿長度L=2m，斷面積
A=0.03m^2，如右圖所示，若彈性
係數E=$2×10^5$N/m^2，若用一彈簧承
受相同的拉力產生相同的變形量，
則該彈簧常數K為多少N/m？

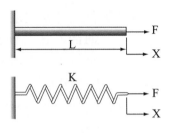

(A)1000　　　　　(B)2000
(C)3000　　　　　(D)6000。

(　　　) **21** 如右圖所示，鋁桿的斷面積為200
mm^2，而鋼桿的斷面積為100 mm^2，
試求組合桿之總變形量。（E$_鋁$
=70GPa，E$_鋼$=210GPa）

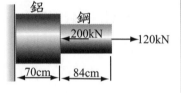

(A)－0.8mm　　　(B)8.8mm
(C)0.8mm　　　　(D)－8.8mm。

(　　　) **22** 如右圖所示，受力後A點向下移動
0.8mm，B點向下移動0.2mm，若
A$_1$=100mm^2，A$_2$=200mm^2，試求AB
與BC應變的比值為多少？

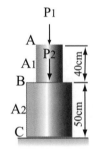

(A)$\frac{15}{4}$　(B)$\frac{4}{15}$　(C)5　(D)$\frac{1}{5}$。

(　　　) **23** 如圖所示之懸臂均質桿件BCD其橫截面積為25mm^2，桿長為
300mm，材料彈性係數為100GPa，桿件B端固定，在C點截面
作用一左向之軸向力F，在D端面作用一右向之軸向力100N，
若桿重不計且桿件在受力後總長度不變的情況下，則軸向力F
之大小應為多少N？

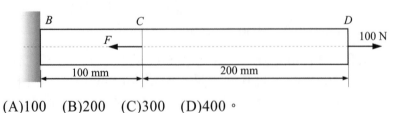

(A)100　(B)200　(C)300　(D)400。

9-2　蒲松氏比介紹

材料承受軸向張力（拉力）時，其軸向伸長，在與力量垂直的橫向會縮短；當受到壓力時，其軸向縮短，與力成垂直的橫向會伸長，如圖9-3所示。圖中實線表未受外力作用時的長度L及寬度D，虛線表受拉力後的長度L'和寬度D'，δ表變形量（受拉力伸長為正，受壓力縮短為負），b為橫向變形量（受張力時縮短為負，受壓力時增長為正）。

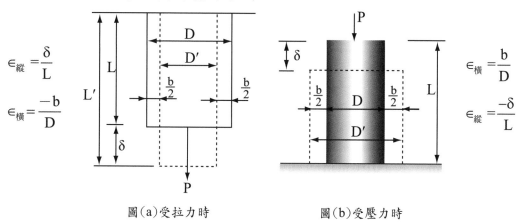

圖(a)受拉力時　　　　　圖(b)受壓力時

圖9-3　縱向與橫向應變之定義

註 當 $\in_{縱}$ 為正值時，$\in_{橫}$ 為負值；當 $\in_{縱}$ 為負值時，$\in_{橫}$ 必為正值。

1. 外力作用方向產生的應變，稱為縱向應變或軸向應變，以 $\in_{縱}$ 表示。

　縱向應變 $\in_{縱} = \dfrac{\delta}{L}$ 。

2. 與外力成垂直的橫向所產生的應變，稱為橫向應變，以 $\in_{橫}$ 表示。

　橫向應變 $\in_{橫} = \dfrac{b}{D}$ 。

- δ：縱向伸長（或收縮）量。
- L：原長。
- b：橫向收縮（或伸長）量，或（寬度變化量）直徑之變化量。
- D：原來寬度，（或原來直徑）。

註 (1) 空心圓柱受壓力時，外徑會變大，內徑也會變大。

　(2) 當材料受力伸長2倍，斷面積變成 $\dfrac{1}{2}$ 。

3. 蒲松氏比：在比例限度內，橫應變和縱應變的比值，恆為一常數，此常數稱為蒲松氏比，以μ（讀音為mu）或υ（讀音為nu）表示。

$$蒲松氏比\ \mu = \left| \frac{\in_{橫}}{\in_{縱}} \right| = \left| \frac{\frac{b}{D}}{\frac{\delta}{L}} \right| \quad 或\ \mu = -\frac{\in_{橫}}{\in_{縱}} = -\frac{\frac{b}{D}}{\frac{\delta}{L}} \quad （或）\ \in_{橫向} = -\mu \in_{縱向} 。$$

蒲松氏比隨材料的種類而異，與形狀、面積大小無關，蒲松氏比介於 $0 < \mu < 0.5$ 之間，一般金屬材料的蒲松氏比約在0.25到0.35之間。

4. 蒲松氏數：蒲松氏比之倒數稱為蒲松氏數，以m表示，蒲松氏數之值必大於或等於2，即 $m = \frac{1}{\mu}$，$2 < m < \infty$，$m \geq 2$。

範題解說	即時演練
直徑40mm，長1000mm的圓形拉桿，受軸向拉力後而總長變為1000.1mm，若蒲松氏比為0.25，則此圓棒在橫方向的收縮量為多少？變形後之直徑為多少？	一圓形軟鋼長300mm，直徑100mm，承受1000kN的壓力後，其長度變為299.6mm，直徑測出為100.04mm，則蒲松氏比為多少？

詳解

(1)蒲松氏比

$$0.25 = \left| \frac{\in_{橫}}{\in_{縱}} \right| = \frac{\frac{-b}{40}}{\frac{1000.1 - 1000}{1000}}$$

$\therefore b = -0.001$mm（負表收縮）

(2)變形後直徑

$= 40 - 0.001 = 39.999$mm

小試身手

(　) **1** 在比例限度內，橫向應變與縱向應變的比值稱為　(A)楊氏係數　(B)比例限度　(C)蒲松氏比　(D)安全係數。

(　) **2** 一長為ℓ，半徑為r的圓棒，當承受軸向壓縮負載後，其半徑為$r+\dfrac{a}{2}$，長度為$\ell-b$，則圓棒之蒲松氏比為若干？

(A)$\dfrac{2ab}{r\ell}$　(B)$\dfrac{2\ell a}{rb}$　(C)$\dfrac{\ell a}{2rb}$　(D)$\dfrac{ab}{2r\ell}$。

(　) **3** 有一鋁合金圓棒之長度為L，直徑為D，其彈性係數為E，蒲松氏比為μ，若此圓棒承受一軸向拉力P作用後，圓棒之總伸長量為？　(A)$\dfrac{4PL}{\pi D^2 E}$　(B)$\dfrac{4PE}{\pi D^2 L}$　(C)$\dfrac{\pi D^2 L}{4PE}$　(D)$\dfrac{\pi D^2 E}{4PL}$。

(　) **4** 承上題，其直徑變化量為？

(A)$\dfrac{4PL}{\pi D^2 E}$　(B)$\dfrac{4\mu P}{\pi D^2 E}$　(C)$\dfrac{4PL}{\pi DE}$　(D)$\dfrac{4\mu P}{\pi DE}$。

(　) **5** 蒲松氏比之最大值為？　(A)0.2　(B)0.3　(C)0.4　(D)0.5。

(　) **6** 圓棒受力後的橫向應變為0.012，軸向應變為−0.04，試求此材料之蒲松氏比為？　(A)0.2　(B)0.25　(C)0.3　(D)0.4。

(　) **7** 截面為20mm×20mm的正方形桿件長2m，受到軸向拉力P=80kN後，其橫向變化量為多少mm？（已知彈性係數E=100GPa，蒲松氏比為0.25）　(A)0.01　(B)4　(C)−0.01　(D)−0.02。

(　) **8** 有一截面積為3mm^2，長30cm之均勻鋼棒，承受一軸向拉力6000N之作用，若蒲松氏比為0.3，彈性係數E=100GPa，則其橫向應變為　(A)0.006　(B)6　(C)−0.02　(D)−0.006。

9-3 應變的相互影響

重疊法：物體受相互垂直之二力或三力共同作用時，各力所產生之應變與單獨力量作用時相同，所以二力或三力作用時，所產生之某方向的應變，等於各力單獨作用時所產生之應變之代數和，稱為重疊法。

如圖9-4所示，物體同時受到應力，σ_x、σ_y、σ_z產生應變分別為ε_x、ε_y、ε_z。由

$$E = \frac{\sigma}{\in} \quad \therefore \in = \frac{\sigma}{E}$$

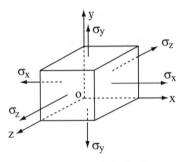

圖9-4　多軸向負荷

1. 應力σ_x對x軸之應變 $\varepsilon_x = \dfrac{\sigma_x}{E}$ ，但σ_x使y、z軸之應變縮短，由蒲松氏比

   $$\mu = \left| \frac{\varepsilon_{橫}}{\varepsilon_{縱}} \right| = -\frac{\varepsilon_{橫}}{\varepsilon_{縱}} \quad \therefore \varepsilon_{橫向} = -\mu\varepsilon_{縱向} , \quad \therefore \varepsilon_y = -\mu\varepsilon_x = -\frac{\mu\sigma_x}{E} = \varepsilon_z 。$$

2. 同理，應力σ_y使y軸伸長，x、z軸縮短，所以應力σ_y使y軸產生應變

   $$\varepsilon_y = \frac{\sigma_y}{E} , \quad \varepsilon_x = -\frac{\mu\sigma_y}{E} , \quad \varepsilon_z = -\frac{\mu\sigma_y}{E} 。$$

3. 同理，應力σ_z使z軸伸長，x、y軸縮短，所以

   $$\varepsilon_z = \frac{\sigma_z}{E} , \quad \varepsilon_x = -\frac{\mu\sigma_z}{E} , \quad \varepsilon_y = -\frac{\mu\sigma_z}{E} 。$$

4. x軸之應變 $\varepsilon_x = \dfrac{\sigma_x}{E} - \dfrac{\mu\sigma_y}{E} - \dfrac{\mu\sigma_z}{E} = \dfrac{\delta_x}{\ell_x}$ ，y軸之應變 $\varepsilon_y = \dfrac{\sigma_y}{E} - \dfrac{\mu\sigma_x}{E} - \dfrac{\mu\sigma_z}{E} = \dfrac{\delta_y}{\ell_y}$ ，

   z軸之應變 $\varepsilon_z = \dfrac{\sigma_z}{E} - \dfrac{\mu\sigma_x}{E} - \dfrac{\mu\sigma_y}{E} = \dfrac{\delta_z}{\ell_z}$ 。

   註 當受壓力時，則應力以負值帶入，若某軸向未承受任何外力時，則該軸之應力即為零。

5. 當物體三軸向承受相同之應力（即 $\sigma_x=\sigma_y=\sigma_z=\sigma$ 時），則三軸向之應變均相同。$\therefore \varepsilon_x=\varepsilon_y=\varepsilon_z=\dfrac{\sigma}{E}(1-2\mu)$

6.

應力 應變	只受 σ_x	只受 σ_y	只受 σ_z	同時受 σ_x、σ_y、σ_z 作用	當 $\sigma_x=\sigma_y=\sigma_z=\sigma$ 時
x軸 應變 ε_x	$\dfrac{\sigma_x}{E}$	$-\dfrac{\mu\sigma_y}{E}$	$-\dfrac{\mu\sigma_z}{E}$	$\dfrac{\sigma_x}{E}-\dfrac{\mu}{E}(\sigma_y+\sigma_z)=\dfrac{\delta_x}{\ell_x}$	$\dfrac{\sigma}{E}(1-2\mu)$
y軸 應變 ε_y	$-\dfrac{\mu\sigma_x}{E}$	$\dfrac{\sigma_y}{E}$	$-\dfrac{\mu\sigma_z}{E}$	$\dfrac{\sigma_y}{E}-\dfrac{\mu}{E}(\sigma_x+\sigma_z)=\dfrac{\delta_y}{\ell_y}$	$\dfrac{\sigma}{E}(1-2\mu)$
z軸 應變 ε_z	$-\dfrac{\mu\sigma_x}{E}$	$-\dfrac{\mu\sigma_y}{E}$	$\dfrac{\sigma_z}{E}$	$\dfrac{\sigma_z}{E}-\dfrac{\mu}{E}(\sigma_x+\sigma_y)=\dfrac{\delta_z}{\ell_z}$	$\dfrac{\sigma}{E}(1-2\mu)$

範題解說	即時演練
一立方體受力情形如圖所示，若材料為均質，彈性係數為50GPa，蒲松氏比為0.2，試受求Z軸方向之應變，和Z軸長度變化量為多少？	如下圖所示，三軸向受應力 $\sigma_x=200MPa$，$\sigma_y=100MPa$，$\sigma_z=-100MPa$，若蒲松氏比 $\mu=0.25$，$E=100GPa$，試求y軸之應變及長度之變化量為若干mm？

詳解

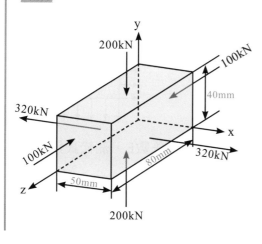

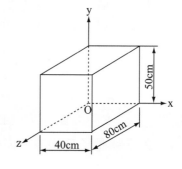

$$\sigma_x = \frac{P_x}{A_x} = \frac{320 \times 1000}{80 \times 40} = 100 MPa$$

$$\sigma_y = \frac{P_y}{A_y} = \frac{-200 \times 1000}{80 \times 50} = -50 MPa$$

$$\sigma_z = \frac{P_z}{A_z} = \frac{-100 \times 1000}{50 \times 40} = -50 MPa$$

$$\varepsilon_z = \frac{\sigma_z}{E} - \frac{\mu}{E}\sigma_x - \frac{\mu}{E}\sigma_y$$

$$= \frac{\left[-50 - 0.2(100) - 0.2(-50)\right]}{50 \times 1000}$$

$$= -0.0012$$

$$\varepsilon_z = \frac{\delta_z}{\ell_z} \therefore \delta_z = \ell_z \varepsilon_z = 80(-0.0012)$$

$$= -0.096mm（負表縮短）$$

小試身手

(　　) **1** 如右圖所示，元素受力後，若μ為蒲松氏比，則其在y方向上的應變為？

(A)$\frac{\sigma_x}{E} + \mu\frac{\sigma_y}{E}$　(B)$\frac{\sigma_y}{E} + \mu\frac{\sigma_x}{E}$

(C)$\frac{\sigma_x}{E} - \mu\frac{\sigma_y}{E}$　(D)$\frac{\sigma_y}{E} - \mu\frac{\sigma_x}{E}$。

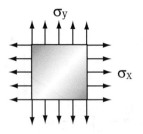

(　　) **2** 當物體承受相等三方向應力σ時，其彈性係數E，蒲松氏比μ，則其三軸向之應變各為？　(A)$\frac{3\sigma}{E}(1-2\mu)$　(B)$\frac{2\sigma}{E}(1-\mu)$

(C)$\frac{\sigma}{E}(1-3\mu)$　(D)$\frac{\sigma}{E}(1-2\mu)$。

(　) **3** 如下圖所示的(a)、(b)、(c)三圖為同一桿件分別承受P_1、P_2及P_1+P_2的軸向拉力，則下列敘述何者錯誤？　(A)應力(a)+(b)=(c)　(B)軸向應變(a)+(b)=(c)　(C)伸長量(a)+(b)=(c)　(D)橫向應變(a)+(b)≠(c)。

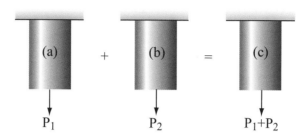

(　) **4** 某機械零件在互相垂直之三軸向均承受相等的軸向應力，若應力不變而材質改變，使其彈性係數由E變成1.2E，蒲松氏比由0.3變成0.2，則各軸向所產生之應變會變成原來的多少倍？　(A)0.8　(B)1.25　(C)1.5　(D)1.8。

(　) **5** 一桿受軸向應力作用，$\sigma_x=100MPa$，$\sigma_y=60MPa$，E=100GPa，$\mu=0.25$，則該材料在z軸方向之應變為多少？

(A)$\dfrac{4}{10000}$　(B)$-\dfrac{4}{10000}$　(C)$\dfrac{7.5}{10000}$　(D)$\dfrac{3.5}{10000}$。

(　) **6** 若正立方體邊長為10cm，若承受三軸向應力$\sigma_x=\sigma_y=200MPa$，$\sigma_z=-100MPa$作用若此正立方體彈性係數E=200GPa，$\mu=0.25$，試求z軸縮短多少cm？　(A)$\dfrac{1}{1000}$　(B)$\dfrac{1}{100}$　(C)$\dfrac{1}{10}$　(D)1。

(　) **7** 有一等向性均質立σ方體的彈性係數E=1000MPa，蒲松氏比$\nu=0.2$，僅受到σ_x與σ_y雙軸向應力作用後，得到x軸向的應變為$\varepsilon_x=90/E$以及y軸向的應變為$\varepsilon_y=30/E$，則下列有關應力或應變的敘述何者正確？

(A)x軸向應力$\sigma_x=100MPa$　　　(B)y軸向應力$\sigma_y=30MPa$
(C)z軸向應力$\sigma_z=50MPa$　　　(D)z軸向應變$\varepsilon_z=20/E$。

9-4 容許應力及安全因數

1. 容許應力：在工程應用上，材料因受負荷所產生的應力，為了安全起見應在彈性限度和疲勞限度以下，以免破壞。在安全範圍所能承受的應力稱為容許應力（或工作應力），以 σ_w 表示。

2. 安全因數：極限應力（或降伏應力）與容許應力的比值，稱為安全因數。以n表示，安全因數必大於1。

   (1) 延性材料容許應力需較降伏應力為低才安全。

   $$\text{延性材料安全因數：} n=\frac{\sigma_y 降伏應力}{\sigma_w 容許應力}$$

   (2) 脆性材料如鑄鐵、混凝土等，因降伏點不明顯，容許應力小於極限應力才安全。 $\text{脆性材料安全因數：} n=\frac{\sigma_u 極限應力}{\sigma_w 容許應力}$ 。

   安全因數愈大，安全性較高，材料較浪費；安全因數愈小，材料較節省，但安全性較低。

範題解說 **1**	即時演練 **1**
桌上型車床重20kN，在四個角以四支正方形斷面之方柱均勻支撐，若方柱的降伏強度為200MPa，安全因數取4，則方柱的邊長至少為多少mm？（若車床重量均勻分佈在四角上） 詳解 $n=\dfrac{\sigma_{降伏}}{\sigma_{容許}}\therefore \sigma_{容許}=\dfrac{200}{4}=50\text{MPa}$ $\sigma_{容許}=\dfrac{P}{A}$ ， $50=\dfrac{20\times1000}{4(b\times b)}\therefore b^2=100$ $\therefore b=10\text{mm}\quad\therefore$邊長為10mm 	有一空心鑄鐵圓管，外徑120mm，內徑80mm，材料的抗壓極限強度為800MPa，若安全因數為4，則空心圓管可承受的軸向負荷為多少kN？容許應力為多少MPa？

範題解說 2	即時演練 2
欲以一長2m（重量不計），截面積為300mm²，彈性係數為100GPa的金屬圓桿，懸吊一重物W，如圖所示，若圓桿材料的降伏強度為600MPa，容許的伸長量為1.5mm，試求此金屬圓桿的安全因數？	一圓形鋼桿，受5πkN之拉力，若降伏應力取200MPa，安全因數取4，長度L=1m，求此設計所需圓桿之直徑及容許伸長量。（若E=200GPa）

詳解
$$\delta = \frac{P\ell}{AE} = \frac{P}{A} \cdot \frac{\ell}{E} = \sigma_{容許} \times \frac{\ell}{E}$$

$$\therefore \sigma_{容許} = \frac{\delta E}{\ell} = \frac{1.5 \times (100 \times 1000)}{2000}$$

$$= 75 \text{MPa}$$

$$\therefore 安全因數\ n = \frac{\sigma_{降伏}}{\sigma_{容許}} = \frac{600}{75} = 8$$

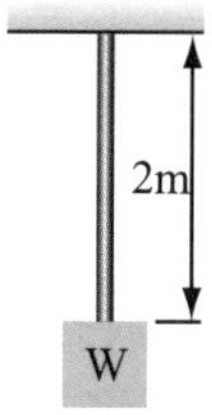

2m

W

小試身手

( )　**1** 有關安全因數的描述，下列何者最不正確？　(A)安全因數越小，材料安全性低　(B)安全因數一定大於1　(C)安全因數越小，材料越經濟　(D)安全因數為容許應力與破壞應力之比值。

( )　**2** 一延性材料的降伏應力為σ_y，容許應力為σ_w，安全係數為n，則進行設計時，下列何者正確？

(A)n須小於1　(B)$\sigma_y = \dfrac{\sigma_w}{n}$　(C)$\sigma_w = \dfrac{\sigma_y}{n}$　(D)σ_w須大於σ_y。

( )　**3** 圓形鋼桿承載25kN之荷重，其容許應力為100MPa，其降伏應力為200MPa，則其安全因數為　(A)8　(B)4　(C)2.5　(D)2。

(　) **4** 若軟鋼的彈性係數為200GPa，降伏應力為400MPa，極限應力為800MPa，安全因數為5，則容許應力為何？ 　(A)40MPa (B)80MPa 　(C)160MPa 　(D)200MPa。

(　) **5** 已知某鋼索的極限強度為700N/mm²，斷面積為100 mm²，若該鋼索所能承受的最大荷重為7000N，則該鋼索以極限強度為依據的設計安全因素為多少？ 　(A)10 　(B)12 　(C)15 　(D)16。

(　) **6** 一長度為L，斷面積為A的鋼桿，其彈性係數為E，降伏強度為S，受到拉伸負荷作用，若安全因數為n，則容許的伸長量為？ 　(A)$\dfrac{nL}{AE}$ 　(B)$\dfrac{nS}{AE}$ 　(C)$\dfrac{SL}{nAE}$ 　(D)$\dfrac{SL}{nE}$。

(　) **7** 有一鑄鐵製圓管，其外徑為100mm，內徑為80mm，鑄鐵材料之抗壓極限強度為250N/mm²，此圓管受到壓縮負荷作用，若安全因數取2.5，則此圓管之最大容許負荷為多少kN？ (A)9π 　(B)25π 　(C)90π 　(D)360π。

(　) **8** 若升降機重量為2000kg用鋼索連結，並以1m/sec²之加速度上升，若鋼索之降伏強度為400MPa，安全因數取4，（若重力加速度g=10 m/sec²，則鋼索的斷面積至少為多少mm²？ (A)220 　(B)200 　(C)180 　(D)240。

(　) **9** 若鋼棒受張力的作用伸長0.6mm，若鋼棒長度0.3m，降伏應力為400MPa，彈性係數為100GPa，則此情況的安全因數為多少？ 　(A)1.5 　(B)2 　(C)4 　(D)8。

(　) **10** 如右圖所示，一物體W之重量為2000N，以AB吊索及BC鋼桿之結構支撐其重量，若鋼桿之降伏應力為500MPa，安全因數5，則BC桿之截面積至少應為多少mm²？ 　(A)2 　(B)6 　(C)10 (D)50。

9-5　體積應變與體積彈性係數

1. 體積應變定義：當材料同時受到各軸向之應力作用時，若受力為張力時則體積增加，壓力時體積縮小，單位體積（V）的體積變形量（$\Delta V = V' - V$）稱為體積應變，以ϵ_v表示。

體積應變$\epsilon_v = \dfrac{V' - V}{V} = \dfrac{\Delta V 體積變化量}{V 原來體積}$。

(1) 材料的體積應變即為三軸向所生之長度應變的總和，$\epsilon_v = \epsilon_X + \epsilon_Y + \epsilon_Z$

(2) 受到三軸向應力時之體積應變。 $\epsilon_v = \dfrac{\Delta V}{V} = \dfrac{(\sigma_x + \sigma_y + \sigma_z)(1-2\mu)}{E}$

(3) 當各軸向承受相同應力作用時，體積應變為長度應變之三倍。

$$\epsilon_v = 3\epsilon = \dfrac{3\sigma}{E}(1-2\mu)$$

(4) 若材料僅受單軸向應力時，如圖所示，

若只受X軸應力則 $\sigma_Y = \sigma_Z = 0$。體積應變

$$\epsilon_v = \epsilon_X + \epsilon_Y + \epsilon_Z = \dfrac{\sigma_X}{E}(1-2\mu) = \epsilon_X(1-2\mu)$$

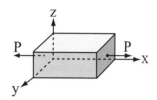

2. 體積彈性係數：當各軸向承受相同應力作用時，則在比例限度內，應力與體積應變之比值稱為體積彈性係數，以K表示。

體積彈性係數 $K = \dfrac{\sigma}{\epsilon_v} = \dfrac{\sigma}{\dfrac{3\sigma(1-2\mu)}{E}} = \dfrac{E}{3(1-2\mu)}$ （μ：蒲松氏比，E：彈性係數）。

當 $\mu = \dfrac{1}{3}$ 時，$K = E$；當 $\mu = \dfrac{1}{2}$ 時，K為無限大。

範題解說 1	即時演練 1
一邊長10cm之立方鋼塊，若一軸受軸向拉力作用，該方向伸長0.1mm，若蒲松氏比為0.25，則體積應變為若干？體積變化量為多少？	有一桿件在彈性限度以內受軸向拉力，產生軸向應變為 $\dfrac{1}{1000}$，若蒲松氏比為0.3，則體積應變為多少？

詳解　若受力方向為x軸，則x軸

之縱向應變為 $\varepsilon_x = \dfrac{0.1}{100} = 0.001$

$\therefore \varepsilon_v = \epsilon_X(1-2\mu)$

$= 0.001(1-2\times0.25) = 0.0005$

$\varepsilon_v = \dfrac{\Delta V}{V} \quad \therefore 0.0005 = \dfrac{\Delta V}{100\times100\times100}$

$\therefore \Delta V = 500\,\text{mm}^3$（體積增加）

範題解說 2	即時演練 2
一材料受力如下圖所示，若此材料彈性係數為100GPa，蒲松氏比0.3，求體積應變和體積變化量？	有一正立方體邊長20mm銅塊，受三軸向正交應力作用，應力分別為$\sigma_x=500$MPa，$\sigma_y=300$MPa，$\sigma_z=-100$MPa，若銅彈性係數為100GPa，蒲松氏比$\mu=0.25$，求此銅塊體積應變和體積變化量各為若干？

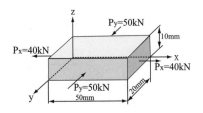

詳解　$\sigma_x = \dfrac{P_x}{A_x} = \dfrac{40 \times 1000}{10 \times 20} = 200\text{MPa}$

$\sigma_y = \dfrac{P_y}{A_y} = \dfrac{-50 \times 1000}{50 \times 10} = -100\text{MPa}$，

$\sigma_z = 0$

$\in_V = \dfrac{(\sigma_x + \sigma_y + \sigma_z)(1-2\mu)}{E}$

$= \dfrac{(200-100)(1-2\times0.3)}{100\times1000}$

$= \dfrac{4}{10000}$

$\in_V = \dfrac{\Delta V}{V}, \dfrac{4}{10000} = \dfrac{\Delta V}{50\times20\times10}$

$\therefore \Delta V = 4\text{mm}^3$（體積增加）

範題解說 3	即時演練 3
若直徑10cm，長2m之實心圓軸，蒲松氏比0.3，彈性係數210GPa，則體積彈性係數為若干？	設某材料之體積彈性係數為彈性係數的$\dfrac{5}{6}$倍，試求此材料蒲松氏比？

詳解　$K = \dfrac{E}{3(1-2\mu)} = \dfrac{210}{3(1-2\times0.3)}$

$= 175\text{GPa}$

小試身手

( ) **1** 材料同時受各方均相同之拉應力或壓應力時,則體積應變等於其各軸向長度應變之多少倍? (A)$\frac{1}{3}$ (B)1 (C)2 (D)3。

( ) **2** 一圓桿受軸向拉力P作用,產生軸向應變為$\frac{1}{1000}$,若蒲松氏比$\mu=0.25$,則體積應變為
(A)5×10^{-4} (B)2×10^{-4} (C)3×10^{-4} (D)4×10^{-4}。

( ) **3** 材料受應力如右圖所示,其中$\sigma_x=-\sigma_y$,則體積應變為
(A)$\frac{1+2\mu}{E}\sigma_x$ (B)$\frac{1-2\mu}{E}\sigma_x$
(C)$-\frac{1+2\mu}{E}\sigma_x$ (D)0。

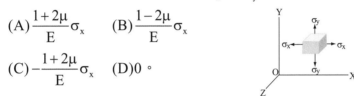

( ) **4** 一立方體由蒲松氏比為0.33的材質製成,承受σ_x、σ_y及σ_z三軸應力作用,已知$\sigma_x=10$MPa與$\sigma_y=30$MPa,若此立方體受力前後的體積皆相同,且滿足虎克定律,則σ_z等於多少MPa? (A)-10 (B)-20 (C)-30 (D)-40。

( ) **5** 有一立方體材料,各方承受均勻張應力σ,楊氏係數E,若蒲松氏比為$\frac{1}{4}$,則體積應變為 (A)$\frac{\sigma}{2E}$ (B)$\frac{3\sigma}{2E}$ (C)$\frac{5\sigma}{2E}$ (D)$\frac{2\sigma}{3E}$。

( ) **6** 若某合金的蒲松氏比為0.3,彈性係數為240GPa,則此材料的體積彈性係數為多少GPa? (A)100 (B)150 (C)200 (D)250。

( ) **7** 若材料長為100mm,斷面為40mm×40mm,彈性係數為100GPa,蒲松氏比為0.25,如下圖所示,若$P_X=320$kN,$P_Z=-1600$kN,則受力後體積變化量為多少mm³? (A)增加120 (B)增加160 (C)減少120 (D)減少160。

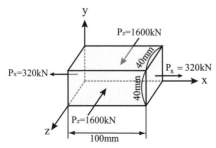

綜合實力測驗

(　) **1** 軟鋼之工程應力－應變曲線之敘述何者正確？　(A)在比例限度內，應力與應變成正比　(B)曲線之最高點為降伏應力點　(C)斷裂點之應力較極限應力高　(D)頸縮發生在降伏應力點。

(　) **2** 材料應力－應變圖中，其彈性變化曲線之斜率為　(A)彈性限度　(B)比例限度　(C)降伏強度　(D)彈性係數。

(　) **3** 應力與應變成正比的最大應力值，稱為　(A)彈性限度　(B)比例限度　(C)彈性係數　(D)破壞強度。

(　) **4** 長度與截面積皆相同的銅桿和鋼桿，受到同樣大小的軸向拉力作用，則兩桿具有相同的　(A)伸長量　(B)張應變　(C)拉應力　(D)剪應變。

(　) **5** 一承受40πkN的圓形拉桿，其桿內所生的張應力為100MPa，試求此拉桿的直徑為多少公分？　(A)4　(B)40　(C)2　(D)20。

(　) **6** 如下圖所示，斷面積A=5cm^2，材料彈性係數E=200GPa，試求BC段的軸向應變為多少？　(A)$\frac{1}{200}$　(B)$\frac{1}{250}$　(C)$\frac{7}{1000}$　(D)8。

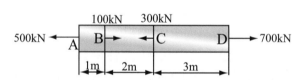

(　) **7** 一外徑20mm之中空圓柱四根分別在機械四角，用來支持30πkN重之機器，若每根材料受力相同，材料容許壓應力為100MPa，則在最小的材料重量考慮下，此中空圓柱的內徑應為多少mm？
(A)10　(B)15　(C)18　(D)100。

(　) **8** 如右圖所示的桿件，全長2L，斷面積分別為A和2A，彈性係數均為E，求桿件在受到兩個P力作用後的總縮短量？

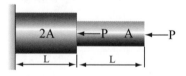

(A)$\frac{PL}{EA}$　(B)$\frac{2PL}{EA}$　(C)$\frac{PL}{2EA}$　(D)$\frac{3PL}{EA}$。

( )　**9** 如右圖所示，材料E=60GPa，A=500mm²，試求桿的總變形量為多少mm？

(A)0.8　　　　　(B)－0.8

(C)1.4　　　　　(D)－1.4。

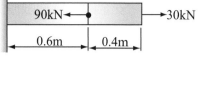

( )　**10** 一繩索AOB於O點吊一物體重20kN，如右圖所示，繩索能承受之張應力為200MPa，則繩索的斷面積至少要多少mm²？

(A)$100\sqrt{3}$　　　(B)100

(C)$50\sqrt{3}$　　　(D)50　　mm²。

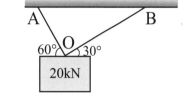

( )　**11** 若一邊長為1m之正立方體放入5000m之深海中，受海水壓壓縮後仍保持立方體，但邊長少了10cm，則其體積應變為

(A)－0.33　(B)－0.7　(C)－0.271　(D)－0.729。

( )　**12** 斷面為20mm×20mm之正方形桿件長2m，受到軸向拉力P=100kN後，其橫向變化量為若干mm？（若彈性係數E=100GPa，蒲松氏比v=0.25）　(A)0.0125　(B)－0.0125　(C)－0.025　(D)－0.075　mm。

( )　**13** 若一圓形桿長200mm，直徑100mm，受拉力後其長度增加0.24mm，直徑減少0.024mm，則蒲松氏比為　(A)0.1　(B)0.2　(C)0.25　(D)0.4。

( )　**14** 一鋼桿受兩軸向正交應力作用，若σ_x=400MPa，σ_y=200MPa，若此鋼材料彈性係數200GPa，蒲松氏比μ=0.2，試求z軸向應變為多少？

(A)$0.6×10^{-3}$　(B)$1.2×10^{-3}$　(C)$-1.2×10^{-3}$　(D)$-0.6×10^{-3}$。

( )　**15** 直徑10mm銅棒，承受一軸向拉力P的作用，直徑縮小0.04mm，若材料彈性係數為200GPa，蒲松氏比0.25，試求P值為多少kN？

(A)20π　(B)40π　(C)80π　(D)160π。

( )　**16** 若物體六個面都承受大小相同之壓應力，如右圖，在x方向之長度改變量為$2.4×10^{-3}$cm，若材料之楊氏係數為200GPa，蒲松氏比μ＝0.3，則此物體之體積應變為多少？　(A)$0.6×10^{-3}$

(B)$0.9×10^{-3}$　(C)$1.2×10^{-3}$　(D)$1.8×10^{-3}$。

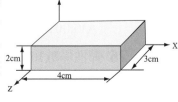

(　) **17** 下列敘述何者不正確？　(A)$1kN/mm^2=1GPa$　(B)就脆性材料而言，安全因數為極限應力與容許應力的比值　(C)材料的體積彈性係數可能小於、等於或大於材料的彈性係數　(D)進行拉伸實驗時，在彈性限度內橫向應變與縱向應變比值的絕對值，稱為蒲松氏比。

(　) **18** 若一吊車之鋼索極限強度為800MPa，斷面積為400mm²，安全因數為4，試問容許可吊起重量為多少kN？　(A)320　(B)200　(C)80　(D)160。

(　) **19** 如右圖所示，若材料承受均勻應力時，若材料邊長比$\ell_x:\ell_y:\ell_z=1:2:3$，則各軸向應變比$\epsilon_x:\epsilon_y:\epsilon_z$為
(A)1：2：3　　(B)3：2：1
(C)1：1：1　　(D)6：3：2。

(　) **20** 同上題，三軸向之變形量之比值$\delta_x:\delta_y:\delta_z$為多少？　(A)1：2：3　(B)3：2：1　(C)1：1：1　(D)6：3：2。

(　) **21** 邊長為50mm正立方塊在深海中，若海水壓應力為80MPa，材料彈性係數為200GPa，蒲松氏比μ=0.25，則下列敘述何者錯誤？
(A)三軸向之壓應力相同　(B)體積應變為$\epsilon_v=-0.6\times10^{-3}$　(C)體積變化量$\Delta V=-75mm^3$　(D)各邊長縮短0.01cm。

(　) **22** 有一鋼繩內有10股絞線，每股斷面積均為10mm²，此絞線降伏應力為300MPa，若安全因數3，則最大可承受多少kN之拉力？
(A)10000　(B)30000　(C)10　(D)30。

(　) **23** 一材料如右圖所示，同時受x軸應力$\sigma_x=240MPa$，和$\sigma_y=40MPa$作用，x軸伸長0.2mm，y軸縮短0.012mm，則此材料之體積彈性係數約為多少GPa？
(A)28　(B)56　(C)93.3　(D)112。

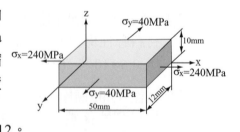

(　) **24** 若一正立方體邊長20mm，受單軸向張力80kN，在軸向產生之應變為0.002，若蒲松氏比為0.25，則體積變化量為多少mm³
(A)0.001　(B)4　(C)8　(D)16。

(　) **25** 彈性係數100GPa之方形斷面鋼柱，邊長2cm，長2m，設計來承受一拉伸負荷，結果受此負荷後伸長0.4mm，若鋼的降伏應力為100MPa，則此設計之安全因數為多少？　(A)2　(B)2.5　(C)4　(D)5。

(　) **26** 一中空圓柱長1m，外徑240mm，壁厚20mm鋼管，承受一軸向壓力 1000πkN，已知材料彈性係數E＝100GPa，蒲松氏比$\mu = \frac{11}{40}$，則管壁厚度的增加量為多少mm？ (A)$\frac{1}{440}$　(B)$\frac{1}{1600}$　(C)$\frac{1}{80}$　(D)$\frac{1}{800}$。

(　) **27** 一材料受力如右圖所示，若此材料彈性係數為50GPa，蒲松氏比0.25，則y軸向變形量為多少mm？
(A)0.0045　　　(B)－0.003
(C)－0.0005　　(D)－0.036。

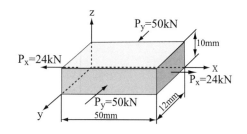

(　) **28** 圓柱受負荷為200kN，若圓柱極限強度為1000MPa，安全因數為5，欲安全承受此負荷，則此圓柱之直徑約為若干mm？
(A)$\sqrt{\frac{4000}{\pi}}$　(B)$\sqrt{\frac{1000}{\pi}}$　(C)$\sqrt{\frac{800}{\pi}}$　(D)$\sqrt{\frac{2000}{\pi}}$。

(　) **29** 下列敘述何者錯誤？　(A)材料之彈性係數，隨材料的種類而異 (B)材料之軸向變形量δ與其軸向剛度EA成反比　(C)蒲松氏比理論之最大值為0.5　(D)材料在彈性限度內應力與應變恆成正比。

(　) **30** 欲設計一橋樑受力監測裝置，利用蒲松氏比原理設計一正方形截面套筒，套在一正方形截面的桿件外圍，安裝時套筒與桿件間留有等距離間隙，如右圖所示，當桿件受到壓力P作用時，隨著壓力慢慢增強導致桿件會慢慢變胖，直到桿件變胖至碰觸外圍套筒時，即會導通電流而啟動警告訊號，此時確認已達預設臨界受力。若該金屬材料的蒲松氏比為0.3，桿件長1m正方形截面邊長為10cm，若設計桿件被壓縮2mm時會啟動訊號，則套筒截面邊長應設計為多少cm？
(A)10.006
(B)10.009
(C)10.015
(D)10.06。

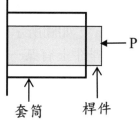

套筒　　桿件　　　　　側視圖

( ) **31** 若各點的應力、應變分別為A點（315MPa，$1.5×10^{-3}$），
B點（400MPa，$1.6×10^{-3}$），C點（560MPa，$1.8×10^{-3}$），
D點（700MPa，$2.3×10^{-3}$），此材料的彈性係數為多少？
(A)210MPa　(B)210GPa　(C)250GPa　(D)311GPa。

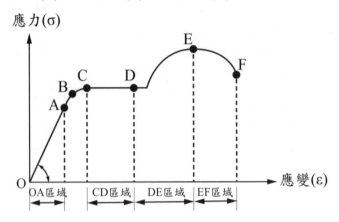

( ) **32** 中空鋁圓管的外徑D＝100mm，厚度t＝10mm，楊氏係數E＝
100GPa，蒲松氏比μ＝0.3。此圓管材料均質，受到壓力P作用
後，呈現均勻變形，如圖所示，圓管產生軸向應變$\epsilon_L＝-0.002$，
則此中空圓管的板厚變為多少mm？
(A)0.012　　　(B)0.006　　　(C)10.006　　　(D)10.012。

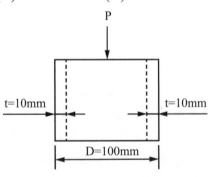

( ) **33** 一根4m長的鋼製桿件，彈性係數E＝200GPa，材料橫斷面積均相
同A＝$100mm^2$，如圖所示。桿件承受三個軸向作用力，除左端A
點固定外，桿件上有某一位置
並無位移產生，求該位置與固
定端A點的距離為多少公尺？
(A)1.6　　　　(B)2.6
(C)3.6　　　　(D)3.8。

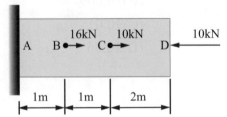

(　　) **34** 若均質的彈性體置於深水中承受水壓應力σ，若△V為彈性體的體積改變量，K為體積彈性係數，E為楊氏係數，$\in_v$為體積應變，μ為蒲松氏比，則下列何者最不正確？　(A)當μ＝0，則$\in_v$最大　(B)當$μ=\dfrac{1}{3}$，則E＝K　(C)當$μ=\dfrac{1}{2}$，則K→∞　(D)當$μ=\dfrac{1}{2}$，則△V→∞。

(　　) **35** 如圖所示之桿件系統，三條金屬線的材料及截面積皆相同，另一端則繫於直立桿上，設此桿為剛體，則此三條金屬線的應變比為？

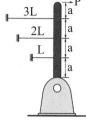

　　(A)1：1：1　　　(B)1：2：3

　　(C)3：2：1　　　(D)$\dfrac{1}{3}：\dfrac{1}{2}：\dfrac{1}{1}$。

(　　) **36** 一根空心短鋼桿，如圖所示，上下斷面承受均勻壓力時，依蒲松氏的概念，則銅管受壓力變形時，會如何變形？

　　(A)外徑變小，內徑變小
　　(B)外徑變小，內徑變大
　　(C)外徑變大，內徑變小
　　(D)外徑變大，內徑變大。

(　　) **37** 如圖所示，A、B二試體均為線性彈性材料，且重量均忽略不計，已知A試體的楊氏係數為210GPa，斷面積為20cm²：B試體的斷面積為24cm²。兩者疊置後施加一軸向壓力P，以應變計量得A的軸向應變為$6×10^{-4}$，B的軸向應變為$15×10^{-4}$，則B試體的楊氏係數為多少GPa？

　　(A)70　　　　　　　　　(B)105
　　(C)40　　　　　　　　　(D)8.5。

(　　) **38** 有一均質等向性的正六面體，各邊長為L，楊氏係數為E，蒲松氏比為0.25，若此正六面體的六面均受張應力P作用且在彈性範圍內時，則其體積彈性係數為何？

　　(A)$\dfrac{E}{3}$　　　　(B)$\dfrac{2E}{3}$　　　　(C)$\dfrac{EL}{3}$　　　　(D)$\dfrac{EL^3}{3}$。

(　　) **39** 一半徑為30mm之實心鋼球，置於均勻壓力為100MPa之水中，若此材料之體積彈性係數120GPa，蒲松氏比$\mu=0.25$，則體積變化量為多少mm^3？

(A)-30π 　　　　　　　　　(B)-20π

(C)-10π 　　　　　　　　　(D)-5π。

(　　) **40** 如圖所示，兩長度相同，於自由端受相同拉力作用，若兩者變形量相同，則其彈簧常數K為多少？

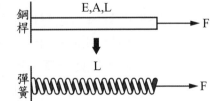

(A)$\dfrac{L}{AE}$ 　　　　　(B)$\dfrac{AE}{L}$

(C)$\dfrac{E}{AL}$ 　　　　　(D)$\dfrac{AL}{E}$。

(　　) **41** 若汽車重量為20kN、載車平台重量為2kN，並假設車頭方向的兩條鋼纜承受相同負荷、車尾方向的兩條鋼纜負荷也彼此相同，且忽略鋼纜本身重量，若車頭方向兩條鋼纜未承受負載前的原始長度均為2m，且每條鋼纜截面積為$100mm^2$、彈性係數為200GPa，則車頭每條鋼纜負載後的伸長量為多少mm？

(A)0.5

(B)0.6

(C)1.2

(D)2.0。

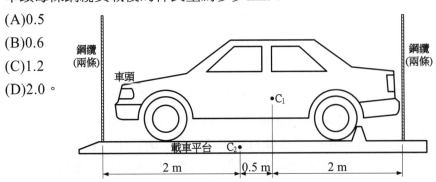

(　　) **42** 承上題，已知鋼纜的降伏強度為360MPa，安全因數為3，則一條鋼纜的截面積最少須為多少mm^2？　　(A)36　(B)42　(C)50　(D)72。

第十章　剪力

重要度 ★★★☆☆

10-1 剪應力、剪應變及剪力彈性係數

1. 剪應力：當材料受外力作用時，材料的一部份沿另一部份會產生剪斷或有滑動傾向時，就會產生剪應力。剪力和剪切面互相平行。單位面積上所受的剪力，稱為剪應力，以τ（讀音為tau）表示。（剪應力的單位和張應力或壓應力和彈性係數均相同）

$$剪應力：\tau = \frac{P剪力}{A面積}$$ ➡ τ剪應力：MPa ； P：剪力：N ； A：面積：mm²

(1) 平板

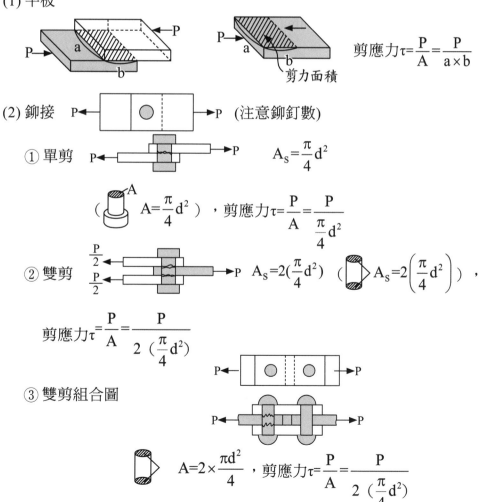

$$剪應力\tau = \frac{P}{A} = \frac{P}{a \times b}$$

(2) 鉚接　P ← □ ● □ → P　(注意鉚釘數)

① 單剪　$A_s = \frac{\pi}{4}d^2$

$\left(A = \frac{\pi}{4}d^2 \right)$ ，剪應力 $\tau = \frac{P}{A} = \frac{P}{\frac{\pi}{4}d^2}$

② 雙剪　$A_s = 2\left(\frac{\pi}{4}d^2\right)$ $\left(A_s = 2\left(\frac{\pi}{4}d^2\right) \right)$ ，

剪應力 $\tau = \frac{P}{A} = \frac{P}{2\left(\frac{\pi}{4}d^2\right)}$

③ 雙剪組合圖

$A = 2 \times \frac{\pi d^2}{4}$ ，剪應力 $\tau = \frac{P}{A} = \frac{P}{2\left(\frac{\pi}{4}d^2\right)}$

(3) 衝孔

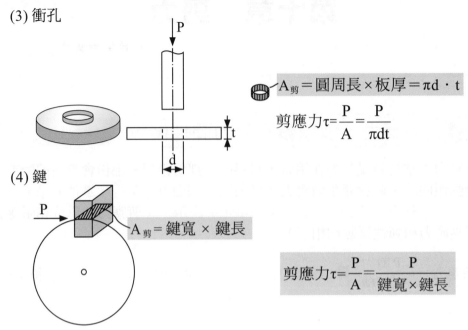

$A_{剪}＝圓周長×板厚＝πd・t$

剪應力$τ=\dfrac{P}{A}=\dfrac{P}{πdt}$

(4) 鍵

$A_{剪}=鍵寬×鍵長$

剪應力$τ=\dfrac{P}{A}=\dfrac{P}{鍵寬×鍵長}$

2. 剪應變（γ）（讀音為gamma）：當剪力作用之物體，與剪力平行之平面上會產生相對移動，此單位長度之受剪移動量稱為剪應變，以γ表示。

剪應變 $γ=\dfrac{δ（受剪移動量）}{L（原長）}$

（剪應變γ之單位為弧度）（$180°=π弧度$）

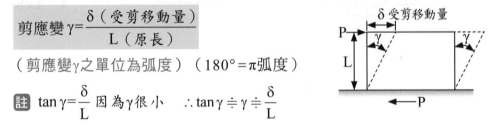

註 $\tan γ=\dfrac{δ}{L}$ 因為γ很小 ∴$\tan γ ≒ γ ≒ \dfrac{δ}{L}$

3. 剪力彈性係數（G）：在比例限度內，剪應力與剪應變成正比，其比值為一常數，稱為剪力彈性係數，又稱剛性模數，以G表示。

剪力彈性係數 $G=\dfrac{τ剪應力}{γ剪應變}$

又 $G=\dfrac{τ}{γ}=\dfrac{\dfrac{P}{A}}{\dfrac{δ}{L}}=\dfrac{PL}{Aδ}$ ∴受剪移動量$δ=\dfrac{PL}{GA}$

註 ① GA稱為抗剪剛度，其值愈大，材料愈不易變形。

② 剪應力的方向與作用面平行又稱正切應力。

③ 彈性係數E，剪力彈性係數G，體積彈性係數K，不因材料形狀不同而改變。也不因應力、應變之大小而改變。

④ 剪應變的單位為弧度。

範題解說 1

如下圖所示，有三塊鋼板，以兩根直徑d＝20mm的鉚釘接合，若拉力P＝2000πN時，試問鉚釘所承受的剪應力為多少MPa？

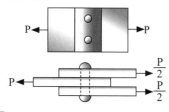

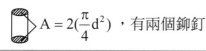

詳解

$$\tau = \frac{P}{A} = \frac{2000\pi}{4\left[\frac{\pi}{4} \times (20)^2\right]} = 5\text{MPa}$$

$A = 2(\frac{\pi}{4}d^2)$，有兩個鉚釘

即時演練 1

使用8個鉚釘，以雙蓋板對接方式進行鉚接如下圖所示，若P＝6280N，且鉚釘直徑為10mm，則每根鉚釘所承受的剪應力為多少MPa？（註：π≒3.14）

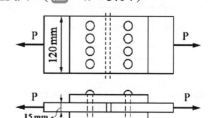

範題解說 2

衝床對板厚為3mm的鋼板進行衝孔加工，已知衝頭直徑為20mm，若鋼板的破壞剪應力為400MPa，則衝頭軸向力至少為多少N？此時衝頭衝壓時所受壓應力為多少MPa？

詳解

$$\tau = \frac{P}{A} = \frac{P}{\pi \times Dt} = \frac{P}{\pi \times 20 \times 3} = 400$$

$$\therefore P = 24000\pi\text{N}$$

$$\text{壓應力 } \sigma = \frac{P}{A} = \frac{24000\pi}{\frac{\pi}{4}(20)^2} = 240\text{MPa}$$

$A = \pi r^2 = \frac{\pi d^2}{4}$

即時演練 2

以衝床衝切如下圖所示的板面元件，已知板料厚度為2mm，而板料的抗剪強度為200MPa。如果想要順利完成衝切，則衝頭至少應施加多少kN的力？（π＝3.14）

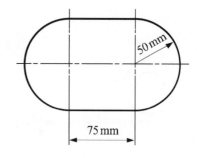

範題解說 **3**

如下圖所示，底部固定，上面承受60kN之力量作用，若A點移動0.03mm（即$\overline{AA'}=0.03mm$），則材料剪應力、剪力彈性係數各為何？

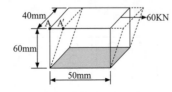

詳解 $\tau = \dfrac{P}{A} = \dfrac{60 \times 1000}{40 \times 50} = 30MPa$

$\gamma = \dfrac{\delta}{\ell} = \dfrac{0.03}{60} = \dfrac{1}{2000}$

$G = \dfrac{\tau}{\gamma} = \dfrac{30}{\dfrac{1}{2000}} = 60000MPa = 60GPa$

即時演練 **3**

如下圖所示機件，AB長200cm，BC長150cm，在A端受一垂直向下之力1500N作用，在C端則有一水平力P以保持平衡，B銷裝置如圖右，且B銷之直徑0.5cm，則B銷此時所受之剪應力為多少MPa？

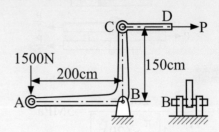

範題解說 **4**

有一長50cm之槓桿利用一鍵與心軸連結在一起，如下圖所示，鍵長2cm，橫斷面為邊長0.6cm之正方形。若鍵所能承受之容許剪應力為200MPa，則作用於槓桿端之安全負荷P不得大於多少N？

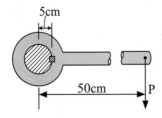

即時演練 **4**

如圖所示，一傳動軸用$10mm \times 10mm \times 50mm$之方鍵與皮帶輪連接傳遞動力。已知皮帶之緊邊張力為1000N，鬆邊張力為600N，皮帶輪直徑500mm，若方鍵可承受之容許剪應力為10MPa，則傳動軸最小直徑為多少mm？

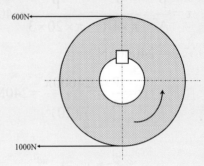

詳解　$\tau = \dfrac{V}{A}$ ，$200 = \dfrac{V}{6 \times 20}$

$\therefore V = 24000N$

（斜寬6m，長20mm）

　$P \times 50 = V \times 5 = 24000 \times 5$

$\therefore P = 2400N$

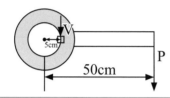

小試身手

（　）**1** 剪應變如以三角函數表示，γ表移動角度（弧度），則剪應變＝？
(A)sinγ　(B)secγ　(C)cotγ　(D)tanγ。

（　）**2** 剪應變的單位為　(A)mm　(B)mm/mm　(C)弧度　(D)無單位。

（　）**3** 兩直徑4cm之螺釘連接兩板，如右圖所示，若受力P＝400πkN作用，求每一螺釘所受之剪應力為多少MPa？

(A)125　　　　(B)250

(C)500　　　　(D)1000。

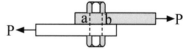

（　）**4** 下列敘述何者錯誤？　(A)E與幾何形狀無關　(B)E與應力大小有關　(C)一般金屬之μ介於0.25～0.35間　(D)G與幾何形狀無關。

（　）**5** 右圖所示兩端承受拉力80kN，構件的剪力彈性係數（剛性係數）G為80GPa，則該構件之剪應變為多少rad？

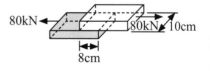

(A)10　(B)$\dfrac{1}{10}$　(C)8000　(D)$\dfrac{1}{8000}$。

(　) **6** 如右圖所示之螺栓接頭用一顆鉚釘連接，若外力P＝2000πN，螺栓之直徑為2cm，則螺栓剪應力為何？
(A)5　(B)10　(C)20　(D)40。

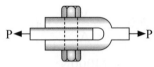

(　) **7** 摩擦力是一種　(A)張力　(B)壓力　(C)剪力　(D)彎曲力。

(　) **8** 若鋼板的破壞之剪應力為25MPa，欲在一厚5mm之鋼板上沖出一直徑40mm之圓孔，此時沖頭所承受之壓應力為　(A)5000π MPa　(B)500π MPa　(C)25MPa　(D)12.5MPa。

(　) **9** 某一材料之剛性係數G為80GPa，承受一剪力P作用後，產生如右圖所示之變形量，求該材料所受平均剪應力τ之大小為多少MPa？　(A)100　(B)200　(C)400　(D)800。

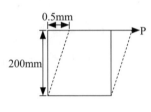

(　) **10** 有一彈性材受剪力作用後產生0.005弧度之剪應變，已知該材料的剪力彈性係數G為80GPa，則施加之剪應力為多少MPa？
(A)400　(B)200　(C)100　(D)50。

(　) **11** 若銑床傳動軸直徑8cm，傳動100N-m的轉動力矩，若鍵的寬度1cm，厚度0.8cm，長度10cm，則此鍵所承受的剪應力為多少MPa？　(A)1.25　(B)2.5　(C)5　(D)10。

10-2　正交應力與剪應力的關係

1. 單軸向應力分析：一桿件面積為A，兩端承受軸向力P的作用，則在桿件的橫截面上僅產生正交應力 $\sigma = \dfrac{P}{A}$，夾角θ的任一斜截面上，此P力可分解為與斜截面互相垂直及平行的兩分力N及V。$N = P\cos\theta$，$V = P\sin\theta$

由於mn斷面的面積為A，而m'n'斷面的面積為A'，二者之間的關係為

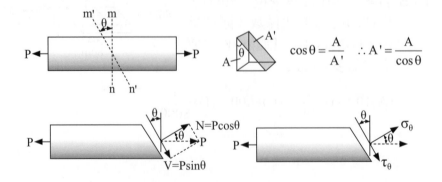

$$\cos\theta = \frac{A}{A'} \quad \therefore A' = \frac{A}{\cos\theta}$$

(1) 夾角θ時之正交應力與剪應力

① 正交應力 $\sigma_\theta = \dfrac{N}{A'} = \dfrac{P\cos\theta}{A/\cos\theta} = \dfrac{P}{A}\cos^2\theta$

② 剪應力 $\tau_\theta = \dfrac{V}{A'} = \dfrac{P\sin\theta}{A/\cos\theta} = \dfrac{P}{A}\sin\theta\cos\theta = \dfrac{P}{2A}2\sin\theta\cos\theta = \dfrac{P}{2A}\sin2\theta$

單軸向負荷			
	$\sigma_\theta = \dfrac{P}{A}\cos^2\theta$	$\tau_\theta = \dfrac{P}{2A}\sin2\theta$	
0°	$\sigma_\theta = \sigma_{max} = \dfrac{P}{A}$	$\tau_\theta = 0$	當應力為最大或最小時剪應力均為零
90°	$\sigma_\theta = \sigma_{min} = 0$	$\tau_\theta = 0$	
45°	$\sigma_\theta = \dfrac{P}{2A}$	（P為拉力或壓力）$\tau_\theta = \dfrac{P}{2A} = \tau_{max}$	單軸向負荷時45°應力和剪應力相等
θ的互餘應力為 90°+θ（30°互餘為120°）	$\sigma_\theta + \sigma'_\theta = \dfrac{P}{A}$	$\tau_\theta = -\tau'_\theta$	兩互餘應力相加＝原來應力
			兩互餘剪應力大小相等、方向相反

註 A. 延展性的材料對於抵抗剪力較弱，當其受張力或壓力時，會沿與軸成45°的斜斷面上破壞，是屬於剪力破壞。

B. 脆性材料對於抵抗張力較弱，拉壓強度最強，當其承受軸向張力時，會沿與軸成90°的橫斷面上破壞，是屬於張力破壞。

C. 材料受軸向力時，材料在45°斜截面上之剪應力為最大，等於最大正交應力之半。

$(\tau_\theta)_{max} = \dfrac{P}{2A} = \dfrac{\sigma}{2}$ 　$\tau_{max} = \dfrac{P（拉力或壓力）}{2A}$

D. 單軸向負荷當θ＝45°時，應力和剪應力相同 $\sigma_{45°} = \dfrac{P}{2A} = \tau_{45°}$

(2) 互餘應力：兩互相垂直之斜面上所生的應力稱為互餘應力。

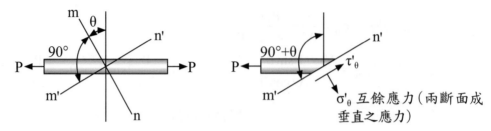

與截面mn互相垂直之斜面m'n'上之應力 σ'_θ 與 τ'_θ 稱為互餘應力。

其中（即θ角之互餘應力夾角為：$90°+\theta$）（30°互餘為120°）

①互餘應力 $\sigma'_\theta=\dfrac{P}{A}\cos^2(90°+\theta)=\dfrac{P}{A}\sin^2\theta$ ，[註：$\cos(90°+\theta)=-\sin\theta$]

$$\sigma_\theta+\sigma'_\theta=\frac{P}{A}\cos^2\theta+\frac{P}{A}\sin^2\theta=\frac{P}{A}\left(\cos^2\theta+\sin^2\theta\right)=\frac{P}{A}$$

②互餘剪應力 [註：$\sin 2(90°+\theta)=\sin(180°+2\theta)=-\sin 2\theta$]

$$\tau'_\theta=\frac{P}{2A}\sin 2(90°+\theta)=\frac{P}{2A}\sin(180°+2\theta)=-\frac{P}{2A}\sin 2\theta=-\tau_\theta$$

$$\begin{cases}\sigma_\theta+\sigma'_\theta=\dfrac{P}{A}\text{（兩互餘應力之合＝原來之應力）}\\[2mm]\tau_\theta=-\tau'_\theta\text{（兩互餘之剪應力，大小相等，方向相反）}\end{cases}$$

(3)莫耳圓圖解法（另解）：

X軸表應力σ、Y軸表剪應力τ，角度由 σ_x 開始劃，題目逆時針轉θ角，圖形則逆時針轉2θ角。（順時針順時針轉，逆時針逆時針轉）

$\sigma_x=\dfrac{P}{A}$，$\sigma_y=0$

半徑 $=\dfrac{1}{2}\times\dfrac{P}{A}=\tau_{max}$

$\tau_\theta=r\sin 2\theta=\dfrac{P}{2A}\sin 2\theta$

圓心 $=\dfrac{1}{2}\times\dfrac{P}{A}$

$\sigma_\theta=$ 圓心座標 $+r\cos 2\theta=\dfrac{P}{2A}+\dfrac{P}{2A}\cos 2\theta$

$=\dfrac{P}{2A}\left(1+\cos 2\theta\right)=\dfrac{P}{2A}\left(\sin^2\theta+\cos^2\theta+\cos^2\theta-\sin^2\theta\right)$

$=\dfrac{P}{A}\cos^2\theta$

範題解說 1

做材料拉伸應力分析時，將一直徑20mm的軟鋼圓桿，受軸向力P＝20πkN作用，則右圖所示的mn斜斷面上的正交應力為多少？剪應力為多少？互餘應力各為多少？

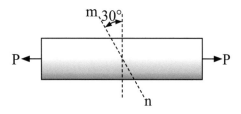

詳解

$$\sigma_\theta = \frac{P}{A}\cos^2\theta = \frac{20\pi \times 1000}{\frac{\pi}{4}(20)^2}\cos^2 30°$$

$$= 150\text{MPa}$$

$$\tau_\theta = \frac{P}{2A}\sin 2\theta = \frac{20\pi \times 1000}{2 \times [\frac{\pi}{4}(20)^2]}\sin(2 \times 30°)$$

$$= 50\sqrt{3}\text{MPa}$$

$$\sigma_\theta + \sigma'_\theta = \frac{P}{A}$$

$$\therefore 150 + \sigma'_\theta = \frac{20\pi \times 1000}{\frac{\pi}{4}(20)^2} = 200$$

$$\therefore \sigma'_\theta = 50\text{MPa}，$$

$$\tau'_\theta = -\tau_\theta = -50\sqrt{3}\text{MPa}$$

即時演練 1

每邊長為4cm之矩形鋼桿，承受軸向張力P為160kN，試求其在θ角為30度之mn上的正交應力與剪應力及互餘應力。

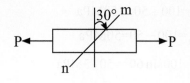

另解

$$\sigma_x = \frac{P}{A} = \frac{20\pi \times 1000}{\frac{\pi}{4}(20)^2} = 200\text{MPa}，$$

$$\sigma_y = 0$$

$$\sigma_\theta = 100 + 50 = 150\text{MPa}，$$

$$\sigma'_\theta = 100 - 50 = 50\text{MPa}$$

$$\tau_\theta = 100\sin 60° = 50\sqrt{3}\text{MPa}$$

$$\tau'_\theta = -\tau_\theta = -50\sqrt{3}\text{MPa}$$

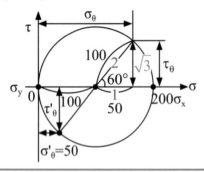

範題解說 **2**	即時演練 **2**
面積為1000mm^2的金屬圓桿，使兩端承受拉力作用，若圓桿可承受最大拉應力為140MPa，最大剪應力為80MPa，則此材料可容許兩端最大拉力為多少kN？	一圓桿受到12kN軸向拉力的情形，若容許的最大拉應力為80MPa，最大剪應力為30MPa，則此圓桿可容許的最小斷面積為多少？

詳解 最大拉應力 $\sigma_{max} = \dfrac{P_t}{A}$，

$140 = \dfrac{P_t}{1000}$，$P_t = 140000\text{N} = 140\text{kN}$

最大剪應力 $\tau_{max} = \dfrac{P_s}{2A}$，

$80 = \dfrac{P_s}{2 \times 1000}$，$P_s = 160000\text{N} = 160\text{kN}$

容許的最大拉力須取較小值才安全，為140kN　∴答140kN

範題解說 3	即時演練 3

鋼製的螺絲承載160πkN的負荷，鋼之容許拉應力為100MPa，容許剪應力為80MPa，試求直徑d及螺絲頭高h各為多少才可承受此負荷？

一正方形斷面為6cm×6cm之矩形桿，由兩個斜面膠接而成，在AB面膠接在一起，如右圖所示，若膠接處之容許剪應力為60MPa，試求此桿之容許拉力最大為若干kN？

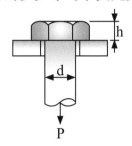

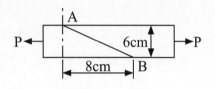

詳解 (1)考慮直徑為單軸向負荷

$$\sigma_{max}=\frac{P}{A_{拉}} \quad , \quad 100=\frac{160\pi\times10^3}{A_{拉}}$$

$$\therefore A_{拉}=1600\pi \ mm^2$$

$$\tau_{max}=\frac{P}{2A_{剪}} \quad , \quad 80=\frac{160\pi\times1000}{2A_{剪}}$$

$$\therefore A_{剪}=1000\pi \ mm^2$$

面積選大者才安全

$$\therefore A=1600\pi=\frac{\pi}{4}d^2$$

$$\therefore d=80mm$$

(2)考慮h為剪力破壞

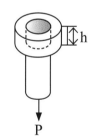

$$\therefore \tau=\frac{P}{A}=\frac{P}{\pi Dh} \quad \therefore 80=\frac{160\pi\times1000}{\pi\times80\times h}$$

$$\therefore h=25mm$$

小試身手

(　) **1** 一桿承受拉力作用時，其最大剪應力發生於與橫截面成 (A)30° (B)45° (C)60° (D)90° 之斜截面上。

(　) **2** 受拉力作用之物體，與軸向成傾斜之平面，會產生何種應力？ (A)無任何應力 (B)正向應力 (C)剪應力 (D)同時有正向應力與剪應力。

(　) **3** 延性材料受拉力而斷裂，其所受之破壞應力為 (A)剪應力 (B)拉應力 (C)壓應力 (D)彎曲應力。

(　) **4** 均勻鋼棒受軸向力P，若斷面積為A，則最大剪應力為 (A)$\dfrac{2P}{A}$ (B)$\dfrac{P}{2A}$ (C)$\dfrac{P}{A}$ (D)$\dfrac{3P}{4A}$。

(　) **5** 脆性材料受軸向拉力作用而斷裂，其所受的破壞應力為 (A)拉應力 (B)壓應力 (C)剪應力 (D)彎曲應力。

(　) **6** 長度為0.5m的桿件，若彈性係數為200GPa，受到拉伸負荷作用，當伸長量為0.5mm時，桿件內的最大剪應力為多少MPa？ (A)100 (B)200 (C)400 (D)1000。

(　) **7** 一拉力試驗的試片受軸向拉力8000N的作用，如圖所示；若試片厚度為4mm，試片寬度為25mm，則試片截面上的最大剪應力是多少MPa？ (A)40 (B)50 (C)60 (D)80。

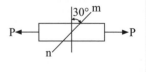

(　) **8** 若圓桿斷面積為$80\,mm^2$，已知此桿材料能承受拉應力為200MPa，而能承受之剪應力為80MPa，試求此桿能承受之軸向拉力最大為若干kN？ (A)6.4 (B)12.8 (C)8 (D)16。

(　) **9** 有一圓桿承受P＝60kN之張力作用，若此材料所容許之張應力為150MPa，容許之最大剪應力為80MPa，試求此圓桿之最小安全斷面積為多少mm^2？ (A)375 (B)200 (C)750 (D)400。

(　) **10** 一短鋼柱受軸向拉力P＝100kN，其橫斷面為邊長為2cm之正方形，求此鋼柱內mn平面上之正交應力為多少MPa？ (A)62.5 (B)125 (C)187.5 (D)$62.5\sqrt{3}$。

(　) **11** 同上題，mn平面上之剪應力為多少MPa？ (A)$62.5\sqrt{3}$ (B)$-62.5\sqrt{3}$ (C)62.5 (D)−62.5。

2.雙軸向負荷（若x、y軸上只有σ_x和σ_y，則σ_x和σ_y為「主應力」）

夾角θ	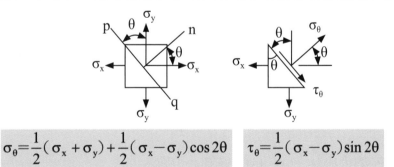$$\sigma_\theta = \frac{1}{2}(\sigma_x + \sigma_y) + \frac{1}{2}(\sigma_x - \sigma_y)\cos 2\theta$$	$$\tau_\theta = \frac{1}{2}(\sigma_x - \sigma_y)\sin 2\theta$$
0°	$\sigma_\theta = \sigma_x = \sigma_{max}$當（$\sigma_x > \sigma_y$）	$\tau_\theta = 0$
90°	$\sigma_\theta = \sigma_y = \sigma_{min}$ 當應力為最大或最小時稱為主應力，主應力所作用的平面稱為主平面，在主平面上剪應力均為零	$\tau_\theta = 0$
45°	$\sigma_\theta = \frac{1}{2}(\sigma_x + \sigma_y)$	$\tau_\theta = \tau_{max} = \frac{1}{2}(\sigma_x - \sigma_y)$
互餘應力 θ、90°+θ	$\sigma_\theta + \sigma'_\theta = \sigma_x + \sigma_y$ 兩互餘應力相加＝原來應力相加	$\tau'_\theta = -\tau_\theta$ 兩互餘剪應力大小相等，方向相反
	當 $\sigma_x = -\sigma_y$，θ=45°，$\sigma_\theta = 0$ 稱為純剪	當 $\sigma_x = \sigma_y$ 時 τ_θ 均為0

$$\sigma_\theta = \frac{1}{2}(\sigma_x + \sigma_y) + \frac{1}{2}(\sigma_x - \sigma_y)\cos 2\theta \qquad \tau_\theta = \frac{1}{2}(\sigma_x - \sigma_y)\sin 2\theta$$

(1) 正交應力與剪應力的極限

①當θ=0°，cos0°=1，sin0°=0，故 $\sigma_{max} = \sigma_x$ ，$\tau = 0$

②當θ=45°時，cos90°=0，sin90°=1

剪應力有極大值 $\tau_{max} = \frac{1}{2}(\sigma_x - \sigma_y)$ ，45°時正交應力為 $\sigma_{45°} = \frac{1}{2}(\sigma_x + \sigma_y)$

③ 當$\theta=90°$時，$\cos180°=-1$，$\sin180°=0$，$\sigma_{min}=\sigma_y$，$\tau=0$（若$\sigma_x>\sigma_y$，則$0°$、σ_θ最大，$90°$ σ_θ最小，但τ均為0）

④ 當正交應力為最大值及最小值稱為主應力，主應力所作用的平面稱為主平面，在主平面上的剪應力均為零。

(2) $45°$時，剪應力之值等於兩主應力差的一半，即 $\boxed{\tau_{45°}=\tau_{max}=\dfrac{1}{2}(\sigma_x-\sigma_y)}$

當剪應力最大時，此平面上的正交應力值等於兩主應力和的一半，即

$$\sigma_{45°}=\frac{1}{2}(\sigma_x+\sigma_y)$$

(3) 若兩主應力的值大小相同時，則在任一斷面上，皆無剪應力存在。

$$\tau_\theta=\frac{1}{2}(\sigma_x-\sigma_y)\sin2\theta \ 當 \ \sigma_x=\sigma_y \ ，\tau_\theta 均為0。$$

(4) 互餘應力（θ角互餘為$90°+\theta$）（兩斷面呈垂直之應力為互餘應力）

① 兩互餘正交應力之和為等於原來之應力和 $\boxed{\sigma_n+\sigma_n'=\sigma_x+\sigma_y}$

② 兩互餘剪應力，大小相等，方向相反，即 $\boxed{\tau_\theta'=-\tau_\theta}$

(5) 莫耳圓畫法（另解）：

> 將應力σ視為橫座標；剪應力τ為縱座標，用σ_x、σ_y為兩端點畫出一個圓，其圓心座標為$\dfrac{1}{2}(\sigma_x+\sigma_y)$，半徑為$\dfrac{1}{2}(\sigma_x-\sigma_y)$，此圓則稱為莫耳圓。
>
> ① 以σ軸上的σ_x為起始點，如圖形與σ_y軸逆時針轉θ角，則逆時針旋轉為2θ角，在圓周上可以得到A點座標，A點座標的應力值為（σ_θ，τ_θ），此應力值即斜斷面上的正交應力及剪應力的大小。
>
> ② 當$2\theta=90°$時，τ有極大值，τ為$\dfrac{1}{2}(\sigma_x-\sigma_y)$，此值為圓的半徑。此時$\sigma_\theta$的大小為$\dfrac{1}{2}(\sigma_x+\sigma_y)$在圓心位置。
>
> ③ θ的互餘應力夾角為$90°+\theta$，即在A′點上，其$\tau_\theta'=-\tau_\theta$
>
> $$\therefore \tau_\theta=r\sin2\theta=\frac{1}{2}(\sigma_x-\sigma_y)\sin2\theta$$
>
> $$\sigma_\theta=圓心座標+r\cos2\theta$$
> $$=\frac{1}{2}(\sigma_x+\sigma_y)+\frac{1}{2}(\sigma_x-\sigma_y)\cos2\theta$$

逆時針轉θ角

④圓心座標 $= \dfrac{\sigma_x + \sigma_y}{2} = \dfrac{\sigma_\theta + \sigma_\theta{}'}{2}$

$\therefore \sigma_x + \sigma_y = \sigma_\theta + \sigma_\theta{}'$

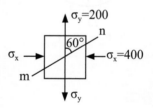

逆時針轉 2θ 角

圓心座標 $= \dfrac{\sigma_x + \sigma_y}{2}$　半徑 $= \dfrac{\sigma_x - \sigma_y}{2}$

$\tau_\theta = r\sin 2\theta$

範題解說 **4**

如下圖所示，一雙軸向應力作用於物體，若 $\sigma_x = 80\text{MPa}$，$\sigma_y = 40\text{MPa}$，則在 $\theta = 30°$ 斜斷面上的正交應力及剪應力各為多少？最大剪應力為多少？

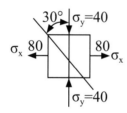

詳解

$\sigma_\theta = \dfrac{1}{2}(\sigma_x + \sigma_y) + \dfrac{1}{2}(\sigma_x - \sigma_y)\cos 2\theta$

註 $\sigma_x = 80$，$\sigma_y = -40$（負表壓應力）

$= \dfrac{1}{2}(80 - 40) + \dfrac{1}{2}\big[(80) - (-40)\big]$

$\cos(2 \times 30°)$

$= 50\text{MPa}$

即時演練 **4**

雙軸向應力如下圖所示，$\sigma_x = 400\text{MPa}$，$\sigma_y = 200\text{MPa}$，求 $\theta = 60°$ 時方向之(1)正交應力與剪應力及互餘應力各為多少？(2)最大剪應力為多少MPa？此最大剪應力斷面上之正交應力為多少MPa？

$$\tau_\theta = \frac{1}{2}(\sigma_x - \sigma_y)\sin 2\theta$$

$$= \frac{1}{2}\big[(80)-(-40)\big]\sin(2\times 30°)$$

$$= 30\sqrt{3}\,\text{MPa}$$

$$\tau_{max} = \frac{1}{2}(\sigma_x - \sigma_y) = \frac{1}{2}\big[(80)-(-40)\big]$$

$$= 60\,\text{MPa}$$

另解　圓心坐標20，半徑60

$$\therefore \tau_{max} = 60 \text{，} \tau_\theta = 60\sin 60° = 30\sqrt{3}$$

$$\sigma_\theta = 20+60\cos(2\times 30°) = 50\,\text{MPa}$$

$$圓心 = \frac{\sigma_x + \sigma_y}{2} \qquad 半徑 = \frac{\sigma_x - \sigma_y}{2}$$

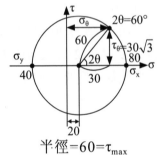

半徑=60=τ_{max}

小試身手

( )　**1** 若主平面上之拉應力為100MPa，則該平面上的剪應力為？
(A)200　(B)100　(C)50　(D)0　MPa。

( )　**2** 下列敘述，何者錯誤？　(A)最大主應力面與最小主應力面之夾角為45°　(B)主應力面與最大剪應力面成45°夾角　(C)主應力面上之剪應力為零　(D)最大剪應力等於最大與最小主應力差值之一半。

( )　**3** 材料承受雙軸向力的作用，則與軸成多少度時，會有最大剪應力存在？　(A)0°　(B)30°　(C)45°　(D)90°。

( ) **4** 下列敘述，何者不正確？ (A)主應力必為拉應力 (B)在主平面上之剪應力均為零 (C)主平面上之應力稱為主應力 (D)莫耳圓之半徑即為最大剪應力。

( ) **5** 某元素承受雙軸向應力作用，x方向應力為200MPa，y方向應力為100MPa，則其最大剪應力為 (A)100 (B)50 (C)150 (D)300 MPa。

( ) **6** 如右圖，則最大剪應力τ_{max}與作用在最大剪應力面上之法線應力σ_θ之敘述何者正確？ (A)$\tau_{max}=30MPa$ (B)$\tau_{max}=0MPa$ (C)$\sigma_\theta=10MPa$ (D)$\sigma_\theta=0$。

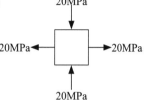

( ) **7** 若材料承受雙軸向應力σ_x及σ_y，則與橫截面成45°之傾斜面上之正交應力為

$$(A)\ \sigma_x + \sigma_y \quad (B)\ \frac{\sigma_x - \sigma_y}{2} \quad (C)\ \frac{\sigma_x + \sigma_y}{2} \quad (D)\ \sigma_x - \sigma_y \ 。$$

( ) **8** 如右圖所示，材料承受$\sigma_x=240MPa$，$\sigma_y=-80MPa$，試求當$\theta=30°$時mn斜截面之正交應力為多少MPa？

(A)160 (B)0

(C)$80\sqrt{3}$ (D)$-80\sqrt{3}$ 。

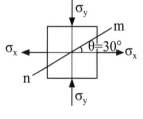

( ) **9** 如右圖所示，一材料承受$\sigma_x=200MPa$，$\sigma_y=120MPa$，當$\theta=30°$時之剪應力為多少MPa？

(A)180 (B)20

(C)$-20\sqrt{3}$ (D)$20\sqrt{3}$ 。

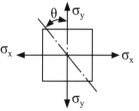

3. 純剪

(1) 純剪：材料僅受剪應力作用，而無正交應力，則此狀態稱為純剪。如

下圖所示，若純剪狀態時$\sigma_\theta=0$，$\sigma_\theta=\frac{1}{2}(\sigma_x+\sigma_y)+\frac{1}{2}(\sigma_x-\sigma_y)\cos 2\theta$

當$\sigma_x=-\sigma_y$則在$\theta=45°$處之$\sigma_\theta=0$，此時為純剪狀態。

雙軸向應力 $\sigma_x = -\sigma_y$，$\theta = 45°$時為純剪，此時剪應力為極大值

$$\tau_{max} = \frac{1}{2}(\sigma_x - \sigma_y) = \sigma_x = -\sigma_y$$

(2) 彈性係數（E）與剪力彈性係數（G）的關係

① 純剪時體積應變 $\in_v = 0$（$\because \in_v = \dfrac{(\sigma_x + \sigma_y + \sigma_z)(1-2\mu)}{E}$，又 $\sigma_x = -\sigma_y$，

$\sigma_z = 0$ $\therefore \in_v = 0$）

② 剪力彈性係數 $G = \dfrac{E}{2(1+\mu)}$

（當$\mu = 0$，$G = \dfrac{E}{2}$；當$\mu = 0.5$，$G = \dfrac{E}{3}$ $\therefore \dfrac{E}{3} < G < \dfrac{E}{2}$）

③ 體積彈性係數 $E_v = \dfrac{E}{3\,(1-2\mu)}$ （或 $K = \dfrac{E}{3(1-2\mu)}$；

當$\mu = 0$，$K = \dfrac{E}{3}$；當$\mu = \dfrac{1}{3}$，$K = E$；當$\mu = -$，$K = \infty$）

④ C.D式消去μ，可得 $E = \dfrac{9E_v G}{G + 3E_v}$ 或 $\dfrac{9}{E} = \dfrac{3}{G} + \dfrac{1}{E_v}$ （或 $\dfrac{9}{E} = \dfrac{3}{G} + \dfrac{1}{K}$）

範題解說 **5**	即時演練 **5**
鈦合金材料的彈性係數E=200GPa，蒲松氏比為0.25，則剪力彈性係數為多少？體積彈性係數為多少？	一金屬桿長1m，其截面邊長為10cm之正方形，受軸向力10kN之拉力作用後，長度伸長0.004mm，截面邊長縮短0.0001mm，則此金屬桿之剪力彈性係數及體積彈性係數各為若干？

詳解

$G = \dfrac{E}{2(1+\mu)} = \dfrac{200}{2(1+0.25)} = 80\text{GPa}$

$E_v = \dfrac{E}{3(1-2\mu)} = \dfrac{200}{3(1-2\times0.25)}$
$\quad = 133.3\text{GPa}$

註：一般材料而言，$0.25 < \mu < 0.35$時，$E > E_v > G$

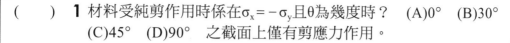

小試身手

(　) **1** 材料受純剪作用時係在$\sigma_x = -\sigma_y$且θ為幾度時？　(A)0°　(B)30°
(C)45°　(D)90°　之截面上僅有剪應力作用。

(　) **2** 下列雙軸向應力何者會發生純剪？

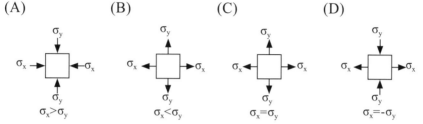

(　) **3** 若材料受純剪時，則體積應變為　(A)零　(B)大於零　(C)小於
零　(D)最大。

(　) **4** 有一材料之蒲松氏比為0.3，則彈性係數為E，體積彈性係數
E_v，剪力彈性係數G三者的關係為　(A)E＞G＞E_v　(B)E_v＞E
＞G　(C)E＞E_v＞G　(D)G＞E_v＞E。

(　) **5** 材料受純剪作用，則雙軸向應力σ_x及σ_y之關係為
(A)$\sigma_x = 2\sigma_y$　(B)$\sigma_x = \sigma_y$　(C)$\sigma_x = -\sigma_y$　(D)$\sigma_y = 2\sigma_x$。

(　) **6** 邊長為10cm之正立方體，置於桌上，一面承受20kN之壓力，此
受力方向產生0.001mm之變形量，未受力之兩方向亦有
0.00025mm之變形量，則此材料之剪力彈性係數（G）為
(A)200　(B)20　(C)40　(D)80　GPa。

(　) **7** 鋼彈性係數為100GPa，剪力彈性係數為40GPa，其體積彈性係
數為　(A)80　(B)70　(C)$\dfrac{200}{3}$　(D)125　GPa。

(　) **8** 彈性係數E，剪力彈性係數（剛性係數）G與體積彈性係數K三
者間之關係為

(A) $E = \dfrac{G+3K}{9KG}$　　　　　　　(B) $E = \dfrac{3G+9K}{KG}$

(C) $E = \dfrac{9KG}{G+3K}$　　　　　　　(D) $E = \dfrac{3KG}{9G+K}$　。

(　) **9** 某材料受剪力作用時，其所產生之剪應力為5MPa，剪應變為
0.004弧度，如此材料之蒲松氏比為0.3，則此材料之體積彈
性係數為多少MPa？　(A)3250　(B)1250　(C)2500
(D)2708。

綜合實力測驗

( ) **1** 將書本自裝訂側捲起，未裝訂之一側成斜面突出，是因為紙張滑動，而促成此滑動之力是 (A)拉力 (B)壓力 (C)剪力 (D)扭力。

( ) **2** 當一物體受力作用時，其一部份有沿另一部份發生滑動傾向時，其現象為 (A)張應力 (B)壓應力 (C)剪應力 (D)正交應力 所產生。

( ) **3** 對於機械設計上所使用的係數或因數而言，下列敘述何者錯誤？ (A)金屬蒲松氏比μ的範圍為$0.25 < \mu < 0.35$ (B)楊氏係數E為應力與應變之比 (C)剪力彈性係數G與楊氏係數E無關 (D)安全因數必須大於1。

( ) **4** 材料受純剪作用下，其產生之體積應變為 (A)ε_x (B)ε_y (C)$\varepsilon_x + \varepsilon_y$ (D)0。

( ) **5** 已知某衝孔機至少需要施加5000N的作用力於衝頭，才可在一薄板上衝出一個直徑為d的圓孔。若要衝出直徑2d的圓孔，則需施加的作用力至少應為多少N？ (A)1250 (B)2500 (C)10000 (D)20000。

( ) **6** 一均質圓柱承受一軸向拉應力則在45°的斜截面上之剪應力的特性為 (A)最小且等於最大正交應力之半 (B)最小且等於最大正交應力 (C)最大且等於最大正交應力 (D)最大且等於最大正交應力之半。

( ) **7** 如圖圓軸，承受軸向力P，斷面積為A，試求其最大剪應力為多少？ (A)$\dfrac{P}{A}$ (B)$\dfrac{P}{2A}$ (C)$\dfrac{P}{3A}$ (D)$\dfrac{P}{4A}$。

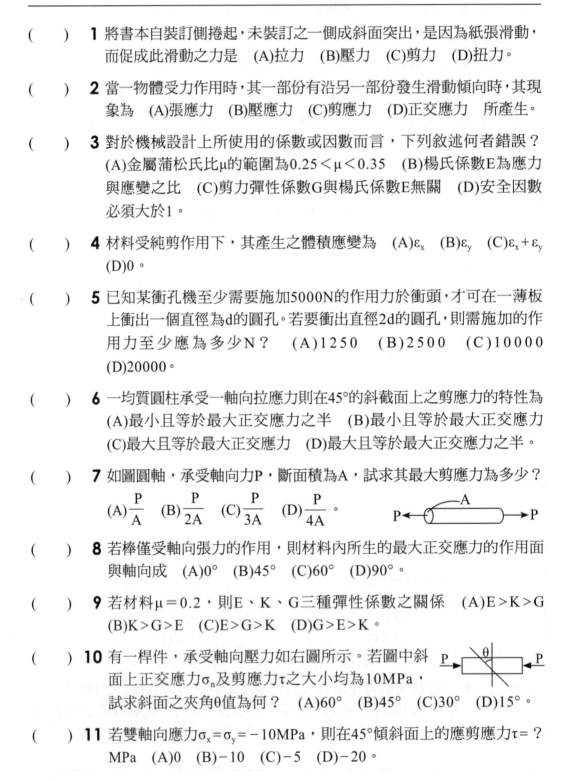

( ) **8** 若棒僅受軸向張力的作用，則材料內所生的最大正交應力的作用面與軸向成 (A)0° (B)45° (C)60° (D)90°。

( ) **9** 若材料$\mu = 0.2$，則E、K、G三種彈性係數之關係 (A)E>K>G (B)K>G>E (C)E>G>K (D)G>E>K。

( ) **10** 有一桿件，承受軸向壓力如右圖所示。若圖中斜面上正交應力σ_n及剪應力τ之大小均為10MPa，試求斜面之夾角θ值為何？ (A)60° (B)45° (C)30° (D)15°。

( ) **11** 若雙軸向應力$\sigma_x = \sigma_y = -10$MPa，則在45°傾斜面上的應剪應力$\tau = ?$ MPa (A)0 (B)-10 (C)-5 (D)-20。

（　）**12** 彈性係數E，剛性係數G及體積彈係數K三者間之關係

(A)$\dfrac{1}{E}=\dfrac{3}{K}+\dfrac{9}{G}$　　　　　　　(B)$\dfrac{3}{E}=\dfrac{6}{G}+\dfrac{1}{K}$

(C)$\dfrac{9}{E}=\dfrac{3}{G}+\dfrac{1}{K}$　　　　　　　(D)$\dfrac{1}{E}=\dfrac{9}{K}+\dfrac{3}{G}$。

（　）**13** 體積彈性係數與彈性係數的比值為$\dfrac{5}{6}$，則彈性係數與剪力彈性係數

之比值為　(A)$\dfrac{5}{13}$　(B)$\dfrac{13}{5}$　(C)$\dfrac{7}{23}$　(D)$\dfrac{23}{7}$。

（　）**14** 在主平面，下列敘述何者為非？　(A)剪應力最大　(B)剪應力為零　(C)有一面有最大正向應力　(D)有一面有最小正向應力。

（　）**15** 兩直徑4cm之螺釘連接兩板，如右圖所示，若受力P＝200πkN作用，求每一螺釘所受之剪應力為多少MPa？　(A)125　(B)250　(C)500　(D)1000。

（　）**16** 如右圖所示，若剪斷鋼板所需之剪應力為200MPa，欲在一厚1cm之鋼板衝出直徑2cm之圓孔，試求衝頭所受之壓應力為多少MPa？　(A)40π　(B)400π　(C)200　(D)400。

（　）**17** 如右圖所示，若外力P為100πkN，鉚釘之直徑為50mm，其所受剪應力？　(A)20　(B)40　(C)80　(D)160　MPa。

（　）**18** 一材料承受200πkN之剪力作用，若其剪力彈性係數為80GPa，剪應力為240MPa，則材料之剪應變為

(A)$\dfrac{80}{200\pi}$　(B)3　(C)0.003　(D)$\dfrac{240}{200\pi}$　弧度。

（　）**19** 如右圖所示，長1m之搖桿，以鍵固定於直徑40mm之軸上，用鍵傳達力量，若鍵寬為12mm，長50mm，若鍵之剪應力不得超過120MPa，則負荷P最大值為多少牛頓？　(A)1440　(B)720　(C)360　(D)72。

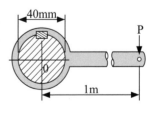

（　）**20** 如右圖所示之桿，其斷面為邊長20mm的正方形，承受一力P＝80kN，則n－n截面上之剪應力大小為多少MPa？　(A)100　(B)200　(C)50　(D)25。

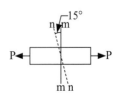

( ) **21** 若材料之彈性係數為E，蒲松氏比為μ，剛性模數為G，則

(A)$G = \dfrac{E}{1+\mu}$ (B)$G = \dfrac{E}{3(1+\mu)}$

(C)$G = \dfrac{E}{2+2\mu}$ (D)$G = \dfrac{E}{3(1+2\mu)}$ 。

( ) **22** 有一圓桿承受P＝60kN之張力作用，若此材料所容許之最大張應力為150MPa，容許之最大剪應力為80MPa，試求此圓桿之最小安全斷面積為 (A)375 (B)200 (C)750 (D)400 mm^2。

( ) **23** 截面正方形邊長10cm之桿件，兩端承受拉力作用，若桿件可承受最大拉應力為70MPa，最大剪應力為30MPa，則許可兩端最大拉力為何？ (A)300 (B)600 (C)700 (D)1200 kN。

( ) **24** 若鋼的彈性係數為100GPa，剪力彈性係數為40GPa，則其體積彈性係數為 (A)80 (B)70 (C)$\dfrac{200}{3}$ (D)125 GPa。

( ) **25** 長度為50cm的桿件，其彈性係數為100GPa，受到拉伸負荷作用，當伸長量為0.4mm時，桿件內的最大剪應力為多少MPa？

(A)40 (B)80 (C)400 (D)800。

( ) **26** 作用於物體x、y軸向的應力分別為σ_x和σ_y，和x軸成30°角的平面上之正向應力為σ_n，則和x軸成120°角的平面之正向應力為？

(A)$\sigma_x + \sigma_y + \sigma_n$ (B)$\sigma_x + \sigma_y - \sigma_n$

(C)$(\sigma_x + \sigma_y)\sigma_n$ (D)$(\sigma_x + \sigma_y)/\sigma_n$ 。

( ) **27** 某材料承受雙軸向力σ_x及σ_y時，若$\sigma_x = -\sigma_y$，則此材料在45°的斜截面上之最大剪應力為 (A)σ_x (B)σ_y (C)$\dfrac{1}{2}(\sigma_x + \sigma_y)$ (D)0。

( ) **28** 若體積彈性係數與彈性係數之比為2：3，則彈性係數與剪力彈性係數之比為 (A)$\dfrac{5}{2}$ (B)$\dfrac{2}{5}$ (C)$\dfrac{3}{5}$ (D)$\dfrac{4}{5}$ 。

( ) **29** 如右圖所示，若$\sigma_x = -200MPa$，$\sigma_y = 200MPa$，則θ為45°斜面之剪應力τ為

(A)100MPa (B)−100MPa

(C)200MPa (D)0MPa。

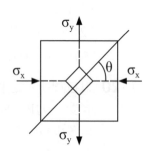

( ) **30** 如右圖所示之材料承受雙軸向應力
作用，若σ_x=120MPa，σ_y=200MPa，
則在pq平面上的正向應力（σ_n）及
剪應力（τ）各為若干？
(A)σ_n=140MPa、τ=$20\sqrt{3}$ MPa
(B)σ_n=180MPa、τ=$20\sqrt{3}$ MPa
(C)σ_n=140MPa、τ=$-20\sqrt{3}$ MPa
(D)σ_n=180MPa、τ=$-20\sqrt{3}$ MPa。

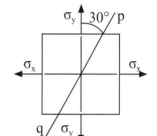

( ) **31** 一圓桿件之蒲松氏比為0.3，彈性係數為E，則剪力彈性數G等於
(A)$\dfrac{E}{1.2}$ (B)$\dfrac{E}{1.4}$ (C)$\dfrac{E}{2.6}$ (D)$\dfrac{E}{4.8}$。

( ) **32** 一正方形之物體，在四邊各承受一剪力F，如右圖所
示，試問該物體內部在45°斜面位置（虛線所示）
之剪力為何？ (A)$\sqrt{2}F$ (B)F (C)$\dfrac{F}{\sqrt{2}}$ (D)0。

( ) **33** 長度為50mm的桿件，其彈性係數為200GPa，受到拉伸負荷作用，
當伸長量為0.05mm時，桿件內的最大剪應力為多少MPa？
(A)100 (B)200 (C)400 (D)1000。

( ) **34** 兩塑膠管以膠接黏合
如右圖所示，兩管之
管壁厚度t＝5mm，
膠接黏合之長度為
100mm，接合部位之
直徑50mm，接合後

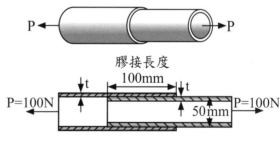

膠接長度

管件兩端受100N之拉力作用，則膠黏處之平均剪應力約為多少
N/m²？ (A)3266 (B)6366 (C)7544 (D)20000。

( ) **35** 如圖所示，若板寬為120mm，板
厚為20mm，鉚釘直徑為20mm，
承受35πKN之張力作用，則下列
何者正確？ (A)板之最大張應
力為43.75πMPa (B)鉚釘與板間
壓應力12.5πMPa (C)鉚釘之剪
應力為50MPa (D)以上皆是。

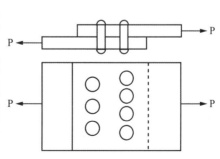

（　　）**36** 如圖，若板寬為100mm，板厚為20mm，鉚釘直徑為25mm，若板之容許張應力為60MPa，鉚釘之容許剪應力為$\frac{100}{\pi}$MPa，而板及鉚釘之容許壓應力為80MPa，試求此鉚釘連接件所能承受之最大拉力P為多少牛頓？　(A)30　(B)60　(C)62.5　(D)80。

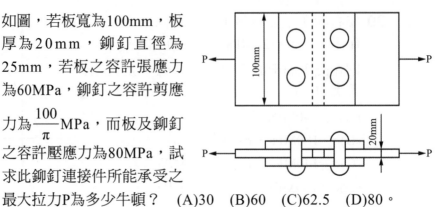

（　　）**37** 如圖所示之雙軸向負荷，若σ_x＝120MPa，σ_y＝40MPa，材料之蒲松氏比μ＝0.25。若以一單軸向負荷來取代此雙軸向負荷，使其產生之最大應變量相等，試求此單軸向之應力為多少MPa？

(A)40　(B)80　(C)100　(D)110。

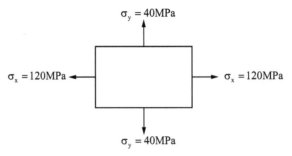

（　　）**38** 剪力彈性係數為G，彈性係數為E，在一般材料下，E與G的關係範圍為多少？　(A)2G＜E＜3G　(B)3G＜E＜4G　(C)2E＜G＜3E　(D)3E＜G＜4E。

（　　）**39** 某材料承受雙軸向應力作用，分別為σ_x＝160MPa，σ_y＝－120MPa，則下列敘述何者錯誤？　(A)純剪存在於45°的斜截面上　(B)45°的斜截面上最大剪應力值為140MPa　(C)最大正交應力值為160MPa　(D)60°的斜截面上的正交應力與互餘應力的和為40MPa。

（　　）**40** 截面為100mm×100mm的正方形截面之桿件受到壓力F＝800kN作用，如圖所示，斜截面pq上之正交應力σ_n及剪應力τ_n各為多少MPa？

(A)20，$-20\sqrt{3}$　(B)－20，$20\sqrt{3}$

(C)10，$-10\sqrt{3}$　(D)－10，$10\sqrt{3}$。

（　）**41** 如圖所示，欲將此材料凸出之部位剪斷，已知此部位之高度為40mm，而其寬度為60mm，若施於沖頭之作用力為120kN，試求此材料所受之剪應力為多少MPa？（若G＝120GPa）

(A)25　(B)50　(C)40　(D)60。

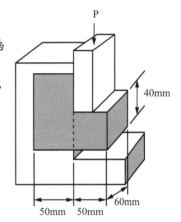

（　）**42** 如圖所示的幾何面積，具有角度（60°）及尺寸（50mm）均相同的4個銳角，且該面積分別對稱於圖中所示的水平軸及垂直軸。欲以沖床沖切該面積的板材，若板料厚度為3mm，且板料的抗剪強度為300MPa，則沖頭應至少施加多少kN的力才能完成沖切？

(A)180　　　　(B)360

(C)540　　　　(D)720。

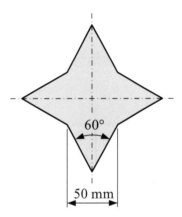

（　）**43** 如圖所示之螺栓直徑為2cm，若螺栓的容許剪應力為$\dfrac{400}{\pi}$MPa，則此設計可承受之最大傳動軸扭矩為多少N-m？

(A)40000　(B)64000　(C)16000　(D)32000。

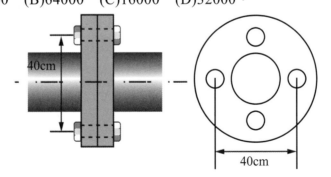

第十一章　平面之性質

重要度 ★★☆☆☆

11-1　慣性矩和截面係數

1. 慣性矩之定義為：一平面內各面積乘以其與轉軸間距離平方的總和，稱為面積之慣性矩（或稱面積之二次矩）以 I 表示。

   (1) 面積對 x 軸之慣性矩（如圖11-1所示）$I_x = a_1y_1{}^2 + a_2y_2{}^2 + a_3y_3{}^2 + \cdots\cdots$

   (2) 面積對 y 軸之慣性矩 $I_y = a_1x_1{}^2 + a_2x_2{}^2 + a_3x_3{}^2 + \cdots\cdots$

   (3) 慣性矩恆為正值，單位為長度之四次方，即 cm^4 或 mm^4 或 in^4。

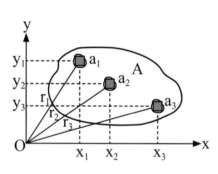 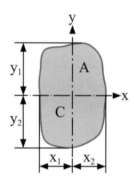

圖11-1　面積之慣性矩　　　　圖11-2　截面係數

2. 截面係數之定義為：【慣性矩】除以【中立軸至截面最遠邊緣的距離】，所得之商，稱為截面係數（或剖面係數、剖面模數）以 Z 表示。如圖11-2所示。

   (1) 對 x 軸之截面係數 $Z_{x1} = \dfrac{I_x}{y_1}$ ； $Z_{x2} = \dfrac{I_x}{y_2}$ （一般取較小值為 Z_x）

   (2) 對 y 軸之截面係數 $Z_{y1} = \dfrac{I_y}{x_1}$ ； $Z_{y2} = \dfrac{I_y}{x_2}$ （一般取較小值為 Z_y）

   (3) 截面係數的單位為長度之三次方；即 cm^3 或 mm^3 或 in^3。

小試身手

( ) **1** 慣性矩為面積之幾次矩？ (A)三次矩 (B)四次矩 (C)二次矩 (D)一次矩。

( ) **2** 面積之慣性矩，除以該中立軸至橫斷面之邊緣距離所得之商稱為 (A)截面係數 (B)面積矩 (C)極慣性矩 (D)迴轉半徑。

( ) **3** 下列有關截面積慣性矩的敘述何者錯誤？ (A)又稱為面積的二次矩 (B)慣性矩的大小為平面內各微小截面積乘以其相對應軸間距離平方的總和 (C)慣性矩為純量 (D)其值可正，亦可為負。

( ) **4** 下列何者可以是慣性矩的單位？
(A)cm^2 (B)cm^4 (C)cm^3 (D)mm^3。

11-2 平行軸定理與迴轉半徑

1. 平行軸定理：一面積對某軸之慣性矩，等於該面積之形心軸的慣性矩，與該面積乘以此兩平行軸間距離平方的總和，稱為平行軸定理（如圖11-3所示），$I_S = I_{形心} + A \cdot L^2$

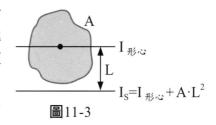
圖11-3

註 通過形心軸之慣性矩，恆小於其對任一平行軸之慣性矩。（平行軸定理只適用一軸通過形心才能使用）

2. 迴轉半徑定義：面積對某軸的慣性矩為長度之四次方，所以慣性矩可寫成面積與長度平方之乘積，而此長度稱為此面積對該軸之迴轉半徑，以K表示。

即 $I_x = AK_x^2$; $I_y = AK_y^2$ $K_x = \sqrt{\dfrac{I_x}{A}}$; $K_y = \sqrt{\dfrac{I_y}{A}}$

註 ① 面積對於數平行軸之慣性矩中，以對中立軸（形心軸）慣性矩為最小。

② 截面中心軸（形心軸）之迴轉半徑最小（$\because I$最小）。

③ 一面積對任一軸之迴轉半徑恒大於其形心至該軸之距離（$\because I_s = I_{形心} + AL^2$。 $\therefore AK_s^2 = AK_{形心}^2 + AL^2$ $\therefore K_s^2 = K_{形心}^2 + L^2$ $\therefore K_s > L$）

範題解說	即時演練
如下圖所示，平面的面積為 $10mm^2$，a、b兩軸互相平行，對a軸的慣性矩為$170mm^4$，若形心在G點，則其對b軸的慣性矩及迴轉半徑各為若干？	如下圖所示，面積為$8cm^2$對a軸之慣性矩為$160cm^4$，此面積之形心位於G點，試求其對b軸之慣性矩及迴轉半徑各為若干？

詳解 $I_s = I_{形心} + A \cdot L^2$

$I_a = I_{形心} + 10 \cdot 1^2 = 170$

$\therefore I_{形心} = 160mm^4$

$I_b = I_{形心} + A \cdot L^2$

$\quad = 160 + 10 \times 3^2 = 250mm^4$

$I_b = A \cdot K_b^2$

$250 = 10 \cdot K_b^2 \quad \therefore K_b = 5mm$

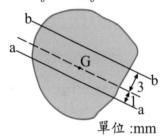

單位:mm

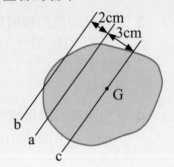

小試身手

(　　) **1** 已知A軸為形心軸，平面對A、B、C三平行軸之慣性矩分別為I_A、I_B、I_C，其中以何者為最小？　(A)I_A　(B)I_B　(C)I_C (D)皆相等。

(　　) **2** 下列何者錯誤？

(A)面積A對x軸的慣性矩為：$I_x = A_1 y_1^2 + A_2 y_2^2 + A_3 y_3^2 + \cdots + A_n y_n^2$

(B)平行軸定理為「一面積對某軸之慣性矩為：該面積形心軸之慣性矩及此面積與兩軸間距離平方乘積之和」

(C)慣性矩為面積與長度平方之乘積，而此長度即為迴轉半徑

(D)截面係數單位為cm4。

(　) **3** 迴轉半徑K_x，慣性矩I_x，與截面積A三者之關係為

(A)$K_x=\dfrac{I_x}{A}$　　(B)$K_x=\dfrac{I_x}{A^2}$　　(C)$K_x=\sqrt{\dfrac{I_x}{A}}$　　(D)$K_x=\sqrt{\dfrac{I_x}{A^2}}$　。

(　) **4** 已知一平面之面積為15平方公分，其對過形心之某軸的迴轉半徑為2公分，則其該軸線之慣性矩為　(A)7.5　(B)15　(C)30　(D)60　cm^4。

(　) **5** 一圓形斷面積為$50cm^2$，形心軸之慣性矩為$200cm^4$，求距圓心2cm之軸之慣性矩為多少？　(A)$200cm^4$　(B)$400cm^4$　(C)$600cm^4$　(D)$800cm^4$。

(　) **6** 已知一面積為$100mm^2$，其對形心x軸之迴轉半徑為10mm，試求與該軸相距20mm的平行軸線之慣性矩為若干mm^4？
(A)10000　(B)25000　(C)40000　(D)50000。

(　) **7** 下列單位何者錯誤？　(A)迴轉半徑：cm　(B)截面係數：cm^3　(C)慣性矩：cm^4　(D)截面積：cm^3。

(　) **8** 圓面積為$60cm^2$，通過形心軸的慣性矩為$240cm^4$，今取一距圓心2cm的新軸，則該斷面對新軸的迴轉半徑為多少公分？

(A)$\sqrt{2}$　　(B)$2\sqrt{2}$　　(C)2　　(D)$\dfrac{1}{\sqrt{2}}$　。

11-3　極慣性矩的認識

極慣性矩之定義為：一面積對垂直於平面之軸的極慣性矩，等於該面積內各微小面積乘以與該軸距離之平方的總和，以J表示。（如圖11-4所示），面積A對垂直於xy平面之z軸的極慣性矩（J）為

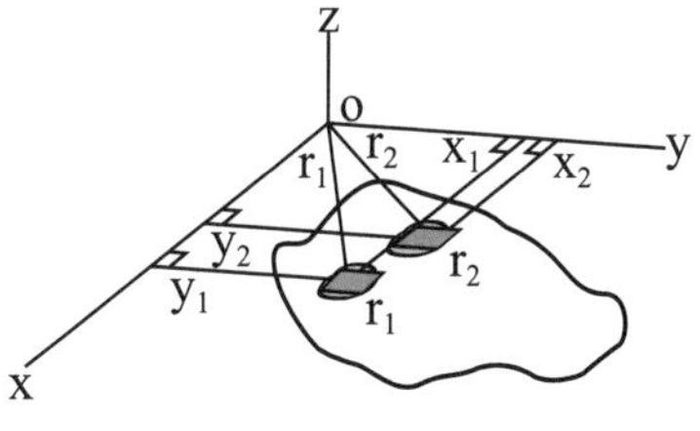

圖11-4　極慣性矩

$$J=a_1r_1^2+a_2r_2^2+\cdots\cdots$$
$$(\; r_1^2=x_1^2+y_1^2\;,\; r_2^2=x_2^2+y_2^2\;)$$
$$J=a_1(x_1^2+y_1^2)+a_2(x_2^2+y_2^2)+\cdots\cdots$$
$$=(a_1x_1^2+a_2x_2^2+\cdots\cdots)+(a_1y_1^2+a_2y_2^2+\cdots\cdots)=I_y+I_x$$

極慣性矩 $J=I_x+I_y$

① $A\cdot K_J^2=A\cdot K_x^2+A\cdot K_y^2$　　∴ $K_J^2=K_x^2+K_y^2$　　（K_J為極迴轉半徑）

② 面積對其所在平面之垂直軸的極慣性矩，
　 等於此面積對其所在平面內兩互相垂直軸
　 之慣性矩的總和。（如圖11-5所示）
　 $J＝I_x＋I_y＝I_u＋I_v$（若u軸與v軸垂直）

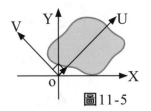

圖11-5

範題解說	即時演練
若面積為10mm²之截面，對形心x及y軸的慣性矩分別為$I_x＝100mm^4$，$I_y＝60mm^4$，試求此面積的極慣性矩及極迴轉半徑各為多少？	某一截面的面積為10cm²，對x軸及y軸的慣性矩分別為$I_x＝90cm^4$，$I_y＝160cm^4$，試求此面積的極慣性矩及極迴轉半徑各為多少？

詳解 極慣性矩

(1)$J＝I_x＋I_y＝100+60＝160mm^4$

(2)$J＝A \cdot K_J^2$ ∴$160＝10K_J^2$

∴極迴轉半徑$K_J＝4mm$

小試身手

(　) **1** 一面積對其平面上相互垂直之x與y兩軸交點之極慣性矩的大小
等於對此兩軸之慣性矩I_x與I_y之　(A)差　(B)和　(C)積　(D)平
方和。

(　) **2** 若某截面積對x軸及y軸的慣性矩分別300mm⁴及400mm⁴，則對z
軸的極慣性矩為　(A)350mm⁴　(B)500mm⁴　(C)700mm⁴
(D)100mm⁴。

(　) **3** 一平面對x軸及y軸的迴轉半徑分別為3cm及4cm，則對z軸迴轉
半徑為　(A)2.5cm　(B)3.5cm　(C)5cm　(D)7cm。

11-4 簡單面積之慣性矩與組合面積之慣性矩

一、簡單面積之慣性矩

1. 矩形之慣性矩（如圖11-6所示）：

x軸與y軸為其形心軸，其寬為b，高為h，

則對x軸與y軸之慣性矩為 $I_x = \dfrac{bh^3}{12}$ ， $I_y = \dfrac{hb^3}{12}$

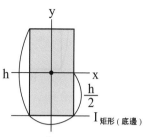

圖 11-6

(1) 形心軸極慣性矩 $J_{矩形} = I_x + I_y = \dfrac{bh^3}{12} + \dfrac{hb^3}{12} = \dfrac{bh}{12}(h^2 + b^2)$

(2) 矩形通過底邊之慣性矩

$$I_{矩形（底部）} = I_{形心} + A \cdot L^2 = \frac{bh^3}{12} + bh\left(\frac{h}{2}\right)^2 = \frac{bh^3}{12} + \frac{bh^3}{4} = \frac{bh^3}{3}$$

(3) 截面係數 $Z_{矩形} = \dfrac{I}{y} = \dfrac{\frac{bh^3}{12}}{\frac{h}{2}} = \dfrac{bh^2}{6}$

(4) $I_{矩形（形心）} = A \cdot K^2_{矩形（形心）}$ ， $\dfrac{bh^3}{12} = (bh) \cdot K^2_{矩形（形心）}$

矩形形心軸迴轉半徑　$\therefore K_{矩形（形心）} = \dfrac{h}{\sqrt{12}} = \dfrac{h}{2\sqrt{3}} = \dfrac{\sqrt{3}h}{6}$

(5) $I_{矩形（底部）} = A \cdot K^2_{矩形（底部）}$ ， $\dfrac{bh^3}{3} = (bh) \cdot K^2_{矩形（底部）}$ 　$\therefore K_{矩形（底部）} = \dfrac{h}{\sqrt{3}}$

2. 正方形邊長為a。(如圖11-7所示) $I_{正方形形心} = \dfrac{a \times a^3}{12} = \dfrac{a^4}{12} = I_x = I_y$

(1) 正方形極慣性矩 $J_{正方} = I_x + I_y = \dfrac{a^4}{12} + \dfrac{a^4}{12} = \dfrac{a^4}{6}$

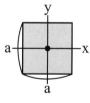

圖 11-7

(2) 正方形截面係數 $Z_{正方} = \dfrac{I_x}{y} = \dfrac{\frac{a^4}{12}}{\left(\frac{a}{2}\right)} = \dfrac{a^3}{6}$

3. 三角形之慣性矩：三角形若x軸為其形心軸，底部b，高為h，三角形對SS軸（中點）之慣性矩等於矩形對SS軸（中點）之慣性矩的一半（如圖11-8）。

即 $I_S = \dfrac{1}{2} \times \dfrac{bh^3}{12} = \dfrac{bh^3}{24}$ （即三角形對通過中點之慣性矩）

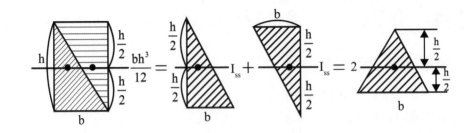

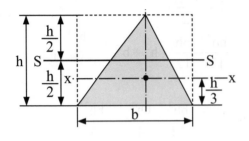

圖11-8　三角形之重心

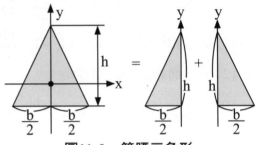

圖11-9　等腰三角形

(1) 由平行軸定理可得

$$I_s = I_{x(形心)} + A\ell^2 \quad , \quad \frac{bh^3}{24} = I_{三角形（形心）} + \frac{1}{2}bh\left(\frac{h}{2} - \frac{h}{3}\right)^2 \quad , \quad \therefore I_{(三角形)形心} = \frac{bh^3}{36}$$

(2) 三角形通過頂點而平行於形心軸之慣性矩為：

$$I_{(三角形)頂點} = I_x + AL^2 = \frac{bh^3}{36} + \frac{1}{2}bh\left(\frac{2h}{3}\right)^2 = \frac{bh^3}{4}$$

(3) 三角形通過底邊而平行於形心軸之慣性矩：

$$I_{(三角形)底} = I_x + AL^2 = \frac{bh^3}{36} + \frac{1}{2}bh\left(\frac{h}{3}\right)^2 = \frac{bh^3}{12}$$

(4) 圖11-9所示等腰三角形，則對Y軸之慣性矩：

$$I_y = 2I_{\triangle底} = 2\left(\frac{h\left(\frac{b}{2}\right)^3}{12}\right) = \frac{hb^3}{48}$$

4. 正三角形之邊長為a（如圖11-10所示），（底為a，高為$\frac{\sqrt{3}}{2}$a）

$$I_{(\text{正三角形})\text{形心}}=\frac{a\,(\frac{\sqrt{3}}{2}a)^3}{36}=\frac{\sqrt{3}a^4}{96}$$

$$I_{(\text{正三角形})\text{底}}=\frac{a\,(\frac{\sqrt{3}}{2}a)^3}{12}=\frac{\sqrt{3}a^4}{32}$$

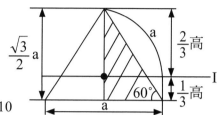

圖11-10

5. 直徑d之圓形（半徑r）（如圖11-11所示）

(1) 圓形形心軸之慣性矩

$$I_{(\text{圓形})\text{形心}}=\frac{\pi d^4}{64}=I_x=I_y=\frac{\pi\,(2r)^4}{64}=\frac{\pi r^4}{4}$$

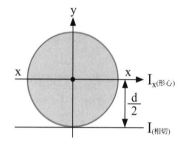

圖11-11

(2) 圓形形心軸之極慣性矩

$$J_{\text{圓形（形心）}}=I_x+I_y=\frac{\pi d^4}{64}+\frac{\pi d^4}{64}=\frac{\pi d^4}{32}=\frac{\pi\,(2r)^4}{32}=\frac{\pi r^4}{2}$$

(3) 圓形相切之慣性矩

$$I_{(\text{圓形})\text{相切}}=I_{\text{形心}}+A\cdot L^2=\frac{\pi d^4}{64}+\frac{\pi d^2}{4}(\frac{d}{2})^2=\frac{5\pi d^4}{64}=\frac{5\pi r^4}{4}$$

(4) 圓形之截面係數

$$Z_{(\text{圓形})}=\frac{I}{y}=\frac{\frac{\pi d^4}{64}}{\frac{d}{2}}=\frac{\pi d^3}{32}=\frac{\pi r^3}{4}$$

(5) 圓形形心軸之迴轉半徑

$$I_{(\text{圓形})\text{形心}}=A\cdot K^2_{(\text{圓形})\text{形心}}\,,\quad \frac{\pi d^4}{64}=(\frac{\pi d^2}{4})K^2_{(\text{圓形})\text{形心}}\quad \therefore K_{(\text{圓形})\text{形心}}=\frac{d}{4}=\frac{r}{2}$$

(6) 圓形相切之迴轉半徑

$$I_{(\text{圓形})\text{相切}}=A\cdot K^2_{(\text{圓形})\text{相切}}\,,\quad \frac{5\pi d^4}{64}=(\frac{\pi d^2}{4})\,K^2_{(\text{圓形})\text{相切}}$$

$$\therefore K_{(\text{圓形})(\text{相切})}=\frac{\sqrt{5}d}{4}=\frac{\sqrt{5}}{2}r$$

(7) 半圓對底邊慣性矩：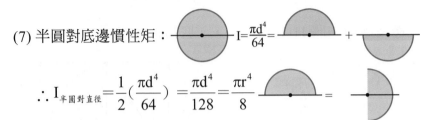

$$\therefore I_{半圓對直徑} = \frac{1}{2}\left(\frac{\pi d^4}{64}\right) = \frac{\pi d^4}{128} = \frac{\pi r^4}{8}$$

(8) 圓形對圓心之極迴轉半徑：

$$J_{(圓形)} = A K_J^2$$

$$\therefore \frac{\pi d^4}{32} = \frac{\pi d^2}{4} \times K_J^2 \quad \therefore K_J = \frac{d}{\sqrt{8}} = \frac{d}{2\sqrt{2}} = \frac{r}{\sqrt{2}} = \frac{\sqrt{2}}{2}r$$

(9) 圓形對圓心之極截面係數

$$Z_J = \frac{J}{r} = \frac{\dfrac{\pi d^4}{32}}{\dfrac{d}{2}} = \frac{\pi d^3}{16}$$

範題解說	即時演練
圓形截面的直徑4cm，試問此截面對圓心的慣性矩和極慣性矩？極迴轉半徑和形心軸之迴轉半徑。	如圖所示的矩形斷面，對形心軸 x－x的面積慣性矩、截面係數及迴轉半徑各為多少？

範題解說

圓形截面的直徑4cm，試問此截面對圓心的慣性矩和極慣性矩？極迴轉半徑和形心軸之迴轉半徑。

詳解 (1) $I_{形心} = \dfrac{\pi \times 4^4}{64} = 4\pi \ cm^4$

(2) $J = I_x + I_y = \dfrac{\pi d^4}{32} = \dfrac{\pi\ (4)^4}{32} = 8\pi \ cm^4$

(3) $J = A \cdot K_J^2$, $8\pi = (\pi \times 2^2)K_J^2$

$\therefore K_J = \sqrt{2} \ cm$

(4) $I_{形心} = A \cdot K_{形心}^2$

$4\pi = (\pi \times 2^2) \cdot K_{形心}^2$

$\therefore K_{形心} = 1cm$

即時演練

如圖所示的矩形斷面，對形心軸 x－x的面積慣性矩、截面係數及迴轉半徑各為多少？

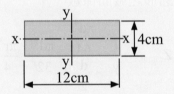

小試身手

（　）**1** 一直徑為100mm的圓形面積對其水平形心軸的迴轉半徑為多少
mm？　(A)50　(B)25　(C)12.5　(D)6.25。

（　）**2** 直徑為d的半圓形，對底邊的慣性矩為

(A)$\dfrac{\pi d^4}{16}$　(B)$\dfrac{\pi d^4}{32}$　(C)$\dfrac{\pi d^4}{64}$　(D)$\dfrac{\pi d^4}{128}$。

（　）**3** 一截面為三角形的樑，若底邊為b，高為h，則通過底邊的慣性

矩等於　(A)$\dfrac{bh^3}{12}$　(B)$\dfrac{bh^3}{24}$　(C)$\dfrac{bh^3}{36}$　(D)$\dfrac{bh^3}{48}$。

（　）**4** 長方形之長為a，寬為b，則對長之邊為軸之慣性矩為

(A)$\dfrac{ba^3}{3}$　(B)$\dfrac{ab^3}{3}$　(C)$\dfrac{ab^3}{4}$　(D)$\dfrac{ba^3}{4}$。

（　）**5** 如右圖所示，z軸通過O點且垂直於xy
平面，求半徑為R的圓面積對z軸的極
慣性矩J為多少？

(A)$\dfrac{3}{2}\pi R^4$　(B)$\dfrac{5}{4}\pi R^4$　(C)πR^4　(D)$\dfrac{3}{4}\pi R^4$。

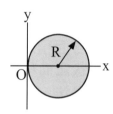

（　）**6** 如右圖所示三角形ABC，底為b，高
為h，z軸為通過A點且垂直xy平面，
則其對z軸之極慣性矩為

(A)$\dfrac{bh}{12}(4b^2+h^2)$　(B)$\dfrac{bh}{12}(b^2+4h^2)$

(C)$\dfrac{bh}{12}(h^2+b^2)$　(D)$\dfrac{bh}{3}(h^2+b^2)$。

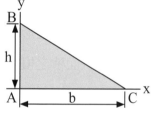

（　）**7** 如右圖所示之矩形斷面，z軸通過形
心C且與xy平面垂直，試求該矩形斷
面對z軸的極慣性矩為多少？

(A)$\dfrac{1}{12}bh^3$　(B)$\dfrac{1}{12}hb^3$

(C)$\dfrac{1}{3}bh^3$　(D)$\dfrac{bh}{12}(b^2+h^2)$。

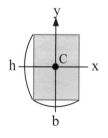

（　）**8** 一寬度為b，高度為h的矩形斷面樑，其截面係數為

(A)$\dfrac{bh^2}{3}$　(B)$\dfrac{bh^2}{6}$　(C)$\dfrac{bh^2}{12}$　(D)$\dfrac{bh^2}{36}$。

( ) **9** 一正方形之邊長為a，則對形心軸之迴轉半徑為

(A)$\frac{a}{\sqrt{6}}$　(B)$\frac{a}{6}$　(C)$\frac{a}{\sqrt{3}}$　(D)$\frac{a}{2\sqrt{3}}$。

( ) **10** 一圓形斷面之半徑為r，試求其對通過圓心且垂直於該斷面之軸的極迴轉半徑為多少？

(A)$\frac{r}{\sqrt{2}}$　(B)$\frac{r}{2}$　(C)$\frac{r}{4}$　(D)$\frac{r}{8}$

( ) **11** 如右圖所示，一矩形面積之寬為b，高為h，對底邊x軸的迴轉半徑K_x為

(A)$\frac{\sqrt{3}}{6}h$　　(B)$\frac{\sqrt{3}}{6}b$

(C)$\frac{\sqrt{3}}{3}h$　　(D)$\frac{\sqrt{3}}{3}b$。

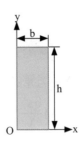

二、組合面積之慣性矩

複雜形狀之面積，均是由簡單形狀之面積組合而成，所以組合面積之慣性矩求法，是由簡單形狀面積之慣性矩和利用平行軸定理求得（即$I_S = I_{形心} + A \cdot L^2$）。一般其演算步驟如下：

1. 先求組合面積之形心位置。

2. 簡單形狀面積之慣性矩，用平行軸定理，求對形心軸之慣性矩。

3. 分成數個簡單形狀面積對形心軸之慣性矩的總和，即為總面積之慣性矩。

範題解說 **1**	即時演練 **1**
如圖所示，求I型斷面形心軸x－x的慣性矩為多少？x軸之截面係數為多少？ 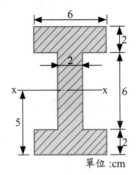	求圖中，斜線部分面積對X、Y軸形心軸之慣性矩、X、Y軸之截面係數、X、Y軸之迴轉半徑及極慣性矩。 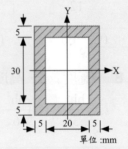

詳解 (1)將I字型分成A_1、A_2、A_3

$A_1 = A_2 = A_3 = 6 \times 2 = 12\text{cm}^2$

A_1，A_2對x－x軸的慣性矩為

$I_{x1} = I_{x2} = I_{形心} + A_1 L_1^2 = \dfrac{6 \times 2^3}{12} + 12 \times 4^2$

$= 196\text{cm}^4$

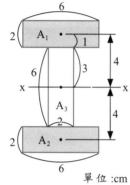

單位:cm

A_3對x－x軸的慣性矩為

$I_{x3} = \dfrac{2 \times 6^3}{12} = 36\text{cm}^4$

I字型對x－x軸的慣性矩為

$I_x = I_{x1} + I_{x2} + I_{x3} = 196 + 196 + 36$

$= 428\text{cm}^4$

(2) $Z = \dfrac{I}{y} = \dfrac{428}{5} = 85.6 \ \text{cm}^3$

範題解說 2	即時演練 2
如圖所示空心圓截面的外徑 10cm，內徑6cm，試求此截面對水平形心軸的慣性矩及對形心軸的極慣性矩及水平形心軸之迴轉半徑和截面係數。 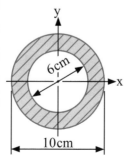	如圖所示的組合空心截面，試求該截面對x-y座標系原點O的極慣性矩為多少cm^4？（$\pi = 3.14$） 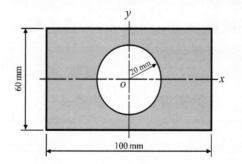

詳解

(1) $I_x = I_y = I_{x1} - I_{x2} = \dfrac{\pi \times 10^4}{64} - \dfrac{\pi \times 6^4}{64}$

　　$= 136\pi \ cm^4$

(2)形心軸的極慣性矩為

　　$J = I_x + I_y = 2 \times 136\pi = 272\pi \ cm^4$

(3) $I = A \cdot K^2$ ，

　　$136\pi = \dfrac{\pi}{4}(10^2 - 6^2) \cdot K^2$

　　$\therefore K^2 = 8.5 \quad \therefore K = \sqrt{8.5} \ cm$

(4) $Z = \dfrac{I}{y} = \dfrac{136\pi}{5} = 27.2\pi \ cm^3$

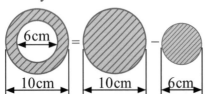

範題解說 3	即時演練 3

範題解說 3

如圖所示，試求此組合面積對其形心軸（x軸及y軸）之慣性矩。

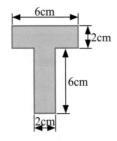

詳解 $\overline{y} = \dfrac{12 \times 3 + 12 \times 7}{12 + 12} = 5$ （重心距底邊5cm）

即時演練 3

如圖所示，試求組合面積對其形心垂直軸的慣性矩為多少m^4？

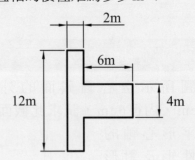

由 $I_S = I_形 + A \cdot L^2$

$I_x = (\dfrac{2 \times 6^3}{12} + 12 \times 2^2) + (\dfrac{6 \times 2^3}{12} + 12 \times 2^2)$
$= 136 cm^4$

$I_y = \dfrac{2 \times 6^3}{12} + \dfrac{6 \times 2^3}{12} = 40 cm^4$

小試身手

( )　**1** 如右圖所示，十字形斷面對x軸之截面係數約為
(A)$49.1 cm^3$
(B)$24.6 cm^3$
(C)$58.8 cm^3$
(D)$294.6 cm^3$。

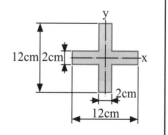

( )　**2** 如右圖所示，求對B軸慣性矩為多少？
(A)400
(B)480
(C)560
(D)640　cm^4。

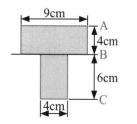

(　　) **3** 如右圖所示之截面，其對底邊s軸迴轉半徑為

(A)$\sqrt{2}$　　　　　(B)$\sqrt{3}$

(C)$\sqrt{6}$　　　　　(D)$2\sqrt{6}$　　cm。

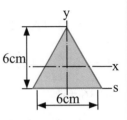

(　　) **4** 求右圖所示十字形面積對x－x軸之慣
性矩

(A)64×10^4

(B)32×10^4

(C)16×10^4

(D)8×10^4　　mm^4。

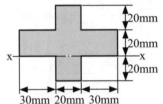

(　　) **5** 若中空圓柱，外徑為4cm，內徑為2cm，則極慣性矩為

(A)$\dfrac{15\pi}{8}$　　　　(B)$\dfrac{15\pi}{4}$　　　　(C)$\dfrac{15\pi}{2}$　　　　(D)15π　　cm^4。

(　　) **6** 已知矩形面積之寬為b，高為h，今若將寬增加一倍，高減少一
半，則慣性矩為原來的多少倍？

(A)4倍　　　　(B)2倍　　　　(C)$\dfrac{1}{2}$倍　　　　(D)$\dfrac{1}{4}$倍。

(　　) **7** 如下圖所示，在(a)、(b)、(c)三種面積中，對水平形心軸（x
軸）慣性矩之大小關係為

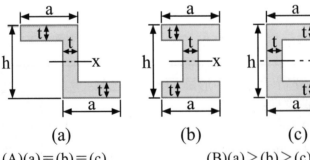

(a)　　　　　　　　　(b)　　　　　　　　　(c)

(A)(a)＝(b)＝(c)　　　　　　　(B)(a)＞(b)＞(c)

(C)(c)＝(a)＞(b)　　　　　　　(D)(a)＞(b)＝(c)。

(　　) **8** 如右圖所示，求三角形ABC對O點之
極慣性矩為多少cm^4？

(A)54　　　　　(B)384

(C)438　　　　(D)468　　cm^4。

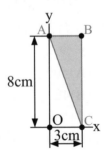

( ) **9** 梯形面上頂為a，下底為2a，高為h，試求其對上頂的慣性矩為多少？

(A) $\frac{5}{12}ah^3$　　　(B) $\frac{7}{12}ah^3$　　　(C) $\frac{11}{12}ah^3$　　　(D) $\frac{13}{12}ah^3$。

( ) **10** 如右圖之I型截面積對x軸之慣性矩I_x約為多少？

(A)1541
(B)2541
(C)3541
(D)4541　mm^4。

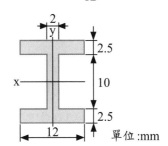

( ) **11** 如右圖所示，底為b，高為h之三角形，則此三角形對x軸之面積迴轉半徑為

(A) $\frac{h}{\sqrt{3}}$　(B) $\frac{h}{\sqrt{6}}$　(C) $\frac{h}{3\sqrt{2}}$　(D) $\frac{h}{6\sqrt{2}}$。

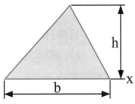

( ) **12** 一矩形截面，短邊為20cm，長邊為60cm，對於通過形心且與短邊平行的軸，其迴轉半徑為K，若該矩形短邊長度變為30cm，長邊長度不變，對同一軸的迴轉半徑為K'，則K'/K的比值為多少？　(A)1　(B)2　(C)3　(D)4。

( ) **13** 一截面為三角形的樑，如圖所示，通過頂點且平行底邊a軸之慣性矩為I_a，通過形心軸b的慣性矩為I_b，通過底邊c軸之慣性矩為I_c，則$I_a：I_b：I_c$的比值何者正確？

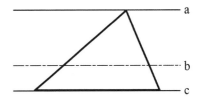

(A)1：3：9　　(B)3：1：9　　(C)9：3：1　　(D)9：1：3。

( ) **14** 如圖所示，截面積對於通過水平形心軸x之慣性矩為多少cm^4？

(A)$28-0.5\pi$　　(B)$28-\pi$
(C)$32-0.5\pi$　　(D)$32-\pi$。

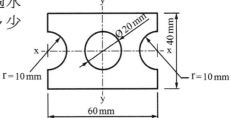

綜合實力測驗

(　　) **1** 三角形之底為b，高為h，則對通過頂點之慣性矩為

(A)$\dfrac{bh^3}{36}$　(B)$\dfrac{bh^3}{12}$　(C)$\dfrac{bh^3}{4}$　(D)$\dfrac{bh^3}{3}$。

(　　) **2** 同面積之正方形A，直立長方形B，圓形C，則其截面係數大小順序為　(A)B＞C＞A　(B)A＞B＞C　(C)B＞A＞C　(D)A＞C＞B。

(　　) **3** 邊長為a之正方形，若面積為A，則其水平形心軸之截面係數Z＝

(A)$\dfrac{1}{8}aA$　(B)$\dfrac{1}{4}aA$　(C)$\dfrac{1}{6}aA$　(D)$\dfrac{1}{5}aA$。

(　　) **4** 任何截面對所有軸之慣性矩以對何軸之慣性矩為最小

(A)形心軸　(B)平行軸　(C)垂直軸　(D)切於底邊之軸。

(　　) **5** 一圓形面積之直徑為d，對相切於圓之切線之迴轉半徑為

(A)$\dfrac{d}{2}$　(B)$\dfrac{\sqrt{5}}{2}d$　(C)$\dfrac{\sqrt{5}}{4}d$　(D)$\dfrac{\sqrt{3}}{2}d$。

(　　) **6** 一面積對任一軸之迴轉半徑　(A)恆大於　(B)恆小於　(C)恆等於
(D)大於或等於　其形心至該軸的距離。

(　　) **7** 一圓形面積之半徑為100mm，則其對於直徑之迴轉半徑為
(A)25　(B)50　(C)75　(D)100　mm。

(　　) **8** 如右圖所示，z軸通過O點且垂直於xy平面，直徑為d；圓面積對z軸的迴轉半徑為

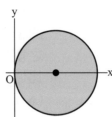

(A)$\dfrac{\sqrt{6}}{4}d$　(B)$\dfrac{\sqrt{5}}{4}d$　(C)$\dfrac{\sqrt{3}}{4}d$　(D)$\dfrac{d}{4}$。

(　　) **9** 如右圖所示，x軸及y軸為矩形面積之形心軸，若矩形面積對x軸及y軸之迴轉半徑分別為K_x及K_y，則K_x/K_y之比值為何？

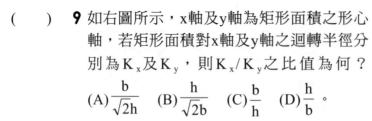

(A)$\dfrac{b}{\sqrt{2}h}$　(B)$\dfrac{h}{\sqrt{2}b}$　(C)$\dfrac{b}{h}$　(D)$\dfrac{h}{b}$。

(　　) **10** 如上題，若矩形面積對x'軸及x軸之慣性矩分別為I_x'及I_x，則I_x'/I_x之比值為何？
(A)2　(B)4　(C)6　(D)8。

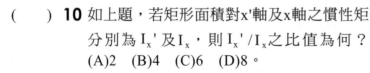

（　　）**11** 如右圖所示，$\frac{1}{4}$ 圓面積對原點O之極迴轉半

徑K_o為

(A)r　(B)$\frac{r}{3}$　(C)$\sqrt{2}r$　(D)$\frac{\sqrt{2}}{2}r$ 。

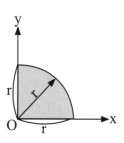

（　　）**12** 如右圖所示T型斷面對何軸的慣性矩最

大？

(A)a軸

(B)b軸

(C)c軸

(D)d軸。

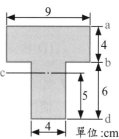

（　　）**13** 如下圖所示，(a)(b)(c)(d)幾何圖形的面積相

同，對形心x－x軸而言，何者慣性矩I_x最

大？

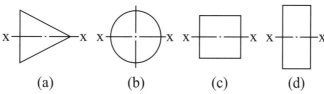

(a)　　　　(b)　　　　(c)　　　　(d)

(A)正三角形　(B)圓形　(C)正方形　(D)直立矩形。

（　　）**14** 如右圖所示，正方形截面對x軸之慣性

矩為

(A)432cm^4

(B)216cm^4

(C)108cm^4

(D)1728cm^4 。

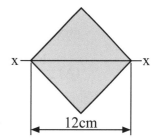

（　　）**15** 如右圖所示之三角形ABC，則此面積對x軸

之慣性矩I_x為

(A)30cm^4

(B)320cm^4

(C)375cm^4

(D)405cm^4 。

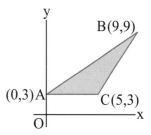

( ) **16** 如右圖環形斷面，外徑為4cm，內徑為
2cm，則下列敘述何者錯誤？

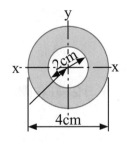

(A)形心軸慣性矩為$\dfrac{15}{4}\pi$ cm^4

(B)x軸之截面係數Z_x為$\dfrac{15}{8}\pi$ cm^3

(C)極慣性矩$J = \dfrac{15\pi}{2}$ cm^4

(D)極迴轉半徑為$\dfrac{\sqrt{5}}{2}$cm。

( ) **17** 如右圖所示，求L形面積對其水平形心軸之
慣性矩。

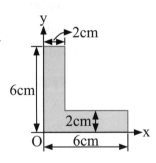

(A)136cm^4

(B)57.9cm^4

(C)67.9cm^4

(D)77.9cm^4。

( ) **18** 某邊長為12cm之正方形截面，中間有一直徑為8cm之圓孔，則此截
面對中心之極慣性矩約為

(A)1530   (B)3060   (C)1030   (D)2060   cm^4。

( ) **19** 如右圖所示的矩形與參考座標。已知此矩
形的寬度為b，高度為h，則此矩形的面積
的X軸的迴轉半徑為多少？

(A)$\dfrac{b}{3\sqrt{2}}$ (B)$\dfrac{h}{3\sqrt{2}}$

(C)$\dfrac{b}{2\sqrt{3}}$ (D)$\dfrac{h}{2\sqrt{3}}$ 。

( ) **20** 試求如圖所示平行四邊形，
對x軸之慣性矩為

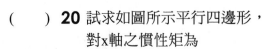
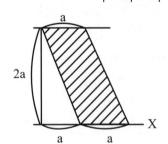

(A)$\dfrac{8}{3}a^4$ (B)$\dfrac{4}{3}a^4$

(C)$\dfrac{2}{3}a^4$ (D)$\dfrac{1}{3}a^4$ 。

( ) **21** 斷面分別為圓形與正方形，其兩者面積均相同，若圓形與正方形之面積對其本身水平形心軸之慣性矩分別為$I_圓$及$I_正方$，則$\dfrac{I_圓}{I_正方}$的比值為何？　(A)$\dfrac{\pi}{6}$　(B)$\dfrac{6}{\pi}$　(C)$\dfrac{\pi}{3}$　(D)$\dfrac{3}{\pi}$。

( ) **22** 如圖所示，在(a)、(b)及(c)三種相同的面積中，對水平形心軸（x軸）慣性矩之大小關係為

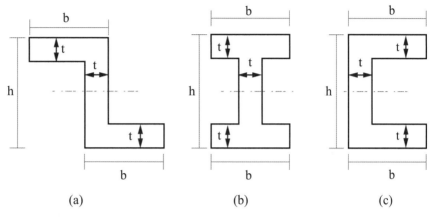

(a)　　　　　　　(b)　　　　　　　(c)

(A)(b)＞(a)＞(c)　　　　　　　(B)(b)＞(c)＞(a)
(C)(c)＞(a)＞(b)　　　　　　　(D)(a)＝(b)＝(c)。

( ) **23** 如圖所示，矩形與圓形的面積相同，試求矩形的截面係數為圓形的截面係數的多少倍？

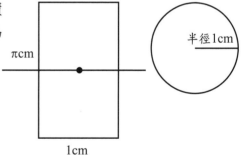

(A)$\dfrac{2\pi}{3}$　　　　(B)$\dfrac{3}{2\pi}$

(C)$\dfrac{2}{3\pi}$　　　　(D)$\dfrac{3\pi}{2}$。

( ) **24** A、B兩截面尺寸如圖所示，若兩截面對各自形心軸x的慣性矩分別為I_{Ax}及I_{Bx}，則兩慣性矩的比（$I_{Ax}:I_{Bx}$）為多少？

(A)1：2
(B)1：4
(C)1：8
(D)1：16。

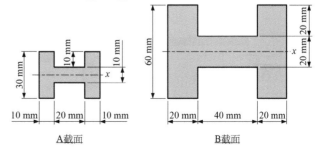

A截面　　　　　　　　　B截面

第十二章　樑之應力

重要度 ★★★★★

12-1　樑的種類

1. 樑的種類：載重與軸線垂直，稱為樑（beam）。

   (1) 簡支梁：如圖12-1(a)所示，樑之一端為銷支承，以符號 表示；而另一端為滾子支承，以符號 表示，有三個未知力。

   (2) 懸臂樑：如圖12-1(b)所示，樑之一端為固定支承，而另一端無支承。在固定支承處有垂直、水平方向之反作用力及反作用力矩，有三個未知力。

   (3) 外伸樑：樑有一端或兩端伸出支承之外，如圖12-1(c)所示，有兩個支承，一處為銷支承，另一處為滾子支承，有三個未知力。

   (4) 連續樑：樑的支承有銷支承和滾子支承，但有三個或三個以上之支承，如圖12-1(d)所示，未知力四個以上。

   (5) 固定樑（限制樑）：樑的兩端皆為固定支承，如圖12-1(e)所示，固定樑有六個未知力。

   (6) 束限制樑：如圖12-1(f)所示，一端為固定支承而另一端為滾子支承，未知力四個。

   註 若樑支承的未知力不超過三個，可直接由靜力學（$\sum F_x = 0$、$\sum F_y = 0$、$\sum M = 0$）的三個平衡方程式求得者，稱為靜定樑，如簡支樑、懸臂樑及外伸樑。若樑支承處的未知力超過三個，不能由靜力學的三個平衡方程式求得者，稱為靜不定樑，如連續樑、束限制樑及固定樑。

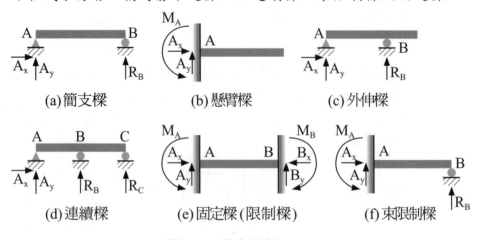

(a)簡支樑　　(b)懸臂樑　　(c)外伸樑

(d)連續樑　　(e)固定樑（限制樑）　　(f)束限制樑

圖12-1　樑之種類

2. 樑負荷的種類
　(1) 集中負荷：樑上的負荷集中於一點時，稱為集中負荷，如圖12-2(a)所示。
　(2) 均佈負荷：當樑上的負荷均勻地分布在樑上某段長度如圖12-2(b)所示。
　(3) 均變負荷：樑上的負荷呈均勻直線變化者，稱為均變負荷，如圖12-2(c)所示。
　(4) 力偶負荷：樑上受力偶作用，如圖12-2(d)所示。

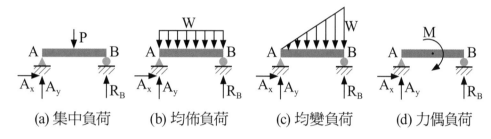

　　　(a) 集中負荷　　　(b) 均佈負荷　　　(c) 均變負荷　　　(d) 力偶負荷

圖12-2　負荷種類

3. 樑支承反力之求法：當荷重為均佈載重、變化載重時，以一等效之集中載重取代；此集中載重之大小等於均佈負荷（或均變負荷）之面積，其集中載重作用在此面積的形心上。

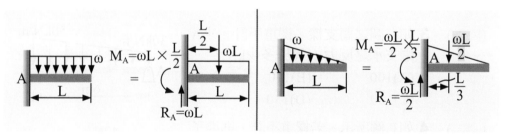

範題解說	即時演練
如下圖所示之簡支樑，樑重不計，試求A、B兩端支承之反力。	如下圖所示之簡支樑，承受均佈負荷 $\omega = 100N/m$，及C點彎矩負荷 $M = 2500N-m$，若樑重不計，則A、B兩支承之反力各為多少牛頓。

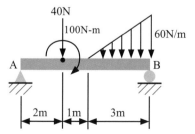

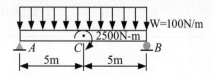

詳解 $\sum M_A = 0$ ，

$R_B \times 6 - 40 \times 2 - 90 \times 5 - 100 = 0$

$\therefore R_B = 105N \uparrow$

$\sum F_y = 0$ ， $R_A + R_B = 40 + 90$

$\therefore R_A = 25N \uparrow$

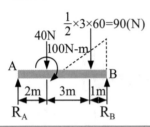

小試身手

( ) **1** 下列何者樑不是靜定樑？ (A)懸臂樑 (B)固定樑 (C)外伸樑 (D)簡支樑。

( ) **2** 固定樑的未知反作用力有幾個？ (A)2 (B)3 (C)4 (D)6 個。

( ) **3** 如右圖之簡支樑，樑重不計。求A 端支承之反力R_A等於多少kN？
(A)100 (B)110
(C)120 (D)130。

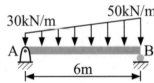

( ) **4** 如右圖所示，若樑重不計，則滾子 支撐B點反力為多少牛頓？
(A)16 (B)8
(C)40 (D)32。

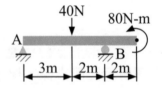

( ) **5** 如右圖所示，若樑重不計，則固定 端B點反作用力矩為多少N-m？
(A)280 (B)780
(C)1240 (D)1640。

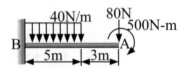

12-2 剪力及彎曲力矩的計算及圖解

1. 樑之剪力與彎矩：由靜力學平衡觀念，當樑受
   負荷時，樑上任一剖面，有一與樑剖面平行
   之力，稱為剪力（V）；與一彎曲力矩（M）
   使之平衡，如右圖所示。由$\Sigma F_y = 0$可求出剪力
   V，由$\Sigma M = 0$可求出彎矩M。

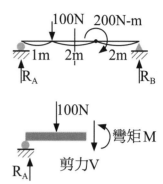

2. 樑之剪力與彎矩符號表示法

   (1) 剪力符號：剪力對自由體圖順時針方向旋轉
       為正剪力，逆時針方向旋轉為負剪力。

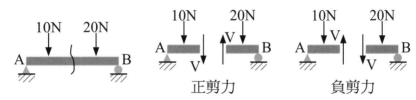

   (2) 彎矩符號：彎矩使梁向上凹者為正彎矩；使樑向下凹者為負彎矩。

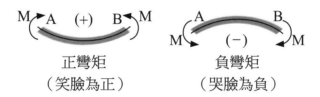

3. 剪力及彎曲力矩之計算

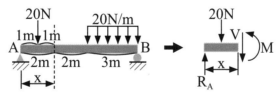

   (1) 先求固定支承之反作用力。

   (2) 將樑從欲求剖面處加以剖切，繪出自由體圖。

   (3) 由合力=0（$\sum F_y = 0$），可求得剖面處之剪力（V）。

   (4) 由合力矩=0（$\sum M = 0$），可求得剖面處之彎矩（M）。

   (5) 一般均假設剪力（V）及彎矩（M）為正，若計算剪力為負則為負剪
       力；彎矩為負則為負彎矩。

範題解說 **1**	即時演練 **1**
如圖所示，(1)求距A點10m處之剪力和彎矩為何？(2)求B點右側和左側之剪力和彎矩。	如圖所示的外伸樑，如果不計樑本身重量，則外伸樑D點的彎曲力矩為多少kN-m？

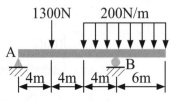

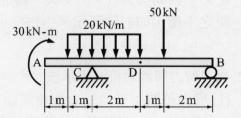

詳解 $\sum M_A = 0$，

$1300 \times 4 + 2000 \times 13 - R_B \times 12 = 0$

$\therefore R_B = 2600N \uparrow$

$R_A + R_B - 1300 - 2000 = 0$

$\therefore R_A = 700N \uparrow$

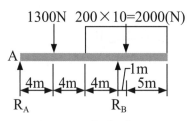

(1)距A點10m取自由體圖

$\sum F_y = 0$，$V + 400 + 1300 - 700 = 0$

$\therefore V = -1000N$

$\sum M_o = 0$，

$M + 400 \times 1 + 1300 \times 6 - 700 \times 10 = 0$

$\therefore M = -1200$ N-m

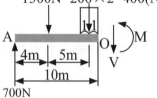

(2)①B點右側（取桿右側不含R_B）

$\Sigma F_y=0$，$V_B-1200=0$

$V_B=1200N$

$\Sigma M_B=0$，

$M_{B右}+1200\times3=0$

∴$M_{B右}=-3600N-m$

B點右側

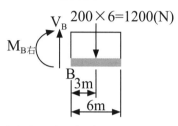

②B點左側（取桿右側含R_B）

$\Sigma F_y=0$，$V_B+2600-1200=0$

∴$V_B=-1400N$

$\Sigma M_B=0$，$M_{B左}+1200\times3=0$

∴$M_{B左}=-3600N-m$

B點左側

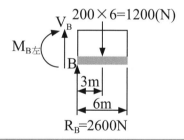

$R_B=2600N$

小試身手

(　) **1** 樑內任意斷面之內力稱為該斷面的
(A)剪力　(B)彎矩　(C)拉力　(D)壓力。

(　) **2** 如右圖所示的外伸樑，若樑本身重量不
計，則在B點右側的剪力大小為多少
kN？　(A)20　(B)25　(C)40　(D)15。

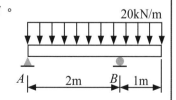

( )　**3** 同上題所示的外伸樑，則在B點右側
　　　 處的彎矩值為多少kN-m？
　　　 (A)10　(B)−10　(C)20　(D)−20。

( )　**4** 如右圖所示之樑，求C點右側之
　　　 剪力為多少牛頓？
　　　 (A)50　(B)60　(C)70　(D)0。

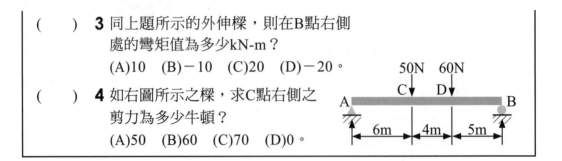

4. 剪力圖和彎矩圖之繪製技巧

圖形 ＼ 負荷狀態	無負荷	集中負荷	均佈負荷	均變負荷	力偶
剪力圖	水平直線	鉛直線	傾斜直線	二次拋物線	對剪力圖沒影響
彎矩圖	傾斜直線	轉折點	二次拋物線	三次曲線	垂直線

(1) 剪力圖與彎矩之畫法：先求支承端之反力，再利用下列步驟畫出：
　① 剪力圖：由左邊開始畫，往力的箭頭方向，若由右邊開始畫則方向
　　相反。
　② 彎矩圖：由左邊開始畫，剪力為正往上畫，剪力為負往下畫，若由
　　右邊開始畫則方向相反。
　③ 兩點間荷重圖的面積＝此兩點間之剪力差。
　④ 兩點間剪力圖的面積＝此兩點間之彎矩差。
　⑤ 荷重的大小＝剪力圖的斜率（斜率即為一次微分）。
　⑥ 剪力的大小＝彎矩圖的斜率。
(2) 各種圖形之面積算法

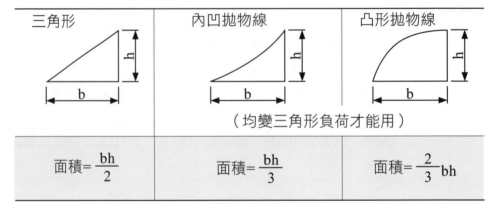

5.各種樑之剪力圖和彎矩圖形：

(1)懸臂樑集中負荷

$$\begin{cases} V_{max} = P（均相同） \\ M_{max} = PL（固定端） \end{cases}$$

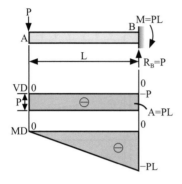

(2)懸臂樑均佈負荷

$$\begin{cases} V_{max} = WL（固定端） \\ M_{max} = \dfrac{WL^2}{2}（固定端） \end{cases}$$

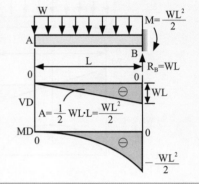

(3)懸臂樑力偶負荷

$$\begin{cases} V_{max} = 0 \\ M_{max} = M \end{cases}$$

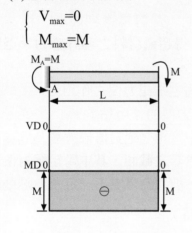

(4)簡支樑集中負荷

$$\begin{cases} V_{max} = \dfrac{P}{2} \\ M_{max} = \dfrac{PL}{4}（樑中點） \end{cases}$$

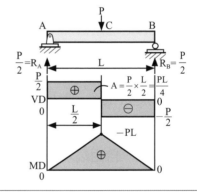

(5)簡支樑均佈負荷	(6)懸臂樑均變負荷
$\begin{cases} V_{max} = \dfrac{WL}{2} \quad （兩端點） \\[3mm] M_{max} = \dfrac{WL^2}{8} \quad （樑中點） \end{cases}$	$\begin{cases} V_{max} = \dfrac{WL}{2} \quad （固定端） \\[3mm] M_{max} = \dfrac{WL^2}{6} \quad （固定端） \end{cases}$

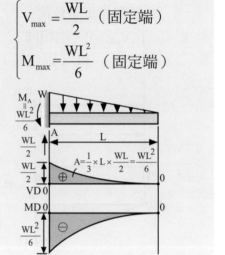

6. 樑之危險截面：樑承受最大彎矩之截面，最容易遭到破壞，稱為危險截面。彎矩最大的截面，所生彎曲應力不得超過材料之容許應力，否則材料會受到破壞，即危險截面在最大彎矩處。

(1) 一般而言，懸臂樑之危險截面，在固定端或力偶之作用點。

(2) 簡支樑之危險截面，則在剪力為0或力偶的作用點上。

　　① 簡支樑剪力等於零之各截面，其中彎矩之絕對值最大者為危險截面。

　　② 簡支樑之剪力方程式中，剪力等於零之截面，其中彎矩絕對值最大者為危險截面。但樑上有力偶作用，剪力為零處不一定為危險截面。

7. 四種基本樑的最大彎矩（若桿長等於L時）：

(1) 懸臂樑：自由端承受一集中負荷P時，$M_{max} = PL$（在固定端）。

(2) 懸臂樑：承受一均勻分布負荷W時，$M_{max} = \dfrac{WL^2}{2}$（在固定端）。

(3) 簡支樑：中點承受一集中負荷P時，$M_{max} = \dfrac{PL}{4}$（在中點）。

(4) 簡支樑：承受一均勻分布負荷W時，$M_{max} = \dfrac{WL^2}{8}$（在中點）。

註 本章各例題均不考慮樑重，若考慮樑重，則樑本身為均佈載重（均佈負荷）。

範題解說 **2**	即時演練 **2**
繪出樑的剪力圖和彎矩圖。	繪出樑的剪力圖和彎矩圖。

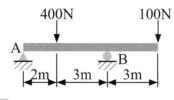

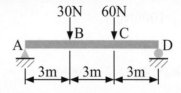

詳解 $\sum M_A = 0$,

$400 \times 2 + 100 \times 8 = R_B \times 5$

$\therefore R_B = 320N \uparrow$, $R_A = 180N \uparrow$

$V_{max} = 220N$、$M_{max} = 360N-m$

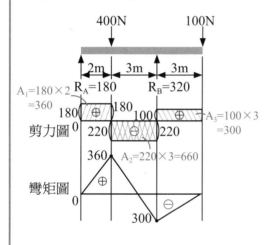

範題解說 **3**	即時演練 **3**
如下圖所示的外伸樑,繪出樑的剪力圖和彎矩圖。	如下圖,繪出外伸樑的剪力圖和彎矩圖。

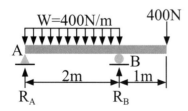

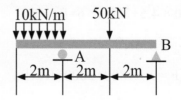

詳解 $\sum M_A = 0$,

$400 \times 2 \times 1 + 400 \times 3 - R_B \times 2 = 0$

$\therefore R_B = 1000N(\uparrow)$

$\sum F_y = 0$,

$R_A + R_B - 400 \times 2 - 400 = 0$

$\therefore R_A = 200N$

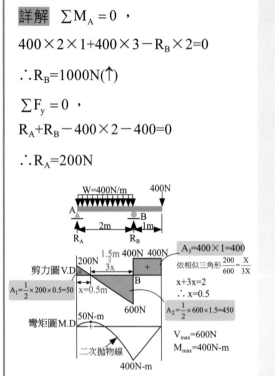

| 範題解說 **4** | 即時演練 **4** |

試求下圖所示之剪力圖和彎矩圖。

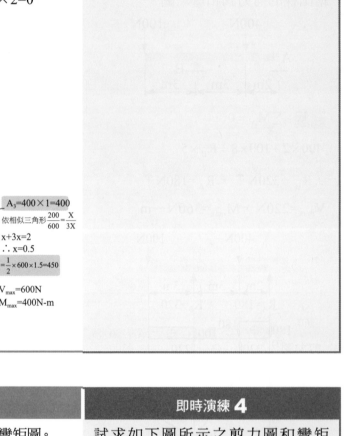

試求如下圖所示之剪力圖和彎矩圖。

詳解 $\sum M_A = 0$,

$1800 \times 4.5 + 2000 \times 6 = R_B \times 12$

$\therefore R_B = 1675N\uparrow$

由 $\sum F_y = 0$, $1800 + 2000 = R_A + R_B$

$\therefore R_A = 2125N\uparrow$

$V_{max} = 2125N$ 、 $M_{max} = 9150N - m$

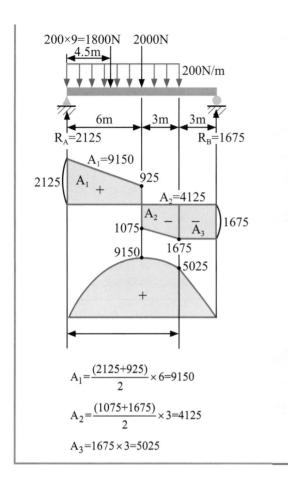

$$A_1 = \frac{(2125+925)}{2} \times 6 = 9150$$

$$A_2 = \frac{(1075+1675)}{2} \times 3 = 4125$$

$$A_3 = 1675 \times 3 = 5025$$

範題解說 **5**	即時演練 **5**

試求如下圖所示之剪力圖和彎矩圖。

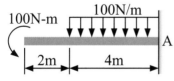

試求如下圖所示之剪力圖和彎矩圖。

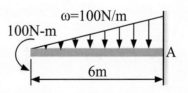

詳解 $\sum F_y = 0$，$R_A - 400 = 0$

$\therefore R_A = 400N$

$\sum M_A = 0$，$M_A - 400 \times 2 - 100 = 0$

$\therefore M_A = 900N-m$

$V_{max} = 400N$、$M_{max} = 900N-m$

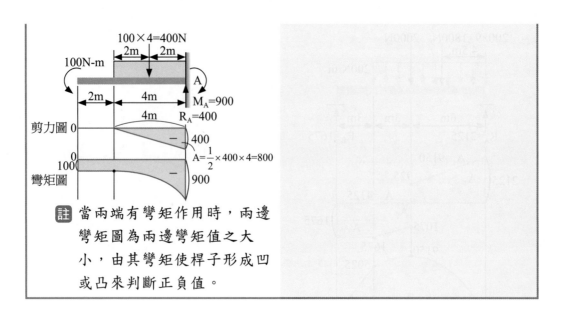

註 當兩端有彎矩作用時，兩邊
彎矩圖為兩邊彎矩值之大
小，由其彎矩使桿子形成凹
或凸來判斷正負值。

範題解說 6	即時演練 6
試求如下圖所示之剪力圖和彎矩圖。	試求如下圖所示之剪力圖和彎矩圖。

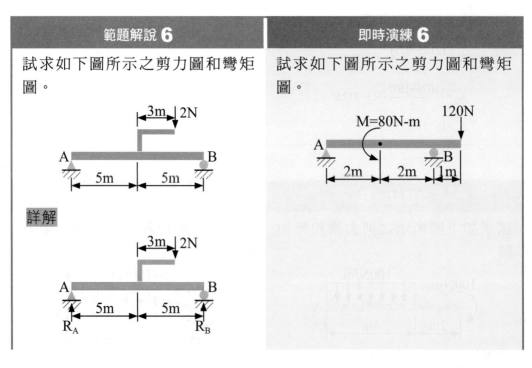

詳解

$\sum M_A = 0$ ， $2 \times 8 = R_B \times 10$

$\therefore R_B = 1.6N \uparrow$

由 $\sum F_y = 0$ ， $R_A + R_B = 2$

$\therefore R_A = 0.4N \uparrow$

$V_{max} = 1.6N$ 、 $V_{max} = 8N - m$

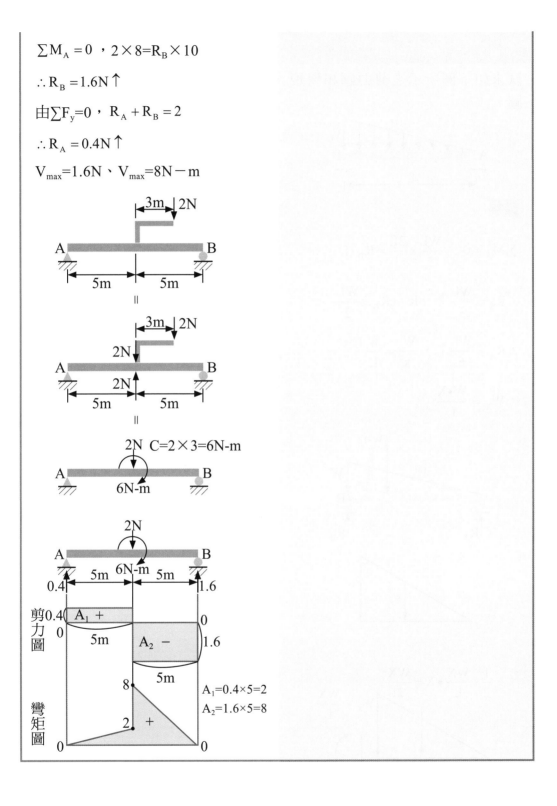

範題解說 7	即時演練 7

試求如下圖所示之剪力圖和彎矩圖。

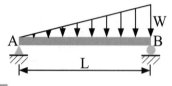

試求如下圖所示之剪力圖和彎矩圖。

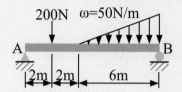

詳解

$$\sum M_A = 0 \ , \ \frac{WL}{2} \times \frac{2L}{3} = R_B \cdot L$$

$$\therefore R_B = \frac{WL}{3} \uparrow \ , \ R_A + R_B = \frac{WL}{2}$$

$$\therefore R_A = \frac{WL}{6} \uparrow \ , \ \frac{W_x}{x} = \frac{W}{L}$$

$$\therefore W_X = \frac{W \cdot X}{L}$$

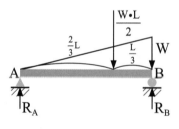

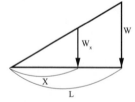

$$\frac{1}{2} \times \frac{WX}{L} \bullet X = \frac{WX^2}{2L}$$

$$W_X = \frac{WX}{L}$$

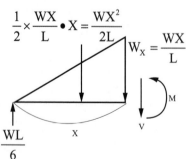

由 $\sum F_y = 0$，$V + \dfrac{Wx^2}{2L} = \dfrac{WL}{6}$，

當 $V = 0$ 時有 M_{max}

$\therefore V = \dfrac{WL}{6} - \dfrac{Wx^2}{2L} = 0$　$\therefore \dfrac{WL}{6} = \dfrac{Wx^2}{2L}$

$\therefore x = \dfrac{L}{\sqrt{3}}$

$V_{max} = \dfrac{WL}{3}$、　$M_{max} = \dfrac{WL^2}{9\sqrt{3}}$

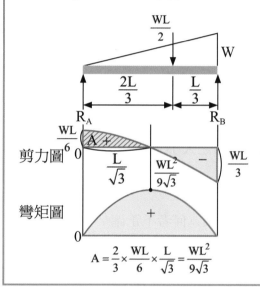

$A = \dfrac{2}{3} \times \dfrac{WL}{6} \times \dfrac{L}{\sqrt{3}} = \dfrac{WL^2}{9\sqrt{3}}$

小試身手

(　　) **1** 樑的剪力圖和彎矩圖下列敘述何者錯誤？　(A)剪力圖上任意兩斷面的面積等於該兩斷面間彎矩差　(B)剪力圖的斜率即為負荷強度　(C)剪力最大處其彎矩亦必最大　(D)剪力曲線及橫軸交點為相對最大彎矩之處。

(　　) **2** 一懸臂樑長度L，於自由端受一集中負荷P的作用，則下列何者錯誤？　(A)固定端的彎曲力矩為PL　(B)自由端的剪力為P　(C)固定端的剪力為P　(D)自由端的彎矩為PL。

（　　）**3** 兩等長之懸臂樑及簡支樑，其上均承受均佈負荷，則簡支樑之最大彎矩為懸臂樑之　(A)$\frac{1}{2}$　(B)$\frac{1}{3}$　(C)$\frac{1}{4}$　(D)$\frac{1}{5}$。

（　　）**4** 一懸臂樑長度L，如承受單位均佈負荷ω作用，其產生最大彎矩為　(A)$\frac{\omega L}{8}$　(B)$\frac{\omega L^2}{8}$　(C)$\frac{\omega L^2}{4}$　(D)$\frac{\omega L^2}{2}$。

（　　）**5** 如右圖之樑在B點之彎矩為多少N-m？
(A)80　　　　　(B)320
(C)480　　　　(D)640。

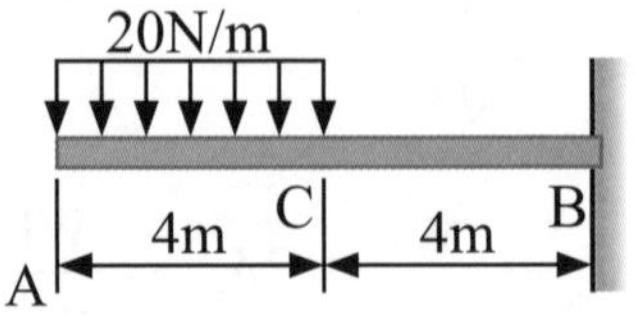

（　　）**6** 如右圖所示之剪力圖，樑內所產生之最大彎矩（危險斷面）是在？
(A)A斷面　　　(B)B斷面
(C)C斷面　　　(D)D斷面。

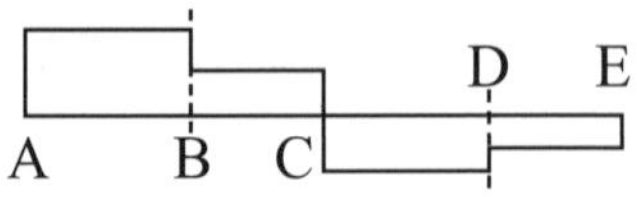

（　　）**7** 下列敘述何者正確？
(A)樑中剪力的一階微分值＝負荷之大小
(B)樑中彎矩的一階微分值＝剪力之大小
(C)危險截面為最大彎矩處
(D)以上皆是。

（　　）**8** 下列有關樑的彎矩圖及剪力圖的敘述何者不正確？
(A)簡支樑中剪力為零處其彎矩必為相對最大值
(B)懸臂樑最大彎矩一定發生在固定端
(C)簡支樑全樑承受均佈負荷時，樑中央剪力為零
(D)當一樑自重不計，只承受集中載重時，其彎矩圖皆為直線所組成。

（　　）**9** 有關危險斷面的敘述，下列何者必然錯誤？
(A)可發生在剪力為零的載面
(B)會發生在最大彎矩的載面
(C)必然只發生在懸臂樑的固定端
(D)可發生在力偶的作用點上。

（　　）**10** 下列何者為非？
(A)均佈負荷剪力圖呈斜直線
(B)均佈負荷彎矩圖呈拋物線
(C)均變負荷剪力圖呈二次拋物線
(D)力偶在剪力圖呈垂直線。

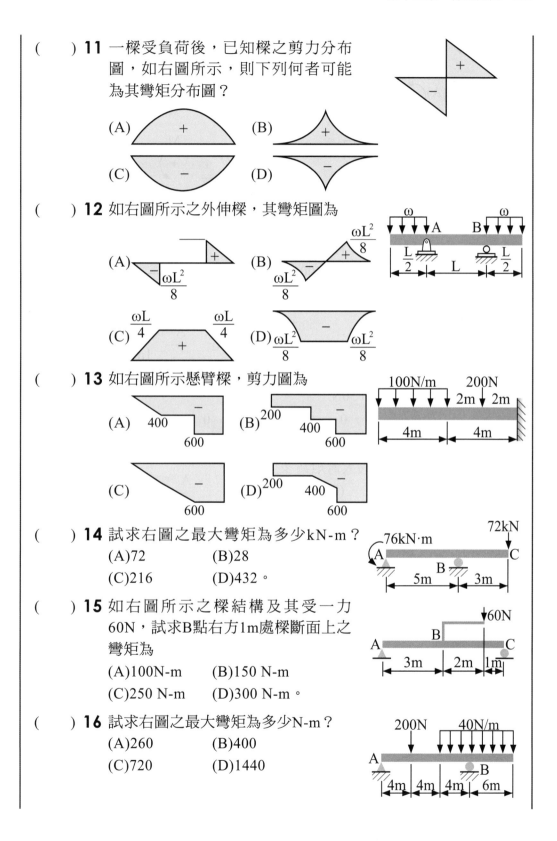

( ) **11** 一樑受負荷後，已知樑之剪力分布圖，如右圖所示，則下列何者可能為其彎矩分布圖？

(A) +

(B) +

(C) −

(D) −

( ) **12** 如右圖所示之外伸樑，其彎矩圖為

(A) − $\dfrac{\omega L^2}{8}$ +

(B) − $\dfrac{\omega L^2}{8}$ + $\dfrac{\omega L^2}{8}$

(C) $\dfrac{\omega L}{4}$ $\dfrac{\omega L}{4}$ +

(D) $\dfrac{\omega L^2}{8}$ $\dfrac{\omega L^2}{8}$

( ) **13** 如右圖所示懸臂樑，剪力圖為

(A) 400 − 600

(B) 200 400 − 600

(C) − 600

(D) 200 400 − 600

( ) **14** 試求右圖之最大彎矩為多少kN-m？
(A)72 (B)28
(C)216 (D)432。

( ) **15** 如右圖所示之樑結構及其受一力60N，試求B點右方1m處樑斷面上之彎矩為
(A)100N-m (B)150 N-m
(C)250 N-m (D)300 N-m。

( ) **16** 試求右圖之最大彎矩為多少N-m？
(A)260 (B)400
(C)720 (D)1440

( ) **17** 如下列圖形中，剪力全為零為何者？

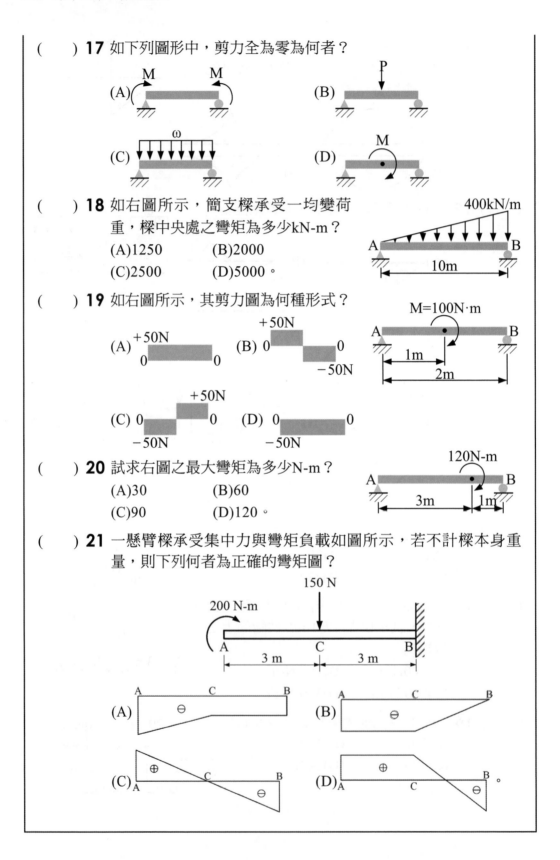

( ) **18** 如右圖所示，簡支樑承受一均變荷重，樑中央處之彎矩為多少kN-m？
(A)1250 　　(B)2000
(C)2500 　　(D)5000。

( ) **19** 如右圖所示，其剪力圖為何種形式？

(A) 　(B) 　(C) 　(D)

( ) **20** 試求右圖之最大彎矩為多少N-m？
(A)30 　　(B)60
(C)90 　　(D)120。

( ) **21** 一懸臂樑承受集中力與彎矩負載如圖所示，若不計樑本身重量，則下列何者為正確的彎矩圖？

(A) 　(B) 　(C) 　(D)。

12-3 樑的彎曲應力與剪應力

一、彎曲應力

樑受負荷時，樑彎曲變形而內部產生壓應力、拉應力和剪應力三種應力。

1. 樑之應力假設：要導出彎曲應力與彎矩之關係需有下列假設。

　　(1) 樑為均質材料，橫截面有對稱軸。

　　(2) 應力與應變成正比，且在比例限度內要符合虎克定律。

　　(3) 拉力與壓力之彈性係數相等。

　　(4) 樑受負荷而彎曲前後之橫斷面均保持平面且與軸垂直。

　　(5) 樑受純彎曲作用，且作用在對稱截面上。

2. 純彎曲：樑受負荷時，樑上某橫截面內，僅有彎矩而無剪力存在時，稱為純彎曲，如下列圖形均為純彎曲。

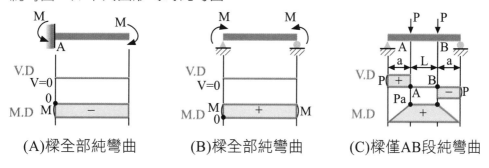

(A)樑全部純彎曲　　　(B)樑全部純彎曲　　　(C)樑僅AB段純彎曲

3. 名詞解釋：

　　(1) 中立面：當樑受負荷產生正彎曲現象時，樑上面長度縮短，下側伸長，樑中有一不伸長亦不縮短之縱斷面，稱為樑之中立面。

　　(2) 中立軸：中立面與樑之橫斷面之交線稱為中立軸。如圖所示，當樑純彎曲時，中立軸通過橫斷面形心。

　　(3) 彈性曲線：中立面與垂直縱斷面相交之曲線，稱為彈性曲線。

　　(4) 曲率中心：樑受彎矩變形，相鄰兩橫截面延長線之交點，稱為曲率中心。

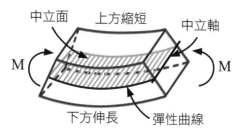

(5) 曲率半徑（ρ）：曲率中心至中立軸之距離，稱為曲率半徑。彎曲應力 $\sigma = \dfrac{Ey}{\rho}$。

(6) 曲率：曲率為曲率半徑之倒數，以 k 表示之，即 曲率 $k = 1/\rho$。

由

$$曲率 = \dfrac{1}{曲率半徑} = \dfrac{M}{EI} \quad (由 \quad \sigma = \dfrac{Ey}{\rho} = \dfrac{My}{I} \quad 求出)$$

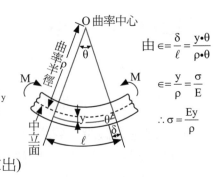

$$由 \in = \dfrac{\delta}{\ell} = \dfrac{y \cdot \theta}{\rho \cdot \theta}$$

$$\in = \dfrac{y}{\rho} = \dfrac{\sigma}{E}$$

$$\therefore \sigma = \dfrac{Ey}{\rho}$$

4. 彎曲應力的分布：樑受正彎矩時，在上部受到壓應力產生縮短，下部受到張應力伸長。

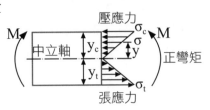

(1) 彎曲應力與至中立軸的距離成正比，

即 $\dfrac{\sigma}{y} = \dfrac{\sigma_t}{y_t} = \dfrac{\sigma_c}{y_c} = \cdots$ 。

(2) 中立面不伸長也不縮短，彎曲應力為零。彎曲應力在樑之最上緣或最下緣有最大值。

(3) 因樑無縱向外力作用，垂直樑截面上壓應力與張應力之內力總和為零。

(4) 樑內任一截面由彎曲應力對中立軸所產生的力矩和，等於該截面所受的彎矩。

5. 樑之彎曲應力公式：

$$彎曲應力 \sigma = \dfrac{Ey}{\rho(曲率半徑)} = \dfrac{My}{I} = \dfrac{M}{Z(截面係數)} \qquad \therefore 曲率 = \dfrac{1}{\rho} = \dfrac{M}{EI}$$

σ （彎曲應力）	M （彎矩）	y （與中立軸距離）	I （慣性矩）	Z （截面係數）	ρ （曲率半徑）	E （彈性係數）
MPa	N-mm	mm	mm^4	mm^3	mm	MPa

(1) 長方形：$I = \dfrac{1}{12}bh^3$; $Z = \dfrac{1}{6}bh^2$

　　註：$1kN\text{-}m = 1000N \times 1000mm = 10^6 N\text{-}mm$

(2) 圓形：$I = \dfrac{1}{64}\pi d^4$; $Z = \dfrac{1}{32}\pi d^3$

(3) 彎曲應力(σ)與彎曲力矩(M)成正比，與慣性矩(I)或截面係數(Z)成反比，所以最大彎曲應力必產生在樑所受之最大彎矩處，且距中立軸最遠之上緣或下緣。

範題解說 1	即時演練 1

一樑兩端各受3.6kN-m之力偶作用，若樑之斷面為寬4cm，高6cm之長方形，如下圖所示，則此樑內之最大彎曲應力為多少MPa？若桿子E=200GPa，求AB間之曲率半徑。

二袋砂土放置於一簡支樑上，砂土袋A和B的重量分別為600N和400N，二袋內皆裝滿質量均勻分布的砂土，且袋底緊貼於樑之上表面，簡支樑與其截面尺寸如圖所示。若此樑重量可忽略，則此樑的最大彎曲應力為多少MPa？

$$\text{3.6kN-m} \quad \text{3.6kN-m}$$

A ——————— B

4m

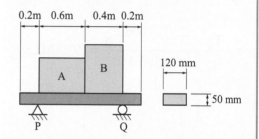

詳解 因為平衡 $\therefore R_A = R_B = 0$，

$M_{max}=3.6\text{kN-m}=3.6 \times 10^6\text{N-mm}$

$$\sigma_{max} = \frac{My}{I} = \frac{3.6 \times 10^6 \times \frac{60}{2}}{\frac{(40)(60)^3}{12}} = 150\text{MPa}$$

$$\sigma = \frac{Ey}{\rho} \text{，} 150 = \frac{(200 \times 1000) \times \frac{60}{2}}{\rho}$$

$$\therefore \rho = 40000\text{mm} = 40\text{m}$$

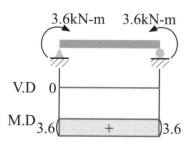

範題解說 **2**	即時演練 **2**

設一直徑d=0.1cm鋼絲,捲於直徑D=1m之圓柱上,則此鋼絲內部所產生之彎曲應力為多少MPa?若彈性係數E=200GPa

詳解 曲率半徑=

$$\frac{D}{2}+\frac{d}{2}=\frac{1000}{2}+\frac{1}{2}=500.5 \text{ mm}$$

$$\sigma=\frac{Ey}{\rho}=\frac{200\times1000\times\frac{1}{2}}{500.5}=199.8\text{MPa}$$

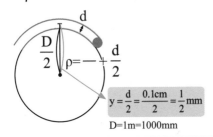

$$\rho=\frac{D}{2}+\frac{d}{2}$$

$$y=\frac{d}{2}=\frac{0.1cm}{2}=\frac{1}{2}\text{mm}$$

D=1m=1000mm

即時演練 2

一懸臂樑長3m,受 ω=6kN/m 之均佈負荷,樑之橫斷面為高12cm,寬4cm之長方形,求位於此樑固定端在中立軸上4cm處之彎曲應力為多少MPa?

範題解說 **3**	即時演練 **3**

如圖所示,有一長度L=2m,高h=30cm,寬b=20cm之矩形簡支樑,若樑重不計,在兩端點承受 $M_O=4\times10^4$ N-cm的彎矩作用,使得在樑下緣($y=-\frac{h}{2}$)有軸向(x軸)應變 $\epsilon_x=0.0012$

(A)樑之截面上,在y=−10cm處之軸向應變為多少?

(B)樑之彎曲形狀是圓弧,此圓弧的曲率半徑為多少m?

即時演練 3

一矩形截面簡支樑承受均佈與彎矩負載如圖所示,矩形截面寬40mm、高50mm,若不計樑本身自重,請計算樑上E點處之最大彎曲應力為多少MPa

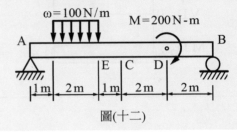

圖(十二)

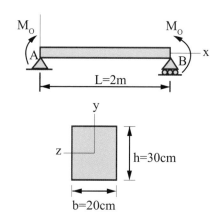

詳解　$\sigma = E \in = \dfrac{Ey}{\rho}$　$\therefore \in = \dfrac{y}{\rho}$

(1) $\dfrac{\in_1}{\in_2} = \dfrac{15}{10} = \dfrac{0.0012}{\in_2}$

$\therefore \in_2 = 0.0008$

(2) 此題為純彎曲，曲率半徑相同

$\therefore \in_1 = \dfrac{y_1}{\rho}$，$0.0012 = \dfrac{15cm}{\rho}$

$\therefore \rho = 12500cm = 125m$

小試身手

(　)　**1** 對於均質彈性樑斷面受彎曲後之性質假設，何者錯誤？
(A)應力與應變成正比
(B)彎曲前後截面皆為平面
(C)張力與壓力之彈性係數大小不相同
(D)中立面縱向長度均保持不變。

(　)　**2** 有關中立面敘述何者正確？　(A)中立面的伸長量為零　(B)中立面收縮量最大　(C)中立軸不通過形心　(D)中立面的彎曲應力最大。

(　)　**3** 樑受彎曲的基本假設何者不正確？　(A)樑必須為均質材料　(B)純彎曲作用　(C)張力與壓力彈性係數大小相等　(D)樑受彎曲變形，其橫斷面會產生皺曲。

(　) **4** 中立面與橫斷面相交之曲線稱為　(A)彈性曲線　(B)中立軸　(C)曲率半徑　(D)慣性軸。

(　) **5** 如右圖所示，一長2.4m之簡支樑，承受強度為400N/m的均佈負荷，樑橫截面為寬6mm，長12mm的長方形，則在樑中點處，中立面上的彎曲應力為多少MPa？
(A)2000　(B)1000　(C)500　(D)0。

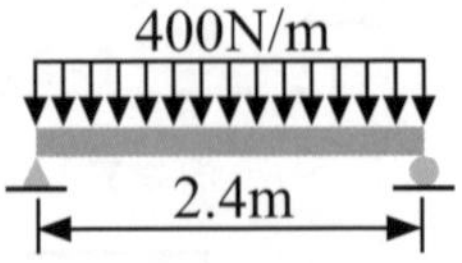

(　) **6** 直徑20cm的圓鋼桿作樑，若此樑斷面受2πkN-m的彎矩，則此斷面所受的最大彎曲應力為多少MPa？　(A)4　(B)8　(C)40　(D)80。

(　) **7** 如右圖所示樑截面寬度b高度h之懸臂樑，則最大彎曲應力為多少？

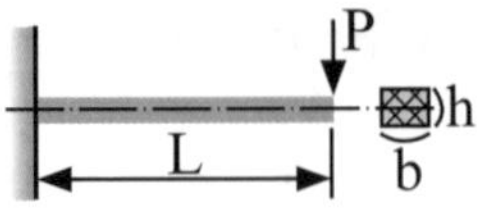

(A)$\dfrac{6PL}{bh^3}$　　　　(B)$\dfrac{12PL}{bh^2}$

(C)$\dfrac{3PL}{bh^2}$　　　　(D)$\dfrac{6PL}{bh^2}$。

(　) **8** 同上題若樑斷面為直徑d之圓形，則最大彎曲應力為多少？
(A)$\dfrac{32PL}{\pi d^3}$　(B)$\dfrac{64PL}{\pi d^3}$　(C)$\dfrac{16PL}{\pi d^3}$　(D)$\dfrac{16PL}{\pi d^4}$。

(　) **9** 若材料之降伏強度為300MPa，須承擔300kN-m的彎矩，若使用安全因數3，材料截面之截面係數至少應為多少mm^3才符合設計？　(A)3×10^6　(B)1×10^6　(C)3×10^3　(D)1×10^3。

(　) **10** 當直徑2mm之鋼絲，繞於直徑2m之圓柱上，鋼絲之彈性係數為200GPa，則鋼絲的最大彎曲應力約為多少MPa？　(A)100　(B)150　(C)200　(D)250。

(　) **11** 長4m之懸臂樑，承受均佈負荷ω=800N/m作用，樑度面寬3cm高20cm，求樑之中點處之橫斷面上距中立軸上方5cm之彎曲應力為多少MPa？　(A)32　(B)4　(C)8　(D)16。

(　) **12** 如右圖所示T形截面之樑，受正彎矩上面產生80MPa之壓應力，下面產生120MPa之拉應力，試求x的尺寸為多少公分？ 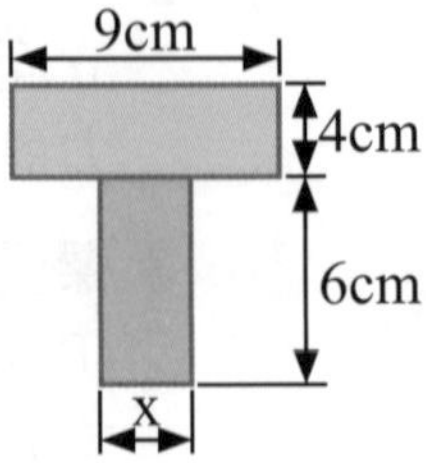
(A)2　　　　　　(B)4
(C)6　　　　　　(D)8　cm。

（　　）**13** 如右圖所示之矩形截面樑，試求其距A點右方3.2m處之最大拉應力為多少？

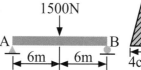

   (A)37.5

   (B)18.8

   (C)9.4

   (D)3.75　MPa。

（　　）**14** 如右圖若簡支樑橫截面為三角形，底邊4cm高12cm，承受集中荷重1500N，試求距A點4m處之最大壓應力為多少MPa？

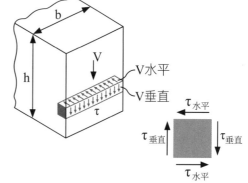

   (A)125　　　(B)62.5

   (C)187.5　　(D)93.75。

二、樑的剪應力

1. 樑受負荷時，其截面承受剪力產生剪應力，受彎曲力矩而產生彎曲應力。在截面上所產生之剪應力方向與剪力方向相同，稱為垂直剪應力，由互餘剪應力得知。樑內必同時有水平剪應力產生，兩剪應力大小相同，方向相反。

2. 樑受剪力時之 剪應力 $\tau = \dfrac{VQ}{Ib}$ ；τ 為剪應力（MPa），b為橫斷面寬度（mm），I為中立軸之慣性矩（mm^4），V為剪力（N），Q為截面中心向外之面積對中立軸的一次矩（mm^3），即 $Q = A \cdot \bar{y}$ 。

3. 剪應力之分布：樑受剪力時，剪應力圖形為一拋物線。在中立軸處剪應力為最大，在頂面和底面（上下兩面）最小為零。

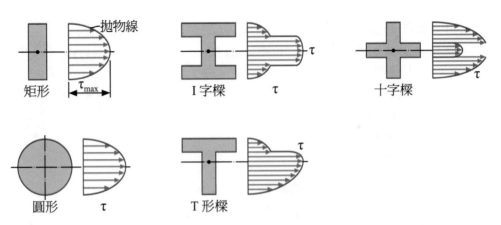

矩形　　I字樑　　十字樑

圓形　　T形樑

註 樑中立軸一般剪應力最大，但十字樑中立軸剪應力不會最大。

4. 矩形斷面在中立軸上的最大剪應力為 $\boxed{\tau_{max \atop 矩形} = \dfrac{3V}{2A}}$，

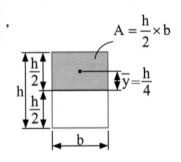

$$Q = A \cdot \bar{y} = (\frac{bh}{2})(\frac{h}{4}) = \frac{1}{8}bh^2 \quad,$$

$$\tau_{max} = \frac{VQ}{Ib} = \frac{V(\frac{1}{8}bh^2)}{(\frac{1}{12}bh^3)b} = \frac{3V}{2bh} = \frac{3V}{2A} \quad 。$$

矩形斷面樑的最大剪應力為平均剪應力的 $\frac{3}{2}$ 倍。

5. 圓形截面樑在中立軸上之最大剪應力為 $\boxed{\tau_{max \atop 圓形} = \dfrac{4V}{3A}}$ 。

$$\tau_{max} = \frac{VQ}{Ib} = \frac{V(\frac{\pi d^2}{8} \cdot \frac{2d}{3\pi})}{\frac{\pi d^4}{64} \times d} = \frac{16V}{3\pi d^2} = \frac{16V}{3(\frac{\pi d^2}{4}) \times 4} = \frac{4V}{3A} \quad 。$$

圓形斷面樑的最大剪應力為平均剪應力的 $\frac{4}{3}$ 倍。

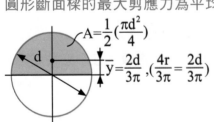

$A = \frac{1}{2}(\frac{\pi d^2}{4})$

$\bar{y} = \frac{2d}{3\pi}$,$(\frac{4r}{3\pi} = \frac{2d}{3\pi})$

範題解說 **1**	即時演練 **1**
如下圖所示簡支樑，受集中負荷576kN，求(1)樑內最大剪應力為多少MPa？ (2)距A點4m處之橫斷面，距頂面2cm之剪應力為多少MPa？	一矩形斷面之簡支樑，寬5cm高12cm長40cm，其中央斷面處有一集中負荷24kN，試求此樑內最大剪應力，並計算距左端支點15cm橫斷面，距中立軸2cm處之剪應力。

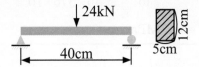

詳解 $\sum M_A = 0$ ，$576 \times 2 = R_B \times 6$

$\therefore R_B = 192kN \uparrow$

$R_B + R_A = 576$ $\therefore R_A = 384N \uparrow$

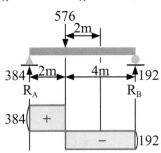

(1) $V_{max} = 384kN$ ，距A點4m，

$V_4 = 192kN$

$$\tau_{max} = \frac{3V}{2A} = \frac{3 \times 384 \times 10^3}{2 \times 40 \times 120}$$

$= 120MPa$

(2)距A端4m處

$V = 192kN$ 橫斷面至頂面2cm處

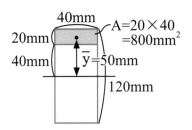

$$Q = A \cdot \bar{y} = 800 \times 50 = 40000 \text{mm}^3$$

$$I = \frac{bh^3}{12} = \frac{4 \times 12^3}{12} = 576 \text{cm}^4$$

$$= 576 \times 10^4 \text{mm}^4$$

由 $\tau = \frac{VQ}{Ib} = \frac{192 \times 10^3 \times 40 \times 10^3}{40 \times 576 \times 10^4}$

$$= 33.3 \text{MPa}$$

範題解說 2

如圖所示樑工字形斷面，其受剪力為 37.8kN，試求其最大剪應力為多少MPa？

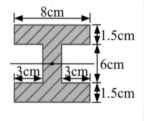

詳解

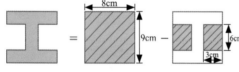

$$I = I_1 - I_2 = \frac{8 \times 9^3}{12} - 2 \times \frac{3 \times 6^3}{12} = 378 \text{cm}^4$$

$$= 378 \times 10^4 \text{mm}^4$$

$$\tau_{max} = \frac{VQ}{Ib} = \frac{(37.8 \times 1000) \times 54000}{(378 \times 10^4) \times 20}$$

$$= 27 \text{MPa}$$

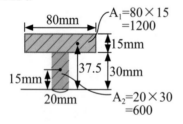

$$Q = Q_1 + Q_2$$

$$= 1200 \times 37.5 + 600 \times 15 = 54000$$

即時演練 2

如下圖所示T形截面樑，若承受 27.2kN之剪力作用，則其最大剪應力為若干？

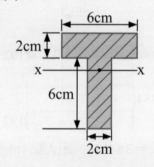

範題解說 3	即時演練 3

範題解說 3

如下圖之樑若材料容許張應力 $\sigma_\omega = 60\text{MPa}$ ，容許剪應力 $\tau_\omega = 10\text{MPa}$ ，試求可承受P之最大值為多少？

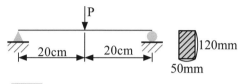

詳解

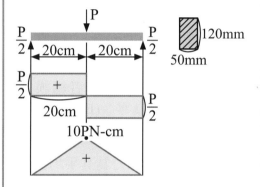

$V_{max} = \dfrac{P}{2}$ 牛頓，

$M_{max} = \dfrac{PL}{4} = \dfrac{P}{4} \times 40 = 10P$ N-cm

$= 100P$ N-mm

1.考慮剪應力破壞 $\tau_{max} = \dfrac{3V}{2A}$ ，

$10 = \dfrac{3\left(\dfrac{P}{2}\right)}{2(50 \times 120)}$

$\therefore P = 80000\text{N} = 80\text{kN}$

即時演練 3

如圖所示樑，受均佈力 $\omega = 12\text{kN/m}$ ，集中力 $P = 32\text{kN}$ ，且樑為剖面 $50\text{mm} \times 100\text{mm}$ 之矩形樑，求樑中最大剪應力為多少MPa？

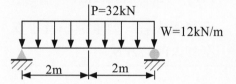

2.考慮彎曲應力破壞，$\sigma_{max} = \dfrac{My}{I}$

$$60 = \dfrac{100 \times P_2 \times 60}{\dfrac{50 \times (120)^3}{12}}$$

$\therefore P_2 = 72000N = 72kN$

面積選大者，力量選小者才安
全　$\therefore P = 72kN$

小試身手

(　　) **1** 樑截面上之剪應力分布圖為　(A)圓　(B)拋物線　(C)直線　(D)斜線。

(　　) **2** 一樑在橫斷面上受到剪力作用，則下列敘述何者錯誤？(A)橫斷面上下兩緣之剪應力最小，但未必為零　(B)工型樑中立軸處受到最大剪應力　(C)矩形斷面樑的最大剪應力為其平均剪應力的 $\dfrac{3}{2}$ 倍　(D)圓形斷面樑的最大剪應力為其平均剪應力的 $\dfrac{4}{3}$ 倍。

(　　) **3** 一矩形截面簡支樑承受均佈與彎矩負載如右圖所示，矩形截面寬40mm、高60mm，若不計樑本身自重，請計算樑上C點處由樑內剪力所誘生之最大剪應力為多少MPa？(A)0.375　(B)0.42　(C)0.75　(D)1.12。

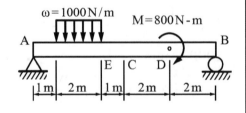

(　　) **4** 一圓形斷面直徑2cm，承受剪力V=1500π牛頓作用，則最大剪應力為　(A)20　(B)30　(C)40　(D)60 MPa。

(　　) **5** 一截面4mm×10mm之矩形樑，若某斷面受2000N之剪力作用，則所導致之最大剪應力為　(A)25　(B)50　(C)75　(D)100　MPa。

（　　）**6** 一長2m之簡支樑直徑10cm，承受強度4kN/m之均佈載重，樑之橫截面在樑中點中立面處之剪應力為
(A)0　(B)8.89　(C)10　(D)20 MPa。

（　　）**7** 相同截面積的圓形樑與矩形樑，若兩截面承受相同的剪力V，則矩形樑之最大剪應力為圓形樑之最大剪應力的多少倍？
(A)7/8　(B)8/7　(C)8/9　(D)9/8。

（　　）**8** 樑斷面為直徑2cm之圓形如右圖所示，求最大彎曲應力為多少MPa？
(A)$\dfrac{200}{\pi}$　　(B)$\dfrac{300}{\pi}$
(C)$\dfrac{400}{\pi}$　　(D)$\dfrac{800}{\pi}$ 。

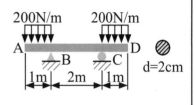

（　　）**9** 如右圖所示簡支樑，其截面為寬3cm長10cm之矩形，試求距A端1.5m處之橫截面，距頂面2cm處之剪應力為多少MPa？
(A)128　(B)160　(C)250　(D)200。

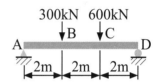

三、採用複雜斷面的理由

1. 由 $\sigma=\dfrac{My}{I}=\dfrac{M}{Z}$　∴$M=\sigma Z$，若同一種材料其破壞應力σ為定值時，則樑之截面係數Z越大，其可承受之彎曲力矩M也就越大。

2. 截面係數$Z=\dfrac{I}{y}$，截面係數Z與慣性矩I成正比。而慣性矩I等於面積與中立軸距離平方之乘積，所以當面積離中立軸越遠者，則I值越大，Z值也越大，即強度越大，應力越小，樑越安全。

3. 工字形、H字形複雜形斷面，較圓形、正方形、長方形等，雖具相同之斷面積，因遠離中立軸之面積較多，故I值較大，強度亦較大，$I_{工字}>I_{長方(直立)}>I_{正方}>I_{圓形}$。採用複雜斷面可減輕重量，節省材料。

4. 若材料之抗拉與抗壓強度相同，宜選用上下面對稱，如矩形和工字樑。圓環、圓形樑，若抗壓強度大於抗拉強度（如鑄鐵、混泥土），宜採用上下不對稱之斷面，如U字形、T字形、梯形斷面設計。使得最大張應力和最大壓應力同時達到容許應力。

範題解說 1

試比較下圖截面積與材質均相同之矩形截面積和箱形截面之樑的強度比（可承受彎矩比）。

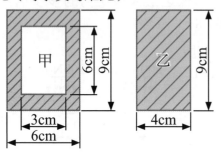

詳解 $\sigma = \dfrac{M}{Z}$，同材質破壞應力相同

$\therefore$ M、Z成正比

$\sigma = \dfrac{M_甲}{Z_甲} = \dfrac{M_乙}{Z_乙}$ $\therefore \dfrac{M_甲}{M_乙} = \dfrac{Z_甲}{Z_乙} = \dfrac{69}{54} = \dfrac{23}{18}$

$(I_甲 = \dfrac{6 \times 9^3}{12} - \dfrac{3 \times 6^3}{12} = 310.5$，$Z_甲 = \dfrac{I}{y} = 69$

$Z_乙 = \dfrac{bh^2}{6} = \dfrac{4 \times 9^2}{6} = 54$)

即時演練 1

試比較邊長6cm正方形截面之樑，其安置方向如圖所示，其強度大小（可承受彎矩）甲為乙之多少倍？

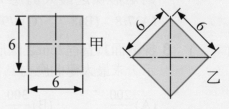

範題解說 2

兩材料相同之正方形樑和圓形樑，若可承受相同之最大彎矩，則正方形樑之邊長立方與圓形樑直徑立方兩者比值為？

詳解 同材料 $\rightarrow \sigma_{破壞}$相同且M相同

$\therefore \sigma_正 = \sigma_圓$，$\dfrac{M_正}{Z_正} = \dfrac{M_圓}{Z_圓}$ $\therefore Z_正 = Z_圓$

$\dfrac{b \times b^2}{6} = \dfrac{\pi d^3}{32}$ $\therefore \dfrac{b^3}{d^3} = \dfrac{\pi \times 6}{32}$ 約0.6

即時演練 2

如圖所示兩斷面積相同之樑，直立矩形、正方形，若材質相同，試求可承受之彎矩比（強度比）？

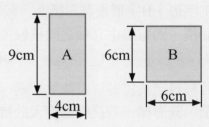

小試身手

(　) **1** 同材料且橫截面面積相同時，將不同形狀之橫截面，依其截面係數之大小排列，下列關係何者必然錯誤？
(A)正方形大於圓形
(B)圓形大於圓環形
(C)長方形大於正方形
(D)I形大於長方形。

(　) **2** 如右圖所示為各種樑之橫斷面，若樑之材料相同，且各橫斷面之面積相等，則圖中各種不同橫斷面之樑，哪種可承受彎矩最大？　(A)1　(B)2　(C)3　(D)4。

(　) **3** 樑受純彎矩（Pure Beuding）狀態下，下列為面積相等，但幾何形狀不同之橫斷面，請問何者是最佳選擇？
(A) 　 (B) 　 (C) 　 (D) 。

(　) **4** 體積、長度相等，但截面形狀不同之四根樑：實心圓形，直徑 d、實心方形，寬b×高b、矩形，寬t×高h，h＞b，I字樑，翼寬W×高h×腹板厚t_1，t_1＜t，則各截面對水平形心軸之截面係數由大至小依序為
(A)I字樑、矩形、方形、圓形
(B)矩形、圓形、方形、I字樑
(C)方形、矩形、圓形、I字樑
(D)I字樑、方形、圓形、矩形。

(　) **5** 如下圖所示，樑的四種橫截面，其長寬均為5a，厚度為a，中立軸為x－x，當承受相同的負載作用時，則哪一種橫截面的樑彎曲應力會最大？　(A)A　(B)B　(C)C　(D)D。

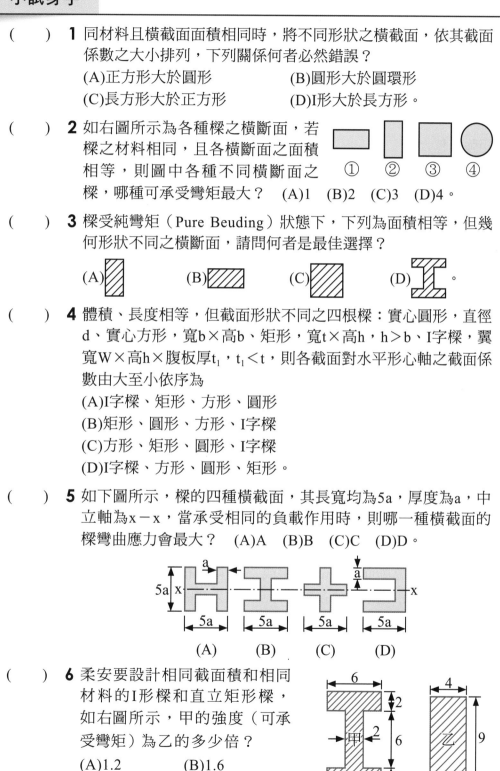

(　) **6** 柔安要設計相同截面積和相同材料的I形樑和直立矩形樑，如右圖所示，甲的強度（可承受彎矩）為乙的多少倍？
(A)1.2
(B)1.6
(C)2
(D)2.4。

四、截面之方向與強度的關係

由 $M = \sigma Z$，同材質破壞應力（或容許應力）相同，Z 值越大，可能承受之彎曲 M 越大。

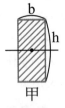

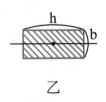

$Z_{矩} = \dfrac{bh^2}{6}$，故高度 h 越大者，可承受之彎矩強度越大。

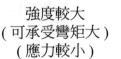

甲	乙
強度較大	強度較小
（可承受彎矩大）	（可承受彎矩小）
（應力較小）	（應力較大）

即矩形截面樑，安置短邊與中立軸平行者，如圖(甲)，較安置長邊與中立軸平行如圖(乙)之強度為強。

1. 當破壞應力相同 $\sigma_{甲} = \sigma_{乙}$　由 $\sigma = \dfrac{M}{Z}$　$\dfrac{M_{甲}}{Z_{甲}} = \dfrac{M_{乙}}{Z_{乙}}$

   $\therefore$ 可承受之彎矩比 $\dfrac{M_{甲}}{M_{乙}} = \dfrac{Z_{甲}}{Z_{乙}} = \dfrac{\dfrac{bh^2}{6}}{\dfrac{hb^2}{6}} = \dfrac{h}{b}$。

2. 當承受彎矩相同時，應力比 $\dfrac{\sigma_{甲}}{\sigma_{乙}} = \dfrac{\dfrac{M}{Z_{甲}}}{\dfrac{M}{Z_{乙}}} = \dfrac{Z_{乙}}{Z_{甲}} = \dfrac{\dfrac{hb^2}{6}}{\dfrac{bh^2}{6}} = \dfrac{b}{h}$。

範題解說

一樑受集中負荷，如圖所示，其斷面為矩形 $10 \times 30\,mm$，容許應力為 100MPa，試求當斷面 30mm 為水平或垂直時，可承受 P 之最大值各為何？

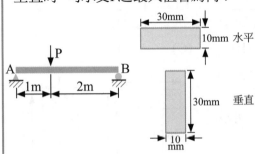

即時演練

有一橫截面為長方形之簡支樑，當受力後，承受相同彎矩時，以下圖中兩種橫截面的放置方法所產生之最大彎曲應力比值？

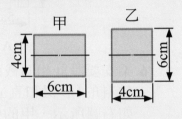

詳解　$\sum M_A = 0$ ， $P \times 1 = R_B \times 3$

$\therefore R_B = \dfrac{P}{3}$ ， $R_A = \dfrac{2}{3}P$

$\sigma_{max} = \dfrac{My}{I} = \dfrac{M}{Z}$ ， $Z_{矩} = \dfrac{bh^2}{6}$

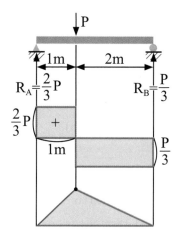

$M = \dfrac{2}{3}P \times 1 = \dfrac{2}{3}(PN\text{-}m)$

$\quad = \dfrac{2}{3}P \times 1000(N\text{-}mm)$

1.水平時　$\sigma_{max} = \dfrac{M}{Z}$ ，

$$100 = \dfrac{\dfrac{2}{3}P \times 1000}{\dfrac{30 \times 10^2}{6}} \qquad \therefore P = 75N$$

2.直放時　$\sigma_{max} = \dfrac{M}{Z}$ ，

$$100 = \dfrac{\dfrac{2}{3}P \times 1000}{\dfrac{10 \times 30^2}{6}} \qquad \therefore P = 225N$$

小試身手

( )　**1** 一矩形斷面樑寬度b高度h，若樑寬度不變，高度變為3h，則其強度（可承受彎矩）變為原樑的幾倍？

(A)3　　　　　(B)$\dfrac{1}{3}$　　　　　(C)9　　　　　(D)$\dfrac{1}{9}$。

( )　**2** 一承受彎矩之矩形樑（如圖(a)所示），其原來斷面寬為20cm高10cm（如圖(b)），若將樑改為直放，則其寬變為10cm高20cm（如圖(c)），則將樑改為直放後，所能承受彎矩能力為原來的多少倍？

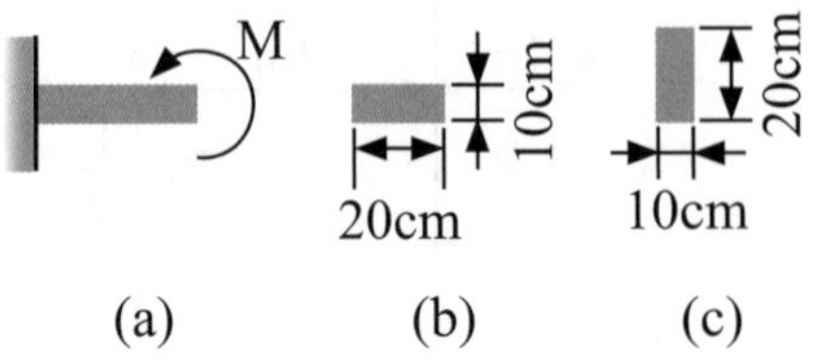

(a)　　　　　(b)　　　　　(c)

(A)2　　　　(B)4　　　　(C)8　　　　(D)16。

( )　**3** 四根材質、受力和長度均相同之樑，其截面積尺寸寬×高分別為A：6×6cm、B：4×9cm、C：3×12cm、D：12×3cm，請問哪一根樑的可承受彎曲力矩較大？

(A)A　　　　(B)B　　　　(C)C　　　　(D)D。

( )　**4** 簡支樑長2m，受均佈負荷ω＝100N/m，樑之橫斷面為矩形，其高與寬比值$\dfrac{h}{b}$＝1.5，容許張應力σ_ω＝$\dfrac{400}{3}$MPa，則b為多少mm？

(A)10　　　　(B)15　　　　(C)20　　　　(D)30。

綜合實力測驗

( )　**1** 已知一懸臂樑，受一均勻負荷如右圖，求距固定端a處的彎矩M值為何？

(A)$\dfrac{-qb^2}{2}$　(B)$\dfrac{-q^2b}{2}$　(C)$\dfrac{-qb^2}{4}$　(D)$\dfrac{-q^2b}{4}$。

( )　**2** 如右圖中外伸樑，試求距A點3.2m處之彎矩值為多少kN-m？

(A)150　(B)200　(C)240　(D)300。

( )　**3** 如右圖所示外伸樑，若樑重不計，求A點支承處左側的剪力為多少牛頓？　(A)60　(B)−60　(C)40　(D)−40。

( )　**4** 如右圖懸臂樑承受一均變負荷ω＝400N/m作用，求樑中點之彎矩為多少N-m？　(A)2400　(B)1200　(C)600　(D)300。

( )　**5** 如右圖所示，A點的反作用力矩為多少N-m？

(A)800↑　(B)800↓　(C)3600↷　(D)3600↶。

( )　**6** 下列何者為非？　(A)均佈負荷剪力圖呈斜直線　(B)均佈負荷彎矩圖呈二次拋物線　(C)均變負荷剪力圖呈二次拋物線　(D)力偶在剪力圖呈垂直線。

( )　**7** 如右圖所示之樑，已知反力R_1＝680N，R_2＝3420N，則此樑所受之最大彎矩為　(A)1600　(B)1820　(C)2040　(D)3640　N-m。

( )　**8** 如右圖之樑，承受均勻分布力q之作用，若q=100N/m，試求最大彎矩為　(A)514　(B)714　(C)1152　(D)1352　N-m。

( )　**9** 如右圖之樑，B點右方1m處樑斷面上之彎矩為

(A)0.4　(B)2.4　(C)4.0　(D)6.4　N-m。

( )　**10** 試求右圖最大彎矩為多少N-m？

(A)960　(B)1280　(C)1536　(D)480　N-m。

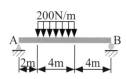

(　) **11** 一懸臂樑如右圖，A為自由端，B為固定端，
桿長L。若此樑承受一單位強度w之均勻分布
負荷，則距自由端A點x處之剪力為

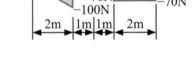

(A)$-Wx$　(B)$-\dfrac{Wx^2}{2}$　(C)$-WL$　(D)$-\dfrac{WL^2}{2}$。

(　) **12** 有一樑之剪力如右圖所示，若A點無
力偶，試求該樑在C點之彎矩值為多
少N-m？

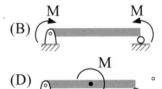

(A)-80　　　　(B)140
(C)20　　　　　(D)80。

(　) **13** 一般所稱樑之「危險截面」是指何處？　(A)剪力最大處　(B)彎矩
為零之斷面處　(C)剪力最小為零時　(D)彎矩絕對值最大處。

(　) **14** 如果樑上所承受之載重為均佈載重，其剪力圖為一傾斜之直線，而
其相對應之彎矩圖則為　(A)同斜率之傾斜直線　(B)水平直線
(C)二次方拋物線　(D)三次拋物線。

(　) **15** 樑任意斷面一側的內力稱為該斷面的　(A)剪力　(B)拉力　(C)壓
力　(D)扭力。

(　) **16** 下列圖中，剪力全為零之樑為何者？

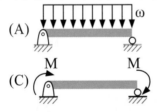

(　) **17** 由荷重、剪力和彎矩之關係可知，當一簡支樑承受一均變荷重時，
其彎矩圖應為何種型式？　(A)水平直線　(B)傾斜直線　(C)二次
拋物線　(D)三次拋物線。

(　) **18** 如右圖所示，該樑最大彎矩為多少？

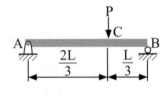

(A)$\dfrac{1}{3}PL$　　　(B)$\dfrac{2}{3}PL$

(C)$\dfrac{1}{9}PL$　　　(D)$\dfrac{2}{9}PL$。

(　) **19** 如右圖簡支樑，求其最大彎矩為多少N-m？

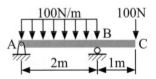

(A)200　　　　(B)100
(C)50　　　　　(D)0。

( ) **20** 一樑在橫斷面上受到剪力作用,則下列敘述何者錯誤? (A)橫斷面之上下兩緣之剪應力最小,但未必為零 (B)工型樑中立軸處受到最大剪應力 (C)矩形橫斷面上剪應力之方向與剪力方向相同 (D)矩形橫斷面上之最大剪應力為平均剪應力之1.5倍。

( ) **21** 圓形斷面樑,直徑d受剪力V,則斷面所生最大剪應力為

(A)$\frac{6V}{3\pi d^2}$ (B)$\frac{32V}{\pi d^2}$ (C)$\frac{16V^2}{3\pi d^2}$ (D)$\frac{16V}{3\pi d^2}$。

( ) **22** 如右圖受均佈力ω及集中力P作用,若ω=12 kN/m,P=6kN,樑剖面25mm×50mm矩形,則樑中最大剪應力為

(A)12 (B)18 (C)20 (D)36 MPa。

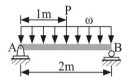

( ) **23** 如右圖所示之樑,矩形截面積為30h,受剪力96kN,若最大剪應力為30MPa,則h= (A)160 (B)80 (C)320 (D)40 mm。

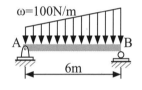

( ) **24** 如右圖所示簡支樑,承受均變負荷,下列何者可能為其彎矩圖?

(A) (B)

(C) (D) 。

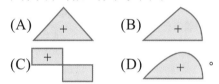

( ) **25** 一寬20cm高60cm之矩形斷面樑,若材料之容許剪應力強度為6MPa,則該樑斷面所能容許之最大剪力為多少kN? (A)480 (B)320 (C)160 (D)80 kN。

( ) **26** 樑之截面採用對稱形,在樑上之最大張應力σ_t和最大壓應力σ_c之關

係為 (A)$\sigma_t < \sigma_c$ (B)$\sigma_t > \sigma_c$ (C)$\sigma_t = \sigma_c$ (D)$\sigma_t = \frac{3}{2}\sigma_c$。

( ) **27** 一矩形截面樑與一圓形截面樑,若兩者截面積與對其水平形心軸之截面係數皆相等。假設矩形截面樑之截面高度為120mm,試求圓形截面樑的直徑為多少mm? (A)130 (B)140 (C)150 (D)160。

( ) **28** 將一直徑2mm之鋼線繞於直徑4m之圓柱上而保持彈性變形,若鋼線之彈性模數E=120GPa,則在鋼線表面產生最大之彎曲應力約為多少? (A)30 (B)60 (C)90 (D)120 MPa。

( ) **29** 長4m中點受一集中負荷,樑斷面寬12mm高20mm之矩形截面簡支樑,若材料容許之降伏應力為400MPa,此樑安全因數4,則可承受之最大負荷P為多少牛頓? (A)80 (B)800 (C)8000 (D)80000。

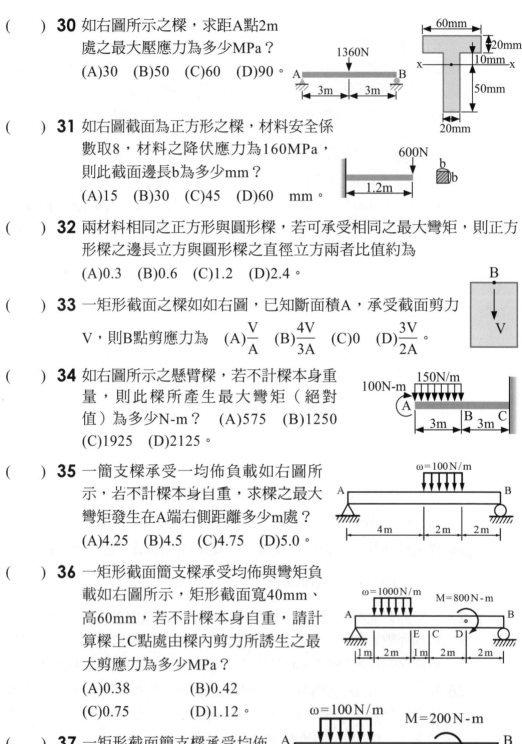

(　　) **30** 如右圖所示之樑，求距A點2m處之最大壓應力為多少MPa？
(A)30　(B)50　(C)60　(D)90。

(　　) **31** 如右圖截面為正方形之樑，材料安全係數取8，材料之降伏應力為160MPa，則此截面邊長b為多少mm？
(A)15　(B)30　(C)45　(D)60　mm。

(　　) **32** 兩材料相同之正方形與圓形樑，若可承受相同之最大彎矩，則正方形樑之邊長立方與圓形樑之直徑立方兩者比值約為
(A)0.3　(B)0.6　(C)1.2　(D)2.4。

(　　) **33** 一矩形截面之樑如如右圖，已知斷面積A，承受截面剪力V，則B點剪應力為　(A)$\dfrac{V}{A}$　(B)$\dfrac{4V}{3A}$　(C)0　(D)$\dfrac{3V}{2A}$。

(　　) **34** 如右圖所示之懸臂樑，若不計樑本身重量，則此樑所產生最大彎矩（絕對值）為多少N-m？　(A)575　(B)1250　(C)1925　(D)2125。

(　　) **35** 一簡支樑承受一均佈負載如右圖所示，若不計樑本身自重，求樑之最大彎矩發生在A端右側距離多少m處？
(A)4.25　(B)4.5　(C)4.75　(D)5.0。

(　　) **36** 一矩形截面簡支樑承受均佈與彎矩負載如右圖所示，矩形截面寬40mm、高60mm，若不計樑本身自重，請計算樑上C點處由樑內剪力所誘生之最大剪應力為多少MPa？
(A)0.38　　　　(B)0.42
(C)0.75　　　　(D)1.12。

(　　) **37** 一矩形截面簡支樑承受均佈與彎矩負載如右圖所示，矩形截面寬40mm、高50mm，

若不計樑本身自重，請計算樑上E點處之最大彎曲應力為多少MPa？　(A)10.5　(B)15.0　(C)18.5　(D)22.5。

（　）**38** 如圖所示之樑，若樑重不計，B點右側處樑斷面上彎矩多少N-m？

(A)0.4

(B)1.6

(C)2

(D)8。

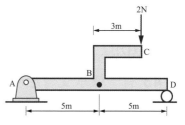

（　）**39** 如圖所示之橫截面工字樑，若樑重不計，該樑的最大彎曲應力為σ，則x-x截面上的彎曲應力為何？

(A)σ

(B)$\frac{4}{3}$σ

(C)$\frac{3}{4}$σ

(D)$\frac{7}{8}$σ。

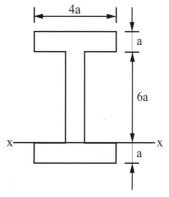

（　）**40** 一為圓形截面，而另一為正方形截面之懸臂樑（樑重不計），若此二懸臂樑截面積相同時，試求其在固定端彎曲應力正方形與圓形的比值為若干？

(A)$\frac{2\sqrt{\pi}}{3}$　(B)$\frac{3}{2\sqrt{\pi}}$　(C)$\frac{4}{3\pi}$　(D)$\frac{3\pi}{4}$。

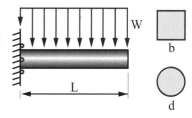

（　）**41** 下列各種樑之斷面，若承受剪力作用，何者的最大剪應力最有可能不會發生於形心軸？

(A)

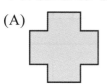

(B)

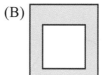

(C)

(D)

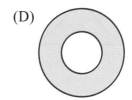

(　　) **42** 如圖所示，樑所受之剪應力分佈，
下列各剪力方向何者為正確？
(A)τ_A（→）
(B)τ_B（↑）
(C)τ_C（←）
(D)以上皆是。

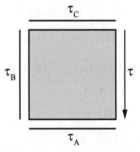

(　　) **43** 有一樑承受彎矩M作用如圖之(a)圖所示，樑的截面放大如圖之
(b)圖所示，若樑所產生的最大彎曲張應力為σ_t、最大彎曲壓應力
為σ_c，則σ_t/σ_c的絕對值為多少？

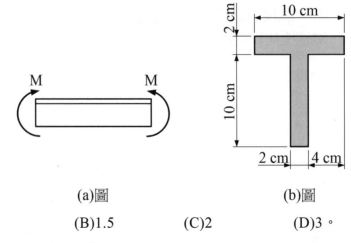

(a)圖　　　　　　　　　　　　　(b)圖

(A)1　　　　　(B)1.5　　　　　(C)2　　　　　(D)3。

(　　) **44** 如圖所示，若樑重不計，下列哪一個是此簡支樑的剪力圖？

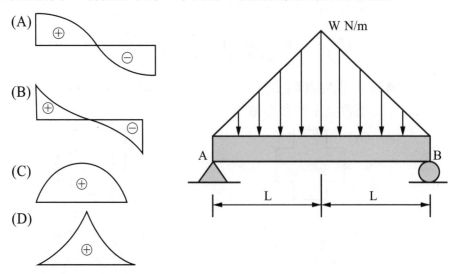

( ) **45** 如圖所示之簡支樑，在B點處承受一集中力10N與一力偶矩60N·m作用，若樑重不計，則樑斷面所受之最大彎矩值為多少N·m？

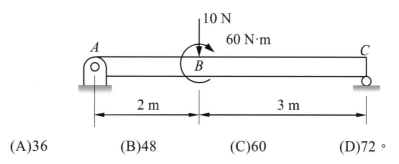

(A)36　　　(B)48　　　(C)60　　　(D)72。

( ) **46** 如圖所示之外伸樑，懸臂端施加80kN-m的彎矩，下列對於該樑斷面剪力之敘述，何者不正確？（若樑重不計）

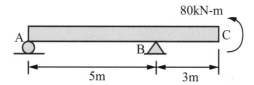

(A)支承A與B間之剪力為常數
(B)外伸樑懸臂端C點之剪力為零
(C)最大剪力之絕對值為16kN
(D)最大剪力發生在距離滾支承B點右側1m處。

( ) **47** 承上題所示之外伸樑，下列對於該樑斷面彎矩之敘述，何者最正確？
(A)支承A與B間之彎矩為常數
(B)外伸樑懸臂端C點之彎矩為零
(C)鉸支承B點之彎矩為零
(D)最大彎矩之絕對值為80kN-m。

( ) **48** 斷面圓形樑所容許承受的最大剪力為V，現若將圓形斷面變更為相同材料相同斷面積之矩形斷面，則矩形斷面所能容許承受的最大剪力為多少？

(A)$\frac{3}{4}V$　　　(B)$\frac{4}{3}V$　　　(C)$\frac{9}{8}V$　　　(D)$\frac{8}{9}V$。

第十三章　軸的強度與應力

重要度 ★★★☆☆

13-1　扭轉的意義

如圖13-1所示，機械傳動軸傳達動力時，需要靠扭矩來傳動，當軸的一端固定，另一端受扭矩作用時，（或兩端承受大小相等，方向相反的扭矩作用時），在斷面上對固定端會發生角位移之變化，此橫斷面角位移稱為扭轉角以φ表示（如圖13-1角∠BCB'），在表面上誘生剪應力τ和剪應變γ。如圖13-1上所示∠BAB₁即為剪應變γ。

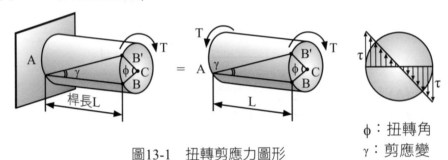

φ：扭轉角
γ：剪應變

圖13-1　扭轉剪應力圖形

分析軸受純扭矩作用產生剪應力時，有下列的假設：

1. 軸的材料為均質材料。
2. 扭轉時產生的剪應力與剪應變在比例限度內必須符合虎克定律。
3. 軸受扭轉時，長度不變。
4. 扭矩作用面與軸線垂直。
5. 軸受純扭矩作用時，軸的橫截面在變形前後，均保持平面。
6. 軸的直徑（或半徑）在扭矩作用時，恆保持為一直線。

小試身手

( )　當圓軸受純扭矩作用時的基本假設下列敘述何者錯誤？
(A)為均質材料
(B)應力與應變符合虎克定律
(C)圓軸受扭轉前後，長度不變
(D)圓軸受扭轉後，橫截面會產生翹曲現象。

13-2　扭轉角的計算

1. 扭轉角 $\phi = \dfrac{TL}{GJ}$

扭轉角 ϕ	扭矩 T	桿長 L	剪力彈性係數 G	極慣性矩 J
rad	N-mm	mm	MPa	mm^4

註 (1)GJ稱為扭轉剛度，由 $\phi = \dfrac{TL}{GJ}$ 得知，扭轉角 ϕ 與扭矩 T、桿長 L 成正比，與GJ成反比

(2) $180° = \pi$ 弧度，$1\text{GPa} = 1000\text{MPa}$，$\tau = G \cdot r$，$\gamma = \dfrac{\tau}{G}$

2. 剪應變 $\gamma = \dfrac{R\phi}{L}$ （L：桿長，R：半徑，ϕ：扭轉角）

（由共用弧長 $\overparen{BB'}$ 得知，弧長 $S = R \cdot \phi = L \cdot \gamma$ ∴ $\gamma = \dfrac{R\phi}{L}$，如圖13-2所示）

註 扭轉剪應變與半徑R成正比

3. 由剪應力 $\tau = G \cdot \gamma = G \times \dfrac{R}{L} = G \times \dfrac{R}{L} \times \dfrac{TL}{GJ} = \dfrac{TR}{J}$

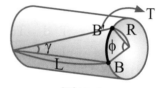

∴ 扭轉剪應力 $\tau = \dfrac{TR}{J}$

圖13-2

剪應力 τ	扭矩 T	半徑 R	極慣性矩 J
MPa	N-mm	mm	mm^4

註 (1)扭轉剪應變和剪應力與圓軸半徑成正比，扭轉剪應力在圓軸表面最大，在中心軸最小為零。

(2)實心圓軸：$J = \dfrac{\pi d^4}{32}$ 　　　(3)空心圓軸：$J = \dfrac{\pi}{32}(d_{外}^{\,4} - d_{內}^{\,4})$

4. 實心圓軸直徑為d時，其表面之最大剪應力 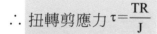 $\tau_{max} = \dfrac{T \cdot R}{J} = \dfrac{T \cdot \dfrac{d}{2}}{\dfrac{\pi d^4}{32}} = \dfrac{16T}{\pi d^3}$

剪應力 τ	扭矩 T	直徑 d
MPa	N-mm	mm

註 (1)實心圓軸之剪應力與d^3成反比。

(2) 扭轉角$\phi = \dfrac{TL}{GJ}$，$J_{實心} = \dfrac{\pi d^4}{32}$，所以實心圓軸扭轉角$\phi$與$d^4$成反比。

(3)當直徑變2倍，實心圓軸剪應力變成原來的$\dfrac{1}{8}$倍，扭轉角變成$\dfrac{1}{16}$倍。

5. 空心圓軸外壁與內壁剪應力之比值，如圖13-3所示

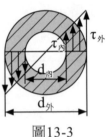

$$\frac{\tau_{外}}{\tau_{內}} = \frac{R_{外}}{R_{內}} = \frac{\dfrac{d_{外}}{2}}{\dfrac{d_{內}}{2}} = \frac{d_{外}}{d_{內}}$$

6. 單位長度之扭轉角$\theta = \dfrac{\phi}{L} = \dfrac{\dfrac{TL}{GJ}}{L} = \dfrac{T}{GJ}$

圖13-3

註 (1)脆性材料抗拉力較弱，脆性材料受扭轉時呈45°斷裂為拉力破壞。

(2) $\tau = \dfrac{TR}{J} = \dfrac{T}{Z_p}$（$Z_p$為極截面係數$= \dfrac{J}{R}$）（實心圓軸$Z_p = \dfrac{\dfrac{\pi d^4}{32}}{\dfrac{d}{2}} = \dfrac{\pi d^3}{16}$）

$\tau = \dfrac{TR}{J} = \dfrac{T}{J} \cdot \dfrac{d}{2} = \dfrac{Td}{2J}$

(3) $1kN \cdot m = 1000N \times 1000mm$
$= 10^6 N\text{-}mm$

(4)延性材料抗剪力較弱，一般均為剪應力破壞，當延性材料受扭轉時，桿件會沿著垂直於軸向的面破裂。

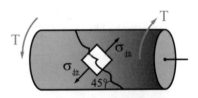

圖13-4　脆性材料受扭轉時45°斷裂圖

範題解說 1	即時演練 1
有一空心圓軸，外徑為8cm，內徑為4cm，承受$7.5\pi kN-m$之扭矩作用，試求其最大剪應力及內徑表面之剪應力各為多少？	設計一外徑為30mm且長度為650mm的空心圓軸用以承受314N－m的扭矩作用。已知材料的剪力彈性係數為32GPa，如果該軸的最大剪應力不能超過60MPa，試求其內徑的最大值為多少mm？（$\pi = 3.14$）

詳解：

$7.5\pi kN - m = 7.5\pi \times 10^6 N - mm$

$$\tau_{max} = \tau_{外} = \frac{TR_{外}}{J} = \frac{(7.5\pi \times 10^6) \times \dfrac{80}{2}}{\pi\dfrac{(80^4 - 40^4)}{32}}$$

$$= 250 MPa$$

$$\frac{\tau_{外}}{\tau_{內}} = \frac{d_{外}}{d_{內}} \quad \therefore \frac{250}{\tau_{內}} = \frac{8}{4}$$

$$\therefore \tau_{內} = 125 MPa$$

範題解說 2

若一實心圓軸的直徑為2cm，長3.14m，材料兩端承受大小相等、方向相反之扭矩62.8N-m，產生扭轉角4°，則剪力彈性係數G約為多少？

詳解 ： $4° = \dfrac{4\pi}{180}$弧度，扭轉角

$$\phi = \frac{TL}{GJ} \quad , \quad \frac{4\pi}{180} = \frac{(62.8 \times 1000) \times 3140}{G \times \dfrac{\pi \times (20)^4}{32}}$$

$$\therefore G = 180 \times 10^3 MPa = 180 GPa（註$$
$$62.8N\text{-}m = 62.8 \times 1000N\text{-}mm）$$

即時演練 2

當實心圓軸受扭矩作用時，若直徑變為原來之2倍，則剪應力和扭轉角，各為原來之多少倍？

範題解說 3

若直徑2cm，長1.6m的實心圓軸，若承受80π N-m之扭矩，若材料剪力彈性係數G為80GPa，試求(1)扭轉角(2)最大剪應力(3)圓軸表面之剪應變(4)單位長度之扭轉角？

詳解

(1)由 $\phi = \dfrac{TL}{GJ} = \dfrac{(80\pi \times 10^3) \times (1.6 \times 1000)}{80 \times 10^3 \times \dfrac{\pi (20)^4}{32}}$

$$= 0.32（rad）$$

即時演練 3

若有一傳動軸直徑10cm，長度為4m，剪力彈性係數G＝100GPa，一端固定，另一端施以扭矩作用使其扭轉1.8度

(1)單位長度之扭轉角？
(2)軸外圍之剪應變？
(3)軸所受之扭矩為多少kN-m？
(4)軸之最大剪應力為多少MPa？

(2) $\tau_{max}=\dfrac{16T}{\pi d^3}=\dfrac{16\times(80\pi\times1000)}{\pi\,(20)^3}$

   $=160\text{MPa}$

(3)由 $R\cdot\phi=L\cdot\gamma$

   $\therefore\gamma=\dfrac{R\phi}{L}=\dfrac{10\times0.32}{1600}=0.002$弧度

(4)單位長度扭轉角

   $\theta=\dfrac{\phi}{L}=\dfrac{0.32\text{rad}}{1.6\text{m}}=0.2\text{rad}\,/\,\text{m}$

小試身手

( ) **1** 脆性材料的圓軸,當承受扭轉作用而破壞時,其破裂角度與軸線,應呈多少度?　(A)0° 　(B)30° 　(C)45° 　(D)90°。

( ) **2** 下列何者不是減少圓軸總扭轉角的方法?
(A)降低外加扭矩　　　　　　(B)減少軸的總長度
(C)增加材料的剪力彈性係數　(D)增加材料的延性。

( ) **3** 一實心圓軸的長度為L,直徑為D,若軸的兩端分別承受大小相等,但方向相反的扭矩T則圓軸內的最大剪應力為
(A)$\dfrac{16T}{\pi D^3}$ 　(B)$\dfrac{32T}{\pi D^3}$ 　(C)$\dfrac{16TL}{\pi D^4}$ 　(D)$\dfrac{32TL}{\pi D^4}$。

( ) **4** 若兩支長度與材料均相同的實心圓軸A與B,承受相同扭矩時,若A圓軸之扭轉角為B之16倍,則A圓軸所受之最大剪應力為B圓軸之幾倍?　(A)$\dfrac{1}{8}$ 　(B)8 　(C)4 　(D)$\dfrac{1}{4}$。

( ) **5** 若中空圓軸之外徑為20cm,承受扭矩後在內壁產生之剪應力為400MPa,外壁之剪應力為500MPa,則內徑為多少公分?
(A)12cm 　(B)16cm 　(C)25cm 　(D)30cm。

( ) **6** 若容許剪應力為50MPa的材料,製造直徑2cm的圓形斷面傳動軸,則理論上扭轉力矩不可超過多少N-m?
(A)12.5π 　(B)25π 　(C)50π 　(D)100π。

(　) **7** 若一直徑4cm，長3.14m之實心圓軸，若承受160N-m之扭矩，則其扭轉角為若干度？（若剪力彈性係數G＝80GPa）

(A)$(\frac{1}{40})°$ 　　　(B)$(\frac{1}{20})°$ 　　　(C)$(\frac{4.5}{\pi})°$ 　　　(D)$(\frac{9}{\pi})°$。

(　) **8** 若一直徑6cm之鋼軸，長1.2m，其容許扭轉剪應力為40MPa，若剪力彈性係數G為80GPa，則其扭轉角為多少弧度？
(A)0.1　(B)0.01　(C)0.2　(D)0.02。

(　) **9** 一直徑為4cm的鋼軸，承受314N-m的扭矩，軸長1.6m，剪力彈性係數G＝80GPa，則此軸承受的最大扭轉剪應力為多少MPa？　(A)25　(B)50　(C)125　(D)250。

(　) **10** 一實心圓軸的直徑為2cm，長1.57m承受扭矩62.8N-m，產生的扭轉角2°，試求此圓軸材料的剛性係數G約為多少GPa？
(A)90　(B)120　(C)150　(D)180。

(　) **11** 若空心圓軸長2m，外徑及內徑各為8cm及4cm，若其容許剪應力為100MPa，則此空心圓軸之容許扭矩為多少N-m？
(A)1000π　(B)2000π　(C)3000π　(D)4000π。

(　) **12** 軸直徑為8mm，長62.8cm，一端固定另一端施以一扭矩作用使其扭轉9°，若材料剪力彈性係數為80GPa，此時圓軸之剪應力為多少MPa？　(A)80　(B)160　(C)40　(D)320。

(　) **13** 長度L、直徑D的實心圓軸，A點為固定端、B點承受一大小為T的扭矩作用如圖之(a)圖所示，設該軸在B點所產生的扭轉角為φ。若以相同材質所製成一半實心一半空心圓軸，承受相同大小扭矩T作用如圖之(b)圖所示。其軸外徑為D、空心軸部分的內徑為D/2，則此軸B點所產生的扭轉角為多少？

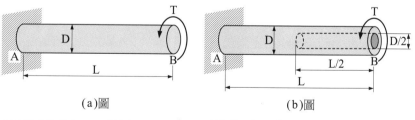

(a)圖　　　　　　　　　　(b)圖

(A)(15/16)φ 　　(B)φ 　　(C)(31/30)φ 　　(D)1.5φ。

(　) **14** 一工程師設計圓形截面扭力桿（torsionbar），已知其直徑為10mm，剪割彈性模數G＝64GPa。若其承受10N‧m之扭矩時，兩端相對扭轉角為9°，則此扭力桿的長度為多少cm？
(A)$10\pi^2$ 　　　(B)$20\pi^2$ 　　　(C)$30\pi^2$ 　　　(D)$40\pi^2$。

13-3　動力與扭轉的關係

單位時間內所作的功，稱為功率

$$功率=\frac{功}{時間}=\frac{F \cdot S}{t}=F \cdot V=T \cdot \omega$$

功率P	力矩T	角速度ω
瓦特	N-m	rad/s

若N轉/分 $=\frac{N \times 2\pi\ rad}{60秒}=\frac{2N\pi}{60}rad/s$

註 1馬力（PS）＝75kgW-m/s＝736瓦特，1kW＝1000瓦特

範題解說 **1**

一傳動軸以每分鐘500轉傳動3πkW的功率，則此傳動軸所受的扭矩為多少？

詳解：

$500\ 轉/分=\frac{500 \times 2\pi rad}{60\ sec}=\frac{50}{3}\pi\ rad/s$

功率＝T・ω

$3\pi \times 1000=T \times \frac{50\pi}{3}$　∴T＝180N-m

即時演練 **1**

若馬達轉速600rpm，扭矩2000N-m，則其輸出功率為多少仟瓦？多少馬力？

範題解說 **2**

若實心圓軸直徑4cm，其最大容許剪應力為80MPa，若其最高轉速為300rpm，則此軸可傳送的最大扭矩及功率各為多少？

詳解：$\tau_{max}=\frac{16T}{\pi d^3}$ ， $80=\frac{16T}{\pi\ (40)^3}$

∴T＝320π×1000N-mm＝320πN-m

即時演練 **2**

直徑為2cm之實心圓軸，傳達之功率為2πkW，若軸內誘生之剪應力不得超過 $\frac{100}{\pi}$ MPa，則此軸每分鐘之轉速為若干？

$$300 \text{ r.p.m} = 300 \text{ 轉/分} = \frac{300 \times 2\pi \text{ rad}}{60 \text{ sec}}$$

$$= 10\pi \text{ rad/s}$$

$$功率 = T \cdot \omega = 320\pi \times 10\pi$$

$$= 3200\pi^2 瓦特$$

$$= 3.2\pi^2 \text{kW} \doteqdot 31.6 \text{kW}$$

小試身手

( ) **1** 一馬達轉速1500rpm，扭矩400N-m，則其輸出功率多少仟瓦？
(A)10π　(B)20π　(C)40π　(D)50π。

( ) **2** 一車床主軸以600rpm迴轉傳達4πkW之功率，則此車床主軸所承受之扭矩為多少N·m？
(A)100　(B)150　(C)200　(D)400。

( ) **3** 直徑2cm之主軸，以3000rpm迴轉，若其容許剪應力為$\frac{100}{\pi}$ MPa，則其可傳送功率為若干kW？
(A)2.5π　(B)5π　(C)7.5π　(D)10π。

( ) **4** 有一轉軸直徑為4cm，以736rpm迴轉，能傳送2πPS之功率，則此轉軸之扭矩為多少N-m？
(A)60　(B)50　(C)40　(D)30。

( ) **5** 若傳動軸為直徑4cm之實心圓軸，轉速為600rpm，功率由A輪輸入12πkW，由B、C輪輸出8πkW及4πkW，如圖所示若剪力彈性係數G＝100GPa，則BC軸所承受之扭矩為多少N-m？
(A)100　(B)200　(C)400　(D)600。

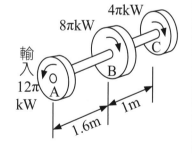

( ) **6** 同上題，此傳動軸所承受之最大剪應力為多少MPa？
(A)$\frac{300}{\pi}$　(B)$\frac{150}{\pi}$　(C)$\frac{100}{\pi}$　(D)$\frac{50}{\pi}$。

( ) **7** 同上題，圓軸兩端之總扭轉角為多少弧度？
(A)0.016　(B)0.026　(C)0.036　(D)0.046。

13-4 輪軸設計

一、輪軸大小的計算

1. 實心圓軸 $\tau_{max}=\dfrac{16T}{\pi d^3}$　$\therefore d=\sqrt[3]{\dfrac{16\ T}{\pi\tau_{max}}}$

   由功率 $P=T\cdot\omega$

2. 若兩軸的材質和轉速均相同時，則直徑與功率的立方根成正比，或直徑的立方與功率成正比，即傳遞之功率（或馬力）愈大，則軸之直徑也須愈大，否則易斷裂。

   $\dfrac{d_1}{d_2}=\sqrt[3]{\dfrac{P_1}{P_2}}$ 或 $\dfrac{d_1^3}{d_2^3}=\dfrac{P_1}{P_2}$ $\begin{cases}d^3\text{與功率成正比}\\d\text{ 與 }\sqrt[3]{\text{功率}}\text{ 成正比}\end{cases}$

3. 若兩軸的材質和承受之功率均相同時，直徑與轉速的立方根成反比，或直徑的立方與轉速成反比，即直徑愈小時，轉速必須愈快，否則易斷裂。

   $\dfrac{d_1}{d_2}=\sqrt[3]{\dfrac{N_2}{N_1}}$ 或 $\dfrac{d_1^3}{d_2^3}=\dfrac{N_2}{N_1}$ $\begin{cases}d^3\text{與轉速成反比}\\d\text{ 與 }\sqrt[3]{\text{轉速}}\text{ 成反比}\end{cases}$

範題解說 1	即時演練 1
若一圓軸傳送 20πN-m 的扭矩，圓軸所能承受的容許剪應力為 40MPa，則此圓軸的直徑至少須多少才安全？ 詳解：$\tau_{max}=\dfrac{16T}{\pi d^3}$，（$20\pi$N-m $=20\pi\times1000$N-mm） $40=\dfrac{16\times20\pi\times1000}{\pi d^3}$　$\therefore d=20$mm	材質相同直徑不同的兩軸，若要以相同轉速運轉，若其中一軸的直徑 2cm，可傳送10馬力的功率，另一軸直徑4cm，可傳送多少馬力的功率？

範題解說 **2**	即時演練 **2**
兩材質相同，傳遞的功率也相同的兩傳動軸，其中一軸直徑6cm轉速800rpm，另一軸轉速2700rpm，則此圓軸直徑至少為多少公分？	如圖所示由三個皮帶輪，由A輪輸入90kW之功率，若欲使各皮帶輪間的軸所產生之剪應力相等，則其直徑比 $\dfrac{d_2}{d_1}$ 應為若干？

詳解：$\dfrac{d_1}{d_2} = \sqrt[3]{\dfrac{N_2}{N_1}}$，$\dfrac{6}{d_2} = \sqrt[3]{\dfrac{2700}{800}} = \dfrac{3}{2}$

$\therefore d_2 = 4\text{cm}$

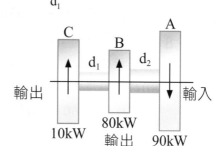

小試身手

( )　**1** 若兩鋼軸的轉速相同，材質也相同，則此兩軸所能傳遞的馬力數與直徑
(A)成正比
(B)平方成正比
(C)立方成正比
(D)立方根成正比。

( )　**2** 相同材料，相同的動力，若軸的轉速愈快，所需的直徑愈
(A)小　(B)大　(C)視材料而定　(D)視結構而定。

( )　**3** 若軸的材料相同，轉速也相同，若直徑變為原來的2倍，則可傳遞的功率為原來的幾倍？　(A)2　(B)4　(C)6　(D)8。

( )　**4** 若旋轉軸的傳送功率變為原來的3倍，而直徑變為原來的2倍，則軸所受的剪應力變為原來的幾倍？
(A)$\dfrac{3}{8}$　(B)$\dfrac{8}{3}$　(C)$\dfrac{3}{2}$　(D)$\dfrac{2}{3}$。

( )　**5** 兩相同材料的鋼軸傳遞相同馬力時，兩鋼軸之直徑比與轉速比之關係　(A)立方成正比　(B)立方成反比　(C)立方根成正比　(D)立方根成反比。

( )　**6** 若相同材料不同直徑的A、B兩軸，要以相同轉速運動，已知A軸直徑4cm，可以傳送10PS的功率，B軸直徑8cm，則可以傳送多少PS的功率？　(A)20　(B)80　(C)$\frac{10}{8}$　(D)5。

( )　**7** 一傳動軸轉速為736rpm，傳送10π馬力，其最大容許剪應力為 $\frac{600}{\pi}$MPa，試求其轉軸之直徑至少需多少公分？
(A)2　(B)3　(C)4　(D)8。

( )　**8** 設計一外徑為30mm，內徑10mm，且長度為600mm的空心圓軸用以承受314N－m的扭矩作用。已知材料的剪力彈性係數為80GPa，試求其內徑的剪應力最大值為多少MPa？（π＝3.14）　(A)60　(B)40　(C)20　(D)10。

二、實心圓軸與空心圓軸的比較

軸受扭轉作用時，在軸的表面會產生最大剪應力，而愈靠近軸心剪應力愈小，在軸心剪應力為零，因此，為了減輕重量及節省材料，又不致降低軸的強度，一般皆以採用空心軸為原則。採用空心軸，當強度相同時，空心外徑較大，重量較輕。

若實心圓軸直徑d，空心圓軸外徑$d_外$，內徑$d_內$，如右圖所示，兩軸材質相同，容許之剪應力τ相同，若承受相同扭矩時則由$τ_實＝τ_空心$，

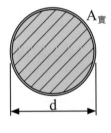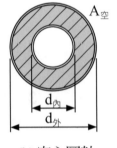

$$\frac{T \times \frac{d}{2}}{\frac{\pi d^4}{32}} = \frac{T \times \frac{d_外}{2}}{\frac{\pi}{32}(d_外{}^4 - d_內{}^4)} \quad , \text{得} \therefore d^3 = d_外{}^3 - \frac{d_內{}^4}{d_外}$$

(a)實心圓軸　　　　(b)空心圓軸

$$\therefore d = \sqrt[3]{d_外{}^3 - \frac{d_內{}^4}{d_外}} \text{，當長度相同時，其重量與斷面積成正比。}$$

重量比：$\dfrac{W_實心}{W_空} = \dfrac{A_實}{A_空} = \dfrac{\frac{\pi}{4}d^2}{\frac{\pi}{4}(d_外{}^2 - d_內{}^2)} = \dfrac{d^2}{d_外{}^2 - d_內{}^2}$

範題解說	即時演練

一空心主軸外徑100mm，其長度與材質均與另一支實心主軸一致，實心主軸直徑為60mm，若不計主軸本身自重之影響，兩支主軸在重量一致的條件下，空心主軸可承受之扭矩為實心主軸的多少倍？

外徑為2cm之實心圓軸，與同外徑且有1cm內孔之空心圓軸，若兩軸允許剪應力相同，則空心圓軸扭轉強度為實心圓軸強度之多少倍？

詳解

重量相同＝斷面積相同（用公分計算）

$$\frac{\pi}{4}(10^2-d_{內}^2)=\frac{\pi}{4}\times 6^2 \quad \therefore d_{內}=8\text{cm}$$

相同材料破壞剪應力相同。

$\tau_{實}＝\tau_{空}$

$$\frac{T_{實}\times \dfrac{6}{2}}{\dfrac{\pi\times 6^4}{32}}=\frac{T_{空}\times \dfrac{10}{2}}{\dfrac{\pi}{32}\left(10^4-8^4\right)}$$

$$\frac{T_{空}}{T_{實}}=\frac{3\left(10000-4096\right)}{5\times 6^4}≒2.7。$$

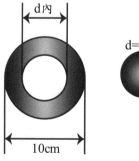

小試身手

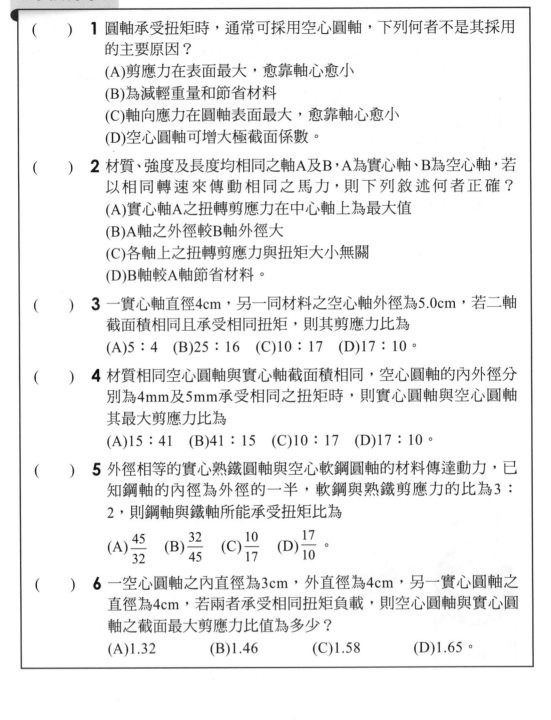

( )　**1** 圓軸承受扭矩時，通常可採用空心圓軸，下列何者不是其採用的主要原因？
(A)剪應力在表面最大，愈靠軸心愈小
(B)為減輕重量和節省材料
(C)軸向應力在圓軸表面最大，愈靠軸心愈小
(D)空心圓軸可增大極截面係數。

( )　**2** 材質、強度及長度均相同之軸A及B，A為實心軸、B為空心軸，若以相同轉速來傳動相同之馬力，則下列敘述何者正確？
(A)實心軸A之扭轉剪應力在中心軸上為最大值
(B)A軸之外徑較B軸外徑大
(C)各軸上之扭轉剪應力與扭矩大小無關
(D)B軸較A軸節省材料。

( )　**3** 一實心軸直徑4cm，另一同材料之空心軸外徑為5.0cm，若二軸截面積相同且承受相同扭矩，則其剪應力比為
(A)5：4　(B)25：16　(C)10：17　(D)17：10。

( )　**4** 材質相同空心圓軸與實心軸截面積相同，空心圓軸的內外徑分別為4mm及5mm承受相同之扭矩時，則實心圓軸與空心圓軸其最大剪應力比為
(A)15：41　(B)41：15　(C)10：17　(D)17：10。

( )　**5** 外徑相等的實心熟鐵圓軸與空心軟鋼圓軸的材料傳達動力，已知鋼軸的內徑為外徑的一半，軟鋼與熟鐵剪應力的比為3：2，則鋼軸與鐵軸所能承受扭矩比為
(A)$\dfrac{45}{32}$　(B)$\dfrac{32}{45}$　(C)$\dfrac{10}{17}$　(D)$\dfrac{17}{10}$。

( )　**6** 一空心圓軸之內直徑為3cm，外直徑為4cm，另一實心圓軸之直徑為4cm，若兩者承受相同扭矩負載，則空心圓軸與實心圓軸之截面最大剪應力比值為多少？
(A)1.32　　　(B)1.46　　　(C)1.58　　　(D)1.65。

綜合實力測驗

(　) **1** 當脆性材料受扭轉而破裂，則其破壞應力屬於　(A)壓應力　(B)剪應力　(C)彎曲應力　(D)拉應力。

(　) **2** 當圓軸受扭轉負荷時，所產生的應力為　(A)剪應力　(B)拉應力　(C)壓應力　(D)拉應力與壓應力。

(　) **3** 若兩相同材料之鋼軸傳遞相同馬力時，兩鋼軸之直徑比與轉數比之關係　(A)立方成正比　(B)立方成反比　(C)立方根成正比　(D)立方根成反比。

(　) **4** 實心圓軸承受扭矩作用，若將軸的直徑增加一倍，則扭轉角度變為原來的　(A)$\frac{1}{2}$倍　(B)$\frac{1}{4}$倍　(C)$\frac{1}{8}$倍　(D)$\frac{1}{16}$倍。

(　) **5** 實心圓軸承受扭矩作用，若將軸的直徑增加一倍，則最大剪應力變為原來的　(A)$\frac{1}{2}$倍　(B)$\frac{1}{4}$倍　(C)$\frac{1}{8}$倍　(D)$\frac{1}{16}$倍。

(　) **6** A、B兩軸的材質轉速均相同，若A軸直徑為B軸的二倍，則A、B兩軸所能傳遞的馬力比為
(A)1：8　(B)4：1　(C)8：1　(D)4：1。

(　) **7** 受扭轉之圓軸，剪應力在
(A)圓心　(B)$\frac{1}{4}$半徑處　(C)$\frac{1}{2}$半徑處　(D)圓表面　最大。

(　) **8** 材質、強度及長度均相同之軸A及B，A為實心軸、B為空心軸，若以相同轉數來傳動相同之馬力，下列敘述何者正確？　(A)實心軸A之扭轉剪應力在中心軸上為最大值　(B)A軸之外徑較B軸外徑大　(C)各軸上之扭轉剪應力與扭矩大小無關　(D)B軸較A軸節省材料。

(　) **9** 直徑為10cm之實心圓軸，若其所能抵抗之最大扭矩為4000πN·m，則其最大剪應力為
(A)32MPa　(B)64MPa　(C)320MPa　(D)640MPa。

(　) **10** 若一實心圓軸承受扭矩2000πN·m作用，圓軸容許剪應力為32MPa，則圓軸直徑至少為多少公分？
(A)100cm　(B)20cm　(C)50cm　(D)10cm。

(　) **11** 一實心傳動軸欲傳輸$0.8\pi^2$kW之功率,且其轉速為300rpm。若軸材料之容許剪應力為160MPa,且不計傳動軸質量,則傳動軸直徑最小應為多少mm?　(A)16　(B)18　(C)20　(D)22。

(　) **12** 一圓軸長度為L,直徑為d,承受扭矩T作用後,產生之扭轉角為φ;今圓軸需承受原扭矩T的2倍,以相同材料之圓軸長度不變,直徑更改為2d,則產生之扭轉角變為原來的

(A)$\frac{1}{2}\phi$　(B)$\frac{1}{4}\phi$　(C)$\frac{1}{8}\phi$　(D)$\frac{1}{16}\phi$。

(　) **13** 設有一直徑2cm之軸,以736rpm迴轉,若其剪應力為32MPa,則其傳動功率為　(A)2.62PS　(B)4.26PS　(C)5.26PS　(D)6.26PS。

(　) **14** 有一轉軸直徑為2cm,以1200rpm迴轉,傳送62.8kW之功率,則此時轉軸所受之剪應力約為

(A)318.4MPa　(B)159.2MPa　(C)79.6MPa　(D)89.6MPa。

(　) **15** 一空心圓軸,外徑8mm,內徑4mm,其所受之扭力矩為12πN-m,試求此圓軸產生之剪應力最大值為

(A)400MPa　(B)120MPa　(C)160MPa　(D)200MPa。

(　) **16** 若有一空心圓軸外徑8mm,內徑4mm,其容許剪應力為100MPa,則其可承受之最大扭矩為多少N-m?　(A)π　(B)2π　(C)3π　(D)4π。

(　) **17** 設直徑為4cm之圓軸,當轉速300rpm時,在長4m處測得扭轉角為9°,材料之剪力彈性係數為80GPa,則圓軸表面所產生之剪應力為若干MPa?　(A)10π　(B)20π　(C)40π　(D)80π。

(　) **18** 軸受純扭矩作用的基本假設,下列敘述何者錯誤?　(A)為均質材料　(B)應力與應變符合虎克定律　(C)軸受扭轉後,長度不變(D)軸受扭轉後,橫截面會產生翹曲現象。

(　) **19** 實心軸直徑為4cm,最高轉數為1200rpm,容許剪應力為60MPa,試求此軸所能承受之功率為多少kW?

(A)94652　(B)946.52　(C)94.652　(D)9.4652。

(　) **20** 一圓棒直徑為4cm,長為50cm,將一端固定,另一端扭轉30°,圓棒外緣表面之剪應變為多少弧度?

(A)$\frac{\pi}{100}$　(B)$\frac{\pi}{150}$　(C)$\frac{\pi}{300}$　(D)$\frac{\pi}{325}$。

(　) **21** 一實心圓軸的直徑為20mm，長3.14m承受扭矩10πN-m，產生的扭轉角4°，求剪力彈性係數G約為多少？
(A)90　(B)45　(C)180　(D)360　GPa。

(　) **22** 一直徑為2cm之實心圓軸，傳達之動力為500π²瓦特，軸內剪應力不得超過100MPa，則此軸之每分鐘轉數至少為多少rpm？
(A)150　(B)300　(C)450　(D)600　rpm。

(　) **23** 空心圓軸長4m，外徑為4cm，內徑為2cm，若材料之容許剪應力為40MPa，容許最大扭轉角為0.06rad，且剛性模數為80GPa，試求此材料能承受之最大扭矩為多少N-m？
(A)150π　(B)75π　(C)90π　(D)300π。

(　) **24** 如右圖所示之實心圓軸，受扭矩
$T_1 = 120\pi$N-m，$T_2 = 480\pi$N-m，
AB直徑為8cm，BC為4cm，試求
C點之扭轉角約為多少弧度？（若
剪力彈性係數均為G＝80GPa）
(A)0.2　(B)0.4　(C)0.6　(D)0.8。

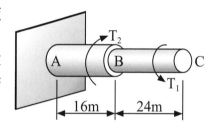

(　) **25** 軸受扭矩作用時，圓軸表面所生之剪應變，下列敘述何者錯誤？
(A)軸半徑成反比　(B)扭軸角成正比　(C)極慣性矩成反比　(D)扭矩成正比。

(　) **26** 如圖所示，左圖為一空心軸，c為空心軸外半徑、b為空心軸內半徑；右圖為一實心軸，半徑為a；其中c＝2b，兩者材料一樣且截面積相同，如果T_h為空心軸的扭矩、T_s為實心軸的扭矩，已知空心軸及實心軸的最大剪應力
相同，試求$\dfrac{T_h}{T_s}$的近似值？
（$\sqrt[3]{2} = 1.732$）
(A)1.0
(B)1.4
(C)1.8
(D)2.2。

空心軸　　　實心軸

(　) **27** 設有一直徑為20mm之圓鐵桿，若其降伏剪應力$\tau_w = 400$MPa，安全係數為2，則此桿能承受最大扭矩T為
(A)100π　(B)200π　(C)50π　(D)400π　N-m。

第十四章　近年試題

重要度 ★☆☆☆☆

104 年　統測試題

( )　**1** 質量1kg的物體，在緯度45°的海平面上，受到重力加速度9.8m/s²
的作用所產生的力為：
(A)9.8公斤重（kgw）　　　　　　　(B)9.8達因（dyne）
(C)9.8牛頓（N）　　　　　　　　　(D)9.8公克重（gw）。

( )　**2** 如圖(一)所示，重量為W的木
箱在一粗糙斜面上受到一水
平作用力P作用而向上滑動，
已知在圖示位置時，該連接
的彈簧處於伸長狀態，則此
時該木箱的自由體圖為下列
何者？（圖中所示，f為摩擦
力，F_s為彈簧力，N_c為斜面
施予木箱的正向力）

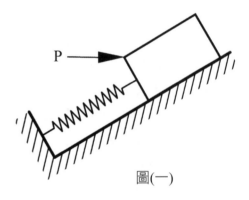

圖(一)

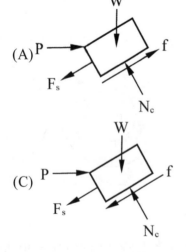

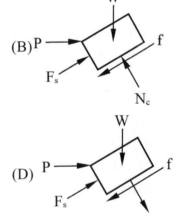

(　　) **3** 當一個物體受到三組力偶作用時，其結果為：
(A)合力及合力偶矩皆不一定為0
(B)合力必定為0，但合力偶矩不一定為0
(C)合力偶矩必定為0，但合力不一定為0
(D)合力及合力偶矩皆必定為0。

(　　) **4** 如圖(二)所示之斜線面積，已知r＝0.25R，若要使斜線面積形心的y座標值為0.75h，則h應為多少？
(A)$\dfrac{125R}{64\pi}$
(B)$\dfrac{128R}{75\pi}$
(C)$\dfrac{85R}{64\pi}$
(D)$\dfrac{78R}{75\pi}$。

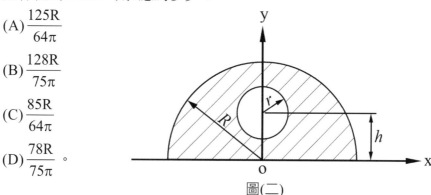

圖(二)

(　　) **5** 兩物體相互接觸而發生摩擦時，其摩擦力作用的方向必與接觸面：
(A)平行　(B)傾斜45度　(C)垂直　(D)傾斜60度。

(　　) **6** 一質點自靜止開始作直線等加速度運動，質點起始位置為s＝0公尺，設全程需花費t秒，最後1秒內（亦即第t秒內）所行經的距離為c公尺，第t−1秒內所行經的距離為d公尺，若c：d＝17：15，則t為多少秒？　(A)3　(B)6　(C)9　(D)12。

(　　) **7** 某物體在半徑為25m的圓形軌道上作圓周運動，某一瞬間其速度大小為10m/s而合加速度大小為5m/s²，則該瞬間其切線加速度的大小為多少m/s²？　(A)3　(B)4　(C)5　(D)6。

(　　) **8** 在斜向拋物體運動中，若其初速度為V而拋出仰角為θ，則該拋物體可獲得最大高度之拋出仰角θ為幾度？
(A)30　(B)45　(C)60　(D)90。

(　　) **9** A、B兩繩索的長度分別為1m及2m，皆以一端繫住一質量為1kg之圓球，而以另一端為中心使圓球做鉛直面上的圓周運動。已知在最高點時的繩索張力皆等於2gN（g為重力加速度），則A、B兩繩索端的圓球在最高點的速度大小比值（V_A/V_B）為多少？
(A)$\sqrt{0.5}$　　　(B)1　　　(C)$\sqrt{2}$　　　(D)2。

（　）**10** 使用龍門鉋床鉋削鑄件，當切削速度為20m/min時，利用儀器測得鉋削阻力為300N，則鉋削加工時所消耗之功率為多少瓦特（W）？
(A)0.1　　　　　　　　　　(B)6
(C)100　　　　　　　　　　(D)6000。

（　）**11** 質量為1kg的物體以5m/s的速度在光滑水平面上做等速直線運動，欲設計讓此物體撞擊一彈簧，使彈簧壓縮0.1m後讓該物體的速度達到0，則應選用之彈簧的彈簧常數為多少N/m？
(A)2500　　　　　　　　　(B)2000
(C)1500　　　　　　　　　(D)1000。

（　）**12** 由兩桿所組成的簡單構架，如圖(三)所示，在接點A處承受垂直負荷P。已知兩桿的材料相同，且$\alpha=30°$，若兩桿內所承受的應力值相等，且不計各桿重量，則桿AB的截面積（A_{AB}）與桿AC的截面積（A_{AC}）的比值A_{AB}/A_{AC}為多少？
(A)$\dfrac{\sqrt{3}}{2}$

(B)$\dfrac{2}{\sqrt{3}}$

(C)$\dfrac{1}{2}$

(D)2。

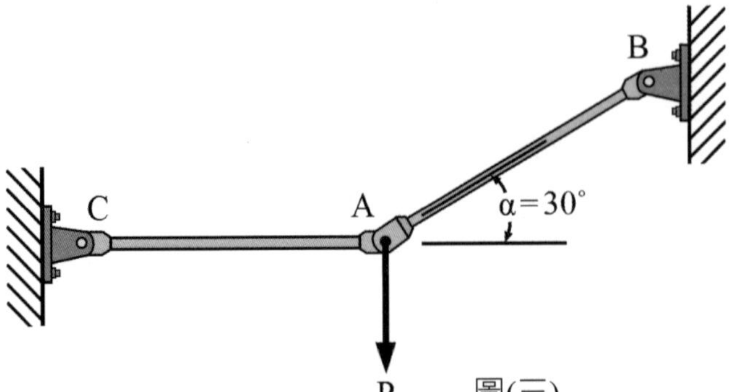

圖(三)

（　）**13** 重量為9800N的貨櫃由一條鋼索拉升，已知鋼索的截面積為75mm^2，其降伏強度為800MPa，若以降伏強度為依據的安全因數取5，重力加速度為9.8m/s^2，且不計鋼索重量，則容許拉升貨櫃的最大加速度為多少m/s^2？
(A)2.2　　　　　　　　　　(B)5.2
(C)7.5　　　　　　　　　　(D)10.0。

（　）**14** 一材料的蒲松氏比（Poisson's ratio）為0.25、剪力彈性係數（shear modulus of elasticity）為48GPa，則其體積彈性係數（modulus of elasticity of volume）為多少GPa？
(A)20　　　　　　　　　　(B)40
(C)60　　　　　　　　　　(D)80。

( ) **15** 某材料承受雙軸向應力作用，分別為$\sigma_x=80MPa$與$\sigma_y=-60MPa$，則下列敘述何者錯誤？
(A)純剪（pure shear）存在於45°的斜截面上
(B)45°的斜截面上最大剪應力為70MPa
(C)最大正交應力值為80MPa
(D)30°斜截面上的正交應力與餘正交應力的和為20MPa。

( ) **16** 如圖(四)所示之矩形截面，對x軸的面積慣性矩為多少cm^4？
(A)4.5
(B)20
(C)26
(D)56。

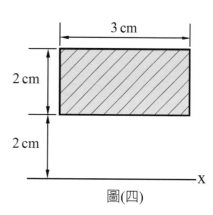

圖(四)

( ) **17** 一長度為 L 的簡支樑（simply supported beam）承受均佈負荷，下列何者是其對應的彎曲力矩圖（彎矩圖）？

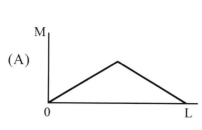

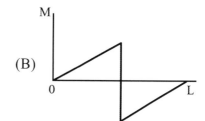

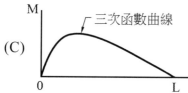

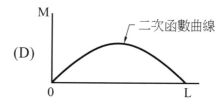

( ) **18** 如圖(五)所示在中央(L/2)處承受集中負荷P＝2880N的簡支樑，樑長度L＝6m，其橫截面為寬度b高度h的矩形，已知h＝4b，若欲安全承受此集中負荷作用，且樑的容許彎曲應力為60MPa，不計簡支樑本身的重量，則此矩形橫截面的最小尺寸為多少？
(A)40mm×160mm　　　　(B)30mm×120mm
(C)20mm×80mm　　　　(D)10mm×40mm。

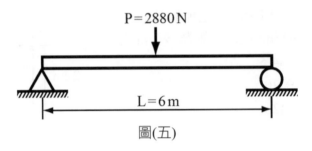

圖(五)

( ) **19** 橫截面為矩形且長度為L之簡支樑，受到均佈負荷作用而彎曲時，在L/4處的橫截面上，最大彎曲應力和最大剪應力的分佈情況，下列何者正確？
(A)最大彎曲應力點的剪應力一定為零，最大剪應力點的彎曲應力不一定為零
(B)最大彎曲應力點的剪應力一定為零，最大剪應力點的彎曲應力也一定為零
(C)最大彎曲應力點的剪應力不一定為零，最大剪應力點的彎曲應力一定為零
(D)最大彎曲應力點的剪應力不一定為零，最大剪應力點的彎曲應力也不一定為零。

( ) **20** 直徑為30mm的實心圓軸，其最大容許剪應力為160MPa，若此圓軸以1000rpm轉動，且不計圓軸重量，則此軸能傳遞的最大功率約為多少仟瓦（kW）？（註：π＝3.14，$\pi^2 \approx 10$）
(A)60　　　　(B)75
(C)90　　　　(D)120。

105 年 統測試題

(　)　**1** 下列敘述何者正確？
(A)外力對非剛體所作的功為純量
(B)作用於剛體的外力可視為自由向量
(C)作用於非剛體的力矩可視為滑動向量
(D)剛體的運動速度為固定向量。

(　)　**2** 對於力的分解，下列敘述何者不正確？
(A)一個單力若無任何條件之限制，可以分解成無窮多個分力
(B)一個單力若無任何條件之限制，可以分解成分力及力偶矩的組合
(C)一個單力所分解出的各分力不必相互垂直
(D)一個單力所分解出的各分力必小於該單力。

(　)　**3** 如圖(一)所示平面構架，AB為水平構件，200N為垂直外力，A、B及C接點均為無摩擦之銷連接，不計構件重量，下列敘述何者不正確？

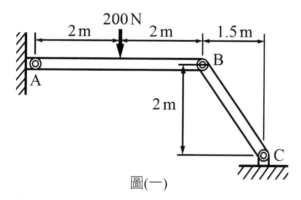

圖(一)

(A)AB構件為三力構件
(B)AB構件僅受彎矩作用不受軸向作用力
(C)BC構件為二力構件
(D)BC構件僅有軸向作用力不受彎矩作用。

(　　) **4** 承上題，銷C對BC構件作用力之大小為多少N？

(A)100　　　　(B)125

(C)150　　　　(D)175。

(　　) **5** 如圖(二)所示，斜線面積形心的y座標值應為多少？

(A)$\dfrac{4r}{21\pi}$　　　　(B)$\dfrac{2r}{11\pi}$

(C)$\dfrac{r}{7\pi}$　　　　(D)$\dfrac{r}{5\pi}$。

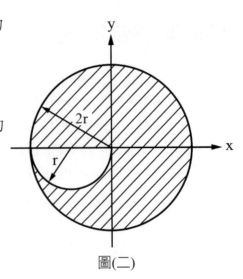

圖(二)

(　　) **6** 如圖(三)所示，重量為W之物體，置於傾斜角為θ之斜面上，接觸面的靜摩擦係數為μ_s，已知使物體向上滑動的最小水平推力F_T

（向右）為$\dfrac{\mu_s + \tan\theta}{1 - \mu_s \tan\theta}W$，若傾斜角小於靜止角，則使物體向下滑動的最小水平拉力F_P（向左）應為下列何種關係式？

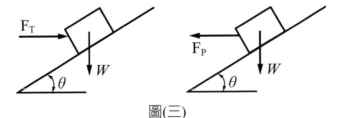

圖(三)

(A)$\dfrac{-\mu_s + \tan\theta}{1 - \mu_s \tan\theta}W$　　　　(B)$\dfrac{\mu_s - \tan\theta}{1 - \mu_s \tan\theta}W$

(C)$\dfrac{\mu_s - \tan\theta}{1 + \mu_s \tan\theta}W$　　　　(D)$\dfrac{\mu_s + \tan\theta}{1 + \mu_s \tan\theta}W$。

(　　) **7** 一汽車自靜止以等加速度a_1啟動行駛至速度為V後，以等速度V行駛一段時間，之後再以等減速度a_2行駛至停止，其中a_1與a_2皆為正實數。若汽車行駛全程距離為S，其行駛總時間t應為多少？

(A)$\dfrac{S}{V} + \dfrac{V}{2}\left(\dfrac{1}{a_1} + \dfrac{1}{a_2}\right)$　　　　(B)$\dfrac{S}{V} - \dfrac{V}{2}\left(\dfrac{1}{a_1} + \dfrac{1}{a_2}\right)$

(C)$\dfrac{S}{V} + V\left(\dfrac{1}{a_1} + \dfrac{1}{a_2}\right)$　　　　(D)$\dfrac{S}{V} - V\left(\dfrac{1}{a_1} + \dfrac{1}{a_2}\right)$。

( )　**8** 如圖(四)所示，A、B、C三物體
分別重10kg、20kg、30kg，
A、B物體與平面間之靜摩擦係
數為0.25、動摩擦係數為0.2。
若繩索不會伸長，也不計滑輪
重量與繩索間摩擦力影響，假
設重力加速度g＝10m/s²，則對
於AB繩、BC繩所受的張力，
下列敘述何者正確？
(A)AB繩張力30N、BC繩張力90N
(B)AB繩張力30N、BC繩張力180N
(C)AB繩張力60N、BC繩張力90N
(D)AB繩張力60N、BC繩張力180N。

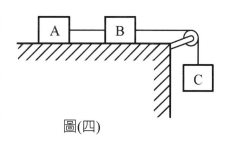

圖(四)

( )　**9** 如圖(五)所示，一質量10kg物體
由靜止沿斜面滑下S距離後，開
始壓縮彈簧至物體完全停止，
彈簧壓縮量為2cm，彈簧常數
為1000N/cm，假設重力加速度
g＝10m/s²，斜面為光滑不計摩
擦影響，則物體下滑距離S應為
多少cm？

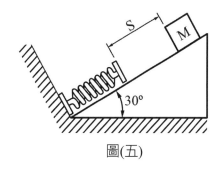

圖(五)

(A)19　　　　(B)38　　　　(C)57　　　　(D)76。

( )　**10** 一彈簧施加40N力而伸長10cm，若繼續將彈簧拉長變形至30cm，
則在後續拉長過程，彈簧所增加的彈性位能為多少J？
(A)8　　　　(B)16　　　　(C)800　　　　(D)1600。

( )　**11** 兩重量相等且同材質A、B圓形截面鋼棒，A鋼棒長度為B鋼棒的2
倍，若受同樣拉力作用，則下列有關鋼棒伸長量的敘述何者正
確？
(A)A鋼棒伸長量與B鋼棒伸長量相等
(B)A鋼棒伸長量為B鋼棒伸長量的2倍
(C)A鋼棒伸長量為B鋼棒伸長量的4倍
(D)A鋼棒伸長量為B鋼棒伸長量的8倍。

（　　）**12** 一正方形截面的鋁棒，長度100cm邊長1cm，受軸向拉力作用後變長變細，其拉力軸向長度增加為1cm，若蒲松氏比為0.25，在材料比例限度內，則鋁棒體積改變量的敘述，下列何者最正確？
(A)增加0.25cm^3　　　　　　　　(B)減少0.25cm^3
(C)減少0.5cm^3　　　　　　　　(D)增加0.5cm^3。

（　　）**13** 一雙排鉚釘搭接如圖(六)所示，若板寬200mm，板厚20mm，鉚釘直徑25mm，板子承受4500πN拉力，下列計算之應力何者正確？
(A)鉚釘承受3.2MPa拉應力
(B)鉚釘承受5.8MPa拉應力
(C)鉚釘承受3.2MPa剪應力
(D)鉚釘承受5.8MPa剪應力。

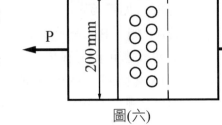

圖(六)

（　　）**14** 一截面為三角形的樑，如圖(七)所示，通過頂點且平行底邊a軸之慣性矩為I_a，通過形心軸b的慣性矩為I_b，通過底邊c軸之慣性矩為I_c，則$I_a：I_b：I_c$的比值何者正確？
(A)1：3：9
(B)3：1：9
(C)9：3：1
(D)9：1：3。

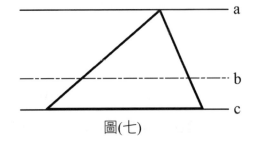

圖(七)

（　　）**15** 如圖(八)所示，截面積對於通過水平形心軸x之慣性矩為多少cm^4？
(A)28–0.5π
(B)28–π
(C)32–0.5π
(D)32–π。

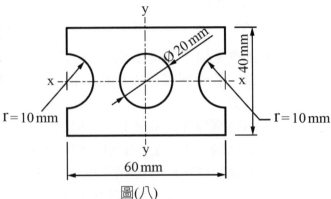

圖(八)

(　　) **16** 一簡支樑承受集中與彎矩負載如圖(九)所示，若不計樑本身重量，則下列樑之彎矩分佈圖何者正確？

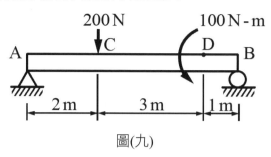

圖(九)

(A)

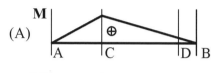

(B)

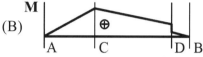

(C)

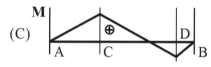

(D)

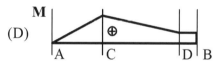

(　　) **17** 一簡支樑承受一均佈負載如圖(十)所示，若不計樑本身自重，求樑之最大彎矩發生在A端右側距離多少m處？

(A)4.25

(B)4.5

(C)4.75

(D)5.0。

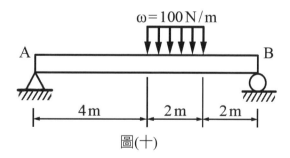

圖(十)

(　　) **18** 一矩形截面簡支樑承受均佈與彎矩負載如圖(十一)所示，矩形截面寬40mm、高60mm，若不計樑本身自重，請計算樑上C點處由樑內剪力所誘生之最大剪應力為多少MPa？

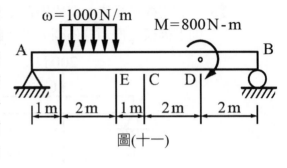

圖(十一)

(A)0.38　　　　　　　　　　(B)0.42

(C)0.75　　　　　　　　　　(D)1.12。

(　　) **19** 一矩形截面簡支樑承受均佈與彎矩負載如圖(十二)所示，矩形截面寬40mm、高50mm，若不計樑本身自重，請計算樑上E點處之最大彎曲應力為多少MPa？

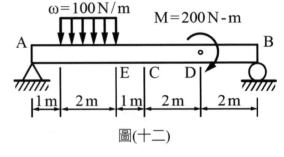

圖(十二)

(A)10.5　　　　　　　　　　(B)15.0

(C)18.5　　　　　　　　　　(D)22.5。

(　　) **20** 一空心主軸外徑100mm，其長度與材質均與另一支實心主軸一致，實心主軸直徑為60mm，若不計主軸本身自重之影響，兩支主軸在重量一致的條件下，空心主軸可承受之扭矩為實心主軸的多少倍？

(A)1.5　　　　　　　　　　(B)1.9

(C)2.3　　　　　　　　　　(D)2.7。

106 年　統測試題

( )　**1** 有關結構受到施加外力或負荷，下列敘述何者正確？
(A)集中點力F＝10Pa，作用於特定點的x方向
(B)點力矩M＝100N-m，順時針方向，作用於特定點
(C)結構應力σ＝100N，作用於特定點的y方向
(D)線均佈力q＝10N-m，作用於特定點的z方向。

( )　**2** 如圖(一)所示連桿及凸輪（假設均無質量），一外力F垂直作用在連桿右端，連桿在O點為無摩擦的銷接點，連桿左端推頂凸輪，凸輪的旋轉中心在O_1點也是無摩擦的銷接點，下半圓圓心為O_1，其半徑為$R_1＝10$cm，上半圓圓心為O_2，其半徑為$R_2＝15$cm。在圖示中，當F＝10N時，作用在凸輪旋轉中心點O_1的力矩為多少N-cm？

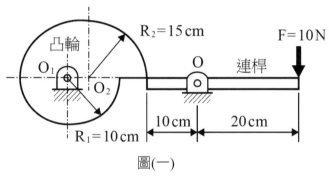

圖(一)

(A)100　　　　　　　　　　(B)200
(C)300　　　　　　　　　　(D)400。

( )　**3** 如圖(二)所示，簡支樑受到一集中點力F＝75N，以及三角形均佈力其左端最大值為q＝100N/m，求A點及B點的反力R_A及R_B為多少N？
(A)$R_A＝75$（↑），$R_B＝100$（↑）
(B)$R_A＝75$（↑），$R_B＝150$（↑）
(C)$R_A＝100$（↑），$R_B＝125$（↑）
(D)$R_A＝125$（↑），$R_B＝100$（↑）。

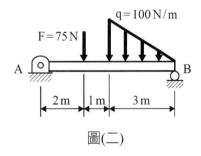

圖(二)

( )　**4** 如圖(三)所示的T形截面積，其截面尺寸參數為：L_1、T_1、L_2、T_2，座標原點如圖示O點，令此截面積的形心位置座標為$(\bar{x},\bar{y})$，其中 $\bar{x}=0$，則下列$\bar{y}$的表示式何者正確？

(A)$\bar{y}=\dfrac{[(T_1L_1)+(T_2L_2)](L_2)}{(T_1L_1)+(T_2L_2)}$

(B)$\bar{y}=\dfrac{(T_1L_1)L_2+(T_2L_2)L_1}{(T_1L_1)+(T_2L_2)}$

(C)$\bar{y}=\dfrac{(T_1L_1)(\dfrac{T_1}{2}+L_2)+(T_2L_2)(\dfrac{L_2}{2})}{(T_1L_1)+(T_2L_2)}$

(D)$\bar{y}=\dfrac{(T_1L_1)(T_1+L_2)+(T_2L_2)(\dfrac{L_1}{2})}{(T_1L_1)+(T_2L_2)}$ 。

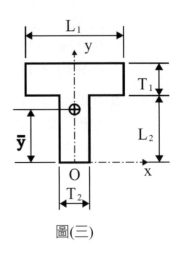

圖(三)

( )　**5** 如圖(四)所示，A、B兩個物塊重量分別為100N及200N，A物塊與水平地面的靜摩擦係數$\mu_A=0.4$，而B物塊與水平地面的靜摩擦係數$\mu_B=0.2$，當以一水平力F＝40N施加於物塊A左側，則A及B兩物塊間的作用力為多少N？

(A)0　(B)10　(C)20　(D)40。

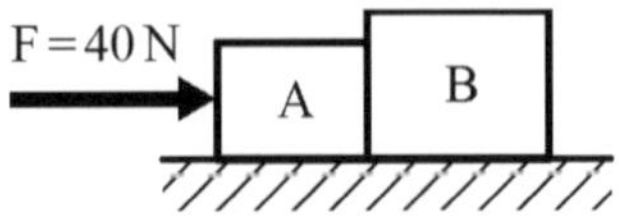

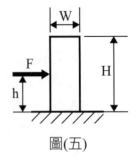

圖(四)

( )　**6** 如圖(五)所示的均質物塊，其重量為100N，寬度W＝20cm，高度H＝50cm，物塊與水平地面的摩擦係數為μ，當以一水平力F施加於物塊左側距離水平地面h＝20cm，物塊會發生滑動而不致傾倒的狀態，則此摩擦係數μ的最大值為多少？

(A)0.4　(B)0.5　(C)0.6　(D)0.7。

圖(五)

(　) **7** 將一軟鋼材料測試棒夾持於拉力試驗機上，進行拉力試驗，由實驗數據得到如圖(六)所示的應力–應變圖，則在圖中的哪一段為「頸縮現象」？

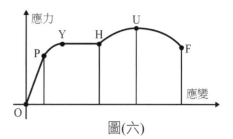

圖(六)

(A)OP　　　　　(B)PH
(C)HU　　　　　(D)UF。

(　) **8** 有一等向性均質正立方體的彈性係數E＝1000MPa，蒲松氏比$v=0.2$，僅受到σ_x與σ_y雙軸向應力作用後，得到x軸向的應變為$\varepsilon_x=90/E$以及y軸向的應變為$\varepsilon_y=30/E$，則下列有關應力或應變的敘述何者正確？

(A)x軸向應力$\sigma_x=100MPa$　　　(B)y軸向應力$\sigma_y=30MPa$
(C)z軸向應力$\sigma_z=50MPa$　　　(D)z軸向應變$\varepsilon_z=20/E$。

(　) **9** 兩塊相同尺寸的鋼板，以兩根鉚釘搭接的方式連接如圖(七)所示。當鋼板承受$P_t=31400N$的拉力，已知鉚釘直徑d＝10mm，鋼板寬度p＝65mm，鋼板厚度t＝20mm，則每根鉚釘承受的剪應力為多少MPa？（π＝3.14）

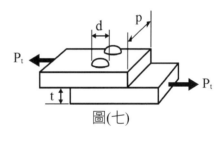

圖(七)

(A)100　(B)150　(C)200　(D)250。

(　) **10** 有關面積慣性矩的說明，下列敘述何者不正確？　(A)即為面積的二次矩　(B)即為質量慣性矩　(C)其值恆為正　(D)單位為長度的四次方。

(　) **11** 如圖(八)所示的簡支樑，承受一集中負荷W作用，集中負荷距離左支承端為a，集中負荷距離右支承端為b，則下列敘述何者不正確？

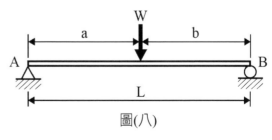

圖(八)

(A)左支承端的反作用力$R_A=(W \times b)/L$
(B)右支承端的反作用力$R_B=(W \times a)/L$

(C)最大彎曲力矩M＝(W×a×b)/L

(D)剪力圖為 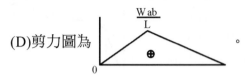 。

(　) **12** 承上題，假設長度L＝2000mm（a＝b＝1000mm），集中負荷W＝10N，簡支樑的矩形截面如圖(九)所示，寬度c＝10mm，高度h＝20mm，如果不計樑自身重量，則該樑的最大彎曲應力為多少MPa？
(A)7.5　(B)8.5　(C)9.5　(D)10.5。

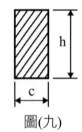

圖(九)

(　) **13** 如圖(十)所示的實心圓軸，已知直徑d＝20mm，長度L＝314mm，自由端承受的扭矩T＝10000N-mm，剪力係數（即剛性係數）G＝1000MPa，則實心圓軸的最大扭轉角φ為多少rad？（π＝3.14）
(A)0.1　(B)0.2　(C)0.3　(D)0.4。

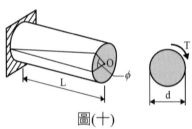

圖(十)

(　) **14** 一直徑1m的均質圓盤，從靜止以等角加速度α繞圓心轉動，1秒後圓盤轉動的角位移為2rad，此時圓盤邊緣上任一點的加速度為多少m/s^2？　(A)10　(B)$\sqrt{68}$　(C)8　(D)$\sqrt{58}$。

(　) **15** 如圖(十一)所示，小球以一不可伸縮且長度為r的繩綁住，繩的質量不計。將小球提高至θ角，靜止後自由放開，當小球到達最低點時，若繩的張力恰為小球重的2倍，求θ角應為多少度？
(A)30　(B)45　(C)60　(D)90。

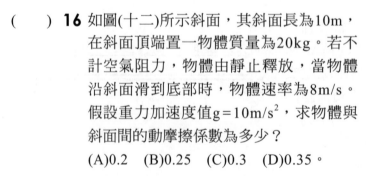

圖(十一)

(　) **16** 如圖(十二)所示斜面，其斜面長為10m，在斜面頂端置一物體質量為20kg。若不計空氣阻力，物體由靜止釋放，當物體沿斜面滑到底部時，物體速率為8m/s。假設重力加速度值g＝10m/s^2，求物體與斜面間的動摩擦係數為多少？
(A)0.2　(B)0.25　(C)0.3　(D)0.35。

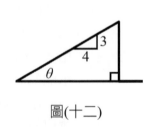

圖(十二)

( ) **17** 一物體由井口以初速度10m/s往下丟，物體經過5秒後觸及井底。假設重力加速度為10m/s^2，則井深為多少m？

(A)75　(B)125　(C)175　(D)240。

( ) **18** 一砲管在水平地面以的仰角方向及初速度V_0發射砲彈，砲彈落地的水平射程為x。如果發射仰角θ相同，初速度增加為$2V_0$，則砲彈落地的水平射程為多少？

(A)$\sqrt{2}x$　(B)1.5x　(C)2x　(D)4x。

( ) **19** 如圖(十三)所示，僅考慮A、B二物體的質量，A與B繫於一條不可伸縮繩的兩端，並且繞過定滑輪。已知A物體質量為25kg，B物體質量為50kg，在不計摩擦與空氣阻力情況下，假設重力加速度值g＝10m/s^2，求B物體的加速度為多少m/s^2？

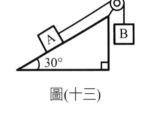
圖(十三)

(A)5　(B)10　(C)15　(D)20。

( ) **20** 如圖(十四)所示，彈簧垂直固定於地面，在其正上方1m處有一物體以初速度V向下撞擊彈簧。假設整個撞擊過程中沒有任何能量損失，彈簧質量和空氣阻力忽略不計，得到彈簧的最大變形量為0.2m。已知物體質量為20kg，彈簧常數為44000N/m，重力加速度值g＝10m/s^2，則物體的初速度V為多少m/s？

(A)8　(B)9　(C)10　(D)11。

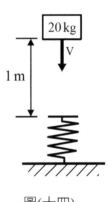
圖(十四)

107 年 統測試題

( ) **1** 下列敘述何者正確？
(A)力的可傳性原理僅適用於力對剛體的外效應
(B)力矩及速率都是具有大小及方向的向量
(C)面積及重量都是具有大小而無方向的純量
(D)MKS制中，公斤重是力的絕對單位。

( ) **2** 有一外伸樑受力如右圖所示，求支
承點B的反力為多少N？
(A)16　　　　(B)34
(C)40　　　　(D)50。

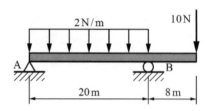

( ) **3** 如右圖所示，有一扳手轉動螺帽，
分別承受A、B、C、D四個大小相
同而方向不同的施力，試問哪個力
最容易轉動螺帽？
(A)A　(B)B　(C)C　(D)D。

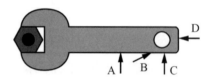

( ) **4** 如右圖所示，B點吊一物重為60N，試
問繩索AB的張力為多少N？
(A)10　　　　(B)$10\sqrt{3}$
(C)30　　　　(D)$30\sqrt{3}$。

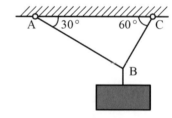

( ) **5** 如右圖所示，一均勻圓盤上受同方向的
二質點力W_1及W_2垂直作用於xy平面，
其力大小與座標分別為10N (4, 6)及
30N (8, -4)，現有另一同方向的質點
力W_3，其大小為20N，欲使圓盤於圓
心(0, 0)位置達到力矩平衡，則W_3應作
用於何處（xy座標）？
(A)(14,3)　　　(B)(-3,14)
(C)(-14,3)　　(D)(-14,-3)。

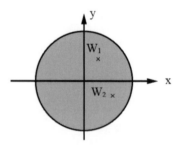

（　）　**6** 如右圖所示，有一梯子重100N，靠在光
滑的牆壁，梯腳與地面的靜摩擦係數為
0.1，欲移動梯子向右滑動，求P力的最
小值為多少N？

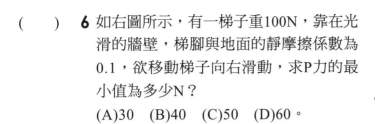

（A)30　(B)40　(C)50　(D)60。

（　）　**7** 如右圖所示，有一均勻物體重100N，地
面的靜摩擦係數為0.2，若水平力P為使
該物體移動的最小力，試問施力點的最
大高度h為多少cm，才不至於使物體傾
倒？

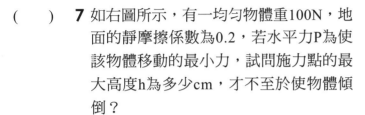

(A)15　　　　　(B)20
(C)25　　　　　(D)30。

（　）　**8** 自由落體屬於下列何種運動？
(A)等速直線運動　　　　　(B)變速直線運動
(C)等速曲線運動　　　　　(D)變速曲線運動。

（　）　**9** 一列火車從南港站行駛到松
山站的速度v與時間t關係如
右圖所示，試求出兩站間的
距離為多少m？

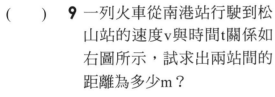

(A)2800　　　　　(B)2900
(C)3000　　　　　(D)3100。

（　）　**10** 三軸CNC工具機Z軸的主軸轉速為12000rpm，則其角速度為多少
rad/s？
(A)100π　　　　　(B)200π
(C)300π　　　　　(D)400π。

（　）　**11** 如右圖所示，有一鐵箱質量為100kg，
鐵箱與地面間之動摩擦係數
μ_d=0.25，當水平作用力P=600N，則
鐵箱的加速度為多少m/s²？（假設重
力加速度為10m/s²）

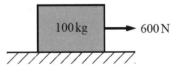

(A)2.5　　　(B)3.5　　　(C)4.5　　　(D)5.5。

（　　）**12** 等速旋轉且角速度為ω的軸上附加一個質量m，其旋轉半徑為r，則對該質量的敘述何者正確？
(A)切線速度為ω/r　　　　　　　　(B)向心加速度為ω^2/r
(C)切線加速度為$r \times \omega^2$　　　　　　(D)向心力為$m \times r \times \omega^2$。

（　　）**13** 若作用力F與位移S的夾角為θ，則下列敘述何者正確？
(A)$\theta = 180°$時，則功$W = -F \times S$
(B)$\theta = 180°$時，則作用力與位移的方向互相垂直
(C)$\theta = 90°$時，則功$W = F \times S$
(D)$\theta = 0°$時，則作用力與位移的方向相反。

（　　）**14** 一台綜合加工機的主軸由馬達經皮帶輪來傳動，如果已知該綜合加工機主軸的機械效率為72%，而馬達的機械效率為90%，則皮帶輪的機械效率為多少%？
(A)75　　　　　(B)80　　　　　(C)85　　　　　(D)90。

（　　）**15** 有一長度為400mm，橫截面積為100mm²的金屬棒，受20kN的拉力作用時，則該金屬棒所受的張應力為何？
(A)200Pa　　　(B)200kPa　　　(C)20MPa　　　(D)0.2GPa。

（　　）**16** 有一鋼桿承受軸向力情況如右圖所示，其中AB段的截面積為500mm²，BC段的截面積為600mm²，設鋼的彈性係數為200GPa，則此桿的總變形量為多少mm？（伸長為正值、縮短為負值） 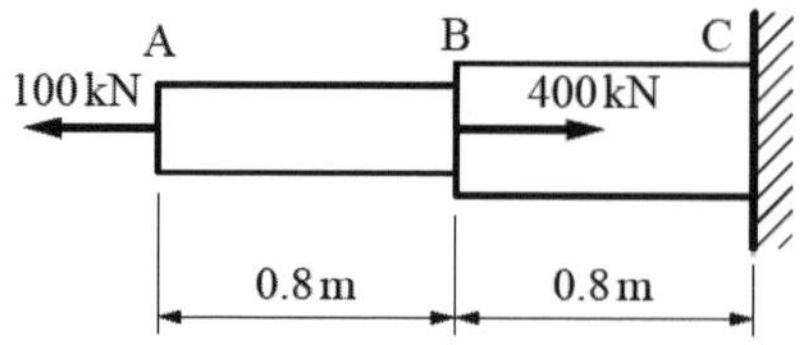
(A)1.2　　　　　(B)1.6　　　　　(C)-1.2　　　　　(D)-1.6。

（　　）**17** 使用8個鉚釘，以雙蓋板對接方式進行鉚接如右圖所示，若P＝6280N，且鉚釘直徑為10mm，則每根鉚釘所承受的剪應力為多少MPa？（註：$\pi \fallingdotseq 3.14$） 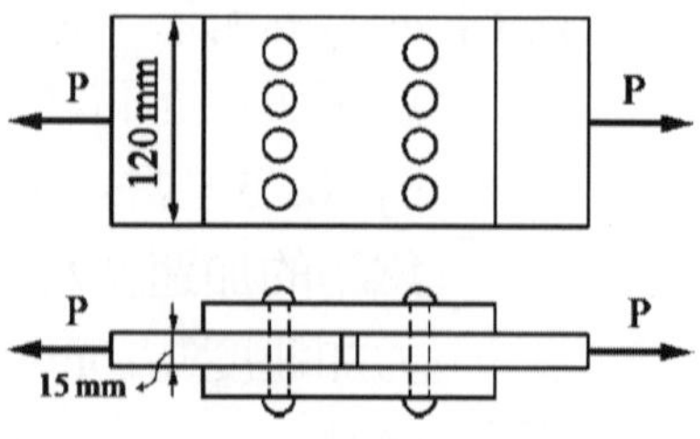
(A)5　(B)10　(C)20　(D)40。

(　) **18** 如右圖所示的組合面積，該面積對水平軸
x的慣性矩為多少cm⁴？

(A)50

(B)53

(C)54

(D)60。

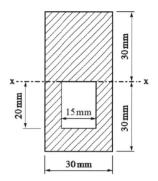

(　) **19** 一外伸樑承受集中力與均佈負載如下圖所示，若不計樑本身重量，
則下列何者為正確的剪力圖？

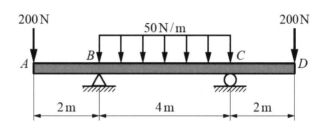

(A)V：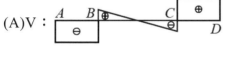

(B)V：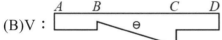

(C)V：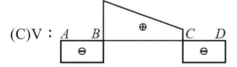

(D)V：。

(　) **20** 一空心圓軸外徑為80mm，內徑為50mm，承受扭矩作用，若在圓
軸內徑處的剪應力為60MPa，則在圓軸外徑處的剪應力為多少
MPa？

(A)37.5　　　　　(B)70　　　　　(C)90　　　　　(D)96。

108 年 統測試題

( ) **1** 機械力學所需四個基本要素的單位，下列哪一個是正確的？
(A)力量：kg-m/s^2 　　　　(B)質量：km
(C)長度：kg 　　　　　　　(D)時間：N-s/m。

( ) **2** 如右圖所示的組合樑，BD為
繩索，在平衡狀態下，試求
C支承的負荷為多少N？
(A)80
(B)90
(C)100
(D)110。

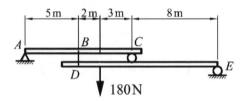

( ) **3** 一力F作用於一剛體三角形零件上，此零件與一錐形面緊密貼合，
如下圖所示。如果將此作用力F=260N分解成兩個分量，一分量F$_p$
與AB線方向平行，另一分量F$_v$與AB線方向垂直，則下列敘述何
者為正確？
(A)F$_p$=240N
(B)F$_v$=240N
(C)F$_p$=120N
(D)F$_v$=120N。

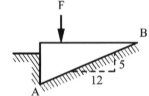

( ) **4** 如右圖所示，堆高機的重量為
W，負載貨物的重量為F。已
知堆高機重心與負載貨物重心
各距離前輪B點為1.5m與
1m，而當W=15000N，在保
持所有輪胎均貼地的狀況下，
該堆高機所能起重負載貨物的
最大重量F為多少N？
(A)10000 　　　(B)15000
(C)22500 　　　(D)32500。

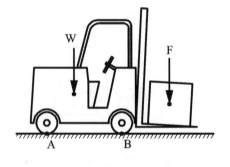

(　　) **5** 如下圖所示的組合空心截面，其截面尺寸參數為：H、R、V、W，x－y座標系原點如圖示O點，令此截面的形心位置座標為 $(\bar{x}, \bar{y})$，其中 $\bar{x}=0$，則下列 $\bar{y}$ 的表示式何者正確？

(A) $\bar{y} = \dfrac{\frac{1}{3}V^2W - 4H^2W + \pi HR^2}{VW + 4HW - \pi R^2}$

(B) $\bar{y} = \dfrac{\frac{1}{3}V^2W + 4H^2W + \pi HR^2}{VW + 4HW - \pi R^2}$

(C) $\bar{y} = \dfrac{\frac{1}{3}V^2W + 4H^2W + \pi HR^2}{VW + 4HW + \pi R^2}$

(D) $\bar{y} = \dfrac{\frac{1}{3}V^2W + 4H^2W - \pi HR^2}{VW + 4HW - \pi R^2}$　。

(　　) **6** 如右圖所示，所有接觸面的靜摩擦係數為0.25，而動摩擦係數為0.2。物體C重1000N，且用水平繩索AB固定；物體D重1500N。試求欲移動物體D所需的最小水平作用力P為多少N？

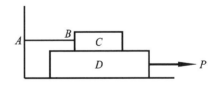

(A)825　(B)875　(C)925　(D)975。

(　　) **7** 如右圖所示的均質梯子AB長度為3m，其質量為10kg，斜靠一光滑垂直牆上。如果一位質量為45kg的人由A端緩慢地往上爬，為了確保此人爬至梯子頂端B點仍不使梯子滑動，則梯子與地面間的靜摩擦係數至少應為多少？

[cos(60°)＝0.5，sin(60°)＝0.866]

(A)0.225　(B)0.325　(C)0.425　(D)0.525。

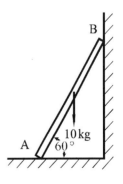

(　　) 8 大型機場經常使用人行輸送帶協助旅客移動，當某旅客靜止站立於輸送帶上，從左端入口移動到右端出口所需的時間為72秒；當該旅客以等速度V步行於此運轉中的輸送帶上移動相同距離，需時為24秒。如果沒有輸送帶的輔助，則此旅客以等速度V步行移動相同距離需要多少秒？

(A)30　　　　　　(B)36　　　　　　(C)48　　　　　　(D)60。

(　　) 9 如果人造衛星於高度9000m處自由落下，其垂直落點剛好是砲彈發射處。在人造衛星開始下落同時用砲彈垂直射出以攻擊且粉粹人造衛星於高度4500m處。試問砲彈初速度需為多少km/h？（$g=10m/s^2$）

(A)300　　　　　　(B)540　　　　　　(C)900　　　　　　(D)1080。

(　　) 10 A和B兩棟皆為10層相同高度的大樓，其間隔相距為15m，現有某一物體以10m/s的水平速度，從A棟10樓的樓頂水平方向被扔到B棟。如果每層樓的高度皆為3m，請問此物體會落在B棟的第幾層？（$g=10m/s^2$）

(A)3　　　　　　(B)5　　　　　　(C)7　　　　　　(D)9。

(　　) 11 兩個物體質量皆為M，連結在定滑輪繩子的兩端，如下圖所示。如果不考慮摩擦力與繩子質量，請問該繩子的張力為多少？（g：重力加速度）

(A)$(Mg/2)\sin\theta$　　　　　　　　(B)$(Mg/2)(1+\sin\theta)$
(C)$(Mg/2)\cos\theta$　　　　　　　　(D)$(Mg/2)(1+\cos\theta)$。

(　　) 12 有一水平圓弧彎道半徑為50m，其地面是水平的，地面摩擦係數為0.4，欲使汽車以等速度V行駛於此彎道而不致側滑，請問此時的最大速度V為多少m/s？（$g=10m/s^2$，$\sqrt{2}=1.414$）

(A)1.414　　　　　　　　　　(B)7.07
(C)14.14　　　　　　　　　　(D)28.28。

(　　) 13 有一垂直彈簧被壓縮10cm，其彈簧係數為2N/mm，在壓縮彈簧上方處放置一顆10公克的圓形鋼珠，當壓縮彈簧瞬間釋放後，鋼珠被彈出而可以垂直上升的最大高度為多少m？（$g=10m/s^2$）

(A)100　　　　　　(B)10　　　　　　(C)1　　　　　　(D)0.1。

( ) **14** 有一人從高度為10m且夾角為30°的斜坡滑水道下滑至地平面滑水道，如下圖所示。在斜坡下滑過程中會有能量損失，其機械效率為0.9；當此人進入地平面滑水道滑行時，其表面動摩擦係數為0.1。為了避免讓人滑出水道，則地平面滑水道長度S至少要設計為多少m？

(A)30

(B)60

(C)90

(D)120。

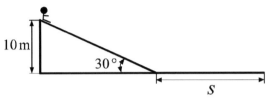

( ) **15** 有關應力或應變的相關敘述，下列何者正確？

(A)正方形截面的桿件受100N拉力作用，截面每邊長20mm，則桿件所受的張應力為250kPa

(B)就延性材料而言，安全因數為極限應力與容許應力的比值

(C)原始長度為200mm的圓桿，受軸向壓力作用後，長度變為198mm，則此桿的軸向應變為−0.01mm

(D)蒲松氏比為橫向應變與縱向應變的比值，其值介於0.5與1之間。

( ) **16** 如下圖所示為低碳鋼拉伸試驗所得的應力-應變圖，下列有關該圖的敘述，何者正確？

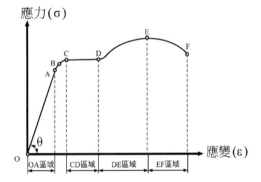

(A)A點為應力與應變成比例的最大值，A點稱為彈性限度，OA區域稱為彈性區

(B)C點應力為降伏應力，CD區域為完全塑性區

(C)E點為應力最大值，稱為破壞應力或破壞強度，EF區域為應變硬化區

(D)夾角θ符合虎克定律，其值稱為彈性係數。

( ) **17** 以衝床衝切如右圖所示的板面元件，已知板料厚度為2mm，而板料的抗剪強度為200MPa。如果想要順利完成衝切，則衝頭至少應施加多少kN的力？（π=3.14）

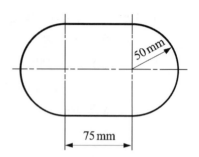

(A)92.8
(B)185.6
(C)371.2
(D)556.8。

( ) **18** 如右圖所示的組合空心截面，試求該截面對x-y座標系原點O的極慣性矩為多少cm⁴？
（π=3.14）
(A)163.72
(B)327.44
(C)654.88
(D)680。

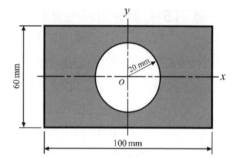

( ) **19** 如右圖所示的外伸樑，如果不計樑本身重量，則外伸樑D點的彎曲力矩為多少kN-m？
(A)38
(B)50
(C)68
(D)76。

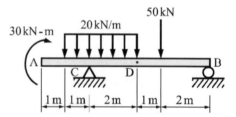

( ) **20** 設計一外徑為30mm且長度為650mm的空心圓軸用以承受314N-m的扭矩作用。已知材料的剪力彈性係數為32GPa，如果該軸的最大剪應力不能超過60MPa，試求其內徑的最大值為多少mm？
(π=3.14)　(A)10　(B)15　(C)20　(D)25。

109 年 統測試題

( ) **1** 下列敘述何者不正確？

(A)物體處於平衡狀態，是指物體處於靜止或等速度直線運動的狀態

(B)力的三要素包括力的大小、方向、作用點

(C)1牛頓(N)的力等於9.8kg-m/s²

(D)因為有了摩擦力，行人才能順利走在道路上。

( ) **2** 下列有關同平面力系的敘述，何者不正確？

(A)三角形法為求合力的圖解法之一

(B)若力的作用線通過力矩中心，其力矩必定為零

(C)在平衡狀態下，共點力系所繪製的力多邊形必為閉合

(D)繪製自由體圖時，繩索的作用力沿繩的方向作用，可為張力或壓力。

( ) **3** 如右圖所示的外伸樑承受負載，則其支點A的反作用力為多少N？

(A)400

(B)360

(C)140

(D)120。

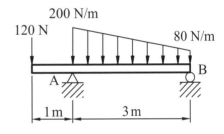

( ) **4** 如右圖所示，三個直徑相同且重量均為W的光滑圓柱，置於光滑的V形槽上，則下列何者為接觸點B的反作用力？（提示：可考量三圓柱的對稱關係）

(A)3W/5

(B)4W/5

(C)16W/25

(D)43W/40。

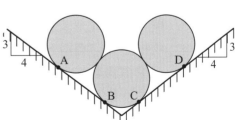

( ) **5** 常用於重型機械負重結構的C型鋼斷面如右圖所示,則其形心至y軸的距離為何?

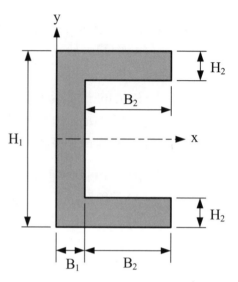

(A) $\dfrac{H_1B_1\left(\dfrac{B_1}{2}\right)+H_2B_2\left(B_1+\dfrac{B_2}{2}\right)}{H_1B_1+H_2B_2}$

(B) $\dfrac{H_1B_1\left(\dfrac{B_1}{2}\right)-2H_2B_2\left(B_1+\dfrac{B_2}{2}\right)}{H_1B_1-2H_2B_2}$

(C) $\dfrac{H_1B_1\left(\dfrac{B_1}{2}\right)+2H_2B_2\left(B_1+\dfrac{B_2}{2}\right)}{H_1(B_1+B_2)-(H_1-2H_2)B_2}$

(D) $\dfrac{H_1B_1\left(\dfrac{B_1}{2}\right)-2H_2B_2\left(B_1+\dfrac{B_2}{2}\right)}{H_1(B_1+B_2)-(H_1-2H_2)B_2}$

( ) **6** 如右圖所示的物體置於粗糙的斜面上,物體重200N,物體與斜面的靜摩擦係數為0.8,作用力P平行於斜面,欲使物體向下滑動,則圖中的P力至少須大於多少N?

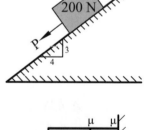

(A)0 　　　　　　(B)8

(C)40 　　　　　(D)160。

( ) **7** 如右圖所示重量分別為W及2W的兩個物體,一個置於光滑桌面上、另一個靠於牆壁且底部並無支撐,施加水平作用力P將兩物體推向牆壁,兩物體間、物體與牆壁之摩擦係數均為μ。欲使靠牆的物體不會產生滑動或掉落,則作用力P必須滿足下列何種條件?

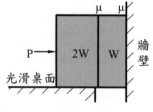

(A)$P\geq W/(2\mu)$ 　　(B)$P\geq W/\mu$ 　　　(C)$P\geq 2\mu W$ 　　　(D)$P\geq 3\mu W$。

( ) **8** 某人騎乘一輛機車，由甲地直行至乙地的速度V與時間t的關係如右圖所示，已知甲乙兩地間的距離為825公尺，則總騎乘時間X為多少分鐘？

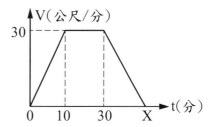

(A)25　　　　　(B)30
(C)35　　　　　(D)40。

( ) **9** 一物體從高處自由落體落下，如果不考慮空氣阻力等其他因素，並且取地面為零位面，則此物體位能U與時間t的關係圖為何？

(A) U

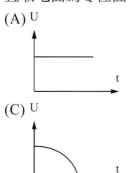

(B) U

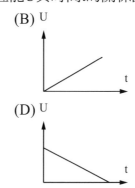

(C) U

(D) U

( ) **10** 如右圖所示，一遙控無人機進行水平圓周運動，其飛行半徑r為675m，在某時刻當該無人機以切線加速度$a_t = 5m/s^2$加速時，已知該無人機的合加速度為$13m/s^2$，則此時該無人機的切線速度為多少m/s？

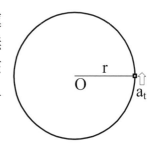

(A)80　　　　　(B)90
(C)100　　　　(D)110。

( ) **11** 如右圖所示，以$V_0 = 150m/s$的初速擊出一顆棒球，如果不考慮空氣阻力等其他因素，則當該棒球沿X軸水平方向飛行120m，試求在此時該棒球離地面的高度為多少m？（假設重力加速度為$10m/s^2$）

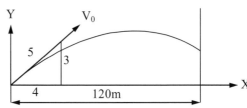

(A)55　　　　　(B)65
(C)75　　　　　(D)85。

( ) **12** 如右圖所示的水平旋轉鞦韆，鋼索長L為5m，一端固定於上方旋轉控制盤，另一端則承載一質量為20kg的乘客，該乘客以等角速度2rad/s在水平面上旋轉，如果不考慮鋼索質量、空氣阻力與摩擦力等其他因素，則鋼索的張力為多少N？

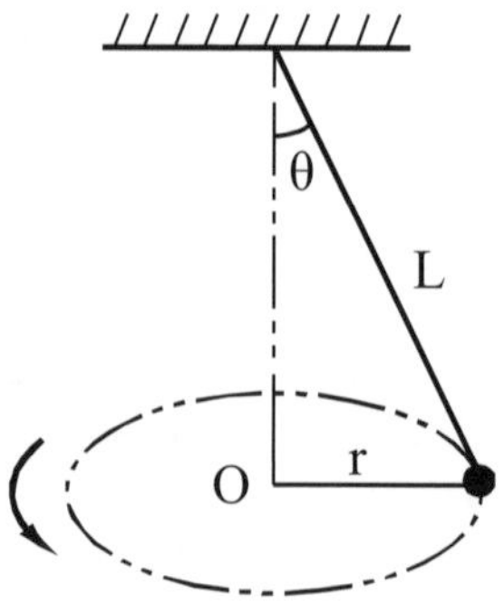

(A)300　　　　　　(B)400

(C)500　　　　　　(D)600。

( ) **13** 一輛質量為1000kg的汽車以時速36km/hr行駛，如果此車因超車加速至72km/hr，如果不考慮其他能量損失的因素，則此車動能增加多少kJ？

(A)150　　　　　　　　　　(B)300

(C)1944　　　　　　　　　(D)3888。

( ) **14** 一位質量為50kg的人自靜止狀態，沿著傾斜角為30°的光滑長斜面下滑，則從開始下滑後的第1秒到第3秒期間所作的功為多少N-m？（假設重力加速度為10m/s²，sin30°＝0.5，cos30°＝0.866）

(A)5000　　　　　　　　　(B)6000

(C)7000　　　　　　　　　(D)8000。

( ) **15** 欲設計一橋樑受力監測裝置，利用蒲松氏比原理設計一正方形截面套筒，套在一正方形截面的桿件外圍，安裝時套筒與桿件間留有等距離間隙，如右圖所示，當桿件受到壓力P作用時，隨著壓力慢慢增強導致桿件會慢慢變胖，直到桿件變胖至碰觸外圍套筒時，即會導通電流而啟動警告訊號，此時確認已達預設臨界受力。若該金屬材料的蒲松氏比為0.3，桿件長1m正方形截面邊長為10cm，若設計桿件被壓縮2mm時會啟動訊號，則套筒截面邊長應設計為多少cm？

(A)10.006

(B)10.009

(C)10.015

(D)10.06。

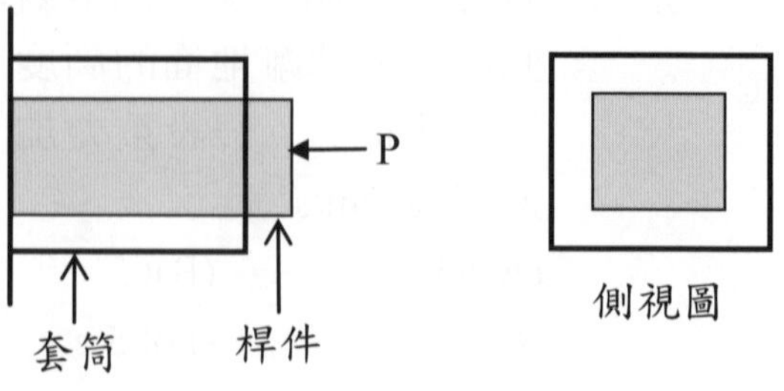

（　）**16** 施力P為60N用一方型鍵配
合把手旋轉軸件，如右圖
所示，把手長1000mm，軸
件直徑50mm，軸件深為
100mm，若方型鍵所受的
剪應力為20MPa，則方型
鍵尺寸寬×高×深分別為多
少mm？

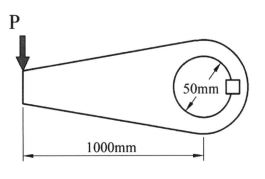

(A)2×2×95　　(B)4×4×45　　(C)6×6×25　　(D)8×8×15。

（　）**17** 欲設計一鞦韆架如左圖所示允許最大承載質量為200kg，其懸吊結
構如右圖所示，如果單一螺栓所能承受最大剪應力為10/πMPa，
螺栓的直徑為10mm，則至少總共需要安裝幾根螺栓才安全？
（g=10m/s²）　(A)2　(B)4　(C)6　(D)8。

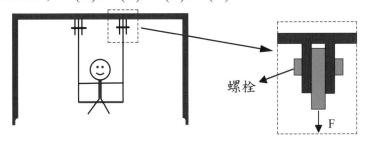

（　）**18** 如右圖所示，試求組合面積對其
形心垂直軸的慣性矩為多少m⁴？
(A)40
(B)80
(C)136
(D)272。

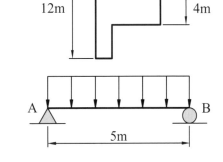

（　）**19** 如右圖所示，承受均勻負荷作用
的簡支樑，若該樑受最大彎矩
為25N-m，則每公尺單位負荷應
為多少N？
(A)16　(B)8　(C)6　(D)4。

（　）**20** 一圓軸的直徑為20mm，其能承受的最大剪應力為200/πMPa，此圓
軸所能傳遞最大動力為6πkW，則圓軸的轉速需為多少rpm？
(A)1000　　　　(B)1200　　　　(C)1800　　　　(D)2000。

110 年　統測試題

(　)　**1** 運動學係研究物體運動時的物理特徵,其中不包括下列哪一項?
(A)重量　　　　(B)位移　　　　(C)轉速　　　　(D)時間。

(　)　**2** 一手拉車載有一貨物,如圖所示,輪子摩擦力與手拉車車板重量可忽略,貨物重量W為1000N,且內部質量為均勻分布。若施予一力F拉動手拉車,施力大小為200N,方向與水平線夾角為30度,則手拉車後輪P受到來自地面的正向力為多少N?
(A)80
(B)125
(C)540
(D)775。

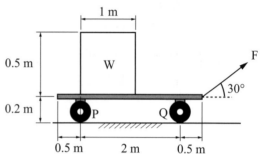

(　)　**3** 一滑輪組如圖所示,以最小施力F將W=2600N之重物拉起,若不計繩與滑輪組重及任何摩擦力,則上滑輪組中滑輪連接桿A截面所受之拉力為多少N?
(A)1300
(B)1560
(C)1950
(D)2080。

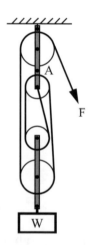

(　)　**4** 一均質細鐵線彎折成直角三角形如圖所示,若此鐵線之形心座標位置為(Xc, Yc),則Xc為多少cm?
(A)14
(B)15
(C)16
(D)17。

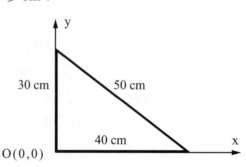

(　)　**5** 如圖所示，物體A重60N，物體B重
50N，F＝30N，物體A與物體B之間
摩擦係數為0.15，物體B與地面之摩
擦係數為0.2，若一水平力P將物體
B由靜止推出，則P至少需多少N？
(A)40.5
(B)41.5
(C)43.5
(D)44.5。

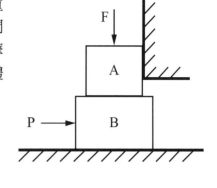

(　)　**6** 一質點作直線運動，若其速度與
時間關係如圖所示，則此質點
從0sec至40sec期間之位移向量
的大小為多少m？
(A)80
(B)90
(C)100
(D)120。

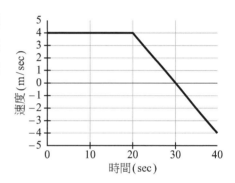

(　)　**7** 一物體A以長r＝50 cm繩索繫於
一支點，如圖所示，若將物體
提至d＝20cm位置後靜止釋
放，不計繩重，則此物體於擺
盪期間繩索之最大張力為物體
重量的多少倍？
(A)2.1　　　　(B)2.2
(C)2.3　　　　(D)2.4。

(　)　**8** 一物體A置於一粗糙斜平面上如圖所示，施力F＝15 N造成物體A以
加速度a_o＝6m/sec²行進。如將施力F改換成吊掛一物體B，依然使
物體A以同樣加速度a_o行進，則物體B之質量應為多少kg？（假設
重力加速度為10m/sec²，不計繩重）
(A)1.50
(B)2.55
(C)3.75
(D)4.20。

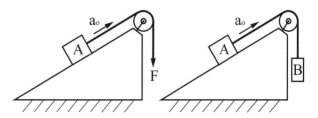

( ) **9** 一均質的細鏈條自桌沿垂落，如圖所示，並且於此位置開始從靜止自由落下，鏈條長度為1m，單位長度質量為1kg/m，桌子高度為2m。若忽略摩擦力及鏈條寬度，當鏈條底端落到地面的瞬間，則此時鏈條質心的運動速度為多少m/sec？（假設重力加速度為10m/sec^2）

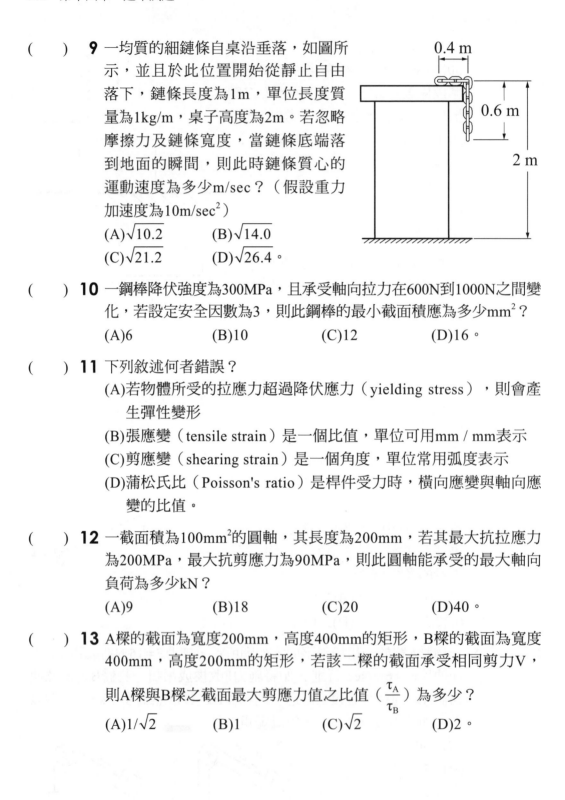

(A)$\sqrt{10.2}$　　(B)$\sqrt{14.0}$
(C)$\sqrt{21.2}$　　(D)$\sqrt{26.4}$。

( ) **10** 一鋼棒降伏強度為300MPa，且承受軸向拉力在600N到1000N之間變化，若設定安全因數為3，則此鋼棒的最小截面積應為多少mm^2？
(A)6　　　　(B)10　　　　(C)12　　　　(D)16。

( ) **11** 下列敘述何者錯誤？
(A)若物體所受的拉應力超過降伏應力（yielding stress），則會產生彈性變形
(B)張應變（tensile strain）是一個比值，單位可用mm / mm表示
(C)剪應變（shearing strain）是一個角度，單位常用弧度表示
(D)蒲松氏比（Poisson's ratio）是桿件受力時，橫向應變與軸向應變的比值。

( ) **12** 一截面積為100mm^{2}的圓軸，其長度為200mm，若其最大抗拉應力為200MPa，最大抗剪應力為90MPa，則此圓軸能承受的最大軸向負荷為多少kN？
(A)9　　　　(B)18　　　　(C)20　　　　(D)40。

( ) **13** A樑的截面為寬度200mm，高度400mm的矩形，B樑的截面為寬度400mm，高度200mm的矩形，若該二樑的截面承受相同剪力V，則A樑與B樑之截面最大剪應力值之比值（$\frac{\tau_A}{\tau_B}$）為多少？
(A)$1/\sqrt{2}$　　(B)1　　　　(C)$\sqrt{2}$　　　　(D)2。

(　) **14** 如圖所示之不規則斷面A，若對x軸與y軸的慣性矩I_x和I_y分別為80mm^4和60mm^4，則此斷面對G點的極慣性矩J_G為多少mm^4？

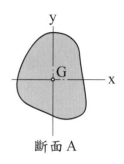

斷面 A

(A)20

(B)70

(C)140

(D)4800。

(　) **15** 一樑之截面面積A＝18cm^2，如圖所示，C點為面積形心，a、b和c三平行軸之間距皆為1cm，若該截面對b軸之面積慣性矩為72cm^4，則對a軸之面積慣性矩應為多少cm^4？

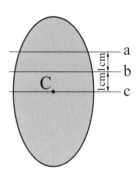

(A)90

(B)106

(C)114

(D)126。

(　) **16** 二長度相同之懸臂樑，若截面分別為A和B二種尺寸，如圖所示，則此二懸臂樑的最大彎曲應力值之比值（$\left|\dfrac{\sigma_A}{\sigma_B}\right|$）為何？

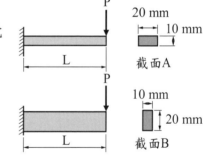

(A)0.25　　　　(B)0.5

(C)1　　　　　(D)2。

(　) **17** 二袋砂土放置於一簡支樑上，砂土袋A和B的重量分別為600N和400N，二袋內皆裝滿質量均勻分布的砂土，且袋底緊貼於樑之上表面，簡支樑與其截面尺寸如圖所示。若此樑重量可忽略，則此樑的最大彎曲應力為多少MPa？

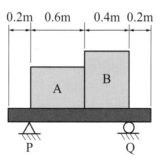
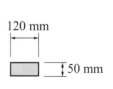

(A)1.25　　　　(B)2.5

(C)3.75　　　　(D)5。

( ) **18** 一樑承受彎曲負載，其截面如圖所示，若截面底部B點之壓應力為210MPa，則頂部A點之張應力為多少MPa？

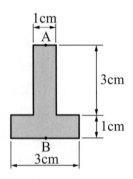

(A)280

(B)300

(C)320

(D)350。

( ) **19** 一圓軸的一端為固定，另一自由端施加一扭矩，下列敘述何者錯誤？

(A)軸的中心線上剪應力為0

(B)相同扭矩下，圓軸的扭轉剛度（torsional rigidity）越大，其扭轉角越小

(C)距離軸的固定端越遠，圓軸表面上的扭轉剪應變越大

(D)若截面積相同，空心圓軸的承受扭轉能力較實心圓軸佳。

( ) **20** 一空心圓軸之內直徑為3cm，外直徑為4cm，另一實心圓軸之直徑為4cm，若兩者承受相同扭矩負載，則空心圓軸與實心圓軸之截面最大剪應力比值為多少？

(A)1.32　　　　(B)1.46　　　　(C)1.58　　　　(D)1.65。

111 年 統測試題

( ) **1** 下列敘述何者正確？ (A)力偶矩是自由向量，所以開車時雙手緊握方向盤兩端且朝任意方向施力，皆可以轉動方向盤 (B)由於力的可傳性，力可以在其作用線上前後移動，而不影響對彈性體的外部效應 (C)太空人在月球表面漫步時，太空人的質量比在地球表面漫步時輕 (D)棒球比賽時所擊出的強勁平飛球，球的飛行軌跡屬於曲線運動。

( ) **2** 滑輪組為省力的工具，吊掛重物時能夠以較小的力拉起較重的物體。如圖所示的滑輪組，如果不計滑輪組和繩的重量以及所有摩擦力等因素，則能將900N重物拉起的最小施力F為多少N？
(A)450
(B)350
(C)250
(D)150。

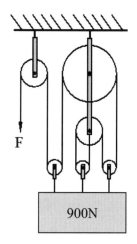

▼ 閱讀下文，回答第**3～4**題

車輛停於斜坡上時，除了確實使用煞車制動（腳剎車和手剎車）外，還須避免輪胎滑動或車輛傾倒等狀況，以免發生危險。一輛吊掛貨物重量為W的拖吊車停於斜坡上如圖所示，拖吊車總重為70200N（不包含吊掛貨物），且其重心在G點，如果不計輪胎變形等因素，請依以下情境作答（提示：請運用5：12：13直角三角形的幾何關係作圖求解之）。

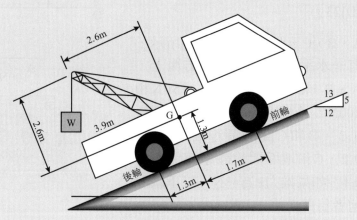

(　　) **3** 如果拖吊車的輪胎因剎車制動和摩擦力作用，而不會產生滾動或滑動，在保持所有輪胎均貼地的狀況下，拖吊車所能吊掛的最大重量W為多少N？　(A)18200　(B)23400　(C)35100　(D)70200。

(　　) **4** 如果拖吊車的輪胎因剎車制動而不會產生滾動，且所有輪胎和地面的靜摩擦係數均為0.2；假設拖吊車所吊掛貨物重量W為1300N，且不會造成拖吊車的滑動，則後輪的最大靜摩擦力為多少N？
(A)3042　(B)6600　(C)10158　(D)14040。

(　　) **5** 如圖所示，圓柱的半徑為9cm、重量為W，置於兩個相同長度細桿中間，兩細桿分別以繩索連接於A、C點，且分別以光滑插銷連接於B、D點；已知W重為288N，且接觸面為光滑，如果不計細桿、繩索和插銷的重量，則AC繩索的張力為多少N？（提示：請運用3：4：5直角三角形和左右對稱的幾何關係作圖求解之）

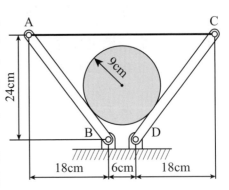

(A)70　(B)96　(C)120　(D)144。

(　　) **6** 由均質細鐵線製作而成的中文"甲"字如圖所示，該組合線段的形心至x軸的距離為多少cm？
(A)17
(B)19
(C)21
(D)23。

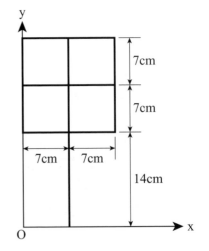

(　　) **7** A、B、C三個方塊堆疊如圖所示，有一水平推力P作用於B方塊上，A、B、C分別重100N、150N和200N，且A和B間的靜摩擦係數為0.3，B和C間的靜摩擦係數為0.2，C和地面間的靜摩擦係數為0.1，如果推力P為48N，以下狀況何者為真？

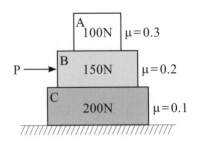

(A)只有B移動，A和C不移動　　(B)A和B一起移動，C不移動
(C)A、B和C都不移動　　(D)A、B和C一起移動。

▼ 閱讀下文，回答第28～29題

自從西元2015年底起，台灣高鐵全線車站數由八站增為十一站，為滿足不同類型的旅客搭乘需求，新的營運班表除了繼續保留北高直達車及停靠各站的列車營運型態外，特別增加「跳蛙式停車」的班次。近年來所增開一列「跳蛙式」班次的高鐵列車，該車從台北站出發經由桃園站到達台中站的速度V與時間t的關係圖，如圖所示，已知總搭乘時間為55分鐘。

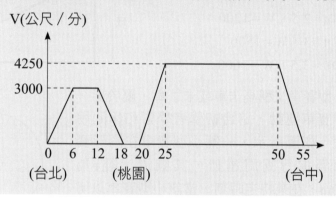

(　　) **8** 試求桃園站至台中站間的距離為多少公里？
(A)117.5　(B)127.5　(C)137.5　(D)147.5。

(　　) **9** 試求此「跳蛙式」班次的高鐵列車從台北站到台中站的平均時速約為多少km/hr？　(A)158　(B)168　(C)178　(D)188。

(　　) **10** 「在一個溫度為攝氏20度的秋高氣爽深夜，有一匹馬花費半小時向西持續跑了10公里，然後停下來於10分鐘內喝了10公升的水。」以上的敘述何者為速度向量的描述？　(A)溫度為攝氏20度的秋高氣爽深夜　(B)一匹馬花費半小時　(C)花費半小時向西持續跑了10公里　(D)於10分鐘內喝了10公升的水。

(　　) **11** 近年來所發展出的CNC綜合加工中心機可以說是集中銑、搪、鑽和攻螺紋等多道加工程序於一身的設備。某精密產業製造廠在加工工件時，將CNC綜合加工中心機Z軸的主軸轉速設定為12000 rpm，並且夾持使用φ 10mm高速鋼端銑刀，當以此切削條件加工時，利用儀器測得切削阻力為500N，則試求此時加工刀具的切削線速度V為多少m/min？且所消耗的功率P為多少kW？

(A)V＝376.8，P＝1.57　　　　(B)V＝376.8，P＝3.14
(C)V＝188.4，P＝1.57　　　　(D)V＝188.4，P＝3.14。

(　　) **12** 如圖所示，在某遊樂園滑水道設施中，有一位質量m為20kg的小朋
友自靜止狀態，沿著傾斜角θ為30°而高度H為5m的滑水道頂點往
下滑，如果不考慮水的阻力和所有摩擦力等因素，則從滑水道頂
點下滑到滑水道底部所需的時間t為多少秒？在此同時下滑力所作
的功W為多少N-m？
（假設重力加速度＝10m/s²）
(A)t＝2，W＝1000
(B)t＝2.5，W＝1200
(C)t＝3，W＝1500
(D)t＝3.5，W＝1600。

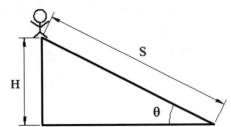

(　　) **13** 小型賽車又稱高卡車或卡丁車，屬於另一
種賽車運動，適合初學者學習和休閒用
途。如圖所示，一輛小型賽車在圓形賽
車場進行圓周運動，其圓周半徑r為
80m，在某特定時刻，當該小型賽車以切
線加速度a^t＝12m/s²加速時，已知該小型
賽車的切線速度為V^t＝20m/s，則此時該
小型賽車的合加速度為多少m/s²？
(A)11　(B)13　(C)15　(D)17。

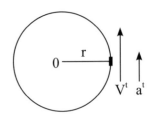

(　　) **14** 如圖所示，考慮A和B兩物體的質量，A繫於一條不可伸縮繩的一
端，並繞過一定滑輪，且支撐一動滑輪，另一端則繫於天花板；
而B物體繫於一條不可伸縮繩的一端，而另一端則繫於上述的動
滑輪。已知A物體質量為2kg，B物體質量為4.2kg，A物體和水平
面間的動摩擦係數為0.3。假設重力加速
度值g＝10m/s²，且不計繩和滑輪的質
量。如果A物體由靜止啟動後，當速率達
到V_A＝2m/s，試求B物體所下降的距離約
為多少m？（提示：分別畫出A和B的自
由體圖求解之）
(A)0.1　　　　(B)0.15
(C)0.2　　　　(D)0.25。

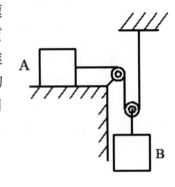

(　) **15** 下列有關虎克定律或彈性係數的敘述，何者不正確？　(A)彈性係數的單位和應力的單位不同　(B)應力和應變成正比　(C)材料的變形量和彈性係數成反比　(D)彈性係數會隨材料種類改變但是和材料形狀無關。

(　) **16** 一鋼桿的截面積為500mm²，鋼桿兩端承受軸向拉力；此鋼桿可以承受的最大拉應力為120MPa，最大剪應力為70MPa，則此鋼桿可以容許兩端最大拉力為多少kN？　(A)60　(B)70　(C)120　(D)140。

(　) **17** 如圖所示，左圖為一空心軸，c為空心軸外半徑、b為空心軸內半徑；右圖為一實心軸，半徑為a；其中c=2b，兩者材料一樣且截面積相同，如果T_h為空心軸的扭矩、T_s為實心軸的扭矩，已知空心軸及實心軸的最大剪應力相同，試求$\dfrac{T_h}{T_s}$的近似值？

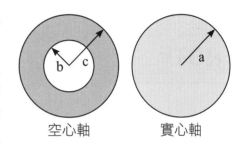

空心軸　　　實心軸

（$\sqrt{3}=1.732$）　(A)1.0　(B)1.4　(C)1.8　(D)2.2。

▼ 閱讀下文，回答第38～40題

如圖所示，有三種不同截面的樑，受到M＝2250N-m的彎矩作用。

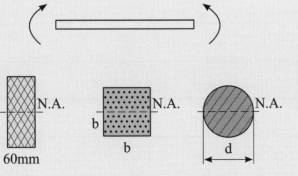

(　　) **18** 試求長方形截面的樑所能承受的最大彎曲應力是多少 MPa？
(A)2.5　(B)5　(C)7.5　(D)10。

(　　) **19** 假設三種截面的樑所承受的最大彎曲應力均相同，則正方形截面的
邊長約為多少mm？（$60^3=216000$，$110^3=1331000$，$160^3=4096000$，
$210^3=9261000$）　(A)60　(B)110　(C)160　(D)210。

(　　) **20** 假設三種截面的樑都承受同樣的彎矩且截面積皆相同，則哪一種截
面的樑所能承受的彎曲應力最大？（$\pi=3.14$，$\sqrt{\pi}=1.772$，
$\sqrt{90}=9.5$）　(A)長方形　(B)正方形　(C)圓形　(D)皆相同。

NOTE

112 年　統測試題

(　)　**1** 下列物理量何者為向量？　(A)功率　(B)能量　(C)力矩　(D)質量。

(　)　**2** 如圖所示之平面力系，若水平作用力F＝60N通過物體之中央，力偶M＝300N·m（逆時針）作用於物體某處，作用方向如圖所示，下列圖示何者為其等效單力？

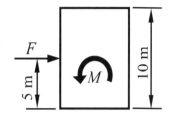

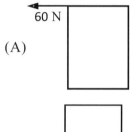

(A)

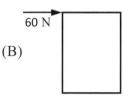

(B)

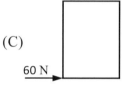

(C)

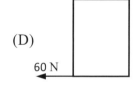

(D)

(　)　**3** 一靜力平衡之三力構件（three-force member），若其中兩個作用力分別為300N與400N，且此兩作用力互相垂直，則第三個作用力的大小為多少N？　(A)400　(B)500　(C)600　(D)700。

(　)　**4** 一汽車駕駛開車行駛在道路上，雙手握住直徑為40cm的方向盤外緣轉向，若雙手握持位置連線通過方向盤旋轉中心，且左右手施以大小相等、方向相反的力量1kgf，駕駛施加於方向盤的力偶（couple）最大為多少N·m？（重力加速度為10m/s²）　(A)2　(B)3　(C)4　(D)5。

(　)　**5** 如圖所示，一均質細直桿ABCD折彎成鈎形桿並以鉸鏈支撐於B點，截面尺寸極小可不計，若欲使ABC段保持水平之平衡狀態，則AB段長度L應為多少mm？

(A)50
(B)60
(C)70
(D)80。

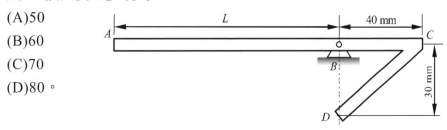

( ) **6** 如圖之左圖所示，一水平支架上有一垂直圓孔，以餘隙配合
（clearancefit）套入圓形立柱作成荷重平台。又如圖之右圖所示，
當荷重F作用時，立柱與支架在A、B兩接觸點產生摩擦力以支撐
荷重F，若接觸點摩擦係數均相同，且不計支架重量及餘隙造成之
微量尺寸誤差，則支架荷重時不致滑落之最小摩擦係數應為：

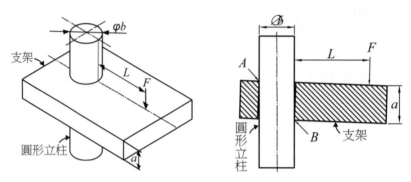

(A)a/(2L+b)　(B)a/(L+b)　(C)2a/(L+b)　(D)a/(2(L+b))。

( ) **7** 一直線隧道，左側入口有一輛汽車以等速度60km/hr駛入。同一時
間，右側入口有一機車從靜止以等加速度3600km/hr²駛入，若汽
車與機車在隧道中點相遇，則隧道總長為多少km？　(A)1　(B)2
(C)3　(D)4。

( ) **8** 一馬達由靜止啟動，以等角加速度轉動。若在第一秒結束時轉了40
圈，則此馬達啟動時的角加速度為多少rad/s²？　(A)40π　(B)80π
(C)120π　(D)160π。

( ) **9** 一工程師站在一個以繩索與滑輪所構成的上升平台機構，滑輪組與
平台呈左右對稱，如圖所示。工程師A質量50kg，雙手緊握繩
索，忽略繩索與滑輪的重量，且不計摩擦力，若平台B不下墜，
則平台B最重為多少kgf？
(A)100
(B)150
(C)200
(D)250。

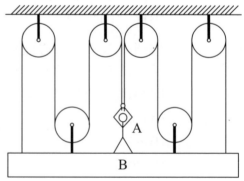

(　) **10** 一彈簧繩在未伸長狀態下，水平固定於相距400mm的鉛直牆面，一10N重之均質彈珠置於彈簧繩中央處一起垂直向下拉伸150mm之距離後釋放，如圖所示。當彈簧繩將彈珠推至高於彈簧繩水平位置時，彈珠即脫離彈簧繩，若彈簧繩保持線性彈性之機械性質，且不計空氣阻力及彈簧繩質量，欲使彈珠彈射至距彈簧繩水平位置10m之最大高度，則彈簧繩的彈簧常數應為多少N/cm？

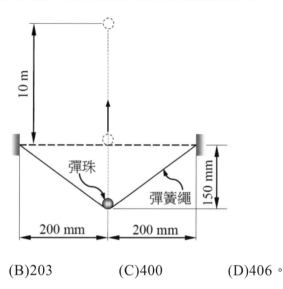

(A)200 　　　(B)203 　　　(C)400 　　　(D)406。

(　) **11** 如圖所示之懸臂均質桿件BCD其橫截面積為$25mm^2$，桿長為300mm，材料彈性係數為100GPa，桿件B端固定，在C點截面作用一左向之軸向力F，在D端面作用一右向之軸向力100N，若桿重不計且桿件在受力後總長度不變的情況下，則軸向力F之大小應為多少N？

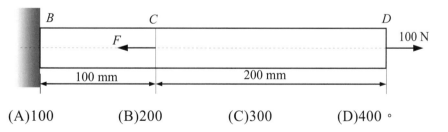

(A)100 　　　(B)200 　　　(C)300 　　　(D)400。

(　) **12** 一立方體由蒲松氏比為0.33的材質製成，承受σ_x、σ_y及σ_z三軸應力作用，已知$\sigma_x = 10MPa$與$\sigma_y = 30MPa$，若此立方體受力前後的體積皆相同，且滿足虎克定律，則σ_z等於多少MPa？

(A)－10 　　　(B)－20 　　　(C)－30 　　　(D)－40。

( ) **13** 如圖所示，一傳動軸用10mm×10mm×50mm之方鍵與皮帶輪連接
傳遞動力。已知皮帶之緊邊張力為1000N，鬆邊張力為600N，皮
帶輪直徑500mm，若方鍵可承受之容許剪應力為10MPa，則傳動
軸最小直徑為多少mm？

(A)20

(B)30

(C)40

(D)50。

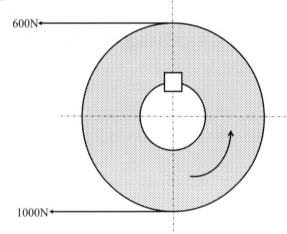

( ) **14** 如圖所示，一受力結構之某點在x-y平面座
標上之正交應力為 $\sigma_x = 7\mathrm{MPa}$，$\sigma_y = 1\mathrm{MPa}$，若剪應力$\tau_{xy} = 3\sqrt{3}$ MPa，則該點最
大正交應力（最大主應力）為多少MPa？

(A)8　　　　(B)10

(C)12　　　　(D)15。

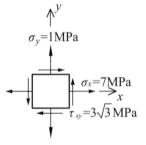

( ) **15** 一矩形截面，短邊為20cm，長邊為60cm，對於通過形心且與短邊
平行的軸，其迴轉半徑為K，若該矩形短邊長度變為30cm，長邊
長度不變，對同一軸的迴轉半徑為K'，則K'/K的比值為多少？

(A)1　(B)2　(C)3　(D)4。

( ) **16** 如圖所示之簡支樑，在B點處承受一集中力10N與一力偶矩60N·m
作用，若樑重不計，則樑斷面所受之最大彎矩值為多少N·m？

(A)36

(B)48

(C)60

(D)72。

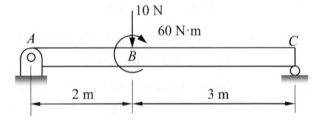

( ) **17** 一矩形截面樑與一圓形截面樑，若兩者截面積與對其水平形心軸之
截面係數皆相等。假設矩形截面樑之截面高度為120mm，試求圓形
截面樑的直徑為多少mm？

(A)130　　　　(B)140　　　　(C)150　　　　(D)160。

( ) **18** 相同截面積的圓形樑與矩形樑，若兩截面承受相同的剪力V，則矩
形樑之最大剪應力為圓形樑之最大剪應力的多少倍？

(A)7/8　　　　(B)8/7　　　　(C)8/9　　　　(D)9/8。

( ) **19** 一實心傳動軸欲傳輸$0.8\pi^2$kW之功率，且其轉速為300rpm。若軸材
料之容許剪應力為160MPa，且不計傳動軸質量，則傳動軸直徑最
小應為多少mm？

(A)16　　　　(B)18　　　　(C)20　　　　(D)22。

( ) **20** 一工程師設計圓形截面扭力桿（torsionbar），已知其直徑為
10mm，剪割彈性模數G＝64GPa。若其承受10N‧m之扭矩時，兩
端相對扭轉角為9º，則此扭力桿的長度為多少cm？

(A)$10\pi^2$　　　　(B)$20\pi^2$　　　　(C)$30\pi^2$　　　　(D)$40\pi^2$。

113 年 統測試題

( ) **1** 向量為同時具有大小與方向的物理量，而純量為只有大小而無方向的物理量，則下列有關向量或純量的敘述何者正確？ (A)位移為向量 (B)加速度為純量 (C)距離為向量 (D)彎矩為純量。

( ) **2** 如圖所示，滾輪半徑r＝150mm，台階高h＝75mm，滾輪重W＝50kN；運用拖拉機構以水平方向的鋼索向左拉，假設所有接觸點摩擦係數μ＝1.0，且鋼索支撐的斷裂強度為45kN。當拖拉機構上的鋼索拉力T由零逐漸增加時，則會將滾輪拉上台階時的最小拉力約為多少kN？（sin60°＝0.866，cos60°＝0.5）。

(A)30

(B)25

(C)20

(D)15。

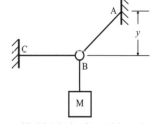

( ) **3** 如圖所示，若1.5m長的纜繩AB所承受的張力為4000N，且貨箱質量M為200kg，則水平纜繩BC上的張力F_{BC}和距離y分別為多少？
（假設重力加速度g為10m/s²，sin30°＝0.5，cos30°＝0.866，sin45°＝cos45°＝0.707）

(A)F_{BC}＝2000N，y＝1.06m

(B)F_{BC}＝2464N，y＝0.5m

(C)F_{BC}＝2828N，y＝0.75m

(D)F_{BC}＝3464N，y＝0.75m。

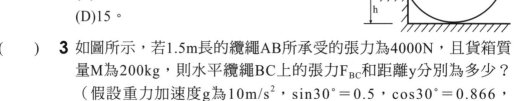

( ) **4** 如圖所示，一根樑左端由銷支撐於A點，另由一條纏繞在定滑輪D上的纜繩來支撐樑於B點與E點，此外懸掛一個質量M為80kg的貨箱於樑右端的C點上。若只考慮貨箱質量而不計其他元件的質量與摩擦力，則下列何者正確？（假設g＝10m/s²）

(A)纜繩BDE的張力約為884N

(B)銷A的總支撐力約為846N

(C)銷A的支撐力水平分量約為608N

(D)銷A的支撐力垂直分量約為723N。

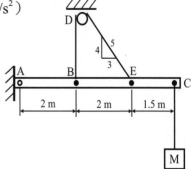

(　　) **5** 如圖所示，若不計各元件的質量與摩擦力，則簡支樑左端A點和右端B點的支撐力F_A和F_B的大小與方向何者正確？

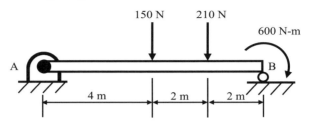

(A)$F_A = 52.5N(\downarrow)$，$F_B = 307.5N(\downarrow)$

(B)$F_A = 52.5N(\uparrow)$，$F_B = 307.5N(\uparrow)$。

(C)$F_A = 307.5N(\downarrow)$，$F_B = 52.5N(\downarrow)$

(D)$F_A = 307.5N(\uparrow)$，$F_B = 52.5N(\uparrow)$。

(　　) **6** 如圖所示的L形截面積，其截面尺寸參數為：L_1、T_1、L_2、T_2，座標原點O如圖示，若此截面積的形心C位置座標為（$\bar{x}, \bar{y}$），則下列何者正確？

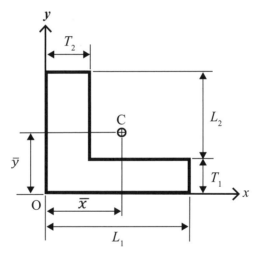

(A) $\bar{x} = \dfrac{(T_1L_1)L_1+(T_2L_2)T_2}{(T_1L_1)+(T_2L_2)}$ ， $\bar{y} = \dfrac{(T_1L_1)T_1+(T_2L_2)L_2}{(T_1L_1)+(T_2L_2)}$ 。

(B) $\bar{x} = \dfrac{(T_1L_1)T_1+(T_2L_2)L_2}{(T_1L_1)+(T_2L_2)}$ ， $\bar{y} = \dfrac{(T_1L_1)L_1+(T_2L_2)T_2}{(T_1L_1)+(T_2L_2)}$ 。

(C) $\bar{x} = \dfrac{(T_1L_1)(\frac{L_1}{2})+(T_2L_2)(\frac{T_2}{2})}{(T_1L_1)+(T_2L_2)}$ ， $\bar{y} = \dfrac{(T_1L_1)(\frac{T_1}{2})+(T_2L_2)(\frac{L_2}{2}+T_1)}{(T_1L_1)+(T_2L_2)}$ 。

(D) $\bar{x} = \dfrac{(T_1L_1)(\frac{L_2}{2})+(T_2L_2)(\frac{T_1}{2})}{(T_1L_1)+(T_2L_2)}$ ， $\bar{y} = \dfrac{(T_1L_1)(T_1+L_2)+(T_2L_2)(\frac{L_1}{2})}{(T_1L_1)+(T_2L_2)}$ 。

( ) **7** 有一平面上的曲柄滑塊機構,若曲柄軸由馬達驅動作等角速度轉動,則關於此機構運動的敘述,下列何者正確? (A)曲柄作等速度曲線運動 (B)連接桿作變速度曲線運動 (C)滑塊作等速度直線運動 (D)滑塊作等加速度直線運動。

( ) **8** 兩部汽車在高速公路直線路段各以90km/h同方向等速行駛,後車較前車有10m的距離,若後車開始以5m/s²的加速度加速,則後車需要多少秒可追到前車? (A)1 (B)2 (C)4 (D)5。

( ) **9** 有一訓練戰鬥機飛行員的水平迴轉離心機,用以模擬測試飛行員在飛機飛行過程所能耐受的加速度。若其轉動半徑為$\frac{15}{\pi}$m,當試驗機轉速固定為30rpm時,此飛行員所受的加速度為多少g?(假設g=10m/s²) (A)1.5π (B)2.0π (C)3.0π (D)15.0π。

( ) **10** 如圖所示的電梯示意圖,若電梯車廂總質量M為750kg、配重塊質量m為250kg、鼓輪半徑為300mm,則當電梯以1m/s²的加速度上升,馬達所需提供的扭矩為多少N-m?(假設g=10m/s²)

(A)225 (B)300
(C)1200 (D)1800。

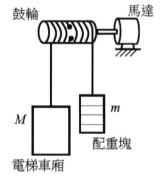

( ) **11** 有一圓柱在斜面上從一固定高度靜止釋放,如圖所示,圓柱與斜面間接觸有二種情況:一為平滑無摩擦;另一為摩擦係數足夠大、接觸點不打滑,圓柱產生滾動前進。則下列敘述何者正確?

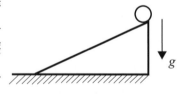

(A)兩種情況下,因為機械能守恆,圓柱皆可以相同時間抵達地面
(B)平滑無摩擦情況下,因滑動過程無能量損失且無轉動動能,圓柱抵達地面時間較短
(C)滾動前進情況下,因滾動過程無能量損失且轉動較滑動有加速功能,圓柱抵達地面時間較短
(D)在平滑無摩擦情況下,若把此圓柱改為較輕材質,因降低運動慣性,可縮短圓柱到達地面的時間。

( ) **12** 如圖所示,有一質量為m=0.5kg的質量塊,置於光滑的水平面上,當

質量塊以 $v_0 = 1.0$ m/s的速度撞擊彈簧常數k＝450N/m的彈簧端部，且撞擊瞬間過程有19%的能量損失（等同撞擊的機械效率為81%），則撞擊後彈簧的最大壓縮變形量x為多少mm？（假設g＝10m/s²）

(A)30.0

(B)33.3

(C)45.0

(D)50.0。

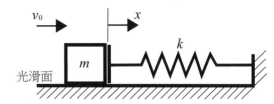

(　) **13** 下列敘述何者不正確？

(A)1kN/mm² ＝ 1GPa。

(B)就脆性材料而言，安全因數為極限應力與容許應力的比值。

(C)材料的體積彈性係數可能小於、等於或大於材料的彈性係數。

(D)進行拉伸實驗時，在彈性限度內橫向應變與縱向應變比值的絕對值，稱為蒲松氏比。

▼ 閱讀下文，回答第14~15題

一輛汽車停於機械式停車位的載車平台如圖所示，汽車及載車平台的重量完全由4條直徑相同的鋼纜所支撐，C_1 及 C_2 分別為汽車及載車平台的重心。若汽車重量為20kN、載車平台重量為2kN，並假設車頭方向的兩條鋼纜承受相同負荷、車尾方向的兩條鋼纜負荷也彼此相同，且忽略鋼纜本身重量，請依以下情境作答：

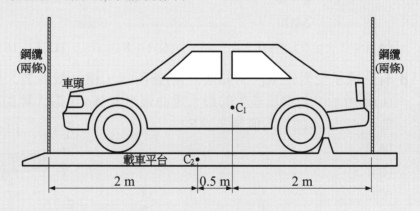

(　) **14** 若車頭方向兩條鋼纜未承受負載前的原始長度均為2m，且每條鋼纜截面積為100mm²、彈性係數為200GPa，則車頭每條鋼纜負載後的伸長量為多少mm？　(A)0.5　(B)0.6　(C)1.2　(D)2.0。

(　　) **15** 已知鋼纜的降伏強度為360MPa，安全因數為3，則一條鋼纜的截面積最少須為多少mm²？　(A)36　(B)42　(C)50　(D)72。

(　　) **16** 如圖所示的幾何面積，具有角度（60°）及尺寸（50mm）均相同的4個銳角，且該面積分別對稱於圖中所示的水平軸及垂直軸。欲以沖床沖切該面積的板材，若板料厚度為3mm，且板料的抗剪強度為300MPa，則沖頭應至少施加多少kN的力才能完成沖切？

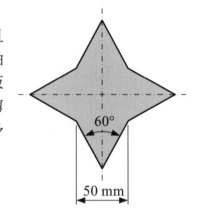

(A)180　　　　　(B)360
(C)540　　　　　(D)720。

(　　) **17** A、B兩截面尺寸如圖所示，若兩截面對各自形心軸x的慣性矩分別為I_{Ax}及I_{Bx}，則兩慣性矩的比（I_{Ax}：I_{Bx}）為多少？

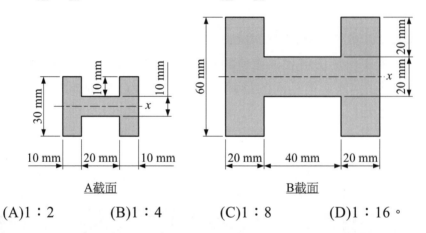

A截面　　　　　　　　　　B截面

(A)1：2　　　　(B)1：4　　　　(C)1：8　　　　(D)1：16。

(　　) **18** 有一樑承受彎矩M作用如圖之(a)圖所示，樑的截面放大如圖之(b)圖所示，若樑所產生的最大彎曲張應力為σ_t、最大彎曲壓應力為σ_c，則σ_t/σ_c的絕對值為多少？

(A)1
(B)1.5
(C)2
(D)3。

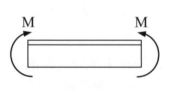

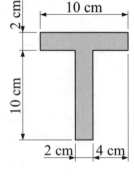

(a)圖　　　　　　　　　　(b)圖

(　　) **19** 一懸臂樑承受集中力與彎矩負載如圖所示，若不計樑本身重量，則下列何者為正確的彎矩圖？

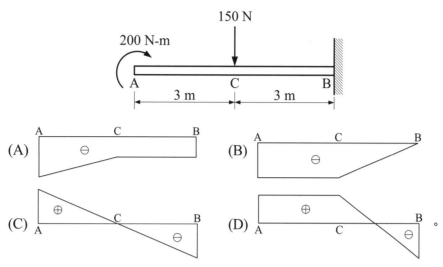

(A)　　　　(B)

(C)　　　　(D)

(　　) **20** 長度L、直徑D的實心圓軸，A點為固定端、B點承受一大小為T的扭矩作用如圖之(a)圖所示，設該軸在B點所產生的扭轉角為ϕ。若以相同材質所製成一半實心一半空心圓軸，承受相同大小扭矩T作用如圖之(b)圖所示。其軸外徑為D、空心軸部分的內徑為D/2，則此軸B點所產生的扭轉角為多少？

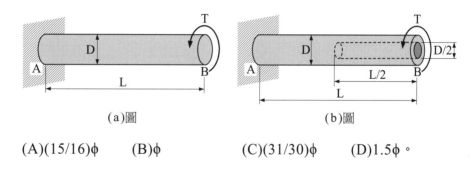

(a)圖　　　　(b)圖

(A)$(15/16)\phi$　　　(B)ϕ　　　(C)$(31/30)\phi$　　　(D)1.5ϕ。

NOTE

解答與解析

第一章　力的特性與認識

1-1　力學的種類

小試身手

P.1　1 (D)　　2 (A)　　3 (B)

P.2　4 (C)　　5 (D)　　6 (D)　　7 (A)

1-2　力的觀念

小試身手

P.3　1 (D)　　2 (D)　　3 (A)　　4 (D)

1-3　向量與純量

小試身手

P.4　1 (A)　　2 (B)　　3 (B)　　4 (B)　　5 (C)

1-4　力的單位

小試身手

P.5　1 (B)　　2 (D)　　3 (B)　　4 (D)　　5 (B)

6 (C)。$F=ma$，$1=0.1\times a$　$\therefore a=10m/s^2$

1-5　力系

小試身手

P.5　1 (D)　　2 (D)

1-6　力之可傳性

小試身手

P.6　1 (D)　　2 (A)　　3 (A)　　4 (D)　　5 (D)

1-7　力學與生活的關聯

▌小試身手

P.6　1 (C)　　2 (A)

綜合實力測驗

P.7　1 (C)　　2 (D)　　3 (D)　　4 (B)　　5 (C)　　6 (D)　　7 (D)

　　8 (A)　　9 (C)　　10 (C)　　11 (B)　　12 (D)　　13 (A)

P.8　14 (A)　15 (C)　16 (C)　17 (D)　18 (C)　19 (C)　20 (A)

　　21 (D)　22 (D)　23 (D)　24 (C)　25 (A)　26 (B)　27 (B)

P.9　28 (B)　29 (A)　30 (D)　31 (B)　32 (D)　33 (D)　34 (B)

　　35 (D)　36 (B)　37 (A)　38 (A)

第二章　同平面力系

2-1　力的分解與合成

P.11　**即時演練 1**

$F_X = F\cos\theta = 100 \times \dfrac{4}{5} = 80N \rightarrow$ ；$F_Y = F\sin\theta = 100 \times \dfrac{3}{5} = 60N \uparrow$

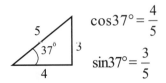

$\cos 37° = \dfrac{4}{5}$

$\sin 37° = \dfrac{3}{5}$

P.12　**即時演練 2**

用三角形比法：$\dfrac{26}{13} = \dfrac{Q}{12} = \dfrac{P}{5}$ ；$\therefore Q = 24N$，$P = 10N$

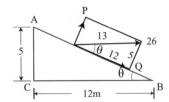

P.15　**即時演練 3**

$\Sigma F_x = 0$，$\Sigma F_y = 5\sqrt{3}$

合力 $= \sqrt{0^2 + (5\sqrt{3})^2} = 5\sqrt{3}$ N $\uparrow$

另解合力 $R = \sqrt{P^2 + Q^2 + 2PQ\cos\theta}$

$= \sqrt{10^2 + 5^2 + 2 \times 10 \times 5\cos 120°} = 5\sqrt{3}$ N

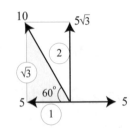

即時演練 4

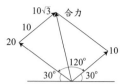

$R = \sqrt{20^2 + 10^2 + 2 \times 20 \times 10 \times \cos 120°} = 10\sqrt{3}$ N

$(\theta = 180° - 30° - 30° = 120°)$

由三角形正弦定理

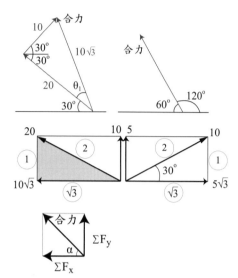

$\dfrac{10}{\sin\theta_1} = \dfrac{10\sqrt{3}}{\sin 60°}$　$\therefore \sin\theta_1 = \dfrac{1}{2}$　$\therefore \theta_1 = 30°$

合力與水平夾角120°（或60°）

另解：$\Sigma F_x = 10\sqrt{3} - 5\sqrt{3} = 5\sqrt{3}$ N ←

$\Sigma F_y = 10 + 5 = 15$ N ↑

合力 $= \sqrt{\Sigma F_x^2 + \Sigma F_y^2} = \sqrt{(5\sqrt{3})^2 + (15)^2} = 10\sqrt{3}$

$\tan\alpha = \dfrac{\Sigma F_y}{\Sigma F_x} = \dfrac{15}{5\sqrt{3}} = \dfrac{3}{\sqrt{3}} = \sqrt{3} \therefore \alpha = 60°$

小試身手

P.16　**1 (D)**　**2 (C)**　**3 (C)**

4 (C)。合力 $= \sqrt{P^2 + Q^2 + 2PQ\cos\theta} = \sqrt{10^2 + (10\sqrt{3})^2 + 2 \times 10 \times 10\sqrt{3}\cos 30°} = 10\sqrt{7}$

5 (B)。$\dfrac{Q}{1} = \dfrac{P}{2} = \dfrac{100}{\sqrt{3}}$

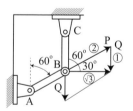

　　$\therefore Q = \dfrac{100}{\sqrt{3}}$ ，$P = \dfrac{200}{\sqrt{3}}$

P.17　**6 (C)**。$\dfrac{200}{4} = \dfrac{Q}{5} = \dfrac{P}{3}$　$\therefore Q = 250$N　$\therefore P = 150$N

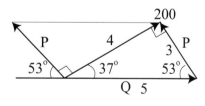

7 (B)。$\dfrac{260}{13} = \dfrac{F_V}{12} = \dfrac{F_P}{5}$

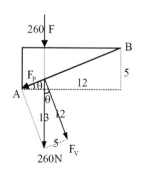

　　$\therefore F_P = 100$N

　　　$F_V = 240$N

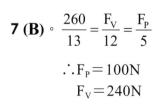

8 (D)。

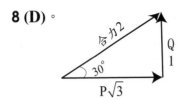

9 (B)。$\Sigma F_Y = 200 + 150\sqrt{3} = 460N$

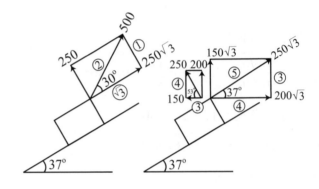

2-2 自由體圖

P.19 即時演練 1

AD桿為二力構件，AD兩點作用力R_A、R_D，大小相等、方向相反在A、D之連心線上。

C、D、B三點有作用力，為三力構件、三力平衡、三力不平行，一定交於一點M，即B點之受力一定通過M點。

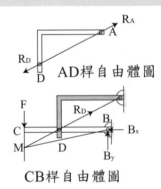

AD桿自由體圖

CB桿自由體圖

小試身手

P.20 **1 (A)**。(A)只有正向力。

2 (D)

2-3 力矩與力矩原理

P.21 即時演練 1

$\Sigma M_A = 100 \times 3 = 300N\text{-}m$ ↻

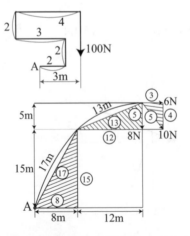

P.22 即時演練 2

$\Sigma M_A = 6(5+15) + 8(8+12)$

$= 280N\text{-}m$ ↻

$= 10 \times d$

$\therefore d = 28m$

小試身手

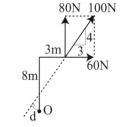

P.23　**1 (D)**　　**2 (A)**　　**3 (B)**

4 (D)。$M_O = 60 \times 8 - 80 \times 3 = 240$N-m

$M_O = F \times d$，$240 = 100 \times d$

∴$d = 2.4$m

5 (B)。

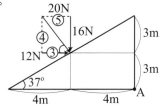

$\Sigma M_A = 16 \times 4 - 12 \times 3 = 28$N-m ↺

6 (B)。

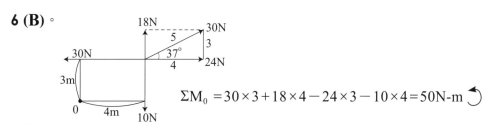

$\Sigma M_0 = 30 \times 3 + 18 \times 4 - 24 \times 3 - 10 \times 4 = 50$N-m ↺

7 (C)。$\Sigma M_O = 100(↺) = 60 \times 10 + 100 \times 5 - F \times 10$

∴$F = 100$，$\Sigma F_x = 80 + 100 = 180$N →

$\Sigma F_y = 50 + 100 - 60 = 90$N ↓

∴合力 $= \sqrt{90^2 + 180^2} = 90\sqrt{5}$N

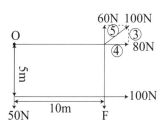

2-4　力偶

P.25　**即時演練 1**

合力偶 $= 100 \times 5 \times \sin 37° + 60 \times 3 - 80 \times 4 = 160$N-m ↺

即時演練 2

力偶 $C = F \times d = 12 \times 8 = 96$(N·m，↻)；力量$F_x = 12$N(↓)

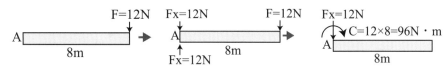

小試身手

P.26　**1 (B)**。力偶可由一平面移至另一平行之平面上。

2 (A)　　**3 (C)**　　**4 (C)**

5 (D)。

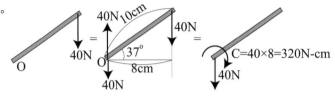

P.27　**6 (C)**。一力可分解成一力和一力偶。

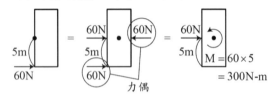

7 (B)。$C = 40 \times 6 = 240\text{N-m}$ ↻
$= F \times 5$　$\therefore F = 48\text{N}$

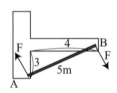

2-5　同平面各種力系之合成及平衡

P.28　即時演練 1

$\Sigma F_x = 24 - 9 = 15\text{N} \leftarrow$

$\Sigma F_y = 42 - 10 - 12 = 20\text{N} \downarrow$

合力 $= \sqrt{\Sigma F_x^2 + \Sigma F_y^2} = \sqrt{15^2 + 20^2} = 25\text{N}$

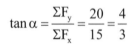

$\tan\alpha = \dfrac{\Sigma F_y}{\Sigma F_x} = \dfrac{20}{15} = \dfrac{4}{3}$

$\therefore \alpha = 180° + 53° = 233°$（合力與X軸方向之夾角）

小試身手

P.29　**1 (B)**。$\Sigma F_x = 20 + 10 - 20 = 10\text{N}(\rightarrow)$

$\Sigma F_y = 15 + 20\sqrt{3} - 10\sqrt{3} - 15 = 10\sqrt{3}\ (\uparrow)$

$R = \sqrt{(\Sigma F_x)^2 + (\Sigma F_y)^2} = \sqrt{10^2 + (10\sqrt{3})^2} = 20\text{N}$

$\alpha = \tan^{-1}\dfrac{\Sigma F_y}{\Sigma F_x} = \tan^{-1}\dfrac{10\sqrt{3}}{10} = \tan^{-1}\sqrt{3} = 60°$

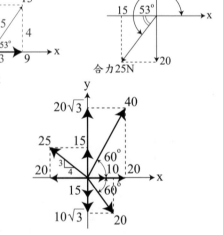

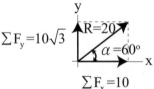

2 (D)。 $\Sigma F_x = 30 \times \dfrac{3}{5} - 52 \times \dfrac{12}{13} = -30(N) \leftarrow$

$\Sigma F_y = 30 \times \dfrac{4}{5} + 52 \times \dfrac{5}{13} - 4 = 40(N) \uparrow$ ∴合力大小

$R = \sqrt{\left(\Sigma F_x\right)^2 + \left(\Sigma F_y\right)^2} = \sqrt{(30)^2 + (40)^2} = 50(N)$

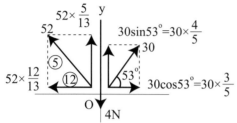

3 (D)。 $\Sigma F_x = 80 = Q + \dfrac{3}{5}S$

$\Sigma F_y = 60 = \dfrac{4}{5}S - 20$

∴$S = 100N$，$Q = 20N$

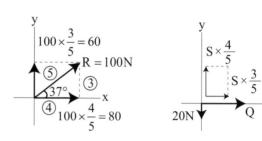

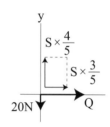

2.31 即時演練 2

$\Sigma F_x = 0$ ， $R - \dfrac{1}{2}T = 0$ ∴$R = \dfrac{1}{2}T$

$\Sigma F_y = 0$ ， $\dfrac{\sqrt{3}}{2}T - 120 = 0$ ， $T = \dfrac{240}{\sqrt{3}} = 80\sqrt{3}\ N$ ， $R = \dfrac{T}{2} = 40\sqrt{3}\ N$

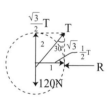

2.32 即時演練 3

$\Sigma F_x = 0$ ， $\dfrac{T_1}{2} - \dfrac{\sqrt{3}}{2}T_2 = 0$ ∴$T_1 = \sqrt{3}T_2$

$\Sigma F_y = 0$ ， $\dfrac{\sqrt{3}}{2}T_1 + \dfrac{T_2}{2} - 200 = 0$

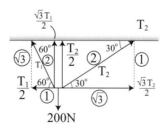

$\dfrac{\sqrt{3}}{2}(\sqrt{3}T_2) + \dfrac{T_2}{2} = 200 = 2T_2$ ∴$T_2 = 100N$ ， $T_1 = 100\sqrt{3}N$

P.33 即時演練 **4**

$\Sigma M_A=0$，$90\times4-P\times3=0$　$\therefore P=120N$

$\Sigma F_x=0$，$P-A_x=0$　$\therefore A_x=P=120N$

$\Sigma F_y=0$，$90-A_y=0$　$\therefore A_y=90$

$\therefore R_A=\sqrt{A_x{}^2+A_y{}^2}=\sqrt{90^2+120^2}=150N$

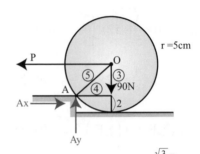

P.34 即時演練 **5**

$\Sigma F_y=0$，$\dfrac{F_{AB}}{2}=50\sqrt{3}$　$\therefore F_{AB}=100\sqrt{3}$ 牛頓(AB桿受壓力)

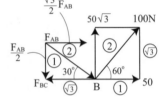

$\Sigma F_x=0$，$F_{BC}=50+\dfrac{\sqrt{3}}{2}F_{AB}=50+\dfrac{\sqrt{3}}{2}\times100\sqrt{3}=200N$牛頓(BC桿受拉力)

P.35 即時演練 **6**

取W_2自由體圖

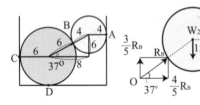 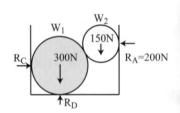

$\begin{cases}\Sigma F_x=0，R_A=\dfrac{4}{5}R_B\\[2mm]\Sigma F_y=0，150=\dfrac{3}{5}R_B\end{cases}$

$\therefore R_B=250N$，$R_A=200N$，取W_2與W_1之組合自由體圖

由$\Sigma F_x=0$，$R_C=R_A=200N$，$\Sigma F_y=0$，$R_D-150-300=0$　$\therefore R_D=450N$

P.36 即時演練 **7**

圖(一)由$\Sigma F_x=0$，$T=30N$，

　　(由$T-30=0$)

圖(二)由$\Sigma F_x=0$，$T-50\sin\theta=0$

$\therefore T=50\sin\theta=30$，

$\therefore\sin\theta=\dfrac{3}{5}$　$\therefore\theta=37°$

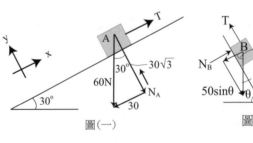

圖(一)　　　　圖(二)

P.37 即時演練 **8**

取球1之自由體圖

由$\Sigma F_y=0$

$R_1=\dfrac{3}{5}W=R_E$（因左右對稱）

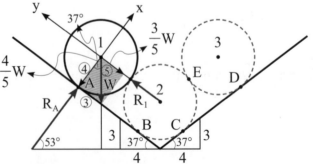

取球2之自由體圖

因為左右對稱

$\therefore R_C = R_B$

由 $\Sigma F_y = 0$

$$\frac{9}{25}W + \frac{9}{25}W + W = 2(\frac{4}{5}R_B)$$

$$R_B = \frac{43W}{40}$$

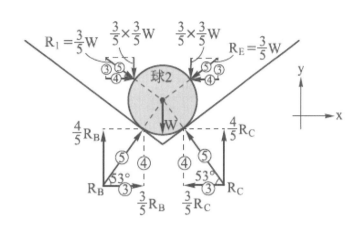

小試身手

P.38 **1 (B)**　　**2 (C)**　　**3 (C)**　　**4 (D)**　　**5 (D)**

P.39 **6 (C)**。

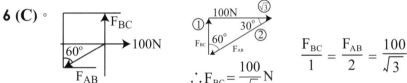

$$\frac{F_{BC}}{1} = \frac{F_{AB}}{2} = \frac{100}{\sqrt{3}}$$

$$\therefore F_{BC} = \frac{100}{\sqrt{3}} N$$

7 (C)

8 (B)。　由 $\Sigma F_y = 0$，$N_2 \cdot \frac{3}{5} = 150N$　$\therefore N_2 = 250N$

由 $\Sigma F_x = 0$，$N_2 \cdot \frac{4}{5} - N_1 = 0$　$\therefore N_1 = 200N$

　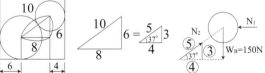

9 (C)。$\Sigma F_y = 0$，$2T \sin 60° = 100$　$\therefore T = \frac{100}{\sqrt{3}} N$

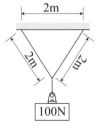

10 (C)。

$\cos\theta = \frac{F_1}{F}$，

$\sin\theta = \frac{F_2}{F}$　$\therefore F_1 = F\cos\theta$，$F_2 = F\sin\theta$

11 (D)。∴ $F_{AB}=100\sqrt{3}N$，$F_{BC}=200N$

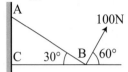 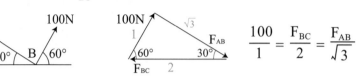

$$\frac{100}{1}=\frac{F_{BC}}{2}=\frac{F_{AB}}{\sqrt{3}}$$

12 (B)。$\Sigma M_A=0$，$T\times\dfrac{3}{5}\times4-120\times4=0$　∴$T=200N$

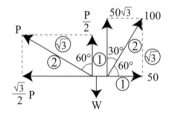

$\Sigma F_x=0$，$\dfrac{4}{5}T=A_x=160N$

$\Sigma F_y=0$，$A_y+\dfrac{3}{5}T=120$

∴$A_y=0$　∴$R_A=\sqrt{A_x^2+A_y^2}=\sqrt{A_x^2+0^2}=A_x=160N\ (\rightarrow)$

P.40 13 (C)。垂直拉起$\rightarrow\Sigma F_x=0$，$50-\dfrac{\sqrt{3}}{2}P=0$

∴$P=\dfrac{100}{\sqrt{3}}N$

14 (B)。$\Sigma M_A=0$，$\dfrac{4}{5}F\times4+\dfrac{3}{5}F\times3-60\times3=0$

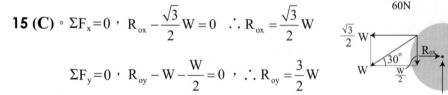

∴$5F=180$

∴$F=36N$

15 (C)。$\Sigma F_x=0$，$R_{ox}-\dfrac{\sqrt{3}}{2}W=0$　∴$R_{ox}=\dfrac{\sqrt{3}}{2}W$

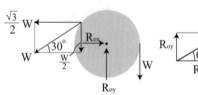

$\Sigma F_y=0$，$R_{oy}-W-\dfrac{W}{2}=0$，∴$R_{oy}=\dfrac{3}{2}W$

$\tan\theta=\dfrac{R_{oy}}{R_{ox}}=\dfrac{\dfrac{3}{2}W}{\dfrac{\sqrt{3}}{2}W}=\dfrac{3}{\sqrt{3}}=\sqrt{3}\ (\ ^{2}\diagup^{\sqrt{3}}_{\ 60°}\ _1\ )$　∴$\theta=60°$

16 (A)。由 $\Sigma F_x = 0$，$\dfrac{\sqrt{3}}{2}T = 200$　$\therefore T = \dfrac{400}{\sqrt{3}}N$

由 $\Sigma F_y = 0$，$400 + \dfrac{T}{2} - R = 0$

$\therefore R = 400 + \dfrac{200}{\sqrt{3}} = 515.4N$

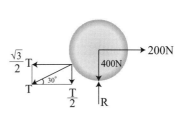

17 (C)。W_2 自由體圖

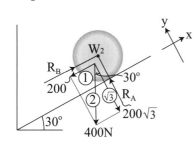

$\Sigma F_x = 0$，$R_B = 200N$

$R_A = 200\sqrt{3}N$

W_1 自由體圖

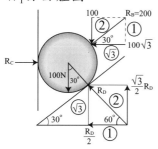

$\Sigma F_y = 0$

$100 + 100 = \dfrac{\sqrt{3}}{2}R_D$　$\therefore R_D = \dfrac{400}{\sqrt{3}}N$

18 (D)。由 $\Sigma F_y = 0$；

$4000\sin\theta = 200kgw = 2000N$；

$\therefore \sin\theta = \dfrac{1}{2}$；$\sin\theta = \dfrac{y}{1.5} = \dfrac{1}{2}$

$\therefore y = 0.75m$；$\therefore \theta = 30°$；$T_{BC} = 4000\cos30° = 2000\sqrt{3} = 3464N$

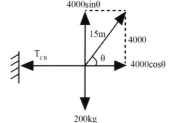

P.41 **19 (A)**。$\Sigma F_y = 0$，$200 - \dfrac{T_3}{2} = 0$　$\therefore T_3 = 400N$

$\Sigma F_x = 0$，$T_4 - \dfrac{\sqrt{3}}{2}T_3 = 0$　$\therefore T_4 = 200\sqrt{3}N$

由圖(二)$\Sigma F_x = 0$，$T_4 = T_1 = 200\sqrt{3}N$

$\Sigma F_y = 0$，$T_2 - 200 = 0$　$\therefore T_2 = 200N$

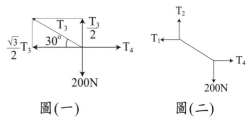

圖(一)　　　　　圖(二)

20 (A)。∵$W_A > W_C > W_B$，根據拉密定理：$\dfrac{W_A}{\sin\theta_1} = \dfrac{W_B}{\sin\theta_2} = \dfrac{W_C}{\sin\theta_3} = R$

∴$W_A = R\sin\theta_1$ ，∴$W_B = R\sin\theta_2$ ，∴$W_C = R\sin\theta_3$
可得$\sin\theta_1 > \sin\theta_3 > \sin\theta_2$。因$\theta_1$、$\theta_2$、$\theta_3$均大於$90°$，正弦函數大於$90°$時，
角度越大正弦值越小，故$\theta_1 < \theta_3 < \theta_2$

21 (C)。彈簧伸長量$= 12 - 7 = 5\,cm$

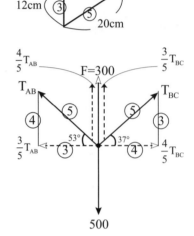

$F = kx = 6000 \times 0.05 = 300$牛頓

$\Sigma F_x = 0$，$\dfrac{3}{5}T_{AB} = \dfrac{4}{5}T_{BC}$，$T_{BC} = \dfrac{3}{4}T_{AB}$

$\Sigma F_y = 0$，$\dfrac{4}{5}T_{AB} + \dfrac{3}{5}T_{BC} + 300 = 500$

$\dfrac{4}{5}T_{AB} + \dfrac{3}{5}(\dfrac{3}{4}T_{AB}) = 200$

$\dfrac{25}{20}T_{AB} = 200$，$T_{AB} = 160N$

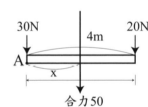

P.42 即時演練 9

合力$R = 30 + 20 = 50N \downarrow$
對A點由力矩原理：$50 \cdot x = 30 \times 0 + 20 \times 4$　∴$x = 1.6m$
合力為$50N$在A點($30N$)右邊$1.6m$處
由此可證明，兩力同向，合力在兩力之間距大力較近

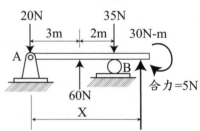

P.43 即時演練 10

合力$R = 60 - 20 - 35 = 5N \uparrow$　　對A點：力矩原理
$5 \cdot X = 60 \times 3 - 35 \times 5 - 30$
∴$X = -5$(負表合力在A點左邊$5m$)

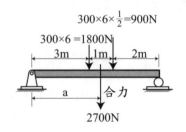

小試身手

P.44 1 (A)

2 (C)。合力$= 1800 + 900 = 2700$
由力矩原理：$2700 \cdot a = 1800 \times 3 + 900 \times 4$
∴$a = 3.33m$

$300 \times 6 \times \dfrac{1}{2} = 900N$
$300 \times 6 = 1800N$

3 (B)。合力$R = 100 - 50 - 50 = 0N$
$\Sigma M_A = 0$，$100 \times 2 - 50(2 + 3) = -50\,N\text{-}m$
故其合力為一力偶，其力偶矩為順時針$50\,N\text{-}m$

4 (D)。合力$R=4+6+2-3=9N\downarrow$
　　　對B點由力距原理$9\cdot x=6\times5+4\times9-3\times7$
　　　$\therefore x=5m$(在B點左側)

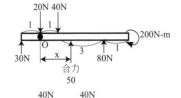

5 (A)。合力$R=30-20-40+80=50N\uparrow$
　　　對O點由力矩原理$50\cdot x$
　　　$=-30\times1-40\times1+80\times4-200=50$
　　　$\therefore x=1$(m，右側)

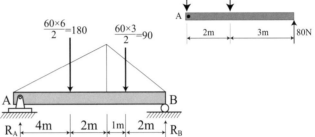

6 (C)。$\Sigma F_y=0$，$\Sigma M_A=80\times5-40\times2=320$N-m $\curvearrowleft$

P.46 即時演練 11

$\Sigma M_A=0$，$180\times4+90\times7=R_B\times9$
$\therefore R_B=150N\uparrow$
$\Sigma F_y=0$，$R_A+R_B=180+90$
$\therefore R_A=120N\uparrow$

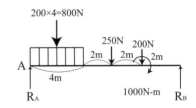

P.47 即時演練 12

$\Sigma F_y=0$，$R_A+R_B-800-200-250=0$
$\Sigma M_A=0$，
$10R_B-800\times2-250\times6-200\times8-1000=0$
$R_B=570N\uparrow$，$R_A=680N\uparrow$

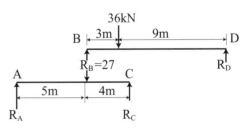

P.48 即時演練 13

取BD樑之自由體圖
$\Sigma M_D=0$，$36\times9-R_B\times12=0$　$\therefore R_B=27kN\uparrow$
又$R_B+R_D=36$　$\therefore R_D=9kN\uparrow$
取AC樑之自由體
$\Sigma M_A=0$，$27\times5-R_C\times9=0$　$\therefore R_C=15kN\uparrow$
$\Sigma F_y=0$，$R_A+R_C=27$　$\therefore R_A=12kN\uparrow$

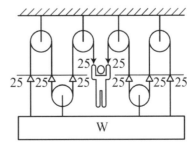

P.49 即時演練 14

當承受最大力時為人之重量（即人將懸空之時，若左右力量相同，左右繩之力均25kgf
（$\because$人重50kgf）
$W=25\times6=150kgw$

小試身手

1 (C)

P.50 **2 (B)**　　**3 (C)**

4 (D)。$\Sigma M_A=0$，$600\times4=R_B\times6$　$\therefore R_B=400N\uparrow$

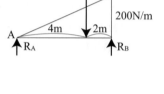

5 (B)　　**6 (D)**　　**7 (B)**

8 (B)。

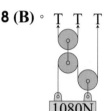

同一條繩子力量相同
$3T=1080N$
$\therefore T=360N$

9 (D)。$\Sigma M_A=0$，$400\times2+600\times3-R_B\times8=0$
$\therefore R_B=325N\uparrow$
$\Sigma F_y=0$，$R_A+R_B-400-600=0$
$\therefore R_A=675N\uparrow$

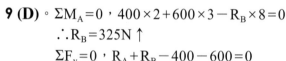

10 (D)。$\Sigma M_B=0$，$200-R_A\times10=0$
$\therefore R_A=20N\uparrow$，$\Sigma F_y=0$，$R_A+R_B=0$
$\therefore R_B=-20N(負表向下)\downarrow$

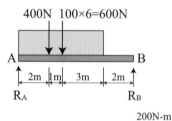

P.51 **11 (A)**。$P=100\times10=1000N$
ΣM_A-0，
$2500-1000\times5+R_B\times10=0$
$\therefore R_B=250N(\uparrow)$，$R_A=1000-250=750N\uparrow$

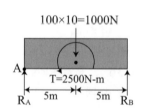

12 (A)。$\Sigma M_D=0$，$720\times4=R_A\times12$
$\therefore R_A=240N$，$R_A+R_D=720$
$\therefore R_D=480N$，$\Sigma M_B=0$，$240\times4=T\times6$　$\therefore T=160N$

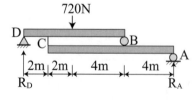

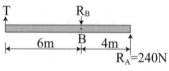

13 (D)。

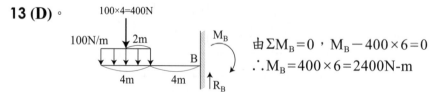

由$\Sigma M_B=0$，$M_B-400\times6=0$
$\therefore M_B=400\times6=2400N\text{-}m$

14 (D)。由均負荷以一集中負荷表示，其大小為 $\frac{100 \times 3}{2} = 150N \downarrow$

$\Sigma F_y = 0$，$R_B + R_A = 150$

$\Sigma M_A = 0$，$R_B \times 5 - 150 \times 6 - 600 = 0$

$R_B = 300N \uparrow$

$R_A = -150N \downarrow$

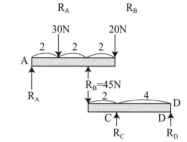

15 (D)。$\Sigma M_A = 0$，$R_B \times 4 - 30 \times 2 - 20 \times 6 = 0$，

$R_B = 45N(\uparrow)$

$\Sigma M_D = 0$，$45 \times 6 - R_C \times 4 = 0$，$R_C = 67.5N(\uparrow)$

$\Sigma F_y = 0$，$R_C + R_D - 45 = 0$，$R_D = -22.5N(\downarrow)$

16 (B)。$\Sigma M_A = 0$，$150 \times 4 + 210 \times 6 + 600 = R_B \times 8$

$R_B = 307.5N \uparrow$，$\Sigma F_y = 0$，$R_A + R_B = 150 + 210$

$\therefore R_A = 52.5N \uparrow$

P.52 即時演練 15

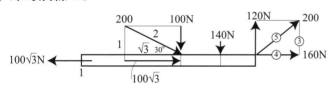

$\Sigma F_x = 160 + 100\sqrt{3} - 100\sqrt{3} = 160N \rightarrow$，$\Sigma F_y = 140 + 100 - 120 = 120N \downarrow$

合力 $= \sqrt{\Sigma F_x^2 + \Sigma F_y^2} = \sqrt{120^2 + 160^2} = 200N$

對A點由力矩原理

$200 \times d = 120 \times 6 - 140 \times 3$

$\therefore d = 1.5m$(在A點下方)

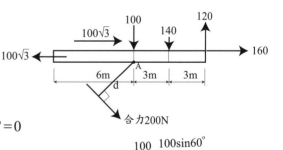

小試身手

P.53　**1 (D)**。$\Sigma F_x = 100 - 100\cos 60° - 100\cos 60° = 0$

$\Sigma F_y = 100\sin 60° - 100\sin 60° = 0$

$\therefore$ 合力 $R = 0$

$\Sigma M_A = 100 \times 1\sin 60° = 50\sqrt{3}(N \cdot m) \circlearrowleft$

合力為一力偶 $50\sqrt{3}N$-m $\circlearrowleft$

2 (D)。$\Sigma F_x = 200 + 100 = 300N(\rightarrow)$

$\Sigma F_y = 250 + 150 = 400N(\downarrow)$

合力 $R = \sqrt{(\Sigma F_X)^2 + (\Sigma F_y)^2} = 500N$

$\Sigma M_O = F \times d = 500 \times d = 200 \times 4 - 100 \times 4 + 150 \times 2 - 250 \times 2$　得 $d = 0.4cm$

3 (D)。

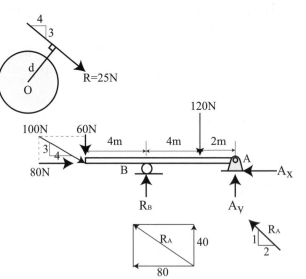

$\Sigma F_x = 40 - 20 = 20N \rightarrow$

$\Sigma F_y = 45 - 30 = 15N \downarrow$

合力 $R = \sqrt{(\Sigma F_x)^2 + (\Sigma F_y)^2} = \sqrt{(20)^2 + (15)^2} = 25N$

合力位置由力矩原理得

$25 \times d = 50 \times 2 + 20 \times 2 = 140$

$\therefore d = 5.6m$

P.55 即時演練 16

$\Sigma F_x = 0$，$80 - A_x = 0 \therefore A_x = 80N \leftarrow$

$\Sigma M_A = 0$，$120 \times 2 + 60 \times 10 - R_B \times 6 = 0$

$\therefore R_B = 140N \uparrow$

$\Sigma F_y = 0$，$R_B + A_y - 120 - 60 = 0$

$\therefore A_y = 40N \uparrow$

$\therefore R_A = \sqrt{A_x^2 + A_y^2} = \sqrt{40^2 + 80^2} = 40\sqrt{5}N$

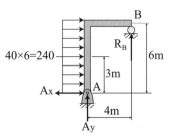

P.56 即時演練 17

$\Sigma M_A = 0$，$240 \times 3 - R_B \times 4 = 0$，$R_B = 180N(\uparrow)$

$\Sigma F_x = 0$，$\therefore 240 - A_x = 0$ $\therefore A_x = 240N(\leftarrow)$

$\Sigma F_y = 0$，$R_B + A_y = 0$

$\therefore A_y = -180N(\downarrow)$

$R_A = \sqrt{180^2 + 240^2} = 300N$

即時演練 18

取AB桿自由體圖，圖(一)

$\Sigma M_A = 0$，$N_D \times 3 - 60 \times 2 = 0$

$\therefore N_D = 40N$，由圖(二)

$\Sigma F_y = 0$，$R_A + 20 - 60 = 0$

$\therefore R_A = 40N \uparrow$

$\Sigma F_x = 0$，$T - 20\sqrt{3} = 0$

$\therefore T = 20\sqrt{3} N$

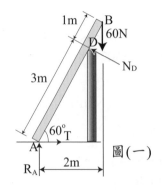

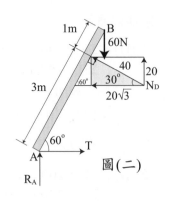

P.58 即時演練 **19**

(D)。 $\sum M_A = 0$

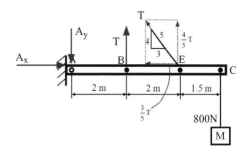

$$T \times 2 + \frac{4}{5} T \times 4 = 800 \times 5.5$$

$$\frac{26}{5} T = 800 \times 5.5 \quad T = 846 \text{牛頓}$$

同上圖

由 $\sum F_x = 0$、$A_x = \frac{3}{5} T = \frac{3}{5} \times 846 = 507N \rightarrow$

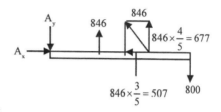

由 $\sum F_y = 0$

$846 + 677 = 800 + A_y$

$A_y = 723N \downarrow \quad \therefore R_A = \sqrt{507^2 + 723^2} = 883N$

P.59 即時演練 **20**

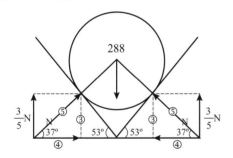

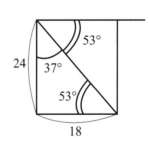

$\sum F_y = 0$，$288 = 2(\frac{3}{5}N) \quad \therefore N = 240 \text{牛頓}$

$\sum M_B = 0$

$240 \times 7 = T \times 24$

$T = 70$

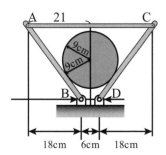

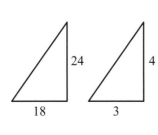

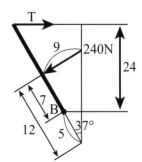

P.60 **即時演練 21**

桿DE為二力構件，$\therefore R_E$會通過D點

$\Sigma M_A = 0$，$300 \times 4 - \dfrac{3}{5} R_E \times 8 = 0$　$\therefore R_E = 250N$

$\Sigma F_x = 0$，$A_x = \dfrac{4}{5} R_E = 200N \rightarrow$，$\Sigma F_y = 0$，$A_y + \dfrac{3}{5} R_E = 300$

$\therefore A_y = 300 - \dfrac{3}{5} R_E = 150N \uparrow$　　$\therefore R_A = \sqrt{150^2 + 200^2} = 250N$

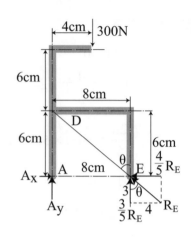

P.61 **即時演練 22**

$\Sigma M_A = 0$，$\dfrac{3}{5} F \times 4 = 600 \times 5$　$\therefore F = 1250N$

$\Sigma F_x = 0$，$A_x - \dfrac{4}{5} F = 0$　$\therefore A_x = \dfrac{4}{5} \times 1250 = 1000N$

$\Sigma F_y = 0$，$A_y + \dfrac{3}{5} F = 600$　$\therefore A_y = 600 - 0.6 \times 1250 = -150 \downarrow$

$\therefore R_A = \sqrt{150^2 + 1000^2} \fallingdotseq 1011N$，$F = k \cdot x$，$1250 = 10000 \cdot x$，$x = 0.125m$（伸長量）

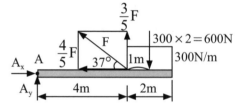

小試身手

P.62 **1 (C)**　　　**2 (C)**

3 (B)。$\Sigma M_A = 0$，$w \cdot \dfrac{\ell}{2} + W \times \ell = T \sin \theta \times \ell$

$\therefore T = \dfrac{\omega + 2W}{2 \sin \theta}$

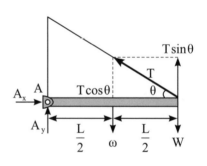

4 (B)。對B點平衡 $\Sigma M_B = 0$（均勻桿子長度越長重量越重）

$L \cdot \dfrac{L}{2} = 40(20) + 50 \times 20 = 1800$

$\therefore L = 60mm$

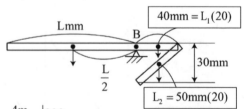

P.63 **5 (D)**。$\Sigma M_A = 0$，$200 \times 8 = R_B \times 10$
$\therefore R_B = 160N$

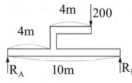

6 (B)。$\Sigma M_A = 0$，

$$60 \times 3 = \frac{3}{5} T \times 4$$

$$\therefore T = 75N$$

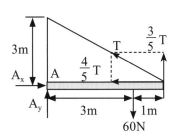

7 (C)。$\Sigma M_B = 0$，$P \times 15 - 1500 \times 20 = 0$

$\therefore P = 2000N$

$\Sigma F_x = 0$，$B_x = P = 2000N$

$\Sigma F_y = 0$，$B_y - 1500 = 0$　$\therefore B_y = 1500N$

$\therefore R_B = \sqrt{1500^2 + 2000^2} = 2500N$

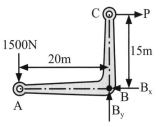

8 (D)。$\Sigma M_B = 0$，$120 \times 2 + 120 \times 4 = R_{Ay} \cdot 6$　$\therefore R_{Ay} = 120N$

$\Sigma F_x = 0$，$R_{Ax} - 160 = 0$

$\therefore R_{Ax} = 160N$

$\therefore R_A = \sqrt{R_{Ax}{}^2 + R_{Ay}{}^2} = \sqrt{120^2 + 160^2} = 200N$

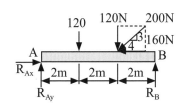

9 (A)。AB桿自由體圖$\Sigma M_A = 0$，$50 \times 40 = R_B \times 40$　$\therefore R_B = 50N$

由$\Sigma F_x = 0$，$T - 30 = 0$　$\therefore T = 30N$

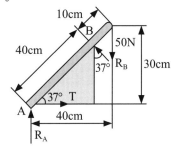
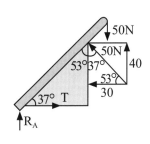

10 (C)。BC桿為二力構件$R_B = R_C$

$$\Sigma M_A = 0，360 \times 8 = \frac{4}{5} R_C \times 12$$

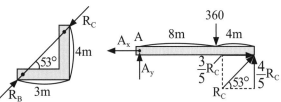

$$\therefore R_C = 300N，\Sigma F_x = 0，A_x = \frac{3}{5} R_C = 180N$$

$$\Sigma F_y = 0，A_y + \frac{4}{5} R_C = 360 \quad \therefore A_y = 120N \quad \therefore R_A = \sqrt{120^2 + 180^2} = 60\sqrt{13}N$$

264

11 (C)。$\Sigma M_B = 0$，

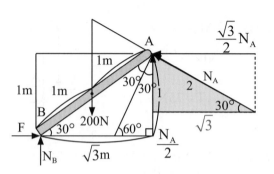

$$200 \times \frac{\sqrt{3}}{2} = \frac{\sqrt{3}}{2} N_A \times 1 + \frac{N_A}{2} \cdot \sqrt{3}$$

$$\therefore N_A = 100$$

$$N_B + \frac{N_A}{2} = 200 \quad \therefore N_B = 150N$$

12 (D)。由 $\Sigma F_x = 0$，$F = \frac{\sqrt{3}}{2} N_A = 50\sqrt{3}N$

13 (D)。$\Sigma M_A = 0$，$T \times 3 - 60 \times 4 = 0$　$\therefore T = 80N$
$\Sigma F_x = 0$，$A_x = T = 80$，$\Sigma F_y = 0$，$A_y = 60$

$$\therefore R_A = \sqrt{60^2 + 80^2} = 100N$$

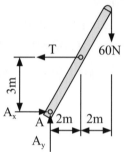

14 (D)。

$\Sigma M_O = 0$，

$12 \times R_A - 24 \times 5 = 0$

$R_A = 10N$

15 (C)。

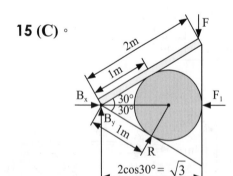

取桿與球合在一起之自由體圖

$\Sigma M_B = 0$，$F \times \sqrt{3} = R \times 1$

$\therefore R = \sqrt{3}F = 1000\sqrt{3}$ 牛頓

P.65 **16 (D)**。

$\Sigma M_A = 0$，

$200 \times 3 = N_B \times 8$

$\therefore N_B = 75$

$\Sigma F_x = 0$，$T - N_B = 0$　$\therefore T = 75N$

17 (A)

18 (B)。AB桿為三力構件，有軸向力，$\Sigma M_A=0$，$200\times2=\dfrac{4}{5}R_B\times4$　$\therefore R_B=125N$

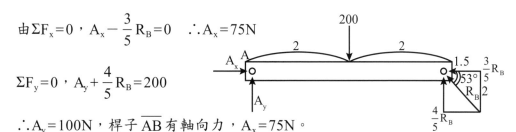

由$\Sigma F_x=0$，$A_x-\dfrac{3}{5}R_B=0$　$\therefore A_x=75N$

$\Sigma F_y=0$，$A_y+\dfrac{4}{5}R_B=200$

$\therefore A_y=100N$，桿子$\overline{AB}$有軸向力，$A_x=75N$。

19 (B)。同上題，$\because$ BC桿為二力構件，$R_C=R_B=125N$。

20 (D)。$\Sigma M_A=0$，$R_P\times2=100\times0.5+1000\times1.5$　$R_P=775N$

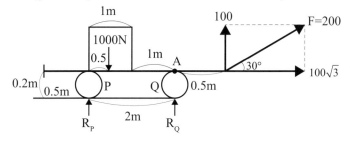

綜合實力測驗

1 (C)。合力取代不會改變力的外效應。

2 (A)。$\dfrac{39}{13}=\dfrac{Q}{5}=\dfrac{P}{12}$ $\therefore P=36N$

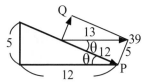

3 (D)。①以AB和AC方向畫平行線通過80N之箭頭之尾部和箭頭形成一平行四邊形。

②在b劃一垂直線形成兩個直角三角形，

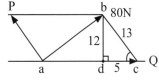

依比例法 $\overline{bd}=48$，$\overline{ad}=64$

再依另一三角形比例法 $\dfrac{48}{12}=\dfrac{dc}{5}=\dfrac{bc}{13}$ $\therefore bc=52$，$dc=20$

$\therefore Q=ad+dc=64+20=84N$，$P=bc=52N$

4 (B)。①50N先分解為X軸、Y軸分力30N、40N

　　②$\Sigma M_A = 40 \times 5 - 30 \times 3 = 110$N-m ↷

　　③由力矩原理$\Sigma M_A = 50 \times d = 110$　$\therefore d = 2.2$m

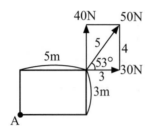 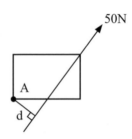

5 (C)。

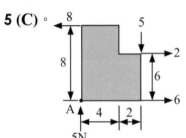

力偶對任一點力矩均相同

$\Sigma M_A = 8 \times 8 - 5 \times 6 - 2 \times 6 = 22$N-m ↷

6 (D)

7 (B)。同向最大，$P+Q=14$，反向最小，$P-Q=2$ $\therefore P=8$，$Q=6$垂直時，

　　合力 $= \sqrt{6^2 + 8^2} = 10$

8 (D)。

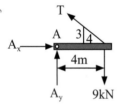

$\Sigma M_A = 0$，$(T \times \dfrac{3}{5}) \times 4 - 9 \times 4 = 0$

$\therefore T = 15$kN

9 (D)。

$\Sigma M_O = 0$，$600 \times 1 - T \times 2\sqrt{3} = 0$

$\therefore T = \dfrac{600}{2\sqrt{3}} = \dfrac{300}{\sqrt{3}}$

P.67

10 (C)。

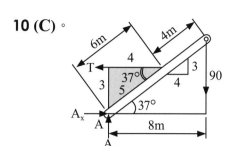

$\Sigma M_A = 0$，$90 \times 8 - T \times (6 \times \dfrac{3}{5}) = 0$

$\therefore T = 200N$

11 (B)。

$\Sigma M_A = 0$，$400 \times 3 + 1000 \times 6 = \dfrac{3}{5} T \times 8$

$\therefore T = 1500N$

12 (D)。$\Sigma F_x = 0$，$\dfrac{4}{5} F - R_{Ax} = 0$，$R_{Ax} = \dfrac{4}{5} F$

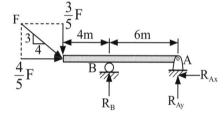

$\Sigma M_A = 0$，$R_B \times 6 - \dfrac{3}{5} F \times 10 = 0$　$\therefore R_B = F$

$\Sigma F_y = 0$，$R_B + R_{Ay} - \dfrac{3}{5} F = 0$　$\therefore R_{Ay} = -\dfrac{2}{5} F \downarrow$

$R_A = \sqrt{\left(R_{Ax}\right)^2 + \left(R_{Ay}\right)^2} = \sqrt{(\dfrac{4}{5}F)^2 + (\dfrac{2}{5}F)^2} = \sqrt{\dfrac{20}{25}}F = \dfrac{2}{\sqrt{5}} F$

13 (D)。由 $\Sigma F_x = 0$，$\dfrac{F_{AB}}{\sqrt{2}} + \dfrac{F_{BC}}{\sqrt{2}} = 600$

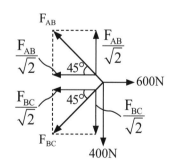

$\therefore F_{AB} + F_{BC} = 600\sqrt{2} \ldots\ldots$①

由 $\Sigma F_y = 0$，$\dfrac{F_{AB}}{\sqrt{2}} = \dfrac{F_{BC}}{\sqrt{2}} + 400$

$\therefore F_{AB} - F_{BC} = 400\sqrt{2} \cdots\cdots$②

$\therefore F_{AB} = 500\sqrt{2}N$，$F_{BC} = 100\sqrt{2}N$

14 (B)。桿AC為二力構件，
R_A延長線會通過C點
$\Sigma M_B = 0$，

$$\frac{3}{5}R_A \times 3 - 18 \times 8 = 0$$

$\therefore R_A = 80kN$

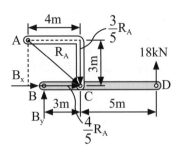

P.68 **15 (B)**。

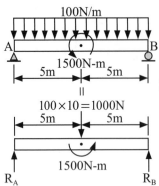

$\Sigma M_A = 0$，$1000 \times 5 = 1500 + R_B \times 10$ $\therefore R_B = 350N \uparrow$
由$\Sigma F_y = 0$，$R_A + R_B = 1000$ $\therefore R_A = 650N \uparrow$

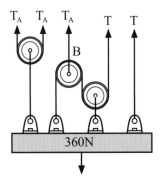

16 (C)。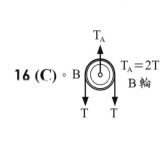

$3T_A + 2T = 360$
$3(2T) + 2T = 360 = 8T$
$\therefore T = 45N$

17 (B)。$\Sigma M_B = 0$，$R_A \cdot \ell + M = 0$ $\therefore R_A = -\dfrac{M}{\ell} \downarrow$

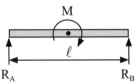

18 (C)。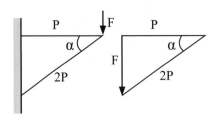

三力平衡，三力可圍成一封閉三角形
邊長比＝力量比

$\therefore \cos\alpha = \dfrac{P}{2P} = \dfrac{1}{2}$ $\therefore \alpha = 60°$

19 (D)

20 (D)。$\Sigma M_A = 0$，

$300 + R_B \times 2 + 200 \times 2 - 400 = 0$

$\therefore R_B = -150N \downarrow$

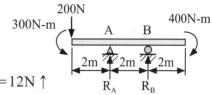

21 (B)。由圖(一)$\Sigma M_A = 0$，$36 \times 4 = R_B \times 12$　$\therefore R_B = 12N \uparrow$

由圖(二)$\Sigma M_C = 0$，$36 \times 2 + T \times 6 = 12 \times 10$　$\therefore T = 8N$

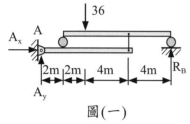

圖(一)

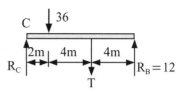

圖(二)CDB桿自由體圖

P.69 22 (D)。合力 $= 80 + 30 - 50 - 20 = 40N \uparrow$

由力矩原理（對O點），

$\Sigma M_O = 80 \times 3 + 30 \times 11 - 20 \times 5 - 570 = 40 \cdot X$

$\therefore X = -2.5m$

(負表示與假設相反)(即合力在O點左邊2.5m)

合力40N↑在A點左方15.5m處(即13+2.5=15.5)

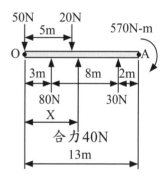

23 (A)。$\Sigma F_y = 0$，$120 - R_C \times \dfrac{3}{5} = 0$　$\therefore R_C = 200N$

$\Sigma F_x = 0$，$R_A - R_C \times \dfrac{4}{5} = 0$　$\therefore R_A = 200 \times \dfrac{4}{5} = 160N$　$\therefore R_D = R_A = 160N$

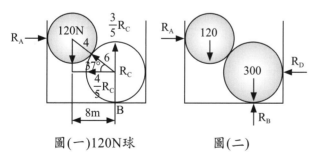

圖(一)120N球　　　　圖(二)

24 (A)。$\Sigma F_x = 0$，$\dfrac{\sqrt{3}}{2} T_1 = \dfrac{T_2}{\sqrt{2}}$

$\Sigma F_y = 0$，$\dfrac{T_1}{2} + \dfrac{T_2}{\sqrt{2}} = 100 \therefore \dfrac{T_1}{2} + \dfrac{\sqrt{3}}{2} T_1 = 100$

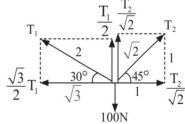

$\therefore T_1 = 73.2N$，又 $\dfrac{\sqrt{3}}{2} T_1 = \dfrac{T_2}{\sqrt{2}}$ $\therefore T_2 = \dfrac{\sqrt{2}}{2} \times \sqrt{3} \times 73.2 \therefore T_2 = 89.7N$

25 (A)。$\Sigma M_A = 0$，

$200 \times 2 + 100 \times 5 + 150 \times 8 + 140 - R_B \times 7 = 0$

$\therefore R_B = 320N \uparrow$

$\Sigma F_y = 0$，$R_A + R_B - 200 - 100 - 150 = 0$

$\therefore R_A = 130N \uparrow$

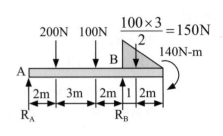

26 (B)。$\Sigma M_A = 0$，$(T \times \dfrac{3}{5}) \times 6 - 20 \times 3 + T \times 2 - 40 \times 2 = 0$

$\dfrac{18}{5}T - 60 + 2T - 80 = 0$，$\dfrac{28}{5}T = 140$　$\therefore T = 25N$

$\Sigma F_x = 0$，$A_x - \dfrac{4}{5}T = 0$　$\therefore A_x = \dfrac{4}{5}T = 20N$

$\Sigma F_y = 0$，$A_y + \dfrac{3}{5}T + T - 40 - 20 = 0$

$\therefore A_y = 20N$　$\therefore A = \sqrt{A_x^2 + A_y^2} = \sqrt{20^2 + 20^2} = 20\sqrt{2}N$

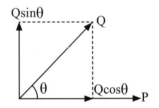
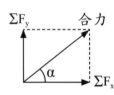

27 (A)。$\Sigma F_x = P + Q\cos\theta$，$\Sigma F_y = Q\sin\theta$

$\tan\alpha = \dfrac{\Sigma F_y}{\Sigma F_x} = \dfrac{Q\sin\theta}{P + Q\cos\theta}$

$\alpha = \tan^{-1}\dfrac{Q\sin\theta}{P + Q\cos\theta}$

P.70 **28 (B)**。力偶是自由向量與中心位置無關。

29 (C)。$\Sigma F_x = 50 \times \dfrac{3}{5} - 50 \times \dfrac{3}{5} + 100 \times \dfrac{3}{5} = 60N(\rightarrow)$

$\Sigma F_y = 50 \times \dfrac{4}{5} + 50 \times \dfrac{4}{5} - 100 \times \dfrac{4}{5} = 0$

$\therefore 合力 = \sqrt{(\Sigma F_x)^2 + (\Sigma F_y)^2} = 60\,N(\rightarrow)$

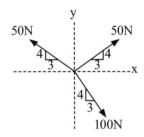

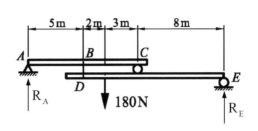

30 (D)。$\sum M_A = 0$，$180 \times 7 - R_E \times 18 = 0$

$\therefore R_E = 70N \uparrow$

由 $\sum F_y = 0$，$R_A + R_E = 180$

$\therefore R_A = 110N \uparrow$

$\sum M_D = 0$，$180 \times 2 + R_C \times 5 - 70 \times 13 = 0$

$\therefore R_C = 110N(\downarrow)$

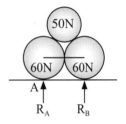

31 (D)。三向量成閉合三角形 $\therefore$ 合向量為零

$\therefore V_1 + V_2 + V_3 = 0$，$\overline{V_3} = -\overline{V_1} - \overline{V_2}$

32 (B)。$\because$ 右左對稱，$\therefore R_A = R_B$，又 $R_A + R_B = 60 + 60 + 50$，

$\therefore R_A = 85N$

33 (A)。

$\sum M_O = 100(\curvearrowleft)$

$= 60 \times 10 + 100 \times 5 - F \times 10$

$\therefore F = 100$

34 (D)

P.71 **35 (D)**。平衡才會為0。

36 (B)。$\Sigma M_A = 0$，$200 \times 2 + 400 \times 4 + 200 - R_B \times 5 = 0$

$\therefore R_B = 440N \uparrow$

$\Sigma F_y = 0$，$R_A + R_B - 200 - 400 = 0$

$\therefore R_A = 160N \uparrow$

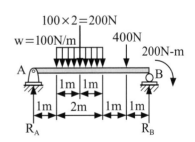

37 (A)。

$\Sigma M_A = 0$，$120 \times 2 + R_B \times 3 - 100 \times 4 = 0$

$\therefore R_B = 53.3N \uparrow$

38 (A)。$\Sigma F_X = 0$，$\dfrac{5}{13}R = \dfrac{4}{5}T$　$\therefore R = \dfrac{52}{25}T$，$\Sigma F_y = 0$，

$\dfrac{3}{5}T + \dfrac{12}{13}R = 126$

$\dfrac{3}{5}T + \dfrac{12}{13} \times \dfrac{52}{25}T = \dfrac{63}{25}T = 126$　$\therefore T = 50N$

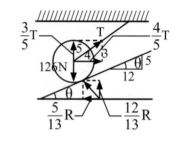

39 (B)。$C = 100 \times 3 = 300\text{N-m}$

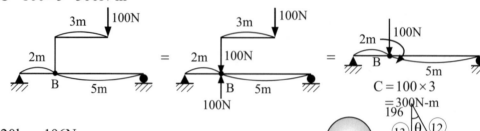

40 (C)。$20\text{kg} = 196N$

由 $\Sigma F_X = 0$，

$R = 3 \times [196 \times (\dfrac{5}{13})] \fallingdotseq 226N$

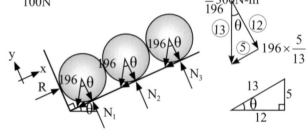

41 (D)。由 $\dfrac{Y}{\sin 50°} = \dfrac{100}{\sin 60°} = \dfrac{X}{\sin 70°}$

$\therefore Y \fallingdotseq 88.5N$，$X \fallingdotseq 108.5N$

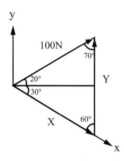

P.72 **42 (B)**。三力平衡，三力圍成一封閉三角形，
一點至一直線最短距離為垂直時

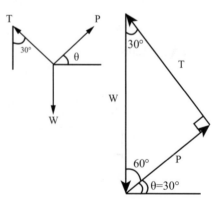

43 (A)。圍成三角形，由數學三角形法來解
$$分力 = \sqrt{20^2 + 25^2 - 2 \times 20 \times 25 \cos 60°} = 22.9$$

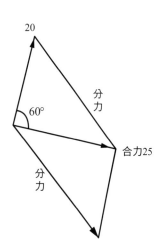

44 (C)。$\sum M_A = 0$，$120 \times 8 = R_D \times 6$
$$R_D = 160N = R_B$$

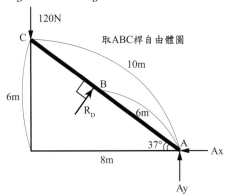

45 (D)。力的分解：劃平行線通過力量的尾和頭。
A向上，B向下，答案為(D)。

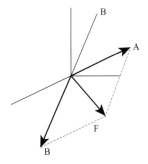

46 (C)。

C點分開，取AC和BC自由體圖

由 $\sum F_X = 0$，$T_C = \dfrac{4}{5}T_A = \dfrac{3}{5}T_B$　$\therefore T_A = \dfrac{3}{4}T_B$

由 $\sum F_Y = 0$，$W_{BC} = \dfrac{4}{5}T_B$，$W_{AC} = \dfrac{3}{5}T_A$

$$\dfrac{W_{AC}}{W_{BC}} = \dfrac{\dfrac{3}{5}T_A}{\dfrac{4}{5}T_B} = \dfrac{3}{4}\dfrac{(\dfrac{3}{4}T_B)}{T_B} = \dfrac{9}{16}$$　（$\because$C點最低點，C點只有水平力）

P.73 **47 (C)**。C點張力＝5F，A點受力為零，
B、E受力均為F，D點為3F

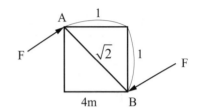

48 (B)。力偶＝$40\sqrt{2}\times3=F\times\sqrt{2}$ $\therefore F=120N$

49 (B)。

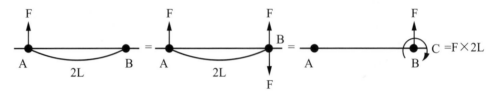

50 (A)。當平衡時
AB桿為2力構件
$\tan\theta=\dfrac{3}{4}$

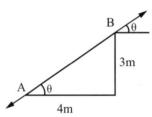

第三章 重心

3-1 重心、形心與質量中心

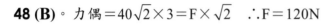

P.75 **1 (D)** **2 (A)** **3 (A)** **4 (C)** **5 (A)**

3-2 線的重心之求法

P.77 **即時演練 1**

$$\overline{x}=\frac{10(-4)+10\times5+5\times10}{10+10+5}=\frac{60}{25}=2.4\text{cm}$$

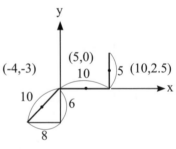

P.78 **即時演練 2**

田字長14＋14＋14＋14＋14＋14＝6×14，形心(7, 21)
｜字長14cm，形心(7, 7)
形心與x軸距離⇒求$\overline{y}$，$(6\times14+14)\cdot\overline{y}=(6\times14)\times21+14\times7$

$$\overline{y}=\frac{126+7}{7}=19\text{cm}$$

P.79 即時演練 3

$120° \to \theta$ 為圓心角之一半用 $60° = \dfrac{1}{3}\pi$ ，　$\bar{x} = \dfrac{r\sin\theta}{\theta} = \dfrac{r\sin\dfrac{\pi}{3}}{\dfrac{1}{3}\pi} = \dfrac{3\times 3\left(\dfrac{\sqrt{3}}{2}\right)}{\pi}$ ，　$\bar{x} = \dfrac{9\sqrt{3}}{2\pi}$ cm

小試身手

P.80　**1 (A)**。

$\sin\theta = \dfrac{\left(\dfrac{b}{2}\right)}{r} = \dfrac{b}{2r}$

$r \cdot \theta = \dfrac{s}{2}$

$\bar{x} = \dfrac{rs\sin\theta}{\theta} = \dfrac{r(rs\sin\theta)}{r\theta} = \dfrac{r\cdot\left(\dfrac{b}{2}\right)}{\dfrac{s}{2}} = \dfrac{rb}{s}$

2 (B)

3 (D)。　$r = \sqrt{1^2 + \left(\dfrac{2}{\pi}\right)^2} = \dfrac{\sqrt{\pi^2+4}}{\pi}$

4 (B)。　$\bar{x} = \dfrac{r\sin\theta}{\theta} = \dfrac{r\sin\dfrac{\pi}{4}}{\dfrac{\pi}{4}} = \dfrac{r\times\dfrac{\sqrt{2}}{2}}{\dfrac{\pi}{4}} = \dfrac{2\sqrt{2}r}{\pi}$

5 (D)。　公式 $\dfrac{r\sin\theta}{\theta}$ ，θ 為圓心角之半　　$\therefore \bar{x} = \dfrac{r\sin\left(\dfrac{\theta}{2}\right)}{\dfrac{\theta}{2}} = \dfrac{2r\sin\left(\dfrac{\theta}{2}\right)}{\theta}$

6 (B)。　半圓弧線圓周長 $L = \dfrac{2\pi r}{2} = \pi r$ ，求 $\bar{y}$

$L_1 = \pi$ ，$\left(\dfrac{2\times 1}{\pi}\right)$ ，$L_2 = 2\pi$ ，$\left(\dfrac{-2\times 2}{\pi}\right)$ ，$L_3 = 3\pi$ ，$\left(\dfrac{2\times 3}{\pi}\right)$

$\bar{y} = \dfrac{\pi\times\left(\dfrac{2}{\pi}\right) + 2\pi\left(\dfrac{-4}{\pi}\right) + 3\pi\times\left(\dfrac{6}{\pi}\right)}{\pi + 2\pi + 3\pi} = \dfrac{2}{\pi}$

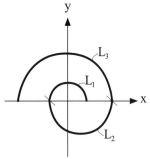

P.81　**7 (B)**。公式 $\bar{x} = \dfrac{r\sin\theta}{\theta}$ ，$\dfrac{3}{4}$ 圓為 $\dfrac{3\pi}{2}$ ，θ 用一半即 $\dfrac{3}{4}\pi$ 代入　$\therefore \bar{x} = \dfrac{r \times \dfrac{\sqrt{2}}{2}}{\dfrac{3}{4}\pi} = \dfrac{2\sqrt{2}r}{3\pi}$

8 (B)

9 (A)。$\dfrac{1}{4}$ 圓弧線形心距圓心 $\dfrac{2\sqrt{2}}{\pi}r = \dfrac{\sqrt{2}d}{\pi}$ 。

3-3　面的重心之求法

P.82　**即時演練 1**

$A_1 = 5 \times 4 = 20$ ，$(2.5, 2)$ ，$A_2 = \dfrac{2 \times 3}{2} = 3$ ，$(4, 4-\dfrac{2}{3})$ ＝▨－▧

$(20-3) \cdot \bar{x} = 20 \times 2.5 - 3 \times 4$ ，$(20-3) \cdot \bar{y} = 20 \times 2 - 3 \times (4-\dfrac{2}{3})$ ，答$(2.23, 1.76)$

P.84　**即時演練 2**

$10 \times 4 + 30 \times 8 + 20 \cdot x = 0 \Rightarrow x = -14$
$10 \times 6 + 30 \times (-4) + 20 \cdot y = 0 \Rightarrow y = 3$ ，答$(-14, 3)$

P.85　**即時演練 3**

$A_1 = \pi(2r)^2 = 4\pi r^2$ ，$(0,0)$

$A_2 = \dfrac{1}{2}\pi(r)^2$ ，$(-r, -\dfrac{4r}{3\pi})$

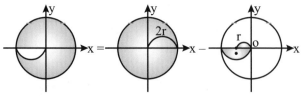

$\bar{y} = \dfrac{4\pi r^2 \times 0 - \dfrac{1}{2}\pi r^2\left(-\dfrac{4r}{3\pi}\right)}{4\pi r^2 - \dfrac{1}{2}\pi r^2} = \dfrac{\dfrac{4r}{3\pi}}{7} = \dfrac{4r}{21\pi}$

小試身手

P.86　**1 (A)**　　**2 (D)**

3 (C)。公式 $\bar{x} = \dfrac{2}{3} \cdot \dfrac{r\sin\theta}{\theta}$

θ 為圓心角一半 $\Rightarrow$ 圓心角 θ 公式為 $\bar{x} = \dfrac{2}{3} \cdot \dfrac{r\sin(\dfrac{\theta}{2})}{\dfrac{\theta}{2}} = \dfrac{4r\sin(\dfrac{\theta}{2})}{3\theta}$

4 (A)。圓心角60°，θ角30°　∴$\bar{x} = \dfrac{2}{3} \cdot \dfrac{r\sin\theta}{\theta} = \dfrac{2}{3} \cdot \dfrac{r \times \dfrac{1}{2}}{\dfrac{\pi}{6}} = \dfrac{2r}{\pi}$。

P.87　**5 (B)**。$[ah + \dfrac{(b-a) \cdot h}{2}] \cdot \bar{y} = ah(\dfrac{h}{2}) + \dfrac{(b-a)h}{2}(\dfrac{h}{3}) = (\dfrac{3a+b-a}{6})h^2 = \dfrac{(2a+b)h^2}{6}$

$\therefore (\dfrac{2a+b-a}{2})h \cdot \bar{y} = \dfrac{(2a+b) \cdot h^2}{6}$　$\therefore \bar{y} = \dfrac{(2a+b) \cdot h}{3(a+b)}$

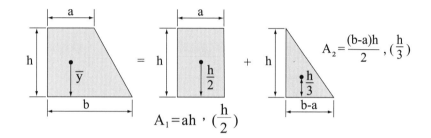

6 (C)。形心距頂點$\dfrac{2}{3}$高$= \dfrac{2}{3}(\dfrac{\sqrt{3}}{2}h) = \dfrac{\sqrt{3}}{3}h$

7 (C)。$30 \times \bar{y} = 24 \times 5 + (-6) \times 3 + 12 \times \dfrac{2}{2}$，

$(A_1 = 24(5)，A_2 = 12(1)，A_3 = 6(3))$

$\bar{y} = 3.8cm$　∴重心座標為$\bar{x} = 0$，$\bar{y} = 3.8cm$。

8 (D)。$\therefore (\pi h^2 - 2h^2) \cdot \bar{y} = \pi h^2 \times \dfrac{4(\sqrt{2}h)}{3\pi} - 2h^2 \times \dfrac{h}{2}$，　$\bar{y} = \dfrac{\dfrac{4}{3}\sqrt{2}h^3 - h^3}{\pi h^2 - 2h^2} = (\dfrac{\dfrac{4\sqrt{2}}{3} - 1}{\pi - 2})h$

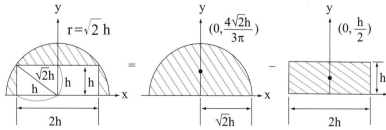

面積$= (\pi h^2 - 2h^2)$　　面積$= \dfrac{1}{2}\pi(\sqrt{2}h)^2 = \pi h^2$　　面積$= h \times 2h = 2h^2$

9 (A)。

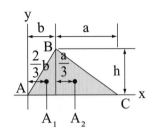

$$\therefore \overline{x} = \frac{\frac{bh}{2}(\frac{2}{3}b) + \frac{ah}{2}(b + \frac{1}{3}a)}{\frac{bh}{2} + \frac{ah}{2}} = \frac{2b + a}{3}$$

$$A_1 = \frac{bh}{2}, (\frac{2}{3}b)，A_2 = \frac{ah}{2}, (b + \frac{1}{3}a)$$

10 (D)。 $\therefore (W + 2W) \cdot \overline{x} = W(-\frac{4r}{3\pi}) + 2W(\frac{4r}{3\pi})$　　$\therefore \overline{x} = \frac{4r}{9\pi}$ 。

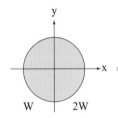 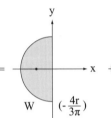 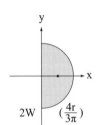

P.88 **11 (C)。** 公式 $\overline{x} = \frac{2}{3} \times \frac{rb}{s} = \frac{2}{3} \times \frac{6 \times 6}{2\pi} = \frac{12}{\pi}$ cm

12 (D)。

$$A_1 = \frac{\pi \times 2^2}{2} = 2\pi \qquad A_2 = \frac{\pi \times 1^2}{2} = \frac{\pi}{2}$$

$$\overline{y} = \frac{2\pi(\frac{8}{3\pi}) - \frac{\pi}{2}(\frac{4}{3\pi})}{2\pi - \frac{\pi}{2}} = \frac{28}{9\pi}$$

13 (D)。 $(\pi r^2 - \frac{\pi r^2}{4}) \cdot \overline{x} = \pi r^2 \times 0 - \frac{\pi r^2}{4}(\frac{r}{2})$，$\overline{x} = -\frac{r}{6}$

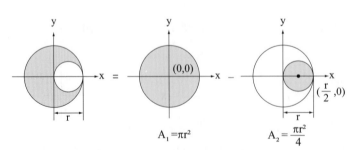

14 (C)。形心與y軸距離為求$\overline{X}$

$$A_1 = H_1(B_1 + B_2) \qquad\qquad A_2 = B_2(H_1 - 2H_2)$$

$$\overline{X}_1：形心\frac{1}{2}(B_1 + B_2) \qquad \overline{X}_2：形心(B_1 + \frac{B_2}{2})$$

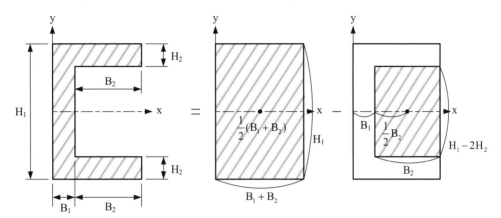

$$\therefore \overline{X} = \frac{H_1(B_1 + B_2) \times \frac{1}{2}(B_1 + B_2) - B_2(H_1 - 2H_2)(B_1 + \frac{B_2}{2})}{H_1(B_1 + B_2) - B_2(H_1 - 2H_2)}$$

綜合實力測驗

P.89　**1 (C)**　　**2 (D)**　　**3 (A)**

4 (D)。

$$A_1 = \frac{8 \times 6}{2} = 24 ，(\frac{2}{3} \times 8 ，2)$$

$$A_2 = \frac{2 \times 6}{2} = 6 ，(8 + \frac{2}{3} ，2)$$

$$\overline{x} = \frac{24(\frac{2}{3} \times 8) + 6(8 + \frac{2}{3})}{24 + 6} = 6\text{ cm} ，\overline{y} = 2\text{ cm}$$

5 (D)。選項(D)需均質，三心才會共點。

6 (B)。$\overline{y} = \dfrac{2\pi(\frac{2 \times 2}{\pi}) + 3\pi(\frac{-2 \times 3}{\pi})}{2\pi + 3\pi} = \dfrac{-10}{5\pi} = -\dfrac{2}{\pi}\text{ cm}$（半圓弧長 $= \dfrac{2\pi r}{2} = \pi r$）。

7 (C)。$\overline{x} = \dfrac{3 \times 1.5 + 5 \times 5 + 2 \times 7}{3 + 5 + 2} = 4.35$

P.90 **8 (D)**。$\therefore [4\pi r^2 - \pi r^2] \cdot \overline{x} = [4\pi r^2] \cdot 0 - (\pi r^2)(-r)$ ， $3\pi r^2 \cdot \overline{x} = \pi r^3$ ， $\therefore \overline{x} = \dfrac{r}{3}$

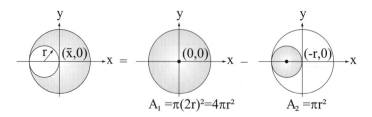

9 (B)。$\overline{y} = \dfrac{35 \times 2.5 - 6 \times (5-1)}{35 - 6} = 2.19 \text{cm}$

10 (B)。$[r \times r - \dfrac{\pi \times r^2}{4}] \cdot \overline{x} = (r \times r) \times \dfrac{r}{2} - \dfrac{\pi \times r^2}{4} \times (r - \dfrac{4r}{3\pi})$ ， $\overline{x} = 0.23r$ ，同理 $\overline{y} = 0.23r$

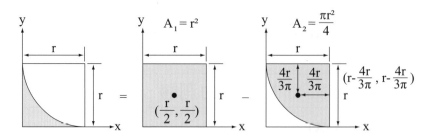

11 (A)。$(ab + \dfrac{ab}{2}) \cdot \overline{y} = ab(\dfrac{b}{2}) + \dfrac{ab}{2}(\dfrac{b}{3})$

$\dfrac{3}{2}\overline{y} = \dfrac{b}{2}(1 + \dfrac{1}{3}) = \dfrac{2}{3}b$

$\therefore \overline{y} = \dfrac{4}{9}b$

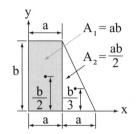

12 (C)。x座標均為0，$(W + 2W) \cdot \overline{y} = W(3a) + 2W(a)$

$\therefore \overline{y} = \dfrac{5}{3}a$ ，重心、質心座標$(0, \dfrac{5}{3}a)$

形心座標$(0, 2a)$　$\therefore$ 形心與重心不同點

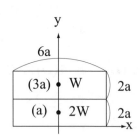

P.91 **13 (B)**。令 $\dfrac{9}{2}\pi = a$，則 $\dfrac{81}{2}\pi = 9a$　　$\bar{y} = \dfrac{9a(\dfrac{-4\times9}{3\pi}) - a(\dfrac{-4\times3}{3\pi})}{9a - a} = \dfrac{1}{8}(\dfrac{-4}{3\pi})(81-3)$，

$\bar{y} = \dfrac{1}{8}\times\dfrac{-4}{3\pi}\times78 = -\dfrac{13}{\pi}$　即重心座標 $\bar{y} = -\dfrac{13}{\pi}$，即距原點 $\dfrac{13}{\pi}$

$$A_1 = \dfrac{\pi\times9^2}{2} = \dfrac{81\pi}{2} \qquad A_2 = \dfrac{\pi\times3^2}{2} = \dfrac{9}{2}\pi$$

$$(-\dfrac{4\times9}{3\pi}) \qquad\qquad (-\dfrac{4\times3}{3\pi})$$

14 (B)。公式 $\bar{x} = \dfrac{r\sin\theta}{\theta}$，$\theta$ 為圓心角之一半　　∴ $\dfrac{3}{4}$ 圓半角 θ 用 $135° = \dfrac{3}{4}\pi$

$$∴ \bar{x} = \dfrac{r\sin\dfrac{3}{4}\pi}{\dfrac{3}{4}\pi} = \dfrac{r\times\dfrac{\sqrt{2}}{2}}{\dfrac{3}{4}\pi} = \dfrac{2\sqrt{2}r}{3\pi}$$

15 (D)。$\bar{x} = \dfrac{2}{3}\cdot\dfrac{r\sin\theta}{\theta} = \dfrac{2}{3}\times\dfrac{r\sin\dfrac{3}{4}\pi}{\dfrac{3\pi}{4}} = \dfrac{2}{3}\times\dfrac{r\times\dfrac{\sqrt{2}}{2}}{\dfrac{3\pi}{4}} = \dfrac{4\sqrt{2}r}{9\pi}$

16 (C)。$\bar{x} = \dfrac{\pi r^2(0) - \dfrac{\pi r^2}{4}(\dfrac{r}{2\sqrt{2}})}{\pi r^2 - \dfrac{\pi r^2}{4}} = \dfrac{-r}{6\sqrt{2}}$

$$A_1 = \pi r^2 \qquad A_2 = \pi(\dfrac{r}{2})^2 = \dfrac{\pi r^2}{4}, (\dfrac{r}{2\sqrt{2}}, -\dfrac{r}{2\sqrt{2}})$$
$$(0,0)$$

17 (A)。$(8+12)\bar{y} = 8\times4 + 12\times1$　　∴ $\bar{y} = 2.2$

18 (B)。重力之合力是通過重心，不是形心。

19 (C)。重心與x軸距離 → 求$\overline{y}$

$(36+10.125+27)\overline{y}=36\times6+10.125\times4.5+27\times1.5$　∴$\overline{y}=4.13cm$

20 (A)。均質物體三心同一點。

P.92 **21 (B)**。

$$\overline{X}=\frac{1\times0.5+2\times0}{1+2}=\frac{1}{6}\ ,\ \overline{Y}=\frac{1\times0+2\times1}{1+2}=\frac{4}{6}$$

C
$\ell_2=2$
2●(0,1)
$\ell_1=1(0.5,0)$
B　　　　A
1

$$\tan\theta=\frac{\overline{Y}}{\overline{X}}=\frac{\dfrac{4}{6}}{\dfrac{1}{6}}=4$$

22 (B)。$\dfrac{15cm}{3}=\dfrac{h}{4}$，$h=20cm$

重心不超過A點就不會傾倒

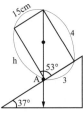

23 (B)。B、C兩物體之重心不超過D點
即不會傾倒（即距E點L上）。

B：$W(\dfrac{L}{2}+x)$

C：$W(\dfrac{L}{2}+2x)$

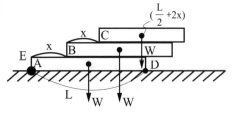

由力矩原理：$(W+W)\cdot L=W(\dfrac{L}{2}+x)+W(\dfrac{L}{2}+2x)$　∴$x=\dfrac{L}{3}$

24 (C)。

$$\overline{x}=\frac{T_1L_1(\dfrac{L_1}{2})+T_2L_2(\dfrac{T_2}{2})}{T_1L_1+T_2L_2}\ ,\ \overline{y}=\frac{T_1L_1(\dfrac{T_1}{2})+T_2L_2(\dfrac{L_2}{2}+T_1)}{T_1L_1+T_2L_2}$$

第四章　摩擦

4-1　摩擦的種類

■ 小試身手

P.94 **1 (B)**

2 (D)。當無外力作用時，物體不動，沒有受到摩擦力。

3 (C)　　**4 (B)**　　**5 (B)**

4-2　摩擦定律

P.95 **即時演練 1**

由 $\sum F_y = 0$，$N - 100 = 0$，$N = 100$（N）

$\sum F_x = 0$，$20 = f_S = \mu_S N$

$\therefore \mu_S = \dfrac{f_S}{N} = \dfrac{20}{100} = 0.2$

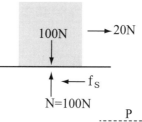

P.96 **即時演練 2**

$\sum F_y = 0$，$0.6P + 100 = N$

$\sum F_x = 0$，$0.8P = f_s = 0.5（0.6P + 100） = 0.3P + 50$

$\therefore 0.5P = 50$　　$\therefore P = 100N$

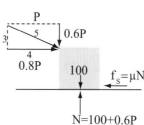

P.97 **即時演練 3**

$f_{大A} = 0.4 \times 100 = 40$ 牛

$f_{大B} = 0.2 \times 200 = 20$ 牛

$\therefore$ 物體靜止，$F_{AB} = 0$

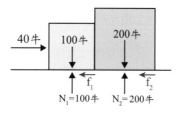
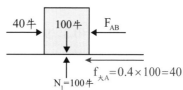

P.98 **即時演練 4**

由 $\sum F_y = 0$，$N = 80$ 牛頓

$f_大 = \mu N = 0.3 \times 80 = 24$ 牛

但 x 軸之合力 $= 60 - 40 = 20$ 牛 $< f_大(24)$

$\therefore$ 物體靜止

由 $\sum F_x = 0$，$60 = f + 40$　　$\therefore f = 20$

摩擦力為 20 牛頓

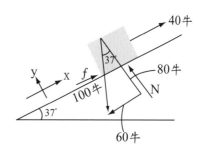

P.99 即時演練 5

$f_大 = \mu N = 0.8 \times 80 = 64$ 牛

下滑力 $= 60 < f_大(64)$

∴ 物體靜止

∴ $\Sigma F_x = 0$ ，$f - 60 = 0$

摩擦力 $f = 60$ 牛頓

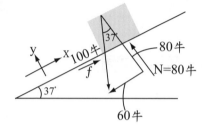

小試身手

1 (D)　　**2 (B)**

P.100 3 (D)

4 (B)。$f_大 = \mu N = 0.4 \times 230 = 92$ 牛 > 水平推力 40

　　　∵ 物體靜止　∴ 摩擦力 $f = 40$ 牛

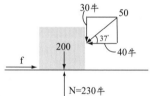

5 (D)。物體在水平面受力而靜止時，摩擦力 = 推力。

6 (C)。$f_大 = 0.8 \times 4 = 3.2$ kgw > 下滑力 3kgw

　　　∵ 物體靜止　∴ 摩擦力 $= 3$ kgw $= 29.4$ 牛頓

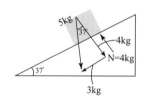

7 (B)。(A)最大靜摩擦力 $= \mu N$

8 (A)。$f_大 = 0.4 \times 200 = 80$ 牛 < 推力 P

　　　∴ 物體運動

　　　∴ 摩擦力 $= f_動 = \mu_動 \cdot N = 0.35 \times 200 = 70$ 牛頓

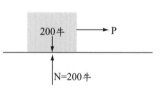

9 (B)。$f_動 = \mu_動 N = 0.3 \times 9.8 \approx 3$ 牛頓

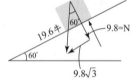

10 (B)。$f_大 = 0.8 \times 80 = 64$ 牛，斜面上之合力 $60 - 25 = 35 < f_大$

　　　∴ 物體靜止，$25 + f = 60$，∴ 摩擦力 $= 35$ 牛

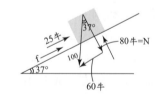

P.101 11 (A)。由 $\Sigma F_y = 0$，$3600 = \dfrac{4}{5} N_2$

　　　∴ $N_2 = 4500$ 牛，$N_1 = \dfrac{3}{5} N_2 = \dfrac{3}{5} \times 4500 = 2700$ 牛，

$f_{大} = \mu N_3 = 0.1 \times 4600 = 460$，$\sum F_x = 2900 - 2700 = 200 < f_{大}$

$\therefore$物體靜止，摩擦力$=200$牛

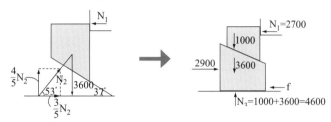

4-3　摩擦角與靜止角

P.102 **即時演練 1**

$\mu = 1$　則 $\mu = \tan\phi$

$\therefore \phi = \tan^{-1}\mu = \tan^{-1}1 = 45°$，靜止角$=$摩擦角$=45°$

即時演練 2

由三力平衡，

三力不平行一定交於一點，

由摩擦角之定義 $\mu = \tan\phi = \dfrac{a}{3a} = \dfrac{1}{3}$

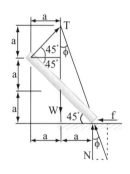

小試身手

103　**1 (C)**　　**2 (C)**　　**3 (A)**

4 (D)。$\mu = \tan 30° = \dfrac{1}{\sqrt{3}}$

104　**5 (C)**。$\mu = \dfrac{1}{\sqrt{3}} = \tan\phi$　$\therefore \phi = 30°$　$\therefore \sin 30° = \dfrac{1}{2}$，$\cos 30° = \dfrac{\sqrt{3}}{2}$

$\therefore 30° = \sin^{-1}(\dfrac{1}{2}) = \cos^{-1}(\dfrac{\sqrt{3}}{2}) = \tan^{-1}(\dfrac{1}{\sqrt{3}}) = \cot^{-1}(\sqrt{3})$

6 (A)。由圖知，類似斜面$37°$物體下滑

　　　$\therefore$靜止角$=37°$，$\theta = 37°$

　　　$\mu = \tan\theta = \tan 37° = \dfrac{3}{4}$

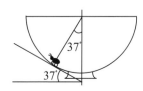

7 (D)。$\Sigma M_B=0$ ， $120\times3=N_A\times8$

∴$N_A=45$ 剛好下滑

∴$f=\mu N_B=N_A$

∴$\mu\times120=45$

∴$\mu=\dfrac{45}{120}=0.375$

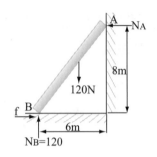

8 (A)。當$\alpha=\theta$，拉力最小，即可拉動物體。

9 (B)。$\Sigma M_A=0$ ， $W(\dfrac{L\cos\theta}{2})-\mu W(L\sin\theta)=0$

∴$\dfrac{\cos\theta}{2}=0.5\sin\theta$ ∴$\tan\theta=1$

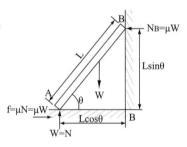

4-4 滑動摩擦

P.105 即時演練 1

∴由$\Sigma F_y=0$ ， $N-W=0$ ， $N=W$ ， ∴$\Sigma F_x=0$ ，

$P-f=0$ ， $P=f=\mu N=\mu W$ ， ∴$\Sigma M_A=0$ ，

$W(\dfrac{b}{2})-P\times h=0$ ， $W\cdot(\dfrac{b}{2})=\mu W\cdot h$ ∴$h=\dfrac{b}{2\mu}$

P.106 即時演練 2

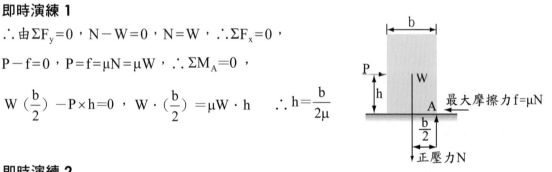

由左圖$f_1=\mu N_1=0.2\times100=20$

$\Sigma F_x=0$ ， $T-f_1=0$ ， $T=f_1=20$ ，

由左圖$\Sigma F_x=0$ ， $P=T+f_1+f_2=20+20+80=120N$

P.108 **即時演練 3**

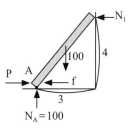

$\Sigma M_A=0$ ，$100\times1.5=N_1\times4$　$\therefore N_1=37.5$

$f=\mu N_A=0.2\times100=20$

$\therefore P=N_1+f=37.5+20=57.5N$

P.109 **即時演練 4**

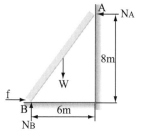

$\Sigma M_B=0$ ，$W\times3=N_A\times8$　$\therefore N_A=\dfrac{3}{8}W$ ，$\Sigma F_y=0$ ，

$N_B=W$ ，$\Sigma F_x=0$ ，$f=\mu N_B=N_A$ ，$\mu W=\dfrac{3}{8}W$　$\therefore \mu=\dfrac{3}{8}$

P.110 **即時演練 5**

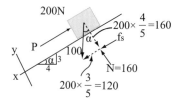

物體往上運動（f向下）　　物體往下運動（f向上）

$P=f+120=136N$　　　　$P+f=120$ ，$P=104$

$f_S=\mu N=0.1\times160=16$ （N）　　$104\leq P\leq136N$ 時，物體維持不動

> **小試身手**

P.111　**1 (D)**。$f=\mu N=\mu W\cos\theta$

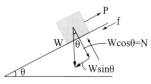 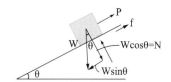

物體上滑f向下　　　　　　物體下滑f向上

$\therefore P=f+W\sin\theta$　　　　$P+f=W\sin\theta$

$=\mu$（$W\cos\theta$）$+W\sin\theta$　　$\therefore P=W\sin\theta-\mu W\cos\theta$

2 (C)。

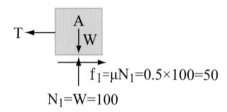

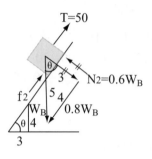

$$\therefore T = f_1 = 50$$
$$f_2 = \mu N_2 = 0.5 \times 0.6 W_B = 0.3 W_B，下滑f_2向上$$
$$T + f_2 = 0.8 W_B = 50 + 0.3 W_B \quad \therefore W_B = 100N$$

3 (B)。

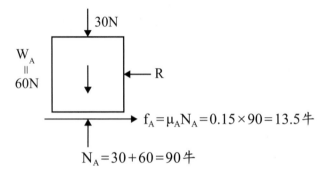

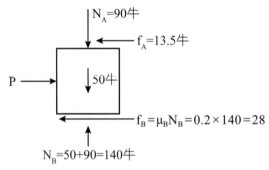

$$\Sigma F_x = 0，P = 13.5 + 28 = 41.5牛$$

P.112 **4 (A)**。(1)由$\Sigma F_y = 0$，$50 - N_1 = 0$，$N_1 = 50$
$\therefore f = \mu N_1 = 0.3 \times 50 = 15$
由$\Sigma F_x = 0$，$P - f = 0$，$P = f = 15$
15牛頓才會移動
(2)若超過hcm會倒 $\therefore \Sigma M_A = 0$，$15 \times h = 50 \times 6$
$\therefore h = 20cm$，超過20cm才會倒，15cm不會倒。

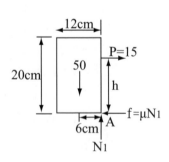

5 (A)。$\Sigma M_c=0$　，$600\times2-N_B\times2+0.2N_B\times4=0$

$\therefore N_B=1000N$　，$\therefore f=\mu N_B=0.2\times1000=200N$

由 $\Sigma F_y=0$　，$P+600-N_B=0$，$\therefore P=N_B-600=400N$

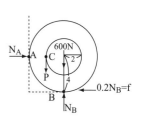

6 (A)。$f+4+8=15$　　$\therefore f=3$

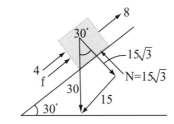

7 (A)。(1)上滑f向下，由 $\Sigma F_y=0$　，$N-100\times\dfrac{4}{5}=0$

$\therefore N=80$牛頓，$f=0.3\times80=24$

由 $F=0$，$W-100\times\dfrac{3}{5}-0.3\times80=0$

$\therefore W=84N$

(2)下滑f向上

$\therefore W+f=60$

$\therefore W=60-f=60-24=36$

$\therefore 36<W<84$物體平衡

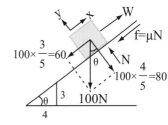

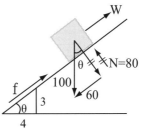

8 (A)。(1)一個移動圖

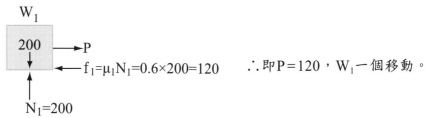

$\therefore$即$P=120$，W_1一個移動。

(2)兩個一起動

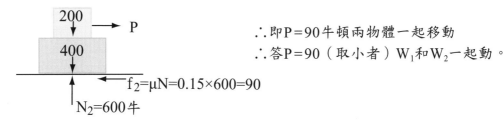

$\therefore$即$P=90$牛頓兩物體一起移動

$\therefore$答$P=90$（取小者）W_1和W_2一起動。

9 (A)。下滑f向上，f=μN

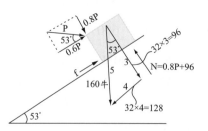

   =0.25(0.8P+96)

   =0.2P+24

   由$\Sigma F_x=0$，0.6P+f=128

   $\therefore$0.6P+0.2P+24=128　$\therefore$P=130N

10 (A)。$\Sigma M_A=0$

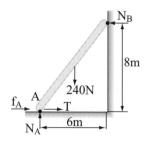

   $N_B\times 8=240\times 3$　$\therefore N_B=90$

   $\Sigma F_y=0$，$N_A=240$

   $f_A=\mu N_A=0.2\times 240=48$

   $\Sigma F_X=0$，$T+f_A-N_B=0$　T+48=90　$\therefore T=42$

11 (D)。由$\Sigma F_x=0$，$\dfrac{T_2}{\sqrt{2}}=T_A$，$\Sigma F_y=0$，$\dfrac{T_2}{\sqrt{2}}=40$，

   $\therefore T_A=40$，$f=T_A=40$

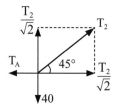
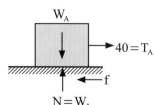

   $f=\mu N\Rightarrow 40=0.2N\Rightarrow N=200=W_A$

12 (B)。$f=\mu N=0.5\times 48=24$

   下滑f向上

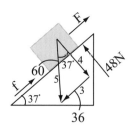

   F+f=36　$\therefore F=36-24=12N$

13 (D)。$f=20=\mu N=0.2\times N$　$\therefore N=P=100$牛頓

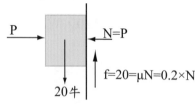

P.114 **14 (D)**。N=0.8P（由$\Sigma F_x=0$），由$\Sigma F_y=0$

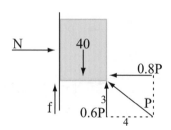

   40=f+0.6P=0.25（0.8P）+0.6P

   40=0.8P，$\therefore P=50N$

15 (C)。$\Sigma F_y=0$，$N_2-N_1-W_2=0$，

$N_2=N_1+W_2=100+150=250$，$f_1=\mu N_1=0.2\times100=20N$

$f_2=\mu N_2=0.2\times250=50N$，$f_1+f_2-P=0$，$20+50-P=0$，$P=70$

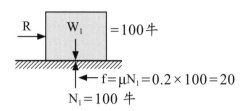

16 (A)。由之$\sum F_x=0$；$N_1=N_2=N$

由$\sum F_y=0$；荷重$F=f+f$　∴$f=\dfrac{F}{2}$，$f=\mu N$；　∴$N=\dfrac{F}{2\mu}$

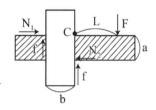

$\sum M_C=0$，$F\cdot L+f\times b=N\times a$∴$F\cdot L+\dfrac{F}{2}\times b=(\dfrac{F}{2\mu})\times a$

（刪F）：$L+\dfrac{b}{2}=\dfrac{a}{2\mu}=\dfrac{2L+b}{2}$　∴$\dfrac{a}{\mu}=2L+b$　∴$\mu=\dfrac{a}{2L+b}$

17 (D)。

(1)f

$f_1=0.3\times100=30$

$f_2=0.2\times250=50$

$f_3=0.1\times450=45$

當$P=48$牛頓$>f_3$　∴三物體一起動

(1)A在B上方，加速度$a=3$，物體A才會落下。

(2)B與C間最大靜摩擦力（50）>C與地面間之最大靜摩擦力（45）。

綜合實力測驗

1 (C)。(B)物體在水平面受力靜止時，和物體在斜面靜止時均有摩擦力。
(D)動摩擦力固定與V無關。

2 (C)。(B)最大靜摩擦力 $f_{大}=\mu N$。(D)N與μ無關。

3 (B)。$f_{動}=\mu_{動}N=0.3\times9.8=2.94N$

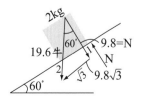

4 (A)。$f_{大}=\mu N=0.3\times50\sqrt{3}=15\sqrt{3}$

X軸之外力合力$=50-40=10<f_{大}$

∴物體靜止　∴摩擦力$=10$

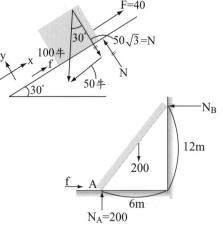

5 (A)。$\sum M_A=0$，$200\times3=N_B\times12$

∴$N_B=50$

$f_{大}=\mu N_A=0.6\times200=120>N_B$

∴梯子靜止

∵$\sum F_x=0$

$f=N_B=50$牛

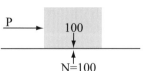

6 (B)。$f_{大}=\mu_S N=0.3\times100=30<$推力P，∴物體運動

∴摩擦力$=f_{動}=\mu_{動}\cdot N=0.2\times100=20$牛

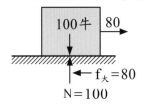

7 (A)。$80=100\times\mu\Rightarrow\mu=0.8$，$f_{大}=\mu N=0.8\times50\sqrt{3}=40\sqrt{3}>$下滑力50

∴物體靜止時，摩擦力$=50$牛頓

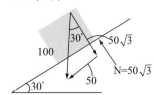

P.116 **8 (A)**。$\mu=\tan60°=\sqrt{3}$

9 (A)。摩擦角$=$靜止角$\Rightarrow\dfrac{4}{3}=\tan\theta$　∴$\theta=53°$

$\cos\theta=0.6$，$\sin\theta=0.8$，$\theta=\cos^{-1}0.6=\sin^{-1}0.8=\tan\theta^{-1}\dfrac{4}{3}$

10 (B)

11 (A)。由$\sum F_y=0$，$N_1+80-280=0$，$N_1=200$

最大靜摩擦力$=\mu N_1=0.4\times200N=80N$

∴要80N才推得動，但水平推力$=60N$

∴物體靜止，由$\sum F_x=0$來求摩擦力

∴$\sum F_x=f-60=0$，∴$f=60N$

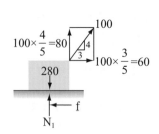

12 (B)

13 (B)。$\mu=\dfrac{10\sqrt{3}}{30}=\dfrac{\sqrt{3}}{3}=\dfrac{1}{\sqrt{3}}$，$\mu=\tan\phi=\dfrac{1}{\sqrt{3}}$，$\phi=30°$

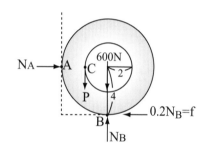

30N

P

$f=\mu N=\mu\times30=10\sqrt{3}$

N=30

14 (C)。

T=20

$\downarrow$100　$f_1=0.2\times100$
　　　　　$=20$

N_1=100

$f_1=20$　$\downarrow N_1=100$

T=20 ←　　$\downarrow$400　　→　$p=f_1+T+f_2$

$f_2=0.2\times500$　　　　　　$=20+20+100$
$=100$　　$\uparrow N_2=500$　$=140N$

P.117　**15 (C)**。$100=\dfrac{\sqrt{3}}{2}T_2$　$\therefore T_2=\dfrac{200}{\sqrt{3}}$，$T_1=\dfrac{T_2}{2}=\dfrac{100}{\sqrt{3}}$

$f=\dfrac{100}{\sqrt{3}}=\mu N=\mu W=0.2W$　$\therefore W=\dfrac{500}{\sqrt{3}}$

$\dfrac{\sqrt{3}}{2}T_2$　T_2

2　　$\sqrt{3}$

60°

T_1　　1　$\dfrac{T_2}{2}$

100

$\dfrac{100}{\sqrt{3}}=T_1$

$\downarrow$W

← f

$\uparrow N_1=W$

16 (A)。$\Sigma M_C=0$，$600\times2-N_B\times2+0.2N_B\times4=0$
　　　　$\therefore N_B=1000N$
　　　　$\therefore f=\mu N_B=0.2\times1000=200N$
　　　　由 $\Sigma F_y=0$，$P+600-N_B=0$
　　　　$\therefore P=N_B-600=400N$
　　　　$\Sigma F_x=0$，$N_A=f=0.2N_B=200N$

N_A →　A　C　600N

P　　4

B

N_B

$0.2N_B=f$

17 (B)。

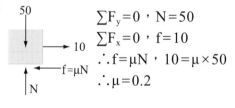

50

→ 10

← f=μN

N

$\Sigma F_y=0$，$N=50$
$\Sigma F_x=0$，$f=10$
$\therefore f=\mu N$，$10=\mu\times50$
$\therefore\mu=0.2$

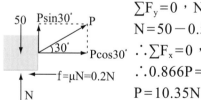

50　Psin30°　P

30°　Pcos30°

← f=μN=0.2N

N

$\Sigma F_y=0$，$N+P\sin30°-50=0$，
$N=50-0.5P$
$\therefore\Sigma F_x=0$，$P\cos30°-0.2N=0$
$\therefore0.866P=0.2（50-0.5P）$
$P=10.35N$

18 (C)。$\Sigma M_A=0$
　　　　$50\times h=100\times1$
　　　　$\therefore h=2m$

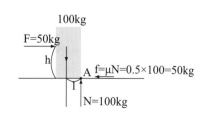

100kg

F=50kg

h

A　f=μN=0.5×100=50kg

1

N=100kg

19 (C)。$\Sigma F_y=0$，$N_A-200=0$

$\therefore N_A=200(N)$

$f_S=\mu N_A=0.4\times200=80$

$\Sigma M_A=0$，$N_B\cdot16=200\times6$，$N_B=75$

$P=f+N_B=80+75=155$牛頓

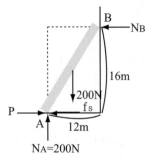

P.118 **20 (A)**。$f_A=\mu N_A=0.5N_A$，$\Sigma M_A=0$，$100\times6+0.25N_B\times12-N_B\times16=0$

$\therefore N_B=\dfrac{600}{13}$ $\therefore f_B=0.25N_B=\dfrac{150}{13}$，又$\Sigma F_y=0$，$0.25N_B+100-N_A=0$

$\therefore N_A=\dfrac{1450}{13}$，$\Sigma F_X=0$，$P-f_A-N_B=0$

$\therefore P=f_A+N_B=0.5\times\dfrac{1450}{13}+\dfrac{600}{13}\fallingdotseq102N$

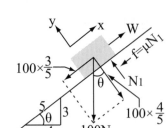

21 (A)。由$\Sigma F_y=0$，$N_1-100\times\dfrac{4}{5}=0$ $\therefore N_1=80N$

方塊斜面上滑時，f向下，$f=0.3\times80=24$

由$\Sigma F_x=0$，$W-100\times\dfrac{3}{5}-0.3\times80=0$

$\therefore W=84N$

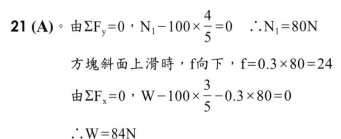

22 (A)。

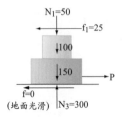

$f_1=\mu N_1=0.5\times50=25$

(1)B、C一起動

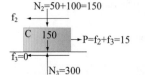

由$\Sigma F_x=0$，$P-f_1=0$ $\therefore P=f_1=25$

即$P=25$，B、C一起動

(2)C一個動　$f_2=\mu N_2=0.1\times150=15$

$\therefore$當$P=15$牛頓時，C一個物體移動

力量選小者，即$P=15$牛頓物體運動

23 (B)。

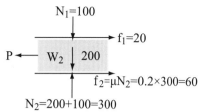

$$f_1 = \mu N_1 = 0.2 \times 100 = 20$$

$$f_2 = \mu N_2 = 0.2 \times 300 = 60$$

$$N_2 = 200 + 100 = 300$$

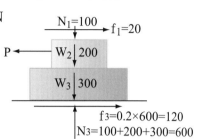

討論(1)若只有W_2移動，$\therefore P = f_1 + f_2 = 80N$

(2)若W_2與W_3一起移動

$\therefore P = f_1 + f_3$

$= 140N$物體W_2和W_3會一起移動

但推力$P = 80N$，W_2已移動

答$P = 80N$

24 (B)。由$\Sigma F_x = 0$，$20 + f = 30$

$\therefore f = 10 = \mu N = \mu \times 40$

$\therefore \mu = 0.25$

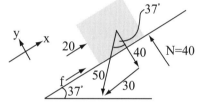

25 (A)。$\Sigma F_y = 0：N_A + \dfrac{3}{5}T = 115 \Rightarrow N_A = 115 - 0.6T$

$\Sigma F_x = 0：0.2N_A = \dfrac{4}{5}T \Rightarrow 0.2(115 - 0.6T) = 0.8T$

$23 = 0.8T + 0.12T$　$\therefore T = 25$牛頓　$\therefore N_A = 115 - 0.6T = 100$牛頓

$f_A = 0.2N_A = 20$牛頓，$P = f_A + f_B = 20 + 0.2(350) = 90$牛頓

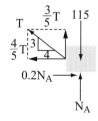

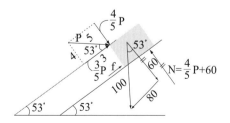

26 (A)。由$N = \dfrac{4}{5}P + 60$，$f = \mu N = 0.5（0.8P + 60）$

$= 0.4P + 30$，下滑$\to f$向上　$\dfrac{3}{5}P + f = 80$

$0.6P + （0.4P + 30） = 80$，$\therefore P = 50$

27 (B)。下雨時，地面摩擦力較小。

28 (C)。$f_大$(最大靜摩擦力)

$=980 \times 0.45 = 441$

推力 $400 < f_大(441)$ ∴物體不移動

$\Sigma M_A = 400 \times h - 980 \times 2 = 0$

$h = 4.9m$

超過4.9m就會傾倒（∴6m時向右傾倒）

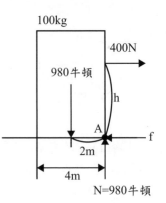

100kg

400N

980牛頓

h

A

2m

4m

f

N=980牛頓

29 (D)。由三力平衡，三力不平行一定交於一點

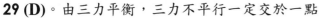

0.5

θ

2

0.2

θ

0.8

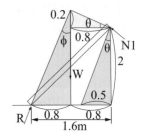

0.2

θ

0.8

φ

N1

2

W

0.5

R

0.8 0.8

1.6m

由摩擦係數 $\mu = \tan\phi = \dfrac{0.8}{2+0.2} = 0.36$

30 (D)。(A)I表靜摩擦；(B)f_b為動摩擦力；(C)f_a為最大靜摩擦力；(D)若$P=2N$，
物體不動$f=2N$，∴θ角一定為45°。

31 (D)。平衡 ∴ $F = f_A + f_B = 49 + 49 = 98$ N，

$f_A = \mu_A N_A = 0.5 \times 98 = 49$

$f_B = \mu_B N_B = 0.25 \times 196 = 49$

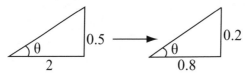

10kg   20kg

F → A B

f_A f_B

$N_A = 98$ $N_B = 196$

$m_A g = 98$ $m_B g = 196$

P.120 **32 (A)**。

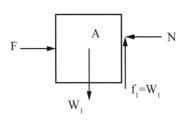

A

F

N

W_1

$f_1 = W_1$

（由$\Sigma F_y = 0$，$W_1 = f_1$）

33 (B)。

F

N_B

W_1 W_2

$f_B = W_1 + W_2$

$\Sigma F_X = 0$，$F = N_B$

$f_B = \mu N_B$

$W_1 + W_2 = \mu F$ ∴ $\mu = \dfrac{W_1 + W_2}{F}$

34 (B)。均運動、摩擦力＝動摩擦力＝$\mu_k N$，正壓力越大，摩擦力越大

(A)　　　　　　　　　　(B)　　　　　　　　　　(C)

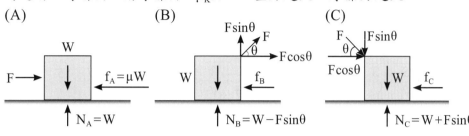

$N_C > N_A > N_B$，$f_C > f_A > f_B$

35 (B)。　$f_{大}=0.4 \times 100=40$　　　　　$f_{大}=0.1 \times 300=30 <$ 推力35
　　　　$\therefore A$不動　　　　　　　　　　$\therefore AB$一起動

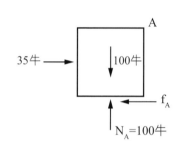　　　　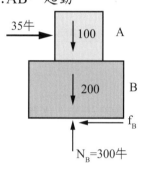

36 (A)　　**37 (B)**

第五章　直線運動

5-2　速度與加速度

即時演練 1

路徑$=9+5+3=17m$
位移$=\sqrt{(5)^2+(9+3)^2}=13m$

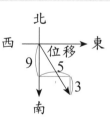

即時演練 2

等速度運動位移$S=V_{電} \times 72=(V_{電}+V)24=Vt$

$\therefore t=\dfrac{S}{V}$　$V_{電}=\dfrac{S}{72}$　$\therefore S=(\dfrac{S}{72}+V) \cdot 24$

$\dfrac{S}{24}=\dfrac{S}{72}+V$　$\therefore V=\dfrac{S}{24}-\dfrac{S}{72}=\dfrac{3S-S}{72}=\dfrac{2S}{72}=\dfrac{S}{36}$　$\therefore t=\dfrac{S}{V}=\dfrac{S}{(\dfrac{S}{36})}=36$ 秒

P.125 即時演練 3

設半程距離為S，後半時速V_2

平均時速 $= \dfrac{2S}{\dfrac{S}{V_1}+\dfrac{S}{V_2}}$ ，$60 = \dfrac{2S}{\dfrac{S}{50}+\dfrac{S}{V_2}} = \dfrac{2}{\dfrac{1}{50}+\dfrac{1}{V_2}}$ ，$\dfrac{6}{5}+\dfrac{60}{V} = $ ，$\dfrac{60}{V}$ $\dfrac{4}{5}$ ，

$V_2 = 75$ km/hr

P.126 即時演練 4

$V_0 = 36$km/hr $= \dfrac{36000公尺}{3600秒} = 10$m/s ，$V = 72$km/hr $= \dfrac{72000公尺}{3600秒} = 20$m/s

$V = V_0 + at$ ，$20 = 10 + a \times 5$ $\therefore a = 2$m/s^2 ，$S = V_0 t + \dfrac{1}{2}at^2 = 10 \times 5 + \dfrac{1}{2} \times 2 \times 5^2 = 75$m

即時演練 5

$S = \dfrac{(100+180) \times 20}{2} = 2800$ (m) （位移＝速度和時間所圍成之面積）

P.127 即時演練 6

(1) $V = (6+4t+2t^2)' = 4+4t$ (m/s) ，$a = (4+4t)' = 4$(m/s^2) ，$V = (4+4t)_{t=3} = 16$(m/s)

$a = (4)_{t=3} = 4$(m/s^2) 〔註：$S_0 = 6+4 \times 0 + 2 \times 0^2 = 6$ ，$S_3 = 6+4 \times 3 + 2 \times 3^2 = 36$〕

(2) $V_{avg} = \dfrac{S_3-S_0}{t_3-t_0} = \dfrac{36-6}{3-0} = 10$ (m/s) ，$a_{avg} = 4$(m/s^2) 〔註：$V = 4+4t$ ，$V_0 = 4$〕

小試身手

P.128 1 **(A)**　2 **(A)**

3 **(C)**。 $S = V_0 t + \dfrac{1}{2}at^2 = \dfrac{1}{2}at^2$ $\therefore S$ 與 t^2 成正比。

4 **(B)**

5 **(D)**。 $S = \sqrt{10^2+10^2} = 10\sqrt{2}$ ，$V = \dfrac{S}{t} = \dfrac{10\sqrt{2}}{15} = \dfrac{2\sqrt{2}}{3}$(cm/s)

6 **(D)**。設半程距離S，$V_{avg} = \dfrac{2S}{\dfrac{S}{50}+\dfrac{S}{V}}$ ，$60 = \dfrac{2}{\dfrac{1}{50}+\dfrac{1}{V}}$ ，$\dfrac{6}{5}+\dfrac{60}{V} = 2$ ，$V = 75$

7 **(C)**。設甲乙距離S，$V_{avg} = \dfrac{2S}{\dfrac{S}{6}+\dfrac{S}{4}} = \dfrac{2}{\dfrac{1}{6}+\dfrac{1}{4}} = \dfrac{2}{\dfrac{2+3}{12}} = \dfrac{24}{5} = 4.8$(km/hr)

8 (D)

9 (D)。$V_0=0$，$V=72km/hr=20m/sec$，$V=V_0+at$，$20=0+a\times10$

$\therefore a=2m/sec^2$，$(V_0=0)$

$\therefore \Delta S_5=S_5-S_4=(V_0\times5+\dfrac{1}{2}\times a\times5^2)-(V_0\times4+\dfrac{1}{2}\times a\times4^2)$

$=\dfrac{1}{2}\times a\times25-\dfrac{1}{2}\times a\times4^2=9m$

10 (B)。$V=4t+3$，$a=(4t+3)'=4$　加速度為常數$\Rightarrow$等加速度運動。

11 (C)。設總時間2秒，$S_1=\dfrac{1}{2}a\times1^2=\dfrac{1}{2}a$，$S_2=\dfrac{1}{2}a\times2^2=\dfrac{1}{2}\times4a$，

$\Delta S_1:\Delta S_2=\dfrac{1}{2}a:(\dfrac{1}{2}\times4a-\dfrac{1}{2}a)=1:3$

12 (D)。兩車位移相同$=\dfrac{d}{2}=60t$　$\therefore d=120t$

等速度公式$s=v\cdot t$；等加速度公式$s=v_0t+\dfrac{1}{2}at^2$

$:\dfrac{d}{2}=60t=0+\dfrac{1}{2}(3600)t^2$

刪$t:60=1800t$　$\therefore t=\dfrac{1}{30}hr$　$\therefore d=120t=120\times\dfrac{1}{30}=4km$

5-3　自由落體

130　即時演練 1

$(1)h=\dfrac{1}{2}gt^2$，$78.4=\dfrac{1}{2}\times9.8\times t^2$，$t=4sec$　$(2)V=gt=9.8\times4=39.2m/sec$

31　即時演練 2

$a=gsin30°=\dfrac{1}{2}g=4.9m/s^2$，$t=4s$，$V_0=0$，$V=V_0+at=0+4\times4.9=19.6m/s$

$S=V_0t+\dfrac{1}{2}at^2=0+\dfrac{1}{2}\times4.9\times4^2=39.2m$

即時演練 3

設落下高度h，時間為t秒，則落下高度$h=\frac{1}{2}gt^2$

依題意$h_{t-2}=\frac{1}{4}h_t$，$\frac{1}{2}g(t-2)^2=\frac{1}{4}\times\frac{1}{2}gt^2$，

$3t^2-16t+16=0$，$t=4sec$，故$h=\frac{1}{2}gt^2=\frac{1}{2}\times10\times4^2=80m$

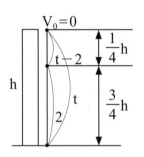

小試身手

P.132 **1 (C)**。$h=\frac{1}{2}gt^2$　　**2 (D)**。$V=\sqrt{2gh}$

3 (C)。公式$V^2=2gh$　∴樓高2h，$V^2=2g(2h)$　∴$V=2\sqrt{gh}$

4 (D)。$h=\frac{1}{2}gt^2$，$78.4=\frac{1}{2}\times9.8\times t^2$，$t=4(sec)$

5 (C)

P.133 **6 (B)**。$h=\frac{1}{2}gt^2$，h與t^2成正比，t差2倍，t^2差4倍，h差4倍。

7 (D)。由$V^2=2as=2(g\sin\theta)\cdot\ell$　∴$V=\sqrt{2g\ell\sin\theta}$

8 (C)

9 (D)。$a=g\sin\theta=10\sin53°=8m/s^2$，$V=at=8\times4=32m/s$

10 (B)。假設總時間2秒，則前1秒位移$\Delta h_1=\frac{1}{2}g\cdot1^2$

後1秒位移$=h_2-h_1=\frac{1}{2}g\cdot2^2-\frac{1}{2}g\cdot1^2=\frac{1}{2}g\cdot3$　∴$\Delta h_2:\Delta h_1=3:1$

11 (C)。$V=gt$，$19.6=9.8t$，∴$t=2(s)$，$h=\frac{1}{2}gt^2=19.6(m)$，$40-19.6=20.4(m)$

12 (B)。由$h_t-h_{t-1}=\frac{5}{9}h_t$，$\frac{1}{2}gt^2-\frac{1}{2}g(t-1)^2=\frac{5}{9}(\frac{1}{2}gt^2)$

$t^2-(t^2-2t+1)=\frac{5}{9}t^2$　∴$5t^2-18t+9=0$

$(5t-3)(t-3)=0$　∴$t=3(\frac{3}{5}不合)$　∴$h=\frac{1}{2}gt^2=\frac{1}{2}\times10\times3^2=45m$

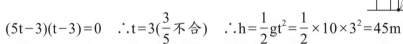

5-4　鉛直拋體運動

P.135 即時演練 1

$h = V_0 t + \dfrac{1}{2} g t^2$，$58.8 = 19.6 t + \dfrac{1}{2} \times 9.8 t^2$，$t^2 + 4t - 12 = 0$　$\therefore (t+6)(t-2) = 0$

$\therefore t = 2$ 秒（$t = -6$ 不合），末速 $V = V_0 + gt = 19.6 + 9.8 \times 2 = 39.2 \text{m/s}$

即時演練 2

(1) $V = V_0 - gt$，$0 = 19.6 - 9.8t$，$t = 2 (\sec)$
(2) $V^2 = V_0^2 - 2gh$　$\therefore 0 = 19.6^2 - 2 \times 9.8h$　$\therefore h = 19.6 (\text{m})$
(3) $T = 2t = 4 (\sec)$

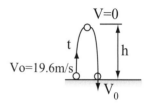

P.136 即時演練 3

位移相同 $\therefore S = h_{自} = h_{下}$，$\dfrac{1}{2} \times 9.8 (t+1)^2 = 14.7t + \dfrac{1}{2} \times 9.8 t^2$

$t^2 + 2t + 1 = 3t + t^2$ $\therefore t = 1$，$\therefore h = \dfrac{1}{2} g(t+1)^2 = \dfrac{1}{2} \times 9.8 (1+1)^2 = 19.6 \text{m}$

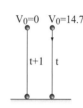

137 即時演練 4

(1) $h_A + h_B = 98$，$\dfrac{1}{2} g t^2 + (V_0 t - \dfrac{1}{2} g t^2) = 98$

$\dfrac{1}{2} \times 9.8 \times t^2 + (49 \times t - \dfrac{1}{2} \times 9.8 \times t^2) = 98$，$t = 2 \sec$

(2) $h_B = V_0 t - \dfrac{1}{2} g t^2 = 49 \times 2 - \dfrac{1}{2} \times 9.8 \times 2^2 = 98 - 19.6 = 78.4 \text{m}$

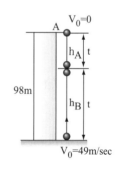

小試身手

138 1 **(B)**。到最高之時間 $t_1 = \dfrac{V_0}{g}$，落回地面之時間 $= 2t_1 = \dfrac{2V_0}{g}$

2 **(C)**　　3 **(A)**

4 **(D)**。$V^2 = V_0^2 - 2gh$　$\therefore 0^2 = 50^2 - 2 \times 10h$　$\therefore h = 125 \text{m}$

5 **(C)**。達最高點，A球5sec　B球2sec　即從最高點自由落下A需要5秒，B需要2秒

$h_A = \dfrac{1}{2} g t_A^2 = 125 (\text{m})$，$h_B = \dfrac{1}{2} g t_B^2 = 20 (\text{m})$，$h_A - h_B = 105 (\text{m})$

6 (C)。$h=V_0t-\dfrac{1}{2}gt^2$，$-100=V_0\times10-\dfrac{1}{2}\times9.8\times10^2$，$V_0=39m/s$，

$V=V_0-gt=39-9.8\times10=-59m/s$（負表與$V_0$反向）

7 (B)。$h_{下}-h_{自}=V_0t+\dfrac{1}{2}gt^2-(\dfrac{1}{2}gt^2)=V_0t$

8 (C)。$h=V_0t-\dfrac{1}{2}gt^2$，$-9.8=V_0\cdot2-\dfrac{1}{2}\times9.8\times2^2$，$V_0=4.9m/s$，

$V=V_0-gt=4.9-19.6=-14.7m/s$（負表與$V_0$反向）

9 (A)。$h_{自}=h_{上}=\dfrac{h}{2}$，$V_0t-\dfrac{1}{2}gt^2=\dfrac{1}{2}gt^2$，$V_0t=gt^2$，$t=\dfrac{V_0}{g}$，

$h=2h_{自}=2(\dfrac{1}{2}gt^2)=gt^2=g(\dfrac{V_0}{g})^2=\dfrac{V_0^2}{g}$

綜合實力測驗

P.139

1 (D)　　**2 (D)**　　**3 (D)**

4 (C)。$V=V_0+at$，$15=10+a\times5$　$\therefore a=1$

$S=V_0t+\dfrac{1}{2}at^2$，$S=10\times5+\dfrac{1}{2}\times1\times5^2=62.5(m)$

5 (B)。設半段距離S，平均速率$V=\dfrac{2S}{\dfrac{S}{50}+\dfrac{S}{75}}=\dfrac{2}{\dfrac{5}{150}}=60(km/hr)$

6 (C)。$V=5t^2-3t+3$，$a=(5t^2-3t+3)'=10t-3$，

加速度隨時間改變 $\Rightarrow$ 變加速度運動

7 (A)。$V_0=0$，$V=72km/hr=20m/sec$ (此題目意思為求第5秒內位移)

$V=V_0+at$，$20=0+a\times10$　$\therefore a=2m/sec^2$

$\therefore \triangle S_5=S_5-S_4=(V_0\times5+\dfrac{1}{2}\times a\times5^2)-(V_0\times4+\dfrac{1}{2}\times a\times4^2)$（註：$V_0=0$）

$=\dfrac{1}{2}a\times25-\dfrac{1}{2}\times a\times4^2=9m$

8 (B)。(A)$x=3t^3+t^2+1$為變加速度運動；(B)等加速度$S=V_0t+\dfrac{1}{2}at^2...x=t^2+1$；

(C)等速度$S=V\cdot t... x=2t-1$；(D)$x=5$靜止。

9 (A)。V與t所圍成面積為位移，$S = \dfrac{(20+30) \times 4}{2} - \dfrac{4(10)}{2} = 80m$

10 (B)。

$$\begin{array}{ccc} V & \dfrac{V}{2} & V=0 \\ \xrightarrow{\quad} & \xrightarrow{\quad} & \\ 12m & S=? & \end{array}$$

由 $V^2 = V_0^2 + 2aS$，

$\begin{cases} (\dfrac{V}{2})^2 = V^2 + 2a \times 12 \\ 0 = (\dfrac{V}{2})^2 + 2aS \end{cases}$ $\begin{cases} 24a = -\dfrac{3}{4}V^2 ——(1) \\ 2aS = -\dfrac{1}{4}V^2 ——(2) \end{cases}$ $\dfrac{(1)}{(2)} \dfrac{12}{S} = \dfrac{3}{1}$ $\therefore S = 4m$

P.140

11 (A)。$1 : 3 : ⑤ : 7 : 9 : 11 : ⑬ \cdots\cdots 5 : 13$

12 (C)。$S = t^3 - 2t^2 + t - 3$，$V = (t^3 - 2t^2 + t - 3)' = 3t^2 - 4t + 1$，
$a = (3t^2 - 4t + 1)' = 6t - 4$，$a = (6t - 4)_{t=3} = 6 \times 3 - 4 = 14m/s^2$

13 (B)。由圖知位移x相同時，B、C車相遇，t=2秒，則B、C兩車位置在40m
處，A車則在10m處，∴相遇點距A車30m。

14 (A)。由 $V = V_0 + at$，∴ $a = \dfrac{20}{4} = 5m/s^2$，

由 $V_2^2 = V_1^2 + 2as = 20^2 + 2 \times 5 \times 120 = 1600$，∴ $V_2 = 40m/s$

15 (B)。x點表速度相同。

16 (C)

17 (A)。公式 $V^2 = 2gh$，落下 $\dfrac{h}{2}$，∴ $V^2 = 2g(\dfrac{h}{2}) = gh$，∴ $V = \sqrt{gh}$

18 (D)。$V = \sqrt{2gh}$，$V_A : V_B : V_C = \sqrt{2gh_A} : \sqrt{2gh_B} : \sqrt{2gh_C}$

$= 1 : 2 : 3 = \sqrt{h_A} : \sqrt{h_B} : \sqrt{h_C}$ ∴ $h_A : h_B : h_C = 1^2 : 2^2 : 3^2$

19 (A)。$V_1 = \sqrt{2 \times g \times 10}$，$V_2 = \sqrt{2 \times g \times 20}$，$\dfrac{V_1}{V_2} = \sqrt{\dfrac{20g}{40g}} = \dfrac{1}{\sqrt{2}} = \dfrac{\sqrt{2}}{2}$

20 (B)。$V = gt$，V與t成正比，$V_3 : V_9 = g \times 3 : g \times 9 = 1 : 3$

P.141 **21 (C)**。設落下9.8m，則前4.9m所需時間t_1，$4.9 = \frac{1}{2} \times 9.8 \times t_1^2$，$\therefore t_1 = 1$

落下9.8m之總時間為$9.8 = \frac{1}{2} \times 9.8 t^2$，$\therefore t = \sqrt{2}$

所以後半程需$\sqrt{2} - 1$秒$= t_2$，$\therefore \frac{t_1}{t_2} = \frac{1}{\sqrt{2} - 1} = \frac{(\sqrt{2} + 1)}{(\sqrt{2} - 1)(\sqrt{2} + 1)} = \sqrt{2} + 1$

22 (A)。$1 : 3 : 5 : 7 \ldots\ldots$　$t = 3$，$h = \frac{1}{2} g t^2 = 44.1 (m)$

23 (B)。$a = g \sin\theta$，$10 \times \sin 37° = 6$，$V = V_0 - at = 0$，$V_0 = at = 6 \times 4 = 24$

$S = V_0 t - \frac{1}{2} at^2 = 24 \times 4 - \frac{1}{2} \times 6 \times 4^2 = 48 (m)$

24 (D)。$V^2 = V_0^2 - 2gh = 0$，$\therefore h = \frac{V_0^2}{2g}$

25 (B)。$v_0 = 90 km/hr = \frac{90 \times 1000 m}{3600 \, sec} = 25 m/s$

$s_2 - s_1 = 10$，$(25t + \frac{1}{2} \times 5 \times t^2) - (25t) = 10$

$t^2 = 4$　$\therefore t = 2 \, sec$

26 (B)。$h = V_0 t - \frac{1}{2} g t^2$，$-58.8 = 19.6t - \frac{1}{2} \times 9.8 t^2$，$t^2 - 4t - 12 = 0$，$t = 6 \, (sec)$，

$V = V_0 - gt = 19.6 - 9.8 \times 6 = -39.2 (m/s)$（負表與$V_0$反向）

27 (C)。自由落體t秒，則下拋走$t - 2$秒，$h_{自} = h_{下}$

$\frac{1}{2} g t^2 = 25(t - 2) + \frac{1}{2} g(t - 2)^2$，$\frac{1}{2} \times 10 t^2 = 25(t - 2) + \frac{1}{2} \times 10(t - 2)^2$

$t^2 = 5t - 10 + t^2 - 4t + 4$，$t = 6 (sec)$，$h = \frac{1}{2} g t^2 = \frac{1}{2} \times 10 \times 6^2 = 180 (m)$

28 (B)。石頭落下為上拋$h = V_0 t - \frac{1}{2} g t^2 = 15 \times 10 - \frac{1}{2} \times 10 \times 10^2 = -350 m$

29 (D)。$h_{上} = h_{自} = \frac{1}{2} h$，$V_0 t - \frac{1}{2} g t^2 = \frac{1}{2} g t^2$，$V_0 t = g t^2$，$V_0 = gt = 39.2$，$\therefore t = 4$

$h = (\frac{1}{2} g t^2) \times 2 = 9.8 \times 4^2 = 156.8 (m)$

30 (A)。①$V_{末}=V_{初}+at$，$V=0+a_1t_1$　　$\therefore t_1=\dfrac{V}{a_1}$

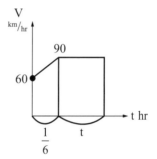

②$V_{末}=V_{初}+at$，$0=V+(-a_2)t_3$　$\therefore t_3=\dfrac{V}{a_2}$

由$S=\dfrac{1}{2}(Vt_1)+\dfrac{1}{2}(Vt_3)+V\cdot t_2$　$\therefore S=\dfrac{1}{2}V\left(\dfrac{V}{a_1}\right)+\dfrac{1}{2}V\left(\dfrac{V}{a_2}\right)+V\cdot t_2$

$\therefore t_2=\dfrac{S}{V}-\dfrac{1}{2}\dfrac{V}{a_1}-\dfrac{1}{2}\dfrac{V}{a_2}$　　$\therefore t_1+t_2+t_3=\dfrac{S}{V}+\dfrac{V}{2}\left(\dfrac{1}{a_1}+\dfrac{1}{a_2}\right)$。

P.142 **31 (C)**。由$V=V_0+at$，$90=60+180t$　　$\therefore t=\dfrac{1}{6}$ hr

$$S=\dfrac{(60+90)\times\dfrac{1}{6}}{2}+90t=24.5$$

（由V與t所圍成的面積＝位移）

$t=\dfrac{12}{90}=\dfrac{2}{15}$ hr$=\dfrac{2}{15}\times60$分$=8$分，共需$\dfrac{1}{6}$hr$+8$分$=18$分

32 (C)。$S_人=24+S_車$，$8\cdot t=24+(0+\dfrac{1}{2}\times1\times t^2)$

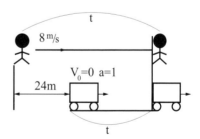

$t^2-16t+48=0$，$(t-4)(t-12)=0$
$\therefore t=4$秒或12秒，最快4秒

33 (C)。當公車速度與人速度相同時
人即無法再更靠近公車。

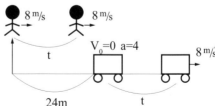

34 (C)。由$V=V_0+at$，$V_車=8=0+4\cdot t$　$\therefore t=2$秒，$S_人=V\cdot t=8\times2=16$m

$S_車=0+\dfrac{1}{2}\times4\times2^2=8$m，人與車最近距離$=(24+8)-16=16$m

35 (D)。(A)斜面長比值為$2H：\sqrt{2}H：\dfrac{2H}{\sqrt{3}}$

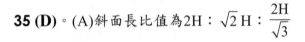

(B)$a=g\sin\theta$，加速度比為

$\quad g\sin30°：g\sin45°：g\sin60°=1：\sqrt{2}：\sqrt{3}$

(C)同高著地則末速相同。

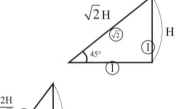

(D)$V=at\quad\therefore t=\dfrac{V}{a}\quad\because$末速相同$\quad\therefore t$與$a$成反比

$\quad\therefore$時間比$=\dfrac{1}{g\sin30°}：\dfrac{1}{g\sin45°}：\dfrac{1}{g\sin60°}$

$\quad\quad\quad\quad=\dfrac{1}{1}：\dfrac{1}{\sqrt{2}}：\dfrac{1}{\sqrt{3}}=2：\dfrac{2}{\sqrt{2}}：\dfrac{2}{\sqrt{3}}$

36 (A)。A位移與V_0反向為負$\quad\therefore h_A+h_B=0$

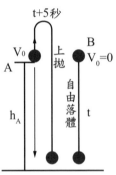

$(29.4)(t+5)-\dfrac{1}{2}\times9.8(t+5)^2+(\dfrac{1}{2}\times9.8)t^2=0$

$6(t+5)-(t+5)^2+t^2=0$

$6t+30-(t^2+10t+25)+t^2=0$

$-4t+5=0\quad\therefore t=1.25$秒

37 (D)。$h_自=\dfrac{1}{2}gt^2$，$h_{t-1}=\dfrac{1}{2}h_t$，$\dfrac{1}{2}g(t-1)^2=\dfrac{1}{2}(\dfrac{1}{2}gt^2)$

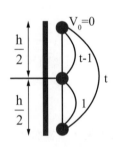

$t^2-2t+1=\dfrac{1}{2}t^2$，$t^2-4t+2=0$

$t=\dfrac{4\pm\sqrt{16-4\times2\times1}}{2}=2+\sqrt{2}$ 秒$(2-\sqrt{2}$ 不合$)$

$\therefore h=\dfrac{1}{2}gt^2=\dfrac{1}{2}g(2+\sqrt{2})^2=\dfrac{1}{2}g(6+4\sqrt{2})=g(3+2\sqrt{2})$

第六章　曲線運動

6-1　角位移與角速度與角加速度

一、角位移與角速度

P.144 即時演練

(1) $\omega = 1800$ 轉／分 $= \dfrac{1800 \times 2\pi \text{ rad}}{60 \text{ 秒}} = 60\pi$ rad/s　　(2) $v = r\omega = 0.2 \times 60\pi = 12\pi$ m/s

二、角加速度

P.145 即時演練

$3600 \text{r.p.m} = \dfrac{3600 \times 2\pi}{60}$ rad/s $= 120\pi$ rad/s，由 $\omega = \omega_0 + \alpha t$，$0 = 120\pi + \alpha \times 30$，

$\alpha = -4\pi$ rad/s^2，$\omega^2 = \omega_0^2 + 2\alpha\theta$，$0 = (120\pi)^2 + 2(-4\pi) \cdot \theta$，

$\therefore \theta = 1800\pi$ rad $= 900$轉

小試身手

P.146　**1 (D)**

2 (A)。$\omega = 1200 \text{rpm} = \dfrac{1200 \times 2\pi}{60} = 40\pi$ rad/s，$V = r\omega = 0.1 \times 40\pi = 4\pi$ m/s

3 (C)。分針 → 60分繞一圈　$\therefore \omega = 1$圈／60分 $= \dfrac{2\pi \text{ rad}}{3600 \text{ sec}} = \dfrac{\pi}{1800}$ rad/sec

4 (D)。$\omega = \dfrac{2\pi N}{60} = \dfrac{2\pi \times 1800}{60} = 60\pi$ rad/s，靜止開始　$\therefore \omega_0 = 0$

　　由 $\omega = \omega_0 + \alpha t$，$60\pi = 0 + \alpha \times 45$　$\therefore \alpha = \dfrac{60\pi}{45} = \dfrac{4}{3}\pi$ rad/sec^2

5 (B)。10π rad/sec $= \dfrac{10\pi \times \dfrac{1}{2\pi} \text{轉}}{\dfrac{1}{60} \text{分}} = 300$ 轉／分

6 (A)。靜止 $\Rightarrow \omega_0=0$；$\omega_{50}=100\text{rpm}=100$轉／分$=\dfrac{100\times2\pi}{60}\text{rad/sec}$

$$\therefore \omega_{50}=\omega_0+\alpha\times50\text{ , }\dfrac{100\times2\pi}{60}=0+\alpha\times50\text{ , }\alpha=\dfrac{\pi}{15}\text{rad/sec}^2$$

$$\omega_{初}=\dfrac{100\times2\pi}{60}\text{ rad/sec , }\omega_{末}=180\text{rpm}=\dfrac{180\times2\pi}{60}\text{ rad/sec}$$

$$\omega_{末}=\omega_{初}+\alpha\cdot t\text{ , }\dfrac{180\times2\pi}{60}=\dfrac{100\times2\pi}{60}+\dfrac{\pi}{15}\times t\text{ , }t=40\text{sec}$$

7 (A)。$\omega_0=600\text{rpm}=20\pi\text{ rad/s }$，$\omega=\omega_0+\alpha t$，$0=20\pi+\alpha\times5 \therefore \alpha=-4\pi\text{ rad/sec}^2$

$$\theta=\omega_0 t+\dfrac{1}{2}\alpha t^2=(20\pi)\times5+\dfrac{1}{2}(-4\pi)\times5^2=50\pi\text{ rad}=\dfrac{50\pi}{2\pi}轉=25轉$$

8 (D)。$V=r\omega$，$300\text{m/min}=\dfrac{300\text{m}}{60\text{sec}}=0.025\times\omega$

$$\therefore\omega=200\text{rad/sec}（註：r=25\text{mm}=0.025\text{m}）$$

6-2 切線加速度與法線加速度

P.148 即時演練 1

$$a_n=\dfrac{V^2}{r}=\dfrac{(20)^2}{500}=0.8\text{ m/s}^2\text{ , }72\text{km/hr}=\dfrac{72\times1000\text{m}}{3600\text{sec}}=20\text{ m/s}$$

即時演練 2

2秒末之角速度為$\omega=\omega_0+\alpha t=2\times2=4$（rad/sec）
(1) $v=r\omega=20\times4=80$（cm/sec）
(2) $a_t=r\alpha=20\times2=40$（cm/sec^2）
(3) $a_n=r\omega^2=20\times4^2=320$（cm/sec^2）
(4) $a=\sqrt{a_n{}^2+a_t{}^2}=\sqrt{320^2+40^2}=40\sqrt{65}$ cm/s^2

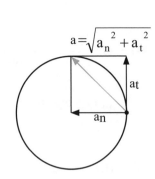

P.149 即時演練 3

$$30轉/分=\dfrac{30\times2\pi\text{rad}}{60\text{sec}}=\pi\text{rad/s}\quad a_n=r\omega^2=\dfrac{15}{\pi}\times(\pi)^2=15\pi\text{m/s}^2\quad g=10\text{m/s}^2\text{ , }\dfrac{15\pi}{10}=1.5\pi g$$

小試身手

P.150 **1 (A)**。等速圓周運動切線加速度為0。

2 (A)　　**3 (B)**

4 (C)。作圓周運動一定有向心（法線）加速度，作等角加速度運動一定有切線加速度（$a_t = r\alpha$）

5 (B)

6 (B)。$36 \text{km/hr} = 10 \text{m/s}$，$a_n = \dfrac{V^2}{r} = \dfrac{10^2}{10} = 10 \text{m/s}^2$

7 (C)。$\omega = \omega_0 + at = 0 + 0.5 \times 2 = 1 \text{ rad/sec}$，$a_t = r\alpha = 2 \times 0.5 = 1$，$a_n = r\omega^2 = 2 \times 1^2 = 2$

$a = \sqrt{a_t^2 + a_n^2} = \sqrt{1^2 + 2^2} = \sqrt{5} \text{ m/s}^2$

8 (C)。$120 轉/分 = \dfrac{120 \times 2\pi \text{ rad}}{60 \sec} = 4\pi \text{ rad/s}$，$a_n = r\omega^2 = 1 \times (4\pi)^2 = 16\pi^2 \text{ m/s}^2$

9 (C)。$a_t = r\alpha = 10 \times 0.5 = 5 \text{cm/s}^2$，$\omega^2 = \omega_0^2 + 2\alpha\theta = 0 + 2 \times 0.5 \times \dfrac{\pi}{2} = \dfrac{\pi}{2}$　$\therefore \omega = \sqrt{\dfrac{\pi}{2}}$

$a_n = r\omega^2 = 10 \times \dfrac{\pi}{2} = 5\pi = 15.7 \text{ cm/s}^2$　$\therefore a = \sqrt{a_n^2 + a_t^2} = \sqrt{5^2 + 15.7^2} \doteqdot 16.5 \text{ cm/s}^2$

10 (A)。$V = r\omega \Rightarrow 200 = \dfrac{200}{2} \times \omega$　$\therefore \omega = 2 \text{ rad/s}$　（$d = 200 \text{mm}$，$r = 0.1 \text{m}$）

$\therefore a_n = r\omega^2 = 0.1 \times 2^2 = 0.4 \text{ m/s}^2$，$\omega = \omega_0 + \alpha t$

$\therefore 2 = 0 + \alpha \times 1$　$\therefore \alpha = 2$　$\therefore a_t = r\alpha = 0.1 \times 2 = 0.2 \text{ m/s}^2$

$\therefore a = \sqrt{a_t^2 + a_n^2} = \sqrt{(0.2)^2 + (0.4)^2} = \dfrac{\sqrt{5}}{5} \text{ m/s}^2$

6-3　拋物體運動

152 即時演練 1

射程$90 = 30 \times t$　$\therefore t = 3$，鉛直為自由落體

$h = \dfrac{1}{2} \times 10 \times 3^2 = 45 \text{m}$，$\therefore$距地高度$= 100 - 45 = 55 \text{m}$

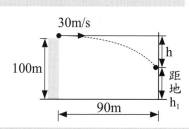

P.153 **即時演練 2**

設樓高h，則 $V_y^2 = 2gh$ ∴ $h = \dfrac{V_y^2}{2g}$ ，$V_y = gt$ ∴ $t = \dfrac{V_y}{g}$

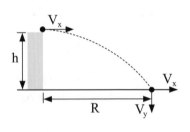

∴射程 $R = V_x \cdot t = V_x \cdot \dfrac{V_y}{g}$ ∴ $\dfrac{h}{R} = \dfrac{\dfrac{V_y^2}{2g}}{\dfrac{V_x \cdot V_y}{g}} = \dfrac{V_y}{2V_x}$

小試身手

1 (A)。著地時間 $t = \sqrt{\dfrac{2h}{g}}$ 與水平速度無關

2 (A)。$x = V_0\sqrt{\dfrac{2h}{g}}$ 當高度為2h時，$x = V_0\sqrt{\dfrac{4h}{g}} = \sqrt{2}x$

P.154 **3 (B)**。$h = \dfrac{1}{2}gt^2$ ∴ $t = \sqrt{\dfrac{2h}{g}}$ ，$\tan 45° = \dfrac{V_y}{V_x} = 1$

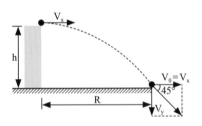

∴ $V_y = V_x$ ，又 $V_y^2 = 2gh$ ∴ $V_y = \sqrt{2gh} = V_x$

∴ $R = V_0 \cdot t = \sqrt{2gh} \cdot \sqrt{\dfrac{2h}{g}} = 2h$

4 (C)。公式 $2h = \dfrac{1}{2}gt^2$ ∴ $t = 2\sqrt{\dfrac{h}{g}}$

5 (B)。平拋水平為等速度運動。

6 (B)。$V_y^2 = 2gh = 2 \times 9.8 \times 20 = 392$

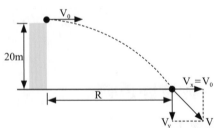

$V = \sqrt{V_x^2 + V_y^2} = 3V_0 = \sqrt{V_0^2 + 392}$

$V_0^2 + 392 = 9V_0^2$

∴ $8V_0^2 = 392$ ∴ $V_0 = 7\text{m/s}$

7 (D)。$h = \dfrac{1}{2}gt^2$ ，$78.4 = \dfrac{1}{2} \times 9.8t^2$ ，∴$t = 4$（sec），$R = V_0 t = 20 \times 4 = 80$（m）

2.156 即時演練 1

$V_y = V_{0y} - gt$ ， $0 = 60 - 10t$ ∴$t = 6$ ，

(1)飛行時間＝12sec。

(2) $V_y^2 = V_{0y}^2 - 2gh$ ， $0 = 60^2 - 2 \times 10h$

　　∴$h = 180m$。

(3)$R = 80 \times 12 = 960m$。

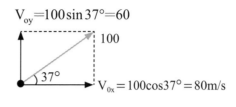

2.157 即時演練 2

$R = 3000 = 250t$ ∴$t = 12$（sec）

$h = V_{0y}t - \dfrac{1}{2}gt^2 = 250\sqrt{3} \times 12 - \dfrac{1}{2} \times 9.8 \times 12^2 = 4490.4m$

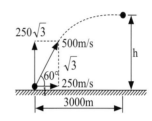

158 即時演練 3

射程 $R = \dfrac{V_0^2 \sin 2\theta}{g}$ ， $R_{30°} = \dfrac{V_0^2 \sin(2 \times 30°)}{g} = 10\sqrt{3}$ 　∴$R_{max} = \dfrac{V_0^2}{g} = \dfrac{10\sqrt{3}}{\sin 60°} = \dfrac{10\sqrt{3}}{\dfrac{\sqrt{3}}{2}} = 20m$

即時演練 4

射程$3x = V_x \cdot t = 10t$ ∴$t = \dfrac{3}{10}x$

高度$h = \dfrac{1}{2}gt^2$， $2x = \dfrac{1}{2} \times 10(\dfrac{3}{10}x)^2 = \dfrac{9}{20}x^2$

∴$x = \dfrac{40}{9}m$，射程$3x = 3(\dfrac{40}{9})m = 0.6n$

∴$n = 22.2$階，答23階

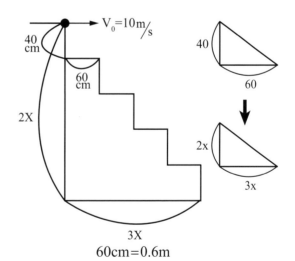

小試身手

159 1 (C)

2 (C)。兩角互餘，射程相同。

3 (C)　　**4 (B)**

60 5 (B)。45°，$R = 4H$，$H = 0.25R$

6 (C)。斜拋最大射程 $R = \dfrac{V_0^2 \sin 2\theta}{g}$ ，當$\theta = 45°$最遠。

　　∴$R_{max} = \dfrac{70^2 \sin(2 \times 45°)}{9.8} = \dfrac{70^2}{9.8} = 500m$

7 (D)。著地時間相同$\Rightarrow$y軸初速相同，又$H=\dfrac{(V_{0y})^2}{2g}$ $\therefore$高度會相同。

8 (B)。$h=(V_0\sin 30°)\,t-\dfrac{1}{2}gt^2$，$-100=(190\times\dfrac{1}{2})\times t-\dfrac{1}{2}\times 10\times t^2$，$5t^2-95t-100=0$

$\quad 5(t+1)\times(t-20)=0$

$\quad$得t=20sec（只取正）

$\quad R=(V_0\cos 30°)\cdot t$

$\quad =(190\times\dfrac{\sqrt{3}}{2})\times 20=1900\sqrt{3}m$

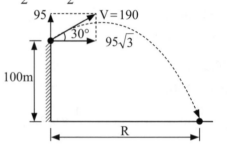

9 (B)。斜拋最高點速度＝水平速度＝$V_0\cos\theta=5\cos 60°=2.5$m/s

10 (C)

11 (B)。$R=750=150\cdot t$ $\therefore t=5$sec

$\quad V_y=V_{oy}-gt=200-10\times 5=150$m/s

$\quad \therefore V=\sqrt{V_x^2+V_y^2}=\sqrt{150^2+150^2}=150\sqrt{2}$m/s

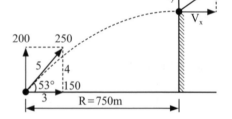

12 (B)。$\because$初速相同，由$H=\dfrac{V_0^2\sin^2\theta}{2g}$可知 $\dfrac{H_{60°}}{H_{30°}}=\dfrac{\sin^2 60°}{\sin^2 30°}=\dfrac{3}{1}$

13 (C)。射程$15=V_{0x}\cdot t=10\cdot t$ $\therefore t=1.5$

$\quad h=\dfrac{1}{2}gt^2=\dfrac{1}{2}\times 10\times 1.5^2=11.25$ m

$\quad$落下$\dfrac{11.25}{3}=3.75$層，即擊中第七層

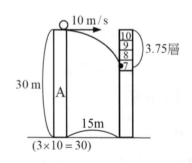

綜合實力測驗

1 (D)　　**2 (C)**

3 (B)。$\omega=\omega_0+\alpha t=0+20\times 8=160$ rad/s， $V=r\omega=0.01\times 160=1.6$m/s

4 (C)。$a_n=\dfrac{V^2}{r}$，r相同時a_n與V^2成正比

5 (C)。$600.r.p.m=20\pi rad/sec$，$\omega=\omega_0+\alpha t$，$0=20\pi+\alpha\times10$，$\alpha=-2\pi$ rad/sec^2

$\theta=\omega_0t+\dfrac{1}{2}\alpha t^2=20\pi\times10+\dfrac{1}{2}\times(-2\pi)\times10^2=100\pi$ $rad=50$ 轉

6 (B)。4圈$/$秒$=4\times2\pi$ $rad/s=8\pi$ rad/s，$a_n=r\omega^2=0.1\times(8\pi)^2=6.4\pi^2$ m/s^2

7 (A)。$\omega=\omega_0+\alpha t=0+2\times2=4$　$\therefore a_t=r\alpha=1\times2=2$

$a_n=r\omega^2=1\times4^2=16$　$\therefore a=\sqrt{a_n^2+a_t^2}=\sqrt{(16)^2+(2)^2}=\sqrt{260}$ cm/sec^2

8 (C)。$\theta=\omega_1t+\dfrac{1}{2}\alpha t^2$　$\therefore 96=\omega_1\times4+\dfrac{1}{2}\times2\times4^2$　$\therefore \omega_1=20rad/s$

又 $\omega_{末}=\omega_{初}+\alpha t$　$\therefore \omega_1=0+2\times t=20$　$\therefore t=10sec$

9 (B)。$h=\dfrac{1}{2}gt^2$，$490=\dfrac{1}{2}\times9.8t^2$　$\therefore t=10sec$，射程$=40\times10=400m$

10 (C)。由 $h=\dfrac{1}{2}gt^2$　$\therefore 78.4=\dfrac{1}{2}\times9.8\times t^2$　$\therefore t=4sec$

$R=V_xt$，$160=V_0\times4$　$\therefore V_0=40m/s$

11 (C)。$(1)h=\dfrac{1}{2}gt^2$，$20=\dfrac{1}{2}\times10t^2$，$t=2sec$

$(2)V_x=V_0=10$，$V_y^2=2gh=2\times10\times20=400$

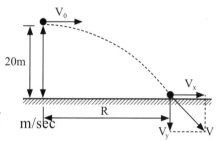

$V_y=20$，$\therefore V=\sqrt{V_x^2+V_y^2}=\sqrt{10^2+20^2}=10\sqrt{5}$ m/sec

12 (B)。$V_x=7$

$V=\sqrt{V_x^2+V_y^2}$　$\therefore 25=\sqrt{7^2+V_y^2}$

$\therefore V_y=24$ 又 $V_y=gt$

$\therefore 24=10t$　$\therefore t=2.4sec$

13 (A)。$R=V_x\cdot t$　$\therefore 60=30t$　$\therefore t=2$（sec）

$\therefore h=\dfrac{1}{2}gt^2=\dfrac{1}{2}\times9.8\times2^2=19.6m$

$\therefore$距地高度$=20-19.6=0.4m$

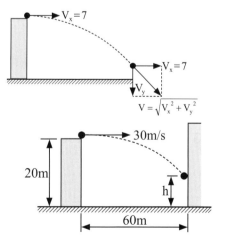

62

14 (B)。∵$V_y^2 = 2 \times 9.8 \times 10 \Rightarrow V_y = 14$

　　　　∴$V_x = V_y = 14$(m/sec)$(\tan 45° = 1 = \dfrac{V_y}{V_x}$，∴$V_y = V_x)$

15 (A)。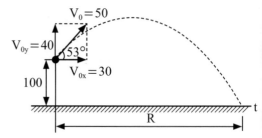　　$V_y^2 = V_{0y}^2 - 2gh$，$0 = (300)^2 - 2 \times 10h$　∴$h = 4500$m

16 (D)。$R = \dfrac{V_0^2 \sin 2\theta}{g} \Rightarrow 30 = \dfrac{V_0^2 \sin(2 \times 15°)}{g}$　∴$\dfrac{V_0^2}{g} = 60 = R_{max}$

17 (C)。兩角互餘射程相同。

18 (A)。$R = H$，$\dfrac{V_0^2 \sin 2\theta}{g} = \dfrac{V_0^2 \sin^2\theta}{2g}$　∴$\sin 2\theta = \dfrac{1}{2}\sin^2\theta$

　　　　$2\sin\theta\cos\theta = \dfrac{1}{2}\sin\theta\sin\theta$　∴$2\cos\theta = \dfrac{1}{2}\sin\theta$，$\tan\theta = \dfrac{\sin\theta}{\cos\theta} = 4$

19 (C)。$h = V_{0y}t - \dfrac{1}{2}gt^2$，$-100 = 40t - \dfrac{1}{2} \times 10t^2$

　　　　$t^2 - 8t - 20 = 0$，$(t-10)(t+2) = 0$
　　　　$t = 10$sec　or　$t = -2$sec（不合）
　　　　$R = V_{0x}t = 30 \times 10 = 300$m

20 (D)。$R = \dfrac{V_0^2 \sin 2\theta}{g}$，$\theta$相同　∴$\dfrac{R_1}{R_2} = \dfrac{V_1^2}{V_2^2}$，$\dfrac{40}{R_2} = \dfrac{20^2}{30^2}$　∴$R_2 = 90$m

21 (A)。斜拋$R_{max} = \dfrac{V_0^2}{g}$，$H = \dfrac{V_0^2 \sin^2\theta}{2g}$，$H_{max} = \dfrac{V_0^2}{2g} = \dfrac{1}{2}(R_{max}) = 50$m

22 (B)。$V_y = V_{0y} - gt$，$0 = V_{0y} - 10 \times 3$　∴$V_{0y} = 30$

　　　　最高點速度＝水平速度＝40m/s，∴$V_0 = \sqrt{30^2 + 40^2} = 50$m/s

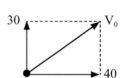

P.163 **23 (A)**。著地時間由鉛直速度決定，鉛直初速＝$V_0 \sin\theta$。著地時間相同→鉛直

　　　　初速相同。∴$V_1 \sin 30° = V_2 \sin 45°$，$\dfrac{V_1}{V_2} = \dfrac{\sin 45°}{\sin 30°} = \sqrt{2}$

24 (D)。$a_n = \dfrac{V^2}{r} = \dfrac{20^2}{200} = 2$m/s^2（註：72km/hr＝20m/s，$r = \dfrac{d}{2} = 200$m）

25 (C)　**26 (C)**

27 (A)。$R=48=16\times t$，$\therefore t=3\sec$，

又 $h=V_{0y}t-\dfrac{1}{2}gt^2$

$=12\times 3-\dfrac{1}{2}\times 9.8\times 3^2=-8.1m$

$\therefore$距地$=10-8.1=1.9m$

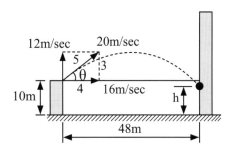

28 (A)。由 $h=\dfrac{1}{2}gt^2$　$\therefore t=\sqrt{\dfrac{2h}{g}}$，$t_1=\sqrt{\dfrac{2h}{g}}$，$t_2=\sqrt{\dfrac{2(2h)}{g}}$

$\dfrac{R_1}{R_2}=\dfrac{V_0t_1}{V_0t_2}=\sqrt{\dfrac{\dfrac{2h}{g}}{\dfrac{2(2h)}{g}}}=\dfrac{1}{\sqrt{2}}=\dfrac{x}{R_2}$　$\therefore R_2=\sqrt{2}x$

29 (B)。$V_t=r\omega=0.005\times 160=0.8m/s$　（$\omega=\omega_0+\alpha t=0+20\times 8=160$）

30 (A)。$\cos30°=\dfrac{V_0}{V_1}$，$\cos60°=\dfrac{V_0}{V_2}$

$\therefore V_0=V_1\cos30°=V_2\cos60°$

$V_1\times\dfrac{\sqrt{3}}{2}=V_2\times\dfrac{1}{2}$，$\dfrac{V_1}{V_2}=\dfrac{1}{\sqrt{3}}$

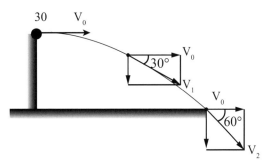

31 (A)。$108km/hr=30m/s$，$72km/hr=20m/s$　$V=V_0+at$，$20=30+a\times 5$

$\therefore a=-2m/s^2$（切線加速度）

$a_n=\dfrac{V^2}{r}=\dfrac{(20)^2}{400}=1m/s^2$　$\therefore a=\sqrt{a_t^2+a_n^2}=\sqrt{(-2)^2+(1)^2}=\sqrt{5}\,m/s^2$

32 (B)。等速圓周只有向心加速度 $a_n=\dfrac{V^2}{r}$，a_n與r成反比

33 (C)。$\dfrac{H}{R}=\dfrac{\dfrac{V_0^2\sin^2\theta}{2g}}{\dfrac{V_0^2\sin2\theta}{g}}=\dfrac{\dfrac{1}{2}\sin^2(60°)}{\sin(120°)}=\dfrac{\dfrac{1}{2}(\dfrac{\sqrt{3}}{2})^2}{\dfrac{\sqrt{3}}{2}}=\dfrac{\sqrt{3}}{4}$

34 (D)。$\tan\theta=\dfrac{V_y}{V_0}$，$V_y=V_0\tan\theta$

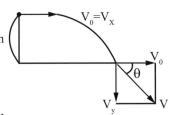

又 $V_y^2=2gh$　∴$h=\dfrac{V_y^2}{2g}=\dfrac{V_0^2\tan^2\theta}{2g}$

35 (B)。$h=(V_0\sin\theta)t-\dfrac{1}{2}gt^2$；$-4=V_0\times\sin30°\times2-\dfrac{1}{2}\times10\times2^2$

$-4=V_0\times\dfrac{1}{2}\times2-\dfrac{1}{2}\times10\times2^2$　∴$V_0=16(m/sec)$

P.165 **36 (C)**。斜拋最高點只受重力加速度g與V垂直，即為向心加速度

37 (B)。射程$3x=V_x\cdot t=10t$　∴$t=\dfrac{3}{10}x$

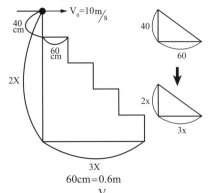

高度$h=\dfrac{1}{2}gt^2$，$2x=\dfrac{1}{2}\times10(\dfrac{3}{10}x)^2=\dfrac{9}{20}x^2$

∴$x=\dfrac{40}{9}m$，射程$3x=3(\dfrac{40}{9})m=0.6n$

∴$n=22.2$階，答23階

38 (A)。$V_y=\sqrt{2gh}=\sqrt{2\times10\times20}=20m/sec$

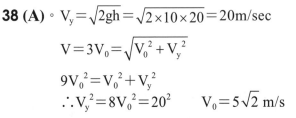

$V=3V_0=\sqrt{V_0^2+V_y^2}$

$9V_0^2=V_0^2+V_y^2$
∴$V_y^2=8V_0^2=20^2$　　$V_0=5\sqrt{2}$ m/s

39 (B)。$h=\dfrac{1}{2}gt^2$，$490=\dfrac{1}{2}\times9.8t^2$　∴$t=10sec$

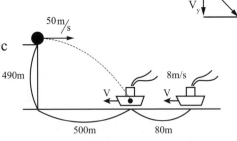

射程$=V_x\cdot t=50\times10=500m$
船位移$=8\times10=80m$
∴距船580m就應發射

40 (B)。等速圓周運動⇒等速率（V大小相同）、變速度（V方向改變）、變加
速度（a方向改變）。
曲柄為等速率，滑塊為簡諧運動。

41 (D)。等角加速度$\theta=\omega_0t+\dfrac{1}{2}\alpha t^2$

靜止開始$\omega_0=0$，θ用rad，1轉$=2\pi$rad；$40\times2\pi=0+\dfrac{1}{2}\alpha\times1^2$

∴$\alpha=160\pi$rad/s^2

第七章　動力學基本定律及應用

7-1　牛頓運動定律

P.167 **即時演練 1**

$V = V_0 + at$，$20 = 0 + a \times 4$，$a = 5m/sec^2$，
$F = ma = 2 \times 5 = 10$ 牛頓(19.6牛頓$=$2kg)

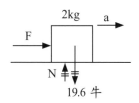

P.168 **即時演練 2**

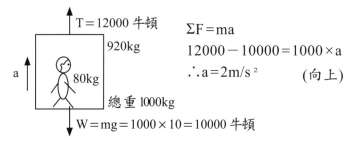

$\Sigma F = ma$
$12000 - 10000 = 1000 \times a$
$\therefore a = 2m/s^2$　　(向上)

$\Sigma F = ma$
$R - 800 = 80 \times 2$
$\therefore R = 960$牛頓$= 96$kgw

169 **即時演練 3**

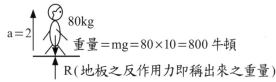

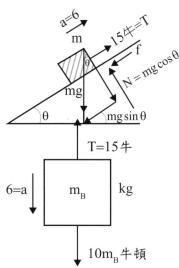

要使物體A以加速度a_0上升，
繩子之力需15牛
$\Sigma F = ma$
$10m_B - 15 = m_B \times 6$
$4m_B = 15$
$m_B = 3.75$kg

小試身手

1 (D)　　**2 (A)**　　**3 (A)**　　**4 (A)**

5 (D)。m　　$\Sigma F = ma$

$R - mg = ma$

$\therefore R = m(g + a)$

6 (B)。$\therefore f = ma = 5 \times 1 = 5$ 牛頓

7 (A)。$\Sigma F = ma$，$(f = \mu N = \mu mg\cos\theta)$

下滑分力－摩擦力＝ma

$mg\sin\theta - \mu mg\cos\theta = ma$

$\therefore a = g(\sin\theta - \mu\cos\theta)$

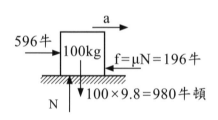

8 (A)。$V_0 = 0$，$v = 10\text{m/sec}$，$t = 2\text{sec}$，由 $v = v_0 + at$，則 $10 = 2a$

$\therefore a = 5\text{m/sec}^2$　$F = ma = 10 \times 5 = 50(\text{N})$ $(98$ 牛頓 $= 10\text{kgw})$

9 (C)。摩擦力 $f = \mu N = 0.2 \times 980 = 196\text{N}$

$F - f = ma \Rightarrow 596 - 196 = 100a$，

$\therefore a = 4(\text{m/sec}^2)$　由 $v = v_0 + at$，$v_0 = 0$

$v = 0 + 4 \times 2 = 8(\text{m/sec})$

10 (B)。

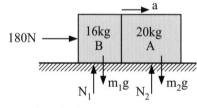

$\therefore \Sigma F = ma$，$180 = (16 + 20)a$

$\therefore a = 5\text{m/s}^2$

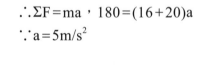

$\Sigma F = ma$　$\therefore R = 20 \times a = 20 \times 5 = 100\text{N}$

11 (C)。由 $F = ma$，$5 = m_1 \times 8$　$\therefore m_1 = \dfrac{5}{8}\text{kg}$，$5 = m_2 \times 24$　$\therefore m_2 = \dfrac{5}{24}\text{kg}$

$5 = (m_1 + m_2) \cdot a = \left(\dfrac{5}{8} + \dfrac{5}{24}\right) \cdot a = \dfrac{15 + 5}{24}a$　$\therefore a = 6\text{m/s}^2$

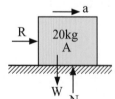

12 (C)。$F=ma$，$f=\mu mg=ma$

$\therefore a=\mu g$，$V^2=V_0^2+2as$，

$0=V_0^2+2(-\mu g)\,S$

$\therefore \mu=\dfrac{V_0^2}{2gs}$

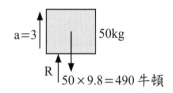

P.171 **13 (D)**。$\Sigma F=ma$　$\therefore R-490=50\times3$

$\Rightarrow R=640N=\dfrac{640}{9.8}=65.3kg$

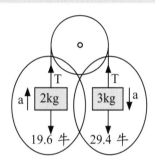

7-2　滑輪介紹

P.172 **即時演練 1**

$\Sigma F=ma$，$W=mg$，$2kgw=2\times9.8$牛頓，$3kgw=29.4$牛頓

$\begin{cases}29.4-T=3\times a \quad\text{——}\quad① \\ T-19.6=2\times a \quad\text{——}\quad②\end{cases}$

①+②：$9.8=5a$　$\therefore a=1.96m/s^2$　$\therefore T=23.52N$

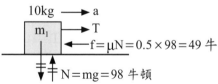

P.173 **即時演練 2**

$f=\mu N=0.5\times98=49$牛頓，$\Sigma F=ma$

$\begin{cases}T-49=10\times a \quad\text{——}\quad① \\ 98-T=10\times a \quad\text{——}\quad②\end{cases}$

①+②　$a=2.45m/s^2$，$T=73.5$牛頓

$S=v_0t+\dfrac{1}{2}at^2$，$78.4=0+\dfrac{1}{2}\times2.45\times t^2$　$\therefore t=8$秒

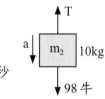

P.174 **即時演練 3**

$\Sigma F=ma$　$\begin{cases}300-T_2=30\times a \quad\text{——}\quad① \\ T_2-T_1-60=20\times a \quad\text{——}\quad② \\ T_1-30=10\times a \quad\text{——}\quad③\end{cases}$

①+②+③　$210=60a$，$a=3.5m/s^2$

代入①　$T_2=195$牛頓，$T_1=65$牛頓

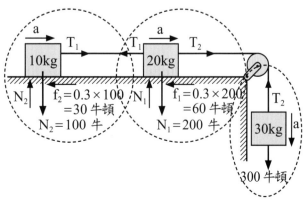

小試身手

1 (D)。平衡 ∴P＝45kg＝450N
（等速運動 ⇒ 平衡）

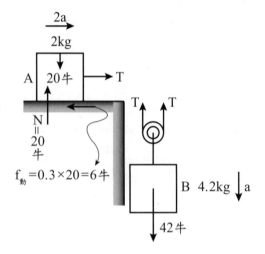

P.175 **2 (C)**。由$\Sigma F=ma$：$\begin{cases} 42-2T=4.2a\cdots\cdots(1) \\ T-6=2\times(2a)\cdots\cdots(2) \end{cases}$

$(2)\times2$：$2T-12=8a\cdots\cdots(3)$

$(1)+(3)$：$30=12.2a$

$a=2.46m/s^2\cdots\cdots$B加速度

$V^2=V_0^2+2as$，A速度2時B速度1

$1^2=0+2\times2.46\times S$

∴S＝0.2m

3 (A)。$\Sigma F=ma$

$3T-1000=100\times2$ 同一條繩子力量相同

$T=400N$

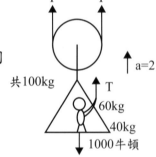

4 (A)。由$\Sigma F-ma$：$98-T=10a$——①

$2T-98=10\times\dfrac{a}{2}$——②

①×2+② 得$98=25a$

∴$a=3.92$（m/sec^2）$\Rightarrow$B之加速度

A之加速度$=\dfrac{3.92}{2}=1.96m/s^2$

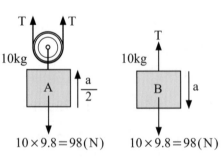

5 (C)。$\Sigma F=ma$

$\begin{cases} T-40=20\times a \quad\text{——}① \\ 800-2T=80\times\dfrac{a}{2} \quad\text{——}② \end{cases}$

①×② $2T-80=40\times a$——③

②+③ $720=80a$ ∴$a=9m/s^2$，$T=220$牛頓

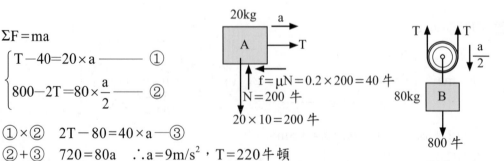

6 (B)。由 $\sum F = ma$
$$T - 50 - 300 = 50 \times 2$$
$$\therefore T = 450 \text{牛頓}$$

由 $\sum F = ma$
$$10m - 2T = m \times 1$$
$$9m = 2T = 900 \text{牛頓}$$
$$\therefore m = 100 \text{kg}$$

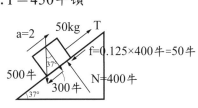

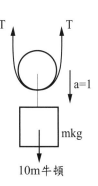

7-3　向心力與離心力

P.178 **即時演練 1**

$$36 \text{km/hr} = \frac{36 \times 1000 \text{m}}{3600 \text{sec}} = 10 \text{m/s} \quad , \quad F_n = \frac{mv^2}{r} = \frac{1000 \times 10^2}{20} = 5000 \text{ 牛頓}$$

即時演練 2

$$F_n = \frac{mV^2}{r} = m\frac{2gr}{r} = 2mg \quad 。碗底受力 = mg + F_n = 3mg$$

（光滑曲面，高度為r，滑下末速 $V = \sqrt{2gr}$ ）

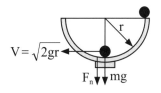

即時演練 3

物體不滑動 $\Rightarrow$ 向心力＝摩擦力，$F_n = f$
（60rpm＝2πrad/s），$mr\omega^2 = \mu N = \mu mg$

$$m \times r \times (2\pi)^2 = 0.5 \times m \times 9.8 \quad \therefore r = \frac{1}{8} m \quad (F_n = mr\omega^2 \, , \, f = \mu N = \mu mg)$$

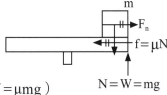

P.179 **即時演練 4**

$$T\sin\theta = F_n \, , \quad T \times \frac{r}{4} = mr\omega^2 = 2 \times r \times (\sqrt{5})^2 \quad \therefore T = 40 \text{牛頓}$$

$$T\cos\theta = mg \, , \quad 40 \cdot \cos\theta = 2 \times 10 \quad \therefore \cos\theta = \frac{1}{2} \, , \quad \theta = 60°$$

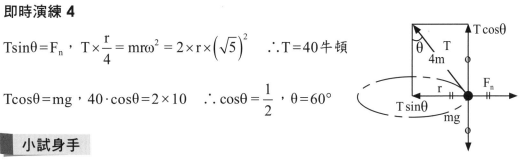

▌ **小試身手**

P.181 **1 (D)**。$T = F_n = mr\omega^2 = 5 \times 2 \times 4^2 = 160 \text{N}$

2 (D)。$T = mg + F_n = 2mg$　　$\therefore F_n = mg = \dfrac{mV^2}{r}$

$\therefore V^2 = gr$　$\therefore V = \sqrt{gr} = \sqrt{10 \times 2.5} = 5m/s$

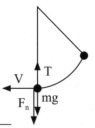

3 (D)。$F_n = \dfrac{mV^2}{r} = T = \dfrac{MV^2}{\ell}$　　$\therefore V^2 = \dfrac{T\ell}{M}$，$V = \sqrt{\dfrac{T\ell}{M}}$

4 (A)。$F_n = T + mg = mg + mg = \dfrac{mV^2}{R} = 2mg$　　$\therefore V = \sqrt{2gR}$

5 (B)。$V = \sqrt{2gh} = \sqrt{2 \times g \times 0.3} = \sqrt{0.6g}$

最低點V最大，T受力最大

$T = mg + F_n = mg + \dfrac{mV^2}{r}$

$= mg + \dfrac{m(0.6g)}{0.5} = 2.2mg$

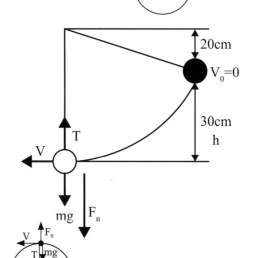

6 (A)。速度最小時，$T = 0$

$F_n = mg = \dfrac{mV^2}{r}$　　$\therefore V = \sqrt{gr}$

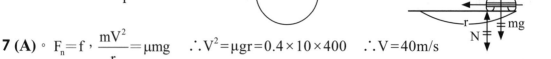

7 (A)。$F_n = f$，$\dfrac{mV^2}{r} = \mu mg$　　$\therefore V^2 = \mu gr = 0.4 \times 10 \times 400$　$\therefore V = 40m/s$

8 (A)。當重量與離心力之合力與接觸面垂直時車子不打滑

$\therefore \tan\theta = \dfrac{F_n}{mg} = \dfrac{h}{d} = \dfrac{\dfrac{mV^2}{r}}{mg} = \dfrac{V^2}{gr}$　　$\therefore$外軌超高量$h = \dfrac{V^2}{gr} \times d$（d為兩輪間距離）

$72km/hr = 20m/s$　　$\therefore h = \dfrac{(20)^2 \times 1.6}{10 \times 400} = 0.16m$

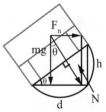

綜合實力測驗

P.182 **1 (B)**。$F=ma$，$100=m \times 20$

$\therefore m=5kg=49$牛頓

2 (B)。若$M=2kg$，$m=1kg$，$F=6$牛頓

(1)

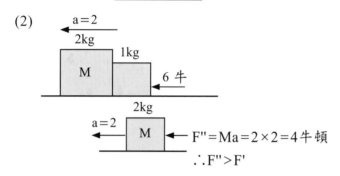

由$\Sigma F=ma$

$6=(2+1)a$

$\therefore a=2$

$F'=ma=1 \times 2=2$牛頓

(2)

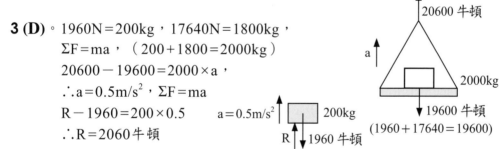

$F''=Ma=2 \times 2=4$牛頓

$\therefore F''>F'$

3 (D)。$1960N=200kg$，$17640N=1800kg$，

$\Sigma F=ma$，（$200+1800=2000kg$）

$20600-19600=2000 \times a$，

$\therefore a=0.5m/s^2$，$\Sigma F=ma$

$R-1960=200 \times 0.5$

$\therefore R=2060$牛頓

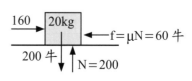

$a=0.5m/s^2$　200kg

$R \downarrow 1960$牛頓

20600 牛頓

a

2000kg

19600 牛頓

$(1960+17640=19600)$

4 (A)。$V^2=V_0^2+2aS$，$0=200^2+2 \times a \times 0.2$

$\therefore a=-100000m/s^2$，$F=ma=0.02 \times 100000=2000N$

5 (C)。$F=m_A \times 6$　$\therefore m_A=\dfrac{F}{6}$，$F=m_B \times 3$　$\therefore m_B=\dfrac{F}{3}$

$3F=(m_A+m_B) \times a=(\dfrac{F}{6}+\dfrac{F}{3}) \times a$，$3=(\dfrac{3}{6})a$　$\therefore a=6m/s^2$

6 (B)。$f=\mu N=0.3 \times 200=60$牛頓

$\Sigma F=ma$，$160-f=20 \times a=160-60=100$

$\therefore a=5m/s^2$，$S=V_0t+\dfrac{1}{2}at^2=0+\dfrac{1}{2} \times 5 \times 2^2=10m$

160 → 20kg ← $f=\mu N=60$ 牛

200 牛 ↓ ↑ $N=200$

7 (C)

P.183 **8 (B)**。F＝ma
(10000＋800－8100)＝(1000＋80)a
a＝2.5m/s²，F＝ma，
800－R＝80×2.5
R＝600牛頓＝60kgw

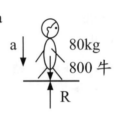
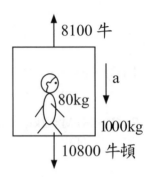

9 (C)。由ΣF＝ma：60－T＝6×a
T－20＝4×a
∴a＝4m/s²　∴T＝36N

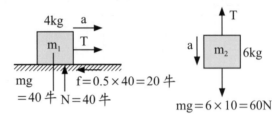

10 (D)。同一條繩子不考慮滑輪摩擦，力量均相同　∴T₁＝T₂

11 (D)。F＝ma，$\begin{cases} 196-T=20\times a \\ 2T-196=20\times\dfrac{a}{2} \end{cases}$

求出a＝3.92 m/s² (B之加速度)

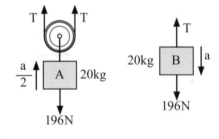

12 (C)。

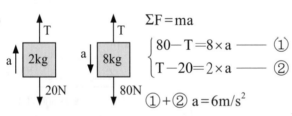

ΣF＝ma
$\begin{cases} 80-T=8\times a ——① \\ T-20=2\times a ——② \end{cases}$
①＋② a＝6m/s²

P.184 **13 (B)**。S＝V₀t＋$\dfrac{1}{2}$at²

4＝0＋$\dfrac{1}{2}$×a×2²　∴a＝2m/s²

由ΣF＝ma：
T－100＝20×a＝20×2
T＝140牛頓　10m－T＝m×2
∴8m＝T＝140　∴m＝17.5kg

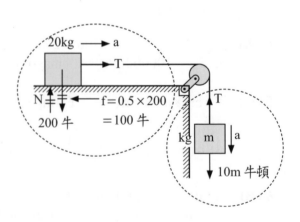

14 (B) 。最高點不落下　∴$W = F_n$，$mg = \dfrac{mV^2}{R}$　∴$V = \sqrt{gR}$

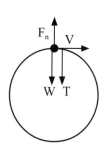

15 (A) 。$F_n = W + T$，$\dfrac{mV^2}{r} = mg + T$　∴$T = \dfrac{mV^2}{r} - mg$

∴$T = \dfrac{10}{0.5} \times 4^2 - 10 \times 9.8 = 222N$

16 (B) 。$72km/hr = \dfrac{72 \times 1000m}{3600\sec} = 20m/s$　∴$F_n = \dfrac{mV^2}{r} = \dfrac{1000 \times (20)^2}{100} = 4000$牛頓

17 (B) 。60轉$/$分$= \dfrac{60 \times 2\pi}{60\sec}rad = 2\pi\ rad/s$　$F_n = T = mr\omega^2 = 2 \times 0.5\ (2\pi)^2 = 4\pi^2$牛頓

18 (B) 。$F_n = f$，$\dfrac{mV^2}{r} = \mu N = \mu mg$　∴$r = \dfrac{V^2}{\mu g} = \dfrac{9.8^2}{0.5 \times 9.8} = 19.6m$

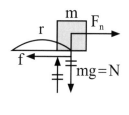

19 (B) 。$V = \sqrt{2gh} = \sqrt{2g\ (2r)} = \sqrt{4gr}$

$T = mg + F_n = mg + \dfrac{m\ (4gr)}{r} = 5mg$

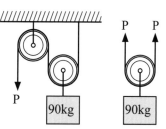

20 (C)　　**21 (C)**

22 (C) 。等速運動為平衡，$2P = 90kg$
∴$P = 45kg = 45 \times 9.8 = 441$牛頓

23 (A) 。$\Sigma F = ma$　$300g - T = 300 \times a \cdots ①$
$T - (0.25 \times 200g) = 200 \times a \cdots ②$

$① + ②$　$250g = 500a$　∴$a = \dfrac{1}{2}g$

$V^2 = V_0^2 + 2as = 0 + 2(\dfrac{1}{2}g) \cdot 2$

∴$V = \sqrt{2g}\ m/s$

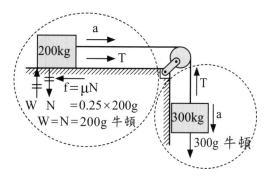

24 (C)。$F = ma$，

$$R - 490 = 50 \times 2 \Rightarrow R = 590N = \frac{590}{9.8} = 60.2kg$$

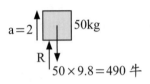

25 (A)。$F_n = mr\omega^2$，$10 = 0.1 \times 1 \times \omega^2$，$\omega = 10rad/s$

P.186 **26 (C)**。$\sum F = ma$

若 $g = 10m/s^2$

$30 = 2 \times a_1$

$a_1 = 15m/s^2$

由 $\sum F = ma$

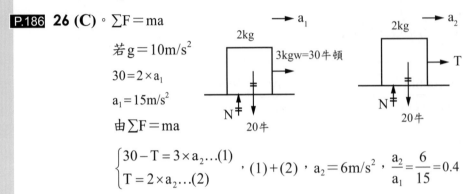

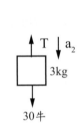

$$\begin{cases} 30 - T = 3 \times a_2 \ldots(1) \\ T = 2 \times a_2 \ldots(2) \end{cases}$$，$(1)+(2)$，$a_2 = 6m/s^2$，$\dfrac{a_2}{a_1} = \dfrac{6}{15} = 0.4$

27 (D)。最高點不落下，$mg = F_n = \dfrac{mV_1^2}{r}$　$\therefore V_1 = \sqrt{gr}$

由 總機械能 = 位能$_1$ + 動能$_1$ = 位能$_2$ + 動能$_2$

$$mg(2r) + \frac{1}{2}m(\sqrt{gr})^2 = 0 + \frac{1}{2}mV_2^2 \quad \therefore V_2 = \sqrt{5gr}$$

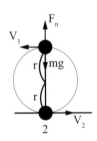

28 (A)。由 $\sum F = ma$ $\begin{cases} 200 - T_2 = 20 \times a \ldots(1) \\ T_2 - T_1 - 60 - 20 = 10 \times a \ldots(2) \\ T_1 - 60 - 20 = 10 \times a \ldots(3) \end{cases}$

$(1)+(2)+(3)$：$40 = 40a$　$\therefore a = 1$，代入(3)，$T_1 - 80 = 10 \times 1$　$\therefore T_1 = 90$牛頓

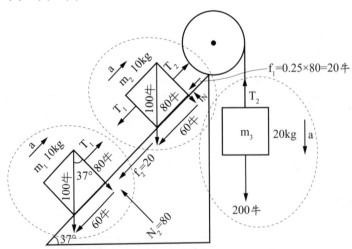

29 (A)。$f=\mu N=0.4\times10=4$牛頓$=ma=1\times a$

$\therefore a=4m/s^2$

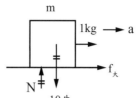

30 (A)。$\sum F=ma$

$F-3=3\times4$

$\therefore F=15$牛頓

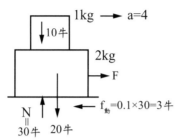

31 (C)。香蕉平衡$T=120$牛頓

猴子：$\sum F=ma$，$T-100=10a$

$120-100=10a$　$\therefore a=2m/s^2$

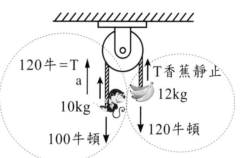

187 **32 (C)**。當重量與離心力之合力與接觸面垂直時車子不打滑

$$\therefore \tan\theta=\frac{F_n}{mg}=\frac{h}{d}=\frac{\dfrac{mV^2}{r}}{mg}=\frac{V^2}{gr}$$

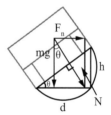

$$\therefore 外軌超高量h=\frac{V^2}{gr}\times d（d為兩輪間距離）$$

$$72km/hr=20m/s\quad \therefore h=\frac{(20)^2\times1.6}{10\times200}=0.32m$$

33 (C)。$R=0$　$\therefore$與地面剛好不接觸　$\therefore F_n=mg=\dfrac{mV^2}{r}$

$$\therefore V=\sqrt{gr}=\sqrt{10\times250}=50m/s$$

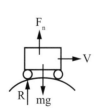

34 (B)。$72km/hr = 20m/s$，$mg = F_n + R$

$$1000 \times 10 = \frac{1000(20)^2}{250} + R \quad \therefore R = 8400 牛頓$$

35 (D)。

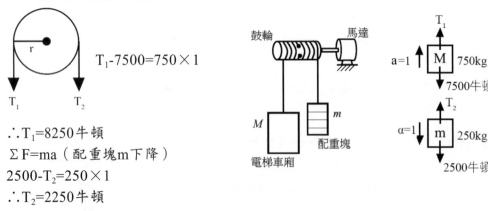

$$F_n = \frac{mV^2}{r} = \frac{15000 \times (20)^2}{100} = 60000 牛頓$$

$$f_大 = \mu N = 0.8 \times 150000 = 120000 > 60000$$

$$\therefore 車子不打滑$$

$$\sum M_A = 0，60000 \times h = 150000 \times 1，h = 2.5m$$

36 (A)。$r = \frac{1}{2}L = \frac{1}{2}(5\sqrt{3})$，$\frac{F_n}{1} = \frac{mg}{\sqrt{3}} = \frac{mr\omega^2}{1}$，$\frac{m \times 10}{\sqrt{3}} = \frac{m(\frac{1}{2}5\sqrt{3})\omega^2}{1}$

$$\therefore \omega = \sqrt{\frac{4}{3}} \ rad/s$$

37 (D)。$\sum F = ma$（M物體上升）

$T_1 - 7500 = 750 \times 1$

$\therefore T_1 = 8250 牛頓$

$\sum F = ma$（配重塊m下降）

$2500 - T_2 = 250 \times 1$

$\therefore T_2 = 2250 牛頓$

$r = 300mm = 0.3m$

力矩 $= T_1 \cdot r - T_2 \cdot r = (T_1 - T_2) \cdot r = (8250 - 2250) \times 0.3 = 1800 N\text{-}m$

第八章　功與能

8-1　功、功率及其單位

一、功

189 **即時演練 1**

$W = (F \cdot \cos\theta) \times S = 100(\cos 60°) \times 5$
　　$= 250(N \cdot m) = 250$ 焦耳

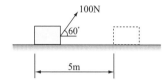

190 **即時演練 2**

$a = g\sin\theta = 10\sin 30° = 5 m/s^2$

$S_1 = V_0 t + \dfrac{1}{2}at^2 = 0 + \dfrac{1}{2} \times 5 \times 1^2 = 2.5 m$　　$\therefore h_1 = \dfrac{S_1}{2} = 1.25 m$

$S_3 = 0 + \dfrac{1}{2} \times 5 \times 3^2 = 22.5 m$　　$\therefore h_3 = \dfrac{S_3}{2} = 11.25 m$

1秒到3秒所做的功＝位能的變化量

$= mgh_3 - mgh_1 = 50 \times 10(11.25 - 1.25) = 5000$ 焦耳（或N-m）

即時演練 3

$\theta = \omega_0 t + \dfrac{1}{2}\alpha t^2 = 0 + \dfrac{1}{2} \times 20 \times 2^2 = 40$ rad，功 $= T \cdot \theta = 50 \times 40 = 2000$ 焦耳

小試身手

91 **1 (D)**。抱（提）東西水平行走作功＝0

2 (B)。 $1kgw \cdot m = 9.8$ 牛 $\cdot m = 9.8$ 焦耳

3 (A)。繩子之張力與運動方向垂直作功＝0

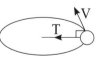

4 (A)。功 $= f \times s = \mu N \times S = \mu(mg\cos\theta)S$

5 (B)。 $f = \mu N = 0.2 \times 100 = 20 = F$

$W = F \times S = 20 \times 10 = 200$ N-m $= 200$ 焦耳

6 (C)。 $\because$F=ma，60=20×a $\therefore$a=3m/s^2　S=V$_0$t+$\dfrac{1}{2}$at^2=$\dfrac{1}{2}$×3×2^2=6m

W=F×S=60×6=360焦耳

7 (D)。 T=Iα，40=20×α $\therefore\alpha$=2 rad/s^2，$\omega=\omega_0+\alpha$t=0+2×60=120 rad/s

8 (B)。 摩擦力所做的功=f×S
=μN×S=0.25×50$\sqrt{3}$×4=50$\sqrt{3}$焦耳

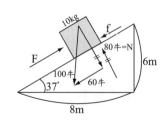

9 (D)。

10 (A)。 $\theta=\omega_0$t+$\dfrac{1}{2}\alpha$t^2=0+$\dfrac{1}{2}$×4×5^2=50 rad，功=T·θ=20×50=1000焦耳

P.192 **11 (A)**。 W=F×S cosθ=10×10×cos30°=10×10×$\dfrac{\sqrt{3}}{2}$=50$\sqrt{3}$牛頓-米(焦耳)

12 (A)。 舉高所作的功=位能=mgh=100×5=500焦耳

13 (D)。 功=F·S=ma·S=($\dfrac{98}{9.8}$)×0.2×20=40焦耳，(20cm/s^2=0.2m/s^2)

14 (B)。 (1)當光滑平面時，F=60N物體可以等速上升
力量作功=F·S=60×10=600焦耳
(2)考慮摩擦係數μ=0.5時，f=μN=0.5×80=40牛頓
$\therefore$F=f+60=100牛頓
力量作功=F·S=100×10=1000焦耳
兩種差=1000-600=400焦耳
(3)摩擦力作功=f·S=40×10=400焦耳

二、功率及單位

P.193 **即時演練 1**

v=72km/hr=72×$\dfrac{1000m}{3600\sec}$=20 m/sec，由功率=F×v，100×1000=F×20

$\therefore$F=5000牛頓

即時演練 2

功率=F×r×ω=500×0.05×$\dfrac{(2×240×\pi)}{60}$=628瓦特(r=5cm=0.05m)

■ 小試身手

.194　**1 (B)**　　**2 (B)**

3 (B)。　功率＝F·v，非F·S

4 (A)。　功率 $P = \dfrac{W}{t} = \dfrac{mgh}{t} = \dfrac{20 \times 9.8 \times 4}{10} = 78.4$ 瓦特（註：爬高所做的功＝物體位能）

5 (D)。　功率 $= \dfrac{\text{功}}{\text{時間}} = \dfrac{F \cdot S}{t} = \dfrac{mgh}{t} = \dfrac{400 \times 10}{10} = 400$ 瓦

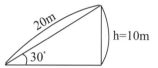

6 (A)。　依題意知：由 $V = 72 km/hr = 20 m/sec$
功率 $= F \cdot V$，$180 \times 1000 = F \times 20$　∴$F = 9000$ 牛頓

7 (C)。　依題意知：由 $P = T \times \omega = T \times \dfrac{2\pi N}{60} = 500 \times \dfrac{2\pi \times 300}{60} = 5000\pi$(瓦特)$= 5\pi$(仟瓦)

8 (A)。　$F = ma \rightarrow 40 = 10 \times a$　∴$a = 4 m/s^2$；$V = V_0 + at = 0 + 4 \times 5 = 20 m/s$；
功率 $= F \cdot V = 40 \times 20 = 800$ 瓦特

9 (B)。　$T = I\alpha$，$200 = I \times 2$　∴$I = 100\ kg \cdot m^2$

8-2　動能與位能

95　**即時演練 1**

$E_K = \dfrac{1}{2} \times 0.2 \times 10^2 = 10$ 焦耳

96　**即時演練 2**

依題意知：$m = 100 kg$，$r = 10 cm = 0.1 m$

$\omega = \dfrac{2\pi \times 60}{60} = 2\pi(rad/sec)$，由圓盤 $I = \dfrac{1}{2}mr^2 = \dfrac{1}{2} \times 100 \times (0.1)^2 = 0.5\ (kg \cdot m^2)$，

又 $E_K = \dfrac{1}{2}I\omega^2 = \dfrac{1}{2} \times 0.5 \times (2\pi)^2 = \pi^2$(焦耳，$N \cdot m$)

即時演練 3

對物體所作功＝物體所增加之位能
$= mgh = 10 \times 9.8 \times (5\sin 30°) = 245$ 焦耳

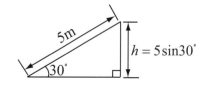

P.197 **即時演練 4**

彈簧被壓縮X之彈性位能 $E_1 = \dfrac{1}{2}kX^2 = W$

彈簧被壓縮2X之彈性位能 $E_2 = \dfrac{1}{2}k(2X)^2 = 4W$，需再作功量 $= 4W - W = 3W$

小試身手

1 (C)　　2 (A)　　3 (B)

4 (A)。$F = K \cdot x$，$20 = K \times 0.1$ ∴$K = 200$牛$/m$，$E = \dfrac{1}{2}K \cdot x^2 = \dfrac{1}{2} \times 200 \times (0.1)^2 = 1$ 焦耳

5 (B)。$E_K = \dfrac{1}{2}m(v^2 - v_0{}^2)$，$240 = \dfrac{1}{2} \times 10(8^2 - v_0{}^2)$，∴$v_0 = 4$ (m/sec)

P.198 **6 (C)**。$a = 40cm/sec^2 = 0.4$ m/sec^2，由$F = ma$，則$F = 20 \times 0.4 = 8$ (N)，
　　　　$E_K = W = F \times S = 8 \times 4 = 32$ $(Joule)$

7 (D)。$F = K \cdot x$，∴$X = \dfrac{F}{K}$，$E = \dfrac{1}{2}kx^2 = \dfrac{1}{2}k\left(\dfrac{F}{k}\right)^2 = \dfrac{F^2}{2k}$

8 (D)。$F = K \cdot x$ ∴$80 = K \cdot 20$ ∴$K = 4$ N/mm（多80N長度縮短20mm）

9 (A)。距地面10m位能$= mgh = 2 \times 9.8 \times 10 = 196$焦耳

10 (A)。自由落體2秒落下距離$= \dfrac{1}{2}gt^2 = \dfrac{1}{2} \times 10 \times 2^2 = 20m$，

　　　　距離地面高度$h = 100 - 20 = 80m$　∴位能$= mgh = 2 \times 10 \times 80 = 1600$焦耳

11 (C)。壓縮2cm(40-38)做功100焦耳，則壓縮4cm(40-36)需做功$100 \times (2^2) = 400$焦
　　　　耳，（由$E = \dfrac{1}{2}kx^2$，E與x^2成正比）∴需再做功量$= 400 - 100 = 300$焦耳

8-3　能量不滅定律

P.199 **即時演練 1**

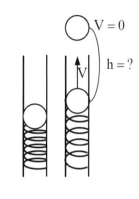

$$2N / mm = \frac{2N}{\frac{1}{1000}m} = 2000 \ N / m \ ，$$

$10cm=0.1m$，10克$=0.01kg$

彈簧位能＝鋼珠位能

$$\frac{1}{2}kx^2 = mgh \ ， \ \frac{1}{2} \times 2000 \times (0.1)^2 = 0.01 \times 10 \times h$$

$\therefore h=100m$

即時演練 2

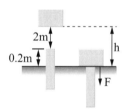

$$mgh = \frac{1}{2}Kx^2 \ , \ 10 \times 9.8(0.29+0.01) = \frac{1}{2}K \times (0.01)^2$$

$\therefore K=588000$ N/m$=588$ N/mm

P.200 **即時演練 3**

位能＝木樁作功

公式$mgh=F \cdot S$

$40 \times 10 \times (2+0.2)=F \times 0.2$

$\therefore F=4400$牛頓

201 **即時演練 4**

$$K=1000N/cm=\frac{1000N}{0.01m}=100000N/m$$

位能＝彈簧彈性位能

$$mgh = \frac{1}{2}Kx^2$$

$$10 \times 10 \left(\frac{S+0.02}{2}\right) = \frac{1}{2} \times 100000(0.02)^2$$

$100(S+0.02)=40$

$S+0.02=0.4$

$\therefore S=0.38m=38cm$

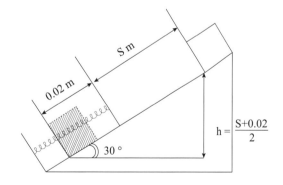

P.202 **即時演練 5**

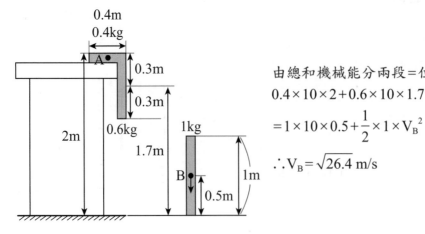

由總和機械能分兩段＝位能$_A$＝位能$_B$＋動能$_B$

$0.4 \times 10 \times 2 + 0.6 \times 10 \times 1.7$

$= 1 \times 10 \times 0.5 + \dfrac{1}{2} \times 1 \times V_B^2$

$\therefore V_B = \sqrt{26.4}$ m/s

小試身手

P.203 **1 (D)**。 ① $E = \dfrac{1}{2}kx^2$ ② 物體所減少之動能＝物體所作之功

2 (D)。 總機械能＝位能$_1$＋動能$_1$＝位能$_2$＋動能$_2$＝固定

3 (A)。 原來位能＝落地後動能＝mgh

4 (A)。 動能＝彈簧位能

$$\dfrac{1}{2}mV^2 = \dfrac{1}{2}kx^2 \quad \therefore x = \sqrt{\dfrac{mV^2}{K}} = \sqrt{\dfrac{m}{K}}\,V$$

5 (A)。 高度位能＝彈簧位能，$mgh = \dfrac{1}{2}kx^2$，$10 \times 9.8 \times 1 = \dfrac{1}{2} \times 4900 \cdot x^2$，$\therefore x = 0.2$m

6 (A)。 $\dfrac{1}{2}Kx^2 = \dfrac{1}{2}mV^2$，$\dfrac{1}{2} \times 1600 \times (0.1)^2 = \dfrac{1}{2} \times 1 \times V^2$ $\therefore V = 4$ m/s

7 (B)。 位能$_A$＋動能$_A$＝位能$_B$＋動能$_B$，$0 + \dfrac{1}{2} \times 4 \times 20^2 = 4 \times 10 \times 10 + \dfrac{1}{2} \times 4 \times V^2$，

$V_2 = 10\sqrt{2}$ m/s

8 (B)。 總機械能＝位能＋動能

9 (B)。 等速⇒動能不變，下降⇒位能變小

P.204 **10 (C)**。動能＝阻力所作的功＝F·S　動能相同，阻力F相同即S相同

11 (C)　　**12 (C)**

13 (C)。總機械能＝位能$_1$＋動能$_1$＝位能$_2$＋動能$_2$＝2位能$_2$，

mg×50＋0＝mgh＋mgh　∴h＝25m

14 (D)。總機械能＝位能$_1$＋動能$_1$＝位能$_2$＋動能$_2$，

$0.5 \times 9.8 \times 10 + \dfrac{1}{2} \times 0.5 \times 10^2 = 0 + 動能_2$　∴動能$_2$＝74焦耳

15 (A)。$F_n = \dfrac{mV^2}{r}$　$\therefore \dfrac{1}{2}mV^2 = 40$　∴$mV^2 = 80$，又$F_n = \dfrac{mV^2}{r} = \dfrac{80}{4} = 20$ 牛頓

16 (D)。位能＝彈簧位能；$mg(4+x) = \dfrac{1}{2} \times 42000 \times x^2 = 200(4+x)$（註mg＝200牛頓）

$105x^2 - x - 4 = 0$，$(21x+4)(5x-1) = 0$　∴x＝0.2m

17 (B)。彈性位能＝物體位能

公式$\dfrac{1}{2}KX^2 = mgh$

彈簧變形總長500mm，原長400mm

伸長100mm＝0.1m，高度h＝10＋0.15＝10.15m

$\dfrac{1}{2}K(0.1)^2 = mgh = 10(10+0.15)$

K＝20300N/m＝20300N/100cm＝203N/cm

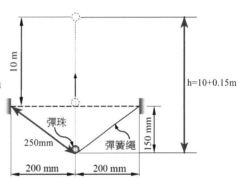

18 (A)。位能$_1$＋動能$_1$＝彈簧位能

$2 \times 10 \times 20 + \dfrac{1}{2} \times 2 \times 10^2 = \dfrac{1}{2} \times 100000 \times x^2$　∴x＝0.1m

8-4　能的損失和機械效率

205 **即時演練**

$機械效率 = \dfrac{輸出功}{輸入功} = \dfrac{動能}{位能} = 0.9$

∴下滑最低點時動能

＝0.9mgh＝摩擦阻力做功＝f·S＝μN·S＝μmg·S

$S = \dfrac{0.9h}{\mu} = \dfrac{0.9 \times 10}{0.1} = 90$ m

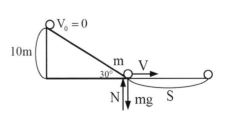

小試身手

P.206

1 (B)。 $\eta = \dfrac{W_\text{出}}{W_\text{入}} = \dfrac{10 \times 9.8 \times 0.5}{30 \times 2} \fallingdotseq 82\%$

2 (A)。 $\eta = \eta_1 \times \eta_2 = 0.7 \times 0.8 = 0.56$

3 (A)。機械效率恆小於1

4 (B)。 $P_\text{出} = 200 \times 9.8 \times 5 = 9.8\text{kW}$; $\eta = \dfrac{P_\text{出}}{P_\text{入}} = 0.8 = \dfrac{9.8}{P_\text{入}}$ $\therefore P_\text{入} = 12.25$

$\therefore$ 損失能量 $= 12.25 - 9.8 = 2.45\text{kW}$

5 (C)。 機械效率 $= \dfrac{輸出功}{輸入功} = \dfrac{末位能}{原來位能} = \dfrac{mg(0.18)}{mg(0.2)} = 90\%$

6 (C)。 $P_\text{輸出} = \dfrac{W}{t} = \dfrac{50000 \times 5}{5} = 50000$ 瓦特 $= 50 \times 1.36$ 馬力 $= 68$ 馬力

機械效率 $= \dfrac{輸出功率}{輸入功率}$, $0.8 = \dfrac{68馬力}{P_\text{輸入}}$ $\therefore P_\text{輸入} = 85$ 馬力

7 (A)。 總機械能 $=$ 位能$_1 +$ 動能$_1 =$ 彈性位能$_2$

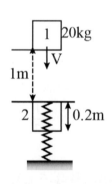

$$mgh + \frac{1}{2}mV^2 = \frac{1}{2}kx^2$$

$$20 \times 10 \times (1 + 0.2) + \frac{1}{2} \times 20 \times V^2$$

$$= \frac{1}{2} \times 44000 \times (0.2)^2 \qquad \therefore V = 8\text{m/s}$$

8 (A)。 由:物體動能 $=$ 彈性位能

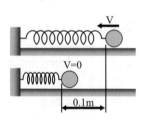

公式: $\dfrac{1}{2}mV^2 = \dfrac{1}{2}Kx^2$, $\dfrac{1}{2} \times 1 \times 5^2 = \dfrac{1}{2}K(0.1)^2$

$K = 2500$ 牛頓／公尺

綜合實力測驗

P.207
1 (D)

2 (C)。功率與時間有關，功與時間無關。

3 (A)。功＝$F \cdot S$＝$ma \cdot S$＝$\dfrac{39.2}{9.8} \times 0.5 \times 10$＝20焦耳（$50\text{cm/s}^2$＝$0.5\text{m/s}^2$）

4 (C)。$\theta = \omega_0 t + \dfrac{1}{2} \alpha t^2 = 0 + \dfrac{1}{2} \times 20 \times 4^2 = 160$ rad ，功＝$T \cdot \theta$＝50×160＝8000焦耳

5 (A)。功＝$F \cdot S \cos\theta$＝$20 \times 10 \cos 30°$＝$100\sqrt{3}$ 焦耳

6 (D)

7 (C)。

豎起所作之功＝位能＝mgh＝$20(\dfrac{4}{2})$＝40焦耳

8 (A)。

功率＝$\dfrac{功}{時間}$＝$\dfrac{mgh}{20}$＝$\dfrac{300 \times 60}{20}$

＝900瓦特＝0.9千瓦

9 (B)。人所作的功＝位能之增加量＝mgh＝$10 \times 9.8 \times 3$＝294焦耳

10 (D)。$P = \dfrac{F \cdot S}{t} = \dfrac{500 \times 10}{5} = 1000$瓦特

11 (C)。d＝200 mm，r＝10 cm＝0.1m，1800 rpm＝$\dfrac{1800 \times 2\pi}{60\,\text{sec}}$ rad＝60π rad/s

功率＝$F \cdot r \cdot \omega$＝$100 \times 0.1 \times 60\pi$＝$600\pi$瓦特

P.208
12 (B)

13 (A)。動能＝摩擦力所作之功，$\dfrac{1}{2}mv^2 = F \cdot S$

$\dfrac{1}{2} \times 20 \times 20^2 = f \times S = f \times 200$

∴f＝20牛頓＝μN＝$\mu(20 \times 10)$　∴μ＝0.1

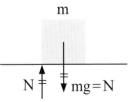

14 (B)。50克總長40cm，80克總長46cm → 30克伸長6cm，10克伸長2cm

→50克伸長10cm　∴原長30cm

15 (B)。功率$=\dfrac{功}{時間}=\dfrac{mgh}{2\times60}=\dfrac{1200\times10\times200}{2\times60}=20000$ 瓦特 $=20kW$

效率$\eta=\dfrac{輸出功率}{輸入功率}=\dfrac{20}{P_入}=0.8$　∴$P_入=25kW$

16 (B)。$\eta=\dfrac{出功}{入功}=\dfrac{30\times9.8\times0.5}{98\times2}=0.75=75\%$

17 (A)。總機械能$=$位能$_1+$動能$_1=$位能$_2+$動能$_2$，$mg\times40+0=$位能$_2+3$位能$_2=4$位能$_2$

$=4mgh_2$　∴$h_2=10m$

18 (A)。機械效率$=\dfrac{輸出之功與能}{輸入之功與能}$

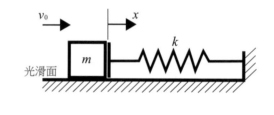

$0.81=\dfrac{彈簧位能}{物體動能}=\dfrac{\dfrac{1}{2}\times450\cdot x^2}{\dfrac{1}{2}\times0.5\times1^2}$

∴$x=0.03m=30mm$

19 (C)。原位能$=mgh=2\times9.8\times20=392$(焦耳)

落下之動能$=\dfrac{1}{2}mV^2=\dfrac{1}{2}\times2\times(16)^2=256$(焦耳)

損耗之能量$=392-256=136$焦耳

20 (C)。位能$=$對木樁做功，$mgh=F\cdot S$

∴$20\times10\times(2+0.2)=F\times0.2$

∴$F=2200$牛頓

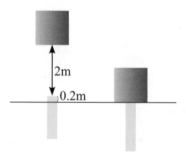

21 (C)。$V=V_0-gt=40-10\times3=10\ m/s$

$E=\dfrac{1}{2}mV^2=\dfrac{1}{2}\times2\times10^2=100$焦耳

22 (D)。$E=\dfrac{1}{2}mV^2-\dfrac{1}{2}mV_0{}^2=\dfrac{1}{2}\times0.02\times(600^2-400^2)=2000$焦耳

由$W=FS$，∴$2000=F\times0.04$，（子彈損失之動能$=$對木頭做功）

∴$F=5\times10^4$牛頓

P.209 **23 (A)**。(1)$a=g\sin\theta=10\sin30°=5$，$s=v_0t+\frac{1}{2}at^2$，$10=\frac{1}{2}\times5t^2$　$\therefore t=2$秒

(2)下滑力所作功＝位能變化量

（若無摩擦損失時）＝$mgh=20\times10\times5=1000$焦耳

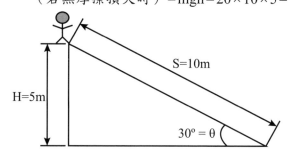

24 (D)。總機械能＝位能$_1$＋動能$_1$＝位能$_2$＋動能$_2$，位能$_2$＝0

$\therefore$動能$_2=0.5\times9.8\times10+\frac{1}{2}\times0.5\times10^2=74$焦耳

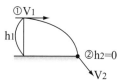

25 (A)。損失動能＝阻力所作之功＝$\frac{1}{2}mV^2=\frac{1}{2}\times(\frac{19.6}{9.8})\times12^2=144$焦耳

26 (C)。$E_1=\frac{1}{2}Kx^2=W$，$E_2=\frac{1}{2}K(2x)^2=4W$，需再做功＝$4W-W=3W$

27 (B)。輸出功率＝$F\cdot V=200\times9.8\times5=9800$瓦＝$9.8$kW

$\eta=\frac{出}{入}$，$0.8=\frac{9.8}{入}$　$\therefore$輸入＝12.25kW，損失功率＝$12.25-9.8=2.45$kW

28 (A)。T與V成垂直　$\therefore$作功＝0

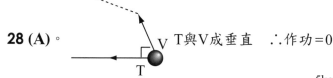

29 (B)。外力做功＝摩力做功＋物體動能

$24\times20=12.4\times20+$物體動能

$\therefore$物體動能＝232焦耳

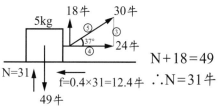

210 **30 (B)**。物體位能＝彈簧位能＋摩擦力做功

公式 $mgh=\frac{1}{2}kx^2+f\cdot s$

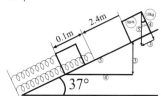

$$h = \frac{3}{5}(2.4+0.1) = 1.5m$$

$$10 \times 9.8(1.5) = \frac{1}{2}K(0.1)^2 + 0.3 \times (\frac{4}{5} \times 98)(2.5)$$

$$K = 17640 \text{ 牛}/m$$

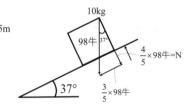

31 (A)。動能$= \frac{1}{2}mV^2$，向心力$F_n = \frac{mV^2}{r}$　$\therefore mV^2 = F_n r$

$\therefore$動能$= \frac{1}{2}(F_n \cdot r) = \frac{1}{2} \times 40 \times 0.05 = 1$焦耳

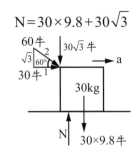

$N = 30 \times 9.8 + 30\sqrt{3}$

32 (B)。由$\sum F = ma$，$30 = 30a$　$\therefore a = 1 \ m/s^2$

$$S = V_0 t + \frac{1}{2}at^2 = 0 + \frac{1}{2} \times 1 \times 4^2 = 8m$$

功$=$力$\times$力方向位移$= 30 \times 8 = 240$焦耳

33 (A)。飛機總機械能$=$位能$_1 +$動能$_1 =$位能$_2 +$動能$_2 = E =$固定
當飛機落下時位能變小，動能變大，但總和不變。

34 (C)。機械效率$= \dfrac{\text{末動能}}{\text{原位能}} = 0.9$，$N = mg$

$\therefore$末動能$= 0.9$位移$=$摩擦力所做的功
$0.9mgh = f \cdot S = (0.1mg) \times S$　$\therefore 0.9 \times 10 - 0.1 \times S$
$\therefore S = 90m$

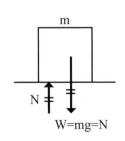

$W = mg = N$

P.211 **35 (D)**。總機械能$=$位能$_P +$動能$_P =$位能$_Q +$動能$_Q =$位能$_M +$動能$_M$

$$0 + \frac{1}{2}m(\sqrt{6gR})^2 = mgR + \frac{1}{2}mV_Q^2 = mg(2R) + \frac{1}{2}mV_M^2$$

$$\therefore 3mgR = mgR + \frac{1}{2}mV_Q^2 = 2mgR + \frac{1}{2}mV_M^2$$

$\therefore$動能$_Q = 2mgR$，動能$_M = mgR$
　$V_Q = \sqrt{4gR}$，$V_M = \sqrt{2gR}$

$\therefore F_{nQ} = \dfrac{mV_Q^2}{R} = \dfrac{m(4gR)}{R} = 4mg$，$F_{nM} = \dfrac{mV_M^2}{R} = \dfrac{m(2gR)}{R} = 2mg$

36 (D)。斜拋水平等速度，鉛直上拋，最高點速度$=$水平速度，最高點有動能。

37 (B)。　在B點不落下　$\therefore mg = \dfrac{mV_B^2}{r}$　$\therefore V_B = \sqrt{gr}$

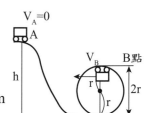

總機械能＝位能$_A$＋動能$_A$＝位能$_B$＋動能$_B$

$mgh + 0 = mg(2r) + \dfrac{1}{2}m(\sqrt{gr})^2$　$\therefore h = 2.5r = 2.5 \times 10 = 25m$

P.212

38 (B)。　直線動能＝$\dfrac{1}{2}mV^2 = \dfrac{1}{2} \times 2 \times 10^2 = 100$焦耳

轉動慣量＝$mK^2 = 2(0.1)^2 = 0.02 kg \cdot m^2$

轉動動能＝$\dfrac{1}{2}I\omega^2 = \dfrac{1}{2}(0.02)(40)^2 = 16$焦耳　$\therefore$總能量＝$100 + 16 = 116$焦耳

39 (C)。　平拋$h = \dfrac{1}{2}gt^2$，$h_2 = \dfrac{1}{2}gt^2$　$\therefore t = \sqrt{\dfrac{2h_2}{g}}$

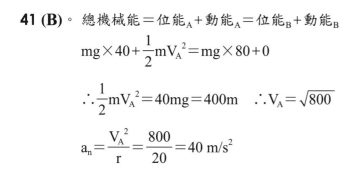

射程R＝水平速度×飛行時間＝$\sqrt{2gh_1} \times \sqrt{\dfrac{2h_2}{g}} = 2\sqrt{h_1 h_2}$

40 (B)。　動能＝位能，$\dfrac{1}{2}mV^2 = mgh$　$\therefore V = \sqrt{2gh}$　$9.8 = \sqrt{2 \times 9.8h}$　$\therefore h = 4.9m$

41 (B)。　總機械能＝位能$_A$＋動能$_A$＝位能$_B$＋動能$_B$

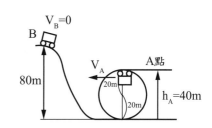

$mg \times 40 + \dfrac{1}{2}mV_A^2 = mg \times 80 + 0$

$\therefore \dfrac{1}{2}mV_A^2 = 40mg = 400m$　$\therefore V_A = \sqrt{800}$

$a_n = \dfrac{V_A^2}{r} = \dfrac{800}{20} = 40 \ m/s^2$

42 (B)。　推力做功＝飛機動能＋空氣阻力做功

$600000 \times 40 = \dfrac{1}{2} \times 50000 \times (20)^2 + F \times 40$　$\therefore F = 350000$牛頓

43 (A)。　$\cos 60° = 0.5$

$1 \times \cos 30° = 1 \times \sin 60° = 0.9$

$h = 0.9 - 0.5 = 0.4m$

$\therefore V = \sqrt{2gh} = \sqrt{2 \times 9.8 \times 0.4} = \sqrt{7.84}$

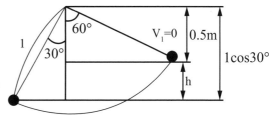

第九章　張力與壓力

9-1　張應力、張應變、壓應力、壓應變及彈性係數

P.214 即時演練 1

$$\sigma_{拉}=\frac{P}{A}=\frac{P}{\frac{\pi d^2}{4}}=\frac{20\pi\times10^3}{\frac{\pi\times20^2}{4}}=200MPa$$

即時演練 2

設寬為b，高為1.5b，$\sigma=\dfrac{P}{A}$，$350=\dfrac{840\times1000}{b\times1.5b}$ $\therefore b=40mm(寬度)$，

高度$=1.5b=60mm$

P.215 即時演練 3

$\sigma=\dfrac{F}{A}$，$\sigma=200$，$A=100$　$\therefore F=20000N=20kN$

$\sum M_A=0$，$12\times4=P\times8$　$\therefore P=6kN$

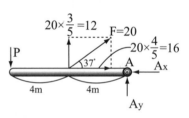

P.216 即時演練 4

$120r.p.m=\dfrac{120\times2\pi\ rad}{60(S)}=4\pi\ rad/s$，$F_n=mr\omega^2=20\times0.1\times(4\pi)^2=32\pi^2牛頓$

$\sigma=\dfrac{F}{A}=\dfrac{32\pi^2}{20}=1.6\pi^2MPa（約15.8MPa）$

P.217 即時演練 5

$\in=\dfrac{\delta}{\ell}=\dfrac{100.02-100}{100}=\dfrac{0.02cm}{100cm}=\dfrac{2}{10000}$

P.219 即時演練 6

$\delta=\dfrac{LP}{EA}=\dfrac{100\pi\times1000\times800}{E\times\dfrac{\pi}{4}(20)^2}=4$　$\therefore E=200\times1000MPa=200GPa$

P.220 **即時演練 7**

(1)三力平衡可圍成一封閉三角形，邊長比＝力量比

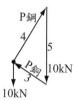

$$\therefore \frac{10}{5}=\frac{P_鋼}{4}=\frac{P_銅}{3} \therefore P_鋼=8kN(拉力)，P_銅=6kN(壓力)$$

(2)$\sigma_鋼=\dfrac{P_鋼}{A_鋼}$，$200=\dfrac{8000}{A_鋼}$　$\therefore A_鋼=40mm^2$，$\sigma_銅=\dfrac{P_銅}{A_銅}$，$50=\dfrac{6000}{A_銅}$

$\therefore A_銅=120mm^2$

(3)$\delta_鋼=\dfrac{P_鋼L_鋼}{E_鋼A_鋼}=\dfrac{8\times4000}{200\times40}=4mm(伸長)$，$\delta_銅=\dfrac{P_銅L_銅}{E_銅A_銅}=\dfrac{6\times3000}{100\times120}=1.5mm(縮短)$

P.221 **即時演練 8**

```
                        δ₁
              1000N→ ┌─────┐ ←1000N
                     C     D
                     └─1m──┘
               δ₂
    3000N→ ┌──────────┐ ←3000N
           B          C
           └───2m─────┘
        δ₃
 6000N→ ┌────┐ ←6000N
        A    B
        └─1m─┘
```

(1)C點移動量$=\delta_2+\delta_3=\dfrac{1}{EA}\left(P_2\ell_2+P_3\ell_3\right)=\dfrac{(-3000\times2000)+(-6000\times1000)}{(200\times1000)\times100}=-0.6mm$

（負表示縮短，即向左偏0.6mm）

(2)總收縮量$\delta=\delta_1+\delta_2+\delta_3=\dfrac{1}{EA}\left(P_1\ell_1+P_2\ell_2+P_3\ell_3\right)$

$=\dfrac{(-3000\times2000)+(-6000)\times1000+(-1000)\times1000}{(200\times1000)\times100}=-0.65mm$ 負表縮短

(3)$\sigma_{BC}=\dfrac{P_{BC}}{A}=\dfrac{-3000}{100}=-30MPa$ 負表壓應力

$\varepsilon_{BC}=\dfrac{\delta_{BC}}{\ell_{BC}}=\dfrac{\dfrac{L_{BC}P_{BC}}{E_{BC}A_{BC}}}{\ell_{BC}}=\dfrac{P_{BC}}{E_{BC}A_{BC}}=\dfrac{-3000}{(200\times1000)100}=-0.00015$

小試身手

22　**1 (B)**　　**2 (D)**　　**3 (D)**　　**4 (B)**　　**5 (A)**　　**6 (A)**　　**7 (B)**

　　8 (A)　　**9 (B)**

P.223 **10 (A)**

11 (A)。 $\dfrac{\delta_A}{\delta_B}=\dfrac{\dfrac{P_A\ell_A}{A_AE_A}}{\dfrac{P_B\ell_B}{A_BE_B}}=\dfrac{\dfrac{P_A}{A_A}}{\dfrac{P_B}{A_B}}=\dfrac{\dfrac{\frac{1}{2}P_B}{4A_B}}{\dfrac{P_B}{A_B}}=\dfrac{1}{8}$ （直徑差2倍，面積差4倍）

12 (A)。 重量集中在中點 $\therefore\delta=\dfrac{W\left(\dfrac{\ell}{2}\right)}{AE}=\dfrac{W\ell}{2AE}$

13 (D)

14 (D)。 $\in=\dfrac{\delta}{\ell}=\dfrac{100.3-100}{100}=\dfrac{0.3}{100}$

15 (A)

16 (C)。 $2.1\times10^6\text{kgf/cm}^2=2.1\times10^6\times9.8\text{N/cm}^2=2.06\times10^7\text{N/cm}^2=2.06\times10^4\text{kN/cm}^2$
$=2.06\times10^7\text{N/100mm}^2=2.06\times10^5\text{N/mm}^2=2.06\times10^5\text{MPa}$
$=2.06\times10^8\text{KPa}=206\text{GPa}$

17 (D)。 $\in=\dfrac{\delta}{\ell}=\dfrac{\dfrac{P\ell}{AE}}{\ell}=\dfrac{P}{AE}=\dfrac{20\pi}{\dfrac{\pi}{4}(10)^2\times100}=0.008$

18 (B)。 (1)考慮伸長量之面積 $\delta=\dfrac{PL}{EA}\therefore A_1=\dfrac{PL}{\delta E}=\dfrac{80\times3000}{4.8\times100}=500\text{mm}^2$

(2)考慮應力之面積 $\sigma=\dfrac{P}{A_2}$ ， $200=\dfrac{80\times1000}{A_2}\therefore A_2=400\text{mm}^2$

面積選大者才安全，所以為500mm²

19 (D)。 $\delta=\dfrac{P\ell}{AE}=\dfrac{40\times1000}{100\times200}=2\text{mm}$ 故 $\ell'=\ell+\delta=1000+2=1002\text{mm}$

P.224 **20 (C)**。 $\delta=\dfrac{LP}{EA}=\dfrac{P}{K}$ （ $\because F=KX\rightarrow P=K\cdot\delta\quad\therefore\delta=\dfrac{P}{K}$ ）， $\dfrac{2}{200000\times0.03}=\dfrac{1}{K}$

$\therefore K=3000\text{N/m}$

21 (C)。$\delta = \dfrac{PL}{AE} = \delta_{鋁} + \delta_{鋼}$

$$= \dfrac{(-80 \times 10^3)700}{200(70 \times 10^3)} + \dfrac{(120 \times 10^3)840}{100(210 \times 10^3)} = -4 + 4.8 = 0.8mm$$

22 (A)。$\delta_{BC} = B點移動量 = 0.2mm$，$\delta_{AB} = 0.8 - 0.2 = 0.6mm$

$$\dfrac{\in_{AB}}{\in_{BC}} = \dfrac{\dfrac{0.6}{400}}{\dfrac{0.2}{500}} = \dfrac{30}{8} = \dfrac{15}{4}$$

23 (C)。總長不變　$\therefore \delta_1 = \delta_2$
（BC縮短量＝CD之伸長量）

$$\dfrac{(F-100) \times 100}{EA} = \dfrac{100 \times 200}{EA}$$

$F - 100 = 200$　$\therefore F = 300N$

9-2　蒲松氏比介紹

226 即時演練

$$蒲松比 \mu = \left| \dfrac{\in_{橫}}{\in_{縱}} \right| = \left| \dfrac{\dfrac{100.04 - 100}{100}}{\dfrac{299.6 - 300}{300}} \right| = 0.3$$

■ 小試身手

27 **1 (C)**

2 (C)。$\mu = \left| \dfrac{\dfrac{b}{D}}{\dfrac{\delta}{\ell}} \right| = \dfrac{b\ell}{D\delta} = \dfrac{a\ell}{(2r)b} = \dfrac{a\ell}{2rb}$，$\left(b = D - D' = 2(r + \dfrac{a}{2}) - 2r = a\right)$

3 (A)。$\delta = \dfrac{PL}{AE} = \dfrac{PL}{(\dfrac{\pi D^2}{4})E} = \dfrac{4PL}{\pi D^2 E}$

4 (D)。 $\mu=\left|\dfrac{\in_{橫}}{\in_{縱}}\right|=\left|\dfrac{\dfrac{b}{D}}{\dfrac{\delta}{L}}\right|=\dfrac{bL}{D\delta}$ $\therefore b=\dfrac{D\mu\delta}{L}=\dfrac{D\mu}{L}\times\dfrac{4PL}{\pi D^2 E}=\dfrac{4\mu P}{\pi DE}$

5 (D)

6 (C)。 $\mu=\left|\dfrac{\in_{橫}}{\in_{縱}}\right|=\left|\dfrac{0.012}{-0.04}\right|=0.3$

7 (C)。 $\delta=\dfrac{PL}{EA}=\dfrac{80\times2000}{100(20\times20)}=4mm$（受拉長度伸長）

$\mu=\left|\dfrac{\dfrac{b}{D}}{\dfrac{\delta}{L}}\right|=\left|\dfrac{bL}{D\delta}\right|\rightarrow0.25=-\dfrac{b\times2000}{20\times4}$ $\therefore b=-0.01mm$（負表收縮）

8 (D)。 $\delta=\dfrac{PL}{EA}=\dfrac{6\times300}{100\times3}=6mm$ ， $\mu=0.3=\dfrac{-\in_{橫}}{\dfrac{\delta}{\ell}}=\dfrac{-\in_{橫}}{\dfrac{6}{300}}$ $\therefore\in_{橫}=-0.006$

9-3 應變的相互影響

P.229 即時演練

$\varepsilon_y=\dfrac{1}{E}\left(\sigma_y-\mu\sigma_x-\mu\sigma_z\right)=\dfrac{[100-0.25(200)-0.25(-100)]}{100\times1000}=0.00075$ ， $\in_y=\dfrac{\delta_y}{\ell_y}$

$\delta_y=\ell_y\varepsilon_y=0.00075\times500=0.375mm$ （註 $\ell_y=50cm=500mm$ ）

小試身手

P.230 **1 (D)**

2 (D)。 當 $\sigma_x=\sigma_y=\sigma_z=\sigma$ 時， $\varepsilon_x=\varepsilon_y=\varepsilon_z=\dfrac{\sigma-\mu(\sigma+\sigma)}{E}=\dfrac{\sigma}{E}(1-2\mu)$

P.231 **3 (D)**。 材料力學應變量採用重疊法即(a)+(b)=(c)，應力、應變、橫向應變、伸長量、體積應變均是

4 (B)。$\varepsilon_x = \varepsilon_y = \varepsilon_z = \varepsilon = \dfrac{\sigma}{E}(1-2\mu)$（當$\sigma_x = \sigma_y = \sigma_z = \sigma$時）

$$\frac{\varepsilon_x}{\varepsilon'_x} = \frac{\dfrac{\sigma(1-2\times0.3)}{E}}{\dfrac{\sigma(1-2\times0.2)}{1.2E}} = \frac{\dfrac{0.4}{1}}{\dfrac{0.6}{1.2}} = 0.8 \quad \therefore \varepsilon'_x = \frac{1}{0.8}\varepsilon_x = 1.25\varepsilon_x$$

5 (B)。$\varepsilon_z = \dfrac{\sigma_z}{E} - \dfrac{\mu}{E}\left(\sigma_x + \sigma_y\right) = \dfrac{-0.25(100+60)}{100\times1000} = \dfrac{-4}{10000}$

6 (B)。$\varepsilon_z = \dfrac{\sigma_z}{E} - \dfrac{\mu}{E}\left(\sigma_x + \sigma_y\right) = \dfrac{-100-0.25(200+200)}{200\times1000} = \dfrac{-1}{1000}$

$\varepsilon = $ —— ，$\dfrac{-1}{1000} = \dfrac{\delta_z}{10} \therefore \delta_z = -0.01\text{cm}$

7 (A)。$\in_x = \dfrac{90}{E} = \dfrac{\sigma_x - 0.2\sigma_y}{E}$，$\in_y = \dfrac{30}{E} = \dfrac{\sigma_y - 0.2\sigma_x}{E}$，解聯立得$\sigma_x = 100$，$\sigma_y = 50$

9-4　容許應力及安全因數

332 即時演練 1

安全因數$n = \dfrac{\sigma_{極限}}{\sigma_{容許}}$　$\therefore \sigma_{容許} = \dfrac{800}{4} = 200\text{MPa}$

$\sigma_{容許} = \dfrac{P}{A}$，$200 = \dfrac{P}{\dfrac{\pi}{4}(120^2 - 80^2)}$　$\therefore P = 400000\pi\text{N} = 400\pi\text{kN}$

333 即時演練 2

(1)$\sigma_{容許} = \dfrac{\sigma_{降伏}}{n} = \dfrac{200}{4} = 50\text{MPa}$ 又 $\sigma_{容許} = \dfrac{P}{A}$ ，$50 = \dfrac{5\pi\times1000}{\dfrac{\pi}{4}d^2}$ ，$d = 20\text{mm}$

(2)$\sigma_{容} = \dfrac{200}{n} = \dfrac{P}{A}$　$\therefore \dfrac{200}{4} = \dfrac{5\pi\times1000}{\dfrac{\pi}{4}d^2}$　$\therefore d = 20\text{mm}$

伸長量$\delta = \dfrac{PL}{AE} = \dfrac{1000\times5\pi}{200\times\dfrac{\pi}{4}(20)^2} = 0.25\text{mm}$

小試身手

1 (D)　　**2 (C)**

3 (D)。　$n=\dfrac{\sigma_{降伏}}{\sigma_{容許}}=\dfrac{200}{100}=2$

4 (B)。　軟鋼為延性材料$n=\dfrac{\sigma_{降伏}}{\sigma_{容許}}=\dfrac{400}{\sigma_{容許}}=5$　$\therefore\sigma_{容許}=80MPa$

5 (A)。　$\sigma_{容許}=\dfrac{7000}{100}=70N/mm^2$　　$\therefore n=\dfrac{\sigma_{破壞}}{\sigma_{容許}}=\dfrac{700}{70}=10$

6 (D)。　$\sigma_{容許}=\dfrac{S}{n}=\dfrac{P}{A}$ 又 $\delta=\dfrac{PL}{AE}=\sigma_{容許}\cdot\dfrac{L}{E}=\dfrac{S}{n}\cdot\dfrac{L}{E}$

7 (C)。　$2.5=\dfrac{250}{\sigma_{容許}}$　$\therefore\sigma_{容許}=100=\dfrac{P}{A}=\dfrac{P}{\dfrac{\pi}{4}(100^2-80^2)}$　$\therefore P=90000\pi N=90\pi kN$

8 (A)。　$\sum F=ma$，$T-20000=2000\times1\therefore T=22000$ 牛頓

　　　$\sigma_\omega=\dfrac{\sigma_y}{n}=\dfrac{P}{A}$，$\dfrac{400}{4}=\dfrac{22000}{A}\therefore A=220mm^2$

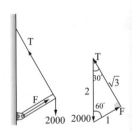

a=1m/sec² 　2000kg

mg=2000×10=20000 牛頓

9 (B)。　$\delta=\dfrac{LP}{EA}=\dfrac{L}{E}\times\sigma_{容許}$，$0.6=\dfrac{300}{100\times1000}\times\sigma_{容許}$　$\therefore\sigma_{容許}=200MPa$

　　　$\therefore n=\dfrac{\sigma_{降伏}}{\sigma_{容許}}=\dfrac{400}{200}=2$

10 (C)。　由三角形法$\dfrac{F}{1}=\dfrac{2000}{2}\therefore F=1000N$

　　　$n=\dfrac{\sigma_{降伏}}{\sigma_{容許}}\therefore\sigma_{容許}=\dfrac{\sigma_{降伏}}{n}=\dfrac{500}{5}=100=\dfrac{F}{A}=\dfrac{1000}{A}$　$\therefore A=10mm^2$

P.234

9-5　體積應變與體積彈性係數

P.235 即時演練 1

設單軸向受力方向為x軸且$\varepsilon_X = \dfrac{1}{1000}$，$\mu = 0.3$，$\sigma_y = \sigma_z = 0$

體積應變 $\varepsilon_V = \varepsilon_X(1 - 2\mu) = \dfrac{1}{1000}(1 - 2 \times 0.3) = 4 \times 10^{-4}$

P.236 即時演練 2

體積應變 $\varepsilon_V = \dfrac{(\sigma_x + \sigma_y + \sigma_z)(1 - 2\mu)}{E} = \dfrac{(500 + 300 - 100)(1 - 2 \times 0.25)}{100 \times 1000} = 0.0035$

$\varepsilon_V = \dfrac{\Delta V}{V} = \dfrac{\Delta V}{20 \times 20 \times 20} = 0.0035$　$\therefore \Delta V = 28\text{mm}^3$（體積增加）

即時演練 3

$\dfrac{K}{E} = \dfrac{5}{6} = \dfrac{1}{3(1 - 2\mu)}\left(\because K = \dfrac{E}{3(1 - 2\mu)} \therefore \dfrac{K}{E} = \dfrac{1}{3(1 - 2\mu)}\right)$，$5 - 10\mu = 2$，$\mu = 0.3$

小試身手

237 **1 (D)**

2 (A)。$\varepsilon_V = \dfrac{(\sigma_x + \sigma_y + \sigma_z)(1 - 2\mu)}{E} = \dfrac{\sigma_x}{E}(1 - 2\mu) = \varepsilon_x(1 - 2\mu) = \dfrac{1}{1000}(1 - 2 \times 0.25) = 5 \times 10^{-4}$

（設受力X軸，則$\sigma_y = 0$，$\sigma_z = 0$）

3 (D)。$\varepsilon_V = \dfrac{(\sigma_x + \sigma_y + \sigma_z)(1 - 2\mu)}{E}$　$\therefore \varepsilon_V = \dfrac{(1 - 2\mu)}{E}[\sigma_x + (-\sigma_x) + 0] = 0$

4 (D)。體積受力後均相同　$\therefore$體積應變$\in_v = 0$

體積應變 $\in_V = \dfrac{(\sigma_x + \sigma_y + \sigma_z)(1 - 2\mu)}{E} = \dfrac{(10 + 30 + \sigma_z)(1 - 2\mu)}{E} = 0$

$\therefore \sigma_z = -40\text{MPa}$

5 (B)。$\varepsilon_V = \dfrac{(\sigma_x + \sigma_y + \sigma_z)(1 - 2\mu)}{E} = \dfrac{(\sigma + \sigma + \sigma)(1 - 2 \times 0.25)}{E} = \dfrac{3\sigma}{2E}$

6 (C)。$K = \dfrac{E}{3(1 - 2\mu)} = \dfrac{240}{3(1 - 2 \times 0.3)} = 200\text{GPa}$

7 (D) 。 $\sigma_x = \dfrac{P_X}{A} = \dfrac{320 \times 10^3}{40 \times 40} = 200 \text{MPa}$ ， $\sigma_z = \dfrac{P_z}{A} = \dfrac{-1600 \times 10^3}{40 \times 100} = -400 \text{MPa}$ ， $\sigma_y = 0$

$$\varepsilon_V = \frac{\Delta V}{V} = \frac{(\sigma_x + \sigma_y + \sigma_z)(1 - 2\mu)}{E} = \frac{(200 + 0 - 400)(1 - 2 \times 0.25)}{1000 \times 10^3} = \frac{-1}{1000} = \frac{\Delta V}{V}$$

$$\frac{-1}{1000} = \frac{\Delta V}{40 \times 40 \times 100} \quad \therefore \Delta V = -160 \text{mm}^3$$

綜合實力測驗

P.238 **1 (A)**　　**2 (D)**　　**3 (B)**

4 (C) 。 $\sigma = \dfrac{P}{A}$ ，A、P均相同 $\rightarrow \sigma$ 相同，但 $\delta = \dfrac{P\ell}{AE}$ ，E不同（材料不同） $\rightarrow \delta$ 不同，

$\varepsilon = \dfrac{\delta}{\ell}$ ， δ 不同， ε 不同。

5 (A) 。 $\sigma_t = \dfrac{P}{A}$ ， $100 = \dfrac{40\pi \times 1000}{\dfrac{\pi}{4}d^2}$

$\therefore d^2 = 1600 \therefore d = 40 \text{mm} = 4 \text{cm}$

6 (B) 。 $\varepsilon = \dfrac{\delta}{\ell} = \dfrac{1}{\ell} \times \dfrac{P\ell}{AE} = \dfrac{P}{AE}$ ，

$\varepsilon_{BC} = \dfrac{400}{500 \times 200} = \dfrac{1}{250}$ （註：$5\text{cm}^2 = 500\text{mm}^2$）

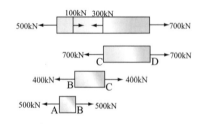

7 (A) 。 $\sigma_{壓} = \dfrac{30\pi \times 1000}{4\left[\dfrac{\pi\left(20^2 - d_{內}^2\right)}{4}\right]} = 100 \therefore d_{內} = 10 \text{mm}$

8 (B) 。 $\delta = \delta_1 + \delta_2 = \dfrac{P_1\ell_1}{A_1E_1} + \dfrac{P_2\ell_2}{A_2E_2} = \dfrac{P\ell}{AE} + \dfrac{2P\ell}{2AE} = \dfrac{2P\ell}{AE}$

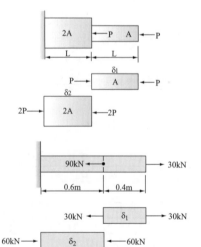

P.239 **9 (B)** 。 $\delta = \delta_1 + \delta_2 = \dfrac{1}{AE}\left(P_1\ell_1 + P_2\ell_2\right)$ ，

$\therefore \delta = \dfrac{30 \times 400 - 60 \times 600}{500 \times 60} = -0.8 \text{mm}$

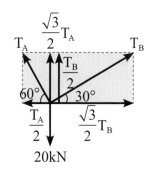

10 (C)。
$$\begin{cases} \dfrac{T_A}{2} = \dfrac{\sqrt{3}}{2}T_B \\ \dfrac{\sqrt{3}}{2}T_A + \dfrac{1}{2}T_B = 20 \end{cases}$$

$T_A = 10\sqrt{3}\,\text{kN}$，$T_B = 10\,\text{kN}$，繩索能承受之張應力為200MPa，求斷面積時，則承受之外力應取大者，故$A = \dfrac{T_A}{\sigma} = \dfrac{10\sqrt{3} \times 1000}{200} = 50\sqrt{3}\,\text{mm}^2$

11 (C)。 $\varepsilon_V = \dfrac{\Delta V}{V} = \dfrac{100 \times 100 \times 100 - 90 \times 90 \times 90}{100 \times 100 \times 100} = -0.271$

12 (B)。 $\delta = \dfrac{LP}{EA} = \dfrac{2000 \times 100}{100 \times 20 \times 20} = 5\,\text{mm}$

$\mu = \dfrac{\dfrac{-b}{D}}{\dfrac{\delta}{\ell}} = \dfrac{-b\ell}{D\delta}$　$\therefore b = \dfrac{-\mu D\delta}{\ell} = \dfrac{-0.25 \times 20 \times 5}{2000} = -0.0125\,\text{mm}$。

13 (B)。 $\mu = \left| \dfrac{\in_t}{\in_\ell} \right| = \left| \dfrac{b\ell}{D\delta} \right| = \left| \dfrac{0.024 \times 200}{100 \times 0.24} \right| = 0.2$

14 (D)。 $\in_z = -\dfrac{\mu\sigma_x}{E} - \dfrac{\mu\sigma_y}{E} = \dfrac{-0.2 \times 400 - 0.2 \times 200}{200 \times 10^3} = -0.6 \times 10^{-3}$

15 (C)。 $\mu = \left| \dfrac{\dfrac{b}{D}}{\dfrac{\delta}{\ell}} \right| = \left| \dfrac{\dfrac{b}{D}}{\dfrac{P\ell}{AE}} \right| = \left| \dfrac{\dfrac{b}{D}}{\dfrac{P}{AE}} \right| = \left| \dfrac{bAE}{DP} \right|$

$\therefore P = \left| \dfrac{bAE}{\mu D} \right| = \dfrac{0.04(\dfrac{\pi \times 10^2}{4}) \times 200 \times 1000}{0.25 \times 10} = 80000\pi\,\text{N} = 80\pi\,\text{kN}$

16 (D)。$\varepsilon_x = \dfrac{\delta_x}{\ell_x} = \dfrac{2.4 \times 10^{-3}}{4} = 0.6 \times 10^{-3} = \dfrac{\sigma}{E}(1-2\mu)$ ，$\varepsilon_x = \dfrac{\sigma_x}{E} - \dfrac{\mu}{E}(\sigma_y + \sigma_z) = \dfrac{\sigma}{E}(1-2\mu)$

$\varepsilon_v = \dfrac{(\sigma_x + \sigma_y + \sigma_z)(1-2\mu)}{E} = \dfrac{3\sigma}{E}(1-2\mu) = 3 \times (0.6 \times 10^{-3}) = 1.8 \times 10^{-3}$

（當 $\sigma_x = \sigma_y = \sigma_z = \sigma$）

P.240

17 (D)。在比例限度內才成正比。

18 (C)。$\sigma_{容} = \dfrac{800}{4} = 200 = \dfrac{P}{A} = \dfrac{P}{400}$ ∴P=80000N=80kN

19 (C)。各軸向應力相同時，$\in_x = \in_y = \in_z = \dfrac{\sigma(1-2\mu)}{E}$ ∴$\in_x : \in_y : \in_z = 1 : 1 : 1$

20 (A)。$\in_x = \in_y = \in_z = \dfrac{\delta_x}{\ell_x} = \dfrac{\delta_y}{\ell_y} = \dfrac{\delta_z}{\ell_z} = \dfrac{\delta_x}{1} = \dfrac{\delta_y}{2} = \dfrac{\delta_z}{3} = x$ ∴$\delta_x : \delta_y : \delta_z = x : 2x : 3x = 1 : 2 : 3$

21 (D)。$\varepsilon_v = \dfrac{(\sigma_x + \sigma_y + \sigma_z)(1-2\mu)}{E} = \dfrac{-(80+80+80)(1-2 \times 0.25)}{200 \times 1000} = -0.0006 = \dfrac{\Delta V}{V}$

$= \dfrac{\Delta V}{50 \times 50 \times 50}$

$\Delta V = -75 \text{mm}^3$ ，$\in_x = \in_y = \in_z = -0.2 \times 10^{-3} = \dfrac{\delta_x}{\ell_x} = \dfrac{\delta_x}{50}$ ∴$\delta_x = -0.01$mm

22 (C)。$\sigma_{容許} = \dfrac{\sigma_{降伏}}{n} = \dfrac{300}{3} = 100$MPa ，$\sigma_{容許} = \dfrac{P}{A}$ ，$100 = \dfrac{P}{10 \times 10}$ ∴P=10000N=10kN

23 (C)。$\in_x = \dfrac{\sigma_x}{E} - \dfrac{\mu}{E}(\sigma_y + \sigma_z) = \dfrac{\delta_x}{\ell_x}$ ∴$\dfrac{1}{E}(240 - \mu \times 40) = \dfrac{0.2}{50}$

$\in_y = \dfrac{\sigma_y}{E} - \dfrac{\mu}{E}(\sigma_x + \sigma_z) = \dfrac{\delta_y}{\ell_y}$ ∴$\dfrac{1}{E}(40 - \mu \times 240) = \dfrac{-0.012}{12}$

∴$\begin{cases} 240 - 40\mu = 0.004E & \cdots ① \\ 40 - 240\mu = -0.001E & \cdots ② \end{cases}$

①×6−②：$240×6−40=0.025E$ ∴$E=56000MPa=56GPa$

②×4+①：$40×4+240−240μ×4−40μ=0$ ∴$μ=0.4$

$$K=\frac{E}{3(1-2μ)}=\frac{56}{3(1-2×0.4)}=93.3GPa$$

24 (C)。體積應變$ε_v=\frac{\Delta V}{V}=\frac{(σ_x+σ_y+σ_z)(1-2μ)}{E}$

（若受力為x軸則$σ_y=σ_z=0$，$ε_x=\frac{σ_x}{E}=0.002$）

$$ε_v=\frac{(σ_x)(1-2μ)}{E}=0.002(1-2×0.25)=0.001$$

∴體積應變$ε_v=0.001=\frac{\Delta V}{V}=\frac{\Delta V}{20×20×20}$，體積增加量$\Delta V=8mm^3$。

25 (D)。由$δ=\frac{Pℓ}{AE}=σ_{容許}×\frac{ℓ}{E}$∴$σ_{容許}=\frac{δE}{ℓ}=\frac{0.4×100×1000}{2000}=20MPa$

安全因數$n=\frac{σ_{降伏}}{σ_{容許}}=\frac{100}{20}=5$

P.241 **26 (C)**。壁厚$20mm$ ∴$d_內=240−2×20=200mm$

$$∈_縱=\frac{-P}{EA}=\frac{-1000π}{100×\frac{π}{4}(240^2-200^2)}=\frac{-1}{400}$$（由$∈_縱=\frac{δ}{ℓ}≒\frac{\frac{Pℓ}{EA}}{ℓ}=\frac{P}{EA}$）

$∈_橫=\frac{-\Delta b}{\Delta D}=-μ∈_縱$，$\frac{\Delta b}{20}=\frac{(-11)}{40}×\frac{(-1)}{440}$ ∴$\Delta b=\frac{1}{80}mm$（受壓力，厚度增加）

27 (D)。$σ_x=\frac{P_x}{A_x}=\frac{24×1000}{10×12}=200MPa$，$σ_y=\frac{P_y}{A_y}=\frac{-50×1000}{50×10}=-100MPa$，$σ_z=0$

$$ε_y=\frac{σ_y}{E}-\frac{μ}{E}(σ_x+σ_z)=\frac{-100-0.25×200}{50×1000}=-0.003$$

$$ε_y=\frac{δ_y}{ℓ_y}→δ_y=ε_y·ℓ_y=-0.003×12=-0.036mm$$

28 (A)。 $\sigma_{容許}=\dfrac{\sigma_{極限}}{n}=\dfrac{1000}{5}=200MPa$ ， $\sigma_{容許}=\dfrac{P}{A}$ ，

$$\therefore 200=\dfrac{200\times1000}{\dfrac{\pi}{4}d^2} \quad \therefore d^2=\dfrac{4000}{\pi} \quad \therefore d=\sqrt{\dfrac{4000}{\pi}}$$

29 (D)。材料在比例限度內，應力和應變成正比。

30 (A)。 $\mu=\left|\dfrac{\in_{橫向}}{\in_{縱向}}\right|=\left|\dfrac{\dfrac{b(寬度變化量)}{D(原來寬度)}}{\dfrac{\delta(長度變化量)}{\ell(原來長度)}}\right| \quad \therefore 0.3=\dfrac{\dfrac{b}{10cm}}{\dfrac{0.2cm}{100cm}}=\dfrac{100b}{2}$

$\therefore b=0.006cm$ ，寬度增加0.006cm $\quad \therefore$ 變形後之寬度$=10+0.006=10.006cm$

P.242 **31 (B)**。 在$\overline{AO}$為比例限度內，$E=\dfrac{\sigma}{\in}=\dfrac{315}{1.5\times10^{-3}}=210000MPa=210GPa$

32 (C)。 蒲松氏比$\mu=\left|\dfrac{\in_t}{\in_L}\right| \quad \therefore \in_t=-\mu\in_L$ ，$\dfrac{b(板厚變化量)}{圓管變形前板厚}=-0.3\times(-0.002)=\dfrac{b}{10}$

$b=0.006mm$（增加），變形後的板厚$=10.006mm$

33 (C)。 無位移即此點的變形量為零

由自由體圖得知，假設距離C點右邊x無位移

$\delta_1=\delta_3$ ，$\dfrac{16\times1}{AE}=\dfrac{10\cdot x}{AE} \quad \therefore x=1.6m$

距離固定端A點長度

$=1+1+1.6=3.6m$無位移產生

P.243 **34 (D)**。 (A) $\in_V=\dfrac{(\sigma_x+\sigma_y+\sigma_z)(1-2\mu)}{E}$

當$\mu=0$，$\in_V$最大，$\mu=\dfrac{1}{2}$時$\in_V=0$，$\triangle V=0$

(B)$K=\dfrac{E}{3(1-2\mu)}$ ，

$\mu=\dfrac{1}{3}$時$K=E$，$\mu=\dfrac{1}{2}$時$K\to\infty$

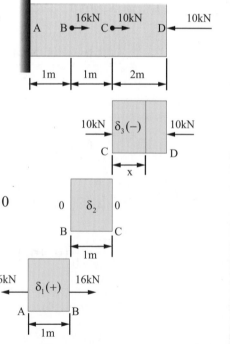

35 (A)。由相似三角形 $\dfrac{\delta}{a}=\dfrac{2\delta}{2a}=\dfrac{3\delta}{3a}$

$\therefore \in_1=\dfrac{\delta}{\ell}$, $\in_2=\dfrac{2\delta}{2\ell}$, $\in_3=\dfrac{3\delta}{3\ell}$

$\therefore \in_1:\in_2:\in_3=1:1:1$

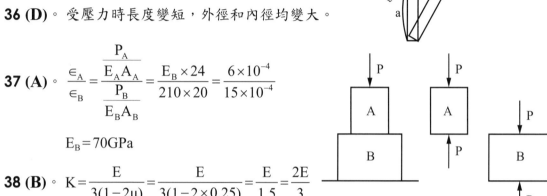

36 (D)。受壓力時長度變短，外徑和內徑均變大。

37 (A)。$\dfrac{\in_A}{\in_B}=\dfrac{\dfrac{P_A}{E_A A_A}}{\dfrac{P_B}{E_B A_B}}=\dfrac{E_B\times24}{210\times20}=\dfrac{6\times10^{-4}}{15\times10^{-4}}$

$E_B=70GPa$

38 (B)。$K=\dfrac{E}{3(1-2\mu)}=\dfrac{E}{3(1-2\times0.25)}=\dfrac{E}{1.5}=\dfrac{2E}{3}$

39 (A)。$K=\dfrac{E}{3(1-2\mu)}$　$120=\dfrac{E}{3(1-2\times0.25)}$　$\therefore E=180GPa$，$V_{球}=\dfrac{4}{3}\pi R^3$

$\in_V=\dfrac{\triangle V}{V}=\dfrac{(\sigma_x+\sigma_y+\sigma_z)(1-2\mu)}{E}$, $\dfrac{\triangle V}{\dfrac{4}{3}\pi(30)^3}=\dfrac{(-100-100-100)(1-2\times0.25)}{180\times1000}$

$\triangle V=-30\pi\ mm^3$

40 (B)。$F=K\cdot X$　$\therefore X=\dfrac{F}{K}$　又$\delta=\dfrac{LF}{AE}$　$\therefore \dfrac{F}{K}=\dfrac{LF}{AE}$　$\therefore K=\dfrac{AE}{L}$

41 (A)。$\Sigma M_A=0$，$2\times2+20\times2.5=2T_2\times4.5$

$T_2=6kN$

$2T_1+2T_2=20+2$

$\therefore T_1=5kN$

車頭T_1伸長量

$\delta_1=\dfrac{PL}{EA}=\dfrac{5\times2\times1000}{200\times100}=0.5mm$

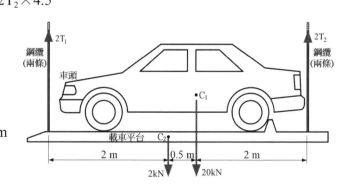

(頁碼標記：2.244)

42 (C)。 受力最大為T_2等於6kN；安全因素$n=\dfrac{\sigma_{降伏}}{\sigma_{容許}}$ 　　$\therefore \sigma_{容許}=\dfrac{360}{3}=120$

$$\sigma_{容許}=\dfrac{P}{A}；120=\dfrac{6000}{A} \quad \therefore A=50mm^2$$

第十章　剪力

10-1　剪應力、剪應變及剪力彈性係數

P.247 **即時演練 1**

$$\tau=\dfrac{P}{A}=\dfrac{6280}{(\dfrac{\pi}{4}\times10^2)\times8}=10(MPa) \quad (一顆鉚釘斷2面，4顆鉚釘共8面)$$

即時演練 2

周長$=\dfrac{\pi D}{2}+\dfrac{\pi D}{2}+75+75=\pi D+150=100\pi+150=464mm$，$\tau=\dfrac{P}{A}$（A＝周長×厚度）

$$\therefore 200=\dfrac{P}{464\times2}\Rightarrow P=185600N=185.6kN$$

P.248 **即時演練 3**

$\sum M_B=0$，$P\times150=1500\times200$　　$\therefore P=2000N$

$\therefore B_x=P=2000N$，$B_y=1500N$

$R_B=\sqrt{B_x^2+B_y^2}=\sqrt{1500^2+2000^2}=2500N$

$\therefore$雙剪：$\tau=\dfrac{P}{A}$

$$\therefore \tau=\dfrac{2500}{2\left[\dfrac{\pi}{4}\times(5)^2\right]}=\dfrac{200}{\pi}MPa \quad (\because 雙剪)$$

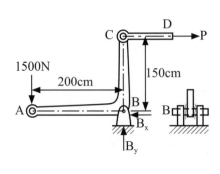

即時演練 4

由$\tau=\dfrac{F}{A}$，$10=\dfrac{F}{鍵寬\times鍵長}=\dfrac{F}{10\times50}$

$F=5000N$，皮帶輪力矩$=(F_{緊}\times r-F_{鬆}\times r)=F\times\dfrac{d}{2}$

$(1000\times250-600\times250)=5000\times\dfrac{d}{2}$　　$\therefore d=40mm$

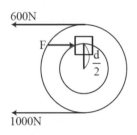

小試身手

P.249 **1 (D)**　　**2 (C)**

3 (C)。$\tau=\dfrac{P}{A}=\dfrac{400\pi\times1000}{2(\dfrac{\pi}{4}\times40^2)}=500\text{MPa}$

4 (B)

5 (D)。$\tau=\dfrac{P}{A}=\dfrac{80\times1000}{100\times80}=10\text{MPa}$，$\gamma=\dfrac{\tau}{G}=\dfrac{10}{80\times1000}=\dfrac{1}{8000}\text{rad}$

P.250 **6 (B)**。$\tau=\dfrac{P}{A}=\dfrac{2000\pi}{2[\dfrac{\pi}{4}\times(20^2)]}=10\text{MPa}$

7 (C)

8 (D)。$\tau=\dfrac{P}{A}=\dfrac{P}{\pi dt}$，$25=\dfrac{P}{\pi\times5\times40}$，$P=5000\pi\text{N}$，$\sigma_{壓}=\dfrac{P}{A}=\dfrac{5000\pi}{\dfrac{\pi}{4}\times(40)^2}=12.5\text{MPa}$

9 (B)。$\gamma=\dfrac{\delta}{\ell}=\dfrac{0.5}{200}=\dfrac{5}{2000}\text{rad}$，$\tau=G\cdot\gamma=80\times1000\times\dfrac{5}{2000}=200\text{MPa}$

10 (A)。$\tau=G\cdot\gamma=(80\times1000)\times0.005=400\text{MPa}$

11 (B)。力矩$=F\times r$，$100=F\times0.04$，$F=2500\text{N}$，$\tau=\dfrac{F}{A}=\dfrac{2500}{10\times100}=2.5\text{MPa}$

10-2　正交應力與剪應力的關係

253 **即時演練 1**

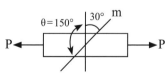

$\sigma_\theta=\dfrac{P}{A}\cos^2\theta=\dfrac{160\times1000}{40\times40}\cos^2150°=75\text{MPa}$

$\tau_\theta=\dfrac{P}{2A}\sin2\theta=\dfrac{160\times1000}{2\ \times(40\times40)}\ \sin(2\times150°)=-25\sqrt{3}\text{MPa}$

$\tau'_\theta=-\tau_\theta=25\sqrt{3}\text{MPa}$，$\sigma_\theta+\sigma'_\theta=\dfrac{P}{A}$，$75+\sigma'_\theta=\dfrac{160\times1000}{40\times40}$　$\therefore\sigma'_\theta=25\text{MPa}$

〈另解〉

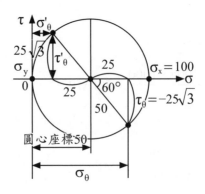

$$\sigma_x = \frac{P}{A} = \frac{160 \times 1000}{40 \times 40} = 100\text{MPa} \quad,\quad \sigma_y = 0$$

$$\tau_\theta = -25\sqrt{3}\text{MPa} \quad,\quad \sigma_\theta = 75\text{ MPa}$$

$$\tau'_\theta = 25\sqrt{3}\text{MPa} \quad,\quad \sigma'_\theta = 25\text{ MPa}$$

P.254 即時演練 2

最大拉應力 $\sigma_{max} = \dfrac{P}{A}$ ， $80 = \dfrac{12000}{A_1}$ $\quad \therefore A_1 = 150\text{mm}^2$

最大剪應力 $\tau_{max} = \dfrac{P}{2A}$ ， $30 = \dfrac{12000}{2A_2}$ $\quad \therefore A_2 = 200\text{mm}^2$

容許的最小斷面積須取較大者才安全200mm^2

P.255 即時演練 3

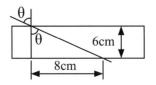

$\cos\theta = \dfrac{3}{5}$ ， $\sin\theta = \dfrac{4}{5}$ ，由 $\tau = \dfrac{P}{2A}\sin 2\theta = \dfrac{P}{2A} \times (2\sin\theta\cos\theta)$

$60 = \dfrac{P}{2(60 \times 60)} \times (2 \times \dfrac{3}{5} \times \dfrac{4}{5})$ ， $P = 450000\text{N} = 450\text{kN}$

小試身手

P.256 1 (B)　　2 (D)　　3 (A)　　4 (B)　　5 (A)

6 (A)。 $\delta = \dfrac{LP}{EA}$ $\quad \therefore \dfrac{P}{A} = \dfrac{\delta E}{L} = \dfrac{0.5 \times 200 \times 1000}{500} = 200\text{MPa}$ （註：0.5m＝500mm）

$$\tau_{max} = \frac{P}{2A} = \frac{1}{2} \times \frac{P}{A} = 100\text{MPa}$$

7 (A)。 $\tau_{max} = \dfrac{P}{2A} = \dfrac{8000}{2(25 \times 4)} = 40\text{MPa}$

8 (B)。 由 $\sigma_{max} = \dfrac{P_t}{A}$ $\quad \therefore P_t = \sigma_t A = 200 \times 80 = 16000\text{N} = 16\text{kN}$ ， 由 $\tau_{max} = \dfrac{P_s}{2A}$

$\therefore P_s = \tau \cdot 2A = 80 \times 2 \times 80 = 12800\text{N} = 12.8\text{kN}$

力量選小者才安全12.8kN

9 (D)。$\sigma_{max} = \dfrac{P}{A_t}$，$150 = \dfrac{60 \times 10^3}{A_t}$　$A_t = 400mm^2$

$\tau_{max} = \dfrac{P}{2A_s}$，$80 = \dfrac{60 \times 10^3}{2A_s}$　$A_s = 375mm^2$

面積選大者才安全　∴A$=400mm^2$

10 (C)。

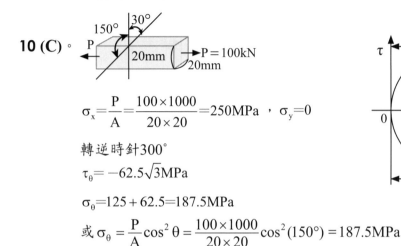

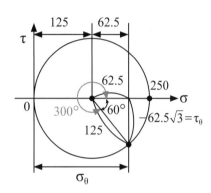

$\sigma_x = \dfrac{P}{A} = \dfrac{100 \times 1000}{20 \times 20} = 250MPa$　，$\sigma_y = 0$

轉逆時針300°

$\tau_\theta = -62.5\sqrt{3}MPa$

$\sigma_\theta = 125 + 62.5 = 187.5MPa$

或 $\sigma_\theta = \dfrac{P}{A}\cos^2\theta = \dfrac{100 \times 1000}{20 \times 20}\cos^2(150°) = 187.5MPa$

11 (B)。同上題 $\tau_\theta = -62.5\sqrt{3}MPa$

（或 $\tau_\theta = \dfrac{P}{2A}\sin 2\theta = \dfrac{100 \times 1000}{2 \times (20 \times 20)}\sin 2(150°) = -62.5\sqrt{3}$ ）

259 即時演練 4

(1) θ角之應力（$\sigma_x = -400$，負表壓應力）

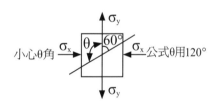

$\sigma_\theta = \dfrac{1}{2}(\sigma_x + \sigma_y) + \dfrac{1}{2}(\sigma_x - \sigma_y)\cos 2\theta$

$= \dfrac{1}{2}(-400 + 200) + \dfrac{1}{2}(-400 - 200)\cos(2 \times 120°) = 50MPa$

$\tau_\theta = \dfrac{1}{2}(\sigma_x - \sigma_y)\sin 2\theta = \dfrac{1}{2}(-400 - 200)\sin(2 \times 120°) = 150\sqrt{3}MPa$

互餘應力：$\sigma_\theta + \sigma_\theta{}' = \sigma_x + \sigma_y$

∴$50 + \sigma_\theta{}' = (-400) + 200$　∴$\sigma_\theta{}' = -250MPa$

$\tau_\theta{}' = -\tau_\theta = -\left(150\sqrt{3}\right) = -150\sqrt{3}MPa$

(2) $\theta=45°$ 剪應力最大

$$\tau_{max}=\left|\frac{1}{2}(\sigma_x-\sigma_y)\right|=\left|\frac{1}{2}(-400-200)\right|=300MPa$$

$$\sigma_{45°}=\frac{1}{2}(\sigma_x+\sigma_y)=\frac{1}{2}(-400+200)=-100MPa$$

〈另解〉

$\tau\theta=300\sin60°=150\sqrt{3}MPa$，$\sigma\theta=50MPa$

半徑$=300=\tau_{max}$，此時$\sigma_{45°}=-100MPa$

$\tau\theta'=-150\sqrt{3}MPa$，$\sigma\theta'=-250MPa$

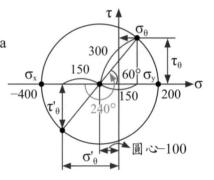

小試身手

P.260 **1 (D)**。 在主平面上剪應力均為0

2 (A)。 σ_{max}與σ_{min}夾90°

3 (C)。 $\tau_{max}=\tau_{45}=\dfrac{\sigma_x \quad \sigma_y}{}$

P.261 **4 (A)**。 主應力可為壓應力或拉應力

5 (B)。 $\tau_{max}=\frac{1}{2}(\sigma_x-\sigma_y)=\frac{1}{2}(200-100)=50\ MPa$

6 (D)。 $\tau_{max}=\frac{1}{2}(\sigma_x-\sigma_y)=\frac{1}{2}[(20)-(-20)]=20\ MPa$

$$\sigma_{45°}=\frac{1}{2}(\sigma_x+\sigma_y)=\frac{1}{2}[(20)+(-20)]=0\ MPa$$

7 (C)。 $\sigma_{45°}=\frac{1}{2}(\sigma_x+\sigma_y)$

8 (B)。 $\sigma_\theta=\frac{1}{2}(\sigma_x+\sigma_y)+\frac{1}{2}(\sigma_x-\sigma_y)\cos2(120°)$

$$=\frac{1}{2}(240-80)+\frac{1}{2}\left[(240-(-80))\right]\cos240°=0$$

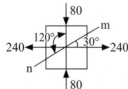

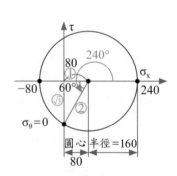

9 (D)。 $\tau_\theta = \dfrac{1}{2}(\sigma_x - \sigma_y)\sin 2\theta$

$\qquad = \dfrac{1}{2}(200 - 120) \times \sin 2 \times 30° = 20\sqrt{3}\,\text{MPa}$

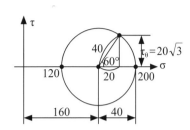

262 即時演練 **5**

$E = \dfrac{P\ell}{A\delta} = \dfrac{10 \times 10^3 \times 1 \times 10^3}{100 \times 100 \times 0.004} = 250 \times 10^3\,\text{MPa} = 250\,\text{GPa}$ ， $\nu = \left|\dfrac{\varepsilon_{橫}}{\varepsilon_{縱}}\right| = \left|\dfrac{\dfrac{-0.0001}{100}}{\dfrac{0.004}{1000}}\right| = 0.25$

$G = \dfrac{E}{2(1+\nu)} = \dfrac{250}{2(1+0.25)} = 100\,\text{GPa}$ ， $E_v = \dfrac{E}{3(1-2\nu)} = \dfrac{250}{3(1-2\times 0.25)} = 166.6\,\text{GPa}$

小試身手

263 **1 (C)**

2 (D)。 純剪 $\sigma_x = -\sigma_y$ ， $\theta = 45°$

3 (A)

4 (C)。 $E_v = \dfrac{E}{3(1-2\mu)} = \dfrac{E}{3(1-2\times 0.3)} = \dfrac{E}{1.2}$ ， $G = \dfrac{E}{2(1+\mu)} = \dfrac{E}{2(1+0.3)} = \dfrac{E}{2.6}$

$\qquad \therefore E > E_v > G$

5 (C)

6 (D)。 $E = \dfrac{P\ell}{A\delta} = \dfrac{20 \times 100}{(100 \times 100) \times (0.001)} = 200\,\text{GPa}$ ， $\nu = \left|\dfrac{\varepsilon_{橫}}{\varepsilon_{縱}}\right| = \left|\dfrac{0.00025 \times 100}{100 \times (-0.001)}\right| = 0.25$

$\qquad G = \dfrac{E}{2(1+\nu)} = \dfrac{200}{2(1+0.25)} = 80\,\text{GPa}$

7 (C)。 $G = \dfrac{E}{2(1+\mu)}$ ， $40 = \dfrac{100}{2(1+\mu)}$ $\quad \therefore 1+\mu = 1.25$ $\quad \therefore \mu = 0.25$

$\qquad K = \dfrac{E}{3(1-2\mu)} = \dfrac{E}{3(1-2\times 0.25)} = \dfrac{100}{1.5} = \dfrac{200}{3}\,\text{GPa}$

8 (C)

9 (D)。 $G = \dfrac{\tau}{\gamma} = \dfrac{5}{0.004} = 1250\,MPa$ ， $G = \dfrac{E}{2(1+\mu)}$ ， $1250 = \dfrac{E}{2(1+0.3)}$ 　　 $\therefore E = 3250\,MPa$

$K = \dfrac{E}{3(1-2\mu)} = \dfrac{3250}{3(1-2\times 0.3)} = 2708\,MPa$

綜合實力測驗

P.264 **1 (C)**　　**2 (C)**

3 (C)。 $G = \dfrac{E}{2\,(1+\mu)}$

4 (D)

5 (C)。 $\tau = \dfrac{P}{\pi dt}$ ， $P = \tau \cdot \pi dt$ ，所以P與d成正比

6 (D)。 單軸向 $\tau_{max} = \dfrac{P}{2A} = \dfrac{1}{2}\left(\dfrac{P}{A}\right)$ 　　　　**7 (B)**

8 (D)。 力量與接觸面垂直，正交應力為最大。

9 (A)。 $G = \dfrac{E}{2(1+\mu)} = \dfrac{E}{2(1+0.2)} = \dfrac{E}{2.4}$ ， $K = \dfrac{E}{3(1-2\mu)} = \dfrac{E}{3(1-2\times 0.2)} = \dfrac{E}{1.8}$

$\therefore E > K > G$

10 (B)。 當 $\sigma = \tau$ 時 θ 為45°

11 (A)。 $\sigma_x = \sigma_y = -10$ ， $\tau_\theta = \dfrac{1}{2}(\sigma_x - \sigma_y)\sin 2\theta = 0$

P.265 **12 (C)**

13 (B)。 $\dfrac{K}{E} = \dfrac{1}{3(1-2\mu)} = \dfrac{5}{6}$ 　　 $\therefore \dfrac{1}{1-2\mu} = \dfrac{5}{2}$ ， $5 - 10\mu = 2$ 　　 $\therefore \mu = 0.3$

$G = \dfrac{E}{2(1+\mu)}$ ， $\dfrac{E}{G} = 2(1+\mu) = 2(1+0.3) = 2.6 = \dfrac{13}{5}$

14 (A)。 剪應力為零。

15 (B)。 $\tau = \dfrac{P}{A} = \dfrac{200\pi \times 10^3}{2(\dfrac{\pi}{4} \times 40^2)} = 250\,MPa$

16 (D)。$(1)\tau=\dfrac{P}{A}=\dfrac{P}{\pi dt}\Rightarrow 200=\dfrac{P}{\pi\times20\times10}$　$\therefore P=40000\pi N=40\pi kN$

(2)壓應力 $\sigma=\dfrac{P}{A_c}=\dfrac{40000\pi}{\dfrac{\pi}{4}(20)^2}=400MPa$

17 (C)。$\tau=\dfrac{P}{A}=\dfrac{100\pi\times1000}{2\left(\dfrac{\pi}{4}\times50^2\right)}=80MPa$

18 (C)。$\tau=G\gamma$，$240=\left(80\times10^3\right)\times\gamma$　$\therefore\gamma=0.003$弧度

19 (A)。$\tau=\dfrac{V}{A}\Rightarrow120=\dfrac{V}{50\times12}$　$\therefore V=72000N$

$P\times1000=72000\times20$　$\therefore P=1440$牛頓

20 (C)。$\tau=\dfrac{P}{2A}\sin2\theta=\dfrac{80\times1000}{2(20\times20)}\sin(2\times15°)=50MPa$

21 (C)

22 (D)。$\sigma=\dfrac{P}{A_t}$，$150=\dfrac{60\times10^3}{A_t}$，$A_t=400mm^2$

$\tau_{max}=\dfrac{P}{2A_s}$，$80=\dfrac{60\times10^3}{2A_s}$，$A_s=375mm^2$　面積選大者$\therefore A=400mm^2$

23 (B)。$(1)\sigma=\dfrac{P}{A}\Rightarrow70=\dfrac{P}{100\times100}$　$\therefore P=700000N=700kN$

(2)由最大剪應力得$\tau_{max}=\dfrac{P}{2A}\Rightarrow30=\dfrac{P}{2\times100\times100}$　$\therefore P=600000N=600kN$

P取小者才安全，故最大拉力為600kN

24 (C)。$G=\dfrac{E}{2(1+\mu)}$，$40=\dfrac{100}{2(1+\mu)}$　$\therefore1+\mu=1.25$　$\therefore\mu=0.25$

$K=\dfrac{E}{3(1-2\mu)}=\dfrac{100}{3(1-2\times0.25)}=\dfrac{100}{1.5}=\dfrac{200}{3}GPa$

25 (A)。$\delta=\dfrac{P\ell}{AE}$　$\therefore\dfrac{P}{A}=\dfrac{\delta E}{\ell}=\dfrac{0.4\times100\times1000}{50\times10}=80MPa$，$\tau_{max}=\dfrac{P}{2A}=\dfrac{1}{2}\times\dfrac{P}{A}=40MPa$

26 (B)。 $\sigma_\theta + \sigma_\theta' = \sigma_x + \sigma_y$ 　 $\therefore \sigma_\theta' = \sigma_x + \sigma_y - \sigma_n$

27 (A)。 $\tau_{45°} = \dfrac{1}{2}(\sigma_x - \sigma_y) = \dfrac{1}{2}(-\sigma_y - \sigma_y) = -\sigma_y = \sigma_x$

28 (A)。 $\dfrac{K}{E} = \dfrac{2}{3} = \dfrac{1}{3(1-2\mu)}$ 　 $\therefore 2 - 4\mu = 1$ 　 $\therefore \mu = 0.25$，$G = \dfrac{E}{2(1+\mu)}$，

$\therefore \dfrac{E}{G} = 2(1+\mu) = 2.5 = \dfrac{5}{2}$

29 (C)。 θ 用 $135°$，$\tau_\theta = \dfrac{1}{2}(\sigma_x - \sigma_y)\sin 2\theta$

$= \dfrac{1}{2}(-200 - 200)\sin(2 \times 135°) = 200\,\text{MPa}$

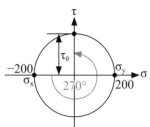

P.267 **30 (A)**。

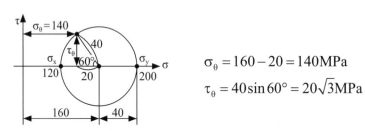

$\sigma_\theta = 160 - 20 = 140\,\text{MPa}$

$\tau_\theta = 40\sin 60° = 20\sqrt{3}\,\text{MPa}$

31 (C)。 $G = \dfrac{E}{2(1+\mu)} = \dfrac{E}{2(1+0.3)} = \dfrac{E}{2.6}$

32 (D)。 由 $\sum F_x = 0$ 　 $\therefore V = 0$

33 (A)。 $\delta = \dfrac{PL}{AE}$ 　 $\therefore \dfrac{P}{A} = \dfrac{\delta E}{L} = \dfrac{0.05 \times 200 \times 1000}{50} = 200\,\text{MPa}$

而 $\tau_{\max} = \dfrac{P}{2A} = \dfrac{1}{2} \times 200 = 100\,\text{MPa}$

34 (B)。 $\tau(\text{N/m}^2) = \dfrac{F\,(\text{N})}{A\,(\text{m}^2)} = \dfrac{F}{\pi D \cdot \ell} = \dfrac{100}{\pi \times 0.05 \times 0.1} = \dfrac{100000}{5\pi} = \dfrac{20000}{\pi} = 6366\,\text{N/m}^2$

35 (D)。(1)板之最大張應力：

$$\sigma_{拉}=\frac{P}{A}=\frac{P}{(b-nd)t}=\frac{35\pi\times1000}{(120-4\times20)\times20}=43.75\pi \text{ MPa}$$

(2) 鉚釘與板間之壓應力：（鉚釘壓力面積＝n×直徑×板厚）

$$\sigma_{壓}=\frac{P}{A}=\frac{P}{ndt}=\frac{35\pi\times1000}{7\times20\times20}=12.5\pi \text{ MPa}$$

(3) 鉚釘之剪應力：

$$\tau=\frac{P}{A}=\frac{P}{n(\frac{\pi}{4}d^2)}=\frac{35\pi\times1000}{7\times\frac{\pi}{4}\times20^2}=50\text{MPa}$$

P.268 **36 (B)**。(1)依板之張應力計算：

$$\sigma_t=\frac{P_t}{A}=\frac{P_1}{(b-nd)t}\quad 60=\frac{P_t}{(100-2\times25)\times20}\quad P_t=60000\text{N}=60\text{kN}$$

(2)依鉚釘與板間之壓應力計算：（鉚釘壓力面積＝n×直徑×板厚）

$$\sigma_c=\frac{P_c}{A}=\frac{P_c}{ndt}\quad 80=\frac{P_c}{2\times25\times20}\quad P_c=80000\text{N}=80\text{kN}$$

(3)依鉚釘之剪應力計算：

$$\tau==\frac{P_s}{A}=\frac{P_s}{2n(\frac{\pi}{4}d^2)}\quad \frac{100}{\pi}=\frac{P_s}{2\times2\times\frac{\pi}{4}(25)^2}\quad P_s=62500\text{N}=62.5\text{kN}$$

為求安全起見，負荷應取三者中最小的P＝60kN

37 (D)。x軸受力最大，為最大變形量方向，$\in_x=\dfrac{\sigma_x-\mu(\sigma_y+\sigma_z)}{E}=\dfrac{\sigma}{E}$

$$\therefore 120-0.25(40+0)=\sigma=110\text{MPa}$$

38 (A)。$G=\dfrac{E}{2(1+\mu)}$，當$\mu=0$，$G=\dfrac{E}{2}$　$\therefore E=2G$，當$\mu=0.5$，$G=\dfrac{E}{3}$

$$\therefore E=3G\quad \therefore 2G<E<3G$$

39 (A)。純剪為$\sigma_x=-\sigma_y$且$\theta=45°$

(A)。錯，要$\sigma_x=-\sigma_y$才有可能純剪

(B)。$\tau_{max}=\dfrac{1}{2}(\sigma_x-\sigma_y)=\dfrac{1}{2}[(160)-(-120)]=140\text{MPa}$

(C)。$\sigma_{max}=160MPa$

(D)。$\sigma_\theta+\sigma_\theta'=\sigma_x+\sigma_y=160+(-120)=40MPa$

40 (B)。$\sigma_\theta=\dfrac{P}{A}\cos^2\theta=\dfrac{(-800\times1000)}{100\times100}\cos^2(120°)=-20MPa$

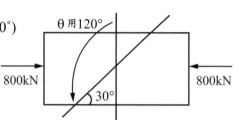

$$\tau_\theta=\dfrac{P}{2A}\sin2\theta=\dfrac{1}{2}\times\dfrac{(-800\times1000)}{100\times100}\times\sin(2\times120°)$$

$$=(-40)\times(-\dfrac{\sqrt3}{2})=20\sqrt3MPa$$

41 (B)。$\tau=\dfrac{P}{A}=\dfrac{120\times1000}{40\times60}=50MPa$

42 (B)。剪應力$\tau=\dfrac{P}{A}$，A=周長×板厚

$$300=\dfrac{P}{(8\times50)\times3}\quad P=360\times1000N=360kN$$

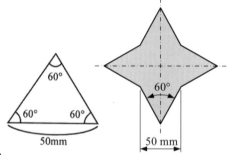

43 (D)。每個鉚釘可受剪應力$\tau=\dfrac{F}{A}$，$\dfrac{400}{\pi}=\dfrac{F}{\dfrac{\pi}{4}(20)^2}$ $\therefore F=40000N$

力矩$=4F\times r=4\times40000\times0.2=32000N\text{-}m$

第十一章　平面之性質

11-1　慣性矩和截面係數

小試身手

1 (C)　　**2 (A)**　　**3 (D)**　　**4 (B)**

11-2　平行軸定理與迴轉半徑

即時演練

$I_s=I_{形心}+A\cdot L^2$，$I_a=I_{形心}+8\cdot3^2=160$ $\therefore I_{形心}=88cm^4$

$I_b=I_{形心}+A\cdot L^2=88+8\times5^2=288cm^4$ $I_b=A\cdot K_b^2$，$288=8K_b^2$ $\therefore K_b=6cm$

小試身手

1 (A)　　　**2 (D)**

3 (C)

4 (D)。 $I = AK^2 = 15 \times 2^2 = 60 \text{ cm}^4$

5 (B)。 $I_S = I_{形心} + A \times L^2 = 200 + 50 \times 2^2 = 400 \text{ cm}^4$

6 (D)。 $I_{形心} = A \times K^2 = 100 \times 10^2 = 10000 \text{ mm}^4$

$\quad\quad\quad I_S = I_{形心} + A \cdot L^2 = 10000 + 100 \times (20)^2 = 50000 \text{ mm}^4$

7 (D)

8 (B)。 $I_S = I_{形心} + AL^2 = 240 + 60 \times 2^2 = 480 \text{cm}^4$ ， $K = \sqrt{\dfrac{I}{A}} = \sqrt{\dfrac{480}{60}} = \sqrt{8} = 2\sqrt{2} \text{ cm}$

11-3　極慣性矩的認識

即時演練

$J = I_x + I_y = 90 + 160 = 250 \text{cm}^4$ ， 又 $J = A \cdot K_J^2$ ， $250 = 10 \times K_J^2$ ∴ $K_J^2 = 25$ ∴ $K_J = 5 \text{cm}$

小試身手

1 (B)

2 (C)。 $J = I_x + I_y = 300 + 400 = 700 \text{mm}^4$

3 (C)。 $J = I_x + I_y$ ， $AK_J^2 = AK_x^2 + AK_y^2$ ∴ $K_J^2 = K_x^2 + K_y^2 = 3^2 + 4^2 = 25$ ∴ $K_J = 5 \text{cm}$

11-4　簡單面積之慣性矩與組合面積之慣性矩

一、簡單面積之慣性矩

即時演練

$(1) I_x = \dfrac{bh^3}{12} = \dfrac{12 \times 4^3}{12} = 64 \text{cm}^4$

$(2) Z_x = \dfrac{I}{y} = \dfrac{64}{2} = 32 \text{cm}^3$

$(3) I_x = A \cdot K_x^2$ ， $64 = (4 \times 12) K_x^2$ ∴ $K_x = \sqrt{\dfrac{4}{3}} \text{ cm}$

小試身手

P.279

1 (B)。 $K_{圓形形心} = \dfrac{d}{4} = \dfrac{100}{4} = 25mm$

2 (D)。 $I_{半圓(底)} = \dfrac{1}{2} \times \dfrac{\pi d^4}{64} = \dfrac{\pi d^4}{128}$

3 (A)。 $I_{\triangle(底)} = \dfrac{bh^3}{12}$

4 (B)。 $I_{矩形(通過邊長)} = \dfrac{bh^3}{3} = \dfrac{ab^3}{3}$

5 (A)。 $J = I_x + I_y = \dfrac{\pi d^4}{64} + \dfrac{5\pi d^4}{64} = \dfrac{3}{32}\pi d^4 = \dfrac{3}{32}\pi(2R)^4 = \dfrac{3}{2}\pi R^4$

6 (C)。 $J = I_x + I_y = \dfrac{bh^3}{12} + \dfrac{hb^3}{12} = \dfrac{bh}{12}(h^2 + b^2)$，$(I_{\triangle通過底邊} = \dfrac{bh^3}{12})$

7 (D)。 $J = I_x + I_y = \dfrac{bh^3}{12} + \dfrac{hb^3}{12} = \dfrac{bh}{12}(h^2 + b^2)$

8 (B)。 $Z = \dfrac{I}{y} = \dfrac{\dfrac{bh^3}{12}}{\dfrac{h}{2}} = \dfrac{bh^2}{6}$

P.280

9 (D)。 $I_{正方形心} = A \cdot K^2_{正方形心}$，$\dfrac{a \times a^3}{12} = (a \times a) \cdot K^2_{正方形心}$　$\therefore K_{正方形心} = \dfrac{a}{\sqrt{12}} = \dfrac{a}{2\sqrt{3}}$

10 (A)。 $J = AK_J^2$，$\dfrac{\pi d^4}{32} = \dfrac{\pi d^2}{4} \times K_J^2$　$\therefore K_J = \dfrac{d}{2\sqrt{2}} = \dfrac{r}{\sqrt{2}}$

11 (C)。 $I_x = A \cdot K_x^2$，$\dfrac{bh^3}{3} = bh \cdot K_x^2$　$\therefore K_x = \dfrac{h}{\sqrt{3}} = \dfrac{\sqrt{3}h}{3}$

二、組合面積之慣性矩

即時演練 1

(1) $I_X = I_{X1} - I_{X2} = \dfrac{3 \times 4^3}{12} - \dfrac{2 \times 3^3}{12}$
　　$= 11.5cm^4$

　　$I_Y = I_{Y1} - I_{Y2} = \dfrac{4 \times 3^3}{12} - \dfrac{3 \times 2^3}{12} = 7cm^4$

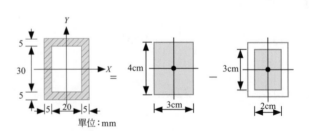

(2)極慣性矩：$J_0 = I_X + I_Y = 11.5 + 7 = 18.5cm^4$

(3)截面係數：$Z_X = \dfrac{I_X}{Y} = \dfrac{11.5}{2} = 5.75cm^3$，$Z_Y = \dfrac{I_Y}{X} = \dfrac{7}{1.5} = 4.67cm^3$

(4)迴轉半徑：$k_x = \sqrt{\dfrac{I_X}{A}} = \sqrt{\dfrac{11.5}{6}}cm$，（$\because A = A_1 - A_2 = 3 \times 4 - 2 \times 3 = 6cm^2$）

$k_Y = \sqrt{\dfrac{I_Y}{A}} = \sqrt{\dfrac{7}{6}}cm$

P.281 **即時演練 2**

$I_x = \dfrac{10 \times 6^3}{12} - \dfrac{\pi \times 4^4}{64} = 180 - 4\pi \ cm^4$

$I_y = \dfrac{6 \times 10^3}{12} - \dfrac{\pi \times 4^4}{64} = 500 - 4\pi \ cm^4$

$J = I_x + I_y = (180 - 4\pi) + (500 - 4\pi) = 654.88cm^4$

P.282 **即時演練 3**

$(24 + 24) \cdot \bar{x} = 24 \times 1 + 24 \times 5$

$\therefore \bar{x} = 3$

$I_y = I_1 + I_2$

$= (\dfrac{12 \times 2^3}{12} + 24 \times 2^2) + (\dfrac{4 \times 6^3}{12} + 24 \times 2^2)$

$= 8 + 96 + 72 + 96 = 272m^4$

小試身手

P.283 **1 (A)**。 $I_{形心}=2(\dfrac{5\times2^3}{12})+\dfrac{2\times12^3}{12}=294.6$

$Z=\dfrac{I}{y}=\dfrac{294.6}{(\dfrac{12}{2})}=49.1cm^3$

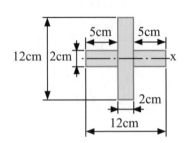

2 (B)。 $I_B=I_1+I_2=\left(\dfrac{9\times4^3}{12}+9\times4\times2^2\right)+\left(\dfrac{4\times6^3}{12}+4\times6\times3^2\right)=480cm^4$

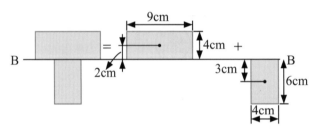

P.284 **3 (C)**。 $I_x=\dfrac{bh^3}{36}=\dfrac{6\times6^3}{36}=36cm^4$，$I_S=I_x+AL^2$

$I_S=36+(\dfrac{6\times6}{2})\times2^2=36+18\times4=108cm^4$

$K_S=\sqrt{\dfrac{I_S}{A}}=\sqrt{\dfrac{108}{18}}=\sqrt{6}cm$

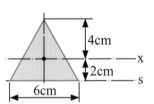

4 (A)。 $I_{\square底}=\dfrac{bh^3}{3}$

$\therefore I=\dfrac{30\times(20)^3}{3}+\dfrac{30(20)^3}{3}+\dfrac{20\times(40)^3}{3}+\dfrac{20(20)^3}{3}=64\times10^4mm$

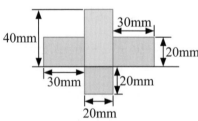

5 (C)。 $J=\dfrac{\pi d_{外}^4}{32}-\dfrac{\pi d_{內}^4}{32}=\dfrac{\pi}{32}(4^4-2^4)=\dfrac{15\pi}{2}cm^4$

6 (D)。 $I=\dfrac{bh^3}{12}$，$I_x=\dfrac{(2b)(\dfrac{h}{2})^3}{12}=\dfrac{1}{4}(\dfrac{bh^3}{12})=\dfrac{1}{4}I$

7 (A)

8 (C)。　$I_x = \dfrac{3 \times 8^3}{4} = 384\text{cm}^4$，$I_y = \dfrac{8 \times 3^3}{4} = 54\text{cm}^4$

$$J = I_x + I_y = 438\text{cm}^4$$

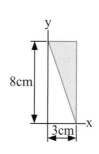

9 (B)。　$I_S = I_1 + I_2 = I_{\triangle 頂點1} + I_{\triangle 底邊2}$

$$= \dfrac{2a \cdot h^3}{4} + \dfrac{ah^3}{12} = \dfrac{7}{12}ah^3$$

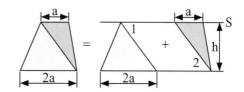

10 (B)。　$I_x = \dfrac{12 \times 15^3}{12} - 2\left(\dfrac{5 \times 10^3}{12}\right) \fallingdotseq 2541\text{mm}^4$

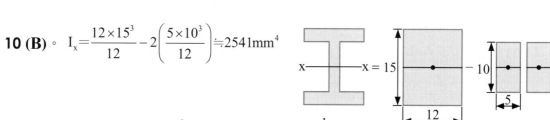

11 (B)。　$I_x = A \cdot K_x{}^2$，$\dfrac{bh^3}{12} = \dfrac{bh}{2} \cdot K_x{}^2$　$\therefore K_x = \dfrac{h}{\sqrt{6}}$

12 (A)。　$I_{形心} = A \cdot K^2_{\Box形心}$，$\dfrac{bh^3}{12} = bh \cdot K^2_{\Box形心}$

$$\therefore K_{\Box形心} = \dfrac{h}{\sqrt{12}}$$

h不變　$\therefore$K相同

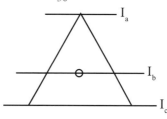

13 (D)。　$I_a = \dfrac{bh^3}{4}$　　$I_b = \dfrac{bh^3}{36}$　　$I_c = \dfrac{bh^3}{12}$

$$I_a : I_b : I_c = \dfrac{bh^3}{4} : \dfrac{bh^3}{36} : \dfrac{bh^3}{12}$$

$$= 9 : 1 : 3$$

14 (C)。　$I_x = I_{矩} - 2I_0$

$$= \dfrac{6 \times 4^3}{12} - 2\left(\dfrac{\pi(2)^4}{64}\right) = 32 - \dfrac{\pi}{2}\text{cm}^4。$$

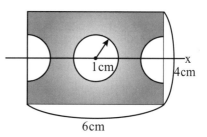

綜合實力測驗

P.286 **1 (C)**。 $I_{\triangle頂}=\dfrac{bh^3}{4}$

2 (C)。 截面係數 $Z_{長方}>Z_{正方}>Z_{圓形}$，慣性矩 $I_{長方(直立)}>I_{正方}>I_{圓形}$

3 (C)。 $Z=\dfrac{I}{y}=\dfrac{\dfrac{a\times a^3}{12}}{\dfrac{a}{2}}=\dfrac{a^3}{6}=A\cdot\dfrac{a}{6}$

4 (A)

5 (C)。 $I_{0相切}=A\cdot K_{0相切}^2$ ， $\dfrac{5}{64}\pi d^4=\dfrac{\pi d^2}{4}\cdot K_{0相切}^2$ $\quad\therefore K_{0相切}=\dfrac{\sqrt{5}}{4}d$

6 (A)。 $I_S=I_{形心}+A\cdot L^2=AK^2$ $\quad\therefore K>L$

7 (B)。 $K_{形心}=\dfrac{d}{4}=\dfrac{200}{4}=50\ mm$

8 (A)。 $J=I_x+I_y=A\cdot K_J^2$ ， $\dfrac{\pi d^4}{64}+\dfrac{5\pi d^4}{64}=\dfrac{\pi d^2}{4}\cdot K_J^2$ ， $\dfrac{6d^2}{16}=K_J^2$ $\quad\therefore K_J=\dfrac{\sqrt{6}}{4}d$

9 (D)。 $I_x=A\cdot K_x^2$ ， $\dfrac{bh^3}{12}=bh\times K_x^2$ $\quad\therefore K_x=\dfrac{h}{\sqrt{12}}$

$I_y=A\cdot K_y^2$ ， $\dfrac{hb^3}{12}=bh\times K_y^2$ $\quad\therefore K_y=\dfrac{b}{\sqrt{12}}$ $\quad\therefore\dfrac{K_x}{K_y}=\dfrac{h}{b}$

10 (B)。 $I_{x1}=\dfrac{bh^3}{3}$ $\quad\therefore\dfrac{I_{x1}}{I_x}=\dfrac{\dfrac{bh^3}{3}}{\dfrac{bh^3}{12}}=4$

P.287 **11 (D)**。 $J=I_x+I_y=\dfrac{1}{4}(\dfrac{\pi d^4}{64})+\dfrac{1}{4}(\dfrac{\pi d^4}{64})=\dfrac{1}{2}\times\dfrac{\pi d^4}{64}=A\cdot K_J^2=\dfrac{1}{4}(\dfrac{\pi d^2}{4})\cdot K_J^2$

$K_J^2=\dfrac{d^2}{8}$ $\quad\therefore K_J=\dfrac{d}{2\sqrt{2}}=\dfrac{r}{\sqrt{2}}=\dfrac{\sqrt{2}}{2}r$

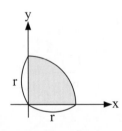

12 (D)。 $\overline{y}=\dfrac{36\times8+24\times3}{36+24}=6$ ，重心距底邊6cm

∴對形心軸b軸慣性矩最小

距b軸最遠的軸為d軸慣性矩最大

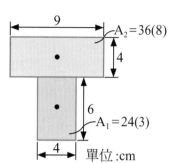

13 (D)

14 (A)。 $I_x=2I_{\triangle底}=2(\dfrac{bh^3}{12})$

$=2\left(\dfrac{12\times6^3}{12}\right)=432cm^4$

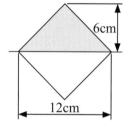

15 (D)。 $I_S=I_{形心}+A\cdot L^2=\dfrac{5\times6^3}{36}+\dfrac{5\times6}{2}\times5^2=405cm^4$

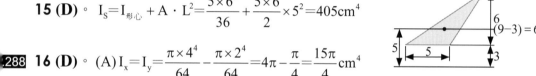

16 (D)。 (A) $I_x=I_y=\dfrac{\pi\times4^4}{64}-\dfrac{\pi\times2^4}{64}=4\pi-\dfrac{\pi}{4}=\dfrac{15\pi}{4}cm^4$

(B) $Z_x=\dfrac{I_x}{y}=\dfrac{\dfrac{15\pi}{4}}{\left(\dfrac{4}{2}\right)}=\dfrac{15\pi}{8}cm^3$

(C) $J=I_x+I_y=\dfrac{15\pi}{4}+\dfrac{15\pi}{4}=\dfrac{15\pi}{2}cm^4$

(D) $J=A\cdot K_J^2$　　$\therefore\dfrac{15\pi}{2}=\dfrac{\pi}{4}\left(4^2-2^2\right)\cdot K_J^2$　　$\therefore K_J=\dfrac{\sqrt{10}}{2}cm$

17 (B)。 $\left(12+8\right)\times\overline{y}=12\times3+8\times1$　　$\therefore\overline{y}=2.2cm$ ， $I=I_a+I_b$

$=\left[\dfrac{2\times6^3}{12}+12\times0.8^2\right]+\left[\dfrac{4\times2^3}{12}+8\times1.2^2\right]=57.9cm^4$

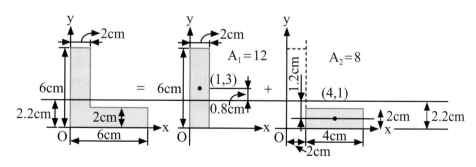

18 (B)。 $J = J_{正方形} - J_{圓形}$

$$= \frac{12^4}{6} - \frac{\pi \times 8^4}{32} \fallingdotseq 3060cm^4$$

12cm   d=8cm

19 (D)。 $I_{矩形形心} = A \times K^2_{矩形形心}$ ， $\frac{bh^3}{12} = bh \times K^2_{矩形形心}$ ∴ $K_{矩形形心} = \frac{h}{2\sqrt{3}}$

20 (A)。 $I_x = I_{1\triangle頂} + I_{2\triangle底} = \frac{a(2a)^3}{4} + \frac{a(2a)^3}{12}$

$$= 2a^4 + \frac{8}{12}a^4 = \frac{8}{3}a^4$$

P.289 **21 (D)**。 $b^2 = \frac{\pi d^2}{4}$ （面積相同）， $\frac{I_{圓}}{I_{正方}} = \frac{\frac{\pi d^4}{64}}{\frac{b \times b^3}{12}} = \frac{\frac{\pi d^2}{4} \times \frac{d^2}{16}}{\frac{1}{12} \times \frac{\pi d^2}{4} \times \frac{\pi d^2}{4}} = \frac{48}{16\pi} = \frac{3}{\pi}$

22 (D) 寬、高均相同，左右移動，不影響慣性矩大小

23 (A)。 $Z_\square = \frac{bh^2}{6} = \frac{Ah}{6} = A \cdot \frac{\pi}{6}$ ， $Z_\bigcirc = \frac{\pi d^3}{32} = \frac{\pi d^2}{4} \times \frac{d}{8} = A \cdot \frac{1}{4}$ ， $\frac{Z_\square}{Z_\bigcirc} = \frac{A \cdot \frac{\pi}{6}}{A \cdot \frac{1}{4}} = \frac{2\pi}{3}$

24 (D)。 $\frac{I_A}{I_B} = \frac{\frac{10 \times 30^3}{12} + \frac{20 \times 10^3}{12} + \frac{10 \times 30^3}{12}}{\frac{20 \times 60^3}{12} + \frac{40 \times 20^3}{12} + \frac{20 \times 60^3}{12}} = \frac{1}{16}$

速解：邊長均差2倍， $I = \frac{bh^3}{12}$ ，

慣性矩差16倍

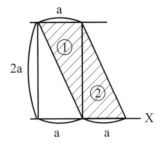

A截面   B截面

第十二章　樑之應力

12-1　樑的種類

即時演練

$\sum M_A = 0$，$1000 \times 5 + 2500 - R_B \times 10 = 0$

$\therefore R_B = 750N\uparrow$，$\sum F_y = 0$，

$R_A + R_B - 1000 = 0$　$\therefore R_A = 250N(\uparrow)$

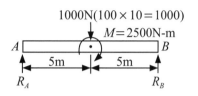

小試身手

1 (B)　　**2 (D)**

3 (B)。$\sum M_A = 0$，$180 \times 3 + 60 \times 4 - R_B \times 6 = 0$

　　　　$\therefore R_B = 130kN(\uparrow)$

　　　　$\sum F_y = 0$，$R_A + R_B = 60 + 180$

　　　　$\therefore R_A = 110kN(\uparrow)$

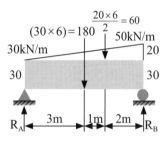

4 (B)。$\sum M_A = 0$，

　　　　$40 \times 3 = R_B \times 5 + 80$

　　　　$\therefore R_B = 8N(\uparrow)$

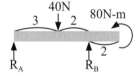

5 (D)。$\sum F_y = 0$，$R_B = 200 + 80$

　　　　$\therefore R_B = 280N(\uparrow)$

　　　　$\sum M_B = 0$，

　　　　$M_B = 200 \times 2.5 + 80 \times 8 + 500 = 1640N\text{-}m$

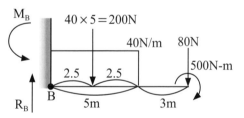

12-2　剪力及彎曲力矩的計算及圖解

即時演練 1

$\sum M_C = 0$

$30 + 60 \times 0.5 + 50 \times 3 = R_B \times 5$

$\therefore R_B = 42 \text{ kN}$

$\sum M_D = 0$，（剖開D點取桿子右邊）

$M_D + 50 \times 1 = 42 \times 3$

$\therefore M_D = 76 \text{ kN} - m$

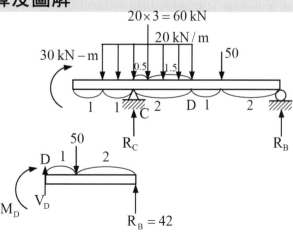

小試身手

P.295 **1 (A)**

2 (A)。

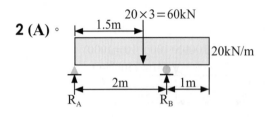

$\sum M_A = 0$ ， $60 \times 1.5 = R_B \times 2$

$\therefore R_B = 45kN$

$R_A + R_B = 60$ ， $\therefore R_A = 15kN$

P.296 **3 (B)**。 B點右側（取桿右邊即不含R_B）

由 $\sum F_y = 0$ ， $V = 20kN$

$\sum M_B = 0$ ， $M + 20 \times 0.5 = 0$

$\therefore M = -10kN-m$

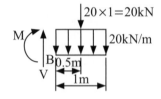

4 (D)。

$\sum M_A = 0$ ，

$50 \times 6 + 60 \times 10 - R_B \times 15 = 0$

$R_B = 60N \uparrow$ ， $R_A = 50N \uparrow$

C點右側（取桿左邊即含C點受力50N）

$\sum F_y = 0$ ，

$V_C + 50 - 50 = 0$

$\therefore V_C = 0$

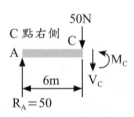

P.299 **即時演練 2**

先求樑支承之反力

$\sum M_D = 0$ ，

$-R_A \times 9 + 30 \times 6 + 60 \times 3 = 0$

$\therefore R_A = 40N(\uparrow)$

$\sum F_y = 0$ ，

$40 - 30 - 60 + R_D = 0$

$\therefore R_D = 50N(\uparrow)$ ， $V_{max} = -50N$ ， $M_{max} = 150N\text{-m}$

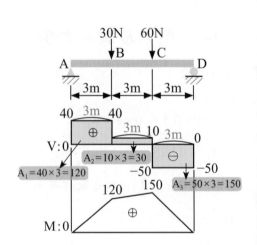

即時演練 3

$\sum M_A = 0$，

$10 \times 2 \times 1 - 50 \times 2 + R_B \times 4 = 0$

$\therefore R_B = 20\text{kN}(\uparrow)$

$\sum F_y = 0$，

$R_A + R_B - 10 \times 2 - 50 = 0$

$\therefore R_A = 50\text{kN}(\uparrow)$

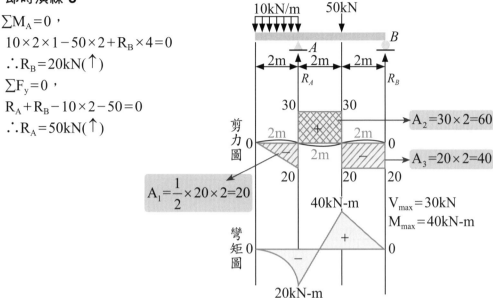

$A_2 = 30 \times 2 = 60$

$A_3 = 20 \times 2 = 40$

$A_1 = \frac{1}{2} \times 20 \times 2 = 20$

$V_{max} = 30\text{kN}$

$M_{max} = 40\text{kN-m}$

剪力圖

彎矩圖

300 即時演練 4

$\sum M_B = 0$，

$R_A \times 10 - 20 \times 12 - 10 \times 12 \times 4 = 0$

$\therefore R_A = 72\text{N}(\uparrow)$

$\sum F_y = 0$，

$R_A + R_B - 20 - 10 \times 12 = 0$

$\therefore R_B = 68\text{N}(\uparrow)$，$5.2x + 4.8x = 10$　$\therefore x = 1$

$5.2x = 5.2\text{m}$，$4.8x = 4.8\text{m}$

$A_1 = \dfrac{52 \times 5.2}{2} = 135.2$，$A_2 = \dfrac{48 \times 4.8}{2} = 115.2$

$V_{max} = 52\text{N}$，$M_{max} = 95.2\text{N-m}$

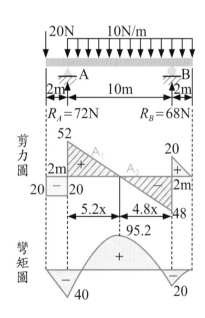

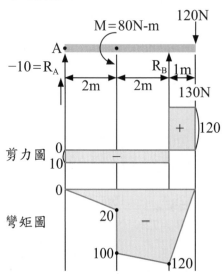

P.301 即時演練 **5**

$M = 300 \times 2 + 100 = 700\text{N-m}$ ↷

$R_A - 300 = 0$ ∴$R_A = 300\text{N}(↑)$

$V_{max} = 300\text{N}$

$M_{max} = 700\text{N-m}$

右圖標示：
$\dfrac{100 \times 6}{2} = 300\text{N}$ 2m

100N-m

$M = 300 \times 2 + 100 = 700\text{N-m}$ A

6m

R_A

300N

剪力圖 0 A − 300

$A = \dfrac{1}{3} \times 6 \times 300 = 600$

100

彎矩圖 700

P.302 即時演練 **6**

M=80N-m 120N

A

$-10 = R_A$ R_B 1m

2m 2m

130N

剪力圖 120

0 +

10 −

彎矩圖 0

20 −

100

120

$\sum M_A = 0$ ，

$80 + R_B \times 4 = 120 \times 5$

∴$R_B = 130\text{N}↑$ ，

由 $\sum F_y = 0$ ， $R_A + R_B = 120$

∴$R_A = -10\text{N}↓$

$V_{max} = 120\text{N}$

$M_{max} = 120\text{N}-\text{m}$

P.304 即時演練 **7**

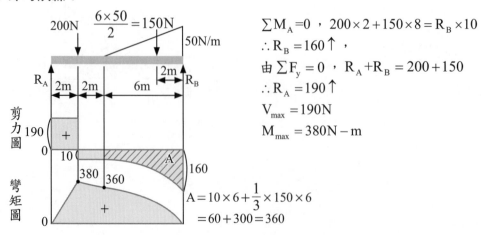

200N $\dfrac{6 \times 50}{2} = 150\text{N}$

50N/m

R_A 2m 2m 6m 2m R_B

剪力圖 190 + 0 10 A 160

彎矩圖 380 360 + 0

$\sum M_A = 0$ ， $200 \times 2 + 150 \times 8 = R_B \times 10$

∴$R_B = 160↑$ ，

由 $\sum F_y = 0$ ， $R_A + R_B = 200 + 150$

∴$R_A = 190↑$

$V_{max} = 190\text{N}$

$M_{max} = 380\text{N}-\text{m}$

$A = 10 \times 6 + \dfrac{1}{3} \times 150 \times 6$

$= 60 + 300 = 360$

小試身手

305 **1 (C)**。一般簡支樑在剪力為零時有彎矩最大。

2 (D)。懸臂樑自由端彎矩為零。

306 **3 (C)**。簡支樑均布 $M_{max} = \dfrac{WL^2}{8}$，懸臂均布 $M_{max} = \dfrac{WL^2}{2}$。

4 (D)

5 (C)。

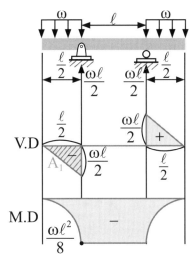

6 (C)。一般簡支樑在剪力$=0$，有彎矩最大值，所以選(C)。

7 (D)

8 (B)。懸臂樑最大彎矩在固定端或力偶之作用點上。

9 (C)。懸臂樑最大彎矩在固定端或力偶之作用點上。

10 (D)。力偶對剪力圖沒有影響。

307 **11 (D)**

12 (D)。

$$A_1 = \frac{1}{2} \times \frac{\ell}{2} \times \frac{W\ell}{2} = \frac{W\ell^2}{8}$$

13 (A) 。

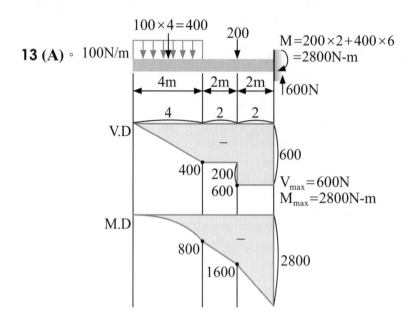

14 (C) 。

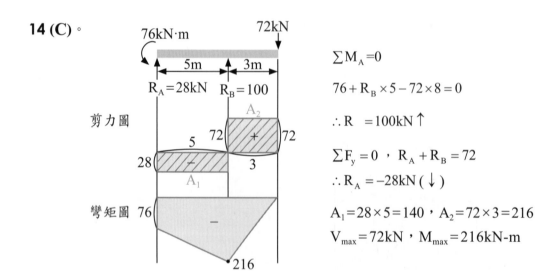

$\sum M_A = 0$

$76 + R_B \times 5 - 72 \times 8 = 0$

$\therefore R = 100kN \uparrow$

$\sum F_y = 0$ ， $R_A + R_B = 72$

$\therefore R_A = -28kN (\downarrow)$

$A_1 = 28 \times 5 = 140$ ， $A_2 = 72 \times 3 = 216$

$V_{max} = 72kN$ ， $M_{max} = 216kN\text{-}m$

15 (A) 。 $\sum M_A = 0$ ， $60 \times 5 = R_C \times 6$ 　 $\therefore R_C = 50N \uparrow$

$\sum M_O = 0$ ， $50 \times 2 = M$ 　 $\therefore M = 100N\text{-}m$

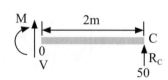

16 (C)。

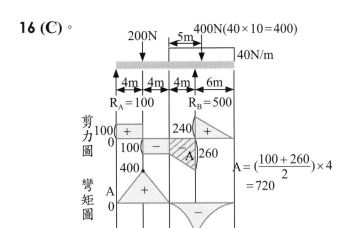

$$\sum M_A = 0 \text{ ，} 200 \times 4 + 400 \times 13 = R_B \times 12$$
$$\therefore R_B = 500N \uparrow \text{ ，}$$
$$由 \sum F_y = 0 \text{ ，} R_A + R_B = 200 + 400$$
$$\therefore R_A = 100N \uparrow$$
$$V_{max} = 260N \quad M_{max} = 720N-m$$

$$A = (\frac{100+260}{2}) \times 4$$
$$= 720$$

308 **17 (A)**。

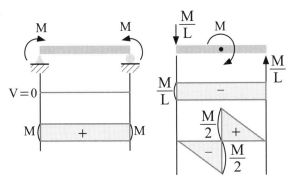

18 (C)。

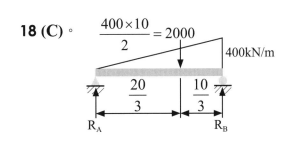

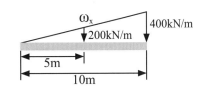

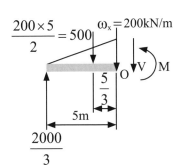

$$\sum M_A = 0 \text{ ，} 2000 \times \frac{20}{3} = R_B \times 10$$

$$R_B = \frac{4000}{3} \uparrow \text{ ，} R_A = \frac{2000}{3} \uparrow \text{ ，} \frac{400}{10} = \frac{\omega_x}{5}$$

$$\therefore \omega_x = 200kN/m \text{ ，} \sum M_O = 0 \text{ ，}$$

$$M + 500 \times \frac{5}{3} = \frac{2000}{3} \times 5$$

$$\therefore M = 2500kN-m$$

19 (D)。

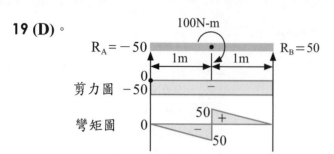

$$\sum M_A = 0 \text{ , } 100 = R_B \times 2$$
$$\therefore R_B = 50\uparrow \text{ , } R_A = -50\downarrow$$

20 (C)。

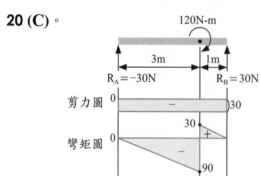

$$\sum M_A = 0 \text{ , } 120 - R_B \times 4 = 0$$
$$\therefore R_B = 30N\uparrow$$
$$R_A + R_B = 0 \quad \therefore R_A = -30N\downarrow$$
$$V_{max} = 30N \quad M_{max} = 90N - m$$

21 (D)。 $\Sigma F_y = 0$, $150 - R_B = 0$, $R_B = 150N\uparrow$

$\Sigma M_B = 0$, $150 \times 3 = M_B + 200$, $M_B = 250N - m$

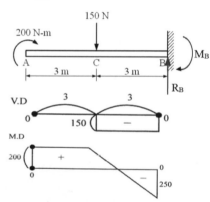

12-3 樑的彎曲應力與剪應力

一、彎曲應力

P.311 **即時演練 1**

$\Sigma M_P = 0$, $1000 \times 0.5 = R_Q \times 1$

$\therefore R_Q = 500N$, $R_P = 500N$

$$\sigma_{max} = \frac{M}{Z} = \frac{125 \times 1000}{\dfrac{120(50)^2}{6}} = 2.5MPa$$

A為均佈$\dfrac{600N}{0.6m} = 1000N/m$，B為均佈$\dfrac{400N}{0.4m} = 1000N/m$

$$M_{max} = \frac{1}{2} \times 500 \times 0.5 = 125N - m$$

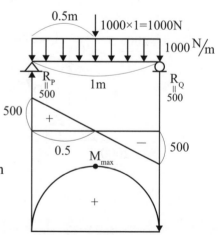

P.312 即時演練 2

懸臂樑均佈負荷固定端 $M_{max} = \dfrac{W\ell^2}{2} = \dfrac{6 \times 3^2}{2} = 27\text{kN-m} = 27 \times 10^6 \text{N-mm}$

$\sigma = \dfrac{My}{I} = \dfrac{27 \times 10^6 \times 40}{\dfrac{(40)(120)^3}{12}} = 187.5\text{MPa}$

即時演練 3

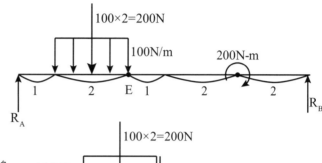

$\sum M_A = 0$，$200 \times 2 + 200 = R_B \times 8$

$\therefore R_B = 75\text{N} \uparrow$

$\sum F_y = 0$，$R_A + R_B = 200$

$\therefore R_A = 125\text{N} \uparrow$，剖面E點取桿子左邊

$\sum M_E = 0$，$M_E + 200 \times 1 = 125 \times 3$

$\therefore M_E = 175\text{N} - \text{m}$

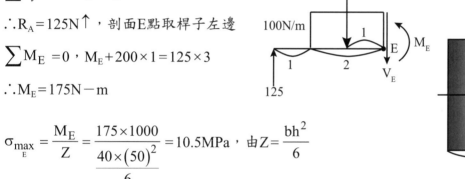

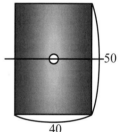

$\sigma_{max_E} = \dfrac{M_E}{Z} = \dfrac{175 \times 1000}{\dfrac{40 \times (50)^2}{6}} = 10.5\text{MPa}$，由 $Z = \dfrac{bh^2}{6}$

小試身手

P.313　1 **(C)**　　2 **(A)**　　3 **(D)**

P.314　4 **(A)**

5 **(D)**。中立面彎曲應力為零。

6 **(B)**。$\sigma_{max} = \dfrac{My}{I} = \dfrac{2\pi \times 10^6 \times (\dfrac{200}{2})}{\dfrac{\pi \times (200)^4}{64}} = 8\text{MPa}$

7 **(D)**。$\sigma_{max} = \dfrac{My}{I} = \dfrac{(PL) \times \dfrac{h}{2}}{\dfrac{bh^3}{12}} = \dfrac{6PL}{bh^2}$

8 (A)。 $\sigma_{max} = \dfrac{My}{I} = \dfrac{(PL) \times \dfrac{d}{2}}{\dfrac{\pi d^4}{64}} = \dfrac{32PL}{\pi d^3}$

9 (A)。 容許應力 $\sigma_w = \dfrac{\sigma_y}{n} = \dfrac{300}{3} = 100 N/mm^2$ ， $\sigma_{容} = \dfrac{M}{Z}$

$\therefore Z = \dfrac{M}{\sigma_{容}} = \dfrac{300 \times 10^6}{100} = 3 \times 10^6 mm^3$

10 (C)。 $\rho = 1000 + 1 = 1001mm$ ， $\sigma = \dfrac{Ey}{\rho}$ $\therefore \sigma_{max} = 200 \times 10^3 \times \dfrac{1}{1001} = 199.8MPa$

11 (B)。

梁中點剖面

$\sigma = \dfrac{My}{I} = \dfrac{1.6 \times 10^6 \times 50}{\dfrac{30 \times (200)^3}{12}} = 4MPa$

$\sum M_O = 0$ ， $M = 1600 \times 1$
$\qquad = 1600 N\text{-}m$
$\qquad = 1.6 \times 10^6 N\text{-}mm$

12 (B)。 $\dfrac{\sigma_{壓}}{\sigma_{拉}} = \dfrac{80}{120} = \dfrac{2}{3}$ （正彎矩上壓下拉）

$5a = 10$ $\therefore a = 2$ 重心距底邊6cm

$(36 + 6x)6 = 36 \times 8 + (6x) \times 3$ $\therefore x = 4cm$

P.315 **13 (D)**。 $\sum M_B = 0$ ， $7R_A - 200 \times 5 - 200 \times 2 + 200 + (\dfrac{1}{2} \times 3 \times 100) \times 1 = 0$

$\therefore R_A = 150N \uparrow$ ，距A3.2m，剖面：由 $\sum M_0 = 0$ ，

$M = 150 \times 3.2 - 200 \times 1.2 = 240 N\text{-}m$

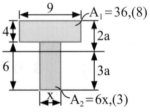

$\sigma_{max} = \dfrac{My}{I} = \dfrac{(240 \times 10^3) \times \dfrac{80}{2}}{\dfrac{60 \times (80)^3}{12}}$

$\qquad = 3.75MPa$

14 (A)。 $R_A = R_B = 750N$，剖面距A點4m之樑：由 $\sum M_O = 0$，

$M = 750 \times 4$ $\therefore M = 3000N\text{-}m = 3 \times 10^6 N\text{-}mm$

$I\Delta = \dfrac{bh^3}{36} = \dfrac{4 \times 12^3}{36} = 192cm^4 = 192 \times 10^4 mm^4$

$\sigma = \dfrac{My}{I} = \dfrac{3 \times 10^6 \times 80}{192 \times 10^4} = 125MPa$

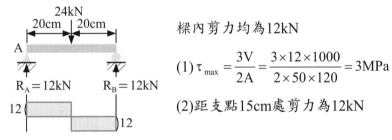

（正彎矩樑斷面上方受壓應力 $\therefore \bar{y} = \dfrac{2}{3}h = \dfrac{2}{3} \times 12 = 8cm = 80mm$ ）

二、樑的剪應力

P.317 即時演練 1

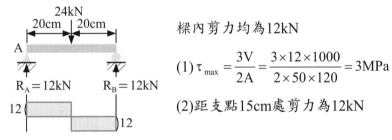

樑內剪力均為12kN

(1) $\tau_{max} = \dfrac{3V}{2A} = \dfrac{3 \times 12 \times 1000}{2 \times 50 \times 120} = 3MPa$

(2)距支點15cm處剪力為12kN

$\tau = \dfrac{VQ}{Ib} = \dfrac{12 \times 1000[(50 \times 40) \times 40]}{\left[\dfrac{50 \times (120)^3}{12}\right] \times 50} = 2.66MPa$

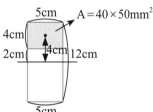

P.318 即時演練 2

$I = (\dfrac{6 \times 2^3}{12} + 12 \times 2^2) + (\dfrac{2 \times 6^3}{12} + 12 \times 2^2)$

$= 136cm^4 = 136 \times 10^4 mm^4$

$\tau = \dfrac{VQ}{Ib} = \dfrac{27200[(50 \times 20)25]}{136 \times 10^4 \times 20} = 25MPa$

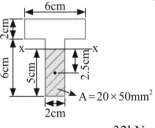

319 即時演練 3

$V_{max} = 40kN$

$\tau_{max} = \dfrac{3V}{2A} = \dfrac{3 \times 40 \times 1000}{2 \times (50 \times 100)} = 12MPa$

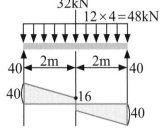

小試身手

P.320 **1 (B)**　　**2 (A)**

3 (A)。$\sum M_A = 0$

$2000 \times 2 + 800$

$= R_B \times 8$

$\therefore R_B = 600N \uparrow$

$\sum F_y = 0$

$R_A + R_B = 2000$

$\therefore R_A = 1400N \uparrow$

$V_c = -600N$

$\underset{矩形}{\tau_{max}} = \frac{3V}{2A} = \frac{3 \times 600}{2(40 \times 60)}$

$= \frac{3}{8} MPa$

$= 0.375 MPa$。

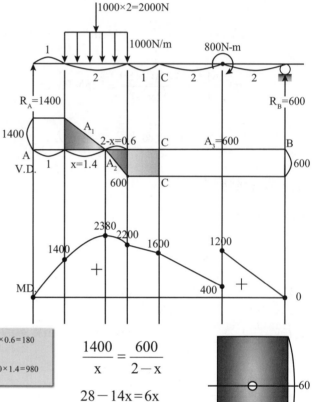

$A_2 = \frac{1}{2} \times 600 \times 0.6 = 180$

$A_1 = \frac{1}{2} \times 1400 \times 1.4 = 980$

$\frac{1400}{x} = \frac{600}{2-x}$

$28 - 14x = 6x$

$x = 1.4$

4 (A)。$\tau_{max} = \frac{4V}{3A} = \frac{4 \times 1500\pi}{3(\frac{\pi}{4} \times 20^2)} = 20MPa$

5 (C)。$\tau_{max} = \frac{3V}{2A} = \frac{3 \times 2000}{2(4 \times 10)} = 75MPa$

P.321 **6 (A)**。均佈負荷簡支樑中點剪力$=0$　$\therefore \tau = 0$

7 (D)。樑受剪力時之剪應力

$\frac{\tau_{max\,矩形}}{\tau_{max\,圓形}} = \frac{\dfrac{3V}{2A}}{\dfrac{4V}{3A}} = \frac{9}{8}$

8 (C)。

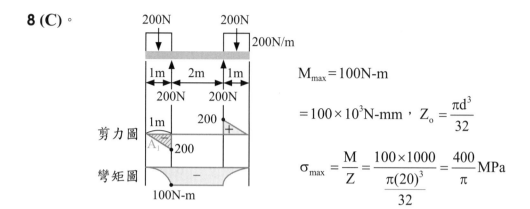

$M_{max} = 100N\text{-}m$

$= 100 \times 10^3 N\text{-}mm$，$Z_o = \dfrac{\pi d^3}{32}$

$\sigma_{max} = \dfrac{M}{Z} = \dfrac{100 \times 1000}{\dfrac{\pi(20)^3}{32}} = \dfrac{400}{\pi} MPa$

9 (A)。$\sum M_A = 0$，$-300 \times 2 - 600 \times 4 + R_D \times 6 = 0$　$\therefore R_D = 500kN$

$\sum F_y = 0$，$R_A + R_D = 300 + 600$　$\therefore R_A = 400kN$

距A點1.5m，$V = 400kN$

$\tau = \dfrac{VQ}{Ib} = \dfrac{(400 \times 1000)[(30 \times 20)40]}{\left(\dfrac{30 \times 100^3}{12}\right) \times 30} = 128MPa$

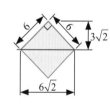

三、採用複雜斷面的理由

2322 即時演練 1

$I_{甲} = \dfrac{bh^3}{12} = \dfrac{6 \times 6^3}{12} = 108$，$Z_{甲} = \dfrac{I}{y} = \dfrac{108}{3} = 36$

$I_{乙} = 2I_{\triangle 底} = 2 \times \dfrac{bh^3}{12} = 2 \times \dfrac{6\sqrt{2}\left[(3\sqrt{2})^3\right]}{12} = 108$，$Z_{乙} = \dfrac{I_{乙}}{y} = \dfrac{108}{3\sqrt{2}} = \dfrac{36}{\sqrt{2}}$

$\therefore \dfrac{M_{甲}}{M_{乙}} = \dfrac{Z_{甲}}{Z_{乙}} = \dfrac{36}{\dfrac{36}{\sqrt{2}}} = \sqrt{2}$　$\therefore$甲可承受之彎矩為乙的$\sqrt{2}$倍

即時演練 2

$\dfrac{M_A}{M_B} = \dfrac{Z_A}{Z_B} = \dfrac{\dfrac{4 \times 9^2}{6}}{\dfrac{6 \times 6^2}{6}} = 1.5$，即A可承受彎矩為B之1.5倍（由$Z_{矩形} = \dfrac{bh^2}{6}$）

▎ 小試身手

P.323 **1 (B)**　　**2 (B)**　　**3 (D)**　　**4 (A)**

5 (C)。$\sigma = \dfrac{My}{I}$，I越小σ越大　∴C最小σ最大。

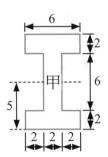

6 (B)。$Z_{甲} = \dfrac{I}{y} = \dfrac{\dfrac{6 \times 10^3}{12} - 2 \times (\dfrac{2 \times 6^3}{12})}{5} = 85.6\,cm^3$，$Z_{乙} = \dfrac{I}{y} = \dfrac{bh^2}{6} = \dfrac{4 \times 9^2}{6} = 54\,cm^3$

$\dfrac{Z_{甲}}{Z_{乙}} = \dfrac{M_{甲}}{M_{乙}} = \dfrac{85.6}{54} = $ 約1.58，即甲可承受之彎矩約為乙之1.6倍

四、截面之方向與強度的關係

P.324 **即時演練**

$\dfrac{\sigma_{甲}}{\sigma_{乙}} = \dfrac{\dfrac{M}{Z_{甲}}}{\dfrac{M}{Z_{乙}}} = \dfrac{Z_{乙}}{Z_{甲}} = \dfrac{\dfrac{4 \times 6^2}{6}}{\dfrac{6 \times 4^2}{6}} = \dfrac{6}{4} = 1.5$

▎ 小試身手

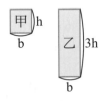

P.326 **1 (C)**。$\sigma_{乙} = \sigma_{甲}$（同材料破壞應力相同）

$\dfrac{M_{甲}}{Z_{甲}} = \dfrac{M_{乙}}{Z_{乙}}$，$\dfrac{M_{甲}}{\dfrac{bh^2}{6}} = \dfrac{M_{乙}}{\dfrac{b(3h)^2}{6}}$　∴$\dfrac{M_{甲}}{M_{乙}} = \dfrac{1}{9}$　∴$M_{乙} = 9M_{甲}$

2 (A)。$\sigma = \dfrac{My}{I} = \dfrac{M}{Z}$，Z與M成正比；$Z = \dfrac{bh^2}{6}$，$Z_b = \dfrac{20 \times 10^2}{6} = \dfrac{2000}{6}$

$Z_c = \dfrac{10 \times 20^2}{6} = \dfrac{4000}{6}$　∴$Z_c = 2Z_b$　∴$M_c = 2M_b$

3 (C)。$\sigma = \dfrac{M}{Z}$，Z越大可以承受M越大，強度越強。

$Z = \dfrac{bh^2}{6}$，$Z_A = \dfrac{6 \times 6^2}{6} = 36$，$Z_B = \dfrac{4 \times 9^2}{6} = 54$，$Z_c = \dfrac{3 \times 12^2}{6} = 72$，

$Z_D = \dfrac{12 \times 3^2}{6} = 18$　∴$Z_C > Z_B > Z_A > Z_D$，C強度最大

4 (A)。 簡支樑受均佈負荷 $M_{max} = \dfrac{\omega L^2}{8} = \dfrac{100 \times 2^2}{8} = 50\text{N-m} = 50 \times 1000\text{N-mm}$

$\dfrac{h}{b} = 1.5 \quad \therefore h = 1.5b$ 由 $\sigma = \dfrac{M}{Z}$ ， $\dfrac{400}{3} = \dfrac{50000}{\dfrac{b \times (1.5b)^2}{6}} \quad \therefore b^3 = 1000 ， b = 10\text{mm}$

綜合實力測驗

P.327

1 (A)。 由 $\sum M_X = 0$ ， $M + qb \times \dfrac{b}{2} = 0 \quad \therefore M = \dfrac{-qb^2}{2}$

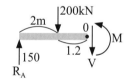

2 (C)。

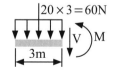

$\sum M_B = 0$

$150 \times 1 + 200 + R_A \times 7 = 200 \times 2 + 200 \times 5$

$\therefore R_A = 150\text{kN}\uparrow \quad$ 距A點3.2m剖面

$M = 150 \times 3.2 - 200 \times 1.2 = 240\text{kN-m}$

（由 $\sum M_O = 0$ 得出）

剖面A點取桿子左邊

3 (B)。 由 $\sum F_y = 0$ ， $V + 60 = 0 \quad \therefore V = -60\text{N}$

4 (D)。 $\dfrac{400}{6} = \dfrac{\omega_x}{3} \quad \therefore \omega_x = 200\text{N/m}$ ，剖面樑中點

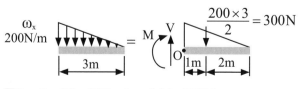

$\sum F_y = 0$ ， $V - 300 = 0 \quad \therefore V = 300\text{N}$

$\sum M_O = 0$ ， $300 \times 1 + M = 0 \quad \therefore M = -300\text{N-m}$

5 (D)。

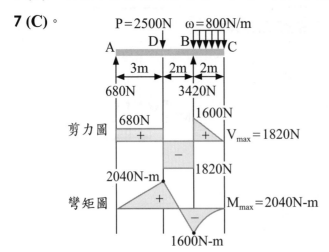

由 $\sum M_A = 0$

$M_A = 400 \times 2 + 400 \times 7 = 3600\text{N-m}$

6 (D)。力偶在剪力圖沒有影響，在彎矩圖呈垂直線。

7 (C)。

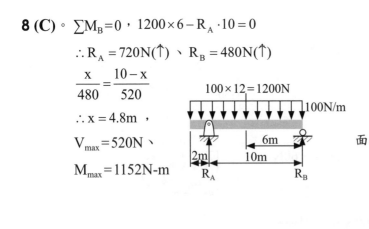

8 (C)。$\sum M_B = 0$，$1200 \times 6 - R_A \cdot 10 = 0$

$\therefore R_A = 720\text{N}(\uparrow) \cdot R_B = 480\text{N}(\uparrow)$

$\dfrac{x}{480} = \dfrac{10-x}{520}$

$\therefore x = 4.8\text{m}$，

$V_{max} = 520\text{N} \cdot$

$M_{max} = 1152\text{N-m}$

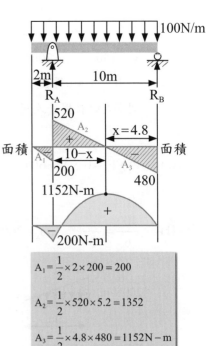

$A_1 = \dfrac{1}{2} \times 2 \times 200 = 200$

$A_2 = \dfrac{1}{2} \times 520 \times 5.2 = 1352$

$A_3 = \dfrac{1}{2} \times 4.8 \times 480 = 1152\text{N}-\text{m}$

9 (D)。

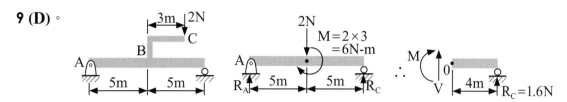

$\sum M_A = 0$，$2 \times 5 + 6 - R_C \cdot 10 = 0$　$\therefore R_C = 1.6N\uparrow$

$\sum F_y = 0$，$R_C + R_A - 2 = 0$　$\therefore R_A = 0.4N\uparrow$

求B點右方一尺處由$\sum M_O = 0$　$\therefore M = 1.6 \times 4 = 6.4N\text{-}m$

10 (C)。$\sum M_A = 0$，$800 \times 4 - R_B \times 10 = 0$

$\therefore R_B = 320N$

$R_B + R_A = 800$　$\therefore R_A = 480N$

$\dfrac{480}{x} = \dfrac{320}{4-x}$　$\therefore \dfrac{3}{x} = \dfrac{2}{4-x}$

$2x = 12 - 3x$　$\therefore x = 2.4$

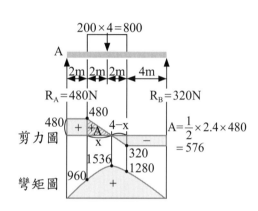

11 (A)。

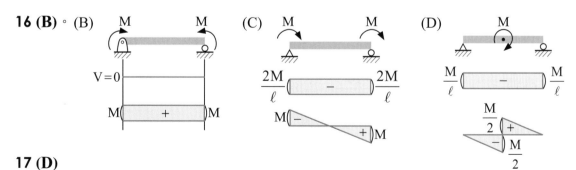

由$\sum F_y = 0$，$V + WX = 0$　$\therefore V = -WX$

12 (C)。C點彎矩為AC間面積和$= \dfrac{1}{2} \times 2(-100) + 120 \times 1 = 20$

13 (D)　　**14 (C)**　　　**15 (A)**

16 (B)。(B) 　　　　　　　(C) 　　　　　　(D)

17 (D)

18 (D)。$\sum M_A = 0$，$P \times \dfrac{2}{3}L = R_B \times L$

$\therefore R_B = \dfrac{2}{3}P$，$R_A + R_B = P$　$\therefore R_A = \dfrac{P}{3}$

$M_{max} = \dfrac{2}{9}P\ell$

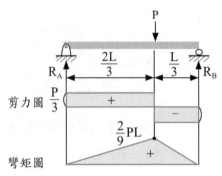

剪力圖

彎矩圖

19 (B)。$\sum M_A = 0$，$200 \times 1 - R_B \times 2 + 100 \times 3 = 0$

$\therefore R_B = 250N \uparrow$

$\sum F_y = 0$，$R_A + R_B - 200 - 100 = 0$

$R_A = 50N \uparrow$，

$\dfrac{50}{x} = \dfrac{150}{2-x}$　$\therefore x = 0.5$

$\therefore M_{max} = 100N\text{-}m$

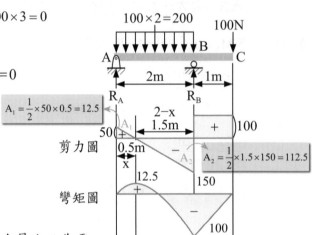

剪力圖

彎矩圖

P.329 **20 (A)**。樑受剪力時，上下兩端剪應力最小必為零。

21 (D)。$\iota_{max} = \dfrac{4V}{3A} = \dfrac{4V}{3(\dfrac{\pi}{4}d^2)} = \dfrac{16V}{3\pi d^3}$

22 (B)。$\sum M_A = 0$，$24 \times 1 + 6 \times 1 - R_B \times 2 = 0$

$\therefore R_B = 15kN$、$R_A = 15kN$

$V_{max} = 15kN = 15 \times 10^3\,N$

$\tau_{max} = \dfrac{3V}{2A} = \dfrac{3(15 \times 10^3)}{2 \times 25 \times 50} = 18MPa$

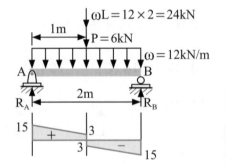

23 (A)。$\tau_{max} = \dfrac{3V}{2A}$，$30 = \dfrac{3(96 \times 10^3)}{2 \times 30 \times h}$　$\therefore h = 160mm$

24 (D)

25 (A)。$\tau_{max} = \dfrac{3V}{2A}$，$6 = \dfrac{3V}{2 \times 200 \times 600}$　$\therefore V = 480000 = 480kN$

26 (C)。上下對稱→$\bar{y}$相同∴$\sigma_t = \sigma_c$

27 (D)。面積和截面係數均相同

$$bh = \frac{\pi d^2}{4} \text{，} Z_\square = Z_\bigcirc \quad \frac{bh^2}{6} = \frac{\pi d^3}{32}$$

$$\frac{h}{6}(bh) = \frac{d}{8} \times (\frac{\pi d^2}{4}) \text{（面積相同）} \quad \therefore \frac{h}{6} = \frac{d}{8} = \frac{120}{6} \quad \therefore d = 160mm$$

28 (B)。$\sigma = \frac{Ey}{\rho} = \frac{(120 \times 1000) \times \frac{2}{2}}{2001} \fallingdotseq 60MPa$（$\rho = \frac{D}{2} + \frac{d}{2} = \frac{4000}{2} + \frac{2}{2} = 2001$）

29 (A)。設受力為P牛頓，$M_{max} = \frac{P\ell}{4} = \frac{P \times 4}{4} = PN\text{-}m = P \times 1000N\text{-}mm$

$$\sigma_{容} = \frac{400}{4} = 100 = \frac{My}{I} \text{，} \quad 100 = \frac{1000P \times \frac{20}{2}}{\frac{12(20)^3}{12}} \quad \therefore P = 80N$$

30 (A)。∴$R_A = R_B = \frac{1360}{2} = 680N$

距A點2m∴$M = 680 \times 2 = 1360N\text{-}m = 1360 \times 1000N\text{-}mm$

$$I = (\frac{20 \times 60^3}{12} + 1200 \times 20^2) + (\frac{60 \times (20)^3}{12} + 1200 \times 20^2) = 136 \times 10^4 mm^4$$

（正彎矩，上壓下拉）

最大壓應力發生在上半部，$\sigma_{壓} = \frac{My}{I} = \frac{136 \times 10^4 \times 30}{136 \times 10^4} = 30MPa$

31 (D)。$\sigma_{容} = \frac{\sigma_{降伏}}{n} = \frac{160}{8} = 20$，$M_{max} = 600 \times 1.2 = 720N\text{-}m = 720 \times 1000N\text{-}mm$

$$\sigma_{max} = \frac{M}{Z} = \frac{M}{\frac{bh^2}{6}} \quad \therefore 20 = \frac{720 \times 1000}{\frac{b \times b^2}{6}} \quad \therefore b = 60mm$$

32 (B)。 $Z_{正}=Z_{圓}$，$\dfrac{\dfrac{b \times b^3}{12}}{\dfrac{b}{2}}=\dfrac{\dfrac{\pi d^4}{64}}{\dfrac{d}{2}}$　$\therefore \dfrac{b^3}{6}=\dfrac{\pi d^3}{32}$　$\therefore \dfrac{b^3}{d^3}=\dfrac{6\pi}{32}$ 約等於0.6

33 (C)。 上下兩面剪應力＝0

34 (C)。 $\sum F_y=0$，

$R_C-450=0$

$\therefore R_C=450$

$\sum M_O=0$，$M_c+100-450 \times 4.5=0$

$\therefore M_C=1925N\text{-}m$

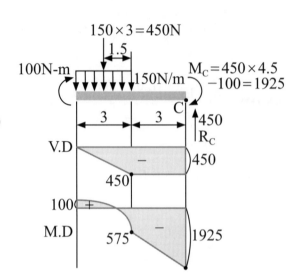

35 (C)。 $\sum M_A=0$，$200 \times 5=R_B \times 8$

$\therefore R_B=\dfrac{1000}{8}=125N\uparrow$

$R_A+R_B=200$

$\therefore R_A=75N\uparrow$

由相似三角形$\dfrac{75}{x}=\dfrac{125}{2-x}$

$150-75x=125x$

$200x=150$

$x=0.75m$

距A點＝$4+x=4.75m$

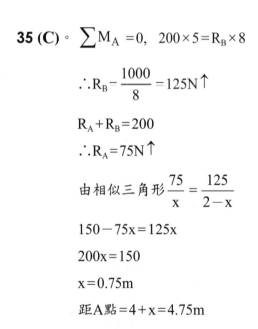
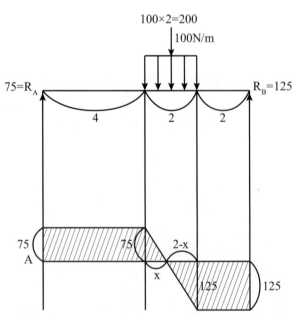

36 (A)。

$$\sum M_A = 0$$

$$2000 \times 2 + 800$$

$$= R_B \times 8$$

$$\therefore R_B = 600N \uparrow$$

$$\sum F_y = 0$$

$$R_A + R_B = 2000$$

$$\therefore R_A = 1400N \uparrow$$

$$V_c = -600N$$

$$\tau_{\max}_{矩形} = \frac{3V}{2A} = \frac{3 \times 600}{2(40 \times 60)}$$

$$= \frac{3}{8} MPa$$

$$= 0.375MPa。$$

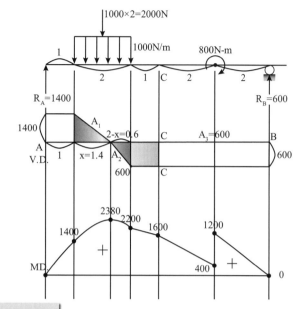

$$A_2 = \frac{1}{2} \times 600 \times 0.6 = 180$$

$$A_1 = \frac{1}{2} \times 1400 \times 1.4 = 980$$

$$\frac{1400}{x} = \frac{600}{2-x}$$

$$28 - 14x = 6x$$

$$x = 1.4$$

37 (A)。

$$\sum M_A = 0$$

$$200 \times 2 + 200 = R_B \times 8$$

$$\therefore R_B = 75N \uparrow$$

$$\sum F_y = 0，R_A + R_B = 200$$

$$\therefore R_A = 125N \uparrow$$

$$\sum M_E = 0，M_E + 200 \times 1 = 125 \times 3$$

$$\therefore M_E = 175N - m$$

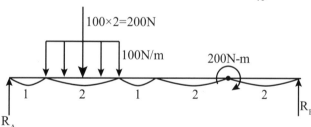

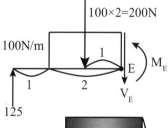

$$\sigma_{\max}_{E} = \frac{M_E}{Z} = \frac{175 \times 1000}{\dfrac{40 \times (50)^2}{6}} = 10.5MPa$$

$$由 Z = \frac{bh^2}{6}$$

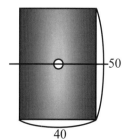

P.331 **38 (D)**。

$$\sum M_A = 0，2 \times 8 = R_D \times 10$$

$$\therefore R_D = 1.6N$$

取B點右邊，取桿子右邊

由$\sum M_B = 0$

$$M = 1.6 \times 5 = 8N\text{-}m$$

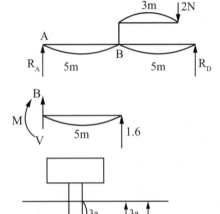

39 (C)。$\sigma = \dfrac{My}{I}$，σ與y成正比　$\dfrac{\sigma}{4a} = \dfrac{\sigma_x}{3a}$

$$\therefore \sigma_x = \frac{3}{4}\sigma$$

40 (B)。固定端彎矩相同，$b^2 = \dfrac{\pi}{4}d^2$，$b = \dfrac{\sqrt{\pi}}{2}d$

$$\frac{\sigma_{\text{正方}}}{\sigma_{\text{圓}}} = \frac{\dfrac{M_{\text{正}}}{Z_{\text{正}}}}{\dfrac{M_{\text{圓}}}{Z_{\text{圓}}}} = \frac{Z_{\text{圓}}}{Z_{\text{正}}} = \frac{\dfrac{\pi d^3}{32}}{\dfrac{b \times b^2}{6}} = \frac{\dfrac{d}{8} \times \dfrac{\pi d^2}{4}}{\dfrac{b}{6} \times b^2} = \frac{3d}{4b} = \frac{3d}{4(\dfrac{\sqrt{\pi}}{2}d)} = \frac{3}{2\sqrt{\pi}}$$

41 (A)。十字樑中央寬度變大，剪應力變小。

P.332 **42 (D)**。兩斷面夾90°，剪應力大小相等，方向相反。

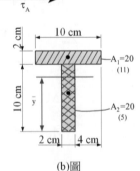

43 (C)。正彎矩⇒上方受壓應力；下方受拉應力

$$(20+20)\bar{y} = 20 \times 5 + 20 \times 11 \quad \therefore \bar{y} = 8$$

$$\frac{\sigma_{\text{max拉}}}{\sigma_{\text{max壓}}} = \frac{8}{4} = 2$$

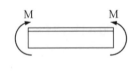

44 (A)。

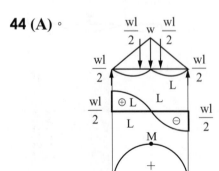

(a)圖　　　　　(b)圖

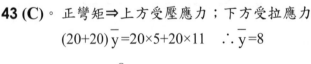

P.333 **45 (B)**。$\Sigma M_A=0$，$10\times 2+60=R_B\times 5$

$R_B=16N\uparrow$，$\Sigma F_y=0$，$R_A+R_B=10$

$\therefore R_A=-6N\downarrow$

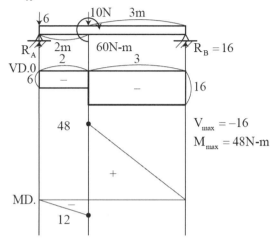

$V_{max}=-16$

$M_{max}=48N\text{-}m$

46 (D)。$\Sigma M_B=0$，$R_A\times 5=80$，$R_A=16kN\uparrow$，$R_A+R_B=0$　$\therefore R_B=-16kN\downarrow$

最大剪力在AB內，不在B點右側

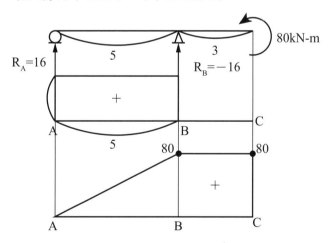

47 (D)。(A)BC間彎矩為常數

(B)C點彎矩80kN-m

(C)B點彎矩80kN-m

48 (D)。$\tau_{max}\atop 圓形$$=\dfrac{4V}{3A}=\tau_{max}\atop 矩形$$=\dfrac{3V_x}{2A}$　$\therefore V_x=\dfrac{8}{9}V$

<h1 style="text-align: center">第十三章　軸的強度與應力</h1>

13-1　扭轉的意義

小試身手

P.334 **(D)**

13-2　扭轉角的計算

P.336 即時演練 **1**

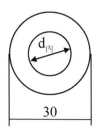

$$\tau = \frac{TR}{J} \Rightarrow 60 = \frac{(314 \times 1000) \times \dfrac{30}{2}}{\dfrac{\pi}{32}(30^4 - d_{內}^4)}$$

$$\therefore d_{內} = 10mm$$

P.337 即時演練 **2**

(1)扭轉剪應力 $\tau = \dfrac{T \cdot R}{J} = \dfrac{16T}{\pi d^3}$ ，τ 與 d^3 成反比 $\Rightarrow$ 剪應力變成 $\dfrac{1}{2^3} = \dfrac{1}{8}$ 倍

(2)扭轉角 $\phi = \dfrac{TL}{GJ}$ ，$\left(J = \dfrac{\pi d^4}{32} \right)$ ，ϕ 與 d^4 成反比 $\Rightarrow \phi$ 變成 $\dfrac{1}{2^4} = \dfrac{1}{16}$ 倍

即時演練 3

(1) $\left(180° = \pi \text{ , } \dfrac{1.8°}{180°} = \dfrac{x}{\pi} \quad \therefore x = \dfrac{\pi}{100} \text{ rad} = \phi \right)$

　　單位長度扭轉角 $\theta = \dfrac{\phi}{L} = \dfrac{\dfrac{\pi}{100}}{4} = \dfrac{\pi}{400}$ rad/m

(2)剪應變：$R \cdot \phi = L \cdot \gamma \quad \therefore \gamma = \dfrac{R\phi}{L} = R \cdot \dfrac{\phi}{L} = 50 \times \dfrac{\dfrac{\pi}{100}}{4000} = \dfrac{\pi}{8000}$ rad

(3) $\phi = \dfrac{T\ell}{GJ}$ ，$\dfrac{\pi}{100} = \dfrac{T \times 4000}{(100 \times 1000) \times \dfrac{\pi (100)^4}{32}}$ 　$T = 7.7 \times 10^6 \text{N-mm} = 7.7\text{kN-m}$

(4) $\tau = \dfrac{T \cdot R}{J} = G \cdot \gamma = (100 \times 1000) \times \dfrac{\pi}{8000} = 12.5\pi$ MPa

小試身手

P.338 **1 (C)**　　　**2 (D)**　　　**3 (A)**

4 (B)。$\phi = \dfrac{TL}{GJ}$，$J = \dfrac{\pi d^4}{32}$　$\phi_A = 16\phi_B \rightarrow \phi$ 與 d^4 成反比　$\therefore d_B = 2d_A$

$\tau = \dfrac{16T}{\pi d^3}$　τ 與 d^3 成反比　$\therefore \tau_A = 8\tau_B$

5 (B)。$\dfrac{\tau_{外}}{\tau_{內}} = \dfrac{d_{外}}{d_{內}}$，$\dfrac{500}{400} = \dfrac{20}{d_{內}}$　$\therefore d_{內} = 16 cm$

6 (B)。$\tau_{max} = \dfrac{16T}{\pi d^3}$，$50 = \dfrac{16 \times T}{\pi \times 20^3}$　$\therefore T = 25\pi \times 1000 N\text{-}mm = 25\pi N\text{-}m$

P.339 **7 (C)**。$J = \dfrac{\pi \times (40)^4}{32} = 8\pi \times 10^4 mm^4$

$\phi = \dfrac{T\ell}{GJ} = \dfrac{160 \times 10^3 \times 3.14 \times 10^3}{80 \times 10^3 \times 8\pi \times 10^4} = \dfrac{1}{40} rad = \dfrac{1}{40} \times \dfrac{180°}{\pi} = \dfrac{4.5°}{\pi}$

8 (D)。$\tau = \dfrac{TR}{J}$，$\dfrac{T}{J} = \dfrac{\tau}{R}$，$\phi = \dfrac{T\ell}{GJ} = \dfrac{T}{J} \cdot \dfrac{\ell}{G} = \dfrac{\tau}{R} \cdot \dfrac{\ell}{G} = \dfrac{40 \times 1200}{30 \times (80 \times 1000)} = 0.02 rad$

9 (A)。$J = \dfrac{\pi \times d^4}{32} = \dfrac{\pi \times 40^4}{32} = 80000\pi mm^4$，$\tau_{max} = \dfrac{T \cdot R}{J} = \dfrac{314000 \times 20}{80000 \times 3.14} = 25 MPa$

10 (D)。$180° = \pi$，$\dfrac{2}{180} = \dfrac{x}{\pi}$　$\therefore x = \dfrac{2\pi}{180} rad$，由 $\phi = \dfrac{TL}{GJ}$，

$\dfrac{2\pi}{180} = \dfrac{(62.8 \times 1000)(1.57 \times 1000)}{G \times \dfrac{\pi}{32}(20)^4}$　$\therefore G = 180 \times 1000 MPa = 180 GPa$

11 (C)。$J = \dfrac{\pi(8^4 - 4^4)}{32} = 120\pi cm^4 = 120\pi \times 10^4 mm^4$

$\tau = \dfrac{T \cdot R}{J}$，$T = \dfrac{\tau \cdot J}{R} = \dfrac{100 \times 120\pi \times 10^4}{(\dfrac{80}{2})} = 3000\pi \times 10^3 N\text{-}mm = 3000\pi N\text{-}m$

12 (A)。$\phi = \dfrac{T\ell}{GJ}$，$\tau = \dfrac{T \cdot R}{J} = \dfrac{\phi G \cdot R}{\ell} = \dfrac{\dfrac{9\pi}{180} \times 80 \times 1000 \times 4}{628} = 80 MPa$

13 (C)。

設實心和空心桿子外徑均為2，則空心桿內徑=1

$$\frac{\phi_A}{\phi_B} = \frac{\dfrac{T \cdot \ell}{G \times \dfrac{\pi \times 2^4}{32}}}{\dfrac{T\left(\dfrac{\ell}{2}\right)}{G \times \dfrac{\pi \times 2^4}{32}} + \dfrac{T\left(\dfrac{\ell}{2}\right)}{G \times \dfrac{\pi \left(2^4 - 1^4\right)}{32}}} = \frac{\dfrac{2}{2^4}}{\dfrac{1}{2^4} + \dfrac{1}{15}}$$

$$= \frac{\dfrac{2}{16}}{\dfrac{1}{16} + \dfrac{1}{15}} = \frac{\dfrac{2}{16}}{\dfrac{16+15}{16 \times 15}} = \frac{16 \times 15 \times 2}{31 \times 16} = \frac{30}{31} \qquad \therefore \phi_B = \frac{31}{30}\phi_A$$

14 (A)。 $\phi = \dfrac{T\ell}{GJ}$ ， $180° = \pi$ $\therefore \phi = \dfrac{9\pi}{180}$ rad $= \dfrac{\pi}{20}$ rad

$$\frac{\pi}{20} = \frac{(10 \times 1000) \cdot L}{64 \times 1000 \times \dfrac{\pi (10)^4}{32}} \quad , \quad L = 100\pi^2 \text{mm} = 10\pi^2 \text{cm}$$

13-3 動力與扭轉的關係

P.340 **即時演練 1**

$$600轉/分 = 600 \times \frac{2\pi \text{ rad}}{60秒} = 20\pi \text{ rad/s} \quad ,$$

$$功率 = T \cdot \omega = 2000 \times 20\pi 瓦 = 40\pi 千瓦 = \frac{40\pi \times 1000}{736} \text{PS} = 170.6\text{PS}$$

即時演練 2

$$\tau_{\substack{max \\ 實心}} = \frac{16T}{\pi d^3} \quad , \quad \frac{100}{\pi} = \frac{16T}{\pi (20)^3} \quad \therefore T = 50 \times 1000\text{N-mm} = 50\text{N-m} ， 功率 = T \cdot \omega$$

$$2\pi \times 1000 = 50 \times \omega ， \omega = 40\pi \text{ rad/s} = \frac{40\pi \times \dfrac{1}{2\pi}轉}{\dfrac{1}{60}分} = 1200轉/分$$

小試身手

P.341

1 (B)。 功率＝$T \cdot \omega = 400 \times 50\pi = 20000\pi$瓦$= 20\pi$kW

$$（1500 \text{ rpm} = \frac{1500 \times 2\pi \text{ rad}}{60 \sec} = 50\pi \text{ rad/s}）$$

2 (C)。 功率＝$T \cdot \omega$，$4\pi \times 1000 = T \times 20\pi$　∴$T = 200$N-m

3 (B)。 $\tau_{max} = \dfrac{16T}{\pi d^3}$，$\dfrac{100}{\pi} = \dfrac{16T}{\pi(20)^3}$　∴$T = 50 \times 1000$N-mm$= 50$N-m

$$3000 \text{轉/分} = \frac{3000 \times 2\pi \text{ rad}}{60 \sec} = 100\pi \text{ rad/s}$$

∴功率＝$T \cdot \omega = 50 \times 100\pi = 5000\pi$瓦$= 5\pi$kW

4 (A)。 $736 \text{轉/分} = \dfrac{736 \times 2\pi \text{ rad}}{60 \text{秒}}$，功率＝$T \cdot \omega$，$2\pi \times 736 = T \times \dfrac{736 \times 2\pi}{60}$　$T = 60$N-m

5 (B)。 由功率＝$T \cdot \omega$，600r.p.m$= 20\pi$ rad/s

AB間承受12πkW之動力，BC間承受4πkW之動力

$12\pi \times 1000 = T_{AB} \times 20\pi$　∴$T_{AB} = 600$N-m

$4\pi \times 1000 = T_{BC} \times 20\pi$　∴$T_{BC} = 200$N-m

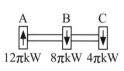

12πkW　8πkW　4πkW

6 (B)。 此軸AB間承受之扭矩最大

$$\tau_{max} = \frac{16T}{\pi d^3} = \frac{16(600 \times 1000)}{\pi (40)^3} = \frac{150}{\pi} \text{ MPa}$$

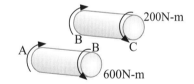

7 (D)。 $\phi = \phi_{AB} + \phi_{BC} = \dfrac{T_{AB}\ell_{AB}}{GJ} + \dfrac{T_{BC}\ell_{BC}}{GJ} = \dfrac{(600 \times 1000) \times 1600 + (200 \times 1000) \times 1000}{(100 \times 1000)\ (\dfrac{\pi(40)^4}{32})}$

$= 0.046$rad

13-4　輪軸設計

一、輪軸大小的計算

342 **即時演練 1**

d與功率之立方根成正比　　$\dfrac{d_1}{d_2} = \sqrt[3]{\dfrac{P_1}{P_2}}$，$\dfrac{2}{4} = \sqrt[3]{\dfrac{10}{P_2}} = \dfrac{1}{2}$　∴$\dfrac{10}{P_2} = \dfrac{1}{8}$，$P_2 = 80$ 馬力

P.343 即時演練 2

d_1承受$10kW$　d_2承受$90kW$　$\therefore \dfrac{d_2}{d_1}=\sqrt[3]{\dfrac{功率_2}{功率_1}}=\sqrt[3]{\dfrac{90}{10}}=\sqrt[3]{9}$

小試身手

1 (C)。 d與$\sqrt[3]{功率}$成正比或功率與直徑3次方成正比

2 (A)

3 (D)。 d與$\sqrt[3]{功率}$成正比→d變2倍　$\sqrt[3]{功率}=2$　$\therefore$功率＝8倍

4 (A)。 功率變大3倍→扭矩變大3倍，$\tau_{max}=\dfrac{16T}{\pi d^3}\to\dfrac{3}{2^3}=\dfrac{3}{8}$倍

5 (D)

P.344 **6 (B)**。 d變大2倍，功率變大8倍

7 (A)。 由功率$P=T\times\omega$，$10\pi\times736=T\times\dfrac{2\times736\times\pi}{60}$

$\therefore T=300N\text{-}m=300\times1000N\text{-}mm$，剪應力 $\tau=\dfrac{T\cdot R}{J}=\dfrac{16T}{\pi d^3}$

$\therefore\dfrac{600}{\pi}=\dfrac{16\times300\times1000}{\pi d^3}$　$\therefore d^3=8000$　$\therefore d=20mm=2cm$

8 (C)。 $\tau_{內}=\dfrac{TR_{內}}{J}\Rightarrow\tau_{內}=\dfrac{(314\times1000)\times\dfrac{10}{2}}{\dfrac{\pi}{32}(30^4-10^4)}$

$\tau_{內}=20MPa$

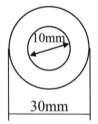

二、實心圓軸與空心圓軸的比較

P.345 即時演練

$\tau_{實}=\tau_{空}=\dfrac{TR}{J}$　$\therefore\dfrac{T_{實}\times\dfrac{2}{2}}{\dfrac{\pi}{32}\times2^4}=\dfrac{T_{空}\times\dfrac{2}{2}}{\dfrac{\pi}{32}(2^4-1^4)}$　$\dfrac{T_{空心}}{T_{實心}}=\dfrac{15}{16}$

小試身手

P.346　**1 (C)**　　**2 (D)**

3 (D)。$\dfrac{\pi \times 4^2}{4} = \dfrac{\pi(5^2 - d_{內}^2)}{4}$　$\therefore d_{內} = 3cm$，$\dfrac{\tau_{實}}{\tau_{空}} = \dfrac{\dfrac{T \times r_{實}}{J_{實}}}{\dfrac{T \times r_{空}}{J_{空}}} = \dfrac{\dfrac{T \times \dfrac{4}{2}}{\dfrac{\pi \times 4^4}{32}}}{\dfrac{T \times \dfrac{5}{2}}{\dfrac{\pi(5^4 - 3^4)}{32}}} = \dfrac{(5^4 - 3^4) \cdot 4}{4^4 \times 5} = \dfrac{17}{10}$

4 (B)。$A_{實} = A_{空}$，$\dfrac{\pi d^2}{4} = \dfrac{\pi}{4}(5^2 - 4^2)$　$\therefore d = 3mm$

$\dfrac{\tau_{空}}{\tau_{實}} = \dfrac{\dfrac{T \times \dfrac{5}{2}}{\dfrac{\pi}{32}(5^4 - 4^4)}}{\dfrac{T \times \dfrac{3}{2}}{\dfrac{\pi}{32} \times 3^4}} = \dfrac{3^4 \times 5}{(5^4 - 4^4) \times 3} = \dfrac{81 \times 5}{369 \times 3} = \dfrac{15}{41}$　$\therefore \dfrac{\tau_{實}}{\tau_{空}} = \dfrac{41}{15}$

5 (A)。實心熟鐵及空心軟鋼的外徑為d_0，空心軸內徑為$\dfrac{d_0}{2}$

$\dfrac{\tau_{鋼}}{\tau_{鐵}} = \dfrac{3}{2} = \dfrac{\dfrac{T_{鋼} R_{鋼}}{J_{鋼}}}{\dfrac{T_{鐵} R_{鐵}}{J_{鐵}}} = \dfrac{\dfrac{T_{鋼} \cdot \dfrac{d_0}{2}}{\dfrac{\pi}{32}\left[(d_0)^4 - (\dfrac{1}{2}d_0)^4\right]}}{\dfrac{T_{鐵}(\dfrac{d_0}{2})}{\dfrac{\pi}{32}(d_0)^4}} = \dfrac{d_0^4 \cdot T_{鋼}}{\dfrac{15}{16}d_0^4 \cdot T_{鐵}} = \dfrac{16}{15}\dfrac{T_{鋼}}{T_{鐵}}$　$\therefore \dfrac{T_{鋼}}{T_{鐵}} = \dfrac{3}{2} \times \dfrac{15}{16} = \dfrac{45}{32}$

6 (B)。$\dfrac{\tau_{空}}{\tau_{實}} = \dfrac{\dfrac{T_{空} \cdot \dfrac{4}{2}}{\dfrac{\pi}{32}(4^4 - 3^4)}}{\dfrac{T_{實} \cdot \dfrac{4}{2}}{\dfrac{\pi \times 4^4}{32}}} = \dfrac{4^4}{4^4 - 3^4} = 1.46$

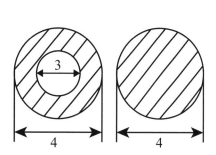

綜合實力測驗

P.347 **1 (D)**　　**2 (A)**

3 (D)。d與 $\sqrt[3]{轉速}$ 成反比

4 (D)。d→2，J→16，$\phi \to \dfrac{1}{16}$

5 (C)。d→2，$d^3 \to 8$，$\tau_{max} = \dfrac{16T}{\pi d^3}$　$\therefore \tau \to \dfrac{1}{8}$

6 (C)。d與 $\sqrt[3]{功率}$ 成正比或 d^3 與功率成正比。

7 (D)　　**8 (D)**

9 (B)。$\tau_{max} = \dfrac{16T}{\pi d^3} = \dfrac{16 \times (4000\pi) \times 1000}{\pi \ (100)^3} = 64MPa$

10 (D)。$\tau_{max} = \dfrac{16T}{\pi d^3}$，$32 = \dfrac{16 \times 2000\pi \times 1000}{\pi d^3}$　$\therefore d^3 = 1000 \times 1000$　$\therefore d = 100mm = 10cm$

P.348 **11 (C)**。功率$=T \cdot \omega$（300轉／分$= \dfrac{300 \times 2\pi rad}{60秒} = 10\pi rad/s$）

$0.8\pi^2 \times 1000 = T \times 10\pi$　　　　　　　$\therefore T = 80\pi N\text{-}m = 80\pi \times 1000 N\text{-}mm$

$\underset{實心}{\tau_{max}} = \dfrac{16T}{\pi d^3}$，$160 = \dfrac{16(80\pi \times 1000)}{\pi d^3}$　　　$\therefore d = 20mm$

12 (C)。$\phi = \dfrac{T\ell}{GJ}$，T→2，d→2則J變大16倍　$\therefore \phi_x = \dfrac{T_x \ell}{GJ_x} = \dfrac{2T \cdot \ell}{G16J} = \dfrac{1}{8} \dfrac{T\ell}{GJ} = \dfrac{1}{8}\phi$

13 (C)。$\tau_{max} = \dfrac{TR}{J} = \dfrac{16T}{\pi d^3}$，$32 = \dfrac{16T}{\pi \ (20)^3}$　$\therefore T = 16000\pi N\text{-}mm = 16\pi N\text{-}m$

$功率 = T \cdot \omega = 16\pi \times \dfrac{2\pi \times 736}{60}$　$瓦特 = \dfrac{1}{736} \times \dfrac{16\pi \times 2\pi \times 736}{60} \fallingdotseq 5.26PS$

14 (A)。$功率 = T \cdot \omega$，$62.8 \times 1000 = T \times \dfrac{1200 \times 2\pi}{60}$　$\therefore T = 500N\text{-}m$

$\therefore \tau_{max} = \dfrac{16T}{\pi d^3} = \dfrac{16(500 \times 1000)}{\pi \ (20)^3} = 318.4MPa$

15 (A)。 $\tau_{max} = \dfrac{TR_{外}}{J} = \dfrac{12\pi \times 1000 \times \dfrac{8}{2}}{\dfrac{\pi}{32}(8^4 - 4^4)} = 400MPa$

16 (C)。 $100 = \dfrac{TR}{J} = \dfrac{T \times \dfrac{8}{2}}{\dfrac{\pi}{32}(8^4 - 4^4)}$　$\therefore T = 3000\pi N\text{-}mm = 3\pi N\text{-}m$

17 (B)。 $\ell \cdot \gamma = R \cdot \phi$，$4000 \times \gamma = 20 \times \dfrac{9\pi}{180}$　$\therefore \gamma = \dfrac{\pi}{4000} rad$

又 $\tau = G \cdot \gamma = 80 \times 1000 \times \dfrac{\pi}{4000} = 20\pi MPa$

18 (D)

19 (C)。 $\tau_{max} = \dfrac{16T}{\pi d^3}$，$60 = \dfrac{16 \times T}{\pi \times 40^3}$，$T = 240000\pi N\text{-}mm = 240\pi N\text{-}m$

功率 $P = T \cdot \omega = 240\pi \times \dfrac{2\pi \times 1200}{60} = 94652W = 94.652kW$

20 (B)。 $R \cdot \phi = \ell \cdot \gamma$　$\therefore 2 \times \dfrac{30\pi}{180} = 50 \times \gamma$　$\therefore \gamma = \dfrac{\pi}{150} rad$

21 (A)。 $4° = \dfrac{4\pi}{180}$ 弧度，$\phi = \dfrac{TL}{GJ}$，$\dfrac{4\pi}{180} = \dfrac{(10 \times 3.14 \times 1000) \times 3140}{G \times \dfrac{\pi \times (20)^4}{32}}$

$\therefore G = 90 \times 10^3 MPa = 90GPa$

22 (B)。 $\tau_{max} = \dfrac{T \cdot R}{J} = \dfrac{16T}{\pi d^3}$，$100 = \dfrac{16T}{\pi (20)^3}$　$\therefore T = 50\pi \times 1000N\text{-}mm = 50\pi N\text{-}m$

功率 $= T \cdot \omega$，$500\pi^2 = 50\pi \times \dfrac{2N\pi}{60}$　$\therefore N = 300rpm$

23 (C)。考慮剪應力時 $\tau_{max}=\dfrac{T_1 R_{外}}{J}=\dfrac{T_1 \times \dfrac{40}{2}}{\dfrac{\pi}{32}\left[(40)^4-(20)^4\right]}=40$

$\therefore T_1=150000\pi N\text{-}mm=150\pi N\text{-}m$，考慮扭轉角時 $\phi=\dfrac{T_2\ell}{GJ}$

$\therefore 0.06=\dfrac{T_2\times 4000}{(80\times 10^3)\times \dfrac{\pi}{32}\left[(40)^4-(20)^4\right]}$

$\therefore T_2=90000\pi N\text{-}mm=90\pi N\text{-}m$，力矩選小者才安全　$\therefore T=90\pi N\text{-}m$

24 (B)。$\phi=\phi_{BC}-\phi_{AB}=\dfrac{(120\pi\times 1000)\times 24000}{80\times 1000\times \dfrac{\pi(40)^4}{32}}$

$-\dfrac{(360\pi\times 1000)\times(16\times 1000)}{80\times 1000\times \dfrac{\pi(80)^4}{32}}\fallingdotseq 0.393$

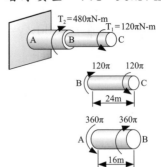

25 (A)。$\tau=\dfrac{T\cdot R}{J}=G\gamma$　$\therefore \gamma=\dfrac{TR}{GJ}$　γ 與 T 成正比，由 $R\cdot\phi=\ell\cdot\gamma$　$\therefore \gamma=\dfrac{R\phi}{\ell}$

26 (B)。設空心軸外徑 2mm $\Rightarrow$ 內徑 1mm，面積相同

$\dfrac{\pi}{4}(2^2-1^2)=\dfrac{\pi}{4}d^2$　$\therefore d=\sqrt{3}mm$，$\tau_{空}=\tau_{實}$

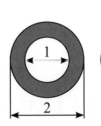

$\dfrac{T_{空}\times(\dfrac{2}{2})}{\dfrac{\pi}{32}(2^4-1^4)}=\dfrac{T_{實}(\dfrac{\sqrt{3}}{2})}{\dfrac{\pi}{32}(\sqrt{3})^4}$，

$\dfrac{T_{空}\cdot 2}{15}=\dfrac{T_{實}\sqrt{3}}{9}$，$\dfrac{T_{空}}{T_{實}}=\dfrac{15\sqrt{3}}{2\times 9}=1.44$

27 (A)。$\tau_{容許}=\dfrac{400}{2}=200MPa$，$\tau_{max}=\dfrac{16T}{\pi d^3}$，$200=\dfrac{16\times T}{\pi(20)^3}$

$\therefore T=100000\pi N\text{-}mm=100\pi N\text{-}m$

第十四章　近年試題

104 年統測試題

2.350 **1 (C)**。1公斤重＝1kg×9.8m/s²＝9.8牛頓。

2 (C)。

物體上滑⇒摩擦力向下，彈簧伸長⇒受拉力向外。

.351 **3 (B)**。力偶之合力＝0，合力矩≠0

三組力偶⇒合力一定為0，合力矩不一定為0。

4 (B)。

$$A_1=\frac{1}{2}\pi R^2 \qquad A_2=\pi r^2=\pi(0.25R)^2=\frac{1}{16}\pi R^2$$

$$\overline{y}=\frac{\dfrac{1}{2}\pi R^2(\dfrac{4R}{3\pi})-\dfrac{\pi R^2}{16}(h)}{\dfrac{1}{2}\pi R^2-\dfrac{1}{16}\pi R^2}=0.75h$$

$$(\text{分子分母均}\times\frac{16}{\pi R^2}):\frac{8(\dfrac{4R}{3\pi})-h}{8-1}=\frac{3}{4}h\Rightarrow\frac{32R}{3\pi}-h=\frac{21}{4}h \quad \therefore h=\frac{128R}{75\pi}$$

5 (A)。摩擦力與接觸面平行。

6 (C)。$\Delta S_1:\Delta S_2:\Delta S_3:\Delta S_4:\Delta S_5:\Delta S_6:\Delta S_7:\Delta S_8:\Delta S_9$ ┌→第9秒內之位移ΔS_9

$=1:3:5:7:9:11:13:\underline{15}:\underline{17}$ └→第8秒內之位移ΔS_8

$\therefore t=9$

7 (A)。 $a_n = \dfrac{V^2}{r} = \dfrac{10^2}{25} = 4\mathrm{m/s}^2$

$\therefore a = \sqrt{a_n{}^2 + a_t{}^2}$ ， $5 = \sqrt{4^2 + a_t{}^2}$

$\therefore$ 切線加速度 $a_t = 3\mathrm{m/s}^2$

8 (D)。 斜拋45°射最遠，90°最高。

9 (A)。

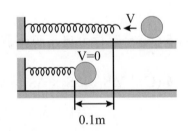

$T_A = T_B$ ， $T_A = F_{nA} - mg$ ， $T_B = F_{nB} - mg$

$\therefore F_{nA} = F_{nB}$ ， $\dfrac{mV_A{}^2}{r_A} = \dfrac{mV_B{}^2}{r_B}$ $\quad \therefore \dfrac{V_A{}^2}{V_B{}^2} = \dfrac{r_A}{r_B} = \dfrac{1}{2}$ $\quad \therefore \dfrac{V_A}{V_B} = \sqrt{\dfrac{1}{2}} = \sqrt{0.5}$

P.352 **10 (C)**。 $20\mathrm{m}/分 = \dfrac{20\mathrm{m}}{60\sec} = \dfrac{1}{3}\mathrm{m/s}$

功率 $= F \cdot V = 300 \times \dfrac{1}{3} = 100$ 瓦特

(瓦特) (牛頓) (公尺/秒)

11 (A)。 由：物體動能＝彈性位能

公式： $\dfrac{1}{2}mV^2 = \dfrac{1}{2}Kx^2$ ， $\dfrac{1}{2} \times 1 \times 5^2 = \dfrac{1}{2}K(0.1)^2$

$K = 2500$ 牛頓／公尺

0.1m

12 (B)。

由三角形法，邊長比＝力量比

$\therefore F_{AB}=2P$，$F_{AC}=\sqrt{3}\,P$

$\sigma=\dfrac{F_{AC}}{A_{AC}}=\dfrac{F_{AB}}{A_{AB}}$　$\therefore \dfrac{\sqrt{3}P}{A_{AC}}=\dfrac{2P}{A_{AB}}$　$\therefore \dfrac{A_{AB}}{A_{AC}}=\dfrac{2}{\sqrt{3}}$

13 (A)。由：安全因數$n=\dfrac{\sigma_{降伏}}{\sigma_{容許}}=5$　$\therefore \sigma_{容許}=\dfrac{800}{5}=160MPa=\dfrac{T}{A}$

$160=\dfrac{T}{75}$　$\therefore T=12000$牛頓

由$\Sigma F=ma$，$T-9800=1000\times a$，$a=2.2m/s^2$

14 (D)。$G=\dfrac{E}{2(1+\mu)}$，$48=\dfrac{E}{2(1+0.25)}$

$\therefore E=120GPa$

體積彈性係數$K=\dfrac{E}{3(1-2\mu)}=\dfrac{120}{3(1-2\times0.25)}=\dfrac{120}{1.5}=80GPa$

15 (A)。$\sigma_x=80$，$\sigma_y=-60$

(A)純剪為$\sigma_x=-\sigma_y$，且$\theta=45°$
　$\because \sigma_x\neq(-\sigma_y)$　$\therefore$不會有純剪

(B)最大剪應力$\tau_{max}=\dfrac{1}{2}(\sigma_x-\sigma_y)=\dfrac{1}{2}[80-(-60)]=70MPa$

(C)最大主應力$\sigma_{max}=80MPa($若$\sigma_x>\sigma_y$，則$\sigma_{max}=\sigma_x)$

(D)兩互餘應力相加＝原來的應力相加$\sigma\theta+\sigma\theta'=\sigma_x+\sigma_y=80+(-60)=20MPa$

16 (D)。

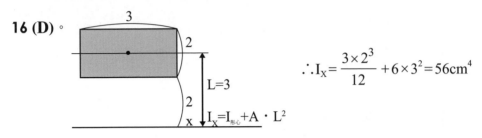

$$\therefore I_X = \frac{3 \times 2^3}{12} + 6 \times 3^2 = 56 \text{cm}^4$$

$I_X = I_{形心} + A \cdot L^2$

17 (D)。簡支樑受均布負荷時，彎矩圖為二次拋物線，剪力圖為斜直線。

P.354 **18 (B)**。最大彎矩應力 $\sigma_{max} = \dfrac{M}{Z}$，

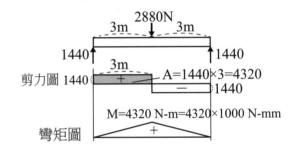

$$Z = \frac{bh^2}{6} = \frac{b(4b)^2}{6} = \frac{16b^3}{6}$$

由 $\sigma = \dfrac{M}{Z}$，$60 = \dfrac{4320 \times 1000}{\dfrac{16}{6}b^3}$ $\therefore b = 30\text{mm}$，$h = 4b = 120\text{mm}$

19 (B)。彎曲應力 $\begin{cases} 上、下兩面最大 \\ 中立面最小 = 0 \end{cases}$

剪應力 $\begin{cases} 上、下兩面最小 = 0 \\ 中立面最大 \end{cases}$

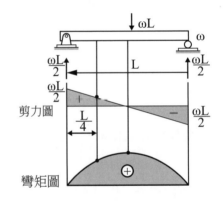

20 (C)。實心圓軸扭轉剪應力最大值 $\tau_{max} = \dfrac{16T}{\pi d^3}$，$160 = \dfrac{16T}{\pi(30)^3}$

$\therefore T = 270000\pi \text{N-mm} = 270\pi \text{N-m}$，（由 $1000 轉 / 分 = \dfrac{1000 \times 2\pi \text{rad}}{60 秒}$）

功率 $= T\omega = 270\pi \times \dfrac{1000 \times 2\pi}{60}$ 瓦 $\fallingdotseq 88740$ 瓦 $= 90\text{kW}$

├── rad/sec
├── N-m
└── 瓦特

105 年統測試題

355

1 (A)。功為純量（沒有方向）。

(B)外力對剛體之向量為滑動向量。

(C)對非剛體為拘束向量。

(D)剛體的運動速度為滑動向量。

2 (D)。分力可以大於或小於或等於原來之單力。

3 (B)。AB桿有軸向力，$\sum M_A = 0$，$200 \times 2 = \dfrac{4}{5} R_B \times 4$

$\therefore R_B = 125N$

由 $\sum F_x = 0$，$A_x - \dfrac{3}{5} R_B = 0$

$\therefore A_x = 75N$

$\sum F_y = 0$，$A_y + \dfrac{4}{5} R_B = 200$

$\therefore A_y = 100N$

桿子 $\overline{AB}$ 有軸向力，$A_x = 75N$，沒有力矩。

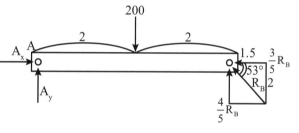

4 (B)。同上題，$\because$ABC桿為二力構件，$R_C = R_B = 125N$。

5 (A)。$A_1 = \pi (2r)^2 = 4\pi r^2$，

(0,0)

$A_2 = \dfrac{1}{2} \pi (r)^2$，$(-r, -\dfrac{4r}{3\pi})$

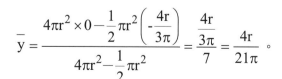

$$\overline{y} = \frac{4\pi r^2 \times 0 - \dfrac{1}{2}\pi r^2 \left(-\dfrac{4r}{3\pi}\right)}{4\pi r^2 - \dfrac{1}{2}\pi r^2} = \frac{\dfrac{4r}{3\pi}}{7} = \frac{4r}{21\pi}。$$

6 (C)。 下滑f向上

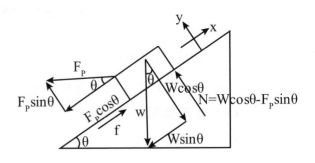

$$\sum F_x = 0 ,$$

$$F_p \cos\theta + W\sin\theta = f = \mu_s N$$

$$F_p \cos\theta + W\sin\theta =$$

$$\mu_s(W\cos\theta - F_p\sin\theta)$$

$$F_p(\cos\theta + \mu_s\sin\theta) = W(\mu_s\cos\theta - \sin\theta)$$

$$F_p = \frac{W(\mu_s\cos\theta - \sin\theta)}{\cos\theta + \mu_s\sin\theta} = \frac{W(\mu_s - \tan\theta)}{1 + \mu_s\tan\theta} 。$$

7 (A)。 ①$V = V_0 + at$，$V = 0 + a_1 t_1$ ∴$t_1 = \dfrac{V}{a_1}$

②$V = V_0 + at$，$0 = V + (-a_2)t_3$ ∴$t_3 = \dfrac{V}{a_2}$

由$S = \dfrac{1}{2}(Vt_1) + \dfrac{1}{2}(Vt_3) + V \cdot t_2$

∴$S = \dfrac{1}{2}V\left(\dfrac{V}{a_1}\right) + \dfrac{1}{2}V\left(\dfrac{V}{a_2}\right) + V \cdot t_2$

∴$t_2 = \dfrac{S}{V} - \dfrac{1}{2}\dfrac{V}{a_1} - \dfrac{1}{2}\dfrac{V}{a_2}$　　∴$t_1 + t_2 + t_3 = \dfrac{S}{V} + \dfrac{V}{2}\left(\dfrac{1}{a_1} + \dfrac{1}{a_2}\right) 。$

P.357　**8 (D)**。 由$\Sigma F = ma$

$$\begin{cases} 300 - T_1 = 30 \times a \ldots\ldots\ldots① \\ T_1 - T_2 - 40 = 20 \times a \ldots\ldots② \\ T_2 - 20 = 10 \times a \ldots\ldots\ldots③ \end{cases}$$

①+②+③

$240 = 60a$　∴$a = 4\text{m/s}^2$

代入①$T_1 = 180N$　　代入③$T_2 = 60N$

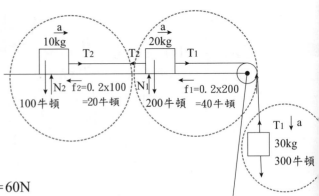

9 (B)。　$K = 1000N/cm = \dfrac{1000N}{0.01m} = 100000N/m$

位能＝彈簧彈性位能　　$mgh = \dfrac{1}{2}Kx^2$

$10 \times 10\left(\dfrac{S+0.02}{2}\right) = \dfrac{1}{2} \times 100000(0.02)^2$

$100(S+0.02) = 40$，$S+0.02 = 0.4$

$\therefore S = 0.38m = 38cm$

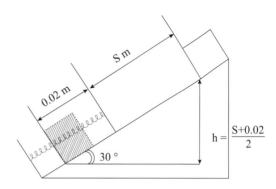

10 (B)。　$F = K \cdot X$，$40 = K \times 0.1$　$\therefore K = 400N/m$

$E_1 = \dfrac{1}{2}Kx_1^2 = \dfrac{1}{2} \times 400 \times (0.1)^2 = 2$ 焦耳

$E_2 = \dfrac{1}{2}Kx_2^2 = \dfrac{1}{2} \times 400 \times (0.3)^2 = 18$ 焦耳

彈性位能增加量 $= 18 - 2 = 16$ 焦耳

11 (C)。　重量相同→體積$= A \cdot L$，$\dfrac{\delta_A}{\delta_B} = \dfrac{\dfrac{2LP}{Ea}}{\dfrac{LP}{E(2a)}} = 4$　$\therefore \delta_A = 4\delta_B$

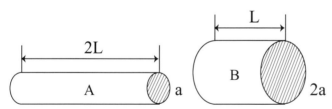

358 **12 (D)**。　$\in_v = \dfrac{(\sigma_x + \sigma_y + \sigma_z)}{E}(1-2\mu) = \varepsilon_x + \varepsilon_y + \varepsilon_z = \dfrac{\Delta V}{V}$

設受力為x軸 $\therefore \varepsilon_x = \dfrac{\delta_x}{\ell_x} = \dfrac{1}{100}$，則 $\sigma_y = \sigma_z = 0$

$\therefore \varepsilon_v = \varepsilon_x(1-2\mu) = \dfrac{\Delta V}{V}$，$\dfrac{1}{100}(1 - 2 \times 0.25) = \dfrac{\Delta V}{100 \times 1 \times 1}$

$\therefore \Delta V = 0.5cm^3$（增加）

13 (C)。 鉚釘只受剪應力，單剪9顆鉚釘。

$$\tau = \frac{P}{A} = \frac{4500\pi}{9 \times \frac{\pi}{4}(25)^2} = 3.2MPa$$

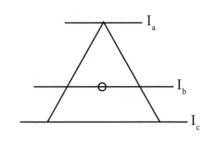

14 (D)。 $I_a = \frac{bh^3}{4}$ ， $I_b = \frac{bh^3}{36}$ ， $I_c = \frac{bh^3}{12}$

$$I_a : I_b : I_c = \frac{bh^3}{4} : \frac{bh^3}{36} : \frac{bh^3}{12} = 9 : 1 : 3$$

15 (C)。 $I_x = I_\square - 2I_0$

$$= \frac{6 \times 4^3}{12} - 2\left(\frac{\pi(2)^4}{64}\right)$$

$$= 32 - \frac{\pi}{2} cm^4$$

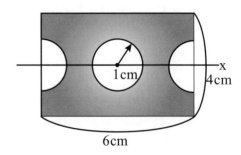

P.359 **16 (B)**。 $\sum M_A = 0$

$200 \times 2 = R_B \times 6 + 100$

$\therefore R_B = 50N \uparrow$

$R_A + R_B = 200$

$\therefore R_A = 150N \uparrow$ 。

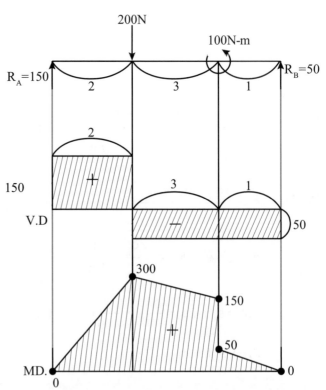

17 (C)。 $\sum M_A = 0,\ 200 \times 5 = R_B \times 8$

$\therefore R_B = \dfrac{1000}{8} = 125N\uparrow$

$R_A + R_B = 200$

$\therefore R_A = 75N\uparrow$

由相似三角形 $\dfrac{75}{x} = \dfrac{125}{2-x}$

$150 - 75x = 125x$

$200x = 150$

$x = 0.75m$

距A點 $= 4 + x = 4.75m$

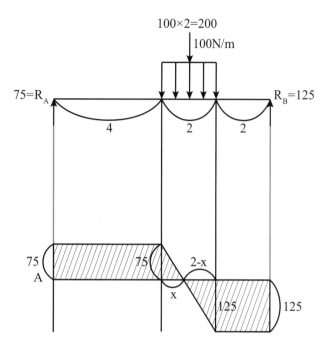

18 (A)。 $\sum M_A = 0$

$2000 \times 2 + 800$

$= R_B \times 8$

$\therefore R_B = 600N\uparrow$

$\sum F_y = 0$

$R_A + R_B = 2000$

$\therefore R_A = 1400N\uparrow$

$V_c = -600N$

$\tau_{\max\atop \text{矩形}} = \dfrac{3V}{2A} = \dfrac{3 \times 600}{2(40 \times 60)}$

$= \dfrac{3}{8} MPa$

$= 0.375MPa$。

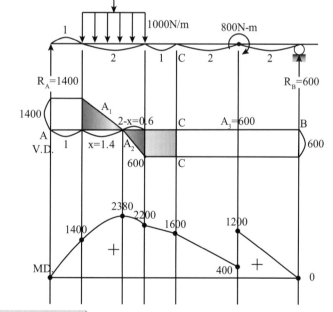

$A_2 = \dfrac{1}{2} \times 600 \times 0.6 = 180$

$A_1 = \dfrac{1}{2} \times 1400 \times 1.4 = 980$

$\dfrac{1400}{x} = \dfrac{600}{2-x}$

$28 - 14x = 6x$

$x = 1.4$

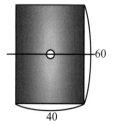

19 (A)。 $\sum M_A = 0$

$$200 \times 2 + 200 = R_B \times 8$$

$$\therefore R_B = 75N \uparrow$$

$$\sum F_y = 0 , R_A + R_B = 200$$

$$\therefore R_A = 125N \uparrow$$

$$\sum M_E = 0 , M_E + 200 \times 1 = 125 \times 3$$

$$\therefore M_t = 175N - m$$

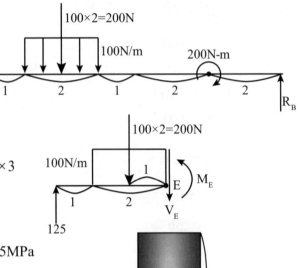

$$\sigma_{\substack{max \\ E}} = \frac{M_E}{Z} = \frac{175 \times 1000}{\dfrac{40 \times (50)^2}{6}} = 10.5MPa$$

$$\text{由 } Z = \frac{bh^2}{6}$$

20 (D)。 重量相同＝斷面積相同

$$\frac{\pi}{4}(10^2 - d_{內}^2) = \frac{\pi}{4} \times 6^2$$

$$\therefore d_{內} = 8cm \text{ 相同材料破壞剪應力相同。}$$

$$\tau_{實} = \tau_{空}$$

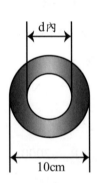

$$\frac{T_{實} \times \dfrac{6}{2}}{\dfrac{\pi \times 6^4}{32}} = \frac{T_{空} \times \dfrac{10}{2}}{\dfrac{\pi}{32}(10^4 - 8^4)}$$

$$\frac{T_{空}}{T_{實}} = \frac{3(10000 - 4096)}{5 \times 6^4} \doteqdot 2.7 \text{。}$$

106 年統測試題

P.361 **1 (B)**。(A)力量單位為N（牛頓）或KN（千牛頓）
(C)應力的單位為牛頓／米^2（帕斯卡）（Pa）或MPa、GPa、KPa
(D)均佈負荷單位為N／m或KN／m，Kgf／m。

2 (D)。$10 \times 20 = F_1 \times 10$

$\therefore F_1 = 20N$

$\sum M_{O_1} = 20 \times 20 = 400N - cm$

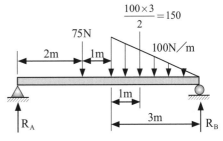

3 (C)。$\sum M_A = 0$

$75 \times 2 + 150 \times 4 = R_B \times 6 \quad \therefore R_B = 125N \uparrow$

$\sum F_y = 0$

$R_A + R_B = 75 + 150 \quad \therefore R_A = 100N \uparrow$

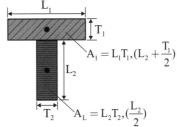

P.362 **4 (C)**。$\overline{y} = \dfrac{L_1 T_1 (L_2 + \dfrac{T_1}{2}) + L_2 T_2 (\dfrac{L_2}{2})}{L_1 T_1 + L_2 T_2}$

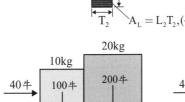

5 (A)。$f_{\text{大A}} = 0.4 \times 100 = 40$

$f_{\text{大B}} = 0.2 \times 200 = 40$

$\therefore$物體靜止，$F_{AB} = 0$

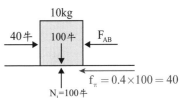

6 (B)。$f = \mu N = \mu \times 100 = F$

$\sum M_A = 0$

$100\mu \times 20 = 100 \times 10$

$\therefore \mu = \dfrac{1}{2}$

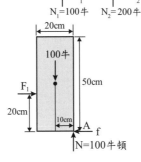

P.363 **7 (D)**。

8 (A)。　$\epsilon_x = \dfrac{\sigma_x}{E} - \dfrac{\mu}{E}(\sigma_y + \sigma_z)$　　　　　$\epsilon_y = \dfrac{\sigma_y}{E} - \dfrac{\mu}{E}(\sigma_x + \sigma_z)$

$\epsilon_x = \dfrac{90}{E} = \dfrac{\sigma_x - 0.2\sigma_y}{E} \cdots\cdots(1)$　　　$\epsilon_y = \dfrac{30}{E} = \dfrac{\sigma_y - 0.2\sigma_x}{E} \cdots\cdots(2)$

$\sigma_x - 0.2\sigma_y = 90 \cdots\cdots(1)$　　　　　$\sigma_y - 0.2\sigma_x = 30 \cdots\cdots(2)$

$(1)\times5:5\sigma_x - \sigma_y = 450 \cdots\cdots(3)$

$(2)+(3):4.8\sigma_x = 480$

$\therefore \sigma_x = 100\text{MPa}$，$\sigma_y = 50\text{MPa}$，$\sigma_z = 0$，$\epsilon_z = \dfrac{0 - 0.2(100 + 50)}{E} = \dfrac{-30}{E}$

9 (C)。　$\tau = \dfrac{P}{A} = \dfrac{31400}{2(\dfrac{\pi}{4} \times 10^2)} = 200\text{MPa}$

10 (B)。

11 (D)。　$R_A + R_B = W$

$\sum M_A = 0$

$W \times a = R_B(a + b)$

$\therefore R_B = \dfrac{W \times a}{a + b}$

$\therefore R_A = \dfrac{W \times b}{a + b}$

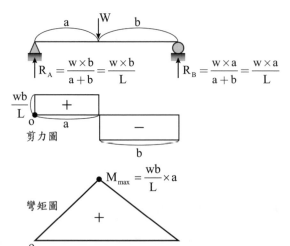

P.364 **12 (A)**。　$M_{max} = \dfrac{W \times ab}{L} = \dfrac{10 \times 1000 \times 1000}{2000} = 5000\text{N-mm}$

$\sigma_{max} = \dfrac{M}{Z} = \dfrac{M}{\dfrac{bh^2}{6}} = \dfrac{5000}{\dfrac{10(20)^2}{6}} = 7.5\text{MPa}$

13 (B)。　$\phi = \dfrac{TL}{GJ} = \dfrac{10000 \times 314}{1000\dfrac{\pi(20)^4}{32}} = 0.2\text{rad}$

14 (B)。切線加速度$a_t=r\alpha$

向心力加速度$a_n=r\omega^2$

又$W=W_0+\alpha t$，半徑0.5m

$$\theta = W_0 t + \frac{1}{2}\alpha t^2 \qquad 2 = 0 + \frac{1}{2}\alpha \times 1^2$$

$$\therefore \alpha = 4\text{rad/s}^2$$

$$a_t = r\alpha = 0.5 \times 4 = 2\text{m/s}^2 \qquad a_n = r\omega^2 = 0.5 \times 4^2 = 8\text{m/s}^2$$

（$W = W_0 + \alpha t = 0 + 4 \times 1 = 4\text{rad/s}$）

$$\therefore \text{合成加速度} a = \sqrt{a_n^2 + a_t^2}$$

$$a = \sqrt{8^2 + 2^2} = \sqrt{68}\text{m/s}^2$$

15 (C)。$V = \sqrt{2gh} = \sqrt{2g\ell(1-\cos\theta)}$

$$T = mg + F_n = 2mg$$

$$\therefore F_n = mg = \frac{mV^2}{r}$$

$$mg = \frac{m2g\ell(1-\cos\theta)}{\ell}$$

$$\frac{1}{2} = 1 - \cos\theta \quad \therefore \cos\theta = \frac{1}{2} \text{，} \theta = 60°$$

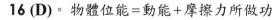

16 (D)。物體位能＝動能＋摩擦力所做功

公式：$mgh = \frac{1}{2}mV^2 + fs$

$$20 \times 10 \times 6 = \frac{1}{2} \times 20 \times 8^2 + (\mu \times 160) \times 10$$

$$\therefore \mu = 0.35$$

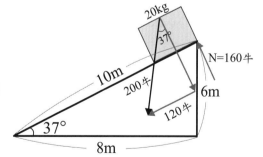

17 (C)。下拋

$$h = V_0 t + \frac{1}{2}gt^2 = 10 \times 5 + \frac{1}{2} \times 10 \times 5^2$$

$$= 175\text{m}$$

18 (D)。 斜拋射程 $R = \dfrac{V_0^2 \sin 2\theta}{g}$

R 與 V_0^2 成正比

19 (A)。 由 $\sum F = ma$

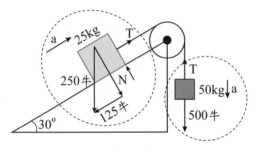

$$\begin{cases} 500 - T = 50 \times a \cdots\cdots(1) \\ T - 125 = 25 \times a \cdots\cdots(2) \end{cases}$$

$(1) + (2) \quad 375 = 75a$

$\therefore a = 5 \text{m/s}^2$

20 (A)。 總機械能＝位能$_1$＋動能$_1$＝彈性位能$_2$

$$mgh + \frac{1}{2}mV^2 = \frac{1}{2}kx^2$$

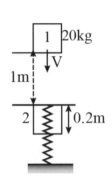

$$20 \times 10 \times (1 + 0.2) + \frac{1}{2} \times 20 \times V^2 = \frac{1}{2} \times 44000 \times (0.2)^2$$

$\therefore V = 8 \text{m/s}$

---

107 年統測試題

P.366 **1 (A)**。 (B)速率是純量，無方向性。(C)重量是向量。
(D)MKS制中，力之單位為N(牛頓)。

2 (B)。 $\sum \overrightarrow{M_A} = 0$
$R_B \times 20 = (2 \times 20) \times 10 + 10 \times 28$
$\rightarrow R_B = 34(N) \uparrow$

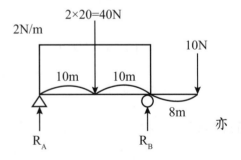

3 (C)。 C方式施力之力臂最大，故所生之力矩最大，最易轉動螺帽。

4 (C) 。　$T_{AB}=30(N)$

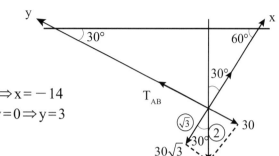

5 (C) 。　$10\times4+30\times8+20\cdot x=0\Rightarrow x=-14$
　　　　$10\times6+30\times(-4)+20\cdot y=0\Rightarrow y=3$

6 (D) 。　$\sum F_y=0\Rightarrow N_A=100$，$f=0.1N_A=10$牛
　　　　$\sum M_a=0\Rightarrow100\times5=N_B\times10$　$\therefore N_B=50$
　　　　由$\sum F_x=0\Rightarrow P=10+50=60$牛

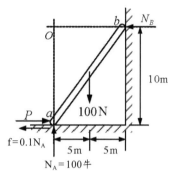

7 (C) 。　$\sum M_A=0$
　　　　$20\times h=100\times5$
　　　　$\therefore h=25cm$

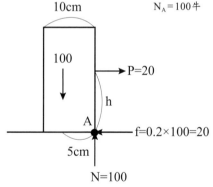

8 (B) 。　自由落體屬等加速直線運動，故亦為變速運動。

9 (A) 。　$S=\dfrac{(100+180)\times20}{2}=2800$ (m)

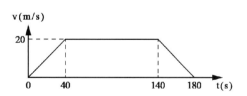

10 (D) 。　$\omega=12000\times\dfrac{2\pi}{60}=400\pi$ (rad / s)

11 (B)。 $\sum \vec{F} = m\vec{a}$

$\Rightarrow 600 - 0.25 \times 1000 = 100 \times a$

$\Rightarrow a = 3.5(m/s^2)$

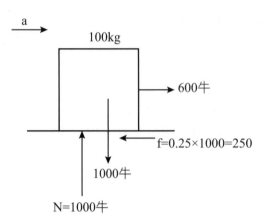

P.368 **12 (D)**。 向心力：$F_N = ma_N = mr\omega^2$

13 (A)。 力與位移方向相反，則作負功。

14 (B)。 $\eta = \eta_1 \times \eta_2 \Rightarrow 72\% = 90\% \times \eta_2 \Rightarrow \eta_2 = 80\%$

15 (D)。 $\sigma = \dfrac{F}{A} = \dfrac{20}{100} = 0.2(GPa)$

16 (C)。 $\delta = \dfrac{PL}{AE}$

$\Rightarrow \delta = (\dfrac{100 \times 800}{500 \times 200}) + (-\dfrac{300 \times 800}{600 \times 200}) = -1.2 \ (mm)$

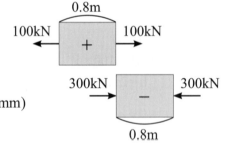

17 (B)。 $\tau = \dfrac{P}{A} = \dfrac{6280}{(\dfrac{\pi}{4} \times 10^2) \times 8} = 10(MPa)$

P.369 **18 (A)**。 $I_x = \dfrac{1}{12} \times 3 \times 6^3 - \dfrac{1}{3} \times 1.5 \times 2^3 = 50 \ (cm^4)$

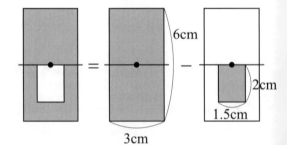

19 (A)。 D處有向下之集中負荷，故D處剪力圖應為向下之垂直線。

20 (D)。 $\dfrac{\tau}{80} = \dfrac{60}{50} \Rightarrow \tau = 96(MPa)$

108 年統測試題

370　**1 (A)**。質量：kg，長度m，時間sec

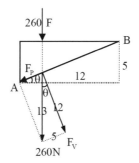

2 (D)。$\sum M_A = 0$，$180 \times 7 - R_E \times 18 = 0$

$\therefore R_E = 70\,N \uparrow$

由$\sum F_y = 0$，$R_A + R_E = 180$

$\therefore R_A = 110\,N \uparrow$

$\sum M \quad 0$，$180 \times 2 + R_C \times 5 - 70 \times 13 = 0$

$\therefore R_C = 110\,N(\downarrow)$

3 (B)。$\dfrac{260}{13} = \dfrac{F_V}{12} = \dfrac{F_P}{5}$

$\therefore F_P = 100\,N \quad F_V = 240\,N$

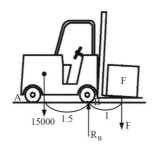

4 (C)。$\sum M_B = 0$

$15000 \times 1.5 = F \times 1$

$\therefore F = 22500$ 牛頓

371　**5 (A)**。

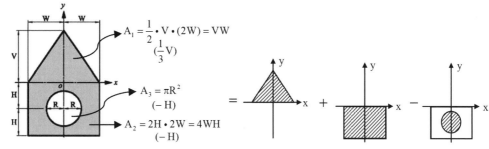

$$A_1 = \frac{1}{2} \cdot V \cdot (2W) = VW \quad \left(\frac{1}{3}V\right)$$

$$A_3 = \pi R^2 \quad (-H)$$

$$A_2 = 2H \cdot 2W = 4WH \quad (-H)$$

$$\bar{y} = \frac{VW\left(\frac{1}{3}V\right) + 4HW(-H) - \pi R^2(-H)}{VW + 4HW - \pi R^2}$$

6 (B) 。

$$f_1 = \mu_{靜} \cdot N_1 = 0.25 \times 1000 = 250 = T_{AB}$$

$N_1 = 1000$ 牛

$$F = f_1 + f_2 = 250 + 625 = 875 \text{ 牛頓}$$

$f_1 = 250$

$N_1 = 1000$ 牛

$1500N$

$$N_2 = 1000 + 1500 = 2500 \text{ 牛}$$

$$f_2 = \mu_{靜} \cdot N_2 = 0.25 \times 2500 = 625$$

7 (D) 。 $\sum M_A = 0$

$$10 \times \frac{1.5}{2} + 45 \times 1.5 = N_B \times 1.5\sqrt{3}$$

$$\therefore N_B = \frac{50}{\sqrt{3}} kg$$

$N_B = \frac{50}{\sqrt{3}} kg$

$3m$ $45kg$

$f \ A$ $60°$ $10kg$

$N_A = 55kg$

由 $\sum F_y = 0$ ， $N_A - 10 - 45 = 0$

$$\therefore N_A = 55 \, kg \quad 由 \sum F_x = 0 ， f = N_B$$

$$f = \mu N_A \Rightarrow \frac{50}{\sqrt{3}} = \mu \times 55 \quad \therefore \mu = \frac{50}{55\sqrt{3}} = \frac{1}{(1.1)\sqrt{3}} \doteqdot 0.524$$

P.372 **8 (B)** 。 等速度運動位移 $S = V_{電} \times 72 = (V_{電} + V)24 = Vt$

$$\therefore t = \frac{S}{V} ， V_{電} = \frac{S}{72} \quad \therefore S = (\frac{S}{72} + V) \cdot 24$$

$$\frac{S}{24} = \frac{S}{72} + V \quad \therefore V = \frac{S}{24} - \frac{S}{72} = \frac{3S - S}{72} = \frac{2S}{72} = \frac{S}{36}$$

$$\therefore t = \frac{S}{V} = \frac{S}{(\frac{S}{36})} = 36$$

9 (D)。 自由落體4500m由 $h = \dfrac{1}{2}gt^2$

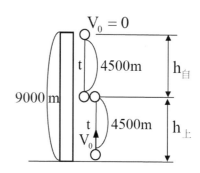

$$4500 = \dfrac{1}{2} \times 10 \times t^2 \quad \therefore t = 30 \text{ sec}$$

上拋 $h_\bot = 4500 = V_0 \times 30 - \dfrac{1}{2} \times 10 \times 30^2$

$$\therefore V_0 = 300 \text{ m} / \text{s} = \dfrac{300 \times \dfrac{1}{1000} \text{ km}}{\dfrac{1}{3600} \text{ hr}} = 1080 \text{ km} / \text{hr}$$

10 (C)。 射程 $15 = V_{0x} \cdot t = 10 \cdot t \quad \therefore t = 1.5$

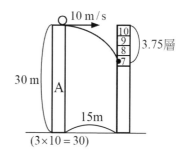

$$h = \dfrac{1}{2}gt^2 = \dfrac{1}{2} \times 10 \times 1.5^2 = 11.25 \text{ m}$$

落下 $\dfrac{11.25}{3} = 3.75$ 層，即擊中第七層

11 (D)。 $\sum F = ma$

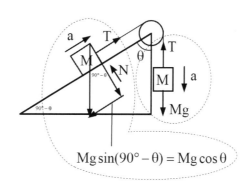

$$\begin{cases} Mg - T = Ma \\ T - Mg\cos\theta = Ma \end{cases}$$

$$\therefore Mg - T = T - Mg\cos\theta$$

$$\Rightarrow 2T = Mg + Mg\cos\theta$$

$$\therefore T = \dfrac{1}{2}(Mg)(1 + \cos\theta)$$

12 (C)。 $F_n = f$ ， $\dfrac{mV^2}{r} = \mu mg$

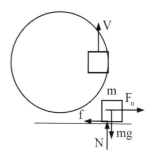

$$V^2 = \mu gr = 0.4 \times 10 \times 50 = 200$$

$$\therefore V = 10\sqrt{2} = 14.14 \text{ m} / \text{s}$$

13 (A)。 $2N/mm = \dfrac{2N}{\dfrac{1}{1000}m} = 2000\,N/m$ ，

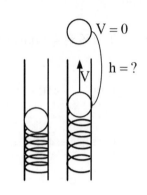

$10cm=0.1m$，10克$=0.01kg$

彈簧位能=鋼珠位能

$\dfrac{1}{2}kx^2 = mgh$，$\dfrac{1}{2} \times 2000 \times (0.1)^2 = 0.01 \times 10 \times h$

$\therefore h=100m$

14 (C)。 機械效率$=\dfrac{輸出功}{輸入功}=\dfrac{動能}{位能}$

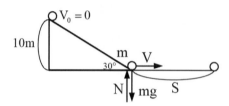

$\therefore$下滑最低點時動能

$=0.9mgh=$摩擦阻力做功

$=f \cdot S = \mu N \cdot S = \mu mg \cdot S$

$\therefore 0.9mgh = = \mu mg \cdot S$

$\therefore S = \dfrac{0.9h}{\mu} = \dfrac{0.9 \times 10}{0.1} = 90\,m$

15 (A)。 (A)$\sigma = \dfrac{P}{A} = \dfrac{100}{20 \times 20} = \dfrac{1}{4}MPa = \dfrac{1000}{4}kPa = 250\,kPa$

(B)延性材料安全因數$=\dfrac{降伏強度}{容許應力}$

(C)$\in = \dfrac{\delta}{\ell} = \dfrac{198-200}{200} = -0.01$（沒單位）

(D)$0 < \mu < 0.5$，蒲松比$\mu = \left| \dfrac{\in_{橫向}}{\in_{縱向}} \right|$

16 (B)。 (A)A點為比例限；(C)EF為頸縮區，DE為應變硬化；
(D)斜率$\tan\theta=$彈性係數

17 (B)。 周長$= \dfrac{\pi D}{2} + \dfrac{\pi D}{2} + 75 + 75 = \pi D + 150 = 100\pi + 150 = 464\,mm$

$\tau = \dfrac{P}{A}$（A=周長×厚度）

$\therefore 200 = \dfrac{P}{464 \times 2} \Rightarrow P = 185600\,N = 185.6\,kN$

18 (C)。 $I_x = \dfrac{10 \times 6^3}{12} - \dfrac{\pi \times 4^4}{64} = 180 - 4\pi \ cm^4$

$I_y = \dfrac{6 \times 10^3}{12} - \dfrac{\pi \times 4^4}{64} = 500 - 4\pi \ cm^4$

$J = I_x + I_y = (180 - 4\pi) + (500 - 4\pi) = 654.88 \ cm^4$

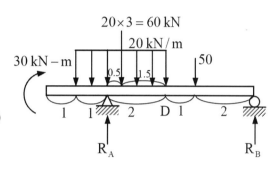

19 (D)。 $\sum M_A = 0$

$30 + 60 \times 0.5 + 50 \times 3 = R \quad \times 5$

$\therefore R_B = 42 \ kN$

$\sum M_D = 0$（剖開D點取桿子右邊）

$M_D + 50 \times 1 = 42 \times 3$

$\therefore M_D = 76 \ kN - m$

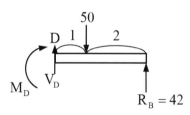

20 (A)。 $\tau = \dfrac{TR}{J} \Rightarrow 60 = \dfrac{(314 \times 1000) \times \dfrac{30}{2}}{\dfrac{\pi}{32}(30^4 - d_{內}^4)}$

$\therefore d_{內} = 10mm$

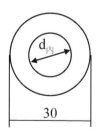

109 年統測試題

P.375

1 (C)。 $1N = 1 \text{ kg-m/s}^2$

2 (D)。 繩子只受拉力（張力）向外離開物體

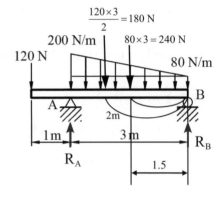

3 (A)。 $\sum M_B = 0$

$$240 \times 1.5 + 180 \times 2 + 120 \times 4 = R_A \times 3$$

$$R_A = 400N(\uparrow)$$

4 (D)。 取球1之自由體圖

由 $\sum F_y = 0$

$$R_1 = \frac{3}{5}W = R_E \text{（因左右對稱）}$$

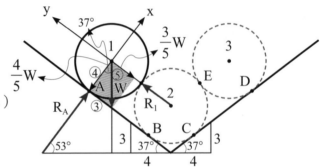

取球2之自由體圖

因為左右對稱

$$\therefore R_C = R_B$$

由 $\sum F_y = 0$

$$\frac{9}{25}W + \frac{9}{25}W + W = 2(\frac{4}{5}R_B)$$

$$R_B = \frac{43W}{40}$$

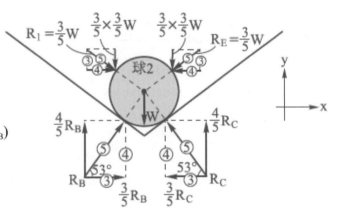

P.376 **5 (C)**。 形心與y軸距離為求$\overline{X}$，$A_1 = H_1(B_1 + B_2)$，形心$\frac{1}{2}(B_1 + B_2)$

$$A_2 = B_2(H_1 - 2H_2)，形心(B_1 + \frac{B_2}{2})$$

$$\therefore \overline{x} = \frac{H_1(B_1 + B_2) \times \frac{1}{2}(B_1 + B_2) - B_2(H_1 - 2H_2)(B_1 + \frac{B_2}{2})}{H_1(B_1 + B_2) - B_2(H_1 - 2H_2)}$$

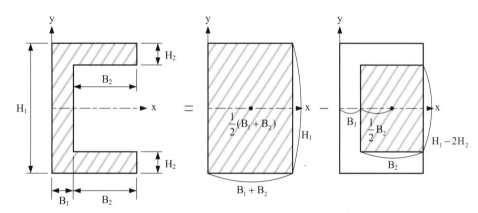

〈另解〉

$$\overline{y} = \frac{H_1 B_1 (\frac{B_1}{2}) + 2(H_2 B_2)(B_1 + \frac{B_2}{2})}{H_1 B_1 + 2(H_2 B_2)}$$

全部面積$= H_1(B_1 + B_2) - B_2(H_1 - 2H_2) = H_1 B_1 + 2H_2 B_2$

$$= \frac{H_1 B_1 (\frac{B_1}{2}) + 2H_2 B_2 (B_1 + \frac{B_2}{2})}{H_1(B_1 + B_2) - B_2(H_1 - 2H_2)}$$

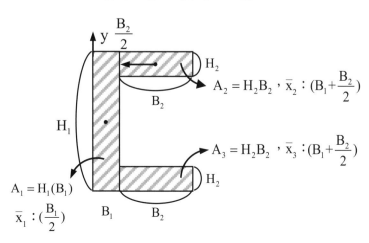

6 (B)。物體下滑：f_s向上

$\therefore P+120=f_s=\mu_s N=0.8\times160=128$

$\therefore P=8N$

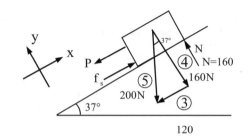

7 (A)。取W之自由體圖

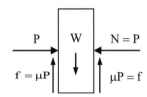

$\sum F_y=0$　$\therefore \mu P+\mu P\geq W$，$P\geq\dfrac{W}{2\mu}$

理論下不落下P應該為$P\geq\dfrac{W}{2\mu}$

P.377

8 (C)。V與t所圍成面積=位移變化量

$S=\dfrac{(20+X)\times30}{2}=825$，$X=35$分鐘

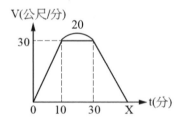

9 (C)。自由落體$h=\dfrac{1}{2}gt^2$，h與t^2成正比$\Rightarrow$呈拋物線

位能=mgh　$\therefore$落下t越久h越小，故選(C)

10 (B)。合加速度$13=\sqrt{a_t^2+a_n^2}=\sqrt{5^2+a_n^2}$　$\therefore a_n=12m/s^2$

又$a_n=\dfrac{V^2}{r}$，$12=\dfrac{V^2}{675}$　$\therefore V=90m/s$

11 (D)。射程$R=120=V_x\cdot t=120t$

$\therefore t=1$

$h=V_{0y}t-\dfrac{1}{2}gt^2$

$=90\times1-\dfrac{1}{2}\times10\times1^2=85m$

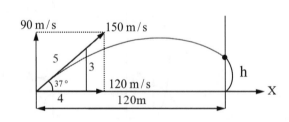

P.378 **12 (B)**。　$F_n = mr\omega^2 = 20 \times r \times 2^2 = 80r$

利用邊長比＝力量比

$\dfrac{80r}{r} = \dfrac{T}{5}$　$\therefore T = 400$ 牛頓

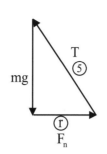
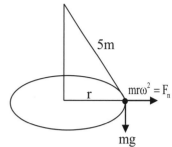

13 (A)。　$36 \text{ km/hr} = \dfrac{36 \times 1000\text{m}}{3600\text{s}} = 10 \text{ m/s}$，$72 \text{ km/hr} = \dfrac{72 \times 1000\text{m}}{3600\text{s}} = 20 \text{ m/s}$

動能增加量 $= \dfrac{1}{2}mV_{末}^2 - mV_{初}^2 = \dfrac{1}{2} \times 1000(20^2 - 10^2) = 150 \times 1000$ 焦耳 $= 150\text{kJ}$

14 (A)。　$a = g\sin\theta = 10\sin 30° = 5 \text{ m/s}^2$

$S_1 = V_0 t + \dfrac{1}{2}at^2 = 0 + \dfrac{1}{2} \times 5 \times 1^2 = 2.5\text{m}$　$\therefore h_1 = \dfrac{S_1}{2} = 1.25 \text{ m}$

$S_3 = 0 + \dfrac{1}{2} \times 5 \times 3^2 = 22.5 \text{ m}$　$\therefore h_3 = \dfrac{S_3}{2} = 11.25 \text{ m}$

1秒到3秒所做的功＝位能的變化量

$= mgh_3 - mgh_1 = 50 \times 10(11.25 - 1.25)$

$= 5000$ 焦耳（或N-m）

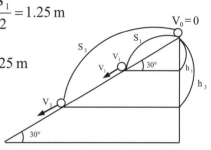

15 (A)。　$\mu = \left| \dfrac{\in_{橫向}}{\in_{縱向}} \right| = \left| \dfrac{\dfrac{b(寬度變化量)}{D(原來寬度)}}{\dfrac{\delta(長度變化量)}{\ell(原來長度)}} \right|$　$\therefore 0.3 = \dfrac{\dfrac{b}{10\text{cm}}}{\dfrac{0.2\text{cm}}{100\text{cm}}}$

$\therefore b = 0.006\text{cm}$，寬度增加$0.006$ cm　$\therefore$ 變形後之寬度 $= 10 + 0.006 = 10.006\text{cm}$

379 **16 (D)**。　由力矩平衡

$P \times 1000 = V \times 25 = 60 \times 1000$

$V = 2400 \text{ N}$

$\tau = \dfrac{V}{A} = \dfrac{V}{鍵寬 \times 鍵長}$，$20 = \dfrac{2400}{鍵寬 \times 鍵長}$

$\therefore 鍵寬 \times 鍵長 = 120 = 8 \times 15 = 6 \times 20 = 4 \times 30 = 2 \times 60$

符合條件為 $8 \times 8 \times 15$

17 (B)。 雙剪　$\tau = \dfrac{P}{n \times 2\,(\frac{\pi}{4}d^2)} = \dfrac{mg}{n \times 2\,(\frac{\pi}{4}d^2)}$

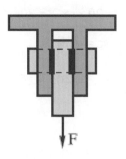

$$\frac{10}{\pi} = \frac{200 \times 10}{n\,(2 \times \frac{\pi}{4} \times 10^2)} \quad \therefore n = 4$$

18 (D)。 $(24 + 24) \cdot \bar{x} = 24 \times 1 + 24 \times 5$

$$\therefore \bar{x} = 3$$

$$I_y = I_1 + I_2$$

$$= (\frac{12 \times 2^3}{12} + 24 \times 2^2) + (\frac{4 \times 6^3}{12} + 24 \times 2^2)$$

$$= 8 + 96 + 72 + 96 = 272m^4$$

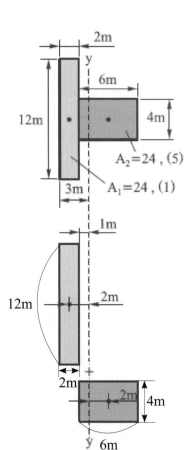

19 (B)。 簡支樑均佈荷重，若 $W : N/m$

$$M_{max} = \frac{wL^2}{8} = \frac{w \times 5^2}{8} = 25$$

$$\therefore w = 8N/m$$

20 (C)。 實心圓軸 $\tau_{max} = \dfrac{16T}{\pi d^3}$　$\therefore \dfrac{200}{\pi} = \dfrac{16T}{\pi \times 20^3}$

$$\therefore T = 100000 \text{ N-mm} = 100 \text{ N-m}$$

$$功率 = T \cdot \omega = T \times \frac{2\pi N}{60}$$

$$6\pi \times 1000 = 100 \times \frac{2\pi N}{60} \quad \therefore N = 1800rpm$$

110 年統測試題

P.380 **1 (A)**。運動學為位移、速度、角位移，角速度（轉速）與時間，不包含重量。

2 (D)。$\Sigma M_A = 0$，$R_P \times 2 = 100 \times 0.5 + 1000 \times 1.5$　$R_P = 775N$

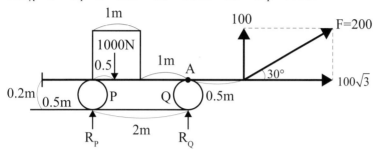

3 (C)。$4F = 2600$　$\therefore F = 650$ 牛

由 $\Sigma F_y = 0$

$T_A + F = 2600$

$\therefore T_A = 2600 - 650 = 1950N$

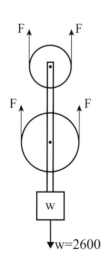

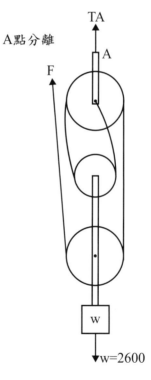

4 (B)。$\overline{X} = \dfrac{30 \times 0 + 50 \times 20 + 40(20)}{30 + 50 + 40} = 15cm$

P.381 **5 (B)** 。

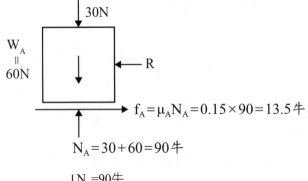

$$f_A = \mu_A N_A = 0.15 \times 90 = 13.5 \text{牛}$$

$$N_A = 30 + 60 = 90 \text{牛}$$

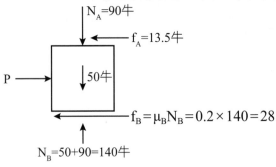

$$f_B = \mu_B N_B = 0.2 \times 140 = 28$$

$$N_B = 50 + 90 = 140 \text{牛}$$

$$\Sigma F_x = 0 \text{，} P = 13.5 + 28 = 41.5 \text{牛}$$

6 (A) 。V與t所圍成面積為位移

$$S = \frac{(20+30) \times 4}{2} - \frac{4(10)}{2} = 80\text{m}$$

7 (B) 。$V = \sqrt{2gh} = \sqrt{2 \times g \times 0.3} = \sqrt{0.6g}$

最低點V最大，T受力最大

$$T = mg + F_n = mg + \frac{mV^2}{r}$$

$$= mg + \frac{m(0.6g)}{0.5} = 2.2mg$$

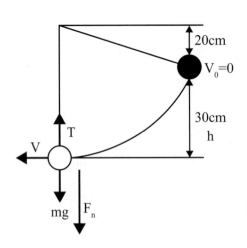

8 (C)。

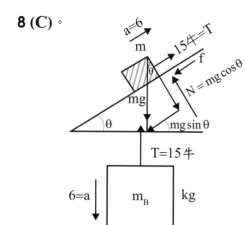

要使物體A以加速度a_0上升，
繩子之力需15牛
$\Sigma F = ma$
$10m_B - 15 = m_B \times 6$
$4m_B = 15$
$m_B = 3.75kg$

9 (D)。

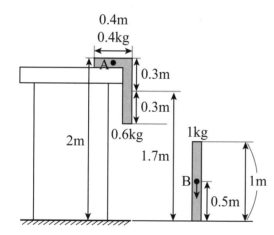

由總和機械能分兩段＝位能$_A$＝位能$_B$＋動能$_B$

$$0.4 \times 10 \times 2 + 0.6 \times 10 \times 1.7 = 1 \times 10 \times 0.5 + \frac{1}{2} \times 1 \times V_B{}^2 \quad \therefore V_B = \sqrt{26.4} \ m/s$$

10 (B)。　$\sigma_{容} = \dfrac{\sigma_{降伏}}{n} = \dfrac{300}{3} = 100MPa$　$\sigma = \dfrac{P}{A}$，$100 = \dfrac{1000}{A}$　$\therefore A = 10mm^2$

11 (A)。受力超過降伏強度會產生塑性變形，不會恢復原狀塑性變形。

12 (B)。 $\sigma_{max} = \dfrac{P_t}{A}$　　$\tau_{max} = \dfrac{P}{2A}$

$200 = \dfrac{P_t}{100}$　　$\therefore P_t = 20000N = 20kN$

$90 = \dfrac{P_S}{2(100)}$　　$\therefore P_S = 18000N = 18kN$

力量選小者才安全　　$\therefore P = 18kN$。

13 (B)。 $\dfrac{\tau_A}{\tau_B} = \dfrac{\dfrac{3V}{2A_a}}{\dfrac{3V}{2A_b}} = \dfrac{A_b}{A_a} = \dfrac{200 \times 400}{400 \times 200} = 1$

P.383 **14 (C)**。 $J = I_x + I_y = 80 + 60 = 140mm^4$

15 (D)。 $I_s = I_{形心} + A \cdot L^2$，$I_b = I_c + 18 \times 1^2 = 72$　　$\therefore I_c = 54$
$I_a = I_c + 18 \times 2^2 = 54 + 72 = 126cm^4$

16 (D)。 $\dfrac{\sigma_A}{\sigma_B} = \dfrac{Z_B}{Z_A} = \dfrac{\dfrac{10(20)^2}{6}}{\dfrac{20 \times 10^2}{6}} = \dfrac{2}{1}$　　（$\therefore \sigma = \dfrac{M}{Z}$，$\sigma$與$Z$成反比）

17 (B)。 $\Sigma M_P = 0$
$1000 \times 0.5 = R_Q \times 1$
$\therefore R_Q = 500N$，$R_P = 500N$

$\sigma_{max} = \dfrac{M}{Z} = \dfrac{125 \times 1000}{\dfrac{120(50)^2}{6}} = 2.5MPa$

A為均佈$\dfrac{600N}{0.6m} = 1000N/m$

B為均佈$\dfrac{400N}{0.4m} = 1000N/m$

$M_{max} = \dfrac{1}{2} \times 500 \times 0.5 = 125N\text{-}m$

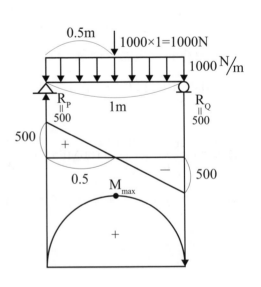

P.384 **18 (D)**。

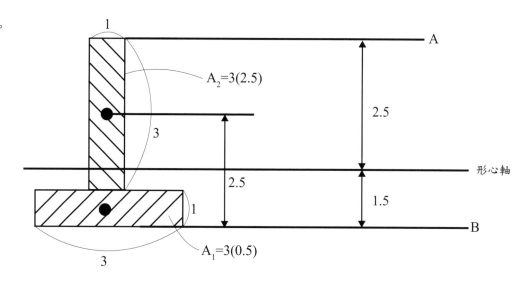

$$\bar{y}=\frac{3\times0.5+3\times2.5}{3+3} \quad \therefore \bar{y}=1.5 \ , \ \frac{\sigma_A}{\sigma_B}=\frac{2.5}{1.5}=\frac{\sigma_A}{210} \quad \therefore\sigma_A=350MPa$$

19 (C)。$\tau=\dfrac{TR}{J}=G\cdot\gamma \quad \therefore\gamma=\dfrac{TR}{GJ}$，剪應變$\gamma$與桿長無關。

20 (B)。$\dfrac{\tau_{空}}{\tau_{實}}=\dfrac{\dfrac{T_{空}\cdot\dfrac{4}{2}}{\dfrac{\pi}{32}(4^4-3^4)}}{\dfrac{T_{實}\cdot\dfrac{4}{2}}{\dfrac{\pi\times4^4}{32}}}=\dfrac{4^4}{4^4-3^4}=1.46$

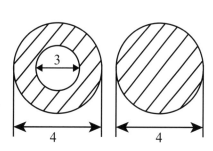

111 年統測試題

P.385 **1 (D)**。(A)當施力平行轉軸方向無法轉動，錯誤。
(B)不影響鋼體的外部效應，錯誤。
(C)質量永遠不變，錯誤。

2 (D)。同一條繩子力量均相同，$6F=900$，$F=150N$

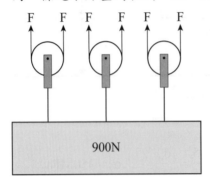

P.386 **3 (A)**。$\sum M_A=0$
$70200\times0.7=W\times(1.5+1.2)$
$W=18200N$

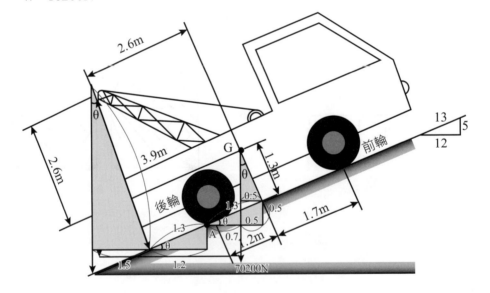

4 (C)。 $\sum M_B = 0$，$70200 \times (3 \times \frac{12}{13} - 0.7) + 1300(3 \times \frac{12}{13} + 2.7) = N \times 3$

$\therefore N = 50790$牛頓，$f_A = 0.2 \times 50790 = 10158$牛頓

註1：$1.3 + 1.7 = 3$

註2：$3 \times \frac{12}{13} - 0.7 \fallingdotseq 2.07$

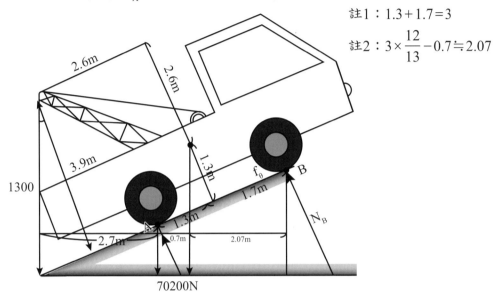

5 (A)。

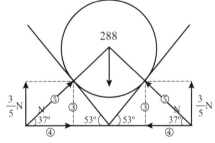

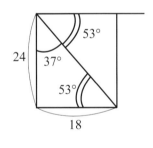

$\sum F_y = 0$，$288 = 2(\frac{3}{5}N)$　$\therefore N = 240$牛頓

$\sum M_B = 0$，$240 \times 7 = T \times 24$，$T = 70$

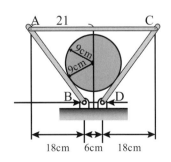

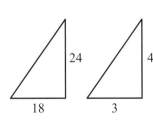

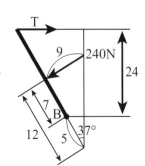

6 (B)。田字長14+14+14+14+14+14=6×14，形心(7, 21)

丨字長14cm，形心(7, 7)

形心與x軸距離$\Rightarrow$求$\bar{y}$

$(6\times14+14)\cdot\bar{y}=(6\times14)\times21+14\times7$

$\bar{y}=\dfrac{126+7}{7}=19cm$

7 (D)。當P=48牛頓>f_3　$\therefore$三物體一起動

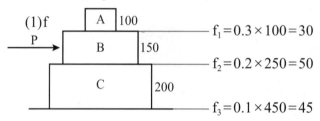

$(1)f$

$f_1=0.3\times100=30$

$f_2=0.2\times250=50$

$f_3=0.1\times450=45$

B與C間最大靜摩擦力（50）>C與地面間之最大靜摩擦力（45）

P.387 **8 (B)**。位移=速度和時間所圍成的面積（桃園到臺中）

$=\dfrac{(25+35)\times4250}{2}=127500m=127.5km$

9 (C)。臺北至桃園位移$=\dfrac{(6+18)\times3000}{2}=36000m=36km$

平均速度$=\dfrac{36+127.5}{(\dfrac{55}{60})}=178.4km/hr$

10 (C)。向量需有方向，位移是向量。

11 (B)。（註：V=$^m/_分$；r=m；w=$^{rad}/_分$）

V=rw=0.005×(12000×2π)

　　=120π$^m/_分$=376.8$^m/_分$

力率=F·r·w=F·v=500×$\dfrac{376.8}{60}$瓦=3140瓦=3.14kw

（註：376.8$^m/_分$=$\dfrac{376.8m}{60秒}$）

38 **12 (A)**。 (1)$a = g\sin\theta = 10\sin30° = 5(m/s^2)$

$s = v_0t + \dfrac{1}{2}at^2$，$10 = \dfrac{1}{2} \times 5t^2$　$\therefore t = 2$秒

(2)下滑力所作功＝位能變化量

（若無摩擦損失時）＝$mgh = 20 \times 10 \times 5 = 1000$焦耳

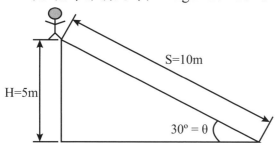

13 (B)。 $a_n = \dfrac{V^2}{r} = \dfrac{20^2}{80} = 5$，$a = \sqrt{a_t^2 + a_n^2} = \sqrt{12^2 + 5^2} = 13m/s^2$

14 (C)。 $\begin{cases} 42 - 2T = 4.2a\cdots\cdots(1) \\ T - 6 = 2 \times (2a)\cdots\cdots(2) \end{cases}$

$(2) \times 2$：$2T - 12 = 8a\cdots\cdots(3)$

$(1)+(3)$：$30 = 12.2a$

$a = 2.46m/s^2\cdots\cdots$B加速度

$V^2 = V_0^2 + 2as$，A速度2時B速度1

$1^2 = 0 + 2 \times 2.46 \times S$

$\therefore S = 0.2m$

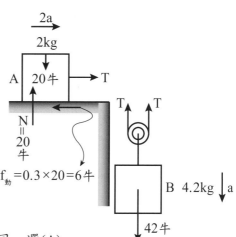

39 **15 (A)**。 彈性係數的單位和應力的單位相同，選(A)。

16 (A)。 單軸向$\tau_{max} = \dfrac{P_t}{A}$　$120 = \dfrac{P_t}{500}$　$P_t = 60 \times 1000N = 60kN$

負荷$\tau_{max} = \dfrac{P_S}{2A}$　$70 = \dfrac{P_S}{2 \times 500}$　$\therefore P_S = 70 \times 1000N = 70kN$

面積選大者
力量選小者　才安全　$\therefore P = 60kN$

17 (B)。　設空心軸外徑2mm ⇒ 內徑1mm，面積相同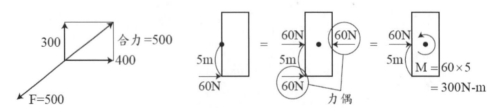

$$\frac{\pi}{4}(2^2-1^2)=\frac{\pi}{4}d^2 \quad \therefore d=\sqrt{3}\,mm，\tau_{空}=\tau_{實}$$

$$\frac{T_{空}\cdot(\frac{2}{2})}{\frac{\pi}{32}(2^4-1^4)}=\frac{T_{實}\cdot(\frac{\sqrt{3}}{2})}{\frac{\pi}{32}(\sqrt{3})^4}，\frac{T_{空}\cdot2}{15}=\frac{T_{實}\sqrt{3}}{9}，\frac{T_{空}}{T_{實}}=\frac{15\sqrt{3}}{2\times9}=1.44$$

P.390 **18 (D)**。　$\sigma_{max}=\dfrac{M}{Z}=\dfrac{2250\times1000}{(\dfrac{60(150)^2}{6})}=10MPa$

19 (B)。　$\sigma=\dfrac{M}{Z}$，M、σ均相同　$\therefore Z$應相同　$Z_{矩形}=Z_{正方}=\dfrac{bh^2}{6}$

$$\frac{60(150)^2}{6}=\frac{b\times b^2}{6}，b\fallingdotseq110mm$$

20 (#)。　$\sigma=\dfrac{M}{Z}$，M相同，Z最小、彎曲應力越大

當面積相同時$Z_{矩形}>Z_{正方}>Z_{圓形}$　$\therefore \sigma_{圓形}>\sigma_{正方}>\sigma_{矩形}$
(1) 此題應為此時何種樑受相同負荷時所受彎曲應力最大
(2) 但相同材質可承受彎曲應力（容許應力）均相同，所以題目出不好，送分。

112 年統測試題

P.391 **1 (C)**。　力矩為向量。

2 (C)。　一力可分解成一力和一力偶。

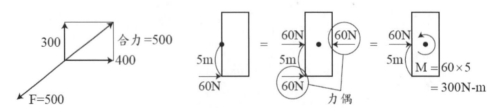

3 (B)。兩力垂直之300與400合力為500N，平衡另一力為500N。

4 (C)。力偶矩＝一力×兩力間垂直距離

力偶矩＝1kgf×0.4m＝10牛頓×0.4m＝4N-m

5 (B)。對B點平衡$SM_B＝0$（均勻桿子長度越長重量越重）

$$L \cdot \frac{L}{2}＝40(20)＋50×20＝1800$$

$$\therefore L＝60mm$$

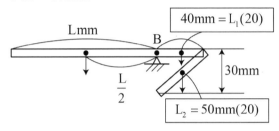

6 (A)。由之$\sum F_x＝0$；$N_1＝N_2＝N$

由$\sum F_y＝0$；荷重$F＝f＋f$　$\therefore f＝\dfrac{F}{2}$，　$f＝mN$；

$$\therefore N＝\frac{F}{2\mu}$$

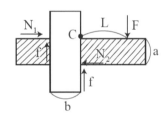

$$SM_C＝0，F \cdot L＋f×b＝N×a \therefore F \cdot L＋\frac{F}{2}×b＝(\frac{F}{2\mu})×a$$

（刪F）：$L＋\dfrac{b}{2}＝\dfrac{a}{2\mu}＝\dfrac{2L＋b}{2}$　$\therefore \dfrac{a}{\mu}＝2L＋b$　$\therefore m＝\dfrac{a}{2L＋b}$

7 (D)。兩車位移相同$＝\dfrac{d}{2}＝60t$　$\therefore d＝120t$

等速度公式$s＝v \cdot t$；等加速度公式$s＝v_0t＋\dfrac{1}{2}at^2$

$\therefore \dfrac{d}{2}＝60t＝0＋\dfrac{1}{2}(3600)t^2$

刪t：$60＝1800t$　$\therefore t＝\dfrac{1}{30}hr$

$\therefore d＝120t＝120×\dfrac{1}{30}＝4km$

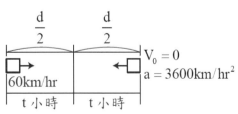

8 (D)。 等角加速度$\theta=\omega_0 t+\frac{1}{2}\alpha t^2$

靜止開始$\omega_0=0$，q用rad，1轉＝2p rad；$40\times 2p=0+\frac{1}{2}\alpha\times 1^2$

$\therefore a=160p$ rad/s^2

9 (B)。 當承受最大力時為人之重量（即人將懸空之時，若左右力量相同，左右繩之力均25kgf（$\because$人重50kgf）

$W=25\times 6=150$kgw

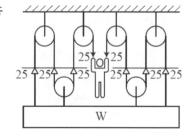

P.393 **10 (B)**。 彈性位能＝物體位能

公式$\frac{1}{2}KX^2=mgh$

彈簧變形總長500mm。原長400mm

伸長100mm＝0.1m，高度h＝10+0.15=10.15m

$\frac{1}{2}K(0.1)^2=mgh=10(10+0.15)$

$K=20300$N/m$=20300$N/100cm$=203$N/cm

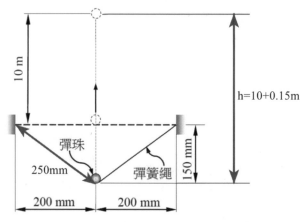

11 (C)。 總長不變 $\therefore d_1=d_2$

（BC縮短量＝CD之伸長量）

$\dfrac{(F-100)\times 100}{EA}=\dfrac{100\times 200}{EA}$

$F-100=200 \quad \therefore F=300$N

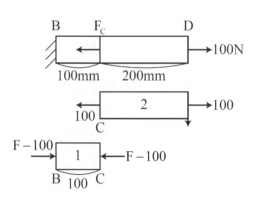

12 (D)。　體積受力後均相同　∴體積應變$\hat{I}_V=0$

體積應變$\hat{I}_V=\dfrac{(\sigma_x+\sigma_y+\sigma_z)(1-2\mu)}{E}=\dfrac{(10+30+\sigma_z)(1-2\mu)}{E}=0$

∴$s_z=-40MPa$

13 (C)。　由$\tau=\dfrac{F}{A}$，$10=\dfrac{F}{鍵寬\times鍵長}=\dfrac{F}{10\times50}$

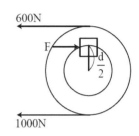

$F=5000N$，皮帶輪力矩$=(F_緊\times r-F_鬆\times r)=F\times\dfrac{d}{2}$

$(1000\times250-600\times250)=5000\times\dfrac{d}{2}$　∴$d=40mm$

14 (B)。　此題已超出高職機械力學範圍
$s_1=4+6=10$
$s_2=4-6=-2$
$t_{max}=$莫爾圓之半徑$R=6$

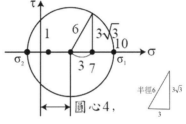

15 (A)。　$I_{形心}=A\cdot K^2_{□形心}$

$\dfrac{bh^3}{12}=bh\cdot K^2_{□形心}$

∴$K_{□形心}=\dfrac{h}{\sqrt{12}}$

h不變　∴K相同

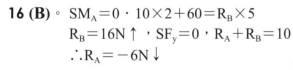

16 (B)。　$SM_A=0\cdot10\times2+60=R_B\times5$
$R_B=16N\uparrow$，$SF_y=0$，$R_A+R_B=10$
∴$R_A=-6N\downarrow$

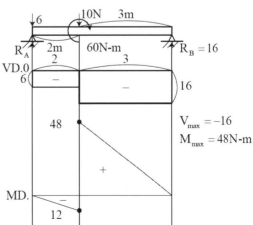

P.395 **17 (D)**。面積和截面係數均相同

$$bh = \frac{\pi d^2}{4}$$

$$Z_{\square} = Z_{\bigcirc} \quad \frac{bh^2}{6} = \frac{\pi d^3}{32}$$

$$\frac{h}{6}(bh) = \frac{d}{8} \times \left(\frac{\pi d^2}{4}\right) \text{（面積相同）}$$

$$\therefore \frac{h}{6} = \frac{d}{8} = \frac{120}{6} \quad \therefore d = 160mm$$

18 (D)。樑受剪力時之剪應力

$$\frac{\tau_{max\text{矩形}}}{\tau_{max\text{圓形}}} = \frac{\dfrac{3V}{2A}}{\dfrac{4V}{3A}} = \frac{9}{8}$$

19 (C)。功率＝T · ω（300轉／分＝$\dfrac{300 \times 2\pi rad}{60秒}$＝10prad/s）

$$0.8p^2 \times 1000 = T \times 10p$$

$$\therefore T = 80pN\text{-}m = 80p \times 1000N\text{-}mm$$

$$\tau_{max\atop 實心} = \frac{16T}{\pi d^3} \text{，} 160 = \frac{16(80\pi \times 1000)}{\pi d^3}$$

$$\therefore d = 20mm$$

20 (A)。$\phi = \dfrac{TL}{GJ}$，$180° = p$　$\therefore f = \dfrac{9\pi}{180}$ rad $= \dfrac{\pi}{20}$ rad

$$\frac{\pi}{20} = \frac{(10 \times 1000) \cdot L}{64 \times 1000 \times \dfrac{\pi(10)^4}{32}}$$

$$L = 100p^2mm = 10p^2cm$$

113 年統測試題

P.396 **1 (A)**。向量有：位移、加速度、彎曲力矩（彎矩）。
純量：距離。

2 (A)。$\Sigma M_A = 0$

$$T\left(r + \frac{r}{2}\right) + 50 \times \frac{\sqrt{3}}{2}r$$

$$T = \frac{25\sqrt{3}}{1.5} \text{ kN} = 28.86\text{kN}$$

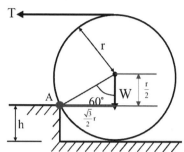

3 (D)。由 $\Sigma F_y = 0$；

4000sinθ = 200kgw = 2000N；

$\therefore \sin\theta = $；$\frac{1}{2}\sin\theta = \frac{y}{1.5} = \frac{1}{2}$

$\therefore y = 0.75\text{m}$；$\therefore \theta = 30°$；

$T_{BC} = 4000\cos30° = 2000\sqrt{3} = 3464\text{N}$

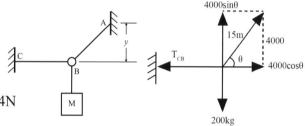

4 (D)。$\Sigma M_A = 0$

$$T \times 2 + \frac{4}{5}T \times 4 = 800 \times 5.5$$

$$\frac{26}{5}T = 800 \times 5.5$$

T = 846牛頓

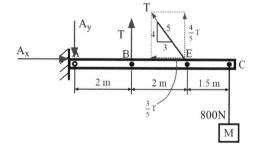

同上圖

由 $\Sigma F_x = 0$，$A_x = \frac{3}{5}T = \frac{3}{5} \times 846 = 507\text{N} \rightarrow$

由 $\Sigma F_y = 0$

$846 + 677 = 800 + A_y$

$A_y = 723\text{N} \downarrow$　$\therefore R_A = \sqrt{507^2 + 723^2} = 883\text{N}$

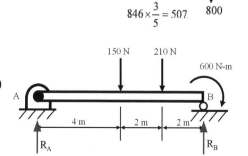

397 **5 (B)**。$\Sigma M_A = 0$，$150 \times 4 + 210 \times 6 + 600 = R_B \times 8$
$R_B = 307.5\text{N} \uparrow$，$\Sigma F_y = 0$，$R_A + R_B = 150 + 210$
$\therefore R_A = 52.5\text{N} \uparrow$

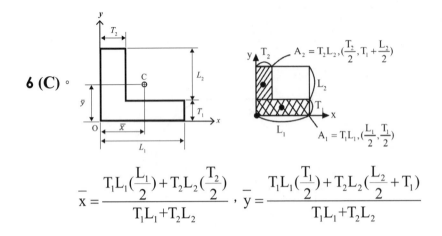

6 (C)。

$$\overline{x} = \frac{T_1L_1(\frac{L_1}{2}) + T_2L_2(\frac{T_2}{2})}{T_1L_1 + T_2L_2} , \quad \overline{y} = \frac{T_1L_1(\frac{T_1}{2}) + T_2L_2(\frac{L_2}{2} + T_1)}{T_1L_1 + T_2L_2}$$

P.398

7 (B)。等速圓周運動
　　等速率（V大小相同）、變速度（V方向改變）、變加速度（a方向改變）
　　曲柄為等速率，滑塊為簡諧運動。

8 (B)。$v_0 = 90km/hr = \dfrac{90 \times 1000m}{3600\,sec} = 25m/s$

$s_2 - s_1 = 10$，$(25t + \dfrac{1}{2} \times 5 \times t^2) - (25t) = 10$

$t^2 = 4$　∴$t = 2$ sec

9 (A)。$30轉/分 = \dfrac{30 \times 2\pi rad}{60\,sec} = \pi$ rad/s

$a_n = r\omega^2 = \dfrac{15}{\pi} \times (\pi)^2 = 15\pi m/s^2$

$g = 10m/s^2$，$\dfrac{15\pi}{10} = 1.5\pi g$

10 (D)。ΣF＝ma（M物體上升）

$T_1 - 7500 = 750 \times 1$

∴$T_1 = 8250$牛頓

ΣF＝ma（配重塊m下降）

$2500 - T_2 = 250 \times 1$

∴$T_2 = 2250$牛頓

$r = 300mm = 0.3m$

力矩＝$T_1 \cdot r - T_2 \cdot r = (T_1 - T_2) \cdot r = (8250 - 2250) \times 0.3 = 1800$N-m

11 (B)。 若沒摩擦空氣阻力影響下遵守機械能守恆
機械能守恆＝位能$_1$＋＝動能$_1$＝位能$_2$＋＝動能$_2$＝定值
$V=\sqrt{2gh}$

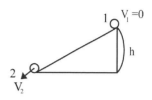

有摩擦時末速變小，時間變長
$\because a=g(\sin\theta-\mu\cos\theta)$，有摩擦力時加速度變小當位移相同時，滑下時間變長

P.399 **12 (A)**。 機械效率＝$\dfrac{\text{輸出之功與能}}{\text{輸入之功與能}}$

$0.81=\dfrac{\text{彈簧位能}}{\text{物體動能}}=\dfrac{\dfrac{1}{2}\times450\cdot x^2}{\dfrac{1}{2}\times0.5\times1^2}$

$\therefore x=0.03m=30mm$

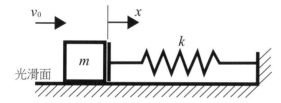

13 (D)。 在比例限度內才成正比。

14 (A)。 $\Sigma M_A=0$，$2\times2+20\times2.5=2T_2\times4.5$
$T_2=6kN$
$2T_1+2T_2=20+2$　$\therefore T_1=5kN$
車頭T_1伸長量$\delta_1=\dfrac{PL}{EA}=\dfrac{5\times2\times1000}{200\times100}=0.5mm$

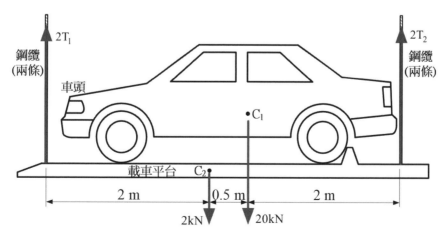

P.400 **15 (C)**。受力最大為T_2 等於6kN；安全因素$n=\dfrac{\sigma_{降伏}}{\sigma_{容許}}$ $\therefore \sigma_{容許}=\dfrac{360}{3}=120$

$$\sigma_{容許}=\dfrac{P}{A} \; ; \; 120=\dfrac{6000}{A} \quad \therefore A=50mm^2$$

16 (B)。剪應力$\tau=\dfrac{P}{A}$，A=周長×板厚

$$300=\dfrac{P}{(8\times50)\times3} \quad P=360\times1000N=360kN$$

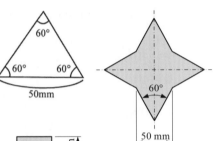

17 (D)。

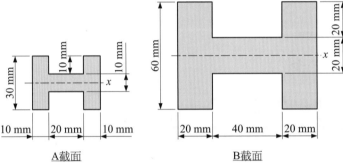

A截面　　　　　　　B截面

$$\dfrac{I_A}{I_B}=\dfrac{\dfrac{10\times30^3}{12}+\dfrac{20\times10^3}{12}+\dfrac{10\times30^3}{12}}{\dfrac{20\times60^3}{12}+\dfrac{40\times20^3}{12}+\dfrac{20\times60^3}{12}}=\dfrac{1}{16}$$

速解：邊長均差2倍，$I=\dfrac{bh^3}{12}$，慣性矩差16倍

18 (C)。正彎矩 上方受壓應力；下方受拉應力
$(20+20)\bar{y}=20\times5+20\times11$ $\quad \therefore \bar{y}=8$

$$\dfrac{\sigma_{max拉}}{\sigma_{max壓}}=\dfrac{8}{4}=2$$

(a)圖　　　　　　　　　　　(b)圖

P.401 **19 (D)**。$\Sigma F_y=0$，$150-R_B=0$，$R_B=150N\uparrow$
$\Sigma M_B=0$，$150\times3=M_B+200$，$M_B=250N\text{-}m$

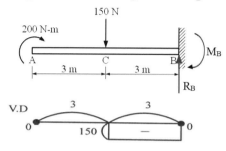

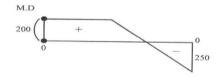

20 (C)。

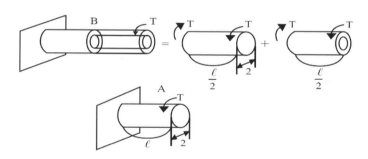

設實心和空心桿子外徑均為2，則空心桿內徑=1

$$\frac{\phi_A}{\phi_B}=\frac{\dfrac{T\cdot\ell}{G\times\dfrac{\pi\times2^4}{32}}}{\dfrac{T(\dfrac{\ell}{2})}{G\times\dfrac{\pi\times2^4}{32}}+\dfrac{T(\dfrac{\ell}{2})}{G\times\dfrac{\pi(2^4-1^4)}{32}}}=\frac{\dfrac{2}{2^4}}{\dfrac{1}{2^4}+\dfrac{1}{15}}$$

$$=\frac{\dfrac{2}{16}}{\dfrac{1}{16}+\dfrac{1}{15}}=\frac{\dfrac{2}{16}}{\dfrac{16+15}{16\times15}}=\frac{16\times15\times2}{31\times16}=\frac{30}{31}$$

$$\therefore\phi_B=\frac{31}{30}\phi_A$$

NOTE

千華會員享有最值優惠!

立即加入會員

會員等級	一般會員	VIP 會員	上榜考生
條件	免費加入	1. 直接付費 1500 元 2. 單筆購物滿 5000 元 3. 一年內購物金額累計滿 8000 元	提供國考、證照相關考試上榜及教材使用證明
折價券	200 元	500 元	
購物折扣	·平時購書 9 折 ·新書 79 折 (兩周)	·書籍 75 折 ·函授 5 折	
生日驚喜		●	●
任選書籍三本		●	●
學習診斷測驗(5科)		●	●
電子書(1本)		●	●
名師面對面		●	

國家圖書館出版品預行編目(CIP)資料

機械力學完全攻略/黃蓉編著. -- 第三版. -- 新北市：
千華數位文化股份有限公司, 2024.10
面； 公分

升科大四技

ISBN 978-626-380-730-3 (平裝)

1.CST: 機械力學

446.1   113015108

千華五十
築夢踏實

[升科大四技] 機械力學 完全攻略

編 著 者：黃 蓉　　　　　　　　審 校 者：何 峰

發 行 人：廖 雪 鳳
登 記 證：行政院新聞局局版台業字第 3388 號
出 版 者：千華數位文化股份有限公司
　　　　　地址：新北市中和區中山路三段 136 巷 10 弄 17 號
　　　　　電話：(02)2228-9070　　傳真：(02)2228-9076
　　　　　客服信箱：chienhua@chienhua.com.tw

法律顧問：永然聯合法律事務所
編輯經理：甯開遠
主　　編：甯開遠
執行編輯：廖信凱
校　　對：千華資深編輯群
設計主任：陳春花
編排設計：翁以倢

千華官網　　　千華蝦皮
／購書

出版日期：2024 年 10 月 15 日　　第三版／第一刷

本書如有勘誤或其他補充資料，
將刊於千華官網，歡迎前往下載。